黑龙江省精品课程教材

量子力学（第3版）

Quantum Mechanics

井孝功　赵永芳　编著

哈爾濱工業大學出版社

内 容 提 要

在量子力学课程教学大纲界定的范围内，本书在简明扼要地讲述量子力学的基本概念和基本原理的同时，特别注重对解决问题能力的培养。为此，每一章后面都附有若干典型例题的讲解和课后习题，书后给出7套模拟试题，以备读者检验学习效果之用。习题和模拟试题的解答详见与本书配套使用的《量子力学习题解答》(井孝功编著)。

本书的特色主要表现在：第一，书中给出了厄米算符连续谱本征矢的归一化形式及厄米算符本征矢完备性的证明，试图解决量子力学多年来遗留的问题；第二，书中给出了定态薛定谔方程的一些新的实用解法，诸如微扰论的递推形式、变分法的迭代形式和透射系数的递推公式等；第三，为了克服读者在数学上可能遇到的困难，在求解线谐振子、圆谐振子、球谐振子和氢原子等问题时，采用与特殊函数方程对比的方法直接得到相应的本征解，从而简化了求解过程；第四，对于一些难于理解的基本概念，给出了通俗形象的比喻；第五，讨论了一些看似相同物理问题之间的差异和一些看似不同物理问题之间的关联。

本书是物理学及相关学科的本科生教材(大约需要76学时)，有兴趣的读者也可以用于自学。

图书在版编目(CIP)数据

量子力学/井孝功，赵永芳编著. —3版. —哈尔滨：哈尔滨工业大学出版社，2023.5

ISBN 978-7-5603-7495-6

Ⅰ.①量… Ⅱ.①井… ②赵… Ⅲ.①量子力学 Ⅳ.①O413.1

中国版本图书馆CIP数据核字(2018)第149271号

策划编辑 许雅莹 张秀华
责任编辑 李长波
封面设计 卞秉利
出版发行 哈尔滨工业大学出版社
社　　址 哈尔滨市南岗区复华四道街10号 邮编 150006
传　　真 0451-86414749
网　　址 http://hitpress.hit.edu.cn
印　　刷 哈尔滨市石桥印务有限公司
开　　本 787mm×960mm 1/16 印张 24.25 字数 500千字
版　　次 2004年6月第1版 2023年5月第3版
　　　　 2023年5月第1次印刷
书　　号 ISBN 978-7-5603-7495-6
定　　价 58.00元

第3版前言

众所周知,量子论和相对论是20世纪两个最重大的科学发现,它们为物理学乃至整个自然科学的发展奠定了坚实的理论基础。

按研究对象的尺度分类,物理学分为宇观物理、宏观(经典)物理、介观物理和微观物理四大领域,量子理论属于微观物理和介观物理领域。按研究方法分类,物理学有实验物理、理论物理和计算物理三大分支,量子理论属于理论物理分支。

随着科学技术的不断进步与发展,量子理论早已不再局限于物理学的范畴,它已经深入到诸多的研究领域中,21世纪的许多热门学科的深入发展都离不开它。在量子理论的基础之上不断派生出许多新的学科,诸如量子场论、量子电动力学、量子电子学、量子光学、量子化学、量子通信和量子计算等。量子理论在激光、超导、核能等重要领域已经得到广泛的应用,当前的目标已聚焦于量子通信设备与量子计算机的研制,由此可见,量子理论依然是21世纪具有非常广泛应用前景的基础理论。

量子理论的数学架构就是量子力学,它是研究微观与介观客体(两者统称微客体)运动规律的基础理论。按研究对象能量的高低分类,量子力学可分为相对论量子力学和非相对论量子力学,本书所介绍的内容属于非相对论量子力学范畴。虽然量子力学是建立在五个基本原理(假设或公设)之上的,但是它成功地解释了许多奇妙的现象,并被实验结果所证实,因此量子力学已经成为深入了解和利用物质世界的一个不可或缺的理论工具。

尽管量子力学中有诸多的概念和公式,但其最基本的要素只有三个,即波函数、算符和薛定谔方程。从运动粒子具有波粒二象性出发,引入算符和概率波的概念,建立起著名的薛定谔方程。这是一套全新的思维模式和解决问题的方法,进而得到了许多与经典力学迥然不同的结果,例如,力学量取值量子化(量子限域效应)、势垒隧穿效应、不确定关系和微客体具有自旋等。从认识论的角度来看,经典力学属于决定论,量子力学属于概率论,而决定论可视为概率论的一个特例,在此意义上,可以认为量子力学并不是对经典力学的全盘否定,而是在更高的层面上涵盖了经典力学。

量子力学的建立完成了从对宏观世界认识到对微观世界认识的飞跃，但是，这种认识也不可能永远停滞在一个水平上。物理学的发展史告诉我们，由于量子力学遇到的问题与取得的成就如影随形，因此量子力学自诞生之日起就是在争论中不断发展的。作者认为这些新的进展与争论属于高等量子力学的范畴（参见作者编著的《高等量子力学》），为避免重复讲授，本书尽量不涉及相关的内容，有志于此者会在研究生课程中系统地学到相关的知识。

在本书的写作过程中，作者遵循如下四个原则。

第一个原则是，注重对物理内涵的诠释和数学演绎的简化。

教学的终极目标是知识的传承，这种传承不仅仅是罗列几个概念和公式，更重要的是对其物理内涵的诠释和领悟。特别是，量子力学中的许多概念和结论是与经典力学格格不入的，很难用常规的方式来表述，为此，作者使用了一些形象和通俗的比喻，以期达到深入理解和过目不忘之目的，例如，量子假说与“面粉销售之改革”，波粒二象性与“熊猫”、“好人与坏人”及“孙悟空”，限域效应与“如来神掌”，表象与“服饰的选择与搭配”，势垒隧穿效应与“崂山道士”及不相容原理与“旅店新规”，等等。

数学演绎是寻求物理规律的工具，大量繁杂的数学推导不仅使初学者望而生畏，而且会导致喧宾夺主的后果。为避免此类现象的发生，作者借助特殊函数理论的已有成果，简化了线谐振子、圆谐振子、球谐振子和氢原子等难点问题的求解过程。一些理论的证明也选择了最简捷的方式，不确定关系的证明就是最好的例证。此外，为方便读者查阅，书中用到的数学公式皆可在附录中找到。

第二个原则是，在传授知识的过程中关注对能力的培养。

在教学的过程中，除了实现对相关知识的传承之外，还特别关注对逻辑思维、综合运用、解决问题及推广创新等能力的培养。为了实现这一目标，本书在总体结构上做了如下的安排。围绕波函数、算符和薛定谔方程这三个基本要素，本书简明扼要地讲述了量子力学的基本原理和基本概念，力图把重点放在介绍量子力学的应用上，期望读者在使用的过程中加深对基本概念的理解，进而引发读者对量子力学的学习兴趣。经验告诉我们，假手于人的方式是行不通的，只有亲力亲为才能领悟其中的真谛。具体的安排是：首先，在每一章的正文之后，都给出精选的典型例题的解答（例题选讲），为初学者做出示范；然后，由读者完成每一章后给出的部分习题，用来检查学习效果；最后，书后附有7套模拟试题,可供读者自行检验知识的综合运用能力,习题和模拟试题的答案可见作者编著的《量子力学习题解答》。

第三个原则是,使解决实际问题的方法实用化。

为了实现这一目标,本书的内容在教学大纲的基础上有所增加,带有*的章节仅供有兴趣的读者学习和查用。在量子力学中,由于只有极少数的问题可以得到严格解,所以近似解法占有极其重要的地位。对于束缚定态问题,微扰论和变分法是两种最常用的近似方法,书中分别给出了相应的递推形式和迭代形式;对于非束缚定态问题,作者导出了计算透射系数的递推公式。这几种近似方法均可以使得计算结果以任意精度逼近严格解。此外,书中还给出了常用的(线谐振子、球谐振子和氢原子)基底下坐标算符任意次幂矩阵元的计算公式。上述的许多内容都是作者及其合作者的教学研究成果(见参考文献),也是有较高实用价值的新算法,并且,上述方法与公式的计算程序已在作者编著的《量子物理学中的常用算法与程序》中介绍。

第四个原则是,寻找看似不同物理问题之间的内在联系。

首先,作者证明了厄米算符连续谱本征矢可以归一化及厄米算符本征矢的完备性,从而使得看似不同的两种谱理论得以统一,这是以往文献中从未涉及的。其次,对一些看似不相关的物理问题进行说明和讨论,例如,经典理论与量子理论、箱归一化的自由粒子与无限深方势阱中的粒子、δ函数位势与方形位势、线性变分法与定态薛定谔方程、氢原子与线谐振子、严格解与近似解、波函数的归一化与无穷级数求和等,以期加深读者对量子理论的理解。

1979年,井孝功正在聆听唐敖庆院士讲授量子力学时,临时受命为"老五届"进修班的师兄弟们讲授量子力学课程,虽然是仓促上阵,但在前辈们(特别是量子力学的启蒙老师骆兴业教授)的关心和指导下,竟然顺利地完成了任务,师兄弟们也有了各自的理想归宿。自那以后,所从事的教学与科研工作都没有离开过量子理论,先后发表了30余篇关于量子力学教学研究的文章,出版了6部与量子力学相关的教材。2005年,井孝功主讲的量子力学课程被评为黑龙江省精品课程,编著的《量子力学》教材出版后,历经多次修订与再版已日臻完善,期望它能为本科生的学习和报考研究生助一臂之力,此亦写作本书之初衷。

作者曾得到过吴式枢院士和曾谨言教授的教诲和指导,在此对二位前辈及所有教导过我们的老师表示感谢。书中介绍的许多内容都是作者与同事们的教学研究成果，谨借此书再版的机会，对吉林大学的姚玉洁教授、刘曼芬教授、赵国权教授等表示感谢。

在本书的使用过程中，各届学生（例如，王英惠、陈硕和秦峰等同学）都对其中部分疏漏与错误给予了纠正，在此对他们表示感谢。哈尔滨工业大学物理系的孙秀冬教授、周忠祥教授和张宇教授，对本书的出版十分关心和支持，哈尔滨工业大学出版社对本书及作者的其他著作的出版给予了大力支持，作者也一并表示衷心的感谢。

总之，作者期望本书既是一本由浅入深的量子力学教材，又是一本有实用价值的工具书，期望它能为读者开辟一条通往量子世界的无障碍通道。历经多年的磨炼之后，才逐渐体会到量子理论的博大精深，下河方知水深浅，落笔才感写书难，尽管前思后想，字斟句酌，但是，作者的水平毕竟有限，肯定有诸多不足之处，恳请各位读者不吝赐教。

井孝功　赵永芳

2023 年 3 月 14 日

目　录

第1章　量子论的假说及其实验依托

1687年，牛顿(Newton)的旷世巨著《自然哲学的数学原理》正式出版，它的问世不仅确立了牛顿力学在自然科学中的地位，而且极大地激发了人们对物理学研究的热情。经过一段漫长的探索，电动力学、热力学和统计物理学也相继被建立，从而形成了一套完整的经典物理学体系。在这一时期，物理学成功地解释了几乎所有的物理现象，于是，一些学者乐观地认为，物理学的大厦已经建成，余下的只是内部装饰的琐事了。谁知世事难料，在解释固体比热、黑体辐射、光电效应及原子光谱等实验时，经典物理学却遇到了空前的挑战。在经典物理学晴朗的天空中，虽然这些疑难只是飘浮在远处的几朵乌云，可是，它们的出现却预示着一场暴风雨即将来临。

面对经典物理遇到的这些挑战，物理学家们不得不另辟蹊径，建立全新的理论来摆脱所面临的困境。1900年，普朗克(Planck)的量子假说率先脱颖而出，并在解释黑体辐射实验上取得了突破；1905年，爱因斯坦(Einstein)的光量子假说解释了光电效应；1913年，玻尔(Bohr)的旧量子论解释了氢原子光谱；1924年，德布罗意(de Broglie)的物质波假说揭示了运动粒子的波粒二象性；1925年，乌伦贝克(Uhlenbeck)和古兹米特(Goudsmit)的自旋假说解释了碱金属原子光谱的双线结构及反常塞曼(Zeeman)效应。就是在这样一批优秀物理学家前赴后继的努力之下，人们终于见到了量子理论的曙光。

1.1　黑体辐射与普朗克量子假说

1.1.1　维恩及瑞利－金斯黑体辐射公式

1. 维恩位移公式

19世纪末，为了满足工业化的需求，钢铁工业得到飞速的发展。在冶炼钢铁的过程中，人们发现不同温度的钢铁会发出不同波长的最强光。为了展现最强光的波长 λ_{max} 与温度 T 的关系，1893年，德国青年科学家维恩(Wien)总结出了一个经验公式，即

$$\lambda_{max}T = 2.8977\times10^{-3}\,\mathrm{m\cdot K} \tag{1.1.1}$$

上式意味着，物体所发出的最强光的波长与温度成反比，或者说，最强光波长的位置会随着温度的改变而移动，故称为**维恩位移公式**。事实上，当初维恩给出的常数还不具备如

此的精度。

2. 维恩能量密度公式

为了更深入地研究辐射频率(或波长)与温度的关系,人们设计了一个理想化的物体,它在任何温度下都能吸收投射在它上面所有频率的光(电磁辐射),而不会有任何的反射与透射,将其命名为(绝对)**黑体**。黑体的吸收本领最大,辐射本领也最大。

从热力学理论出发,再对黑体的辐射和吸收过程做一些特殊的假设后,维恩导出了一个黑体辐射的能量密度公式,即

$$\rho_\nu \mathrm{d}\nu = c_1 \mathrm{e}^{-c_2\nu/T}\nu^3 \mathrm{d}\nu \tag{1.1.2}$$

式中,ν 为光波频率;ρ_ν 为频率范围 $\nu \to \nu + \mathrm{d}\nu$ 中的黑体辐射**能量密度**(即单位体积内单位频率的能量);常数 c_1 与 c_2 由实验值确定,称为**待定常数**。式(1.1.2)即黑体辐射能量密度的**维恩公式**,由于公式中含有待定常数,因此维恩公式是一个唯象公式。

虽然利用维恩公式可以计算出黑体辐射的能量密度,但美中不足的是,它给出的结果只是在高频段与实验值符合,而在低频段两者的偏差较大,显然,这样的结果并不尽如人意。虽然维恩与量子理论失之交臂,但是,那个被爱因斯坦称为“有骨气的科学家”的劳厄(Laue),还是对维恩的贡献给予了恰如其分的评价,认为“他的不朽业绩在于引导人们走到了量子物理学的大门口。”

3. 瑞利－金斯能量密度公式

为了弥补维恩公式的缺憾,英国科学家瑞利(Rayleigh)与金斯(Jeans)携手,利用电动力学与热力学和统计物理学导出了另一个黑体辐射的能量密度公式(见例题1.1),即**瑞利－金斯公式**

$$\rho_\nu \mathrm{d}\nu = 8\pi c^{-3} k_{\mathrm{B}} T \nu^2 \mathrm{d}\nu \tag{1.1.3}$$

式中,c 为真空中的光速(简称为光速),是与电动力学相关的常数,$c = 2.997\,924\,58 \times 10^8\,\mathrm{m \cdot s^{-1}}$;$k_{\mathrm{B}}$ 为玻尔兹曼(Boltzmann)常数,是与热力学和统计物理学相关的常数,$k_{\mathrm{B}} = 1.380\,658 \times 10^{-23}\,\mathrm{J \cdot K^{-1}}$。瑞利－金斯公式不含任何待定常数,是一个纯粹的理论公式。

同样令人遗憾的是,由瑞利－金斯公式得到的结果刚好与维恩公式相反,它只是在低频段与实验值一致,而在高频段与实验值明显不符。更不可思议的是,在极高的频率下,由其求出的能量密度会趋于无穷大。这就意味着,在一次紫外辐射发生时能量将会被全部释放掉,从而引发所谓的“紫外灾变”。

1.1.2　普朗克黑体辐射公式

看来量子物理学的门槛实在是太高了,它似乎是一道难以逾越的屏障,正当人们在门口徘徊、望“门”兴叹时,凭借着过人的胆识,德国物理学家普朗克捷足先登了。

1. 普朗克唯象公式

为了攻克黑体辐射遇到的难关,在分析了维恩公式与瑞利－金斯公式的利弊之后,

1900 年 10 月 19 日，普朗克利用内插法给出了一个黑体辐射能量密度的两参数公式，即

$$\rho_\nu \mathrm{d}\nu = \frac{c_1 \nu^3}{\mathrm{e}^{c_2\nu/T} - 1}\mathrm{d}\nu \tag{1.1.4}$$

由于两个待定常数 c_1 与 c_2 的存在，故将其称为**普朗克唯象公式**。

下面来看一看普朗克唯象公式在高、低频段的形式。

在高频($\nu \gg 1$) 区域，由于

$$\mathrm{e}^{c_2\nu/T} - 1 \approx \mathrm{e}^{c_2\nu/T} \tag{1.1.5}$$

故式(1.1.4) 简化为

$$\rho_\nu \mathrm{d}\nu \approx c_1 \mathrm{e}^{-c_2\nu/T}\nu^3 \mathrm{d}\nu \tag{1.1.6}$$

显然，此时的普朗克唯象公式与维恩公式(1.1.2) 完全相同。

在低频($\nu \ll 1$) 区域，由于

$$\mathrm{e}^{c_2\nu/T} - 1 \approx 1 + c_2\nu/T - 1 = c_2\nu/T \tag{1.1.7}$$

故式(1.1.4) 简化为

$$\rho_\nu \mathrm{d}\nu \approx c_1 c_2^{-1} T\nu^2 \mathrm{d}\nu \tag{1.1.8}$$

显然，此时的普朗克唯象公式与瑞利－金斯公式(1.1.3) 也无任何实质性的差别。

总之，普朗克唯象公式在高频段与维恩公式相同，在低频段与瑞利－金斯公式一致。由于它同时对前两个公式取长补短，所以它给出的结果在全频段与观测值惊人地符合。

2. 普朗克量子假说

更难能可贵的是，成功的喜悦并没有让普朗克就此止步。他认为，如果得到的结果不甚理想也就罢了，但能得到如此好的结果决非偶然或巧合，一定源自一个未知理论的存在。于是，普朗克力图从理论上导出这个唯象公式，经过近两个月的努力，他终于发现，在经典物理学范畴之内，一切努力都是徒劳无益的。在万般无奈的情况下，他只好冒物理学之大不韪，提出了一个大胆的量子假说，才使得理论推导如愿以偿，真可谓是置之死地而后生矣。

普朗克量子假说(量子论假说之一)：黑体是由谐振子构成的，谐振子的能量取值是不连续的，可以与外界交换(吸收或辐射)的能量取值也是不连续的；在频率为 ν 的谐振子所交换的能量中，最小的能量为 $h\nu$，谐振子只能以 $h\nu$ 为能量单位吸收或辐射它。其中的 h 是一个普适常数，后人将其称为**普朗克常数**。

量子假说是为解释黑体辐射实验给出的，它可以理解为，谐振子可交换的能量只能是断续(分立或离散) 取值的，其中最小的能量称为**能量子**。换句话说，若将能量子记为

$$\varepsilon = h\nu \tag{1.1.9}$$

则谐振子可交换的能量只能是 ε 的整数倍，即 $n\varepsilon(n = 1,2,3,\cdots)$。需要特别强调的是，这里的能量 $n\varepsilon$ 是指谐振子可交换的能量，并非谐振子自身具有的能量，或者说，对谐振子自身具有的能量(见式(3.4.13)) 并没有这种限制。

后来发现,不仅谐振子的能量可以断续取值,而且其他微客体的能量也可以取断续值;不仅能量可以取断续值,还有一些力学量(例如,角动量的 z 分量和角动量的平方)也可以取断续值;不仅能量可以有最小取值单位,有些力学量也存在最小取值单位,故将力学量的最小取值单位统称为**量子**。严格地说,这里的量子并非粒子,只是某个力学量的最小取值单位。

为了对量子假说有深刻的感性认识,给出一个假想的面粉销售改革的例子:当你到粮店购买面粉时,以往的销售方式是,你想买几斤几两,老板都可以如数给你称量好。改革后的销售方式是,老板已经把一些面粉装成一公斤一袋,你买几袋都可以,但是少于一袋不卖,虽然店里还有没包装的面粉,但就是不再零卖。这种销售模式的一个不大的改革,却引发了面粉销售方式从连续到断续的实质性变革。

量子假说的科学意义可以用一句稍加改动的歌词来表达,那就是“世上的假说有千百种,也许它最无价”。

3. 普朗克理论公式

在量子假说的基础上,普朗克导出了一个全新的黑体辐射公式(详见例题 1.1),即

$$\rho_\nu \mathrm{d}\nu = \frac{8\pi h\nu^3}{c^3\left[\mathrm{e}^{h\nu/(k_B T)} - 1\right]}\mathrm{d}\nu \tag{1.1.10}$$

至此,普朗克唯象公式(1.1.4) 中的两个待定参数已经完全确定,即 $c_1 = 8\pi h/c^3$ 和 $c_2 = h/k_B$。由于式(1.1.10) 中不再含有任何待定常数,故称其为普朗克黑体辐射的理论公式,简称**普朗克公式**。1900 年 12 月 14 日,普朗克在德国物理学会的会议上以“关于光谱中能量分布规律的理论”为题,报告了这一令人既难以接纳又不忍割舍的成果。

在经典物理学中,物体的能量是可以连续取值的,而普朗克量子假说突破了这一思维定式。实际上,也正是由于这种思维模式上的“离经叛道”(超脱经典,摈弃轨道),才实现了从经典物理到量子物理的第一个飞跃,从而开创了量子理论的先河,普朗克宣讲其公式的这一天被认为是量子理论的诞生之日。

普朗克公式不仅成功地解释了黑体辐射的实验结果,而且利用它还可以导出维恩的位移公式(见例题 1.2)、斯特藩(Stefan)－玻尔兹曼定律(见例题 1.3) 和固体的等容比热公式(见习题 1.8 的解答)。经历过如此多的“小心求证”,普朗克的“大胆假设”才逐渐被世人所接纳,直至 18 年之后,诺贝尔(Nobel) 物理学奖的桂冠方加冕其身,虽然好事多磨,终究还是实至名归。

1.1.3 普朗克常数

1. 物理理论的标志性常数

纵观物理学的发展历程,每当一个重大的理论面世之时,总是有一个伴随的普适常数现身。例如,牛顿力学中的引力常数 G,热力学与统计物理学中的玻尔兹曼常数 k_B,电动力学和相对论力学中的光速 c,直至如今量子力学中的普朗克常数 h。这些普适常数是

相应理论的标志性常数，通过它们在公式中的显现，可以反映出公式与所应用理论的关系。例如，由普朗克公式中的普适常数 c、k_B 和 h 可知，它与电动力学、热力学和统计物理学及量子力学相关。

2. 普朗克常数的数值

普朗克常数作为量子理论的标志性常数，它的数值由实验测定为

$$h = 6.626\,075\,5 \times 10^{-34}\,\mathrm{J \cdot s} \tag{1.1.11}$$

对于宏观体系来说，普朗克常数是一个非常小的量，这也是宏观客体可以用经典力学来处理的原因所在。

利用振动的频率 ν 与角频率 ω 的关系

$$\omega = 2\pi\nu \tag{1.1.12}$$

也可以将普朗克常数用另外一个符号 $\hbar$ 来表示，即

$$\hbar = h/(2\pi) = 1.054\,572\,67 \times 10^{-34}\,\mathrm{J \cdot s} \tag{1.1.13}$$

它与 h 仅相差一个无量纲常数 2π，仍然称为普朗克常数。为了与 h 区别，借助英文读音，将 $\hbar$ 读作“h 坝”。于是，能量子就可以有两种等价的表示方式，即

$$\varepsilon = h\nu = \hbar\omega \tag{1.1.14}$$

普朗克常数具有角动量的量纲，即

$$[h] = [\hbar] = [\mathrm{M \cdot L^2 \cdot T^{-1}}] \tag{1.1.15}$$

也将其称为**作用量纲**。

既然提到量纲，在此多说几句题外的话。经验告诉我们，若要证明一个物理公式的正确性，通常不是一件容易的事情，但是，要想发现一个公式中的错误并不难。仅就量纲而言，只要公式不满足下列条件之一，该公式一定是错误的：等式两端必须具有相同量纲；加减运算中的各项必须具有相同量纲；指数函数的幂次、对数函数的真数和以弧度制计量的三角函数的变量必须无量纲。总之，关注公式中的量纲，就相当于练就了一双可辨真假的“火眼金睛”，这就是本书中多次提到量纲的缘由。

3. 经典力学适用性的判据

爱因斯坦创立的相对论从根本上改变了人们对原有的时间和空间的认知，光速 c 成为判断牛顿力学适用范围的一个重要常数，只有当物体的运动速度 v 远小于光速 c 时，即

$$v \ll c \tag{1.1.16}$$

牛顿力学才是可用的。换一个角度来看，这也可以理解为，相对物体的运动速度 v 而言，若光速 c 的作用可视为无穷大，则相对论力学退化为牛顿力学。此即相对论力学与牛顿力学的关系。

普朗克的量子假说开启了人们认识微观世界之门，量子力学的标志性常数 h 就是界定经典物理学适用范围的一个重要常数。相对物体自身的角动量而言，若普朗克常数 h 的作用可视为无穷小，则量子力学将会退化成经典力学。

实际上,光速 c 和普朗克常数 h 都是有确定数值的常数,它们不可能变成无穷大或者无穷小。所谓 h 的作用可视为无穷小,意思是物体的动量 p 与其活动的空间尺度 l 是如此之大,以致满足

$$pl \gg h \tag{1.1.17}$$

这时 h 的作用可以被忽略,量子力学退化为经典力学,否则需要使用量子力学来处理之。

在本节结束之前,回顾一下本节出现的公式的类型。

物理学是研究物体的性质及运动规律的科学,而物体的性质及运动规律主要是利用物理公式来表述的。通过对黑体辐射的研究可以看出,物理公式大致可以分为三种类型,即经验公式、唯象公式与理论公式。首先,将由实验结果归纳总结出来的公式称为**经验公式**,例如,维恩位移公式与斯特藩 - 玻尔兹曼定律。其次,将通过理论推导得到的含有若干待定常数的公式称为**唯象公式**,例如,能量密度的维恩公式与普朗克唯象公式。最后,将完全由理论导出的不含任何待定常数的公式称为**理论公式**,例如,瑞利 - 金斯公式与普朗克公式。

通常情况下,经验公式和唯象公式给出的计算结果会比理论公式更接近实验值,尽管如此,为了提升对物理问题的认知程度,人们还是对理论公式情有独钟。

1.2　光电效应与爱因斯坦光量子假说

1.2.1　光电效应的实验描述

经典物理学认为,光是物质的一种特殊形态,人们对光的认识曾经出现过两种截然相反的观点,即微粒说和波动说。牛顿的微粒说认为光是微粒,是一群按照力学规律运动的高速粒子流,而惠更斯(Huygens)的波动说则认为光是波动,是像水波一样向四周传播的波。两者都能解释光的直线传播和反射等实验结果,后者还可以解释光的干涉与衍射现象,两种观点是仁者见仁智者见智,各执己见互不相让。后来,麦克斯韦(Maxwell)建立的电动力学把光视为电磁波,至此,似乎光的波动说占据了上风。实际上,上述两种非此即彼的经典物理学思维模式背后都潜藏着危机。

早在1887年,赫兹(Hertz)就通过实验发现了紫外光的照射可以引起金属放电,称为**光电效应**。光电效应的实验现象是,当用紫外光照射到金属(例如,钠)的表面上时,立刻就会有电子从金属中发射,于是,在接通的电路中会有电流通过。由于这些电子是由光的照射所引发的,故称为**光电子**。

众所周知,要想让金属中的电子脱离金属表面,必须使电子具有一个最小的能量 W_0,称此最小能量为**脱出功**。实验中观察到的光电子是构成金属的原子中的这样一些价电子,它们吸收的光的能量 E 不仅足以克服脱出功 W_0,而且还至少能使其具有一定的动

能 T。

光电效应的要义可以归纳为三点：第一，光电子的能量只与照射光的频率有关，而与照射光的强度无关；第二，只有当照射光的频率 ν 高于某个值 ν_0（阈值）时，才会有光电子发射；第三，当紫外光照到金属表面上时，电路中几乎立刻就有电流通过，所需的时间只有 $t=10^{-9}$ s 左右。

按照经典理论来解释光电效应实验，意想不到的结果再次出现，只需粗略地估算就知道，要想使得电子由照射光获取 W_0+T 的能量，那么所需要的时间远远大于上述的时间 t。于是，在解释光电效应实验时，经典理论又到了山重水复疑无路的境地。

1.2.2　爱因斯坦光量子假说

虽然普朗克公式成功地解释了与黑体辐射相关的一些实验，但是，由于量子假说是与经典物理学格格不入的，就连普朗克本人也曾多次警告说"在引用普朗克常数时千万不要胡思乱想"，所以，在相当长的一段时间内，量子假说一直被束之高阁，无人问津。就在普朗克的量子假说提出五年之后，身为瑞士伯尔尼专利局一个默默无闻小职员的爱因斯坦，敏锐地意识到量子假说的重要价值，试图借助它将物理学引入柳暗花明的又一村。

为了解释光电效应，在普朗克量子假说的启迪下，1905 年，爱因斯坦在题为"关于光的产生和转化的一个试探性观点"的论文中，给出了光量子假说。

光量子假说（量子论假说之二）：光是由**光量子**组成的，每个光量子的能量 E 与光频率 ν 的关系为

$$E=h\nu \tag{1.2.1}$$

从表面上看，光量子假说只是对普朗克量子假说的一个拓展，而从本质上看，光量子假说给出了光波具有粒子属性的全新理念。1916 年，上述设想被以做精确测量而闻名于世的密立根(Millikan) 所设计的实验证实。

在光量子假说的基础上，爱因斯坦还根据光的动量 p 和能量 E 的关系 $p=E/c$（c 为光速），给出了光量子动量 p 与光波长 $\lambda=c/\nu$ 的关系，即

$$p=h/\lambda \tag{1.2.2}$$

1923 年，康普顿(Compton) 散射实验（见习题 1.9 的解答）证实了这一设想是正确的。

有了能量和动量的表达式(1.2.1) 与(1.2.2) 之后，就可以把具有确定频率 ν 与波长 λ 的光波，看作是具有相应能量 E 与动量 p 的一种粒子（光量子），后来人们把它简称为**光子**。

1.2.3　光电效应的光量子诠释

普朗克曾亲自礼聘爱因斯坦为洪堡大学讲席教授，并推荐他为威廉皇家科学院院

士，应该说普朗克是一个知人善任者，更何况光量子假说是借鉴了他的量子假说，按照常理，他应该是光量子假说的支持者。令人意想不到的是，就连普朗克也对光量子假说不以为然，爱因斯坦当时的境遇就可想而知了。好在爱因斯坦不只是提出了一个空洞的光量子假说，而且利用它正确解释了光电效应中出现的疑难，这才使众多怀疑论者不得不心悦诚服。

爱因斯坦认为，当紫外光照射到金属钠的表面时，一个光子的能量立刻被钠原子中的价电子吸收，并且只有当光子的能量足够大时，电子才有可能克服脱出功 W_0，从而逸出金属表面成为光电子。此时光电子的动能为

$$T = h\nu - W_0 \tag{1.2.3}$$

由式(1.2.3)可以看出：只有当光子的频率 ν 大于阈值 $\nu_0 = W_0/h$ 时，才会有光电子的发射，否则不可能有光电子发射；光电子动能的大小只依赖照射光的频率 ν，而与照射光的强度无关。至此，光量子假说已使光电效应的疑难迎刃而解。

在上述对光电效应的解释中，出发点是价电子吸收一个光子的能量，只要照射光的频率 $\nu > \nu_0$，就会有光电效应发生，严格地说，这应该称为**单光子光电效应**。反之，当照射光的频率 $\nu < \nu_0$ 时，不会有单光子光电效应发生。把上面的思路拓展开来，当照射光的频率 ν 满足 $\nu < \nu_0 < 2\nu$ 时，一个价电子会不会连续吸收两个光子的能量而变成光电子呢？若果真如此，就会有**双光子光电效应**发生。实际上，爱因斯坦已经预见到这种情况的存在，但是，由于这种双光子光电效应发生的概率太小，在当时的实验条件下，尚无法观测到它的存在。直到 1961 年红宝石激光器问世后，才由实验证实了双光子光电效应的存在。在此基础上，后来陆续发现了三光子、四光子乃至多光子的光电效应。上述光电效应的实验和理论的进程，充分展现了实验是理论的出发点及理论对实验的指导意义。

综上所述，爱因斯坦的光量子假说克服了经典理论遇到的困难，成功地解释了光电效应中观察到的实验现象。1921 年，爱因斯坦获得了诺贝尔物理学奖，却不是由于创立了尽人皆知的相对论，而是因为正确解释了光电效应。2000 年，英国的《物理世界》杂志评选出“10 位最伟大的物理学家”，爱因斯坦力压群雄独占鳌头。

1.3 氢原子光谱与玻尔旧量子论

1.3.1 原子及其结构模型

原子这个词源自希腊语，本意为不可分，在清朝末期曾将其意译为“莫破尘”，一个有趣的名字。人们对原子的认识大约可以追溯到公元前四百年，古希腊的智者把某种不可毁坏的、极小的、数目无限的微粒称为原子，并认为一切事物的本原是原子和虚空，这就是朴素的古代原子论。

原子的尺度虽小，也应该是有结构的，起初只知道它是由若干电子与携带正电荷的物质构成的。1897 年，汤姆孙(Thomson) 发现电子后，曾经出现过两种截然不同的原子结构模型。一种结构是**汤姆孙模型**，他认为正电荷以均匀的体密度分布在一个大小等于整个原子的球体内，而电子则一粒粒分布在球内不同的位置上，就像葡萄干布丁一样。另一种结构是**卢瑟福**(Rutherford) **模型**，他假设原子内部的正电荷处于质量很大且体积很小的区域(原子核) 内，电子则分布在与原子大小同数量级的封闭轨道上，并绕原子核运动。后来，人们也把卢瑟福模型称为原子的**有核模型**，α 粒子(氦原子核) 被原子散射的实验表明，有核模型的设想是正确的。

原子结构模型：在原子序数为 Z 的原子中心处，有一个正电荷为 Ze 的由 A 个**核子**(质子与中子的统称) 构成的**原子核**，其半径 $R=r_0A^{1/3}$，常数 $r_0\approx1.12\times10^{-15}\,\text{m}$，用不同方法得到的 r_0 在数值上略有差别。在正常情况下，原子核外有 Z 个电子环绕原子核运动。

1.3.2　原子的线状光谱

现在已经知道原子的尺度大约为$10^{-10}\,\text{m}$，相对现有的观测仪器而言，它实在是太小了，长期以来，人们无法直接观察到原子的结构。通常情况下，只能通过在实验中可观察到的原子光谱来了解原子的结构。

光经过一系列光学透镜及棱镜后，会在底片上留下若干条线，每个线条就是一条**光谱线**，把所有光谱线的总和称为**光谱**。实验发现，原子的光谱是由一条条断续的光谱线组成的，构成所谓的**线状光谱**。有趣的是，对于一个具体的原子而言，在各种激发条件下得到的光谱总是完全一样的，也就是说，光谱表征了该原子的特有属性，这样的线状光谱被称为原子的**标识线状光谱**。

对原子光谱的研究是从最简单的氢原子开始的。1885 年，瑞士的一位中学教师巴尔末(Balmer) 给出了计算氢原子谱线频率的公式，后来，里德伯(Rydberg) 将其推广为以其命名的一个经验公式，即

$$\nu_{nm}=cR_\infty(n^{-2}-m^{-2}) \tag{1.3.1}$$

式中，c 为光速；R_∞ 为里德伯常数，$R_\infty=10\,973\,731.543\ \text{m}^{-1}$；$\nu_{nm}(m>n)$ 为谱线频率；m 和 n 可取正整数 1,2,3,…。不同的 n 对应不同的谱线系，$n=1$ 为莱曼(Lyman) 线系，$n=2$ 为巴尔末线系，$n=3$ 为帕邢(Paschen) 线系，等等。

为了简化谱线频率 ν_{nm} 的表示，里兹(Ritz) 在 1908 年引入一个称为**光谱项**的整数函数，即

$$T(n)=cR_\infty/n^2 \tag{1.3.2}$$

于是式(1.3.1) 可以改写为

$$\nu_{nm}=T(n)-T(m) \tag{1.3.3}$$

此即原子物理学中的**并合规则**。它的意思是，氢原子的任何一条谱线的频率都等于相应的两个光谱项之差。

原子是一个荷电体系，若要利用有核模型解释其线状光谱，则需要借助麦克斯韦的电磁理论，出人意料的是结果却不遂人愿，至少有两个难题摆在面前：第一，在原子核外做加速运动的电子会产生电磁辐射，其辐射频率应该是连续的，即原子应该辐射连续光谱；第二，电子通过电磁辐射释放能量后，会沿着螺旋线不断地向原子核靠拢，最终会坠落到原子核上去，致使整个原子塌陷。遗憾的是，实际情况并非如此，具有线状光谱的原子的存在早已是不争的事实，至此，经典物理学在解释氢原子光谱时又显得力不从心、束手无策了。

1.3.3　玻尔旧量子论

1. 玻尔的量子假说

1912 年，年轻的丹麦物理学家玻尔进入卢瑟福的实验室工作，为了解决原子光谱遇到的困难，他把普朗克常数 h 引入原子物理学中，创建了后来以他的名字命名的量子论。

玻尔量子论包括如下两个假说（量子论假说之三）：

定态假说：原子只能稳定地存在于具有断续能量 $E_n(n=1,2,3,\cdots)$ 的一系列状态中，即原子的能量是量子化的，这些状态称为定态。

跃迁假说：原子能量的任何变化，都只能在两个定态之间以跃迁的方式进行。原子在两个定态 E_m 和 E_n 之间跃迁时，辐射或吸收的谱线频率 ν_{nm} 与定态能量 E_m 和 E_n 的关系为

$$h\nu_{nm}=E_m-E_n \tag{1.3.4}$$

上式的意思是：当 $E_m>E_n$ 时，ν_{nm} 表示原子从高能量定态 E_m 跃迁到低能量定态 E_n 所辐射的谱线频率；当 $E_m<E_n$ 时，ν_{nm} 表示原子吸收大小为 $h\nu_{mn}$ 的能量后，将从低能量定态 E_m 跃迁到高能量定态 E_n。

如果说玻尔提出的定态假说可能受到爱因斯坦光量子论的启发，那么，跃迁假说则是他的一个富有新意的创见。他敏锐地抓住了原子光谱中并合规则的实质，从而给出了定态能量与谱线频率的关系式。

由式(1.3.3)和式(1.3.4)可知，光谱项可以改写成

$$T(n)=-E_n/h \tag{1.3.5}$$

这样一来，最初人为引入的光谱项就具有了明确的物理意义，原来它是一个与原子的定态能量相关的函数。比较式(1.3.2)与式(1.3.5)，立即得到氢原子定态能量的表达式，即

$$E_n=-c\hbar R_\infty/n^2 \tag{1.3.6}$$

由于上式与用量子力学方法得到的氢原子能量表达式(7.2.49)完全相同，所以，玻尔的

量子论不但能正确解释实验上已经发现的氢原子的光谱系，而且，它所预言的新谱系也被莱曼在实验中观测到，此即玻尔量子论的成功之处。

2. 玻尔对其假说的补救措施

(1) 玻尔 — 索末菲量子化条件

玻尔的定态假说只是成功地解决了氢原子的能量量子化问题，对于其他力学量的量子化是鞭长莫及的。为解决这个问题，玻尔采用了一个补救措施，即角动量的量子化条件：做圆周运动的电子的轨道角动量 L 只能是普朗克常数 $\hbar$ 的整数倍，即

$$L=n\hbar \quad (n=1,2,3,\cdots) \tag{1.3.7}$$

1916 年，索末菲(Sommerfeld) 将其推广到多自由度的情况，即

$$\oint p_k \mathrm{d}q_k = n_k h \quad (n_k=1,2,3,\cdots) \tag{1.3.8}$$

式中，q_k 和 p_k 为正则坐标和正则动量；$\oint$ 表示对一个运动周期的积分。式(1.3.8) 称为**玻尔 — 索末菲量子化条件**。

(2) 对应原理

为了阐明量子力学与经典力学之间的关系，玻尔给出了一个对应原理。**对应原理**认为：当定态能量 E_n 中的 n(量子数) 趋向于无穷大时，量子体系的行为将趋向于经典体系。具体的例子见 3.1 节中关于一维无限深势阱能级的讨论。

(3) 互补原理

为了解释在下一节将要提到的运动粒子的波粒二象性，玻尔又给出了一个互补原理。**互补原理**认为：自然界中两种相互排斥的现象或概念，同时又是能够相互补充的，将这样两种现象或概念综合起来，形成一种更为完整的认识，从而实现一种在更高层次上的和谐。有意思的是，对华夏文明深感兴趣的玻尔认为，中国古代的阴阳八卦图是互补原理的最好佐证，甚至将其纳入家族的族徽之中。

3. 玻尔旧量子论的成就与缺憾

玻尔抓住了能量取值量子化这个要害，成功地解释了氢原子光谱的规律性，首次叩开了定量认识原子世界之门。他为了弥补其量子论的不足，又给出了玻尔 — 索末菲量子化条件、对应原理和互补原理，力图达到理论的完善。玻尔渊博的学术造诣和独特的人格魅力被世人所推崇，成为哥本哈根学派的领军人物是历史的必然。

随着时间的推移，玻尔量子论的局限性也逐渐显现出来：一是，无法解释复杂原子的光谱结构；二是，没有给出处理其他可观测力学量量子化的一般方法；三是，未能给出处理谱线强度的方法；四是，对非束缚定态问题的处理无计可施。鉴于上述问题的存在，通常把玻尔的量子论称为**旧量子论**。当然，列举这些缺憾之处，绝无求全责备之意，只是为了追寻这些问题产生的根源，那就是因为玻尔的旧量子论并不是一个完善的理论，只是在经典理论基础上针对氢原子的一个狭义的假说。毋庸讳言，玻尔的旧量子论带有时代

留下的印记,是一个先天不足的理论,纵然有再多的补救措施也是无济于事的,历史正期待一个崭新的理论降临。

1.4 波粒二象性与德布罗意物质波假说

1.4.1 光的波粒二象性

在经典物理学中,把自然界中的物理图像分为两大类,即实物粒子与波动。实物粒子具有确定的体积、质量和电荷,其运动规律遵循牛顿定律,在给定的条件下,各种力学量的取值是确定的。实物粒子的本质特征是其集中地、整体地交换能量和动量,即具有定域性。波动(例如,光波)是弥漫在整个空间的扰动,不同的波动具有不同的频率与波长,波的运动服从叠加原理,可以产生干涉、衍射现象。波动的本质特征是其广延地、连续地交换能量和动量,即具有非定域性。总之,经典物理学认为:粒子就是粒子,波动就是波动,粒子与波动是两个完全不同的物理概念,两者是风马牛不相及的。

爱因斯坦的光量子假说彻底改变了传统的观念,他认为光是由光子构成的,光子的力学量满足的关系式为

$$E = h\nu, \quad p = h/\lambda \tag{1.4.1}$$

其中,能量和动量是表征光子粒子性的力学量,频率和波长是表征光子波动性的力学量,通过普朗克常数把两者联系起来。光子在传播的过程中表现出波动的属性,而光子在与物质相互作用时则显示出粒子的属性,总之,光子既具有经典粒子的属性又具有经典波动的属性,此即光子的波动-粒子二象性,简称为**光的波粒二象性**。

1.4.2 德布罗意物质波假说

1. 物质波假说

如前所述,在经典意义下的光是一种波动,既然作为波动的光可以具有粒子的属性,那么按着由此及彼的思路,人们自然会想到,运动的粒子是否也具有波动的属性呢?法国青年贵族德布罗意对此给出了肯定的回答。1924年,德布罗意在他的博士论文中提出了物质波的设想,完成了从经典理论到量子理论的第二个飞跃,并为此获得了诺贝尔物理学奖。这个毅然从史学改行学习物理的年轻人,在物理学的史册上为自己留下了浓墨重彩的一笔。

德布罗意假说(量子论假说之四):包括光子在内的所有粒子在运动中既表现出粒子的行为,也表现出波动的行为,此即**运动粒子波粒二象性**的完整表述。若用公式来表示,则称为**德布罗意关系式**,即

$$E = \hbar\omega = h\nu, \quad \boldsymbol{p} = \hbar\boldsymbol{k} = (h/\lambda)\boldsymbol{n} \tag{1.4.2}$$

式中,E、$\boldsymbol{p}$ 分别为表征粒子属性的能量与动量;ν、ω、λ 和 $\boldsymbol{k}$ 分别为表征波动属性的频率、角频率、波长和波矢量;$\boldsymbol{n}$ 为波矢量方向的单位矢量。

在德布罗意关系式中,普朗克常数起到了纽带的作用,是它把描述粒子属性和波动属性的两组力学量连接起来。习惯上,人们将与运动粒子相联系的波称为**物质波**或**德布罗意波**,λ 称为**德布罗意波长**。需要注意的是,静止的粒子不满足德布罗意关系式,它不具有波粒二象性,只存在粒子性,这是波粒二象性的一种极端的情况。关于运动粒子波粒二象性的详细诠释将在第2章给出。

细心的读者会发现,式(1.4.2)并非一个新的公式,它是光子满足的关系式(1.4.1)的再现,德布罗意只是利用逆向思维将其推广到任意运动粒子而已,但是,这个看似无足轻重的推广却成了量子力学的奠基石。《物理世界》杂志曾让读者投票评选世界上最伟大的公式,在最终榜上有名的前十个公式中,就有德布罗意关系式和薛定谔(Schrödinger)方程,这足见量子理论在自然科学中举足轻重的地位。

通常将不受任何外力作用的运动粒子称为**自由粒子**,质量为 m 的自由粒子的能量为

$$E=\boldsymbol{p}^2/(2m) \tag{1.4.3}$$

由式(1.4.2)可知,自由粒子的德布罗意波长为

$$\lambda=h/(2mE)^{1/2} \tag{1.4.4}$$

由上式可知,因为普朗克常数是一个小量,故自由粒子的德布罗意波长通常也是一个小量;自由粒子的 mE 越小,其相应的德布罗意波长越长;当自由粒子的能量为零时,德布罗意波长不存在,意味着静止的粒子就是粒子,不具有波动性。

2. 经典理论适用性的具体判据

对于一个具体的物理问题,是否需要使用量子理论来处理,事先需要有一个预判,这个判据为:当运动粒子的德布罗意波长远小于该粒子本身的尺度时,可以近似地用经典理论来处理,否则需要用量子理论来处理。下面来说明此判据成立的理由。

对于一个运动的粒子而言,由式(1.4.2)可知,其动量的大小与德布罗意波长的关系为

$$p=h/\lambda \tag{1.4.5}$$

假设粒子以 l 为半径做圆周运动,若用 l 乘上式的两端,则有

$$pl=hl/\lambda \tag{1.4.6}$$

实际上,半径为 l 的圆周可视为该粒子的活动范围,pl 为其具有的角动量大小。如前所述,若粒子的角动量 pl 是如此之大,以至于可以将 h 视为无穷小,即 $pl\gg h$,则可以用经典理论处理之。由式(1.4.6)可知,当 $l=\lambda$ 时,$pl=h$;当 $l>\lambda$ 时,$pl>h$;更进一步,若 $l\gg\lambda$,则 $pl\gg h$。也就是说,当粒子的活动范围远大于它的德布罗意波长时,其波动性可以被忽略,经典理论成为量子理论一个相当好的近似。严格地说,粒子的活动范围是一个不容易确定的量,为了更确切地描述上述问题,不妨取 l 为粒子的尺度,于是,只要粒子

的尺度远大于其德布罗意波长，就可以使用经典理论处理之。当然，这样的要求有些过于苛刻。

3. 物质波的两个实例

为了对物质波具有感性的认识，给出下面两个例题。

例 1.1 设有一个体重为 $m=50\ \mathrm{kg}$ 的短跑运动员，以 $v=10\ \mathrm{m\cdot s^{-1}}$ 的速度沿跑道做直线运动，求其相应的德布罗意波长。

解 该运动员沿跑道方向的动量为

$$p=mv=500\ \mathrm{kg\cdot m\cdot s^{-1}} \tag{1.4.7}$$

由式(1.4.5)可知，相应的德布罗意波长为

$$\lambda=h/p=1.33\times10^{-36}\ \mathrm{m} \tag{1.4.8}$$

如此看来，即使是宏观体量的运动员也具有波粒二象性，只不过相对他本身以米来计量的尺度而言，其德布罗意波长实在是太短了。以至其粒子性占据了绝对的主导地位，波动性完全可以被忽略，这就是能够用经典物理的方法处理宏观问题的原因所在。

也许有人会问，如果运动员跑得慢一些，那么他相应的德布罗意波长不就变大了吗？实际上，即使运动员以 $1\ \mathrm{nm\cdot s^{-1}}$($1\ \mathrm{nm}=10^{-9}\ \mathrm{m}$)的速度移动，他相应的德布罗意波长也不过只有 $1.33\times10^{-26}\ \mathrm{m}$。仔细想来，以 $1\ \mathrm{nm\cdot s^{-1}}$ 的速度运动，对一个体重 50 kg 的运动员来说，实在是勉为其难了。

例 1.2 求能量为 100 eV(电子伏特)的自由电子的德布罗意波长。

解 已知电子的质量 $m_e=9.109\times10^{-31}\mathrm{kg}$，将其代入式(1.4.4)，得到自由电子的德布罗意波长为

$$\lambda=\frac{h}{(2m_eE)^{1/2}}=\frac{6.626\times10^{-34}\mathrm{J\cdot s}}{(2\times9.109\times10^{-31}\mathrm{kg}\times10^2\mathrm{eV})^{1/2}}=$$
$$\frac{6.626\times10^{-34}\mathrm{J\cdot s}}{(2\times9.109\times10^{-31}\mathrm{kg}\times10^2\times1.602\times10^{-19}\mathrm{kg\cdot m^2\cdot s^{-2}})^{1/2}}=$$
$$1.23\times10^{-10}\mathrm{m} \tag{1.4.9}$$

目前公认的电子经典半径为 $2.82\times10^{-15}\mathrm{m}$，实际上，至今在 $10^{-20}\mathrm{m}$ 的尺度上仍未探测到电子的大小，人们还在努力解开这个谜团。由此可见，该电子所具有的德布罗意波长远远大于其经典半径，它的波动性是绝对不可忽略的。

总之，随着运动粒子动量值的减小，其波长增加，也就是说波动性增强而粒子性减弱，此即粒子性与波动性这一对矛盾此消彼长的过程。由此看来，宏观物体只是波粒二象性的一种极端情况，或者说，由微观到宏观的过渡是一个由量变到质变的过程。

1.4.3 物质波假说的实验验证

由于德布罗意关于物质波假说的论文是有创见的，所以得到了物理学界的认可，但是，由于缺乏实验证据，在一段时间内并没有引起人们的关注。

若要验证运动粒子具有波动性，则必须在实验中观察到波动特有的干涉和衍射现象。而在实验过程中，只有当物质波的波长不小于仪器的孔或缝的特征长度时，干涉和衍射现象才会显现。对于宏观物体而言，由于它们的德布罗意波长太短，粒子性占据主导地位，所以观察不到干涉和衍射现象也是情理之中的事情。

如果选原子尺度(10^{-10} m 左右)作为孔或缝的特征长度，则由例 1.2 可知，具有 100 eV 动能电子的德布罗意波长恰好与之相应，实验中应该观测到衍射图案，这也正是德布罗意当初所设想的实验方案。

1925 年，戴维孙(Davisson)和革末(Germer)用一束具有确定能量和动量的电子射向多晶镍片，试图得到电子的衍射图案。虽然进行了许多次的实验，却总是不能达到预期的效果。后来，由于一次意外事故的发生，改用镍单晶片代替多晶镍片，没承想竟然因祸得福，成功地完成了电子的衍射实验，得到了与 X 射线衍射图形非常相似的衍射图案，论文于 1927 年 4 月发表在《物理评论》上。事隔不久，汤姆孙的独生子乔治·汤姆孙利用金薄膜做了类似的实验，也得到了电子的衍射图案，但比戴维孙和革末的发现晚了两个月，文章发表在《自然》杂志上。更有趣的是，老汤姆孙用实验证实了电子的存在，小汤姆孙用实验证实了运动电子具有波粒二象性，父子二人皆因电子获得诺贝尔物理学奖，被传为物理学史上的佳话。后来，随着实验装置的不断改善，其他粒子(中子、质子和中性原子等)的衍射图形陆续被发现，于是，德布罗意的物质波假说得到了实验验证。20 世纪末，C_{60} 分子束的衍射图形被发现，在迄今为止观测到具有明显波动性的粒子中，C_{60} 分子是质量最重、结构最为复杂的粒子。总之，运动粒子具有波粒二象性，既不是子虚乌有的空穴来风，也不是凭空捏造的人为杜撰，而是由诸多严格实验给出的千真万确的事实。

在本章结束之前，让我们对量子理论的建立过程做一简要回顾。首先，普朗克的量子假说问世之后，爱因斯坦的光量子假说、玻尔的定态假说和跃迁假说、德布罗意的物质波假说及乌伦贝克－古兹米特的自旋假说(见第 9 章)相继出现，并且先后被实验证实，可以说这些假说为量子理论的构建立下了汗马功劳。如果探究这些假说成功的原因，那是因为它们有一个共同之处，即都与普朗克常数相关，由此可见，普朗克常数才是它们的画龙点睛之笔，它确实无愧于量子理论的标志性常数。其次，如果从假说提出者的年龄看，他们当年都是二三十岁的年轻人，恰恰因其阅历不深，思想上受到的束缚不多，具有初生牛犊不怕虎的精神，方能提出这些令人望而却步的大胆的假说，使其功成名就万古流芳，此即所谓自古英雄出少年。

纵观量子理论诞生的过程可以看出，物理学的终极目标是对物质世界的性质与运动规律的认识和利用。理论架构是物理学的基础和灵魂，实验观测是理论的出发点和归宿，数学演绎是连接理论与实验的工具和桥涵，三者既各司其职又相互依存，相辅相成且缺一不可。

例题选讲 1

例题 1.1 导出黑体辐射能量密度的瑞利—金斯公式和普朗克公式。

解 黑体辐射的能量是由谐振子的本征振动引起的,若振动频率为ν,则由热力学理论可知,在频率ν到$\nu+\mathrm{d}\nu$之间,黑体的振动个数为

$$\mathrm{d}N(\nu)=8\pi c^{-3}V\nu^2\mathrm{d}\nu \tag{1}$$

式中,c为光速;V为黑体的体积。

若设$\bar{\varepsilon}(T,\nu)$表示温度为T、频率为ν的本征振动的平均能量,ρ_ν为振动频率在ν到$\nu+\mathrm{d}\nu$之间的单位体积的能量密度,则黑体的能量为

$$V\rho_\nu\mathrm{d}\nu=\bar{\varepsilon}(T,\nu)\mathrm{d}N(\nu)=8\pi c^{-3}V\bar{\varepsilon}(T,\nu)\nu^2\mathrm{d}\nu \tag{2}$$

消去等式两端的V,于是得到

$$\rho_\nu\mathrm{d}\nu=8\pi c^{-3}\bar{\varepsilon}(T,\nu)\nu^2\mathrm{d}\nu \tag{3}$$

经典物理学认为谐振子的能量是连续取值的,于是可以求出热平衡状态下的平均能量为

$$\bar{\varepsilon}(T,\nu)=\frac{\int_0^\infty\varepsilon\mathrm{e}^{-\varepsilon/(k_\mathrm{B}T)}\mathrm{d}\varepsilon}{\int_0^\infty\mathrm{e}^{-\varepsilon/(k_\mathrm{B}T)}\mathrm{d}\varepsilon}=\frac{(k_\mathrm{B}T)^2}{k_\mathrm{B}T}=k_\mathrm{B}T \tag{4}$$

式中,k_B为玻尔兹曼常数。将上式代入式(3),得到

$$\rho_\nu\mathrm{d}\nu=8\pi c^{-3}k_\mathrm{B}T\nu^2\mathrm{d}\nu \tag{5}$$

此即瑞利—金斯的黑体辐射公式(1.1.3)。

由普朗克的量子假说可知,谐振子能量的取值是断续的,即

$$\varepsilon_n=nh\nu \tag{6}$$

式中,$n=0,1,2,\cdots$。在第3章中,用量子力学方法得到的线谐振子本征能量为$\varepsilon_n=(n+1/2)h\nu$(见式(3.4.13)),它比式(6)仅多出一个常数$h\nu/2$,而这个常数的存在并不影响下面的推导结果,由此可见,普朗克的量子假说无意之中竟然抓住了问题的要害。

在此基础上,热平衡状态下能量的平均值为

$$\bar{\varepsilon}(T,\nu)=\frac{\sum\limits_{n=0}^\infty\varepsilon_n\mathrm{e}^{-\varepsilon_n/(k_\mathrm{B}T)}}{\sum\limits_{n=0}^\infty\mathrm{e}^{-\varepsilon_n/(k_\mathrm{B}T)}} \tag{7}$$

为简化表示,令

$$\beta=(k_\mathrm{B}T)^{-1} \tag{8}$$

$$Z=\sum_{n=0}^\infty\mathrm{e}^{-\beta\varepsilon_n} \tag{9}$$

于是式(7) 可以简化为

$$\bar{\varepsilon}(T,\nu) = -Z^{-1}\mathrm{d}Z/\mathrm{d}\beta \tag{10}$$

然后，将式(6) 代入式(9) 得到

$$Z = \sum_{n=0}^{\infty} \mathrm{e}^{-\beta n h\nu} = \sum_{n=0}^{\infty} (\mathrm{e}^{-\beta h\nu})^n \tag{11}$$

因为 $\mathrm{e}^{-\beta h\nu} < 1$，故可以利用级数求和公式

$$\sum_{n=0}^{\infty} x^n = (1-x)^{-1} \quad (|x|<1) \tag{12}$$

将式(11) 改写成

$$Z = (1-\mathrm{e}^{-\beta h\nu})^{-1} \tag{13}$$

再将上式代入式(10)，通过简单的微分运算可得

$$\bar{\varepsilon}(T,\nu) = h\nu/[\mathrm{e}^{h\nu/(k_B T)} - 1] \tag{14}$$

最后，将式(14) 代入式(3)，立刻得到普朗克公式(1.1.10)，即

$$\rho_\nu \mathrm{d}\nu = 8\pi h c^{-3} [\mathrm{e}^{h\nu/(k_B T)} - 1]^{-1} \nu^3 \mathrm{d}\nu \tag{15}$$

例题 1.2　试由普朗克公式导出维恩位移公式。

解　利用频率和波长的关系 $\nu = c/\lambda$，将普朗克公式

$$\rho_\nu \mathrm{d}\nu = 8\pi h c^{-3} [\mathrm{e}^{h\nu/(k_B T)} - 1]^{-1} \nu^3 \mathrm{d}\nu \tag{1}$$

改写成以波长为自变量的形式，即

$$\begin{aligned}\rho_\lambda \mathrm{d}\lambda = 8\pi h c^{-3} c^3 \lambda^{-3} [\mathrm{e}^{hc/(k_B T\lambda)} - 1]^{-1} (-c\lambda^{-2}) \mathrm{d}\lambda = \\ -8\pi h c \lambda^{-5} [\mathrm{e}^{hc/(k_B T\lambda)} - 1]^{-1} \mathrm{d}\lambda\end{aligned} \tag{2}$$

为了求出最强光波长 $\lambda_{\max}$ 满足的条件，由 ρ_λ 取极值的条件

$$\mathrm{d}\rho_\lambda/\mathrm{d}\lambda = 0 \tag{3}$$

得到

$$\frac{5\lambda^{-6}}{\mathrm{e}^{hc/(k_B T\lambda)} - 1} + \frac{\lambda^{-5}\mathrm{e}^{hc/(k_B T\lambda)}[-hc\,(k_B T)^{-1}\lambda^{-2}]}{[\mathrm{e}^{hc/(k_B T\lambda)} - 1]^2} = 0 \tag{4}$$

若令

$$x = hc/(k_B T\lambda) \tag{5}$$

则式(4) 简化为

$$5(\mathrm{e}^x - 1) = x\mathrm{e}^x \tag{6}$$

整理之，得到 x 满足的超越方程为

$$\mathrm{e}^x = 5/(5-x) \tag{7}$$

方程式(7) 有物理意义的解为

$$x = 4.965\,114 \tag{8}$$

将其代入式(5) 得到

$$\lambda_{\max} T = hc/(4.965\,114 k_B) = 2.897\,756 \times 10^{-3}\,\mathrm{m\cdot K} \tag{9}$$

上式即维恩位移公式(1.1.1)。

例题 1.3 利用普朗克公式导出斯特藩－玻尔兹曼定律。

解 普朗克的黑体辐射公式为

$$\rho_\nu \mathrm{d}\nu = 8\pi hc^{-3}\left[\mathrm{e}^{h\nu/(k_\mathrm{B}T)}-1\right]^{-1}\nu^3\mathrm{d}\nu \tag{1}$$

总能量密度是上式对频率 ν 的积分，即

$$\rho = \int_0^\infty \rho_\nu \mathrm{d}\nu = 8\pi hc^{-3}\int_0^\infty \left[\mathrm{e}^{h\nu/(k_\mathrm{B}T)}-1\right]^{-1}\nu^3\mathrm{d}\nu \tag{2}$$

若令

$$x = h\nu/(k_\mathrm{B}T) \tag{3}$$

则式(2) 简化为

$$\rho = 8\pi hc^{-3}\,(k_\mathrm{B}T/h)^4\int_0^\infty x^3\,(\mathrm{e}^x-1)^{-1}\mathrm{d}x \tag{4}$$

利用级数展开式

$$(1-\mathrm{e}^{-x})^{-1} = \sum_{n=0}^\infty (\mathrm{e}^{-x})^n \tag{5}$$

对式(4) 中的被积函数做如下变换，即

$$(\mathrm{e}^x-1)^{-1} = \mathrm{e}^{-x}\,(1-\mathrm{e}^{-x})^{-1} = \mathrm{e}^{-x}\sum_{n=0}^\infty (\mathrm{e}^{-x})^n = \sum_{n=0}^\infty \mathrm{e}^{-(n+1)x} = \sum_{n=1}^\infty \mathrm{e}^{-nx} \tag{6}$$

将上式代入式(4)，利用定积分公式

$$\int_0^\infty x^n \mathrm{e}^{-ax}\,\mathrm{d}x = n!\,a^{-(n+1)} \tag{7}$$

得到式(4) 中的积分结果为

$$\int_0^\infty x^3\,(\mathrm{e}^x-1)^{-1}\mathrm{d}x = \sum_{n=1}^\infty \int_0^\infty x^3\mathrm{e}^{-nx}\,\mathrm{d}x = 3!\sum_{n=1}^\infty n^{-(3+1)} = 6\times 90^{-1}\pi^4 = \pi^4/15 \tag{8}$$

其中的无穷级数表达式见式(10.7.53)。

将式(8) 代入式(4)，得到斯特藩－玻尔兹曼定律为

$$\rho = \alpha T^4 \tag{9}$$

式中比例常数为

$$\alpha = 8\times 15^{-1}\pi^5 k_\mathrm{B}^4/\,(ch)^3 = 7.565\ 902\times 10^{-16}\ \mathrm{J\cdot m^{-3}\cdot K^{-4}} \tag{10}$$

比例常数 α 与斯特藩常数 σ 的关系为

$$\sigma = c\,\alpha/4 = 5.670\ 51\times 10^{-8}\ \mathrm{W\cdot m^{-2}\cdot K^{-4}} \tag{11}$$

例题 1.4 设一个电子被电压 V 所加速，若电子的动能转化为一个光子，问加速电压为多大时，才能使得光子具有如下的波长？

(1) $\lambda_1 = 500$ nm(可见光)；

(2) $\lambda_2 = 0.1$ nm(X 射线)；

(3) $\lambda_3 = 10^{-6}$ nm(γ 射线)。

解　电子的动能为

$$T = eV \tag{1}$$

而光子的能量为

$$E = cp = ch/\lambda \tag{2}$$

依题意可知，第 $i(i=1,2,3)$ 种情况满足的条件为

$$eV_i = ch/\lambda_i \tag{3}$$

于是有

$$V_i = che^{-1}/\lambda_i \tag{4}$$

为了使用方便，先计算出与波长无关的部分，即

$$\begin{aligned} che^{-1} = & 2.998\times10^{8}\ \mathrm{m\cdot s^{-1}}\times6.626\times10^{-34}e^{-1}\mathrm{J\cdot s}= \\ & 2.998\times10^{8}\ \mathrm{m\cdot s^{-1}}\times6.626\times10^{-34}\times(1.602\times10^{-19})^{-1}e^{-1}\mathrm{eV\cdot s}= \\ & 12.4\times10^{-7}\ \mathrm{m\cdot V} \end{aligned} \tag{5}$$

对于不同波长的光子，所需的加速电压分别为

$$\begin{cases} V_1 = (500\times10^{-9}\ \mathrm{m})^{-1}\times12.4\times10^{-7}\ \mathrm{m\cdot V} = 2.48\ \mathrm{V} \\ V_2 = (0.1\times10^{-9}\ \mathrm{m})^{-1}\times12.4\times10^{-7}\ \mathrm{m\cdot V} = 12.4\ \mathrm{kV} \\ V_3 = (10^{-6}\times10^{-9}\ \mathrm{m})^{-1}\times12.4\times10^{-7}\ \mathrm{m\cdot V} = 1\,240\ \mathrm{MV} \end{cases} \tag{6}$$

例题1.5　求出下列各粒子相应的德布罗意波长（用 nm 表示）。

(1) 能量为 $E_1=10$ eV 的自由电子；

(2) 能量为 $E_2=0.1$ eV 的自由中子；

(3) 能量为 $E_3=0.1$ eV、质量为 1 g 的质点；

(4) 温度 $T=1$ K 时，具有动能 $E_4=3k_{\mathrm{B}}T/2$ 的氦原子。

解　由自由粒子德布罗意波长的表达式可知，第 $i(i=1,2,3)$ 个粒子的波长为

$$\lambda_i = h/(2mE_i)^{1/2} \tag{1}$$

利用上式可以求出前3个粒子相应的德布罗意波长分别为

$$\begin{cases} \lambda_1 = \dfrac{6.626\times10^{-34}\ \mathrm{J\cdot s}}{(2\times9.109\times10^{-31}\ \mathrm{kg}\times10\times1.602\times10^{-19}\ \mathrm{J})^{1/2}} = 0.388\ \mathrm{nm} \\ \lambda_2 = \dfrac{6.626\times10^{-34}\ \mathrm{J\cdot s}}{(2\times1.675\times10^{-27}\ \mathrm{kg}\times0.1\times1.602\times10^{-19}\ \mathrm{J})^{1/2}} = 0.090\,4\ \mathrm{nm} \\ \lambda_3 = \dfrac{6.626\times10^{-34}\ \mathrm{J\cdot s}}{(2\times1.0\times10^{-3}\ \mathrm{kg}\times0.1\times1.602\times10^{-19}\ \mathrm{J})^{1/2}} = 0.117\times10^{-12}\ \mathrm{nm} \end{cases} \tag{2}$$

对于氦原子而言，当 $T=1$ K 时，其能量为

$$E_4 = 3k_{\mathrm{B}}T/2 = 1.5\times1.381\times10^{-23}\mathrm{J\cdot K^{-1}}\times1\ \mathrm{K} = 2.071\times10^{-23}\ \mathrm{J} \tag{3}$$

于是有

$$\lambda_4 = \frac{6.626\times10^{-34}\ \mathrm{J\cdot s}}{(2\times6.690\times10^{-27}\ \mathrm{kg}\times2.071\times10^{-23}\ \mathrm{J})^{1/2}} = 1.26\ \mathrm{nm} \tag{4}$$

例题 1.6 利用玻尔－索末菲量子化条件，完成下列计算。

(1) 一维谐振子的能量；

(2) 电子在均匀磁场中做圆周运动，其轨道半径的可能取值。

解 (1) 由经典力学可知，一维谐振子受到的力为

$$F=-kx \tag{1}$$

于是有

$$ma=-kx \tag{2}$$

式中，m 为谐振子质量；a 为加速度；k 为弹性系数。

利用加速度的定义，可以将式(2) 改写成

$$mx''(t)+kx(t)=0 \tag{3}$$

若令

$$\omega^2=k/m \tag{4}$$

则式(3) 可改写为

$$x''(t)+\omega^2 x(t)=0 \tag{5}$$

解之得到坐标随时间的变化为

$$x(t)=A\sin(\omega t+\delta) \tag{6}$$

进而得到动量随时间的变化为

$$p(t)=mx'(t)=Am\omega\cos(\omega t+\delta) \tag{7}$$

利用玻尔－索末菲量子化条件得到

$$\begin{aligned} nh=&\oint p\mathrm{d}q=\int_0^{T_0} p(t)\mathrm{d}x(t)= \\ &\int_0^{T_0} Am\omega\cos(\omega t+\delta)\mathrm{d}[A\sin(\omega t+\delta)]= \\ &A^2 m\omega^2\int_0^{T_0}\cos^2(\omega t+\delta)\mathrm{d}t \end{aligned} \tag{8}$$

式中，$n=1,2,3,\cdots$。

若令

$$\omega t=\varphi,\quad T_0=2\pi/\omega,\quad \delta=0 \tag{9}$$

则式(8) 右端的积分上限变成 $\omega T_0=2\pi$，于是积分的结果为

$$\omega^{-1}\int_0^{2\pi}\cos^2\varphi\mathrm{d}\varphi=2^{-1}\omega^{-1}[\varphi+\sin\varphi\cos\varphi]\big|_0^{2\pi}=\omega^{-1}\pi \tag{10}$$

将其代回式(8) 得到

$$A^2=nh/(m\omega\pi)=2n\hbar/(m\omega) \tag{11}$$

动能为

$$\begin{aligned} T=&2^{-1}m[x'(t)]^2=2^{-1}A^2m\omega^2\cos^2(\omega t)= \\ &2^{-1}A^2m\omega^2[1-A^{-2}x^2(t)]=2^{-1}m\omega^2[A^2-x^2(t)]= \end{aligned}$$

$$2^{-1}m\omega^2[2n\hbar/(m\omega)-x^2(t)]=n\hbar\omega-2^{-1}m\omega^2x^2(t) \tag{12}$$

总能量为

$$E=V+T=2^{-1}m\omega^2x^2(t)+n\hbar\omega-2^{-1}m\omega^2x^2(t)=n\hbar\omega \tag{13}$$

此即谐振子的能量取值量子化。上述结果与求解定态薛定谔方程得到的结果只相差$\hbar\omega/2$,由此可以看出旧量子论的成就与缺憾。

(2) 对于在均匀磁场$\boldsymbol{B}$中做圆周运动的电子,它受到洛伦兹(Lorentz)力的作用,在高斯(Gauss)单位制中,可以写成

$$\boldsymbol{F}=(e/c)\boldsymbol{v}\times\boldsymbol{B},\quad F=(e/c)Bv\sin\alpha \tag{14}$$

式中,α为电子运动方向与磁场方向的夹角;$\boldsymbol{v}$是电子的运动速度。若轨道半径为r,则速率为

$$v=r\mathrm{d}\theta/\mathrm{d}t \tag{15}$$

将其代入式(14)有

$$F=(e/c)Br\sin\alpha\mathrm{d}\theta/\mathrm{d}t \tag{16}$$

再利用洛伦兹力等于向心力,即

$$(e/c)Br\sin\alpha(\mathrm{d}\theta/\mathrm{d}t)=mr\,(\mathrm{d}\theta/\mathrm{d}t)^2 \tag{17}$$

于是得到

$$\mathrm{d}\theta/\mathrm{d}t=(Be/mc)\sin\alpha \tag{18}$$

利用玻尔—索末菲量子化条件,得到

$$\oint p_\theta\mathrm{d}\theta=\int_0^{2\pi}mr^2\mathrm{d}\theta/\mathrm{d}t\mathrm{d}\theta=$$

$$\int_0^{2\pi}mr^2(Be/mc)\sin\alpha\mathrm{d}\theta=(2\pi Be/c)r^2\sin\alpha=nh \tag{19}$$

由上式可知,电子轨道半径的取值是量子化的,即

$$r_n=[c\hbar n/(eB\sin\alpha)]^{1/2}\quad(n=1,2,3,\cdots) \tag{20}$$

后面将会看到,由于电子径向坐标的取值只能以概率的形式出现,所以,在量子力学中并不存在速度和轨道的概念,自然也就无从谈起轨道半径。之所以在这里出现了电子的速度和轨道半径,完全是使用了玻尔的旧量子论的缘故。

习　题　1

习题1.1　利用玻尔—索末菲量子化条件,求限制在方形箱内运动粒子的能量,设箱的长、宽和高分别为a、b和c。

习题1.2　利用玻尔—索末菲量子化条件,求转动惯量为I的平面转子的能量。

习题1.3　从$p=mv$及$m=m_0/(1-v^2c^{-2})^{1/2}$出发,利用$T=mc^2-m_0c^2$,导出相对论粒子德布罗意波长与动能的关系。$m_0$为该粒子的静止质量。

习题1.4 计算如下粒子的德布罗意波长。

(1) 动能为 $T=4\times10^8$ eV 的 α 粒子,α 粒子的质量为 $m_1=6.64\times10^{-27}$ kg;

(2) 速度 $v_2=1\ \text{cm}\cdot\text{s}^{-1}$,质量 $m_2=10^{-15}$ kg 的尘埃;

(3) 速度 $v_3=500\ \text{m}\cdot\text{s}^{-1}$,质量 $m_3=20$ g 的子弹。

习题1.5 有一功率为125 W的水银灯,其发光效率为80%,若只有2%的能量用于发射光子,求每秒发射波长为 $\lambda=6.123\times10^{-7}$ m 的光子数。

习题1.6 当自由电子与中子的德布罗意波长均为 10^{-10} m 时,求它们各自具有的能量。若它们的速度相等,求出电子与中子波长之比。

习题1.7 为了观察微粒的布朗(Brown)运动,在液体中放入直径为 1 μm(1 μm=10^{-6} m)、质量 m 为 10^{-25} kg 的悬浮微粒,在常温 $T=300$ K 下,其热运动的动能为 $3k_BT/2$。求该微粒的德布罗意波长,并说明有无必要将其视为量子客体。

习题1.8 利用普朗克的量子假说解释固体的等容比热。

习题1.9 利用爱因斯坦光量子假说导出康普顿散射公式

$$\tilde{\lambda}-\lambda=[4\pi\hbar/(cm_0)]\sin^2(\theta/2)$$

式中,λ、$\tilde{\lambda}$ 分别为入射与散射的 X 光的波长;m_0 为电子的静止质量;c 为光速;θ 为散射光与入射光传播方向的夹角,称为散射角。

第2章　波函数、算符与薛定谔方程

量子论的假说只是奠定了量子理论的基础，若要建立量子理论的数学架构(量子力学)，还需要有一整套完备的基本原理、概念和公式。由运动粒子具有波粒二象性可知，它与一个物质波相对应，按照经典物理的思路，这个物质波应该用一个波函数来描述。为了反映波函数的时间因果关系，它需要满足一个关于时间的运动方程，由它解出的波函数应该描述运动粒子的状态。此即量子力学最基本方程(薛定谔方程)的来龙去脉。

接下来的问题是，如何解释薛定谔方程中的波函数的物理内涵？玻恩(Born)认为：物质波与薛定谔方程中波函数所描述的波都不是实在的物质波动，而是一种概率(几率)波，此即波函数的概率波解释。显然，在物理含义上，量子力学中的波函数已经与经典意义下的波函数大相径庭。

虽然量子的世界很精彩，但是量子的世界也很无奈。无奈之处在于它是建立在五个基本原理之上的，它们分别为：波函数的概率波解释、状态叠加原理、薛定谔方程、算符化规则和全同性原理，好在现有的实验结果站在了量子理论一边。本章介绍前四个基本原理，它们涉及量子力学的三个要素，即波函数、算符与薛定谔方程，这些基本概念和公式都是量子力学的精髓所在，需要认真领悟其物理内涵。

2.1　波函数的概率波诠释

2.1.1　波粒二象性的经典解释

1. 经典物理学中的粒子与波动

(1) 经典粒子的属性

一是，经典粒子具有确定的质量和电荷，它们在与其他物体相互作用时，是整体发生作用；二是，表征经典粒子状态的物理量是坐标、速度、角动量和能量等，这些物理量都是连续取值的；三是，经典粒子的运动服从牛顿力学定律，粒子沿确定的轨道运动。在任意时刻，经典粒子的所有物理量的取值都是确定的。

(2) 经典波动的属性

一是，经典波动是可以在整个空间中传播的周期性扰动，经典波动的运动服从相应的波动方程，例如，电磁波遵循麦克斯韦方程；二是，表征经典波动状态的物理量是频率、波长和波矢量等，这些物理量也是连续取值的，在任意时刻它们的取值也是确定的；三是，经典波动满足叠加原理，可以观测到干涉和衍射花样。

2. 经典物理学对波粒二象性解释的失败

德布罗意的物质波假说认为，所有的实物粒子在运动时，既表现出粒子的行为又表现出波动的行为，或者说，既具有粒子的某些属性又具有波动的某些属性，此即运动粒子的波粒二象性。遗憾的是，当时人们的思想还深受经典物理学的影响，在其非此即彼思想的制约之下，曾经出现过如下两种说法，即波包说和疏密波说，但是，它们均以失败告终。为了方便，下面以电子为例说明之。

(1) 波包说

波包说认为：运动的电子是由物质波形成的波包，或者说，是由许多不同频率的单色波构成的一个复波，它可以局限在电子大小的空间中。由此得到的计算结果却出人意料，该波包的寿命大约只有 1.375×10^{-22} s(见 2.6 节)，也就是说在如此短的时间内电子就变成非定域的了，此即所谓波包发散的困难。显然，波包的观点只是片面地强调了电子的波动性，而忽略了它的粒子性。

(2) 疏密波说

疏密波说认为：运动电子的波动性对应的是由大量电子分布于空间而形成的疏密波。实际上，在电子的双狭缝衍射实验中，不但多个电子同时通过仪器时可以得到衍射图案，即使让电子一个一个单独地通过仪器，只要电子的数目足够多，仍然可以在底片上得到同样的衍射图案。这说明运动电子的波动性并不一定要在许多电子同时存在于空间中才会显现，更确切地说，单个的运动电子也具有波动性。显然，疏密波的观点夸大了电子的粒子性，却抹杀了它的波动性。

波包说与疏密波说各执一词、争论不休，由于它们的出发点都是经典物理学，各自强调了波粒二象性中的一种属性，均犯有顾此失彼的错误，被淘汰出局也是历史的必然。

2.1.2 波粒二象性的量子诠释

1. 量子力学对波粒二象性的诠释

著名物理学家费曼(Feynman) 认为“电子既不是粒子，也不是波”，那么电子到底是什么？这是一个无法回避的问题。

对运动电子波粒二象性的正确诠释有如下三点：第一，因为运动的电子既不满足经典粒子的定义，也不满足经典波动的定义，所以，它既不是经典意义下的粒子，也不是经典意义下的波动；第二，它既具有经典粒子的第 1 条属性，又具有经典波动的第 3 条属性，并且，摒弃了经典粒子与波动的其他属性，简而言之，它兼具经典粒子与经典波动的部分属性；第三，电子就是电子，粒子与波动只是电子的两种不同的属性。如果一定要借用经典的语言来理解它，那么，它是经典粒子与经典波动这一对矛盾的综合体，玻尔的互补原理就是为解释电子的波粒二象性而给出的。

为了更好地理解上述说法，不妨举一个尽人皆知的例子。如果有人问“熊猫到底是熊还是猫？”，你一定会认为这是一个幼稚可笑的问题。理由很简单，虽然熊猫既具有熊的体魄又具有猫的容貌，但是，这里的熊和猫，只是用来表征熊猫的体魄和容貌的，所以熊猫既不是熊，也不是猫，熊猫就是熊猫。以此为戒，切勿再问“电子到底是粒子还是波动？”之类的问题，否则定会贻笑大方。

2. 波粒二象性的静态和动态模型

人们可能会问，为什么对电子的描述会如此困难呢？其实原因有两个：其一，虽然电子是一个实实在在的微客体，但是时至今日也未曾有人见到过它的庐山真面目，所以即使满腹经纶的语言大师也无法描述这样一个从未以真面示人的小精灵。其二，由于电子有着与宏观客体完全不同的属性，所以任何用来描述宏观客体的语言，在电子的面前都会显得苍白无力，于是就出现了这种只可意会不可言传、理不屈而词穷的尴尬局面。尽管如此，还是让我们以耳熟能详的事例来建立两个模型，用来尝试对波粒二象性进行诠释。

(1) 静态的“好人与坏人”模型

粒子性与波动性只是电子的两种不同属性，并非电子本身。

假设一个社会中的人只能具有好与坏两种属性，当一个人只有好的属性时，被视为“好人”，而当其只有坏的属性时，会被当作“坏人”。从经典的层面上审视人，世界上只存在“好人”和“坏人”两种人，根本不存在同时兼备好与坏两种属性的“正常人”。量子力学的观点认为，好与坏只是人的两种属性而已，只有人才是客观存在的标的物，“正常人”是人之常态。人与人的差异只是两种属性的比例不同而已，这也是对一个人评价要“一分为二”的原因所在。由于“好人”与“坏人”是“正常人”的两种极端情况，所以世上的“好人”凤毛麟角，“坏人”也实属罕见。在认识论上，经典物理学至少犯了如下两个错误：一是把事物的属性当作事物本身，二是非此即彼的观点将事物绝对化。

(2) 动态的“孙悟空”模型

运动电子的波动性体现在整个传播过程中，而粒子性体现在电子与物体相互作用的瞬间。

神话传说中的孙悟空身怀腾云驾雾的绝技，他一个筋斗可以翻出十万八千里，这时肉眼凡胎的你只能看到他所驾的大片祥云，根本无法确定他究竟身处何方。翻译成量子力学的语言，那就是，由于做自由运动的电子具有波动性，它可能存在于空间中的任何一处，故它的坐标不能确定。可是一旦孙悟空回到了你的面前，落在地面上的他立刻现出原形，你自然就能目睹到他的尊容。用量子力学的话说，当电子与物体相互作用时，瞬间体现出它的粒子性。

简而言之，不动的粒子就是粒子，运动的粒子具有波粒二象性。波粒二象性是量子理论中最基础的概念，许多奇妙物理现象的终极解释，如果追根溯源，一定都离不开它。同时，波粒二象性也是量子理论中最难表述和理解的概念，稍有不慎就会导致断章取义或者言未由衷的后果，需要通过反复思索方能逐渐领悟出其中的真谛。

2.1.3 波函数的概率波诠释

1. 波函数的概率波诠释

按照经典力学的思路，为了描述德布罗意给出的物质波，需要引入一个波函数。当时，人们对波函数的认识还处于一种朦胧的状态，只知道波函数是一个坐标和时间的复函数，至于它的物理内涵仍然延续了经典层面的认知。直到后来，玻恩通过对散射现象的研究发现，不管是德布罗意的物质波还是薛定谔的波函数，都不是实在的物理波动，它们只是一种概率波。真可谓是一语点醒梦中人，至此，人们才豁然开朗，彻底地从经典理论的束缚下解脱出来。

波函数的概率波诠释(基本原理之一)：如果描述体系状态的波函数为 $\psi(\boldsymbol{r},t)$，则其模方 $|\psi(\boldsymbol{r},t)|^2$ 就是体系在 t 时刻处于 $\boldsymbol{r}$ 附近的**坐标取值概率密度**，由此可知，波函数 $\psi(\boldsymbol{r},t)$ 就是体系在 t 时刻处于 $\boldsymbol{r}$ 附近的**坐标取值概率密度幅**。

有两点需要说明：第一点，由波函数的概率波诠释可知，相对经典力学中的波函数而言，量子力学中的波函数已经有名无实，只是徒有虚名而已；第二点，这里的波函数是特指描述体系状态的波函数，确切地说，应该称之为体系波函数。

2. 双缝衍射实验的概率波解释

波函数的本质是坐标的取值概率密度幅，为了理解它的物理内涵，用如下一组双缝衍射实验说明之。

分别用三种不同的入射对象(子弹、光波和电子)来研究一个假想的双缝衍射实验，实验装置可以简化为有两条狭缝的屏及其后面的靶。每次实验都进行多次入射，每种入射对象的实验都分三步进行：首先，关闭狭缝 2，只留狭缝 1，在靶上得到弹着点的分布 $\rho_1(\boldsymbol{r})$ 或光强分布 $I_1(\boldsymbol{r})$；其次，关闭狭缝 1，只留狭缝 2，在靶上得到弹着点的分布 $\rho_2(\boldsymbol{r})$ 或光强分布 $I_2(\boldsymbol{r})$；最后，两个狭缝同时开放，在靶上得到弹着点的分布 $\rho(\boldsymbol{r})$ 或光强分布 $I(\boldsymbol{r})$。

实验的结果是：使用子弹入射时，弹着点分布满足 $\rho(\boldsymbol{r})=\rho_1(\boldsymbol{r})+\rho_2(\boldsymbol{r})$；而用光波入射时，光强分布满足 $I(\boldsymbol{r})\neq I_1(\boldsymbol{r})+I_2(\boldsymbol{r})$，这是由光波的衍射现象造成的；在电子的双缝衍射实验中，随着入射电子个数的增加，靶上就会出现有规律的图案，其强度分布与光强分布类似，而与子弹的弹着点分布完全不同。

对于电子而言，在 $\boldsymbol{r}$ 附近衍射图案的强度是与落在那里的电子数目成正比的，换句话说，它是与电子出现在 $\boldsymbol{r}$ 附近的概率成正比的。如果用波函数 $\psi(\boldsymbol{r})$ 来描述衍射波的振幅，则可以用 $|\psi(\boldsymbol{r})|^2$ 来表示衍射花样的强度。为简洁计，暂未顾及波函数中的时间变量

(下同)。

若电子通过狭缝1与狭缝2时的概率幅分别为 $\psi_1(\boldsymbol{r})$ 和 $\psi_2(\boldsymbol{r})$,则其相应的衍射花样强度分别为

$$\rho_1(\boldsymbol{r})=|\psi_1(\boldsymbol{r})|^2,\quad \rho_2(\boldsymbol{r})=|\psi_2(\boldsymbol{r})|^2 \tag{2.1.1}$$

当两个狭缝同时打开时,电子的衍射花样强度应该为

$$\rho(\boldsymbol{r})=|\psi_1(\boldsymbol{r})+\psi_2(\boldsymbol{r})|^2=\rho_1(\boldsymbol{r})+\rho_2(\boldsymbol{r})+\psi_1(\boldsymbol{r})\psi_2^*(\boldsymbol{r})+\psi_1^*(\boldsymbol{r})\psi_2(\boldsymbol{r}) \tag{2.1.2}$$

上式中右端的最后两项表明衍射效应的存在。

为了看起来更清楚,将式(2.1.1)改写成

$$\psi_1(\boldsymbol{r})=\rho_1^{1/2}(\boldsymbol{r})\mathrm{e}^{\mathrm{i}\delta_1},\quad \psi_2(\boldsymbol{r})=\rho_2^{1/2}(\boldsymbol{r})\mathrm{e}^{\mathrm{i}\delta_2} \tag{2.1.3}$$

式中,相位 δ_1 和 δ_2 为实常数;$\mathrm{e}^{\mathrm{i}\delta_1}$ 和 $\mathrm{e}^{\mathrm{i}\delta_2}$ 称为**相因子**。将上式代入式(2.1.2),得到

$$\rho(\boldsymbol{r})=\rho_1(\boldsymbol{r})+\rho_2(\boldsymbol{r})+2\rho_1^{1/2}(\boldsymbol{r})\rho_2^{1/2}(\boldsymbol{r})\cos(\delta_1-\delta_2) \tag{2.1.4}$$

上式表明,$\rho(\boldsymbol{r})$ 随着相位差 $\delta_1-\delta_2$ 的改变呈现出周期性的变化,于是出现了电子的衍射花样。

这里,$|\psi(\boldsymbol{r})|^2$ 的含义已经与经典波动完全不同,由于它表示在 $\boldsymbol{r}$ 点附近衍射花样的强度,所以,它是一个刻画电子出现在 $\boldsymbol{r}$ 点附近概率大小的量。上述的说法可用公式表示为

$$\mathrm{d}w(\boldsymbol{r})=c\,|\psi(\boldsymbol{r})|^2\mathrm{d}\tau=c\,\psi^*(\boldsymbol{r})\psi(\boldsymbol{r})\mathrm{d}\tau \tag{2.1.5}$$

式中,$\mathrm{d}w(\boldsymbol{r})$ 表示在 $\boldsymbol{r}$ 附近的体积元 $\mathrm{d}\tau$ 内发现电子的概率,它与 $|\psi(\boldsymbol{r})|^2$ 和 $\mathrm{d}\tau$ 成正比;c 为比例常数。由此可知,$|\psi(\boldsymbol{r})|^2$ 就具有了电子的坐标取值概率密度的物理含义,即在 $\boldsymbol{r}$ 附近的单位体积元内发现粒子的概率。正常情况下,$|\psi(\boldsymbol{r})|^2$ 具有体积倒数的量纲,即 $[\mathrm{L}^{-3}]$。进而可知,$\psi(\boldsymbol{r})$ 是电子的坐标取值概率密度幅,量纲为 $[\mathrm{L}^{-3/2}]$。

总之,利用波函数的概率波诠释,可以正确解释电子的双缝衍射实验的结果。对于宏观客体而言,两个狭缝弹着点的叠加是概率密度的叠加,无衍射现象存在;对于微观客体而言,两个狭缝弹着点的叠加是概率密度幅的叠加,会有衍射现象发生。两种不同的叠加只有一个"幅"字之差,结果却有天壤之别,真可谓差之毫厘失之千里。

2.2　状态与状态叠加原理

2.2.1　波函数可以描述体系的状态

在物理学中,如果知道了表征一个体系的全部物理量的取值信息,那么就可以说知道了该体系所处的**状态**;反之,若知道了体系所处的状态,则相当于知道了表征该体系的全部物理量的相关信息,此即体系状态与物理量取值信息的关系。不管该体系属于宏观领域还是微观领域,上述观点都是正确的。宏观领域的问题已经可以用经典物理学的方

法处理,而如何表征微观领域中体系的状态则正是需要解决的问题。

由于按照玻恩对波函数的概率波诠释,波函数 $\psi(\boldsymbol{r},t)$ 就是 t 时刻粒子坐标 $\boldsymbol{r}$ 的取值概率密度幅,所以概率与概率密度的概念是贯穿整个量子力学的灵魂所在。

可观测的力学量一定取实数值,其取值方式有两种,即断续取值与连续取值。下面分别对它们的取值概率(密度)与平均值进行讨论。

1. 力学量断续取值时的取值概率

实际上,概率并不是一个陌生的概念,即使在日常的生活中,有关概率的例子也比比皆是,其中最常见的一个例子就是所谓的"博彩"。例如,若在一万张连号的彩票中,随机摇出一个号码作为头等奖,则每张彩票中头等奖的概率均为万分之一;若彩票的个位号码为偶数时中末等奖,则每张彩票中末等奖的概率均为二分之一。虽然只买一张彩票就想中头等奖是小概率事件,但是概率再小(只要不是0)也有命中的可能,可能这就是一些人热衷于购买彩票的原因吧;虽然买 9 999 张彩票中头等奖是大概率事件,但是概率再大(只要不是1)也不能肯定中头等奖,可能这就是所谓的不怕一万就怕万一吧。这些早已是尽人皆知的常识。

在物理学中,设有一个可观测的力学量 g,若它可能取 n 个断续值 $g_1,g_2,g_3,\cdots,g_n$,则称 $g_m(m=1,2,3,\cdots,n)$ 为力学量 g 的**可能取值**。g_m 的取值概率是这样确定的:对该力学量 g 进行 N(N 是一个尽可能大的正整数)次测量,如果有 N_1 次取值为 g_1,有 N_2 次取值为 g_2,……,有 N_n 次取值为 g_n,则将

$$W(g_m)=N_m/N \tag{2.2.1}$$

称为可能取值 g_m 的**取值概率**。由定义可知,取值概率 $W(g_m)$ 是一个0与1之间的可以连续取值的无量纲实数。

由于全部可能取值的取值次数之和为测量的次数 N,即

$$\sum_{m=1}^{n}N_m=N \tag{2.2.2}$$

所以全部可能取值的取值概率之和为1,即

$$\sum_{m=1}^{n}W(g_m)=\sum_{m=1}^{n}N_m/N=N/N=1 \tag{2.2.3}$$

若将力学量 g 的**平均值**(期望值)记为 $\bar{g}$,则平均值为

$$\bar{g}=\sum_{m=1}^{n}g_mW(g_m) \tag{2.2.4}$$

2. 力学量连续取值时的取值概率密度

如果力学量是可以连续取值的,上面公式中的求和要用积分来代替。例如,对波函数 $\psi(\boldsymbol{r})$ 而言,自变量 $\boldsymbol{r}$ 就是可以连续取值的,为简洁计,暂未顾及波函数中的时间变量(下同)。

由式(2.1.5)可知，在 $\boldsymbol{r}$ 附近的体积元 $\mathrm{d}\tau$ 内发现粒子的概率为

$$\mathrm{d}w(\boldsymbol{r})=c\,|\psi(\boldsymbol{r})|^2\mathrm{d}\tau \tag{2.2.5}$$

式中，c 为比例常数。进而可知，在 $\boldsymbol{r}$ 附近单位体积元中发现这个粒子的概率密度为

$$W(\boldsymbol{r})=\mathrm{d}w(\boldsymbol{r})/\mathrm{d}\tau=c\,|\psi(\boldsymbol{r})|^2 \tag{2.2.6}$$

或者说，$W(\boldsymbol{r})$ 是坐标 $\boldsymbol{r}$ 的取值概率密度。

为了确定比例常数 c，需要用到概率之加和原理，即

$$\int\mathrm{d}w(\boldsymbol{r})=c\int|\psi(\boldsymbol{r})|^2\mathrm{d}\tau=1 \tag{2.2.7}$$

式中的积分是对全空间进行的，略去了积分的上下限(下同)。上式的物理含义是在全空间发现这个粒子的概率为1。若设波函数 $\psi(\boldsymbol{r})$ 满足模方可积的要求，则积分$\int|\psi(\boldsymbol{r})|^2\mathrm{d}\tau$ 为有限值，于是有

$$c=\left[\int|\psi(\boldsymbol{r})|^2\mathrm{d}\tau\right]^{-1} \tag{2.2.8}$$

进而得到坐标 $\boldsymbol{r}$ 的取值概率密度与平均值分别为

$$W(\boldsymbol{r})=\frac{|\psi(\boldsymbol{r})|^2}{\int|\psi(\boldsymbol{r})|^2\mathrm{d}\tau}\,,\quad \bar{\boldsymbol{r}}=\frac{\int\psi^*(\boldsymbol{r})\boldsymbol{r}\psi(\boldsymbol{r})\mathrm{d}\tau}{\int|\psi(\boldsymbol{r})|^2\mathrm{d}\tau} \tag{2.2.9}$$

应该特别强调的是，凡是涉及力学量的取值概率(密度)与平均值时，一定要指明是什么力学量在哪个波函数下的取值概率(密度)与平均值。正因为如此，当所选定的波函数与时间相关时，即使力学量与时间无关，它的取值概率(密度)与平均值通常也会随时间变化。

将上述结论推广到与时间相关的波函数，若已经知道了粒子的波函数 $\psi(\boldsymbol{r},t)$，就可以求出其坐标 $\boldsymbol{r}$ 的取值概率密度 $W(\boldsymbol{r},t)$ 及其平均值 $\bar{\boldsymbol{r}}(t)$。而且后面将会看到，利用 $\psi(\boldsymbol{r},t)$ 也能求出其他力学量的取值概率(密度)与平均值。于是可以推断出，粒子的波函数 $\psi(\boldsymbol{r},t)$ 可以描述该粒子所处的状态。在这个意义上讲，将 $\psi(\boldsymbol{r},t)$ 称为**态函数**更为贴切。量子力学中的波函数只是借鉴了经典力学中的称谓，其物理内涵已经与经典的波函数迥然不同，它之所以沿用至今，完全是约定俗成、积习难改的缘故。

2.2.2　波函数的归一化

1. 相差复常数因子的两个波函数描述同一个状态

定理 2.1　设有两个描述同一体系状态的波函数 $\psi_1(\boldsymbol{r},t)$ 和 $\psi_2(\boldsymbol{r},t)$，如果 $\psi_2(\boldsymbol{r},t)=c(t)\psi_1(\boldsymbol{r},t)$，那么这两个波函数描述的是该体系同一个状态。其中，$c(t)$ 为一个只与时间 t 相关的任意复函数。

证明　若分别用 $W_1(\boldsymbol{r},t)$ 和 $W_2(\boldsymbol{r},t)$ 来表示这两个波函数相应的坐标取值概率密

度，则由式(2.2.9)中第1式可知

$$W_2(\boldsymbol{r},t)=\frac{|\psi_2(\boldsymbol{r},t)|^2}{\int|\psi_2(\boldsymbol{r},t)|^2\mathrm{d}\tau}=\frac{|c(t)|^2\,|\psi_1(\boldsymbol{r},t)|^2}{|c(t)|^2\int|\psi_1(\boldsymbol{r},t)|^2\mathrm{d}\tau}=W_1(\boldsymbol{r},t)\qquad(2.2.10)$$

显然，这两个波函数给出的坐标取值概率密度是完全相同的，进而可知，坐标的平均值也是相同的。后面将会看到，不仅仅对坐标变量，而且对其他的力学量也都有同样的结果。这就意味着，对于可观测的力学量而言，两个相差一个复常数因子 $c(t)$ 的波函数给出相同的物理结果，于是说明它们描述的是体系的同一个状态。定理2.1证毕。

由上述证明过程可知，即使 $c(t)$ 不是有限数，只要它满足条件 $\int|c(t)\psi_1(\boldsymbol{r},t)|^2\mathrm{d}\tau=|c(t)|^2\int|\psi_1(\boldsymbol{r},t)|^2\mathrm{d}\tau$，定理2.1亦成立。在5.4节中将用到它。

2. 波函数的归一化表示

所谓归一化的波函数，是指满足模方在全空间积分为1要求的波函数。定理2.1提供了这样一个机会，即可以通过选择一个恰当的复常数因子将波函数归一化。

定理2.2 若 $\tilde{\psi}(\boldsymbol{r},t)$ 是体系的一个未归一化的波函数，则可以由其构造一个归一化的波函数 $\psi(\boldsymbol{r},t)$，使得两者描述的是该体系同一个状态。

证明 因为相差一个复常数因子 $c(t)$ 的两个波函数描述同一个状态，所以允许利用 $\tilde{\psi}(\boldsymbol{r},t)$ 来构造一个新的波函数，即

$$\psi(\boldsymbol{r},t)=c(t)\tilde{\psi}(\boldsymbol{r},t)\qquad(2.2.11)$$

若 $\psi(\boldsymbol{r},t)$ 满足任意时刻 t 在全空间找到该粒子的概率为1，即

$$\int|\psi(\boldsymbol{r},t)|^2\mathrm{d}\tau=|c(t)|^2\int|\tilde{\psi}(\boldsymbol{r},t)|^2\mathrm{d}\tau=1\qquad(2.2.12)$$

则称上式为波函数 $\tilde{\psi}(\boldsymbol{r},t)$ 的**归一化条件**。由上式容易得到

$$c(t)=\left[\int|\tilde{\psi}(\boldsymbol{r},t)|^2\mathrm{d}\tau\right]^{-1/2}\mathrm{e}^{\mathrm{i}\delta}\qquad(2.2.13)$$

式中，δ 为相位，是任意实数；$c(t)$ 为波函数 $\tilde{\psi}(\boldsymbol{r},t)$ 的**归一化常数**。将式(2.2.13)代回式(2.2.11)，可以得到**归一化波函数** $\psi(\boldsymbol{r},t)$ 为

$$\psi(\boldsymbol{r},t)=\frac{\mathrm{e}^{\mathrm{i}\delta}\tilde{\psi}(\boldsymbol{r},t)}{\left[\int|\tilde{\psi}(\boldsymbol{r},t)|^2\mathrm{d}\tau\right]^{1/2}}\qquad(2.2.14)$$

显然，归一化波函数 $\psi(\boldsymbol{r},t)$ 中还会存在一个不确定的相因子 $\mathrm{e}^{\mathrm{i}\delta}$，由于 $|\mathrm{e}^{\mathrm{i}\delta}|=1$，所以它的存在并不影响 $|\psi(\boldsymbol{r},t)|^2$ 的数值，习惯上选相位 $\delta=0$，以后不再赘述。由于 $\tilde{\psi}(\boldsymbol{r},t)$ 与 $\psi(\boldsymbol{r},t)$ 只相差一个复常数因子，故两者描述的是同一个状态。定理2.2证毕。

由于波函数 $\psi(\boldsymbol{r},t)$ 和 $\tilde{\psi}(\boldsymbol{r},t)$ 描述同一个状态，故可以使用 $\psi(\boldsymbol{r},t)$ 来计算坐标 $\boldsymbol{r}$ 的取值概率密度与平均值，于是，式(2.2.9)的形式就可以变得简洁了，即

$$W(\boldsymbol{r},t)=|\psi(\boldsymbol{r},t)|^2,\quad \bar{\boldsymbol{r}}(t)=\int\psi^*(\boldsymbol{r},t)\boldsymbol{r}\psi(\boldsymbol{r},t)\mathrm{d}\tau \tag{2.2.15}$$

总之，未归一化的波函数 $\tilde{\psi}(\boldsymbol{r},t)$ 的模方 $|\tilde{\psi}(\boldsymbol{r},t)|^2$ 表示坐标的相对取值概率密度，而归一化的波函数 $\psi(\boldsymbol{r},t)$ 的模方 $|\psi(\boldsymbol{r},t)|^2$ 表示坐标的取值概率密度。

为了加深对波函数物理内涵的理解，让我们处理下面这个问题。

例 2.1　一个粒子处于长、宽、高分别为 a、b、c 的方形盒子中，设其所处的状态用未归一化的波函数 $\tilde{\psi}(x,y,z)$ 来描述，问粒子处于盒子的上三分之一空间的概率是多少？

解　在求解涉及概率（密度）的问题时，需要先对波函数进行归一化处理。设归一化的波函数为

$$\psi(x,y,z)=\tilde{c}\tilde{\psi}(x,y,z) \tag{2.2.16}$$

式中，$\tilde{c}$ 为归一化常数。利用波函数的归一化条件

$$\int_0^a\mathrm{d}x\int_0^b\mathrm{d}y\int_0^c\mathrm{d}z\,|\psi(x,y,z)|^2=|\tilde{c}|^2\int_0^a\mathrm{d}x\int_0^b\mathrm{d}y\int_0^c\mathrm{d}z\,|\tilde{\psi}(x,y,z)|^2=1 \tag{2.2.17}$$

求出归一化常数为

$$\tilde{c}=\left[\int_0^a\mathrm{d}x\int_0^b\mathrm{d}y\int_0^c\mathrm{d}z\,|\tilde{\psi}(x,y,z)|^2\right]^{-1/2} \tag{2.2.18}$$

然后，将式(2.2.18) 代回式(2.2.16)，得到归一化的波函数 $\psi(x,y,z)$，最后利用 $\psi(x,y,z)$ 求出粒子处于盒子的上三分之一空间的概率为

$$\int_0^a\mathrm{d}x\int_0^b\mathrm{d}y\int_{2c/3}^c\mathrm{d}z\,|\psi(x,y,z)|^2=\frac{\int_0^a\mathrm{d}x\int_0^b\mathrm{d}y\int_{2c/3}^c\mathrm{d}z\,|\tilde{\psi}(x,y,z)|^2}{\int_0^a\mathrm{d}x\int_0^b\mathrm{d}y\int_0^c\mathrm{d}z\,|\tilde{\psi}(x,y,z)|^2} \tag{2.2.19}$$

2.2.3　状态叠加原理

1. 状态叠加原理的表述

在经典物理学中，由于波动满足叠加原理，所以有干涉与衍射现象发生。在量子力学中，运动粒子具有波粒二象性，所谓运动粒子也具有波动性，指的就是其概率波的叠加性，换句话说，状态服从叠加原理。为简洁计，在下面的讨论中暂时略记了波函数中的时间变量。

状态叠加原理（基本原理之二）：若体系具有 n 个断续的线性独立的可能状态 $\psi_1(\boldsymbol{r})$，$\psi_2(\boldsymbol{r})$，$\psi_3(\boldsymbol{r})$，…，$\psi_n(\boldsymbol{r})$，则这些可能状态的任意线性组合构成的**叠加态**

$$\psi(\boldsymbol{r})=\sum_{m=1}^{n}C_m\psi_m(\boldsymbol{r}) \tag{2.2.20}$$

也一定是该体系的一个可能的状态。式中，组合系数 C_m 为任意复常数；$\psi_m(\boldsymbol{r})$ 称为**参与态**。状态叠加原理有多种表述方式，狄拉克的表述将在 6.2 节中给出。

如果这些参与态是连续取值的，则需要将式(2.2.20) 中的求和改为积分。例如，若

体系具有线性独立的状态 $\psi_{p}(\boldsymbol{r})=(2\pi\hbar)^{-3/2}\mathrm{e}^{\mathrm{i}\boldsymbol{p}\cdot\boldsymbol{r}/\hbar}$(见式(2.6.32)),其中的动量 $\boldsymbol{p}$ 可在正负无穷之间连续取值,则由这些状态的任意线性组合构成的叠加态

$$\psi(\boldsymbol{r})=\int_{-\infty}^{\infty}C(\boldsymbol{p})\,(2\pi\hbar)^{-3/2}\mathrm{e}^{\mathrm{i}\boldsymbol{p}\cdot\boldsymbol{r}/\hbar}\mathrm{d}\boldsymbol{p} \tag{2.2.21}$$

也一定是该体系的一个可能的状态,其中组合系数 $C(\boldsymbol{p})$ 为动量 $\boldsymbol{p}$ 的函数。

2. 状态叠加原理的说明

现在通过两个简单的例子来加深对状态叠加原理的理解。

(1) 状态叠加是概率密度幅的叠加

若某个三维量子体系只有两个线性独立的归一化状态 $\psi_1(\boldsymbol{r})$ 和 $\psi_2(\boldsymbol{r})$,则由波函数的概率波解释可知,当体系处于状态 $\psi_1(\boldsymbol{r})$ 时,坐标的取值概率密度为 $|\psi_1(\boldsymbol{r})|^2$,当体系处于状态 $\psi_2(\boldsymbol{r})$ 时,坐标的取值概率密度为 $|\psi_2(\boldsymbol{r})|^2$。设这两个状态的一个归一化的叠加态为

$$\psi(\boldsymbol{r})=2^{-1/2}\psi_1(\boldsymbol{r})+2^{-1/2}\psi_2(\boldsymbol{r}) \tag{2.2.22}$$

由状态叠加原理可知,叠加态 $\psi(\boldsymbol{r})$ 也一定是该体系可以实现的一个状态。在这个叠加态下,坐标的取值概率密度为

$$\begin{aligned}|\psi(\boldsymbol{r})|^2=&|2^{-1/2}\psi_1(\boldsymbol{r})+2^{-1/2}\psi_2(\boldsymbol{r})|^2=\\&2^{-1}\,|\psi_1(\boldsymbol{r})|^2+2^{-1}\,|\psi_2(\boldsymbol{r})|^2+\\&2^{-1}\psi_1(\boldsymbol{r})\psi_2^*(\boldsymbol{r})+2^{-1}\psi_1^*(\boldsymbol{r})\psi_2(\boldsymbol{r})\end{aligned} \tag{2.2.23}$$

显然,在叠加态 $\psi(\boldsymbol{r})$ 下的坐标取值概率密度,除了与上述两个状态下的坐标取值概率密度有关外,还与两个状态的相干项有关。由此可知,状态叠加是概率密度幅的叠加,而不是概率密度的叠加。

(2) 参与态的相因子不可忽略

前面曾指出,即使一个波函数已经归一化,也还允许相差一个相因子 $\mathrm{e}^{\mathrm{i}\delta}$,因为它的存在并不影响坐标的取值概率密度。但是对于叠加态而言,构成它的那些参与态的相因子却不是可有可无的。

例如,波函数 $\psi_2(\boldsymbol{r})$ 与 $\psi_2(\boldsymbol{r})\mathrm{e}^{\mathrm{i}\delta}$ 描述的是同一个状态,它们与 $\psi_1(\boldsymbol{r})$ 可以分别构成两个归一化的叠加态 $\psi(\boldsymbol{r})$ 与 $\tilde{\psi}(\boldsymbol{r})$,即

$$\begin{cases}\psi(\boldsymbol{r})=2^{-1/2}\psi_1(\boldsymbol{r})+2^{-1/2}\psi_2(\boldsymbol{r})\\ \tilde{\psi}(\boldsymbol{r})=2^{-1/2}\psi_1(\boldsymbol{r})+2^{-1/2}\psi_2(\boldsymbol{r})\mathrm{e}^{\mathrm{i}\delta}\end{cases} \tag{2.2.24}$$

在叠加态 $\psi(\boldsymbol{r})$ 下,坐标的取值概率密度已由式(2.2.23)给出,而在叠加态 $\tilde{\psi}(\boldsymbol{r})$ 下,坐标的取值概率密度为

$$\begin{aligned}|\tilde{\psi}(\boldsymbol{r})|^2=&|2^{-1/2}\psi_1(\boldsymbol{r})+2^{-1/2}\psi_2(\boldsymbol{r})\mathrm{e}^{\mathrm{i}\delta}|^2=\\&2^{-1}\,|\psi_1(\boldsymbol{r})|^2+2^{-1}\,|\psi_2(\boldsymbol{r})|^2+\end{aligned}$$

$$2^{-1}\psi_1(\boldsymbol{r})\psi_2^*(\boldsymbol{r})\mathrm{e}^{-\mathrm{i}\delta}+2^{-1}\psi_1^*(\boldsymbol{r})\psi_2(\boldsymbol{r})\mathrm{e}^{\mathrm{i}\delta} \tag{2.2.25}$$

将式(2.2.25)与式(2.2.23)比较发现，通常情况下两者并不相等，说明叠加态 $\psi(\boldsymbol{r})$ 与 $\widetilde{\psi}(\boldsymbol{r})$ 描述的不是同一个状态。特别是当 $\psi_1(\boldsymbol{r})$ 与 $\psi_2(\boldsymbol{r})$ 皆为坐标的实函数时，式(2.2.23)与式(2.2.25)分别变成

$$\begin{cases}|\psi(\boldsymbol{r})|^2=2^{-1}\psi_1^2(\boldsymbol{r})+2^{-1}\psi_2^2(\boldsymbol{r})+\psi_1(\boldsymbol{r})\psi_2(\boldsymbol{r})\\|\widetilde{\psi}(\boldsymbol{r})|^2=2^{-1}\psi_1^2(\boldsymbol{r})+2^{-1}\psi_2^2(\boldsymbol{r})+\psi_1(\boldsymbol{r})\psi_2(\boldsymbol{r})\cos\delta\end{cases} \tag{2.2.26}$$

显然，只有当相位 $\delta=0,\pm2\pi,\pm4\pi,\cdots$ 时，$\psi(\boldsymbol{r})$ 与 $\widetilde{\psi}(\boldsymbol{r})$ 才会是描述同一个状态的波函数，否则 $\psi(\boldsymbol{r})$ 与 $\widetilde{\psi}(\boldsymbol{r})$ 描述的是两个不同的状态。

3. 动量的取值概率密度与平均值

前面已经给出了坐标的取值概率密度与平均值的表达式，作为状态叠加原理的一个应用，下面导出动量的取值概率密度与平均值的表达式。由式(2.6.32)可知，描述动量取确定值 $\boldsymbol{p}$ 的规格化本征波函数为单色平面波，即

$$\psi_{\boldsymbol{p}}(\boldsymbol{r})=(2\pi\hbar)^{-3/2}\mathrm{e}^{\mathrm{i}\boldsymbol{p}\cdot\boldsymbol{r}/\hbar} \tag{2.2.27}$$

对任意一个有物理意义的波函数 $\psi(\boldsymbol{r})$ 而言，由状态叠加原理可知，它可以视为具有各种动量的单色平面波叠加的结果，即

$$\psi(\boldsymbol{r})=\int\varphi(\boldsymbol{p})\psi_{\boldsymbol{p}}(\boldsymbol{r})\mathrm{d}\boldsymbol{p}=(2\pi\hbar)^{-3/2}\int\varphi(\boldsymbol{p})\mathrm{e}^{\mathrm{i}\boldsymbol{p}\cdot\boldsymbol{r}/\hbar}\mathrm{d}\boldsymbol{p} \tag{2.2.28}$$

由傅里叶(Fourier)变换可知，式(2.2.28)中的展开系数为

$$\varphi(\boldsymbol{p})=(2\pi\hbar)^{-3/2}\int\psi(\boldsymbol{r})\mathrm{e}^{-\mathrm{i}\boldsymbol{p}\cdot\boldsymbol{r}/\hbar}\mathrm{d}\boldsymbol{r} \tag{2.2.29}$$

从形式上看，展开系数 $\varphi(\boldsymbol{p})$ 与波函数 $\psi(\boldsymbol{r})$ 有相似之处，差别仅在于函数的自变量由坐标换成了动量。由已知波函数 $\psi(\boldsymbol{r})$ 的模方表示粒子坐标的取值概率密度，可以推断 $\varphi(\boldsymbol{p})$ 的模方应该表示粒子动量的取值概率密度。在第 8 章中将会说明，波函数 $\psi(\boldsymbol{r})$ 是在坐标表象中写出的，展开系数 $\varphi(\boldsymbol{p})$ 就是波函数 $\psi(\boldsymbol{r})$ 在动量表象中的表示，两者描述的是同一个状态，从而说明推断是正确的。

利用类似于求坐标取值概率密度与平均值的做法，可以求出 $\varphi(\boldsymbol{p})$ 的归一化常数，即

$$c=\left[\int|\varphi(\boldsymbol{p})|^2\mathrm{d}\boldsymbol{p}\right]^{-1/2} \tag{2.2.30}$$

进而可以得到，在 $\psi(\boldsymbol{r})$ 的状态下，动量取值概率密度与平均值的计算公式为

$$W(\boldsymbol{p})=\frac{|\varphi(\boldsymbol{p})|^2}{\int|\varphi(\boldsymbol{p})|^2\mathrm{d}\boldsymbol{p}},\quad \bar{\boldsymbol{p}}=\frac{\int\varphi^*(\boldsymbol{p})\boldsymbol{p}\varphi(\boldsymbol{p})\mathrm{d}\boldsymbol{p}}{\int|\varphi(\boldsymbol{p})|^2\mathrm{d}\boldsymbol{p}} \tag{2.2.31}$$

与时间相关的波函数 $\varphi(\boldsymbol{p},t)$ 可以仿照波函数 $\psi(\boldsymbol{r},t)$ 处理。

综上所述，波函数 $\psi(\boldsymbol{r},t)$ 是坐标的取值概率密度幅，它的模方表征 t 时刻坐标 $\boldsymbol{r}$ 的取

值概率密度，通常要求它是模方可积的。如果知道了体系的波函数 $\boldsymbol{\psi}(\boldsymbol{r},t)$，则可以用它求出坐标和动量(后面将会看到也包括其他的力学量)的取值概率(密度)与平均值，这样，波函数就可以用来描述体系所处的状态。剩下的问题是，对于一个具体的物理体系来说，如何才能得到这个波函数呢？且见下一节的内容。

2.3　薛定谔方程与算符化规则

2.3.1　薛定谔方程的建立

体系的波函数可以描述体系的状态，若要获取这个波函数有三条不同的途径，一是薛定谔给出的波动力学方法，二是海森伯(Heisen berg)采用的矩阵力学方法(见第8章)，三是狄拉克(Dirac)和费曼使用的路径积分方法(见作者编著的《高等量子力学》)。三条不同的途径，虽然方法各异，但是殊途同归。

下面从读者相对熟悉的波动力学出发，来建立体系波函数满足的薛定谔方程。

为了反映体系波函数 $\psi(\boldsymbol{r},t)$ 随时间的变化，1926年，奥地利物理学家薛定谔在德拜(Debye)的启发之下，建立了一个以其名字命名的波动方程，从而完成了从经典力学到量子力学的最后一个飞跃。应该特别强调的是，这个方程并不是从理论上推导出来的，而是作为量子力学的第三个基本原理给出的。它的合理性只能并且已经被诸多的实验结果所证实。

1. 薛定谔方程的适用条件

由于薛定谔方程是一个非相对论范畴内的波动方程，要求粒子以较慢的速度 $v \ll c$ 运动，故其只适用于低能粒子的体系；此外还要求没有粒子的产生和消灭，也就是说粒子的数目始终保持不变，即所谓的粒子数守恒。这是建立薛定谔方程时的两个基本前提，或者说是薛定谔方程的适用条件。

对于高速运动的粒子而言，亦有顾及相对论效应的量子力学方程，例如，自旋为零的粒子满足克莱因(Klein)－戈尔登(Gordon)方程，自旋为 $\hbar/2$ 的粒子满足狄拉克方程，相关的内容将在《高等量子力学》中介绍。更进一步，若想严格地处理高能微观粒子的问题，则需要学习更专业的课程，即“量子场论”。

2. 自由粒子薛定谔方程的导出

定理 2.3　利用物质波假说，可以导出自由粒子满足的薛定谔方程。

证明　在非相对论近似下，对于质量为 m 的自由粒子而言，由于位势为零，故其能量 E 与动量 $\boldsymbol{p}$ 的关系为

$$E = \boldsymbol{p}^2/(2m) \tag{2.3.1}$$

按照物质波假说，运动粒子的角频率 ω 和波矢量 $\boldsymbol{k}$ 可分别表示为

$$\omega = E/\hbar, \quad \boldsymbol{k} = \boldsymbol{p}/\hbar \tag{2.3.2}$$

换句话说，具有确定能量 E 和动量 $\boldsymbol{p}$ 的粒子与具有确定角频率 ω 和波矢量 $\boldsymbol{k}$ 的单色平面波相联系(见式(2.6.33))，即

$$\psi(\boldsymbol{r},t) = (2\pi)^{-3/2}\,\mathrm{e}^{\mathrm{i}(\boldsymbol{k}\cdot\boldsymbol{r}-\omega t)} \tag{2.3.3}$$

再利用德布罗意关系式(2.3.2)，上式也可以写成

$$\psi(\boldsymbol{r},t) = (2\pi\hbar)^{-3/2}\,\mathrm{e}^{\mathrm{i}(\boldsymbol{p}\cdot\boldsymbol{r}-Et)/\hbar} \tag{2.3.4}$$

因为薛定谔方程应该反映波函数随时间的变化，所以方程中必须含有波函数对时间变量的一阶偏导数，由式(2.3.4)可知

$$\mathrm{i}\hbar\frac{\partial}{\partial t}\psi(\boldsymbol{r},t) = E\psi(\boldsymbol{r},t) \tag{2.3.5}$$

再将式(2.3.4)对坐标变量求一阶和二阶偏导数，分别得到

$$-\mathrm{i}\hbar\nabla\psi(\boldsymbol{r},t) = \boldsymbol{p}\psi(\boldsymbol{r},t) \tag{2.3.6}$$

$$-\hbar^2\nabla^2\psi(\boldsymbol{r},t) = \boldsymbol{p}^2\psi(\boldsymbol{r},t) \tag{2.3.7}$$

在笛卡儿(Descartes)坐标系中，梯度算符 ∇ 与拉普拉斯(Laplace)算符 ∇^2 分别为

$$\nabla = \boldsymbol{i}\frac{\partial}{\partial x} + \boldsymbol{j}\frac{\partial}{\partial y} + \boldsymbol{k}\frac{\partial}{\partial z}, \quad \nabla^2 = \frac{\partial^2}{\partial x^2} + \frac{\partial^2}{\partial y^2} + \frac{\partial^2}{\partial z^2} \tag{2.3.8}$$

式中，$\boldsymbol{i}$、$\boldsymbol{j}$、$\boldsymbol{k}$ 分别为 x、y、z 轴的单位矢量(下同)。

将式(2.3.1)中的 $\boldsymbol{p}^2$ 代入式(2.3.7)，得到

$$E\psi(\boldsymbol{r},t) = -(2m)^{-1}\hbar^2\nabla^2\psi(\boldsymbol{r},t) \tag{2.3.9}$$

再把上式代入式(2.3.5)，得到**自由粒子的薛定谔方程**为

$$\mathrm{i}\hbar\frac{\partial}{\partial t}\psi(\boldsymbol{r},t) = -\frac{\hbar^2}{2m}\nabla^2\psi(\boldsymbol{r},t) \tag{2.3.10}$$

即使 $\psi(\boldsymbol{r},t)$ 不是单色平面波，而是许多单色平面波的叠加(波包)，也不难证明上式是正确的。显然，自由粒子满足的薛定谔方程是严格推导出来的。定理 2.3 证毕。

3. 势场中粒子的薛定谔方程的建立

(1) 势场中粒子的薛定谔方程

在真实的物理问题中，粒子通常是在势场 $V(\boldsymbol{r},t)$ 中运动的，已知经典粒子的能量表达式为

$$E = \boldsymbol{p}^2/(2m) + V(\boldsymbol{r},t) \tag{2.3.11}$$

类比自由粒子的情况，可以推断出下面的结果。

势场中粒子的薛定谔方程(基本原理之三)：处于势场 $V(\boldsymbol{r},t)$ 中的粒子，描述其状态的波函数 $\psi(\boldsymbol{r},t)$ 满足如下微分方程，即

$$\mathrm{i}\hbar\frac{\partial}{\partial t}\psi(\boldsymbol{r},t) = \left[-\frac{\hbar^2}{2m}\nabla^2 + V(\boldsymbol{r},t)\right]\psi(\boldsymbol{r},t) \tag{2.3.12}$$

上式即著名的**薛定谔方程**，显然，自由粒子的薛定谔方程是薛定谔方程的一个特例。

(2) 势场中粒子的薛定谔方程的几点诠释

一是,在薛定谔方程的建立过程中,虽然自由粒子的薛定谔方程是由德布罗意假说推导出来的,但是,对于处于势场 $V(\boldsymbol{r},t)$ 中的粒子而言,由于其波函数已不会还是单色平面波的形式,因此,势场中粒子的薛定谔方程并不是借助理论推导得到的,只能作为基本原理给出。

二是,薛定谔方程是一个线性微分方程,它的解 $\psi(\boldsymbol{r},t)$ 一定具有叠加性,而这正是状态叠加原理所要求的,反映出原理之间的一致性。由于薛定谔方程中只含有波函数对时间的一阶偏导数,所以只要初始时刻 t_0 体系的状态 $\psi(\boldsymbol{r},t_0)$ 已知,那么以后任意时刻 t 的状态 $\psi(\boldsymbol{r},t)$ 也就确定了,意味着薛定谔方程给出了状态随时间变化的因果关系。

三是,薛定谔方程是量子体系的动力学方程,当 $\hbar$ 的贡献可视为无穷小时,它将退化为经典力学的方程(见习题 2.6 的解答),也从一个侧面反映出量子力学与经典力学之间的关系。

总之,在量子理论的数学架构中,薛定谔方程是最重要的理论公式,它作为世界上最伟大的十个公式之一也是当之无愧的。

2.3.2 算符化规则

在建立薛定谔方程的过程中,有两件事情应该注意到,一是经典物理学中的力学量已用导数符号(算符)来代替;二是一个力学量只与一个算符相对应。按照惯例,一个力学量 g 对应的**算符**用 $\hat{g}$ 来表示。

算符化规则(基本原理之四):用算符 $\mathrm{i}\hbar\partial/\partial t$ 代替经典物理中的能量 E,得到**能量算符** $\hat{E}$ 为

$$\hat{E}=\mathrm{i}\hbar\partial/\partial t \tag{2.3.13}$$

用算符 $-\mathrm{i}\hbar\nabla$ 代替经典物理中的动量 $\boldsymbol{p}$,得到**动量算符** $\hat{\boldsymbol{p}}$ 为

$$\hat{\boldsymbol{p}}=-\mathrm{i}\hbar\nabla \tag{2.3.14}$$

能量算符与动量算符是两个最基本的算符。

由上述两个基本算符可以派生出另外一些算符,例如:

经典角动量 $\boldsymbol{L}=\boldsymbol{r}\times\boldsymbol{p}$ 对应的**角动量算符** $\hat{\boldsymbol{L}}$ 为

$$\hat{\boldsymbol{L}}=\boldsymbol{r}\times\hat{\boldsymbol{p}} \tag{2.3.15}$$

在坐标空间中,坐标算符 $\hat{\boldsymbol{r}}$ 及以坐标为自变量的位势算符 $\hat{V}(\boldsymbol{r},t)$ 可以略去它们头上的算符符号(见 8.2 节),下同。

经典动能 T 对应的**动能算符** $\hat{T}$ 为

$$\hat{T}=-(2m)^{-1}\hbar^2\nabla^2 \tag{2.3.16}$$

经典哈密顿(Hamilton)量 $H(t)$ 对应的**哈密顿算符** $\hat{H}(t)$ 为

$$\hat{H}(t)=-(2m)^{-1}\hbar^2\nabla^2+V(\boldsymbol{r},t) \tag{2.3.17}$$

利用式(2.3.17)可以将薛定谔方程式(2.3.12)简化成

$$\mathrm{i}\hbar\frac{\partial}{\partial t}\psi(\boldsymbol{r},t)=\hat{H}(t)\psi(\boldsymbol{r},t) \tag{2.3.18}$$

特别是,当体系处于**保守力场**(即位势与时间无关)中时,上式可进一步简化成

$$\mathrm{i}\hbar\frac{\partial}{\partial t}\psi(\boldsymbol{r},t)=\hat{H}\psi(\boldsymbol{r},t) \tag{2.3.19}$$

如无特殊说明,下面提到的薛定谔方程均指上式。

2.3.3　算符化规则的诠释

1. 算符化规则的要求

算符化规则是在笛卡儿坐标系中给出的,这意味着算符是坐标的函数,通常略记算符中的自变量。实际上,由表象理论(详见第8章)可知,算符也可以变换成以其他力学量(例如动量)为自变量的形式。

对于经典理论中两个力学量之积,例如,动量与坐标之积 $p_x x$,应该将其用$(p_x x+xp_x)/2$替代后,再使用算符化规则,这涉及两个算符是否对易的问题(见5.1节)。

2. 能量算符与哈密顿算符的差异

若一个算符对任意体系都适用,则称之为**普适算符**,例如,时间、坐标、动量算符、角动量算符和能量算符皆为普适算符。由于哈密顿算符与体系有关,故其为非普适算符,动能算符是其一个特例。

虽然能量算符与哈密顿算符都具有能量量纲,但是能量算符是普适算符,而哈密顿算符与具体的体系相关,此即两者之差异。

3. 为什么不存在速度算符?

在经典物理学中,已知质量为 m 的粒子的动量与速度的关系为 $\boldsymbol{p}=m\boldsymbol{v}$,那么,为什么不使用速度算符$\hat{\boldsymbol{v}}=\mathrm{d}\boldsymbol{r}/\mathrm{d}t$,而偏偏引入动量算符呢?这是因为量子力学中的坐标取值是以概率的形式出现的,即粒子在t时刻的坐标$\boldsymbol{r}$是不确定的,故不存在速度的概念,也就无从谈起速度算符了,这就是速度算符在量子力学中销声匿迹的原因所在。

综上所述,量子力学的基本任务是,对于给定的位势$V(\boldsymbol{r})$,利用已知的体系初始时刻t_0的状态$\psi(\boldsymbol{r},t_0)$,由薛定谔方程求出体系任意时刻t的状态$\psi(\boldsymbol{r},t)$。不妨用一句成语来牢记之,那就是求解薛定谔方程需要"审时度势",这里的"审时"就是要知道初始时刻体系的状态,而"度势"就是要了解体系所处位势的具体形式。

2.4　概率密度与概率流密度

2.4.1　概率守恒及其诠释

如前所述,薛定谔方程是一个非相对论的波动方程,只适用于低能粒子体系,并且需

要满足粒子数守恒的条件。在量子力学中，对一个处于归一化状态 $\psi(\boldsymbol{r},t)$ 的粒子而言，只知道 t 时刻它在 $\boldsymbol{r}$ 附近出现的概率密度是确定的，至于它所处的具体位置则是不能确定的，但是，若此时在全空间中寻找这个粒子，则一定可以找到它，即发现它的概率为 1。在另一时刻重复上面的过程，将会得到同样的结果，此即概率守恒的含义，它是粒子数守恒的另一种表述。

定理 2.4 当体系的位势为实函数时，利用薛定谔方程可以导出概率守恒的微分表达式和积分表达式，进而可知该体系满足概率守恒。

证明 由波函数的概率波解释可知，当体系的波函数 $\psi(\boldsymbol{r},t)$ 已经归一化时，坐标的取值概率密度为

$$W(\boldsymbol{r},t)=|\psi(\boldsymbol{r},t)|^2=\psi^*(\boldsymbol{r},t)\psi(\boldsymbol{r},t) \tag{2.4.1}$$

将上式的两端分别对时间 t 求偏导数，得到

$$\frac{\partial}{\partial t}W(\boldsymbol{r},t)=\psi(\boldsymbol{r},t)\frac{\partial}{\partial t}\psi^*(\boldsymbol{r},t)+\psi^*(\boldsymbol{r},t)\frac{\partial}{\partial t}\psi(\boldsymbol{r},t) \tag{2.4.2}$$

由于位势为实函数，即 $V^*(\boldsymbol{r})=V(\boldsymbol{r})$，故薛定谔方程式(2.3.19)及其复数共轭方程可以分别改写成

$$\frac{\partial}{\partial t}\psi(\boldsymbol{r},t)=\frac{\mathrm{i}\hbar}{2m}\nabla^2\psi(\boldsymbol{r},t)-\frac{\mathrm{i}}{\hbar}V(\boldsymbol{r})\psi(\boldsymbol{r},t) \tag{2.4.3}$$

$$\frac{\partial}{\partial t}\psi^*(\boldsymbol{r},t)=-\frac{\mathrm{i}\hbar}{2m}\nabla^2\psi^*(\boldsymbol{r},t)+\frac{\mathrm{i}}{\hbar}V(\boldsymbol{r})\psi^*(\boldsymbol{r},t) \tag{2.4.4}$$

将上述两式代入式(2.4.2)，得到

$$\begin{aligned}\frac{\partial}{\partial t}W(\boldsymbol{r},t)&=\frac{\mathrm{i}\hbar}{2m}[\psi^*(\boldsymbol{r},t)\nabla^2\psi(\boldsymbol{r},t)-\psi(\boldsymbol{r},t)\nabla^2\psi^*(\boldsymbol{r},t)]=\\&\quad\frac{\mathrm{i}\hbar}{2m}\nabla\cdot[\psi^*(\boldsymbol{r},t)\nabla\psi(\boldsymbol{r},t)-\psi(\boldsymbol{r},t)\nabla\psi^*(\boldsymbol{r},t)]\end{aligned} \tag{2.4.5}$$

若将

$$\boldsymbol{J}(\boldsymbol{r},t)=\frac{\mathrm{i}\hbar}{2m}[\psi(\boldsymbol{r},t)\nabla\psi^*(\boldsymbol{r},t)-\psi^*(\boldsymbol{r},t)\nabla\psi(\boldsymbol{r},t)] \tag{2.4.6}$$

定义为粒子的**概率流密度**，则式(2.4.5)可以简化成

$$\frac{\partial}{\partial t}W(\boldsymbol{r},t)+\nabla\cdot\boldsymbol{J}(\boldsymbol{r},t)=0 \tag{2.4.7}$$

此即**概率守恒微分表达式**，它与流体力学中的连续性方程相同。应该特别强调的是，如果位势不是坐标的实函数，则上述结论并不成立(见习题 2.4 的解答)。

在空间任意有限的体积 τ 中，将式(2.4.7)对坐标变量做积分，即

$$\int_\tau\frac{\partial}{\partial t}W(\boldsymbol{r},t)\mathrm{d}\tau=-\int_\tau\nabla\cdot\boldsymbol{J}(\boldsymbol{r},t)\mathrm{d}\tau \tag{2.4.8}$$

利用高斯定理可以由上式得到**概率守恒积分表达式**为

$$\int_{\tau}\frac{\partial}{\partial t}W(\boldsymbol{r},t)\mathrm{d}\tau=-\oint_{S}\boldsymbol{J}(\boldsymbol{r},t)\cdot\mathrm{d}\boldsymbol{S}\tag{2.4.9}$$

式中，$\boldsymbol{S}$ 表示包围体积 τ 的封闭曲面，其方向指向体积之外。

当将概率守恒积分表达式中的有限体积 τ 扩展到全空间时，此时已经不存在体积 τ 之外的空间，也就无从谈起体积 τ 之外的概率，于是式(2.4.9)的右端为零，即

$$\int\frac{\partial}{\partial t}W(\boldsymbol{r},t)\mathrm{d}\tau=0\tag{2.4.10}$$

进而得到

$$\int W(\boldsymbol{r},t)\mathrm{d}\tau=\int\psi^{*}(\boldsymbol{r},t)\psi(\boldsymbol{r},t)\mathrm{d}\tau=\text{常数}\tag{2.4.11}$$

这就是说，在全空间发现粒子的概率不随时间改变，此即所谓的**概率守恒**，它是波函数可以归一化的根源所在。若初始时刻 t_0 时的波函数已经归一化，则在任意时刻 t 找到该粒子的概率总是 1。定理 2.4 证毕。

最后来诠释概率流密度 $\boldsymbol{J}(\boldsymbol{r},t)$ 的物理含义。

由于概率守恒的积分表达式(2.4.9)左端表示的是，单位时间内在有限体积 τ 中发现该粒子的总概率的增量，所以表达式右端应该表示单位时间内通过封闭曲面 $\boldsymbol{S}$ 流入体积 τ 中的概率。这样 $\boldsymbol{J}(\boldsymbol{r},t)$ 就具有了概率流(粒子流)密度的含义，即粒子在单位时间通过单位面积流出封闭曲面 $\boldsymbol{S}$ 的概率，它具有时间和面积倒数的量纲，即$[\mathrm{T}^{-1}\cdot\mathrm{L}^{-2}]$。概率流密度是一个矢量，它的方向是概率流动的方向。因为 $\mathrm{d}\boldsymbol{S}$ 的正方向是指向体积 τ 之外的，所以式(2.4.9)中带负号的右端就意味着流向体积 τ 之内的概率。由概率流密度的定义式(2.4.6)可知，实数波函数的概率流密度为零。

2.4.2　质量守恒与电荷守恒

1. 质量守恒

若用粒子的质量 m 分别乘 $W(\boldsymbol{r},t)$ 和 $\boldsymbol{J}(\boldsymbol{r},t)$，则有

$$W_m(\boldsymbol{r},t)=mW(\boldsymbol{r},t)\tag{2.4.12}$$

$$\boldsymbol{J}_m(\boldsymbol{r},t)=m\boldsymbol{J}(\boldsymbol{r},t)\tag{2.4.13}$$

上述两式中的 $W_m(\boldsymbol{r},t)$ 和 $\boldsymbol{J}_m(\boldsymbol{r},t)$ 分别称为**质量密度**和**质量流密度**。

进而可知，质量守恒的微分与积分表达式分别为

$$\frac{\partial}{\partial t}W_m(\boldsymbol{r},t)+\nabla\cdot\boldsymbol{J}_m(\boldsymbol{r},t)=0\tag{2.4.14}$$

$$\int_{\tau}\frac{\partial}{\partial t}W_m(\boldsymbol{r},t)\mathrm{d}\tau=-\oint_{S}\boldsymbol{J}_m(\boldsymbol{r},t)\cdot\mathrm{d}\boldsymbol{S}\tag{2.4.15}$$

若初始时刻 t_0 时的波函数 $\psi(\boldsymbol{r},t_0)$ 已经归一化，则质量守恒公式为

$$\int W_m(\boldsymbol{r},t)\mathrm{d}\tau=m\tag{2.4.16}$$

2. 电荷守恒

若用粒子的电荷 q 分别乘 $W(\boldsymbol{r},t)$ 和 $\boldsymbol{J}(\boldsymbol{r},t)$，则有

$$W_q(\boldsymbol{r},t)=qW(\boldsymbol{r},t) \tag{2.4.17}$$

$$\boldsymbol{J}_q(\boldsymbol{r},t)=q\boldsymbol{J}(\boldsymbol{r},t) \tag{2.4.18}$$

上述两式中的 $W_q(\boldsymbol{r},t)$ 和 $\boldsymbol{J}_q(\boldsymbol{r},t)$ 分别称为**电荷密度**和**电流密度**。

进而可知，电荷守恒的微分与积分表达式分别为

$$\frac{\partial}{\partial t}W_q(\boldsymbol{r},t)+\nabla\cdot\boldsymbol{J}_q(\boldsymbol{r},t)=0 \tag{2.4.19}$$

$$\int_\tau\frac{\partial}{\partial t}W_q(\boldsymbol{r},t)\mathrm{d}\tau=-\oint_S\boldsymbol{J}_q(\boldsymbol{r},t)\cdot\mathrm{d}\boldsymbol{S} \tag{2.4.20}$$

上式与电磁学中的电荷守恒定律相同。

若初始时刻 t_0 的波函数 $\psi(\boldsymbol{r},t_0)$ 已经归一化，则电荷守恒公式为

$$\int W_q(\boldsymbol{r},t)\mathrm{d}\tau=q \tag{2.4.21}$$

2.4.3 体系波函数满足的自然条件

波函数是量子力学中最重要的基本概念之一，下面从薛定谔方程出发，进一步讨论体系波函数需要满足的条件。

1. 体系波函数的单值性

归一化的波函数 $\psi(\boldsymbol{r},t)$ 是用来描述粒子运动状态的一个复函数，它表示粒子坐标取值的概率密度幅。虽然它不是一个可观测量，但是由它可以给出 t 时刻坐标 $\boldsymbol{r}$ 的取值概率密度 $W(\boldsymbol{r},t)=|\psi(\boldsymbol{r},t)|^2$，而 t 时刻粒子处于空间任意一点 $\boldsymbol{r}$ 处的概率密度都应该是唯一确定的，此即坐标概率密度的单值性要求。已知两个只相差相因子 $\mathrm{e}^{\mathrm{i}\delta}$（$\delta$ 为任意实常数）的波函数对应的坐标概率密度是相同的，由此可见，即使波函数不是单值函数，也能保证坐标概率密度的单值性要求。虽然不能直接由坐标概率密度的单值性要求得出波函数必须是单值函数的结论，但是只要波函数是单值函数，则其坐标概率密度必然是单值的。此即波函数的**单值性**要求的由来。虽然上述条件不是必要的，但却是充分的。

2. 体系波函数的有限性与连续性

从数学的角度看，当位势 $V(\boldsymbol{r})$ 是 $\boldsymbol{r}$ 的连续函数时，薛定谔方程中含有波函数对坐标的二阶导数，为了使二阶导数有意义，就要求其一阶导数是有限和连续的，进而要求波函数本身必须是有限和连续的。总之，要求波函数及其一阶导数是有限和连续的，这就是波函数的**有限性**和**连续性**要求。当位势 $V(\boldsymbol{r})$ 不是 $\boldsymbol{r}$ 的连续函数时，则允许波函数的一阶导数在某些点上不连续。

从物理学的角度来看，应该是坐标概率密度的连续性要求波函数是连续的，而概率流密度的连续性则要求波函数的一阶导数与粒子质量之比是连续的。通常情况下，在不

同位势区域中，粒子的质量是不变的，此时只要求波函数的一阶导数连续是毫无问题的。但是，在一些特殊的情况下，粒子在不同的位势区域中具有不同的质量，为了与原来的粒子质量区别，通常将其称为**有效质量**。在这样的情况下，就必须要求波函数的一阶导数与粒子有效质量之比是连续的，在 3.3 节和 4.4 节中将会遇到这种情况。

仅以一维体系为例，设位势可以分为若干区域，通常将相邻两位势的连接点 $x=a$ 称为**阶跃点**。在位势的两个相邻区域 i 和 $i+1$ 中，如果粒子的有效质量分别为 m_i 和 m_{i+1}，波函数分别为 $\psi_i(x)$ 与 $\psi_{i+1}(x)$，在位势阶跃点 $x=a$ 处，则波函数及其一阶导数连续性的一般要求为

$$\psi_i(x)\big|_{x=a}=\psi_{i+1}(x)\big|_{x=a},\quad m_{i+1}\psi_i'(x)\big|_{x=a}=m_i\psi_{i+1}'(x)\big|_{x=a} \tag{2.4.22}$$

当 $m_i=m_{i+1}$ 时，上式退化为

$$\psi_i(x)\big|_{x=a}=\psi_{i+1}(x)\big|_{x=a},\quad \psi_i'(x)\big|_{x=a}=\psi_{i+1}'(x)\big|_{x=a} \tag{2.4.23}$$

通常把波函数及其一阶导数在位势阶跃点处的连接条件称为**边界条件**。

在一些特殊情况下，例如，当位势的阶跃点一侧的波函数为零时，由于此时的概率流密度为零，故不再要求波函数的一阶导数连续，后面将要介绍的刚性壁和 δ 函数位势就属于这种情况。

简而言之，体系波函数应该是单值、有限和连续的，称之为体系波函数应该满足的**自然条件**。

2.5　定态薛定谔方程

2.5.1　厄米算符的本征解

1. 厄米算符及其本征解的说明

关于厄米(Hermite)算符及其本征解的性质将在第 5 章中介绍，这里先给出如下结论：力学量算符应该是线性厄米算符；厄米算符的本征值为实数；厄米算符的本征波函数构成正交归一完备系。为了表述方便，下面对涉及厄米算符本征方程的一些常用基本概念给予说明。

在坐标空间中，将线性厄米算符 $\hat{g}$ 满足的方程

$$\hat{g}\psi_{n\alpha}(\boldsymbol{r})=g_n\psi_{n\alpha}(\boldsymbol{r})\quad(n=1,2,3,\cdots;\alpha=1,2,\cdots,f_n) \tag{2.5.1}$$

称为算符 $\hat{g}$ 的**本征方程**。式中，g_n 称为算符 $\hat{g}$ 的第 n 个**本征值**；$\psi_{n\alpha}(\boldsymbol{r})$ 称为 g_n 相应的**本征波函数**。

实数本征值 g_n 是力学量 g 的可能取值，将其集合 $\{g_n\}$ 称为算符 $\hat{g}$ 的**本征值谱**。式 (2.5.1) 的本征值的取值是断续的，简称为**断续谱**，也有些算符的本征值是可以连续取值的(见 2.6 节)，它们构成的本征值谱简称为**连续谱**。

本征波函数 $\psi_{n\alpha}(\boldsymbol{r})$ 是力学量 g 取 g_n 值的状态，将其集合 $\{\psi_{n\alpha}(\boldsymbol{r})\}$ 称为算符 $\hat{g}$ 的**本征函数系**，它是正交归一完备的。将本征值谱与本征函数系合称为算符 $\hat{g}$ 的**本征解**。

对于断续谱而言，标志本征解的 n 与 α 称为**量子数**，n 为**主量子数**，α 为**简并量子数**。对于确定的 n 而言，α 的可能取值个数 f_n 称为本征值 g_n 的**简并**(退化)**度**，它的物理含义是，本征值 g_n 相应的线性独立本征波函数 $\psi_{n\alpha}(\boldsymbol{r})$ 的个数。当 $f_n>1$ 时，称本征值 g_n 是 f_n 度**简并**的；当 $f_n=1$ 时，称本征值 g_n 是**无简并**的，这时的简并量子数 α 可以略去。也可以从数学的角度来理解本征值的简并，那就是在求解算符 $\hat{g}$ 满足的本征方程时，若得到的本征值 g_n 是 f_n 个重根，则 g_n 是 f_n 度简并的。显然，任何连续谱的本征值都是无简并的。

2. 普适波函数与体系波函数

由于力学量算符分为普适算符与哈密顿算符两类，进而可知，相应的波函数也分为两类：一是描述某个普适力学量取值状态的**普适波函数**；二是描述某个体系力学量取值状态的**体系波函数**。

通常情况下，普适波函数不能描述体系的状态、不需要满足自然条件且与时间无关；而体系波函数却可以描述体系的状态、必须满足自然条件且与时间相关。此即两者的差别。

2.5.2 定态薛定谔方程

1. 薛定谔方程的分离变量解

既然薛定谔方程已经建立，下面的问题就是如何求解它。当体系处于保守力场中时，已知体系满足的薛定谔方程为

$$\mathrm{i}\hbar\frac{\partial}{\partial t}\Psi(\boldsymbol{r},t)=\hat{H}\Psi(\boldsymbol{r},t) \tag{2.5.2}$$

由于哈密顿算符与时间无关，故上式可以用分离变量法求解。设

$$\Psi(\boldsymbol{r},t)=f(t)\psi(\boldsymbol{r}) \tag{2.5.3}$$

将其代入式(2.5.2)得到

$$\mathrm{i}\hbar\frac{f'(t)}{f(t)}=\frac{\hat{H}\psi(\boldsymbol{r})}{\psi(\boldsymbol{r})}=E \tag{2.5.4}$$

在上式中，第1个等号左端只与时间变量 t 有关，而右端只与坐标变量 $\boldsymbol{r}$ 有关，并且，要求两者皆等于一个与 t 和 $\boldsymbol{r}$ 都无关的分离常数 E。容易看出，分离常数 E 具有能量的量纲。

由式(2.5.4)可知，只与时间相关的函数 $f(t)$ 满足的微分方程为

$$f'(t)=-\mathrm{i}\hbar^{-1}Ef(t) \tag{2.5.5}$$

上式的解可以直接写出，即

$$f(t)=c\mathrm{e}^{-\mathrm{i}Et/\hbar} \tag{2.5.6}$$

式中，c 为归一化常数。此即薛定谔方程的时间相关解，它与具体的体系无关。

2. 定态薛定谔方程

由式(2.5.4) 还可知,只与坐标相关的函数 $\psi(\boldsymbol{r})$ 满足的方程为

$$\hat{H}\psi(\boldsymbol{r})=E\psi(\boldsymbol{r}) \tag{2.5.7}$$

显然,上式就是哈密顿算符的本征方程,它的本征解与具体的体系相关。式中,满足波函数自然条件要求的 E 值称为**能量本征值**,能量本征值的集合称为**能谱**,当能量本征值连续取值时,属于连续能谱,当能量本征值断续取值时,亦称**能级**,属于断续能谱。把与能量本征值 E 相应的波函数 $\psi(\boldsymbol{r})$ 称为**能量本征波函数**,波函数 $\psi(\boldsymbol{r})$ 描述的是体系能量取确定值 E 的状态。

通常将体系能量取确定值的状态称为稳定状态,简称为**定态**,将描述定态的波函数 $\psi(\boldsymbol{r})$ 称为**定态波函数**,进而将哈密顿算符的本征方程式(2.5.7) 称为**定态薛定谔方程**。特别是,当坐标趋向于正或负无穷大时,若 $\psi(\boldsymbol{r})$ 的极值为零,则称其为**束缚定态**,否则称之为**非束缚定态**。断续能谱具有束缚定态解,连续能谱具有非束缚定态解。

设定态薛定谔方程具有无简并的断续能谱,即

$$\hat{H}\psi_n(\boldsymbol{r})=E_n\psi_n(\boldsymbol{r}) \tag{2.5.8}$$

求解上式可以得到能量本征解 $\{E_n\}$ 与 $\{\psi_n(\boldsymbol{r})\}$,将其与式(2.5.6) 代入式(2.5.3),得到薛定谔方程式(2.5.2) 的第 n 个特解为

$$\Psi_n(\boldsymbol{r},t)=\psi_n(\boldsymbol{r})\mathrm{e}^{-\mathrm{i}E_n t/\hbar} \tag{2.5.9}$$

这里已将归一化常数 c 纳入到 $\psi_n(\boldsymbol{r})$ 中。

薛定谔方程的通解是全部特解的线性组合,即

$$\Psi(\boldsymbol{r},t)=\sum_n C_n(t_0)\psi_n(\boldsymbol{r})\mathrm{e}^{-\mathrm{i}E_n t/\hbar} \tag{2.5.10}$$

其中,$C_n(t_0)$ 为初始时刻 t_0 的组合系数,可由初始时刻的波函数 $\Psi(\boldsymbol{r},t_0)$ 确定。通常也把 $\Psi(\boldsymbol{r},t)$ 称为体系的**任意时刻波函数**。

总之,在保守力场中,求解薛定谔方程的关键是求出定态薛定谔方程的本征解,有了它和初始时刻的波函数,就可以得到任意时刻的体系波函数。

2.5.3　定态及其性质

1. 体系的定态

前面已经提到,定态是体系能量取确定值的状态。由定态薛定谔方程可知,哈密顿算符的本征态 $\psi_n(\boldsymbol{r})$ 就是能量取确定值 E_n 的状态,所以哈密顿算符的本征态就是定态。由于薛定谔方程的特解 $\Psi_n(\boldsymbol{r},t)$ 是由定态波函数 $\psi_n(\boldsymbol{r})$ 与时间因子 $\mathrm{e}^{-\mathrm{i}E_n t/\hbar}$ 之积构成的,故其也是定态。但是,薛定谔方程的通解 $\Psi(\boldsymbol{r},t)$ 不是定态,而是一系列定态的线性组合。

2. 实现定态的条件

若要体系处于定态,则需要满足如下两个条件:

一是，体系处于保守力场中，即哈密顿算符不显含时间变量 t，用公式可表示为

$$\partial \hat{H}(\boldsymbol{r},t)/\partial t=0 \tag{2.5.11}$$

二是，体系的初始状态 $\Psi(\boldsymbol{r},t_0)$ 为定态，即

$$\Psi(\boldsymbol{r},t_0)=\psi_n(\boldsymbol{r})\mathrm{e}^{-\mathrm{i}E_n t_0/\hbar} \tag{2.5.12}$$

3. 定态的性质

在定态之下，可以证明如下结论：

一是，体系坐标的取值概率密度和概率流密度与时间无关；

二是，任何与时间无关的力学量的取值概率分布与时间无关；

三是，任何与时间无关的力学量的平均值与时间无关。

2.6 自由粒子的定态本征解与波包

2.6.1 一维自由粒子的定态本征解

作为薛定谔方程的一个最简单的应用实例，下面来求解一维自由粒子的定态本征问题。

1. 定态薛定谔方程

严格地说，任何真实的物理体系都应该处于三维空间之中，所谓一维体系只能是一种近似的模型，但是，它也不是杜撰出来的，它意味着对空间的某一个方向(例如 x 方向)的变化而言，另外两个方向(y、z 方向)的影响可以忽略不计。换句话说，一维体系是三维体系在上述条件之下的一种近似。对于一维体系，一个质量为 m 处于保守力场 $V(x)$ 中的粒子满足的定态薛定谔方程可简化为

$$-(2m)^{-1}\hbar^2\psi''(x)+V(x)\psi(x)=E\psi(x) \tag{2.6.1}$$

前面已经提到，自由粒子是在运动过程中不受任何外力作用的粒子，用数学语言表达就是位势 $V(\boldsymbol{r})=0$。实际上，一个粒子是不可能不受到任何外力作用的，只要它受到一个哪怕再小的作用，那它也不是真正的自由粒子，所以自由粒子也只是一种理想化的模型。

总之，对于质量为 m 的一维自由粒子而言，它所满足的定态薛定谔方程可以进一步简化为

$$-(2m)^{-1}\hbar^2\psi''(x)=E\psi(x) \tag{2.6.2}$$

实际上，上述方程就是动能算符 $\hat{T}$ 满足的本征方程，它也是最简单的定态薛定谔方程，没有之一。

2. 定态薛定谔方程的通解

下面具体求解一维自由粒子的定态薛定谔方程式(2.6.2)。

若令

$$k=(2mE/\hbar^2)^{1/2} \tag{2.6.3}$$

则式(2.6.2)可以改写成

$$\psi''(x)=-k^2\psi(x) \tag{2.6.4}$$

直接可以看出，上式的两个特解分别为

$$\psi_1(x)=c_1\mathrm{e}^{-\mathrm{i}kx},\quad \psi_2(x)=c_2\mathrm{e}^{\mathrm{i}kx} \tag{2.6.5}$$

方程式(2.6.4)的通解为上述两个特解的线性组合。

3. 定态薛定谔方程的本征解

首先，讨论能量本征值 $E<0$ 的情况。

由于 $E<0$，故 k 为纯虚数，若令正实参数 α 为

$$\alpha=(2m|E|/\hbar^2)^{1/2} \tag{2.6.6}$$

则式(2.6.5)可改写成

$$\psi_1(x)=c_1\mathrm{e}^{\alpha x},\quad \psi_2(x)=c_2\mathrm{e}^{-\alpha x} \tag{2.6.7}$$

通解为上述两个特解的线性组合。

当 $x>0$ 时，$\psi_1(x)$ 不能满足波函数的有限性要求，而当 $x<0$ 时，$\psi_2(x)$ 也不能满足波函数的有限性要求，所以 $\psi_1(x)$ 和 $\psi_2(x)$ 都不是描述一维自由粒子的定态波函数。显然，在通解中也找不出满足波函数自然条件的解，故当 $E<0$ 时，定态薛定谔方程式(2.6.2)无解。在物理上，不存在 $E<0$ 的解是容易理解的，这是因为自由粒子不存在势能项，它的能量就是动能，而动能是不能小于零的，故能量 $E<0$ 时无解也是顺理成章的事情。

其次，讨论能量本征值 $E\geqslant 0$ 的情况。

当 $E\geqslant 0$ 时，式(2.6.5)中的波函数为其两个特解，其中 $0<k<\infty$。若将 k 的取值范围拓展为 $-\infty<k<\infty$，则上述两个特解可以统一写成

$$\psi_k(x)=c\,\mathrm{e}^{\mathrm{i}kx}\quad(-\infty<k<\infty) \tag{2.6.8}$$

式中，c 是归一化常数。当坐标趋于正或负无穷大时，由于本征波函数不为零，故其为非束缚定态。

由式(2.6.3)可知，一维自由粒子的能量本征值为

$$E_k=k^2\hbar^2/(2m)\quad(-\infty<k<\infty) \tag{2.6.9}$$

式中，k 表示波矢量的 x 分量；$k\hbar$ 表示相应的动量。当 $k>0$ 时，表示粒子沿 x 轴的正方向运动，当 $k<0$ 时，表示粒子沿 x 轴的反方向运动。由于 k 可以连续取值，所以能量本征值也是连续取值的，具有连续能谱。

对于自由粒子而言，当 $k=0$ 时，处于能量最低的状态，称为**基态**，而把其他的状态称为**激发态**。显然，基态能量本征值是无简并的，而所有激发态能量本征值都是二度简并的。由式(2.6.8)可知，基态波函数 $\psi_0(x)$ 为复常数 c，进而说明复常数也可以描述体系

状态。

4. 本征波函数的规格化

为了将本征波函数归一化，需要完成下面的积分，即

$$\int_{-\infty}^{\infty} \psi_{\tilde{k}}^{*}(x)\psi_k(x)\mathrm{d}x = |c|^2 \int_{-\infty}^{\infty} \mathrm{e}^{\mathrm{i}(k-\tilde{k})x}\mathrm{d}x = 2\pi\ |c|^2 \delta(k-\tilde{k}) \qquad (2.6.10)$$

其中用到狄拉克 δ 函数（见 3.3 节）的定义式为

$$\delta(k) = (2\pi)^{-1} \int_{-\infty}^{\infty} \mathrm{e}^{\mathrm{i}xk}\mathrm{d}x \qquad (2.6.11)$$

由于当 $k \to \tilde{k}$ 时，δ 函数 $\delta(k-\tilde{k})$ 为无穷大量，故通常认为自由粒子的本征波函数是不能归一化的，只能**正交规格化**为 $\delta(k-\tilde{k})$。

进而，利用式(2.6.10) 可以求出规格化常数为

$$c = (2\pi)^{-1/2} \qquad (2.6.12)$$

将上式代入式(2.6.8)，得到规格化后的本征波函数，即

$$\psi_k(x) = (2\pi)^{-1/2}\mathrm{e}^{\mathrm{i}kx} \quad (-\infty < k < \infty) \qquad (2.6.13)$$

进而可知，本征波函数满足的正交规格化条件为

$$\int_{-\infty}^{\infty} \psi_{\tilde{k}}^{*}(x)\psi_k(x)\mathrm{d}x = \delta(k-\tilde{k}) \qquad (2.6.14)$$

采用上述方法，利用 $p=\hbar k$ 及 δ 函数的性质（见式(3.3.8)）

$$\delta(ax) = |a|^{-1}\delta(x) \qquad (2.6.15)$$

可以将本征解中的波矢量 k 换成动量 p，于是自由粒子定态薛定谔方程的本征解变为

$$\begin{cases} E_p = p^2/(2m) \quad (-\infty < p < \infty) \\ \psi_p(x) = (2\pi\hbar)^{-1/2}\mathrm{e}^{\mathrm{i}px/\hbar} \end{cases} \qquad (2.6.16)$$

容易验证 $\psi_p(x)$ 也是动量算符 $\hat{p}$ 的正交规格化本征波函数，相应的本征值为 p。

下面对一维自由粒子的本征波函数做两点说明：一是，由式(2.6.13) 可知，自由粒子的坐标取值概率密度 $|\psi_k(x)|^2 = (2\pi)^{-1}$ 与坐标变量无关，即处处相同，这就意味着它的坐标是完全不确定的。自由粒子是一个居无定所、来去无踪的粒子，虽然如此神秘，但是可以确定的是，若要在全空间搜捕它，还是一定能够抓到它的；二是，$|\psi_k(x)|^2 = (2\pi)^{-1}$ 的量纲并不是通常情况下的$[\mathrm{L}^{-1}]$，出现这种情况的原因是，单色平面波是规格化为 $\delta(k-\tilde{k})$，而 $\delta(k-\tilde{k})$ 的量纲为 k 的倒数量纲，即$[\mathrm{L}]$。

5. 本征波函数的箱归一化

若对一个自由粒子的活动范围给予限制，例如，将其限定在一个边长为 $2L$ 的正六面体的箱子中运动，则这时的本征波函数又变成可以归一化的，此即自由粒子本征波函数的**箱归一化**。下面仍以一维自由粒子为例，说明波函数箱归一化的具体操作过程。

为了叙述方便，将一维粒子受到的限制$[-L,L]$ 仍然称为箱。由于受限制的粒子是不可能处于箱外的，故在箱外的本征波函数为零。在箱内，假设粒子的能量本征波函数

仍为

$$\psi_p(x) = c\mathrm{e}^{\mathrm{i}px/\hbar} \tag{2.6.17}$$

由于粒子出现在箱两端($-L$ 和 L)处的概率应该是相同的,故要求波函数满足的条件为

$$\psi_p(-L) = \psi_p(L) \tag{2.6.18}$$

此即所谓的**周期性条件**。

将式(2.6.17)代入式(2.6.18),有

$$\mathrm{e}^{\mathrm{i}2pL/\hbar} = 1 \tag{2.6.19}$$

利用 e 指数与三角函数的关系,将上式改写成

$$\mathrm{e}^{\mathrm{i}2pL/\hbar} = \cos(2pL/\hbar) + \mathrm{i}\sin(2pL/\hbar) = 1 \tag{2.6.20}$$

由上式可知

$$\sin(2pL/\hbar) = 0, \quad \cos(2pL/\hbar) = 1 \tag{2.6.21}$$

于是得到

$$pL/\hbar = n\pi \quad (n = 0, \pm 1, \pm 2, \cdots) \tag{2.6.22}$$

由式(2.6.22)可知,动量 p 的取值是断续的,即

$$p_n = \pi\hbar n/L \tag{2.6.23}$$

进而可知,能量本征值也是断续的,即

$$E_n = p_n^2/(2m) = \pi^2\hbar^2 n^2/(2mL^2) \tag{2.6.24}$$

通常把力学量本征值取断续值称为力学量的**取值量子化**,具有断续本征值谱。产生能量取值量子化的原因是,自由粒子被限定在箱内的区域运动,使得原本自由的粒子失去了自由,导致能量取值量子化,此即所谓的**量子限域效应**。

由式(2.6.24)可知,随着限域尺度 L 的增大,能量本征值的间距逐渐变小。当 $L\to\infty$ 时,能量本征值的间距趋于零,或者说原本断续的能量本征值趋于连续取值。换个角度看,当 $L\to\infty$ 时,相当于撤销了限域的要求,粒子又恢复了自由之身,而自由粒子的能量本征值是连续取值的。

利用波函数的归一化条件

$$\int_{-L}^{L}\psi_{p_n}^*(x)\psi_{p_n}(x)\mathrm{d}x = 2\,|c|^2 L = 1 \tag{2.6.25}$$

可以求出归一化常数为

$$c = (2L)^{-1/2} \tag{2.6.26}$$

于是箱归一化后的能量本征波函数为

$$\begin{cases}\psi_{p_n}(x) = (2L)^{-1/2}\mathrm{e}^{\mathrm{i}p_n x/\hbar} & (|x| \leqslant L)\\ \psi(x) = 0 & (|x| > L)\end{cases} \tag{2.6.27}$$

显然,这时的本征波函数为束缚定态,坐标取值概率密度重新具有[L^{-1}]的量纲。

最后来讨论自由粒子与被限域在箱中粒子本征解的差异。从能量本征值看,自由粒子具有连续能谱,而箱中粒子受限域效应的影响,具有断续能谱。从能量本征波函数看,

式(2.6.16)与式(2.6.27)在形式上非常相近,但是两者有本质的差别,当 $x \to \pm\infty$时,规格化的能量本征波函数不为零,或者说,处于非束缚定态,而做箱归一化的粒子被限制在箱内运动,故其出现在无穷远处(箱外)的概率为零,即处于束缚定态。

2.6.2 三维自由粒子的定态本征解

在已经得到一维自由粒子的定态本征解之后,可以举一反三,直接得到其三维定态问题的本征解。

在笛卡儿坐标系中,质量为 m 的三维自由粒子的定态薛定谔方程为

$$-\frac{\hbar^2}{2m}\left(\frac{\partial^2}{\partial x^2}+\frac{\partial^2}{\partial y^2}+\frac{\partial^2}{\partial z^2}\right)\psi(x,y,z)=E\psi(x,y,z) \tag{2.6.28}$$

由于位势为零,故上式的分离变量解为

$$\begin{cases}E=E_x+E_y+E_z\\ \psi(x,y,z)=\psi_1(x)\psi_2(y)\psi_3(z)\end{cases} \tag{2.6.29}$$

将其代回式(2.6.28),可以得到三个类似式(2.6.2)的方程,即

$$\begin{cases}-(2m)^{-1}\hbar^2\psi_1''(x)=E_x\psi_1(x)\\ -(2m)^{-1}\hbar^2\psi_2''(y)=E_y\psi_2(y)\\ -(2m)^{-1}\hbar^2\psi_3''(z)=E_z\psi_3(z)\end{cases} \tag{2.6.30}$$

利用式(2.6.9)和式(2.6.13),立即得到三维自由粒子的能量本征解为

$$\begin{cases}E_{\boldsymbol{k}}=\boldsymbol{k}^2\hbar^2/(2m) \quad (-\infty<\boldsymbol{k}<\infty)\\ \psi_{\boldsymbol{k}}(\boldsymbol{r})=(2\pi)^{-3/2}\mathrm{e}^{\mathrm{i}\boldsymbol{k}\cdot\boldsymbol{r}}\end{cases} \tag{2.6.31}$$

如果将上式中的波矢量换成动量,则其能量本征解可以改写为

$$\begin{cases}E_{\boldsymbol{p}}=\boldsymbol{p}^2/(2m) \quad (-\infty<\boldsymbol{p}<\infty)\\ \psi_{\boldsymbol{p}}(\boldsymbol{r})=(2\pi\hbar)^{-3/2}\mathrm{e}^{\mathrm{i}\boldsymbol{p}\cdot\boldsymbol{r}/\hbar}\end{cases} \tag{2.6.32}$$

再顾及波函数随时间的变化,上述两个本征波函数分别变为

$$\psi_{\boldsymbol{k}}(\boldsymbol{r},t)=(2\pi)^{-3/2}\mathrm{e}^{\mathrm{i}(\boldsymbol{k}\cdot\boldsymbol{r}-E_{\boldsymbol{k}}t/\hbar)} \tag{2.6.33a}$$

$$\psi_{\boldsymbol{p}}(\boldsymbol{r},t)=(2\pi\hbar)^{-3/2}\mathrm{e}^{\mathrm{i}(\boldsymbol{p}\cdot\boldsymbol{r}-E_{\boldsymbol{p}}t)/\hbar} \tag{2.6.33b}$$

如果采用箱归一化,则其能量本征解为

$$\begin{cases}E_{n_x n_y n_z}=\boldsymbol{p}^2/(2m)=\pi^2\hbar^2(n_x^2+n_y^2+n_z^2)/(2mL^2)\\ \psi_{n_x n_y n_z}(\boldsymbol{r})=(2L)^{-3/2}\mathrm{e}^{\mathrm{i}\boldsymbol{p}\cdot\boldsymbol{r}/\hbar} \quad (|x|,|y|,|z|\leqslant L)\end{cases} \tag{2.6.34}$$

式中,$n_x,n_y,n_z=0,\pm1,\pm2,\cdots$,且

$$\begin{cases}\boldsymbol{p}=p_{n_x}\boldsymbol{i}+p_{n_y}\boldsymbol{j}+p_{n_z}\boldsymbol{k}\\ p_{n_x}=\pi\hbar n_x/L,\ p_{n_y}=\pi\hbar n_y/L,\ p_{n_z}=\pi\hbar n_z/L\end{cases} \tag{2.6.35}$$

综上所述,自由粒子具有连续能谱,相应的本征波函数属于非束缚定态,通常情况下只能规格化为 δ 函数。因为自由粒子的哈密顿算符与动能算符相同,所以两者的本征解

是相同的。后面将会看到，它们的本征波函数也是动量算符的本征波函数。

当自由粒子被限域在箱中时，其具有断续能谱，相应的本征波函数属于束缚定态，束缚定态波函数可以归一化。由于粒子被限制在一定的区域内运动，严格地说，这时的自由粒子已经不是完全自由的，所以能量本征值从取连续值变为取断续值，并且相对真正的自由粒子而言，这时的本征解只是一种近似结果。

*2.6.3 波包与波包的扩散

1. 波包的群速度与相速度

(1) 波包的定义

对于做一维自由运动的粒子，薛定谔方程的特解可由式(2.6.33)给出，即

$$\psi_k(x,t)=(2\pi)^{-1/2}\mathrm{e}^{\mathrm{i}(kx-E_k t/\hbar)}=(2\pi)^{-1/2}\mathrm{e}^{\mathrm{i}[kx-\hbar k^2 t/(2m)]} \tag{2.6.36}$$

为简化表示，若令

$$\omega(k)=\hbar k^2/(2m) \tag{2.6.37}$$

则式(2.6.36)可简化为

$$\psi_k(x,t)=(2\pi)^{-1/2}\mathrm{e}^{\mathrm{i}[kx-\omega(k)t]} \tag{2.6.38}$$

上述单色平面波就是描述自由粒子状态的波函数。

由状态叠加原理可知，既然单色平面波可以描述自由粒子的状态，那么，它们的线性叠加态也一定可以描述自由粒子的状态。通常将单色平面波的叠加态称为**波包**，即

$$\Psi(x,t)=(2\pi)^{-1/2}\int_{-\infty}^{\infty}\Phi(k)\mathrm{e}^{\mathrm{i}\varphi(k,x)}\mathrm{d}k \tag{2.6.39}$$

式中的相角为

$$\varphi(k,x)=kx-\omega(k)t \tag{2.6.40}$$

(2) 波包的群速度

为了求出波包的运动速度，需要知道波包中心的位置 x_c，它应该出现在相角 $\varphi(k,x)$ 取极值之处，即要求满足的极值条件为

$$\partial\varphi(k,x_c)/\partial k=0 \tag{2.6.41}$$

于是得到

$$x_c=t\partial\omega(k)/\partial k \tag{2.6.42}$$

若将波包中心的运动速度定义为波包的**群速度** v_g，则有

$$v_g=\mathrm{d}x_c/\mathrm{d}t=\partial\omega(k)/\partial k \tag{2.6.43}$$

对于由单色平面波构成的波包而言，由式(2.6.37)可知，群速度为

$$v_g=2k\hbar/(2m)=p/m=v \tag{2.6.44}$$

它刚好等于自由粒子的运动速度 v。

上述结论是在非相对论近似下得到的，如果顾及相对论效应，则需考虑相对论的质能关系，即

$$E^2=(p^2+m_0^2c^2)c^2 \tag{2.6.45}$$

式中，m_0 为粒子的静止质量。将上式两端对动量 p 求偏导数，得到

$$2E\partial E/\partial p=2pc^2 \tag{2.6.46}$$

由群速度的定义式(2.6.43) 可知

$$v_g=\partial\omega(k)/\partial k=\partial[\hbar\omega(k)]/\partial(\hbar k)=\partial E/\partial p \tag{2.6.47}$$

再将式(2.6.46) 中的 $\partial E/\partial p$ 代入上式，于是有

$$v_g=pc^2/E=mvc^2/(mc^2)=v \tag{2.6.48}$$

上述结果表明，即使考虑到相对论效应，同样也可以得到波包运动的群速度等于自由粒子运动速度的结论。

(3) 波包的相速度

利用德布罗意关系式引入一个新的速度 v_p，即

$$E=h\nu\equiv hv_p/\lambda\ ,\quad p=h/\lambda \tag{2.6.49}$$

式中，ν 为频率；λ 为波长；h 为普朗克常数；v_p 称为波包的**相速度**，显然相速度与波长 λ 相关。

利用相对论质能关系式(2.6.45)，可导出相速度的表达式为

$$\begin{aligned}v_p&=\lambda E/h=\lambda(m_0^2c^4+p^2c^2)^{1/2}/h=\\&\lambda c(m_0^2c^2+h^2/\lambda^2)^{1/2}/h=c(1+m_0^2c^2\lambda^2/h^2)^{1/2}\end{aligned} \tag{2.6.50}$$

显然相速度 v_p 是大于光速 c 的。

(4) 群速度与相速度的关系

由相速度的定义式(2.6.49) 可知

$$v_p=E\lambda/h=Eh/(ph)=E/p \tag{2.6.51}$$

于是得到群速度与相速度之积等于光速平方的结论，即

$$v_gv_p=(p/m)(E/p)=mc^2/m=c^2 \tag{2.6.52}$$

总之，粒子存在于构成波包的波群之中，能量由粒子携带，能量传播的速度是群速度，群速度是小于光速的。由于相速度是与波长相关的，因此，它是构成波包的单个波的传播速度，是大于光速的。

2. 波包的扩散

随着时间的推移，若一个波包的宽度逐渐变大，则称为**波包的扩散**。如果一个波包是扩散的，则其存在的时间(**寿命**) 就是有限的。一个波包是否扩散取决于函数 $\omega(k)$ 的具体形式。

在 $t=0$ 时，假设有一个高斯型波包，即

$$\Psi(x,0)=A\mathrm{e}^{-a^{-2}x^2/2+\mathrm{i}k_0x} \tag{2.6.53}$$

式中的归一化常数 $A=a^{-1/2}\pi$。如果认为波包的坐标方均根误差(见式(6.2.29)) 就是波包的宽度，则上述高斯波包的宽度为

$$\Delta x = 2^{-1/2} a \tag{2.6.54}$$

将式(2.6.53)向单色平面波(式(2.6.13))做展开,展开系数为

$$\Phi(k,0) = (2\pi)^{-1/2} \int_{-\infty}^{\infty} \Psi(x,0) \mathrm{e}^{-\mathrm{i}kx} \mathrm{d}x = (2\pi)^{-1/2} A \int_{-\infty}^{\infty} \mathrm{e}^{-a^{-2}x^2/2 + \mathrm{i}k_0 x - \mathrm{i}kx} \mathrm{d}x \tag{2.6.55}$$

上式右端的积分可用配方法来完成,即

$$\Phi(k,0) = (2\pi)^{-1/2} A \mathrm{e}^{-a^2 (k-k_0)^2/2} \int_{-\infty}^{\infty} \mathrm{e}^{-[x/a + \mathrm{i}a(k-k_0)]^2/2} \mathrm{d}x \tag{2.6.56}$$

若令

$$\xi^2 = [x/a + \mathrm{i}a(k-k_0)]^2/2 \tag{2.6.57}$$

则式(2.6.56)中的积分可以做出,即

$$\Phi(k,0) = (2\pi)^{-1/2} A \mathrm{e}^{-a^2(k-k_0)^2/2} \int_{-\infty}^{\infty} \mathrm{e}^{-\xi^2} 2^{1/2} a \mathrm{d}\xi = Aa \mathrm{e}^{-a^2(k-k_0)^2/2} \tag{2.6.58}$$

显然,$\Phi(k,0)$ 表示 k 分波在高斯波包中占据的份额,在第 8 章中将说明,$\Phi(k,0)$ 就是 $\Psi(x,0)$ 在波矢量 k 表象中的表示。

在波矢量表象中,由式(2.6.58)描述的高斯波包的宽度为

$$\Delta k = 2^{-1/2} a^{-1} \tag{2.6.59}$$

坐标宽度与波矢量宽度之积满足不确定关系(见 6.2 节),即

$$\Delta x \cdot \Delta k \geqslant 1/2 \tag{2.6.60}$$

在任意时刻 t,高斯波包所处的状态为

$$\Psi(x,t) = (2\pi)^{-1/2} \int_{-\infty}^{\infty} \Phi(k,0) \mathrm{e}^{\mathrm{i}[kx - \omega(k)t]} \mathrm{d}k \tag{2.6.61}$$

将 $\Phi(k,0)$ 与 $\omega(k)$ 的表达式代入上式,得到

$$\Psi(x,t) = (2\pi)^{-1/2} aA \int_{-\infty}^{\infty} \exp[-a^2 (k-k_0)^2/2 + \mathrm{i}kx - \mathrm{i}\hbar k^2 t/(2m)] \mathrm{d}k \tag{2.6.62}$$

再对被积函数进行配方,利用误差积分公式得到

$$\Psi(x,t) = \frac{A}{\{1 + [\mathrm{i}\hbar t/(ma^2)]\}^{1/2}} \exp\left[-\frac{x^2 - \mathrm{i}2a^2 k_0 x + \mathrm{i}a^2 k_0^2 \hbar t/m}{2a^2\{1 + [\mathrm{i}\hbar t/(ma^2)]\}}\right] \tag{2.6.63}$$

经过比较繁杂的代数运算,可以得到坐标的取值概率密度为

$$|\Psi(x,t)|^2 = \frac{|A|^2}{\{1 + [\hbar t/(ma^2)]^2\}^{1/2}} \exp\left\{-\frac{(x - \hbar k_0 t/m)^2}{a^2\{1 + [\hbar t/(ma^2)]^2\}}\right\} \tag{2.6.64}$$

上式表明,坐标的取值概率密度也是一个高斯型函数,极大值出现在 $x = \hbar k_0 t/m$ 处,它以群速度 $v_g = \hbar k_0/m$ 运动。

由式(2.6.63)可知,在任意时刻 t,波包 $\Psi(x,t)$ 的宽度为

$$a(t) = 2^{-1/2} a \{1 + [\hbar t/(ma^2)]^2\}^{1/2} \tag{2.6.65}$$

上式表明,当 $t=0$ 时,高斯波包的宽度为 $2^{-1/2}a$,随着时间的推移,该波包的宽度 $a(t)$ 将会变得越来越宽。

为了获得感性的认识，以电子为例，其经典半径 $a=2.82\times10^{-15}\,\text{m}$，静止质量为 $m_e=9.109\times10^{-31}\,\text{kg}$，经过时间 $t=1.375\times10^{-22}\,\text{s}$ 后，利用式(2.6.65)计算该波包的宽度得到

$$a(t)=2^{-1/2}a\left\{1+\left[\frac{1.054\times10^{-34}\,\text{kg}\cdot\text{m}^2\cdot\text{s}^{-1}\times1.375\times10^{-22}\,\text{s}}{9.109\times10^{-31}\,\text{kg}\times(2.82)^2\times10^{-30}\,\text{m}^2}\right]^2\right\}^{1/2}=$$

$$2^{-1/2}a[1+(2\,000)^2]^{1/2}\approx2\,000\times2^{-1/2}a \tag{2.6.66}$$

上式表明，仅仅经过时间 $t=1.375\times10^{-22}\,\text{s}$ 后，波包的宽度 $a(t)$ 就比原来的宽度 $2^{-1/2}a$ 扩大了 2 000 倍，意味着在极短的时间内波包将消失，这正是 2.1 节已经阐明的结论。

综上所述，从认识论的角度看，量子理论的确立实现了从经典物理的决定论到量子物理的概率论的一个飞跃。由于决定论可以视为概率论的一种极端情况，所以量子理论既不是对经典理论的全盘否定，也不只是对经典理论的简单延拓，而是在更高层面上对经典理论创造性的提升和发展，此即所谓兼容并蓄、有容乃大。

爱因斯坦因为独自创立了相对论理论，他的名字已经家喻户晓，而作为 20 世纪另一个重大发现的量子论，它的奠基人的名字却让许多人感到陌生，这是因为它的产生不是某一个人而是一个科学家群体共同努力的结果。简而言之，如果说相对论的建立是一幕孤军奋战的“单刀赴会”，那么量子论的建立则是一幕各显其能的“群英会”，角色会更换演出不中断，物理学的历史大剧将永不落幕。

例题选讲 2

例题 2.1 已知线谐振子处于第一激发态，即

$$\psi_1(x)=cx\,\text{e}^{-\alpha^2x^2/2}$$

求其坐标取值概率密度最大的位置。其中的实常数 $\alpha>0$。

解 欲求坐标的取值概率密度需要先将波函数归一化，由波函数的归一化条件可知

$$\int_{-\infty}^{\infty}|\psi_1(x)|^2\text{d}x=|c|^2\int_{-\infty}^{\infty}x^2\text{e}^{-\alpha^2x^2}\text{d}x=1 \tag{1}$$

利用定积分公式

$$\int_0^{\infty}x^{2n}\text{e}^{-\alpha^2x^2}\text{d}x=\pi^{1/2}(2n-1)!!2^{-(n+1)}\alpha^{-(2n+1)} \tag{2}$$

可以求出归一化常数为

$$c=(2\pi^{-1/2}\alpha^3)^{1/2} \tag{3}$$

坐标的取值概率密度为

$$W(x)=|\psi_1(x)|^2=2\pi^{-1/2}\alpha^3x^2\text{e}^{-\alpha^2x^2} \tag{4}$$

利用 $W(x)$ 取极值的条件

$$W'(x)=2\pi^{-1/2}\alpha^3(2x-2\alpha^2x^3)\text{e}^{-\alpha^2x^2}=0 \tag{5}$$

可以求出 $W(x)$ 有五个极点，它们分别为

$$x = 0, \pm\alpha^{-1}, \pm\infty \tag{6}$$

为了确定 $W(x)$ 取极大值的极点，需要计算其二阶导数，即

$$W''(x) = 2\pi^{-1/2}\alpha^3[2 - 6\alpha^2x^2 - 2\alpha^2x(2x - 2\alpha^2x^3)]e^{-\alpha^2x^2} = \\ 2\pi^{-1/2}\alpha^3(2 - 10\alpha^2x^2 + 4\alpha^4x^4)e^{-\alpha^2x^2} \tag{7}$$

于是有

$$\begin{cases} W''(x)|_{x=0} = 4\pi^{-1/2}\alpha^3 > 0 & (\text{取极小值}) \\ W''(x)|_{x=\pm\infty} = 0 & (\text{取极小值}) \\ W''(x)|_{x=\pm\alpha^{-1}} = -8\pi^{-1/2}\alpha^3e^{-1} < 0 & (\text{取极大值}) \end{cases} \tag{8}$$

最后得到坐标概率密度的最大值为

$$W(x = \pm\alpha^{-1}) = |\psi_1(x = \pm\alpha^{-1})|^2 = 2\pi^{-1/2}e^{-1}\alpha \tag{9}$$

例题 2.2　已知做一维运动粒子的状态为

$$\psi(x) = \begin{cases} 0 & (-\infty < x \leqslant 0) \\ Axe^{-\lambda x} & (0 < x < \infty) \end{cases}$$

式中，λ 为正的实常数，具有 x 的倒数量纲。求粒子动量的取值概率密度与平均值。

解　首先，利用波函数的归一化条件

$$1 = \int_{-\infty}^{\infty} |\psi(x)|^2 dx = \int_0^{\infty} |A|^2x^2e^{-2\lambda x}dx = |A|^2 2!/(2\lambda)^3 = |A|^2/(4\lambda^3) \tag{1}$$

求出归一化常数为

$$A = 2\lambda^{3/2} \tag{2}$$

于是得到归一化的波函数为

$$\psi(x) = \begin{cases} 0 & (-\infty < x \leqslant 0) \\ 2\lambda^{3/2}xe^{-\lambda x} & (0 < x < \infty) \end{cases} \tag{3}$$

其次，与时间无关的一维动量的概率分布函数为

$$C(p) = 2\lambda^{3/2}(2\pi\hbar)^{-1/2}\int_0^{\infty} xe^{-\lambda x}e^{-ipx/\hbar}dx = (2\pi^{-1}\lambda^3/\hbar)^{1/2}/(\lambda + ip/\hbar)^2 \tag{4}$$

于是可求出动量的取值概率密度为

$$|C(p)|^2 = 2\pi^{-1}\hbar^3\lambda^3/(\hbar^2\lambda^2 + p^2)^2 \tag{5}$$

最后，利用动量的概率分布函数计算动量的平均值得到

$$\bar{p} = \int_{-\infty}^{\infty} C^*(p)pC(p)dp = \int_{-\infty}^{\infty} 2\pi^{-1}\hbar^3\lambda^3p/(\hbar^2\lambda^2 + p^2)^2dp = 0 \tag{6}$$

此外，也可以直接利用归一化的波函数 $\psi(x)$ 计算动量的平均值，即

$$\bar{p} = |A|^2\int_0^{\infty} xe^{-\lambda x}(-i\hbar)(xe^{-\lambda x})'dx = -i4\hbar\lambda^3\int_0^{\infty}(x - \lambda x^2)e^{-2\lambda x}dx = \\ -i4\hbar\lambda^3[(2\lambda)^{-2} - 2!\,\lambda(2\lambda)^{-3}] = 0 \tag{7}$$

所得的结果是完全一样的。

例题 2.3　已知氢原子所处的状态为

$$\psi(r,\theta,\varphi)=(\pi a_0^3)^{-1/2}\mathrm{e}^{-r/a_0}$$

求其径向坐标 r、势能$(-e^2/r)$的平均值及动量取值概率密度。其中常数 a_0 为玻尔半径。

解 首先,考察题中所给波函数是否归一化,即

$$\int|\psi(r,\theta,\varphi)|^2\mathrm{d}\tau=4\pi(\pi a_0^3)^{-1}\int_0^\infty r^2\mathrm{e}^{-2r/a_0}\mathrm{d}r=$$

$$4\int_0^\infty R^2\mathrm{e}^{-2R}\mathrm{d}R=4\times 2!\times 2^{-(2+1)}=1 \tag{1}$$

显然所给的波函数已经归一化。

其次,计算径向坐标平均值

$$\bar{r}=\int r\,|\psi(r,\theta,\varphi)|^2\mathrm{d}\tau=4\pi(\pi a_0^3)^{-1}\int_0^\infty r^3\mathrm{e}^{-2r/a_0}\mathrm{d}r=$$

$$4a_0\int_0^\infty R^3\mathrm{e}^{-2R}\mathrm{d}R=4a_0 3!\times 2^{-(3+1)}=3a_0/2 \tag{2}$$

和势能的平均值

$$\overline{-e^2r^{-1}}=-4\pi e^2(\pi a_0^3)^{-1}\int_0^\infty r\mathrm{e}^{-2r/a_0}\mathrm{d}r=$$

$$-4e^2a_0^{-1}\int_0^\infty R\mathrm{e}^{-2R}\mathrm{d}R=-4e^2a_0^{-1}2^{-2}=-e^2/a_0 \tag{3}$$

最后,计算动量的取值概率密度。

由于氢原子所处的状态与角度无关,所以结果与动量的取向无关,故可以将动量的方向选为 z 轴正方向。于是动量的概率分布函数为

$$C(p)=(2\pi\hbar)^{-3/2}(\pi a_0^3)^{-1/2}\int_0^{2\pi}\mathrm{d}\varphi\int_0^\pi\mathrm{d}\theta\sin\theta\int_0^\infty\mathrm{d}r r^2\mathrm{e}^{-r/a_0}\mathrm{e}^{-\mathrm{i}pr\cos\theta/\hbar}=$$

$$(2\pi\hbar)^{-3/2}(4\pi a_0^{-3})^{1/2}\int_0^\infty r^2\mathrm{e}^{-r/a_0}\mathrm{d}r\int_{-1}^1\mathrm{e}^{-\mathrm{i}pry/\hbar}\mathrm{d}y \tag{4}$$

上式中最后一个积分的结果为

$$\int_{-1}^1\mathrm{e}^{-\mathrm{i}pry/\hbar}\mathrm{d}y=(\mathrm{i}\hbar p^{-1}r^{-1})(\mathrm{e}^{-\mathrm{i}pr/\hbar}-\mathrm{e}^{\mathrm{i}pr/\hbar})=2\hbar p^{-1}r^{-1}\sin(pr/\hbar) \tag{5}$$

将其代回式(4)得到

$$C(p)=(2\pi\hbar)^{-3/2}(4\pi/a_0^3)^{1/2}(2\hbar/p)\int_0^\infty r\mathrm{e}^{-r/a_0}\sin(pr/\hbar)\mathrm{d}r \tag{6}$$

再利用不定积分公式

$$\int x\mathrm{e}^{ax}\sin(bx)\mathrm{d}x=x(a^2+b^2)^{-1}\mathrm{e}^{ax}[a\sin(bx)-b\cos(bx)]-$$

$$(a^2+b^2)^{-2}\mathrm{e}^{ax}[(a^2-b^2)\sin(bx)-2ab\cos(bx)] \tag{7}$$

完成式(6)中的积分,得到

$$\int_0^\infty r\mathrm{e}^{-r/a_0}\sin(pr/\hbar)\mathrm{d}r=2\hbar^{-1}a_0^{-1}p\,(a_0^{-2}+\hbar^{-2}p^2)^{-2} \tag{8}$$

将上式代回式(6)得到动量的概率分布函数为

$$C(p)=(2\pi\hbar)^{-3/2}(4\pi a_0^{-3})^{1/2}(2\hbar p^{-1})2\hbar^{-1}a_0^{-1}p(a_0^{-2}+\hbar^{-2}p^2)^{-2}=$$
$$\pi^{-1}(2a_0/\hbar)^{3/2}/(1+a_0^2p^2/\hbar^2)^2 \tag{9}$$

进而可知，动量的取值概率密度为

$$|C(p)|^2=(2a_0)^3/[\pi^2\hbar^3(1+a_0^2p^2/\hbar^2)^4] \tag{10}$$

习　题　2

习题 2.1　已知做直线运动粒子的状态为

$$\psi(x)=(1-\mathrm{i}\alpha x)^{-1}$$

式中，α 为实常数，且具有 x 的倒数量纲。

(1) 将波函数 $\psi(x)$ 归一化；

(2) 求出粒子坐标取值概率密度最大处的位置；

(3) 求出粒子的概率流密度。

习题 2.2　在球极坐标系中，已知质量为 m 粒子的两个波函数为

$$\psi_1(r)=r^{-1}\mathrm{e}^{\mathrm{i}kr},\quad \psi_2(r)=r^{-1}\mathrm{e}^{-\mathrm{i}kr}$$

式中，$r\neq 0$。分别计算两者的概率流密度，并根据所得结果说明 $\psi_1(r)$ 与 $\psi_2(r)$ 分别表示向外、向内传播的球面波。

习题 2.3　已知粒子的状态为

$$\psi(x)=\begin{cases}0 & (-\infty<x\leqslant 0)\\ A\sin(kx) & (0<x\leqslant a)\\ B\mathrm{e}^{-\beta x} & (a<x<\infty)\end{cases}$$

式中，k、β 为已知正的实常数。求出归一化常数，并计算在 $0<x\leqslant a$ 区域内发现粒子的概率。

习题 2.4　设粒子处于如下的复位势中，即

$$V(\boldsymbol{r})=V_1(\boldsymbol{r})+\mathrm{i}V_2(\boldsymbol{r})$$

式中，$V_1(\boldsymbol{r})$ 与 $V_2(\boldsymbol{r})$ 皆为实函数。证明此时粒子的概率不守恒。

习题 2.5　设粒子处于实位势 $V(\boldsymbol{r})$ 中，证明在任意束缚定态下其能量平均值为

$$\bar{E}=\int\rho\,\mathrm{d}\tau=\int[(2m)^{-1}\hbar^2\,\nabla\psi^*(\boldsymbol{r})\cdot\nabla\psi(\boldsymbol{r})+\psi^*(\boldsymbol{r})V(\boldsymbol{r})\psi(\boldsymbol{r})]\mathrm{d}\tau$$

式中，ρ 为能量密度。

习题 2.6　讨论薛定谔方程与经典方程的关系。

第3章　束缚定态与量子限域效应

在建立了量子力学的基本方程(薛定谔方程)之后,求解定态薛定谔方程就成为解决问题的关键。定态薛定谔方程之间的差别仅表现为粒子的质量及所处位势的不同,根据位势的具体形式,定态问题的本征解可以分为两大类,即束缚定态解和非束缚定态解。量子散射属于非束缚定态的范畴,将在第4章和第11章中分别介绍。

如前所述,处于束缚定态中的粒子不可能出现在无穷远处,或者说它只能在有限的区域中运动,具有断续能谱,此即所谓的量子限域效应。本章主要介绍如何求解一维束缚定态问题:首先,本着由浅入深、循序渐进的原则,针对几个简单的一维问题(方势阱、δ函数势阱及线谐振子势阱),从不同角度演示其求解的全过程,以期掌握求解定态薛定谔方程的基本方法和步骤,加深对量子限域效应的理解,同时,也为解决复杂问题奠定基础;其次,在方势阱的基础上,作者导出了一维多量子阱能级满足的超越方程,利用它可以近似求解任意一维束缚定态问题,从而使得求解一维束缚定态问题的方法更加实用化;最后,归纳总结了一维束缚定态问题的求解步骤和性质。

3.1　无限深与有限深方势阱

3.1.1　无限深对称方势阱

通常把分区均匀的一维位势称为方形势,由于每个区域中的位势都是常数,故其相对容易处理。在束缚定态问题中,有解析解者寥寥无几,而一维无限深方势阱是其中最简单的一个,初学乍练自然要避繁就简,从它入手也是理所当然的事情。

设一个质量为m的粒子处于如下一维位势(图3.1)中,即

$$V(x)=\begin{cases}\infty & (-\infty< x\leqslant -a) & \text{I}\\ 0 & (-a< x\leqslant a) & \text{II}\\ \infty & (a< x<\infty) & \text{III}\end{cases}\tag{3.1.1}$$

求其束缚定态本征解。由于上述位势在$-a\geqslant x$与$x>a$区间皆为无穷大,并且关于坐标原点左右对称,故称其为宽度为$2a$的一维无限深对称方势阱,简称为**无限深对称方势阱**。

在求解定态薛定谔方程之前,首先,需要判断可能存在束缚定态解的能量区间。由

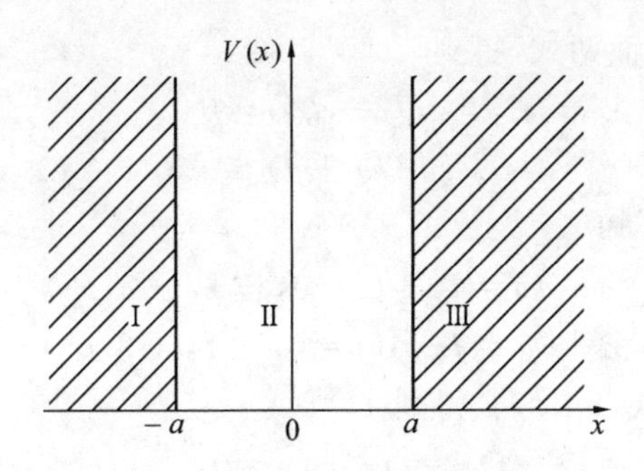

图 3.1　一维无限深对称方势阱

图 3.1 可知，当待求能量 $E<0$ 时无解，当 $E\geqslant 0$ 时可能存在束缚定态解。其次，按照从左至右的顺序(下同)，将常数位势沿 x 轴分为三个区域，分别用 Ⅰ、Ⅱ 和 Ⅲ 来标志它们。

由式(3.1.1) 可知，三个区域中的位势分别为∞、0 和∞，于是，可以依次写出三个区域中的定态薛定谔方程，即

$$\begin{cases}-(2m)^{-1}\hbar^2\psi_1''(x)+\infty\psi_1(x)=E\psi_1(x)\\-(2m)^{-1}\hbar^2\psi_2''(x)=E\psi_2(x)\\-(2m)^{-1}\hbar^2\psi_3''(x)+\infty\psi_3(x)=E\psi_3(x)\end{cases}\tag{3.1.2}$$

式中，$\psi_1(x)$、$\psi_2(x)$ 和 $\psi_3(x)$ 分别为区域 Ⅰ、Ⅱ 和 Ⅲ 中的待求本征波函数。

在区域 Ⅰ 和 Ⅲ 中，位势皆为无穷大，通常把这种高度和宽度皆为无穷大的势垒称为**刚性壁**。由于即使粒子具有波粒二象性，它也不可能穿透这种刚性壁，所以在刚性壁中的波函数为零，进而可知，当 $E\geqslant 0$ 时，粒子只有束缚定态解。

若引入参数

$$k=(2mE/\hbar^2)^{1/2}\geqslant 0\tag{3.1.3}$$

则可以直接写出本征波函数的一般形式为

$$\begin{cases}\psi_1(x)=0\\\psi_2(x)=c\sin(kx+\delta)\\\psi_3(x)=0\end{cases}\tag{3.1.4}$$

式中，c 为待定的归一化常数；δ 为待定常数。

3.1.2　无限深对称方势阱的本征解

1. 能量本征值

在位势的阶跃点 $x=\pm a$ 处，由于在 Ⅰ 和 Ⅲ 区域中的波函数为零，故不必使用波函数一阶导数的边界条件。波函数的边界条件分别为

$$\psi_1(-a)=\psi_2(-a)\tag{3.1.5}$$

$$\psi_2(a)=\psi_3(a)\tag{3.1.6}$$

将式(3.1.4)分别代入上面两式,得到

$$\sin(\delta - ka) = 0 \tag{3.1.7}$$

$$\sin(ka + \delta) = 0 \tag{3.1.8}$$

进而由正弦函数的性质可知

$$\delta - ka = i\pi \quad (i = 0, \pm 1, \pm 2, \cdots) \tag{3.1.9}$$

$$\delta + ka = j\pi \quad (j = 0, \pm 1, \pm 2, \cdots) \tag{3.1.10}$$

用式(3.1.10)减去式(3.1.9),得到

$$2ka = (j - i)\pi \equiv n\pi \quad (n = 0, \pm 1, \pm 2, \cdots) \tag{3.1.11}$$

在上式中,由于 $ka \geqslant 0$,故量子数 $n = j - i \geqslant 0$。若 $n = 0$,则导致上式中的 $k = 0$,进而由式(3.1.9)可知 $\delta = i\pi$,若将其代入式(3.1.4),则会使得三个区域的本征波函数皆为零,显然,这在物理上是不合理的,故将 $n = 0$ 弃之。于是量子数 n 只能取正整数,即 $n = 1, 2, 3, \cdots$。

将式(3.1.3)代入式(3.1.11),整理之后,得到能级的表达式为

$$E_n = \pi^2 \hbar^2 n^2 / (8ma^2) \quad (n = 1, 2, 3, \cdots) \tag{3.1.12}$$

显然,无限深方势阱中粒子的能级只能取断续值,具有断续能谱,此即所谓的能量取值量子化,它是量子限域效应的必然结果。实际上,所有被限域粒子的能级皆为断续的,下不赘述。

2. 能量本征波函数

为了求出能级 E_n 相应的本征波函数,只需将式(3.1.9)与式(3.1.10)相加,于是有

$$\delta_n = (j + i)\pi/2 = n\pi/2 + i\pi \tag{3.1.13}$$

再将上式与式(3.1.11)代入式(3.1.4),得到能量本征波函数为

$$\begin{cases} \psi_1(x) = 0 \\ \psi_2(x) = \tilde{c} \sin[n\pi x/(2a) + n\pi/2] \\ \psi_3(x) = 0 \end{cases} \tag{3.1.14}$$

式中,$\tilde{c}$ 为待定的归一化常数,$\tilde{c} = (-1)^i c$。

为了求出归一化常数 $\tilde{c}$,需要使用波函数的归一化条件,即

$$\int_{-\infty}^{-a} |\psi_1(x)|^2 \mathrm{d}x + \int_{-a}^{a} |\psi_2(x)|^2 \mathrm{d}x + \int_{a}^{\infty} |\psi_3(x)|^2 \mathrm{d}x = \int_{-a}^{a} \psi_2^*(x) \psi_2(x) \mathrm{d}x =$$

$$\begin{cases} |\tilde{c}|^2 \int_{-a}^{a} \sin^2[n\pi x/(2a)] \mathrm{d}x = |\tilde{c}|^2 a = 1 \quad (n \text{ 为偶数}) \\ |\tilde{c}|^2 \int_{-a}^{a} \cos^2[n\pi x/(2a)] \mathrm{d}x = |\tilde{c}|^2 a = 1 \quad (n \text{ 为奇数}) \end{cases} \tag{3.1.15}$$

在上式的推导过程中,需要用到的两个不定积分公式为

$$\begin{cases}\displaystyle\int \sin^2(bx)\mathrm{d}x = x/2 - \sin(2bx)/(4b) \\ \displaystyle\int \cos^2(bx)\mathrm{d}x = x/2 + \sin(2bx)/(4b)\end{cases} \tag{3.1.16}$$

由式(3.1.15)可以得到归一化常数为

$$\tilde{c} = a^{-1/2} \tag{3.1.17}$$

将上式代入式(3.1.14),得到能级 E_n 对应的归一化的本征波函数为

$$\begin{cases}\psi_1(x) = 0 \\ \psi_2(x) = a^{-1/2}\sin[n\pi x/(2a) + n\pi/2] \quad (n = 1, 2, 3, \cdots) \\ \psi_3(x) = 0\end{cases} \tag{3.1.18}$$

显然能级 E_n 是无简并的。

3.1.3　无限深方势阱本征解的讨论

1. 能量本征值的极限值

下面分别针对 $\hbar$、n、a 的极限情况,讨论能级 E_n 的变化趋势。

(1) 当 $\hbar \to 0$ 时,量子力学退化为经典力学

由式(3.1.12)可知,当 $\hbar \to 0$ 时,相邻两个能级之差的极限为

$$\lim_{\hbar\to 0}\Delta E_n = \lim_{\hbar\to 0}(E_{n+1} - E_n) = \lim_{\hbar\to 0}[\pi^2\hbar^2(2n+1)/(8ma^2)] = 0 \tag{3.1.19}$$

这意味着,当 $\hbar \to 0$ 时,能级趋于连续取值。这正是前面所说的,当普朗克常数 $\hbar$ 的贡献可视为无穷小时,量子力学退化为经典力学。

(2) 当 $n \to \infty$ 时,量子力学退化为经典力学

由玻尔的对应原理可知,对于能级 E_n 而言,当量子数 $n \to \infty$ 时,应趋向于经典体系的能量取值。虽然不能直接由 ΔE_n 得到这个结论,但是,如果考察 ΔE_n 的相对值的极限,则有

$$\lim_{n\to\infty}(\Delta E_n/E_n) = \lim_{n\to\infty}[(2n+1)/n^2] = 0 \tag{3.1.20}$$

从而得到能级趋于连续取值的经典结果。

(3) 当 $a \to \infty$ 时,势阱中的粒子退化为自由粒子

当势阱宽度 $2a \to \infty$ 时,由式(3.1.19)可知,ΔE_n 的极限为零,即能级趋于连续取值。从另一个角度看,当势阱宽度趋于无穷大时,势阱的限域作用将不复存在,势阱中的粒子也将恢复自由之身。由此可见,自由粒子是被限域粒子的一种极限情况。

上述结论对于其他被限域的量子体系也是适用的,例如后面将涉及的谐振子与氢原子等,届时将不再赘述。

2. 本征波函数的宇称

按量子数 n 的奇偶性,本征波函数的表达式(3.1.18)也可以改写为如下形式,即

$$\begin{cases}\psi_1(x)=0\\ \psi_2(x)=a^{-1/2}\sin[n\pi x/(2a)] \quad (n\text{ 为偶数})\\ \psi_3(x)=0\end{cases} \tag{3.1.21}$$

$$\begin{cases}\psi_1(x)=0\\ \psi_2(x)=a^{-1/2}\cos[n\pi x/(2a)] \quad (n\text{ 为奇数})\\ \psi_3(x)=0\end{cases} \tag{3.1.22}$$

在量子力学中,当坐标变量由 $\boldsymbol{r}$ 变为 $-\boldsymbol{r}$ 时,如果波函数 $\psi(\boldsymbol{r})$ 不变,则称 $\psi(\boldsymbol{r})$ 为**正(偶)宇称态**,如果波函数 $\psi(\boldsymbol{r})$ 变成 $-\psi(\boldsymbol{r})$,则称 $\psi(\boldsymbol{r})$ 为**负(奇)宇称态**。显然,式(3.1.22)中的本征波函数描述的是正宇称态,式(3.1.21)中的本征波函数描述的是负宇称态。需要说明的是,并非任意体系的能量本征波函数皆具有确定的宇称,只有当体系的位势具有空间反演不变性,即 $V(\boldsymbol{r})=V(-\boldsymbol{r})$ 时,相应的能量本征波函数才可能具有确定的宇称。在第 6 章中将对状态的宇称进行更详细的讨论。

3. 无限深非对称方势阱

若将一维无限深方势阱改写为

$$V(x)=\begin{cases}\infty & (-\infty< x\leqslant 0)\\ 0 & (0< x\leqslant a)\\ \infty & (a< x<\infty)\end{cases} \tag{3.1.23}$$

则称其为宽度为 a 的一维无限深非对称方势阱,简称为**无限深方势阱**。用类似前面的方法可求得其本征解为

$$E_n=\pi^2\hbar^2 n^2/(2ma^2) \quad (n=1,2,3,\cdots) \tag{3.1.24}$$

$$\begin{cases}\psi_1(x)=0\\ \psi_2(x)=(2/a)^{1/2}\sin(n\pi x/a)\\ \psi_3(x)=0\end{cases} \tag{3.1.25}$$

由于本征波函数 $\psi_2(x)$ 中的自变量 x 只能在$[0,a]$区间内取值,故这时的本征波函数无确定的宇称。出现这种情况的原因是,该位势不具有空间反演不变性。

如果将无限深方势阱(3.1.23)的宽度由 a 变为 $2a$,则它刚好相当于将式(3.1.1)中的坐标 x 平移为 $x+a$。这时,它的能量本征解可以由式(3.1.24)与式(3.1.25)得到,只需将其中的 a 换成 $2a$。将其与宽度为 $2a$ 的无限深对称方势阱的本征解比较发现,两者的能级一模一样,而本征波函数却不相同。由此可知,如果对位势进行坐标平移,则能级不变,本征波函数不同,此结论的一般性证明见定理 3.1(2)。

4. 与箱归一化的自由粒子比较

在 2.6 节中曾经讨论过自由粒子的箱归一化问题,如果将箱中的自由粒子与无限深对称方势阱中的粒子做比较,则会发现两者的物理内涵毫无差别,只是表述的方式不同,但是两种不同处理方法得到的能量本征解却是截然不同的。若问何以至此?原因就在

于:当对自由粒子进行箱归一化时,事先做了箱内的粒子仍然是自由粒子的假定,而实际上,由于被箱限域的粒子已经不再是自由粒子,所以箱归一化只能是处理上述物理问题的一种近似方法,而无限深方势阱的本征解才是严格的量子力学结果。

5. 量子限域效应

从字面上解释量子限域,可以理解为粒子被位势限制在一个有限的区域内运动,量子限域的结果,会导致粒子只能处于束缚定态和能量取值量子化,此即量子限域效应的物理内涵。

为了更好地理解量子限域效应,让我们再回到那个神话故事。

孙悟空的金箍棒竟然能画出一圈无形的刚性壁,将唐僧师徒庇护在其中,使其只能在圈内活动,他们出不来,妖魔也进不去,此即孙悟空对师傅施展的限域魔法。虽然自由自在的齐天大圣是无所不在、无所不能的(坐标和能量皆可取任意值),可是一旦他被骗入如来佛的手掌之中,必将导致英雄无用武之地,虽然没有武功全废但也元气大伤(能量只能取断续值)了,任凭他有再大的本事也逃不出如来佛的手掌心(坐标取值受限),此即如来佛对孙悟空施加的限域神功。

3.1.4　有限深方势阱的本征解及其特例

1. 有限深方势阱

一个质量为 m 的粒子处于如下的一维位势(图3.2)中,即

$$V(x)=\begin{cases}V_1 & (-\infty< x\leqslant -a)\\ 0 & (-a< x\leqslant a)\\ V_2 & (a< x<\infty)\end{cases}\tag{3.1.26}$$

求其束缚定态本征解。式中的 V_1 和 V_2 为正实数,且不失一般性地假设 $V_1\geqslant V_2$,上述的位势被称为宽度为 $2a$ 的**有限深方势阱**(简称**方势阱**),它也是较为简单的一维位势之一。

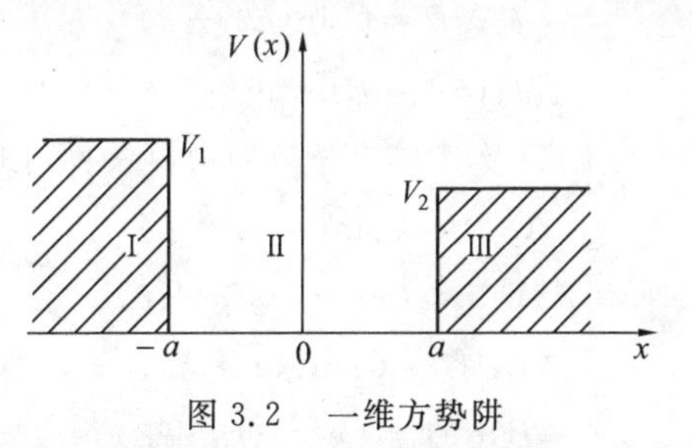

图3.2　一维方势阱

在求解该粒子满足的定态薛定谔方程之前,仍需先判断可能存在束缚定态解的能量区间。由图3.2可知,当待求能量 $E<0$ 时无解,当 $E>V_2$ 时有非束缚定态解,只有当 $V_2\geqslant E\geqslant 0$ 时,才可能存在束缚定态解。然后按照从左至右的顺序,将位势沿 x 轴分为三个区域,分别用Ⅰ、Ⅱ和Ⅲ来标志它们。

2. 有限深方势阱的通解

已知三个区域中的位势分别是V_1、0、V_2，于是，可以写出三个区域中的定态薛定谔方程分别为

$$\begin{cases}-(2m)^{-1}\hbar^2\psi_1''(x)+V_1\psi_1(x)=E\psi_1(x)\\-(2m)^{-1}\hbar^2\psi_2''(x)=E\psi_2(x)\\-(2m)^{-1}\hbar^2\psi_3''(x)+V_2\psi_3(x)=E\psi_3(x)\end{cases}\tag{3.1.27}$$

式中，$\psi_1(x)$、$\psi_2(x)$和$\psi_3(x)$分别为区域Ⅰ、Ⅱ和Ⅲ中的待求本征波函数。

当$V_1\geqslant V_2\geqslant E\geqslant 0$时，式(3.1.27)可以简化为

$$\begin{cases}\psi_1''(x)=\alpha^2\psi_1(x)\\\psi_2''(x)=-k^2\psi_2(x)\\\psi_3''(x)=\beta^2\psi_3(x)\end{cases}\tag{3.1.28}$$

式中的待定参数α、β、k皆为非负实数，其定义分别为

$$\alpha=[2m(V_1-E)/\hbar^2]^{1/2},\quad k=(2mE/\hbar^2)^{1/2},\quad \beta=[2m(V_2-E)/\hbar^2]^{1/2}\tag{3.1.29}$$

在三个区域中，可以直接写出本征波函数的一般形式，即

$$\begin{cases}\psi_1(x)=A_1\mathrm{e}^{\alpha x}+B_1\mathrm{e}^{-\alpha x}\\\psi_2(x)=C\sin(kx+\delta)\\\psi_3(x)=A_2\mathrm{e}^{\beta x}+B_2\mathrm{e}^{-\beta x}\end{cases}\tag{3.1.30}$$

式中，A_1、B_1、C、A_2、B_2、δ为待定常数。

3. 有限深方势阱的本征解

首先，由波函数的有限性可知，$B_1=A_2=0$，于是式(3.1.30)可简化为

$$\begin{cases}\psi_1(x)=A\mathrm{e}^{\alpha x}\\\psi_2(x)=C\sin(kx+\delta)\\\psi_3(x)=B\mathrm{e}^{-\beta x}\end{cases}\tag{3.1.31}$$

其次，在$x=\pm a$处，由波函数及其一阶导数的边界条件可知

$$A\mathrm{e}^{-\alpha a}=C\sin(-ka+\delta)\tag{3.1.32}$$

$$A\alpha\mathrm{e}^{-\alpha a}=Ck\cos(-ka+\delta)\tag{3.1.33}$$

$$B\mathrm{e}^{-\beta a}=C\sin(ka+\delta)\tag{3.1.34}$$

$$-B\beta\mathrm{e}^{-\beta a}=Ck\cos(ka+\delta)\tag{3.1.35}$$

然后，用式(3.1.32)除以式(3.1.33)，得到

$$\tan(\delta-ka)=k/\alpha\tag{3.1.36}$$

再用式(3.1.34)除以式(3.1.35)，得到

$$\tan(\delta+ka)=-k/\beta\tag{3.1.37}$$

利用反三角函数的定义，由上述两式分别得到

$$\delta - ka = i\pi + \arctan(k/\alpha) \tag{3.1.38}$$

$$\delta + ka = j\pi - \arctan(k/\beta) \tag{3.1.39}$$

式中，$i, j = 0, \pm 1, \pm 2, \cdots$。

最后，用式(3.1.39)减式(3.1.38)得到待定参数满足的超越方程，即

$$2ka = n\pi - \arctan(k/\alpha) - \arctan(k/\beta) \tag{3.1.40}$$

式中，$n = j - i$。由于 α、β、k 皆为非负实数，故 $n > 0$，于是可知，$n = 1, 2, 3, \cdots$。

再进一步，将 α、β、k 的定义式代入式(3.1.40)，得到能级 E_n 满足的超越方程的明显形式为

$$(8ma^2E_n/\hbar^2)^{1/2} = n\pi - \arctan\{[E_n/(V_1 - E_n)]^{1/2}\} - \arctan\{[E_n/(V_2 - E_n)]^{1/2}\} \tag{3.1.41}$$

通常情况下，上述关于能级 E_n 的超越方程只能进行数值求解，能级 E_n 求出之后，将其代回到本征波函数的表达式中，利用边界条件可以求出相应的归一化本征波函数。

综上所述，对于简单的位势可以得到本征解的解析表达式，如上面提到的无限深方势阱，对于较复杂的位势则需要进行数值求解，或者用图解法求解，例如有限深方势阱。

4. 有限深方势阱的三个特例

(1) 有限深对称方势阱

当有限深方势阱的两个势垒的高度均为 $V > 0(V_1 = V_2 = V)$ 时，构成**有限深对称方势阱**，其能级 E_n 满足的超越方程可由式(3.1.41)简化为

$$(8ma^2E_n/\hbar^2)^{1/2} = n\pi - 2\arctan\{[E_n/(V - E_n)]^{1/2}\} \tag{3.1.42}$$

式中，$n = 1, 2, 3, \cdots$。例题 3.1 求解了另一种形式的有限深对称方势阱。

(2) 无限深对称方势阱

当有限深对称方势阱的两个势垒的高度皆为无穷大($V_1 = V_2 = \infty$)时，退化为由式(3.1.1)表示的无限深对称方势阱。此时，由于式(3.1.42)中的反三角函数项为零，进而得到能级的解析解为

$$E_n = \pi^2\hbar^2n^2/(8ma^2) \quad (n = 1, 2, 3, \cdots) \tag{3.1.43}$$

上式与无限深对称方势阱的结果(式(3.1.12))完全相同。

(3) 半壁无限高方势阱

当有限深方势阱的一个势垒的高度为无穷大、另一个势垒的高度为 $V_0 > 0(V_1 = \infty$, $V_2 = V_0)$ 时，称为**半壁无限高方势阱**，其能级 E_n 满足的超越方程为

$$(8ma^2E_n/\hbar^2)^{1/2} = n\pi - \arctan\{[E_n/(V_0 - E_n)]^{1/2}\} \tag{3.1.44}$$

式中，$n = 1, 2, 3, \cdots$。

*3.2 一维多量子阱

3.2.1 一维多量子阱概述

由一维方势阱的求解过程可知,只有当位势具有极其简单的形式时,才可能得到解析解,否则,不但推导和计算的过程会变得相当繁杂,而且只能得到能级满足的超越方程。为了处理更为繁杂的一维多量子阱问题,下面利用递推的方法,导出其束缚定态能级满足的超越方程。

通常将具有 $n(n\geqslant 3)$ 个常数位势的一维势阱称为**一维多量子阱**(图 3.3)。位势的高度依次用 $V_1,V_2,V_3,\cdots,V_{n-1},V_n$ 来标志,选 V_1 与 V_2 阶跃点的坐标 x_1 为坐标原点,V_j 与 V_{j+1} 阶跃点的坐标为 x_j,**外区位势** $V_1>0$ 与 $V_n>0$ 的宽度为无穷大,**内区位势** $V_j\geqslant 0$ $(j=2,3,4,\cdots,n-1)$ 的宽度为 $a_j=x_j-x_{j-1}$。

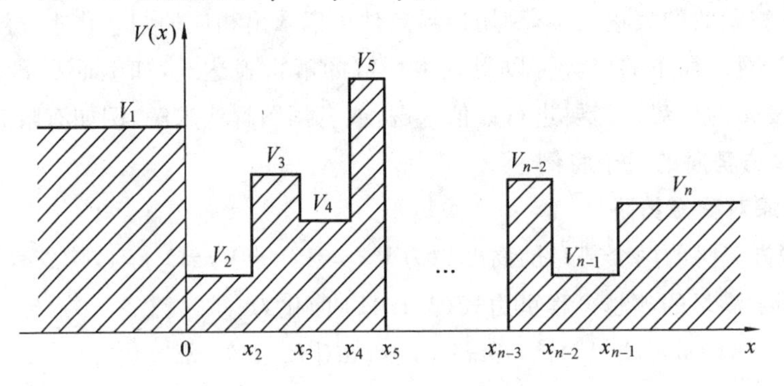

图 3.3 一维多量子阱

将两个外区位势中的小者记为 $V_{\max}$,所有内区位势的最小者记为 $V_{\min}$,显然,当粒子的能量 $E<V_{\min}$ 时无解,当粒子的能量 $E>V_{\max}$ 时,有非束缚定态解,只有当 $V_{\min}\leqslant E\leqslant V_{\max}$ 时,才可能存在束缚定态解。

在半导体物理学中,上述多量子阱中的位势可以由不同的半导体材料形成。处于多量子阱中的电子将受到材料中其他粒子的作用,通常近似地把这种作用归结为电子质量的改变,即将处于半导体材料中的电子质量用有效质量来代替,于是,在不同位势区域中电子的有效质量是不同的,分别用 $m_1,m_2,m_3,\cdots,m_{n-1},m_n$ 来标志它们。

当 $V_{\min}\leqslant E\leqslant V_{\max}$ 时,可以直接写出满足有限性要求的 n 个区域的本征波函数的一般形式,即

$$\psi_1(x)=A_{2,1}\mathrm{e}^{-\mathrm{i}k_1x} \tag{3.2.1}$$

$$\psi_2(x)=A_{1,2}\mathrm{e}^{\mathrm{i}k_2x}+A_{2,2}\mathrm{e}^{-\mathrm{i}k_2x} \tag{3.2.2}$$

$$\psi_3(x)=A_{1,3}\mathrm{e}^{\mathrm{i}k_3x}+A_{2,3}\mathrm{e}^{-\mathrm{i}k_3x} \tag{3.2.3}$$

……

$$\psi_{n-2}(x)=A_{1,n-2}\mathrm{e}^{\mathrm{i}k_{n-2}x}+A_{2,n-2}\mathrm{e}^{-\mathrm{i}k_{n-2}x} \tag{3.2.4}$$

$$\psi_{n-1}(x)=A_{1,n-1}\mathrm{e}^{\mathrm{i}k_{n-1}x}+A_{2,n-1}\mathrm{e}^{-\mathrm{i}k_{n-1}x} \tag{3.2.5}$$

$$\psi_n(x)=A_{1,n}\mathrm{e}^{\mathrm{i}k_nx} \tag{3.2.6}$$

式中

$$k_j=[2m_j(E-V_j)/\hbar^2]^{1/2}\quad (j=1,2,3,\cdots,n) \tag{3.2.7}$$

参数 k_j 是实数还是纯虚数视 E 与 V_j 的数值而定，一般情况下将 k_j 作为复数处理。波函数 $\psi_j(x)$ 中的两项 $A_{1,j}\mathrm{e}^{\mathrm{i}k_jx}$、$A_{2,j}\mathrm{e}^{-\mathrm{i}k_jx}(j=1,2,3,\cdots,n)$ 分别为向前和向后传播的波，而 $A_{1,j}$、$A_{2,j}$ 为其相应的振幅。

可能有人会问，为什么在 $\psi_1(x)$ 中不存在向前传播的项 $A_{1,1}\mathrm{e}^{\mathrm{i}k_1x}$ 呢？原因很简单：在求解的能量区间 $V_{\min}\leqslant E\leqslant V_{\max}$ 中，由 k_j 的定义式(3.2.7)可知，$k_1=\mathrm{i}\alpha$，由于式中的 α 为正实数，故 k_1 为纯虚数，于是 $A_{1,1}\mathrm{e}^{\mathrm{i}k_1x}=A_{1,1}\mathrm{e}^{-\alpha x}$，而 $\psi_1(x)$ 中的坐标只能取负值，从而使得向前传播的项 $A_{1,1}\mathrm{e}^{\mathrm{i}k_1x}$ 不满足波函数的有限性要求，所以将其去掉。同理可知，在波函数 $\psi_n(x)$ 中不存在向后传播的项 $A_{2,n}\mathrm{e}^{-\mathrm{i}k_nx}$。

顺便说一句，对于非束缚定态，由于本征能量可以在零到正无穷大之间连续取值，故 $A_{1,1}\mathrm{e}^{\mathrm{i}k_1x}$ 项不能去掉，此即束缚定态与非束缚定态首区（即第 1 个位势区）本征波函数的差别所在。

3.2.2　能级满足的超越方程

初看起来，n 个待求的本征波函数使人感觉眼花缭乱、无从下手，由于第 n 个本征波函数只有一项，所以从它开始将会是一个恰当的选择。下面分五步导出电子束缚定态能级满足的超越方程。

第一步，在阶跃点 x_{n-1} 处，导出向后与向前传播波的振幅之比。

由波函数在 $x=x_{n-1}$ 处的边界条件

$$\psi_{n-1}(x_{n-1})=\psi_n(x_{n-1}) \tag{3.2.8}$$

可知

$$A_{1,n-1}\mathrm{e}^{\mathrm{i}k_{n-1}x_{n-1}}+A_{2,n-1}\mathrm{e}^{-\mathrm{i}k_{n-1}x_{n-1}}=A_{1,n}\mathrm{e}^{\mathrm{i}k_nx_{n-1}} \tag{3.2.9}$$

再利用波函数一阶导数的边界条件

$$m_n\psi'_{n-1}(x)\big|_{x=x_{n-1}}=m_{n-1}\psi'_n(x)\big|_{x=x_{n-1}} \tag{3.2.10}$$

得到

$$A_{1,n-1}\mathrm{e}^{\mathrm{i}k_{n-1}x_{n-1}}-A_{2,n-1}\mathrm{e}^{-\mathrm{i}k_{n-1}x_{n-1}}=B_{n-1}A_{1,n}\mathrm{e}^{\mathrm{i}k_nx_{n-1}} \tag{3.2.11}$$

式中，$B_{n-1}=k_nm_{n-1}/(k_{n-1}m_n)$。

将式(3.2.9)分别加上与减去式(3.2.11)，得到

$$A_{1,n-1}\mathrm{e}^{\mathrm{i}k_{n-1}x_{n-1}}=2^{-1}(1+B_{n-1})A_{1,n}\mathrm{e}^{\mathrm{i}k_n x_{n-1}} \tag{3.2.12}$$

$$A_{2,n-1}\mathrm{e}^{-\mathrm{i}k_{n-1}x_{n-1}}=2^{-1}(1-B_{n-1})A_{1,n}\mathrm{e}^{\mathrm{i}k_n x_{n-1}} \tag{3.2.13}$$

将上述两式相除，得到向后与向前传播波的振幅之比为

$$\frac{A_{2,n-1}}{A_{1,n-1}}=\frac{1-B_{n-1}}{1+B_{n-1}}\mathrm{e}^{\mathrm{i}2k_{n-1}x_{n-1}} \tag{3.2.14}$$

显然，上式中的未知数只有待求的能量本征值。

第二步，在阶跃点 x_{n-2} 处，导出向后与向前传播波的振幅之比。

由波函数在 $x=x_{n-2}$ 处的边界条件

$$\psi_{n-2}(x_{n-2})=\psi_{n-1}(x_{n-2}) \tag{3.2.15}$$

可知

$$A_{1,n-2}\mathrm{e}^{\mathrm{i}k_{n-2}x_{n-2}}+A_{2,n-2}\mathrm{e}^{-\mathrm{i}k_{n-2}x_{n-2}}=A_{1,n-1}\mathrm{e}^{\mathrm{i}k_{n-1}x_{n-2}}+A_{2,n-1}\mathrm{e}^{-\mathrm{i}k_{n-1}x_{n-2}} \tag{3.2.16}$$

再利用波函数一阶导数的边界条件

$$m_{n-1}\psi'_{n-2}(x)\big|_{x=x_{n-2}}=m_{n-2}\psi'_{n-1}(x)\big|_{x=x_{n-2}} \tag{3.2.17}$$

得到

$$A_{1,n-2}\mathrm{e}^{\mathrm{i}k_{n-2}x_{n-2}}-A_{2,n-2}\mathrm{e}^{-\mathrm{i}k_{n-2}x_{n-2}}=B_{n-2}(A_{1,n-1}\mathrm{e}^{\mathrm{i}k_{n-1}x_{n-2}}-A_{2,n-1}\mathrm{e}^{-\mathrm{i}k_{n-1}x_{n-2}}) \tag{3.2.18}$$

将式(3.2.16)分别加上与减去式(3.2.18)，得到

$$A_{1,n-2}\mathrm{e}^{\mathrm{i}k_{n-2}x_{n-2}}=2^{-1}(1+B_{n-2})A_{1,n-1}\mathrm{e}^{\mathrm{i}k_{n-1}x_{n-2}}+2^{-1}(1-B_{n-2})A_{2,n-1}\mathrm{e}^{-\mathrm{i}k_{n-1}x_{n-2}} \tag{3.2.19}$$

$$A_{2,n-2}\mathrm{e}^{-\mathrm{i}k_{n-2}x_{n-2}}=2^{-1}(1-B_{n-2})A_{1,n-1}\mathrm{e}^{\mathrm{i}k_{n-1}x_{n-2}}+2^{-1}(1+B_{n-2})A_{2,n-1}\mathrm{e}^{-\mathrm{i}k_{n-1}x_{n-2}} \tag{3.2.20}$$

将上述两式相除得到传播波的振幅之比为

$$\frac{A_{2,n-2}}{A_{1,n-2}}=\frac{(1-B_{n-2})\mathrm{e}^{\mathrm{i}2k_{n-1}x_{n-2}}+(1+B_{n-2})A_{2,n-1}A_{1,n-1}^{-1}}{(1+B_{n-2})\mathrm{e}^{\mathrm{i}2k_{n-1}x_{n-2}}+(1-B_{n-2})A_{2,n-1}A_{1,n-1}^{-1}}\mathrm{e}^{\mathrm{i}2k_{n-2}x_{n-2}} \tag{3.2.21}$$

第三步，在阶跃点 x_j 处，导出向后与向前传播波的振幅之比。

如法炮制，可以得到阶跃点 $x=x_j(2\leqslant j<n-2)$ 处的结果，即

$$A_{1,j}\mathrm{e}^{\mathrm{i}k_j x_j}=2^{-1}(1+B_j)A_{1,j+1}\mathrm{e}^{\mathrm{i}k_{j+1}x_j}+2^{-1}(1-B_j)A_{2,j+1}\mathrm{e}^{-\mathrm{i}k_{j+1}x_j} \tag{3.2.22}$$

$$A_{2,j}\mathrm{e}^{-\mathrm{i}k_j x_j}=2^{-1}(1-B_j)A_{1,j+1}\mathrm{e}^{\mathrm{i}k_{j+1}x_j}+2^{-1}(1+B_j)A_{2,j+1}\mathrm{e}^{-\mathrm{i}k_{j+1}x_j} \tag{3.2.23}$$

将上述两式相除，得到传播波的振幅之比为

$$\frac{A_{2,j}}{A_{1,j}}=\frac{(1-B_j)\mathrm{e}^{\mathrm{i}2k_{j+1}x_j}+(1+B_j)A_{2,j+1}A_{1,j+1}^{-1}}{(1+B_j)\mathrm{e}^{\mathrm{i}2k_{n-1}x_j}+(1-B_j)A_{2,j+1}A_{1,j+1}^{-1}}\mathrm{e}^{\mathrm{i}2k_j x_j} \tag{3.2.24}$$

第四步，在阶跃点 x_2 处，导出向后与向前传播波的振幅之比。

当 $x=x_2$ 时，由于 $x_2=a_2+x_1=a_2$，故利用式(3.2.24)可以直接得到其传播波的振幅之比为

$$\frac{A_{2,2}}{A_{1,2}}=\frac{(1-B_2)\mathrm{e}^{\mathrm{i}2k_3 a_2}+(1+B_2)A_{2,3}A_{1,3}^{-1}}{(1+B_2)\mathrm{e}^{\mathrm{i}2k_3 a_2}+(1-B_2)A_{2,3}A_{1,3}^{-1}}\mathrm{e}^{\mathrm{i}2k_2 a_2} \tag{3.2.25}$$

第五步，利用阶跃点 $x=x_1$ 处的边界条件导出能级满足的超越方程。

在 $x=x_1=0$ 处，利用波函数及其一阶导数的边界条件，得到

$$A_{2,1}=A_{1,2}+A_{2,2} \tag{3.2.26}$$

$$-A_{2,1}/B_1=A_{1,2}-A_{2,2} \tag{3.2.27}$$

将上述两式相加和相减，分别得到

$$A_{1,2}=(1-B_1^{-1})A_{2,1}/2 \tag{3.2.28}$$

$$A_{2,2}=(1+B_1^{-1})A_{2,1}/2 \tag{3.2.29}$$

上述两式之比为

$$\frac{A_{2,2}}{A_{1,2}}=\frac{1+B_1^{-1}}{1-B_1^{-1}}=\frac{B_1+1}{B_1-1} \tag{3.2.30}$$

将上式代入式(3.2.25)得到

$$\frac{B_1+1}{B_1-1}=\frac{(1-B_2)\mathrm{e}^{\mathrm{i}2k_3a_2}+(1+B_2)A_{2,3}A_{1,3}^{-1}}{(1+B_2)\mathrm{e}^{\mathrm{i}2k_3a_2}+(1-B_2)A_{2,3}A_{1,3}^{-1}}\mathrm{e}^{\mathrm{i}2k_2a_2} \tag{3.2.31}$$

上式即为**一维多量子阱能级满足的超越方程**。由于方程中未知的组合系数之比 $A_{2,3}/A_{1,3}$ 可由式(3.2.14)与式(3.2.24)递推确定，所以，上述超越方程可以利用计算机程序进行数值求解。需要特别说明的是，上述推导过程是严格的，无任何取近似之处。

对于非常数位势，例如，势阱 $V(x)$ 是坐标的任意连续函数，可以将其划分为 n 个小区，在每个小区中，用其两端位势的平均值作为该小区的常数位势，于是连续取值的势阱 $V(x)$ 变成了多量子阱。只要 n 的个数足够大，就能保证多量子阱是位势 $V(x)$ 的一个相当好的近似，本征解的计算精度由分区的个数 n 决定。总之，利用多量子阱满足的超越方程可以求出任意一维势阱的束缚定态的近似能级，期望它能成为解决此类问题的一个快捷有效的理论工具。

上述推导能级满足的超越方程的过程表明，在物理学中，递推的方法是卓有成效的，它通过对形式相同公式进行反复递推计算，可以达到删繁就简的目的，特别适合于计算机程序的编制。为此，在后面的透射系数及微扰论的计算中，它还会发挥重要作用。

3.2.3　超越方程的应用举例

为了检验超越方程式(3.2.31)的正确性，做如下一个简单例题。

当分区个数 $n=3$ 时，由于 $A_{2,3}=0$，故式(3.2.31)简化为

$$\frac{B_1+1}{B_1-1}=\frac{1-B_2}{1+B_2}\mathrm{e}^{\mathrm{i}2k_2a_2} \tag{3.2.32}$$

若再取 $V_1=V_3=V, V_2=0, m_1=m_2=m_3=m, a_2=2a$，则有

$$k_1=k_3=\mathrm{i}[2m(V-E)/\hbar^2]^{1/2}=\mathrm{i}\alpha,\quad k_2=(2mE/\hbar^2)^{1/2}=k \tag{3.2.33}$$

显然，在上述条件下，一维多量子阱已经简化为两个势垒高度皆为 V、势阱宽度为 $2a$ 的非对称方势阱。

首先，利用 $a_2=2a$ 和 $k_2=k$ 将式(3.2.32)改写为

$$\mathrm{e}^{\mathrm{i}4ka}=\frac{(B_1+1)(1+B_2)}{(B_1-1)(1-B_2)} \tag{3.2.34}$$

由 B_{n-1} 的定义和式(3.2.33)可知

$$B_1 = k_2/k_1 = -\mathrm{i}k/\alpha\ ,\quad B_2 = k_3/k_2 = \mathrm{i}\alpha/k \tag{3.2.35}$$

将上述两式代入式(3.2.34),得到

$$\mathrm{e}^{\mathrm{i}4ka} = \frac{(1-\mathrm{i}k/\alpha)(1+\mathrm{i}\alpha/k)}{(-\mathrm{i}k/\alpha-1)(1-\mathrm{i}\alpha/k)} = \frac{(k+\mathrm{i}\alpha)^2}{(k-\mathrm{i}\alpha)^2} \tag{3.2.36}$$

其次,将式(3.2.36)改写为

$$\begin{aligned}\mathrm{e}^{\mathrm{i}2ka} = \cos(2ka) + \mathrm{i}\sin(2ka) = \pm(k+\mathrm{i}\alpha)/(k-\mathrm{i}\alpha) = \\ \pm(k^2-\alpha^2)/(k^2+\alpha^2) \pm \mathrm{i}2k\alpha/(k^2+\alpha^2)\end{aligned} \tag{3.2.37}$$

由正切函数的定义可知

$$\tan(2ka) = 2k\alpha/(k^2-\alpha^2) = -2\left[E(V-E)\right]^{1/2}/(V-2E) \tag{3.2.38}$$

于是得到

$$2ka = n\pi - \arctan\{2\left[E_n(V-E_n)\right]^{1/2}/(V-2E_n)\} \tag{3.2.39}$$

最后,利用反正切函数的关系式,即

$$2\arctan\,(x) = \arctan[2x/(1-x^2)] \tag{3.2.40}$$

将式(3.2.39)改写成

$$(8ma^2E_n/\hbar^2)^{1/2} = n\pi - 2\arctan\{[E_n/(V-E_n)]^{1/2}\} \tag{3.2.41}$$

此即有限深非对称方势阱能级满足的超越方程,与 3.1 节给出的有限深对称方势阱能级满足的超越方程式(3.1.42)完全相同,从而可以验证超越方程式(3.2.31)的正确性。

3.3 狄拉克 δ 函数势阱

3.3.1 狄拉克 δ 函数的定义与性质

为了解决实际物理问题,英国理论物理学家狄拉克引入了一个单变量函数,称为狄拉克 δ 函数,简称为 δ 函数。由于 δ 函数具有的奇特性质,起初曾遭到数学家们的强烈抵制,但是,鉴于它确实可以描述点粒子与点电荷等问题,最终还是被人们所接纳。δ 函数不是通常意义下的函数,应该属于广义函数的范畴。关于 δ 函数本身的物理含义,将在 5.4 节中给予说明。

1. 狄拉克 δ 函数的定义

狄拉克 δ 函数的自变量既可以是一维力学量也可以是三维力学量,其定义的方式也有多种,仅以一维坐标变量为例,给出**狄拉克 δ 函数**的如下几种定义,即

$$\begin{cases}\delta(x) = 0 \quad (x \neq 0) \\ \displaystyle\int_{-\infty}^{\infty} \delta(x)\mathrm{d}x = 1\end{cases} \tag{3.3.1}$$

$$\begin{cases} \mathrm{H}(x)=\begin{cases}0 & (x<0)\\ 1 & (x>0)\end{cases} \\ \delta(x)=\mathrm{H}'(x) \end{cases} \tag{3.3.2}$$

$$\begin{cases} D(x,\varepsilon)=\begin{cases}0 & (|x|\geqslant \varepsilon/2)\\ \varepsilon^{-1} & (|x|<\varepsilon/2)\end{cases} \\ \delta(x)=\lim\limits_{\varepsilon\to 0}D(x,\varepsilon) \end{cases} \tag{3.3.3}$$

$$\delta(x)=\frac{1}{2\pi}\int_{-\infty}^{\infty}\mathrm{e}^{\mathrm{i}xk}\,\mathrm{d}k \tag{3.3.4}$$

式中，$\mathrm{H}(x)$ 为**阶梯函数**。

2. 狄拉克 δ 函数的性质

狄拉克 δ 函数有诸多性质，只列出常用的几条，即

$$\int_{-\infty}^{\infty}f(x)\delta(x)\mathrm{d}x=f(0) \tag{3.3.5}$$

$$x\delta(x)=0 \tag{3.3.6}$$

$$\delta(x)=\delta(-x) \tag{3.3.7}$$

$$\delta(ax)=|a|^{-1}\delta(x) \tag{3.3.8}$$

$$x\delta'(x)=-\delta(x) \tag{3.3.9}$$

$$\delta'(x)=-\delta'(-x) \tag{3.3.10}$$

$$\int_{-\infty}^{\infty}\delta'(x)f(x)\mathrm{d}x=-f'(0) \tag{3.3.11}$$

式中，a 为复常数。

3.3.2　δ 函数位势及波函数的边界条件

1. δ 函数位势的薛定谔方程

在笛卡儿坐标系中，一维 **δ 函数位势**的一般形式为

$$V(x)=aV_0(x)\delta(x) \tag{3.3.12}$$

式中，a 是一个与坐标 x 量纲相同的实常数；$V_0(x)$ 是一个在 $x=0$ 处连续的非奇异函数，也可以是一个实常数，它具有能量量纲；$\delta(x)$ 是一维狄拉克 δ 函数，由其定义式(3.3.1)可知，它具有坐标 x 的倒数量纲。为了保持量纲的正确性，显然 a 是一个必不可少的常数。

若质量为 m 的粒子处于由式(3.3.12)定义的 δ 函数位势中，则它满足的定态薛定谔方程为

$$-(2m)^{-1}\hbar^2\psi''(x)+aV_0(x)\delta(x)\psi(x)=E\psi(x) \tag{3.3.13}$$

$x=0$ 是上述方程的奇点。当 $x\neq 0$ 时，由式(3.3.1)可知，上式退化为动能算符的本征方程。

2. 本征波函数的边界条件

以 $x=0$ 为界，将位势分为两个区域：在 $x<0$ 区域，本征波函数记为 $\psi_1(x)$；在 $x>0$ 区域，本征波函数记为 $\psi_2(x)$。

(1) 本征波函数的边界条件

由波函数在 $x=0$ 处的边界条件可知，当 $x\to 0$ 时有

$$\psi_2(0^+)=\psi_1(0^-)\equiv\psi(0) \tag{3.3.14}$$

式中，$\psi_2(0^+)$ 表示当坐标 x 从正方向趋向于零时波函数 $\psi_2(x)$ 的值；而 $\psi_1(0^-)$ 表示当坐标 x 从负方向趋向于零时波函数 $\psi_1(x)$ 的值。由于 $\psi_1(0^-)$ 与 $\psi_2(0^+)$ 相等，故将两者统一记为 $\psi(0)$。此即本征波函数在 $x=0$ 处的边界条件。

(2) 本征波函数一阶导数的边界条件

由于当 $x\neq 0$ 时，$\delta(x)=0$，所以，在对式(3.3.13)两端做全空间积分时，只需在 $x=0$ 附近的一个小邻域中进行即可。设 ε 为一个小的正数，在 $[-\varepsilon,+\varepsilon]$ 的邻域内，对式(3.3.13)两端做积分得到

$$-(2m)^{-1}\hbar^2\int_{-\varepsilon}^{\varepsilon}\mathrm{d}\psi'(x)+a\int_{-\varepsilon}^{\varepsilon}V_0(x)\delta(x)\psi(x)\mathrm{d}x=E\int_{-\varepsilon}^{\varepsilon}\psi(x)\mathrm{d}x \tag{3.3.15}$$

当 $\varepsilon\to 0$ 时，利用式(3.3.5)和式(3.3.14)，可将上式化为

$$-(2m)^{-1}\hbar^2[\psi'(0^+)-\psi'(0^-)]+aV_0(0)\psi(0)=0 \tag{3.3.16}$$

式中，$\psi'(0^\pm)=\psi'(x)\,|_{x=0^\pm}$，下同。再做简单的整理得到

$$\psi'(0^+)-\psi'(0^-)=(2ma/\hbar^2)V_0(0)\psi(0) \tag{3.3.17}$$

此即本征波函数一阶导数在 $x=0$ 处满足的边界条件。由上式可以清楚地看出，对于 δ 位势而言，除非 $V_0(0)\psi(0)=0$，否则波函数的一阶导数在 $x=0$ 处不连续，而是间断的，但也不奇异。

3.3.3 δ 函数势阱的本征解

1. δ 函数势阱及其图形

当 $V_0(x)=-V_0$ 时，将其代入式(3.3.12)得到

$$V(x)=-aV_0\delta(x)\quad(aV_0>0) \tag{3.3.18}$$

此即最简单的 **δ 函数势阱**的表达式。

日本著名的物理学家汤川秀树(Yukawa)曾指出，δ 函数是方形函数 $D(x,\varepsilon)$ 的极限形式(见式(3.3.3))。当 $\varepsilon\to 0$ 时，方形函数 $D(x,\varepsilon)$ 的宽度 $\varepsilon\to 0$(即坐标 $x\to 0$)，同时深度 $\varepsilon^{-1}\to\infty$，在此变化过程中，方形的面积始终保持为 1，这正是式(3.3.1)对 $\delta(x)$ 的定义。当 $\varepsilon\to 0$ 时，方形势阱 $-aV_0D(x,\varepsilon)$ 的极限形式就是 δ 函数势阱，图 3.4 绘出了上述方形势阱的形状，虽然以往的文献中还有其他的画法，但是它们都不能准确地体现 δ 函数势阱形状的变化趋势。δ 函数势垒的形状是其以 x 为轴向上翻转，将在第 4 章中用到。

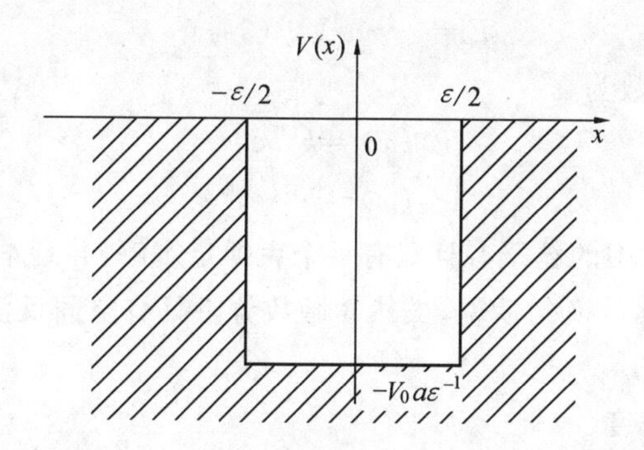

图 3.4　当 ε → 0 时，此方形势阱的极限就是 δ 函数势阱

2. δ 数势阱的本征解

质量为 m 的粒子处于上述 δ 函数势阱中，其定态薛定谔方程为

$$-(2m)^{-1}\hbar^2\psi''(x)-aV_0\delta(x)\psi(x)=E\psi(x) \tag{3.3.19}$$

由图 3.4 可知，当能量 $E>0$ 时，只有非束缚定态解，当能量 $E\leqslant 0$ 时，才可能存在束缚定态解。

以 $x=0$ 为界，将位势分为两个区，设两个区域中的波函数分别为 $\psi_1(x)$ 和 $\psi_2(x)$。两个区域内的定态薛定谔方程分别为

$$\begin{cases}\psi_1''(x)=-2m\hbar^{-2}E\psi_1(x)\\ \psi_2''(x)=-2m\hbar^{-2}E\psi_2(x)\end{cases} \tag{3.3.20}$$

当 $E\leqslant 0$ 时，两个区域的本征波函数的一般形式为

$$\begin{cases}\psi_1(x)=A\mathrm{e}^{kx}+B\mathrm{e}^{-kx}\\ \psi_2(x)=C\mathrm{e}^{kx}+D\mathrm{e}^{-kx}\end{cases} \tag{3.3.21}$$

其中

$$k=(2m|E|/\hbar^2)^{1/2} \tag{3.3.22}$$

下面利用波函数满足的自然条件定解。

由波函数的有限性要求可知，$B=C=0$，于是式(3.3.21) 变得更简洁，即

$$\begin{cases}\psi_1(x)=A\mathrm{e}^{kx}\\ \psi_2(x)=D\mathrm{e}^{-kx}\end{cases} \tag{3.3.23}$$

在 $x=0$ 处，由波函数及其一阶导数满足的边界条件式(3.3.14) 和式(3.3.17) 可知

$$\begin{cases}A=D\\ -kD-kA=-2maV_0A/\hbar^2\end{cases} \tag{3.3.24}$$

利用上式可以求出

$$k=maV_0/\hbar^2 \tag{3.3.25}$$

将上式代入式(3.3.22)，得到唯一的一个能量本征值，即

$$E = -ma^2V_0^2/(2\hbar^2) \tag{3.3.26}$$

相应的归一化本征波函数为

$$\begin{cases} \psi_1(x) = k^{1/2}e^{kx} \\ \psi_2(x) = k^{1/2}e^{-kx} \end{cases} \tag{3.3.27}$$

显然，在δ函数势阱中的粒子有且只有一个束缚定态解，并且本征波函数以原点为中心左右对称，具有正宇称。换句话说，虽然δ函数势阱具有空间反演不变性，但是它并不存在负宇称的本征态。

3. 坐标取值概率密度

在δ函数势阱中，粒子的坐标取值概率密度为

$$W(\pm x) = ke^{-2k|x|} = (maV_0/\hbar^2)e^{-2maV_0|x|/\hbar^2} \tag{3.3.28}$$

显然$W(\pm x)$具有长度的倒数量纲。上式表明，在$x\neq 0$处，粒子的坐标取值概率密度随着$|x|$的增大而按e指数的形式迅速降低，并且是左右对称的。在$x=0$处，粒子的坐标取值概率密度最大，其数值为

$$W(0) = maV_0/\hbar^2 = k \tag{3.3.29}$$

3.3.4 δ函数势阱的另一种解法

前面曾经提到，δ函数势阱是方势阱的极限情况，既然如此，就可以先求出相应方势阱的本征解，然后对其取极限，从而得到δ函数势阱的本征解，此即求解δ函数势阱的另一种方法。

已知质量为m的粒子处于如下形式的有限深对称方势阱中，即

$$V(x) = \begin{cases} 0 & (|x| \geqslant \varepsilon/2) \\ -aV_0/\varepsilon \equiv -\widetilde{V}_0 & (|x| < \varepsilon/2) \end{cases} \tag{3.3.30}$$

求其束缚定态本征解。显然，当$\varepsilon\to 0$时上述位势变成由式(3.3.18)表示的δ函数势阱。

为了求出δ函数势阱的本征解，需要事先知道相应方势阱的本征解。例题3.1已经解决了由式(3.3.30)表示的有限深对称方势阱的本征问题，其束缚定态能级E_n满足的超越方程为

$$\alpha\varepsilon = n\pi - 2\arcsin[\alpha/(\alpha^2 + k^2)^{1/2}] \quad (n = 1,2,3,\cdots) \tag{3.3.31}$$

式中

$$\alpha = [2m(\widetilde{V}_0 - |E_n|)/\hbar^2]^{1/2}, \quad k = (2m|E_n|/\hbar^2)^{1/2} \tag{3.3.32}$$

将上式代入式(3.3.31)右端，整理之后得到

$$\alpha\varepsilon = n\pi - 2\arcsin[(1 - |E_n|/\widetilde{V}_0)^{1/2}] \tag{3.3.33}$$

当$\varepsilon\to 0$时，由于$\widetilde{V}_0^{-1} = a^{-1}V_0^{-1}\varepsilon \to 0$，故式(3.3.33)右端变为

$$n\pi - 2\arcsin(1) = (n-1)\pi \tag{3.3.34}$$

而其左端变为

$$[2m(V_0 a/\varepsilon - |E_n|)/\hbar^2]^{1/2}\varepsilon \approx \varepsilon^{1/2} \to 0 \tag{3.3.35}$$

总之,当 $\varepsilon \to 0$ 时式(3.3.33) 变为

$$(n-1)\pi = 0 \tag{3.3.36}$$

进而可知

$$n = 1 \tag{3.3.37}$$

由于上式成立,故只有一个能量本征值 E 存在。

当 $n=1$ 时,利用反三角函数关系式

$$\arcsin(x) = \pi/2 - \arccos(x) \tag{3.3.38}$$

可以将式(3.3.33) 化为

$$\alpha\varepsilon = 2\arccos[(1 - |E|/\tilde{V}_0)^{1/2}] \tag{3.3.39}$$

再将其改写为

$$(1 - |E|/\tilde{V}_0)^{1/2} = \cos(\alpha\varepsilon/2) \tag{3.3.40}$$

由于当 $\varepsilon \to 0$ 时 $|\alpha\varepsilon| < \infty$,故余弦函数可以展开成级数形式,即

$$\cos(\alpha\varepsilon/2) = \sum_{n=0}^{\infty} (-1)^n [(2n)!]^{-1} (\alpha\varepsilon/2)^{2n} = 1 - (\alpha\varepsilon/2)^2/(2!) + (\alpha\varepsilon/2)^4/(4!) - \cdots \tag{3.3.41}$$

将上式代入式(3.3.40) 得到

$$1 - |E|/\tilde{V}_0 = [1 - (\alpha\varepsilon/2)^2/(2!) + (\alpha\varepsilon/2)^4/(4!) - \cdots]^2 = 1 - (\alpha\varepsilon/2)^2 + \cdots \tag{3.3.42}$$

当 $\varepsilon \to 0$ 时,相对于 $\alpha^2\varepsilon^2$ 而言,所有的高次项都是小量,将其略去,于是得到能量本征值为

$$E = -\alpha^2\varepsilon^2\tilde{V}_0/4 = -m\varepsilon^2(\tilde{V}_0 - |E|)\tilde{V}_0/(2\hbar^2) \tag{3.3.43}$$

当 $\varepsilon \to 0$ 时,由于 $|E| \ll \tilde{V}_0$,故可以将上式右端的 $|E|$ 略去,于是有

$$E = -m\varepsilon^2\tilde{V}_0^2/(2\hbar^2) = -ma^2V_0^2/(2\hbar^2) \tag{3.3.44}$$

此结果与 δ 函数势阱的能量本征值表达式(3.3.26) 完全相同。

总之,利用 δ 函数的定义式(3.3.3),给出了求解 δ 函数势阱的一种新方法。虽然此方法有些烦琐,但是,它却规避了与 δ 函数相关内容,特别是,δ 函数势阱的波函数及其一阶导数的边界条件。

3.4　笛卡儿坐标系中的谐振子

3.4.1　线谐振子的位势

在经典力学中，把在线性恢复力 $F=-kx$ 作用下产生的运动称为一维简谐振动，而把做一维简谐振动的粒子称为**一维谐振子**，或简称为**线谐振子**。显然，线谐振子是在笛卡儿坐标系中定义的，它是研究许多复杂运动的基础。

质量为 m 的线谐振子的振动角频率为

$$\omega=(k/m)^{1/2} \tag{3.4.1}$$

通常选线谐振子的平衡位置为坐标原点，并取原点的势能为零，于是线谐振子的位势为

$$V(x)=m\omega^2x^2/2 \tag{3.4.2}$$

位势随坐标变化的曲线如图 3.5 所示。由于位势随着坐标的绝对值的增加而变大，而坐标可以在正负无穷之间取值，故线谐振子的位势是一个无限深对称势阱，只可能有非负能量的束缚定态解。

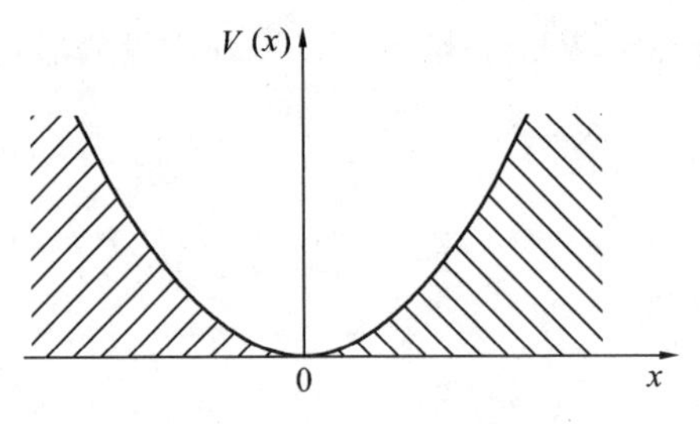

图 3.5　线谐振子位势

线谐振子的定态问题有多种求解方法：海森伯利用其创立的矩阵力学率先解决了线谐振子的问题，后来狄拉克利用算子代数的方法也给出了线谐振子的解，最常见的还是利用波动力学的方法来求解线谐振子的本征问题。虽然方法各具千秋，却有异曲同工之妙。

3.4.2　线谐振子的本征解

1. 线谐振子的定态薛定谔方程

质量为 m 的线谐振子满足的定态薛定谔方程为

$$-(2m)^{-1}\hbar^2\psi''(x)+2^{-1}m\omega^2x^2\psi(x)=E\psi(x) \tag{3.4.3}$$

为简洁起见，引入两个无量纲实参数，即

$$\xi=\alpha x,\quad \lambda=2E/(\hbar\omega) \tag{3.4.4}$$

其中，实参数 α 的定义为

$$\alpha=(m\omega/\hbar)^{1/2} \tag{3.4.5}$$

它具有$[L^{-1}]$的量纲。于是，方程式(3.4.3)可以简化为

$$\psi''(\xi)+(\lambda-\xi^2)\psi(\xi)=0 \tag{3.4.6}$$

$\xi=\pm\infty$为此方程的正则奇点。

2. 线谐振子本征解的渐近行为

当$\xi\to\pm\infty$时，方程式(3.4.6)可以近似表示为

$$\psi''(\xi)-\xi^2\psi(\xi)=0 \tag{3.4.7}$$

虽然上式有两个独立的解，但是只有$\psi(\xi)\sim e^{-\xi^2/2}$是满足波函数有限性要求的解。

设方程式(3.4.6)的解的一般形式为

$$\psi(\xi)=u(\xi)e^{-\xi^2/2} \tag{3.4.8}$$

将其代入式(3.4.6)，可以得到待定函数$u(\xi)$满足的微分方程为

$$u''(\xi)-2\xi u'(\xi)+(\lambda-1)u(\xi)=0 \tag{3.4.9}$$

3. 线谐振子的能量本征解

由附5.2可知，厄米多项式$H_n(\xi)$满足的微分方程为

$$H_n''(\xi)-2\xi H_n'(\xi)+2nH_n(\xi)=0 \tag{3.4.10}$$

式中，$n=0,1,2,\cdots$。

首先，比较式(3.4.9)与式(3.4.10)，得到

$$\lambda-1=2n \tag{3.4.11}$$

$$u_n(\xi)=H_n(\xi) \tag{3.4.12}$$

其次，由λ的定义和式(3.4.11)可知，线谐振子的能级为

$$E_n=(n+1/2)\hbar\omega\quad(n=0,1,2,\cdots) \tag{3.4.13}$$

相应的本征波函数为

$$\psi_n(\xi)=N_nH_n(\xi)e^{-\xi^2/2} \tag{3.4.14}$$

或者还原为以坐标x为自变量的形式，即

$$\psi_n(x)=N_nH_n(\alpha x)e^{-\alpha^2x^2/2} \tag{3.4.15}$$

式中，N_n为待定的归一化常数；厄米多项式$H_n(\alpha x)$的表达式为

$$H_n(\alpha x)=\sum_{m=0}^{[n/2]}\frac{(-1)^m n!}{m!(n-2m)!}(2\alpha x)^{n-2m} \tag{3.4.16}$$

符号$[n/2]$表示取不超过$n/2$的最大整数(下同)。

最后，利用厄米多项式的正交条件

$$\int_{-\infty}^{\infty}H_{\bar{n}}(\xi)H_n(\xi)e^{-\xi^2}d\xi=2^n n!\pi^{1/2}\delta_{\bar{n},n} \tag{3.4.17}$$

可以求出归一化常数N_n为

$$N_n=[\pi^{-1/2}\alpha/(2^n n!)]^{1/2} \tag{3.4.18}$$

将其代入式(3.4.15)后,本征波函数 $\psi_n(x)$ 是正交归一化的。

需要说明的是,式(3.4.17)中的 $\delta_{\tilde{n},n}$ 为**克罗内克**(Kronecker)**符号**,简称为 **δ 符号**,其定义为

$$\delta_{\tilde{n},n} = \begin{cases} 0 & (\tilde{n} \neq n) \\ 1 & (\tilde{n} = n) \end{cases} \tag{3.4.19}$$

在理论公式中,只要有 δ 符号出现,必定会使公式得到简化,它是一个人见人爱的数学符号。

总之,线谐振子能量本征方程的求解过程为,先将其转化成厄米多项式满足的微分方程,再通过对比的方式直接得到能量本征解,从而规避了繁杂的数学演绎,取得了事半功倍的效果。在第 7 章处理中心力场问题时,仍然会采用上述方法。

3.4.3 线谐振子本征解的特点

1. 线谐振子的能量本征值

(1) 能级是量子化和等间距的

能级 E_n 与断续取值的量子数 n 相关,限域效应使得能量取值是量子化的。任意相邻两能级的间距都是相同的,间距均为 $\hbar\omega$。

(2) 能级是无简并的

能级与本征波函数是一一对应的,所有的能级都是无简并的。

(3) 基态能量与经典结果不同

基态能量为 $E_0 = \hbar\omega/2$,称为**零点能**。经典振子的零点能为零,由玻尔-索末菲量子化条件得到的零点能为 $\hbar\omega$(见例题 1.6)。

2. 线谐振子的能量本征波函数

(1) 本征波函数的节点

若把本征波函数 $\psi_n(x)$ 为零处的坐标值称为它的**节点**,则 $\psi_n(x)$ 有 n 个节点,粒子在节点处出现的概率为零。

(2) 本征波函数的宇称

由于线谐振子的哈密顿算符具有空间反演不变性,即 $\hat{H}(x) = \hat{H}(-x)$,所以,它的本征波函数有确定的宇称。由厄米多项式的性质可知

$$\psi_n(-x) = (-1)^n \psi_n(x) \tag{3.4.20}$$

显然,本征波函数的宇称由量子数 n 决定:当 n 为偶数时,本征波函数具有正宇称;当 n 为奇数时,本征波函数具有负宇称。

(3) 基态的坐标取值概率密度

由式(3.4.15)及 $H_0(x) = 1$ 可知,基态的本征波函数为

$$\psi_0(x)=(\pi^{-1/2}\alpha)^{1/2}\mathrm{e}^{-\alpha^2x^2/2} \tag{3.4.21}$$

于是，处于基态粒子的坐标取值概率密度为

$$W_0(x)=|\psi_0(x)|^2=\pi^{-1/2}\alpha\mathrm{e}^{-\alpha^2x^2} \tag{3.4.22}$$

由 α 的定义可知，$W_0(x)$ 具有长度倒数的量纲。$W_0(x)$ 是一个高斯型分布，在原点($x=0$) 处发现粒子的概率最大，而经典振子出现在原点的概率是最小的。

3.4.4　二维和三维各向同性谐振子

所谓**各向同性谐振子**指的是，在任意方向上具有相同的质量和角频率的谐振子。在平面极坐标系中的二维各向同性谐振子称为**圆谐振子**(见 7.4 节)，在球极坐标系中的三维各向同性谐振子称为**球谐振子**(见 7.5 节)，关于它们的求解过程将在第 7 章中介绍。在笛卡儿坐标系中，利用线谐振子的结果，不难得到二维和三维各向同性谐振子的能量本征解。

1. 二维各向同性谐振子

在笛卡儿坐标系中，质量为 m、角频率为 ω 的二维各向同性谐振子的哈密顿算符为

$$\hat{H}=-\frac{\hbar^2}{2m}\left(\frac{\partial^2}{\partial x^2}+\frac{\partial^2}{\partial y^2}\right)+\frac{1}{2}m\omega^2(x^2+y^2) \tag{3.4.23}$$

相应的定态薛定谔方程为

$$\hat{H}\Psi(x,y)=E\Psi(x,y) \tag{3.4.24}$$

利用分离变量法求解上述方程，设

$$E=E_x+E_y,\quad \Psi(x,y)=\psi(x)\varphi(y) \tag{3.4.25}$$

将上述两式代入式(3.4.22)，得到关于坐标 x 和 y 的定态薛定谔方程，即

$$\begin{cases}-(2m)^{-1}\hbar^2\psi''(x)+2^{-1}m\omega^2x^2\psi(x)=E_x\psi(x)\\ -(2m)^{-1}\hbar^2\varphi''(y)+2^{-1}m\omega^2y^2\varphi(y)=E_y\varphi(y)\end{cases} \tag{3.4.26}$$

由于上述两个本征方程与式(3.4.3) 在形式上完全一样，只是所用的自变量不同，所以线谐振子的解就是它们的本征解。于是，可以直接写出二维各向同性谐振子的本征解为

$$E_n=(n_x+1/2)\hbar\omega+(n_y+1/2)\hbar\omega=(n+1)\hbar\omega \tag{3.4.27}$$

$$\Psi_{n_xn_y}(x,y)=\mathrm{N}_{n_x}\mathrm{N}_{n_y}\mathrm{H}_{n_x}(\alpha x)\mathrm{H}_{n_y}(\alpha y)\mathrm{e}^{-\alpha^2(x^2+y^2)/2} \tag{3.4.28}$$

式中，$n_x,n_y=0,1,2,\cdots;n=n_x+n_y=0,1,2,\cdots;\alpha=(m\omega/\hbar)^{1/2}$。

应该特别指出的是，由于量子数 n 是两个分量量子数 n_x 与 n_y 之和，故除了基态($n=0$) 能级之外，所有的激发态($n>0$) 能级都是简并的，即同一个激发态能量对应着 f_n 个线性独立的本征波函数。

二维各向同性谐振子前几个能级 E_n 的简并情况为

n	n_x	n_y	f_n
0	0	0	1
1	1	0	2
	0	1	
2	2	0	3
	0	2	
	1	1	

(3.4.29)

能级 E_n 的简并度为

$$f_n = n+1 \tag{3.4.30}$$

2. 三维各向同性谐振子

在笛卡儿坐标系中,利用类似处理二维谐振子的方法,可以直接写出三维各向同性谐振子的能量本征解,即

$$E_n = (n_x+1/2)\hbar\omega + (n_y+1/2)\hbar\omega + (n_z+1/2)\hbar\omega = (n+3/2)\hbar\omega \tag{3.4.31}$$

$$\Psi_{n_x n_y n_z}(x,y,z) = N_{n_x} N_{n_y} N_{n_z} H_{n_x}(\alpha x) H_{n_y}(\alpha y) H_{n_z}(\alpha z) e^{-\alpha^2(x^2+y^2+z^2)/2} \tag{3.4.32}$$

式中,$n_x, n_y, n_z = 0,1,2,\cdots$;$n = n_x+n_y+n_z = 0,1,2,\cdots$;$\alpha = (m\omega/\hbar)^{1/2}$。

三维各向同性谐振子前几个能级 E_n 的简并情况为

n	n_x	n_y	n_z	f_n
0	0	0	0	1
1	1	0	0	3
	0	1	0	
	0	0	1	
2	2	0	0	6
	0	2	0	
	0	0	2	
	1	1	0	
	1	0	1	
	0	1	1	

(3.4.33)

能级 E_n 的简并度为

$$f_n = (n+1)(n+2)/2 \tag{3.4.34}$$

显然,二维与三维各向同性谐振子的基态的能级是无简并的,而所有激发态的能级都是简并的,且随着量子数 n 的增加,简并度 f_n 变大。

3.5　一维束缚定态的性质

3.5.1　一维束缚定态的解题步骤

定态薛定谔方程的本征解有三种类型：第一种，只存在非束缚定态解，具有连续能谱，例如自由粒子；第二种，只存在束缚定态解，具有断续能谱，例如无限深方势阱、线谐振子和δ函数势阱；第三种，既有束缚定态解也存在非束缚定态解，具有混合能谱，例如有限深方势阱和多量子阱。

下面列出求解一维分区均匀位势束缚定态问题的基本步骤。

1. 判断可能存在束缚定态解的能区

利用问题所给一维位势$V(x)$画出位势曲线的图形，确定可能存在束缚定态解的能量区域。对于多个分区均匀位势，若欲求的能量不高于两个外区位势的低者，并且，不低于内区所有位势的最低者，则可能存在束缚定态解，否则，无解或只有非束缚定态解。

2. 写出分区波函数的一般形式

根据已知位势的性状，把求解区间分为$n(n\geqslant 3)$个区域，第$i(i=1,2,3,\cdots,n)$个区域的本征波函数的一般形式为

$$\psi_i(x)=A_i\mathrm{e}^{\mathrm{i}k_ix}+B_i\mathrm{e}^{-\mathrm{i}k_ix}\tag{3.5.1}$$

其中

$$k_i=[2m(E-V_i)/\hbar^2]^{1/2}\tag{3.5.2}$$

式中，m为粒子的质量；k_i是实数还是纯虚数，由$E-V_i$的正负决定。若能确定$E-V_i$的正负，则可以直接写出每个区域内本征波函数的具体形式。

当$E<V_i$时，有衰减解为

$$\psi_i(x)=A_i\mathrm{e}^{\alpha_ix}+B_i\mathrm{e}^{-\alpha_ix}\tag{3.5.3}$$

式中，A_i、B_i为待定常数；待定参数α_i为

$$\alpha_i=[2m(V_i-E)/\hbar^2]^{1/2}>0\tag{3.5.4}$$

当$E>V_i$时，有振荡解，可以在如下两种形式中任选其一：

$$\psi_i(x)=A_i\sin(k_ix+\delta_i)\tag{3.5.5}$$

$$\psi_i(x)=A_i\sin(k_ix)+B_i\cos(k_ix)\tag{3.5.6}$$

式中，δ_i、A_i、B_i为待定常数；待定参数k_i为

$$k_i=[2m(E-V_i)/\hbar^2]^{1/2}>0\tag{3.5.7}$$

3. 分区波函数满足的自然条件

首先，利用波函数的有限性，将两个外区波函数简化。

其次，利用波函数及其一阶导数的边界条件，按如下步骤处理内区波函数。

在位势阶跃点 a 处，波函数及其一阶导数的边界条件的实质是，要求概率密度连续和概率流密度连续。当阶跃点两边的位势皆为有限值时，这种要求可以简化为波函数连续和波函数一阶导数连续，即

$$\psi_i(x)\big|_{x=a}=\psi_{i+1}(x)\big|_{x=a} \tag{3.5.8}$$

$$m_{i+1}\,\psi_i'(x)\big|_{x=a}=m_i\,\psi_{i+1}'(x)\big|_{x=a} \tag{3.5.9}$$

式中，$\psi_i(x)$ 与 $\psi_{i+1}(x)$ 分别为第 i 和第 $i+1$ 区的波函数；m_i 与 m_{i+1} 分别为粒子在第 i 和第 $i+1$ 区的有效质量。

在下面两种情况下，不要求位势阶跃点两边的波函数一阶导数连续，但是，概率流密度却是连续的。

一是，当阶跃点两边有一边的波函数为零时，只要求波函数连续，在3.1节中，无限深方势阱即属于这种情况。

二是，对于 δ 函数位势 $V(x)=\pm aV_0(x)\delta(x)$，波函数一阶导数的连接条件为

$$\psi_{i+1}'(0^+)-\psi_i'(0^-)=\pm(2ma/\hbar^2)V_0(0)\psi_i(0) \tag{3.5.10}$$

4. 求出能量本征解

利用波函数满足的自然条件，导出能级的解析表达式或者满足的超越方程，后者可用图解法或数值解法求出能级的数值。再利用波函数的归一化条件，求出能级相应的归一化本征波函数。

对于非分区均匀的一维位势而言，通常可以有两种处理方法：一种是采取类似线谐振子的方法，另一种是使用多量子阱的方法。

3.5.2 一维束缚定态的性质

定理3.1 设哈密顿算符 $\hat{H}_0$ 满足的本征方程为

$$\hat{H}_0\psi_n(x)=E_n\psi_n(x) \tag{3.5.11}$$

并且，已知其本征解。

(1) 若将位势平移一个实常数值 $\pm V_0$，构成一个新的哈密顿算符 $\hat{H}=\hat{H}_0\pm V_0$，则算符 $\hat{H}$ 与 $\hat{H}_0$ 的本征波函数相同，而它的本征值变成 $E_n\pm V_0$。

(2) 若将坐标 x 平移一个实常数值 $\pm a$，变成 $x\pm a$，则新的哈密顿算符 $\hat{H}_0(x\pm a)=\hat{T}+V(x\pm a)$ 的本征值仍然为 E_n，而本征波函数变成 $\psi_n(x\pm a)$。

证明 (1) 用算符 $\hat{H}$ 从左作用算符 $\hat{H}_0$ 的本征波函数 $\psi_n(x)$，得到

$$\hat{H}\psi_n(x)=\hat{H}_0\psi_n(x)\pm V_0\psi_n(x)=(E_n\pm V_0)\psi_n(x) \tag{3.5.12}$$

显然，算符 $\hat{H}$ 与 $\hat{H}_0$ 的本征波函数 $\psi_n(x)$ 相同，只是算符 $\hat{H}$ 的本征值变成 $E_n\pm V_0$。

(2) 若将式(3.5.11)中的变量 x 改成 $x\pm a$，则新哈密顿算符 $\hat{H}_0(x\pm a)$ 满足的本征方程为

$$\hat{H}_0(x\pm a)\psi_n(x\pm a)=E_n\psi_n(x\pm a) \tag{3.5.13}$$

由上式可知，新旧哈密顿算符的本征值都是 E_n，而新的哈密顿算符的本征波函数变成了 $\psi_n(x \pm a)$。定理 3.1 证毕。

在 3.1 节中，等宽的对称与非对称方势阱的能级完全相同，是坐标平移能级不变的具体例证；例题 3.1 的结果验证了位势的常数平移会给能级带来相应的平移，在 4.2 节中讨论谐振隧穿时还会用到它。

定理 3.2　设一维位势是坐标的实函数，即 $V(x)=V^*(x)$，质量为 m 的粒子满足的定态薛定谔方程为

$$-(2m)^{-1}\hbar^2\psi''(x)+V(x)\psi(x)=E\psi(x) \tag{3.5.14}$$

若 $\psi(x)$ 是上式的一个本征波函数，则它的复数共轭 $\psi^*(x)$ 也是该方程的一个本征波函数，并且，$\psi^*(x)$ 与 $\psi(x)$ 对应同一个能量本征值 E。

证明　将式(3.5.14) 两端取复共轭，利用 $V(x)=V^*(x)$，$E=E^*$ 及 $[\psi''(x)]^*=[\psi^*(x)]''$ 得到

$$-(2m)^{-1}\hbar^2[\psi^*(x)]''+V(x)\psi^*(x)=E\psi^*(x) \tag{3.5.15}$$

说明 $\psi^*(x)$ 与 $\psi(x)$ 满足同一个本征方程，并且对应同一个能量本征值 E。定理 3.2 证毕。

由定理 3.2 可知，若波函数 $\psi(x)$ 是 x 的实函数，则能量本征值 E 是无简并的；若波函数 $\psi(x)$ 不是 x 的实函数，则能量本征值 E 是二度简并的。反之，若体系的能量本征值 E 是无简并的，则它所对应的本征波函数一定是坐标的实函数，线谐振子的解即属于这种情况。若能量本征值是二度简并的，则相应的本征波函数为坐标的复函数，一维自由粒子的激发态即属于这种情况。

定理 3.3　对于一维定态薛定谔方程式(3.5.14)，如果 $\psi_1(x)$ 和 $\psi_2(x)$ 是对应同一个能量本征值 E 的两个线性独立的本征波函数，则有

$$\psi_1(x)\psi_2'(x)-\psi_2(x)\psi_1'(x)=C \tag{3.5.16}$$

式中，C 为复常数。

证明　因为 $\psi_1(x)$ 和 $\psi_2(x)$ 皆满足式(3.5.14)，所以有

$$\psi_1''(x)=2m\hbar^{-2}[V(x)-E]\psi_1(x) \tag{3.5.17}$$

$$\psi_2''(x)=2m\hbar^{-2}[V(x)-E]\psi_2(x) \tag{3.5.18}$$

用 $\psi_1(x)$ 左乘式(3.5.18) 两端，用 $\psi_2(x)$ 左乘式(3.5.17) 两端，再将所得两式相减，得到

$$\psi_1(x)\psi_2''(x)-\psi_2(x)\psi_1''(x)=0 \tag{3.5.19}$$

上式可以改写成

$$[\psi_1(x)\psi_2'(x)-\psi_2(x)\psi_1'(x)]'=0 \tag{3.5.20}$$

于是可知，式(3.5.16) 成立。定理 3.3 证毕。

定理 3.4　一维定态薛定谔方程式(3.5.14) 的任意能级的简并度最大为 2。

证明　用反证法来证明此定理。假设对应于能量本征值 E，存在三个线性独立的本

征波函数 $\psi_1(x)$、$\psi_2(x)$ 和 $\psi_3(x)$。由定理 3.3 可知

$$\psi_1(x)\psi_2'(x)-\psi_2(x)\psi_1'(x)=C_1 \tag{3.5.21}$$

$$\psi_1(x)\psi_3'(x)-\psi_3(x)\psi_1'(x)=C_2 \tag{3.5.22}$$

式中,C_1、C_2 为复常数。用 C_2 乘式(3.5.21)两端,用 C_1 乘式(3.5.22)两端,然后再将所得两式相减,得到

$$\psi_1(x)[C_2\psi_2'(x)-C_1\psi_3'(x)]-[C_2\psi_2(x)-C_1\psi_3(x)]\psi_1'(x)=0 \tag{3.5.23}$$

若令

$$\varphi(x)=C_2\psi_2(x)-C_1\psi_3(x) \tag{3.5.24}$$

则式(3.5.23)变成

$$\varphi'(x)/\varphi(x)=\psi_1'(x)/\psi_1(x) \tag{3.5.25}$$

对上式两端积分后,结果为

$$\ln\varphi(x)=\ln\psi_1(x)+C \tag{3.5.26}$$

上式可以改写为

$$\varphi(x)=C_3\psi_1(x) \tag{3.5.27}$$

再将它代入式(3.5.24),得到

$$\psi_1(x)=C_2C_3^{-1}\psi_2(x)-C_1C_3^{-1}\psi_3(x) \tag{3.5.28}$$

上式说明 $\psi_1(x)$ 是 $\psi_2(x)$ 与 $\psi_3(x)$ 的线性组合,显然,这与 $\psi_1(x)$、$\psi_2(x)$ 和 $\psi_3(x)$ 线性独立的假设是矛盾的,故开始的假设不成立。若假设能量本征值 E 对应四个甚至更多个线性独立的本征波函数,用类似的方法亦可以得到同样的结论。定理 3.4 证毕。

定理 3.5 对于一维束缚定态,所有能级都是无简并的。

证明 用反证法来证明此定理。假设 $\psi_1(x)$ 与 $\psi_2(x)$ 是属于同一个能量本征值 E 的两个线性独立的本征波函数,由定理 3.2 知,式(3.5.16)成立。根据束缚定态的定义,当 $x\to\infty$ 时,$\psi_1(x)$ 和 $\psi_2(x)$ 均趋向于零,故式(3.5.16)中的常数 $C=0$,于是有

$$\psi_1'(x)/\psi_1(x)=\psi_2'(x)/\psi_2(x) \tag{3.5.29}$$

对上式两端积分后,有

$$\psi_2(x)=C_0\psi_1(x) \tag{3.5.30}$$

显然,$\psi_1(x)$ 与 $\psi_2(x)$ 线性相关,可以断定开始的假设不成立。定理 3.5 证毕。

例如,前面已经解出的无限深方势阱、δ 函数势阱及线谐振子的能级都是无简并的。

定理 3.6 一维束缚定态的本征波函数是坐标的实函数(复常数系数除外)。

证明 由定理 3.2 知,若 $\psi(x)$ 是一维定态薛定谔方程相应于能量本征值 E 的一个本征波函数,则 $\psi^*(x)$ 也一定是属于 E 的一个本征波函数。由定理 3.5 知,一维束缚态的所有能级都是无简并的,也就是说,一个确定的能量本征值 E 只对应一个本征波函数,即要求

$$\psi(x)=\psi^*(x) \tag{3.5.31}$$

说明本征波函数 $\psi(x)$ 是坐标的实函数。定理3.6证毕。

例如，前面已经解出的无限深方势阱、δ 函数势阱及线谐振子的本征波函数都是坐标的实函数。

定理3.7　当位势具有空间反演不变性时，即

$$V(x)=V(-x) \tag{3.5.32}$$

若 $\psi(x)$ 是一维定态薛定谔方程对应能量本征值 E 的一个本征波函数，则 $\psi(-x)$ 也一定是属于同一个 E 的另一个本征波函数。

证明　将方程(3.5.14)中的 x 用 $-x$ 代替，再利用式(3.5.32)，有

$$-(2m)^{-1}\hbar^2\psi''(-x)+V(x)\psi(-x)=E\psi(-x) \tag{3.5.33}$$

由此可见，$\psi(-x)$ 也是属于 E 的另一个本征波函数。定理3.7证毕。

定理3.8　对于一维定态问题，若位势具有空间反演不变性，则任何一个属于能量本征值 E 的束缚定态都有确定的宇称。

证明　由定理3.7知，同属于能量本征值 E 的本征波函数有两个，即 $\psi(x)$ 和 $\psi(-x)$，而定理3.5又表明这两个本征波函数是不独立的，于是有

$$\psi(-x)=C\psi(x) \tag{3.5.34}$$

将上式中的 x 用 $-x$ 代替，得到

$$\psi(x)=C\psi(-x)=C^2\psi(x) \tag{3.5.35}$$

由上式可知

$$C=\pm 1 \tag{3.5.36}$$

当 $C=1$ 时，$\psi(-x)=\psi(x)$，此时的 $\psi(x)$ 为正宇称态；当 $C=-1$ 时，$\psi(-x)=-\psi(x)$，此时的 $\psi(x)$ 为负宇称态。定理3.8证毕。

例如，在无限深对称方势阱的本征波函数中，量子数 n 取偶数时为负宇称态，n 取奇数时为正宇称态；在线谐振子的本征波函数中，量子数 n 取偶数时为正宇称态，n 取奇数时为负宇称态；而在 δ 函数势阱的本征波函数中只有正宇称态。

为了加深对宇称的理解，在三维坐标空间中引入一个算符 $\hat{\pi}$。设算符 $\hat{\pi}$ 的作用是将波函数的坐标变量 $\boldsymbol{r}$ 变为 $-\boldsymbol{r}$，即

$$\hat{\pi}\psi(\boldsymbol{r})=\psi(-\boldsymbol{r}) \tag{3.5.37}$$

将算符 $\hat{\pi}$ 称为**宇称算符**。设算符 $\hat{\pi}$ 满足的本征方程为

$$\hat{\pi}\psi(\boldsymbol{r})=\pi\psi(\boldsymbol{r}) \tag{3.5.38}$$

再用算符 $\hat{\pi}$ 从左作用上式两端，得到

$$\psi(\boldsymbol{r})=\pi^2\psi(\boldsymbol{r}) \tag{3.5.39}$$

于是，宇称算符 $\hat{\pi}$ 的本征值为

$$\pi=\pm 1 \tag{3.5.40}$$

对应 $\pi=1$ 的状态为正宇称态，对应 $\pi=-1$ 的状态为负宇称态。

容易验证，无限深对称方势阱、δ 函数势阱及线谐振子的本征波函数也都是宇称算符的本征函数。

例题选讲 3

例题 3.1 设质量为 m 的粒子处于如下形式的有限深方势阱中，即

$$V(x)=\begin{cases}0 & (|x|\geqslant a/2)\\ -V_0 & (|x|<a/2)\end{cases}$$

导出其束缚定态能级满足的超越方程，式中的 $V_0>0$。

解 当 $0\geqslant E\geqslant -V_0$ 时，此方势阱可能存在束缚定态解。将位势沿 x 轴分为三个区域，可以在三个区域中写出相应的定态薛定谔方程为

$$\begin{cases}-(2m)^{-1}\hbar^2\psi_1''(x)=E\psi_1(x)\\ -(2m)^{-1}\hbar^2\psi_2''(x)-V_0\psi_2(x)=E\psi_2(x)\\ -(2m)^{-1}\hbar^2\psi_3''(x)=E\psi_3(x)\end{cases}\tag{1}$$

当 $0\geqslant E\geqslant -V_0$ 时，上式可以简化成

$$\begin{cases}\psi_1''(x)=k^2\psi_1(x)\\ \psi_2''(x)=-\alpha^2\psi_2(x)\\ \psi_3''(x)=k^2\psi_3(x)\end{cases}\tag{2}$$

其中

$$\alpha=[2m(V_0-|E|)/\hbar^2]^{1/2},\quad k=(2m|E|/\hbar^2)^{1/2}\tag{3}$$

式中，待定参数 α、k 皆为非负实数。

在三个区域中，可以直接写出本征波函数的一般形式为

$$\begin{cases}\psi_1(x)=A_1\mathrm{e}^{kx}+B_1\mathrm{e}^{-kx}\\ \psi_2(x)=C\sin(\alpha x+\delta)\\ \psi_3(x)=A_2\mathrm{e}^{kx}+B_2\mathrm{e}^{-kx}\end{cases}\tag{4}$$

利用波函数的有限性要求，可以将上式简化为

$$\begin{cases}\psi_1(x)=A\mathrm{e}^{kx}\\ \psi_2(x)=C\sin(\alpha x+\delta)\\ \psi_3(x)=B\mathrm{e}^{-kx}\end{cases}\tag{5}$$

式中，A、B、C、δ 为待定常数。

在 $x=\pm a/2$ 处，由波函数及其一阶导数满足的边界条件可知

$$C\sin(-\alpha a/2+\delta)=A\mathrm{e}^{-ka/2}\tag{6}$$

$$C\alpha\cos(-\alpha a/2+\delta)=Ak\,\mathrm{e}^{-ka/2}\tag{7}$$

$$B\mathrm{e}^{-ka/2}=C\sin(\alpha a/2+\delta)\tag{8}$$

$$-Bk\mathrm{e}^{-ka/2}=C\alpha\cos(\alpha a/2+\delta) \tag{9}$$

用式(6)除以式(7)，得到

$$\tan(\delta-\alpha a/2)=\alpha/k \tag{10}$$

用式(8)除以式(9)，得到

$$\tan(\delta+\alpha a/2)=-\alpha/k \tag{11}$$

由式(10)和式(11)得到

$$\delta-\alpha a/2=i\pi+\arctan(\alpha/k) \tag{12}$$

$$\delta+\alpha a/2=j\pi-\arctan(\alpha/k) \tag{13}$$

式中，$i,j=0,\pm1,\pm2,\cdots$。

最后，用式(3)减式(12)，得到 α、k 所满足的超越方程为

$$\alpha a=n\pi-2\arctan(\alpha/k)\quad(n=1,2,3,\cdots) \tag{14}$$

将式(3)代入上式，得到能级 E_n 满足的超越方程为

$$[2ma^2(V_0-|E_n|)/\hbar^2]^{1/2}=n\pi-2\arctan\{[(V_0-|E_n|)/|E_n|]^{1/2}\} \tag{15}$$

如果将本题的势阱宽度 a 变成 $2a$，位势向上平移 V_0，则其变成3.1节中的有限深对称方势阱。

注意到本题中的能级 E_n 为负值，若将其记为 $E_n=-\widetilde{E}_n$，则 $\widetilde{E}_n$ 为正值，由定理3.1(1)可知，位势平移 V_0 将导致能级平移 V_0，再考虑到 $V_0>\widetilde{E}_n$，于是有

$$|E_n|\to|-\widetilde{E}_n+V_0|=V_0-\widetilde{E}_n,\quad V_0-|E_n|\to\widetilde{E}_n,\quad a\to2a \tag{16}$$

将上述变换代入式(15)，立即得到有限深对称方势阱的能级满足的超越方程式(3.1.42)，即

$$(8ma^2\widetilde{E}_n/\hbar^2)^{1/2}=n\pi-2\arctan\{[\widetilde{E}_n/(V_0-\widetilde{E}_n)]^{1/2}\} \tag{17}$$

上述结果也验证了定理3.1(1)的正确性。

也可以利用反三角函数关系

$$\arctan(x)=\arcsin[x/(1+x^2)^{1/2}] \tag{18}$$

将式(14)改写为

$$\alpha a=n\pi-2\arcsin[\alpha/(\alpha^2+k^2)^{1/2}] \tag{19}$$

例题3.2　利用厄米多项式的递推关系

$$\mathrm{H}_{n+1}(\xi)-2\xi\mathrm{H}_n(\xi)+2n\mathrm{H}_{n-1}(\xi)=0$$

证明

$$x\psi_n(x)=\alpha^{-1}\{(n/2)^{1/2}\psi_{n-1}(x)+[(n+1)/2]^{1/2}\psi_{n+1}(x)\}$$

$$x^2\psi_n(x)=2^{-1}\alpha^{-2}\{[n(n-1)]^{1/2}\psi_{n-2}(x)+(2n+1)\psi_n(x)+[(n+1)(n+2)]^{1/2}\psi_{n+2}(x)\}$$

式中，$\xi=\alpha x$；$\alpha=(m\omega/\hbar)^{1/2}$；$n=0,1,2,\cdots$；$\psi_n(x)$ 是线谐振子的第 n 个本征波函数。进而证明：在任意本征态下，坐标的平均值为零，势能的平均值为相应本征能量的一半。

证明　利用 $\xi=\alpha x$ 将厄米多项式的递推关系改写成

$$\alpha x\,\mathrm{H}_n(\alpha x)=2^{-1}\left[\mathrm{H}_{n+1}(\alpha x)+2n\mathrm{H}_{n-1}(\alpha x)\right] \tag{1}$$

用 $N_n\mathrm{e}^{-\alpha^2x^2/2}$ 乘上式两端，得到

$$\alpha x N_n\mathrm{e}^{-\alpha^2x^2/2}\mathrm{H}_n(\alpha x)=2^{-1}N_n\mathrm{e}^{-\alpha^2x^2/2}\left[\mathrm{H}_{n+1}(\alpha x)+2n\mathrm{H}_{n-1}(\alpha x)\right] \tag{2}$$

式中的归一化常数为

$$N_n=\left[\pi^{-1/2}\alpha/(2^n n!)\right]^{1/2} \tag{3}$$

因为线谐振子的本征波函数为

$$\psi_n(x)=N_n\mathrm{H}_n(\alpha x)\mathrm{e}^{-\alpha^2x^2/2} \tag{4}$$

所以式(2)变成

$$\begin{aligned}x\psi_n(x)=&2^{-1}\alpha^{-1}\{[2(n+1)]^{1/2}\psi_{n+1}(x)+2n(2n)^{-1/2}\psi_{n-1}(x)\}=\\&\alpha^{-1}\{(n/2)^{1/2}\psi_{n-1}(x)+[(n+1)/2]^{1/2}\psi_{n+1}(x)\}\end{aligned} \tag{5}$$

此即欲证之第 1 式。

为了证明第 2 个等式成立，用 x 乘式(5)两端，得到

$$x^2\psi_n(x)=\alpha^{-1}\{(n/2)^{1/2}x\psi_{n-1}(x)+[(n+1)/2]^{1/2}x\psi_{n+1}(x)\} \tag{6}$$

再将递推关系式(5)代入上式，得到欲证的第 2 个关系式，即

$$\begin{aligned}x^2\psi_n(x)=&\alpha^{-1}(n/2)^{1/2}\alpha^{-1}\{[(n-1)/2]^{1/2}\psi_{n-2}(x)+(n/2)^{1/2}\psi_n(x)\}+\\&\alpha^{-1}[(n+1)/2]^{1/2}\alpha^{-1}\{[(n+1)/2]^{1/2}\psi_n(x)+[(n+2)/2]^{1/2}\psi_{n+2}(x)\}=\\&2^{-1}\alpha^{-2}\{[n(n-1)]^{1/2}\psi_{n-2}(x)+(2n+1)\psi_n(x)+\\&[(n+1)(n+2)]^{1/2}\psi_{n+2}(x)\}\end{aligned} \tag{7}$$

式(5)与式(7)是两个非常有用的公式，后面会经常用到它们。

最后，利用线谐振子本征波函数的正交归一化条件，即

$$\int_{-\infty}^{\infty}\psi_{\bar{n}}^*(x)\psi_n(x)\mathrm{d}x=\delta_{\bar{n},n} \tag{8}$$

在 $\psi_n(x)$ 态下计算坐标的平均值得到

$$\begin{aligned}\bar{x}=&\int_{-\infty}^{\infty}\psi_n^*(x)x\psi_n(x)\mathrm{d}x=\\&\int_{-\infty}^{\infty}\psi_n^*(x)\alpha^{-1}\{(n/2)^{1/2}\psi_{n-1}(x)+[(n+1)/2]^{1/2}\psi_{n+1}(x)\}\,\mathrm{d}x=0\end{aligned} \tag{9}$$

计算势能的平均值得到

$$\begin{aligned}\overline{V(x)}=&2^{-1}m\omega^2\int_{-\infty}^{\infty}\psi_n^*(x)x^2\psi_n(x)\mathrm{d}x=2^{-1}m\omega^2/(2\alpha^2)\times\\&\int_{-\infty}^{\infty}\psi_n^*(x)\{[n(n-1)]^{1/2}\psi_{n-2}(x)+(2n+1)\psi_n(x)+\\&[(n+1)(n+2)]^{1/2}\psi_{n+2}(x)\}\,\mathrm{d}x=\\&2^{-1}m\omega^2(2\alpha^2)^{-1}(2n+1)=E_n/2\end{aligned} \tag{10}$$

例题 3.3　带电线谐振子受到一个 x 方向均匀电场 ε_0 的作用，求其能量本征解。设

该线谐振子的质量为 m，电荷为 q，角频率为 ω。

解　在均匀电场 ε_0 作用之下，带电线谐振子的哈密顿算符为

$$\hat{H} = -(2m)^{-1}\hbar^2 \mathrm{d}^2/\mathrm{d}x^2 + m\omega^2 x^2/2 - q\varepsilon_0 x \tag{1}$$

设其满足的定态薛定谔方程为

$$\hat{H}\psi(x) = E\psi(x) \tag{2}$$

首先，利用配方的方法，将哈密顿算符的势能项改写为

$$\begin{aligned} V(x) &= 2^{-1} m\omega^2 x^2 - q\varepsilon_0 x = \\ &2^{-1} m\omega^2[x^2 - 2(m\omega^2)^{-1} q\varepsilon_0 x + (m^{-1}\omega^{-2} q\varepsilon_0)^2] - (2m\omega^2)^{-1} q^2\varepsilon_0^2 = \\ &2^{-1} m\omega^2[x - q\varepsilon_0/(m\omega^2)]^2 - q^2\varepsilon_0^2/(2m\omega^2) \end{aligned} \tag{3}$$

其次，为简化表示，若令

$$\tilde{x} = x - q\varepsilon_0/(m\omega^2) \tag{4}$$

$$\tilde{E} = E + q^2\varepsilon_0^2/(2m\omega^2) \tag{5}$$

则定态薛定谔方程式(2) 可以改写成

$$-(2m)^{-1}\hbar^2\psi''(\tilde{x}) + 2^{-1} m\omega^2\tilde{x}^2\psi(\tilde{x}) = \tilde{E}\psi(\tilde{x}) \tag{6}$$

显然，上式就是线谐振子的能量本征方程，只不过坐标与本征值皆用了一个新的符号。

最后，直接写出式(6) 的能量本征解为

$$\begin{cases} \tilde{E}_n = (n + 1/2)\hbar\omega \\ \psi_n(\tilde{x}) = N_n \mathrm{e}^{-\alpha^2\tilde{x}^2/2} \mathrm{H}_n(\alpha\tilde{x}) \end{cases} \tag{7}$$

进而，利用式(4) 和式(5) 可以得到电场中线谐振子的本征解为

$$\begin{cases} E_n = (n + 1/2)\hbar\omega - q^2\varepsilon_0^2/(2m\omega^2) \\ \psi_n(x) = N_n \mathrm{e}^{-\alpha^2(x - m^{-1}\omega^{-2} q\varepsilon_0)^2/2} \mathrm{H}_n(\alpha x - \alpha m^{-1}\omega^{-2} q\varepsilon_0) \end{cases} \tag{8}$$

由此可见，对于有的问题可以通过坐标变换直接得到其本征解，从而避免了求解本征方程的繁杂过程。

例题 3.4　已知质量为 m 的粒子处于如下束缚定态，即

$$\psi(x) = Ax\,\mathrm{e}^{-\alpha^2 x^2/2}$$

求粒子的能级及所处的位势。式中，A 为归一化常数；$\alpha = (m\omega/\hbar)^{1/2}$。

解　首先，将一维定态薛定谔方程

$$-(2m)^{-1}\hbar^2\psi''(x) + V(x)\psi(x) = E\psi(x) \tag{1}$$

改写成

$$V(x) = E + (2m)^{-1}\hbar^2\psi''(x)/\psi(x) \tag{2}$$

其次，计算已知波函数 $\psi(x)$ 的一阶导数，得到

$$\psi'(x) = (Ax\,\mathrm{e}^{-\alpha^2 x^2/2})' = A(1 - \alpha^2 x^2)\mathrm{e}^{-\alpha^2 x^2/2} \tag{3}$$

进而计算 $\psi(x)$ 的二阶导数，得到

$$\psi''(x)=A[(1-\alpha^2x^2)\mathrm{e}^{-\alpha^2x^2/2}]'=$$
$$A(-\alpha^2x-2\alpha^2x+\alpha^4x^3)\mathrm{e}^{-\alpha^2x^2/2}=(-3\alpha^2+\alpha^4x^2)\psi(x) \tag{4}$$

然后,将式(4)代入式(2),得到位势的表达式为

$$V(x)=E-3\hbar^2\alpha^2/(2m)+\hbar^2\alpha^4x^2/(2m) \tag{5}$$

若取 $x=0$ 处的位势为零,则能量本征值为

$$E=3\hbar^2\alpha^2/(2m) \tag{6}$$

再将上式代入式(5),得到位势的形式为

$$V(x)=\hbar^2\alpha^4x^2/(2m) \tag{7}$$

最后,为了更清晰地看出能量与位势的具体形式,将 $\alpha=(m\omega/\hbar)^{1/2}$ 分别代入式(6)与式(7),得到

$$E=3\hbar^2\alpha^2/(2m)=3\hbar\omega/2 \tag{8}$$

$$V(x)=\alpha^4\hbar^2x^2/(2m)=m\omega^2x^2/2 \tag{9}$$

显然,式(9)为线谐振子的位势,式(8)为线谐振子的第一激发态的本征能量 E_1。

通常情况下,求解束缚定态问题的目的是,由给定的位势求出能量本征值及其相应的本征波函数,此问题却反其道而行之,即由给定的本征波函数求出位势的表达式,这是逆向思维的一个典型案例。结论是,利用本征波函数不但可以求出力学量的取值概率和平均值,而且还能求出体系所处的位势,说明波函数所包含的物理信息是非常丰富的,远不止前面已经介绍的内容。

习　题　3

习题 3.1　设质量为 m 的粒子处于如下一维势阱之中,即

$$V(x)=\begin{cases}\infty & (-\infty<x\leqslant 0)\\ -V_0 & (0<x\leqslant a)\\ 0 & (a<x<\infty)\end{cases}$$

式中,$V_0>0$。若粒子具有一个 $E=-V_0/4$ 的本征态,试确定此势阱的宽度。

习题 3.2　质量为 m 的粒子在如下势场中运动,即

$$V(x)=\begin{cases}\infty & (-\infty<x\leqslant 0,\ 2a+b<x<\infty)\\ 0 & (0<x\leqslant a,\ a+b<x\leqslant 2a+b)\\ V_0>0 & (a<x\leqslant a+b)\end{cases}$$

导出小于 V_0 的能量满足的超越方程。

习题 3.3　质量为 m 的粒子在如下三维势场中运动,即

$$V(x,y,z)=\begin{cases}V_x=\begin{cases}0 & (-a/2\leqslant x\leqslant a/2)\\ \infty & (x<-a/2,\ x>a/2)\end{cases}\\ V_y=\begin{cases}0 & (-b/2\leqslant y\leqslant b/2)\\ \infty & (y<-b/2,\ y>b/2)\end{cases}\\ V_z=0\end{cases}$$

求粒子的能量本征值和相应的本征波函数。

习题 3.4　一个质量为 μ 的粒子处于如下中心势场中，即

$$V(r)=\begin{cases}0 & (0<r\leqslant a)\\ V_0>0 & (a<r<\infty)\end{cases}$$

设其径向波函数为 $R(r)=u(r)/r$，$u(r)$ 满足的方程为

$$u''(r)+\{2\mu\hbar^{-2}[E-V(r)]-l(l+1)r^{-2}\}u(r)=0$$

在 $l=0$ 时，求该粒子小于 V_0 的能量本征值和相应的本征波函数。

习题 3.5　质量为 m 的粒子在势场

$$V(x)=\begin{cases}-V_0a\delta(x) & (-\infty<x\leqslant 0)\\ V_1 & (0<x<\infty)\end{cases}$$

中运动，试给出小于零的能量本征值和本征波函数，其中 $V_1>0$，$V_0a>0$。

习题 3.6　质量为 m 的粒子在如下势场中运动，即

$$V(x)=\begin{cases}\infty & (-\infty<x\leqslant 0)\\ m\omega^2x^2/2 & (0<x<\infty)\end{cases}$$

求其能级。

习题 3.7　已知质量为 m 的粒子处于范德瓦耳斯(van der Waals) 力所产生的位势中，即

$$V(x)=\begin{cases}\infty & (-\infty<x\leqslant 0)\\ V_0 & (0<x\leqslant a)\\ -V_1 & (a<x\leqslant b)\\ 0 & (b<x<\infty)\end{cases}$$

导出其束缚定态能级满足的超越方程，其中 $V_0>0$，$V_1>0$。

习题 3.8　质量为 m 的粒子在双 δ 函数势阱

$$V(x)=-V_0d[\delta(x+a)+\delta(x-a)]\quad(V_0d>0)$$

中运动，导出其束缚定态能级满足的超越方程。

第4章　非束缚定态与势垒隧穿效应

在量子力学中,求解定态薛定谔方程是基本任务之一,由粒子所处的位势不同可以将本征解分为束缚定态解与非束缚定态解。在第3章处理了几个典型的一维束缚定态问题,得到了量子限域效应使得能量取值量子化的结论,在第2章已经求解了自由粒子的非束缚定态问题,给出了能量本征值取连续值的结论。现在,换一个角度处理几个具有简单位势的非束缚定态问题,那就是一维势散射中的势垒隧穿效应。实际上,一维势散射也是一个理想模型,它是三维空间散射的一种近似,关于空间的散射理论将在第11章中介绍。

本章介绍梯形位、方势垒和δ函数势垒的一维势散射问题,计算并讨论它们的反射系数和透射系数。在此基础上,作者导出了计算多阶梯势垒透射系数的递推公式,利用它可以近似计算任意一维位势的透射系数。将其应用到实际物理问题上,讨论了谐振隧穿带来的隐身效应,并且,给出了周期位中能带产生原因的新解释,从而为势垒隧穿理论的实用化开辟了一条新路。

4.1　一维梯形位与透射系数

4.1.1　一维势垒隧穿效应

在经典力学中,当一个具有能量E的粒子射向高度为V的一维势垒时,如果$E>V$,则粒子可以顺利地越过势垒,向无穷远飞去;若$E<V$,则粒子必将被势垒反射回来,根本不可能出现在势垒的另一边,此即经典粒子的透射与反射现象。用数学的语言表述,当$E>V$时,透射的概率为1,反射的概率为0;当$E<V$时,透射的概率为0,反射的概率为1。充分体现出经典理论非此即彼的决定论属性。

在量子力学中,事情发生了耐人寻味的变化,出现了令人不可思议的结果:只要势垒的高度和宽度是有限的,当$E>V$时,粒子透射的概率并不一定为1,而当$E<V$时,粒子透射的概率也不一定为0,此即量子力学中的势垒隧穿效应。势垒隧穿效应反映出量子论的概率论属性,如果对势垒隧穿现象追根溯源,那它应该是运动粒子具有波粒二象性的必然结果。尽管这种一反常态的结果令人匪夷所思,它的存在却被诸多实验所证实,并且已经被应用到许多高新技术的领域中。例如,利用势垒隧穿效应制造的扫描隧道显

微镜(STM)，它能以近亿倍的放大率来观测物质世界的微观结构，其发明者宾宁(Binning) 和罗雷尔(Rohrer) 为此获得 1986 年度的诺贝尔物理学奖。

4.1.2　一维梯形位与透射系数

下面从最简单的一维梯形位入手，来研究势垒隧穿问题。

一维梯形位是一个高度为 $V_0 > 0$、宽度为无穷大的势垒，即

$$V(x) = \begin{cases} 0 & (-\infty < x \leqslant 0) \\ V_0 & (0 < x < \infty) \end{cases} \tag{4.1.1}$$

显然，处于上述位势中的粒子只有非束缚定态解，不用求解其定态薛定谔方程就知道，其能量本征值 E 可以在零到正无穷之间连续取值。于是，一维非束缚定态问题就转而聚焦为：已知一个质量为 m、能量为 $E > 0$ 的粒子，从左方沿 x 轴正方向射向位势 $V(x)$，目的是求出该粒子出现在位势阶跃点 $x = 0$ 左侧与右侧的概率，此即梯形位的一维势散射问题。

对于一维梯形位而言，以 $x=0$ 为界，将位势分为两个区域，两个区域中的本征波函数分别为 $\psi_1(x)$ 和 $\psi_2(x)$，它们的一般形式分别为

$$\begin{cases} \psi_1(x) = A\mathrm{e}^{\mathrm{i}k_1 x} + B\mathrm{e}^{-\mathrm{i}k_1 x} \\ \psi_2(x) = C\mathrm{e}^{\mathrm{i}k_2 x} + D\mathrm{e}^{-\mathrm{i}k_2 x} \end{cases} \tag{4.1.2}$$

其中

$$k_1 = (2mE/\hbar^2)^{1/2}, \quad k_2 = [2m(E - V_0)/\hbar^2]^{1/2} \tag{4.1.3}$$

在 $x > 0$ 的区域中，由于再没有其他位势的阻拦，只有向前传播的波，故系数 $D=0$。于是式(4.1.2) 简化为

$$\begin{cases} \psi_1(x) = A\mathrm{e}^{\mathrm{i}k_1 x} + B\mathrm{e}^{-\mathrm{i}k_1 x} \\ \psi_2(x) = C\mathrm{e}^{\mathrm{i}k_2 x} \end{cases} \tag{4.1.4}$$

式中，$A\mathrm{e}^{\mathrm{i}k_1 x}$、$B\mathrm{e}^{-\mathrm{i}k_1 x}$ 与 $C\mathrm{e}^{\mathrm{i}k_2 x}$ 分别称为**入射波**、**反射波**与**透射波**，而 A、B、C 分别为它们的**振幅**。

为了求出粒子出现在位势阶跃点左侧与右侧概率，需要引入**反射系数** R 和**透射系数** T，它们的定义分别为

$$R = J_{\mathrm{R}}/J_{\mathrm{I}}, \quad T = J_{\mathrm{T}}/J_{\mathrm{I}} \tag{4.1.5}$$

式中，J_{I}、J_{R} 和 J_{T} 分别为入射波、反射波与透射波的概率流密度。

当具有质量 m、能量 $E > 0$ 的粒子沿 x 轴正向射向位势 $V(x)$ 时，反射(透射) 系数的物理含义是：经过足够长的时间后，粒子出现在位势阶跃点左侧(右侧) 的概率。由概率守恒可知，反射系数与透射系数之间的关系为

$$R + T = 1 \tag{4.1.6}$$

如前所述，在经典理论看来，当 $E > V_0$ 时，有 $R=0$ 和 $T=1$，即入射粒子会义无反顾

地向无穷远飞去，永不回头。当$E<V_0$时，有$R=1$和$T=0$，即粒子百分之百地会被势垒反射回来，绝不越过势垒一步。在量子力学中，事情将会发生怎样的变化呢？下面分别针对$E>V_0$和$E\leqslant V_0$两种情况进行讨论。

4.1.3 $E>V_0$时梯形位的透射系数

当$E>V_0$时，k_1与k_2皆为正实数。在$x=0$处，由波函数及其一阶导数的边界条件可知

$$\psi_1(0)=\psi_2(0), \quad \psi_1'(0)=\psi_2'(0) \tag{4.1.7}$$

将式(4.1.4)代入上式，得到

$$A+B=C, \quad A-B=Ck_2/k_1 \tag{4.1.8}$$

进而，可以将B和C用A来表示为

$$C=2Ak_1/(k_1+k_2), \quad B=A(k_1-k_2)/(k_1+k_2) \tag{4.1.9}$$

为了求出反射系数与透射系数，将入射波、反射波与透射波的表达式代入概率流密度的定义式(2.4.6)，求出三者的概率流密度为

$$J_{\mathrm{I}}=m^{-1}k_1\hbar\,|A|^2, \quad J_{\mathrm{R}}=m^{-1}k_1\hbar\,|B|^2, \quad J_{\mathrm{T}}=m^{-1}k_2\hbar\,|C|^2 \tag{4.1.10}$$

将上式与式(4.1.9)代入反射和透射系数的定义式(4.1.5)，得到

$$R=(k_1-k_2)^2/(k_1+k_2)^2, \quad T=4k_1k_2/(k_1+k_2)^2 \tag{4.1.11}$$

上式的物理含义是：当$E>V_0>0$时，有$R\neq 0$，说明粒子会以不为零的概率R被反射回来，而经典力学的结论是$R=0$，从而显示出微观粒子具有完全不同于经典力学的属性。

4.1.4 $E\leqslant V_0$时梯形位的透射系数

当$E\leqslant V_0$时，在$x>0$的区域中，k_2是一个纯虚数或者零，若令$k_2=\mathrm{i}\alpha$，则α是一个非负实数。为了保证波函数是有限的，也要求式(4.1.2)中的$D=0$。两个区域内的本征波函数分别为

$$\begin{cases}\psi_1(x)=A\mathrm{e}^{\mathrm{i}k_1x}+B\mathrm{e}^{-\mathrm{i}k_1x}\\ \psi_2(x)=C\mathrm{e}^{-\alpha x}\end{cases} \tag{4.1.12}$$

其中

$$k_1=(2mE/\hbar^2)^{1/2}, \quad \alpha=[2m(V_0-E)/\hbar^2]^{1/2} \tag{4.1.13}$$

在$x=0$处，由波函数及其一阶导数的边界条件可知

$$A+B=C, \quad A-B=\mathrm{i}C\alpha/k_1 \tag{4.1.14}$$

进而，可以将B和C用A来表示为

$$C=2Ak_1/(k_1+\mathrm{i}\alpha), \quad B=A(k_1-\mathrm{i}\alpha)/(k_1+\mathrm{i}\alpha) \tag{4.1.15}$$

再利用概率流密度的定义式(2.4.6)，得到

$$J_{\mathrm{I}}=m^{-1}k_1\hbar\,|A|^2,\quad J_{\mathrm{R}}=m^{-1}k_1\hbar\,|B|^2 \tag{4.1.16}$$

最后,利用上式与反射系数和透射系数的定义可以求出

$$R=1\,,\quad T=0 \tag{4.1.17}$$

需要说明的是,直接由 C 的表达式是得不到 $T=0$ 的结果的,但是,由于 $\psi_2(x)$ 与坐标相关部分是实函数,故其概率流密度为零,相应的透射系数也为零。上述结果与经典物理是相同的,其根本原因是梯形位的势垒宽度为无穷大,只要其宽度与高度是有限的,透射系数一定不为零,后面介绍的方势垒与 δ 函数势垒的结果就是例证。

从表面上看,在 $E\leqslant V_0$ 时,量子力学给出的透射系数为零的结论与经典力学是一致的。但是,两者之间仍存在着本质的差异,经典力学认为粒子根本不可能出现在 $x>0$ 的区域中,而量子力学则认为粒子出现在 $x>0$ 的区域中的概率密度为 $|\psi_2(x)|^2=|C|^2\mathrm{e}^{-2\alpha x}$,只不过它随着 x 的增加会很快衰减为零。

随之而来的问题是,既然粒子可以出现在 $x>0$ 的区域,那么按照经典力学的观点,一个势能为 $V_0>0$ 而总能量为 $E\leqslant V_0$ 的粒子的动能应该是负值或者零,这是一个绝对不能被接受的悖论。事实上,这并不是量子力学给出的结论。在量子力学中,由于动能算符与势能算符是不可交换的,两者不能在任意态上同时取确定值(详见 6.2 节),所以并不存在总能量等于动能与势能之和的关系,自然也就得不出零动能或者负动能的结论。如果一定要探讨能量之间的关系,只能说在任意态下总能量的平均值等于动能平均值与势能平均值之和。

最后应该再次强调的是,求解一维势垒隧穿问题与束缚定态问题的方法有两点重要的差别。首先,前者入射粒子的能量是已知的,且可以连续取正实数值,而后者的能量是待求的,结果是断续取值的;其次,由反射系数与透射系数的定义可知,前者的分区本征波函数必须选为式(4.1.2)的振荡解,而后者不受此限制,既可以选为式(4.1.2)的形式,也可以选为式(3.5.5)或者式(3.5.6)的形式。

4.2　一维方势垒与谐振隧穿

4.2.1　一维方势垒

宽度为 a、高度为 $V_0>0$ 的**一维方势垒**(图 4.1)可表示为

$$V(x)=\begin{cases}0 & (-\infty<x\leqslant 0)\\ V_0 & (0<x\leqslant a)\\ 0 & (a<x<\infty)\end{cases} \tag{4.2.1}$$

当质量为 m、能量为 $E>0$ 的粒子从左方射向上述势垒时,计算其透射系数和反射系数。

在位势的三个区域中,若顾及在 $x>a$ 的区域中再无位势的阶跃点,则可以直接写出

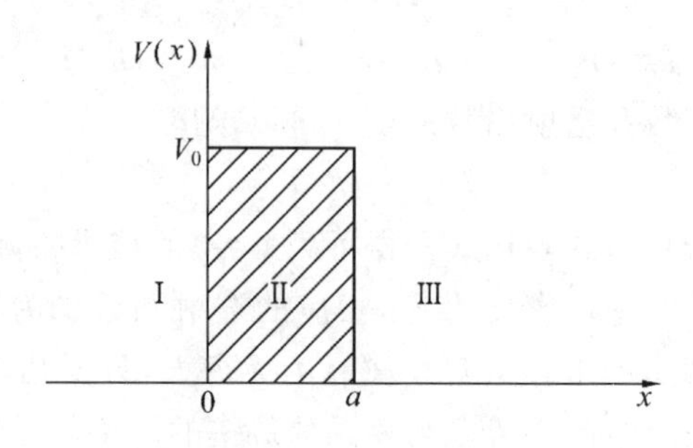

图 4.1 一维方势垒

本征波函数的一般形式为

$$\begin{cases}\psi_1(x)=A_1\mathrm{e}^{\mathrm{i}k_1x}+B_1\mathrm{e}^{-\mathrm{i}k_1x}\\ \psi_2(x)=A_2\mathrm{e}^{\mathrm{i}k_2x}+B_2\mathrm{e}^{-\mathrm{i}k_2x}\\ \psi_3(x)=C\mathrm{e}^{\mathrm{i}k_1x}\end{cases} \tag{4.2.2}$$

其中

$$k_1=(2mE/\hbar^2)^{1/2},\quad k_2=[2m(E-V_0)/\hbar^2]^{1/2} \tag{4.2.3}$$

下面针对 $E>V_0$ 和 $E\leqslant V_0$ 两种情况分别进行讨论。

4.2.2 $E>V_0$ 时方势垒的透射系数

1. 透射系数与反射系数

当 $E>V_0$ 时，k_1 和 k_2 皆为正实数。在 $x=0,a$ 处，波函数及其一阶导数的边界条件为

$$\psi_1(0)=\psi_2(0)\,,\quad \psi_1'(0)=\psi_2'(0) \tag{4.2.4}$$

$$\psi_2(a)=\psi_3(a)\,,\quad \psi_2'(a)=\psi_3'(a) \tag{4.2.5}$$

将式(4.2.2) 代入上述各式，分别得到

$$A_1+B_1=A_2+B_2 \tag{4.2.6}$$

$$k_1(A_1-B_1)=k_2(A_2-B_2) \tag{4.2.7}$$

$$A_2\mathrm{e}^{\mathrm{i}k_2a}+B_2\mathrm{e}^{-\mathrm{i}k_2a}=C\mathrm{e}^{\mathrm{i}k_1a} \tag{4.2.8}$$

$$k_2(A_2\mathrm{e}^{\mathrm{i}k_2a}-B_2\mathrm{e}^{-\mathrm{i}k_2a})=k_1C\mathrm{e}^{\mathrm{i}k_1a} \tag{4.2.9}$$

由式(4.2.6) 加式(4.2.7) 得到

$$A_1=2^{-1}[(1+k_2/k_1)A_2+(1-k_2/k_1)B_2] \tag{4.2.10}$$

由式(4.2.8) 加式(4.2.9) 得到

$$A_2=2^{-1}(1+k_1/k_2)\mathrm{e}^{\mathrm{i}(k_1-k_2)a}C \tag{4.2.11}$$

由式(4.2.8) 减式(4.2.9) 得到

$$B_2=2^{-1}(1-k_1/k_2)\mathrm{e}^{\mathrm{i}(k_1+k_2)a}C \tag{4.2.12}$$

再将式(4.2.11) 与式(4.2.12) 代入式(4.2.10)，得到

$$C=4k_1k_2\mathrm{e}^{-\mathrm{i}k_1a}\left[(k_1+k_2)^2\mathrm{e}^{-\mathrm{i}k_2a}-(k_1-k_2)^2\mathrm{e}^{\mathrm{i}k_2a}\right]^{-1}A_1 \tag{4.2.13}$$

最后,利用 k_1、k_2 和 T 的定义,得到透射系数为(详见例题 4.1)

$$T=\frac{4E(E-V_0)}{4E(E-V_0)+V_0^2\sin^2(k_2a)} \tag{4.2.14}$$

进而由 $R=1-T$ 可知,反射系数为

$$R=\frac{V_0^2\sin^2(k_2a)}{4E(E-V_0)+V_0^2\sin^2(k_2a)} \tag{4.2.15}$$

由上述两式可以看出,虽然 $E>V_0$,粒子也会以不为零的概率 R 被反射回来,此即量子力学与经典力学的差异。

2. 谐振隧穿效应

下面来讨论一个有趣的问题,即在什么情况下粒子会以百分之百的概率出现在势垒的右侧?或者说,什么样的入射能量可以使得透射系数为 1?

由式(4.2.14)可知,满足透射系数 $T=1$ 的条件为

$$V_0^2\sin^2(k_2a)=0 \tag{4.2.16}$$

因为 $V_0>0$,所以上式的解为

$$k_2a=n\pi\quad(n=0,\pm1,\pm2,\cdots) \tag{4.2.17}$$

又由于 $k_2a>0$,故上式中的量子数 n 只能取正整数,即 $n=1,2,3,\cdots$。

将 k_2 的定义式(4.2.3)代入式(4.2.17),得到满足 $T=1$ 的入射能量为

$$E_n=V_0+\pi^2\hbar^2n^2/(2ma^2)\quad(n=1,2,3,\cdots) \tag{4.2.18}$$

通常将透射系数为 1 的势垒隧穿效应称为**谐振隧穿效应**,能够产生谐振隧穿效应的入射能量称为**谐振能量**。

如果还记得无限深非对称方势阱(见式(3.1.23))的能量本征值(见式(3.1.24)),就会发现式(4.2.18)给出的谐振能量 E_n 只比它多出了一个常数位势 V_0。由定理 3.1(1)可知,谐振能量 E_n 应该是无限深方势阱

$$V(x)=\begin{cases}\infty & (-\infty<x\leqslant0)\\ V_0 & (0<x\leqslant a)\\ \infty & (a<x<\infty)\end{cases} \tag{4.2.19}$$

的能级。

由上述结果可以推断出任意形状方势垒 $V(x)$ 的谐振能量的求解方法:首先,将位势 $V(x)$ 中的外区位势改为无穷大,得到一个新的位势 $V_\infty(x)$,显然 $V_\infty(x)$ 是一个无限深方势阱,只不过它的底部形状与方势垒 $V(x)$ 的顶部形状相同;然后,求解新位势 $V_\infty(x)$ 下的能量本征方程,其能级就是谐振能量。此即求解谐振能量的一个简单方法。

总之,谐振隧穿是透射系数为 1 的势垒隧穿,也就是说,当入射粒子具有谐振能量时,就好像它所面对的势垒不见了,或者说,势垒对入射粒子来说是透明或者隐身的,在 4.3 节中将有详细论述。

4.2.3　$E \leqslant V_0$ 时方势垒的透射系数

当 $E \leqslant V_0$ 时，k_2 是纯虚数或者为零，若令 $k_2 = \mathrm{i}\alpha$，则 α 为非负实数。三个区域内的本征波函数的一般形式分别为

$$\begin{cases} \psi_1(x) = A_1 \mathrm{e}^{\mathrm{i}k_1 x} + B_1 \mathrm{e}^{-\mathrm{i}k_1 x} \\ \psi_2(x) = A_2 \mathrm{e}^{-\alpha x} + B_2 \mathrm{e}^{\alpha x} \\ \psi_3(x) = C \mathrm{e}^{\mathrm{i}k_1 x} \end{cases} \tag{4.2.20}$$

其中

$$k_1 = (2mE/\hbar^2)^{1/2}, \quad \alpha = [2m(V_0 - E)/\hbar^2]^{1/2} \tag{4.2.21}$$

仿照前面的做法，将式(4.2.13)中的 k_2 用 $\mathrm{i}\alpha$ 代替，可以直接写出透射振幅的表达式为

$$C = 4\mathrm{i}k_1\alpha \mathrm{e}^{-\mathrm{i}k_1 a}\left[(k_1 + \mathrm{i}\alpha)^2 \mathrm{e}^{\alpha a} - (k_1 - \mathrm{i}\alpha)^2 \mathrm{e}^{-\alpha a}\right]^{-1} A_1 \tag{4.2.22}$$

进而，得到透射系数和反射系数分别为

$$T = \frac{4E(V_0 - E)}{4E(V_0 - E) + V_0^2 \operatorname{sh}^2(\alpha a)} \tag{4.2.23}$$

$$R = \frac{V_0^2 \operatorname{sh}^2(\alpha a)}{4E(V_0 - E) + V_0^2 \operatorname{sh}^2(\alpha a)} \tag{4.2.24}$$

上述两式表明：当 V_0 为有限数时，只有 $E = V_0$ 时的透射系数才为零，或者说，虽然 $E < V_0$，粒子仍然会以不为零的概率 R 出现在势垒右端，从而体现出量子力学与经典力学的差别；当 V_0 或者 a 趋于无穷大时，也会使得透射系数趋于零，意思是，对无限高或者无限宽的方势垒而言，粒子不可能出现在势垒右端，这时的结论与经典力学一致。

综上所述，对于有限高、有限宽的方势垒而言，不论入射粒子的能量是否大于势垒的高度，粒子的透射系数都不为零，换句话说，即使入射粒子的能量小于势垒的高度，它也会以不为零的概率出现在势垒的另一侧，此即所谓的**势垒隧穿效应**。如果说量子限域效应已经让人惊讶不已，那么，势垒隧穿效应就更使人匪夷所思。势垒隧穿是量子力学特有的一种物理现象，透过现象追究其实质，根源在于运动粒子具有波粒二象性。正是微观粒子的这种特性，才导致它具有这种神奇的本领。

在引入了势垒隧穿的概念之后，有如下三个问题需要回答：

第一，既然运动粒子具有势垒隧穿效应，那么，为什么崂山道士只是一个神话，从未见过任何人能穿墙越壁呢？那是因为作为宏观客体的人虽然也具有波动性，但是，人的波动性实在是太弱了，以致透射系数可以视为零，所以，不论是谁只要胆敢撞墙，定会头破血流、追悔莫及，此即常说的不撞南墙不回头。

第二，还记得那个会七十二变的孙悟空（电子）吗？作为微观客体的他，如今摇身一变成了可以穿墙越壁的崂山道士。有人可能会问，既然孙悟空有如此本领，那他当初为什么不能摆脱如来手掌的控制呢？其实原因很简单，因为如来手掌上有一个深不可测的

无限深的势阱,也就是说,周边都是无限高的铜墙铁壁(刚性壁),即使孙悟空有再大的本事也是难逃神掌的。

第三,既然入射粒子可以出现在势垒的右端,那么,它到底是怎么过去的呢?具体地说,它是穿墙越壁"穿"过了势垒?还是飞檐走壁"越"过了势垒?在量子力学中,因为粒子的运动并不存在轨道的概念,所以这个问题本身似乎欠考虑,尽管如此,还是想斗胆做一些试探性的讨论。为了回答这个问题,先设想一个极端情况,即有一个无限高有限宽的方势垒,由对式(4.2.23)和式(4.2.14)的讨论可知,此时任何入射能量下的透射系数皆为零,也就是说,粒子绝不可能出现在势垒的另一端,即使势垒的宽度再窄小,结果也是如此。如果势垒不是无限高和无限宽,即使它再高再宽,透射系数也不可能为零,换句话说,只要有限宽势垒的上方留有一个哪怕再小的空隙,粒子也有可能出现在势垒的右侧。如此看来,粒子很可能是凭借其波粒二象性"越"过势垒到达了它的右侧。上述讨论纯属理论推测,未见实验证实,抛砖引玉,仅供参考。

*4.3　透射系数的递推计算

4.3.1　计算透射系数的递推公式

1. 一维多阶梯势及其本征波函数

前面两节针对具体的简单位势导出了透射系数的计算公式,在此基础上,利用类似于一维多量子阱所用的方法,下面来导出计算一维任意多阶梯势透射系数的递推公式。

有一个质量为m_1、能量为$E>0$的粒子,设其从左方入射到如图4.2所示的$n(n\geqslant 3)$个阶梯位势上。在该位势的两个外区,$V_1=V_n=0$与$m_1=m_n$分别表示位势的高度和粒子的有效质量;在该位势的内区,$V_j(j=2,3,4,\cdots,n-1)$、$d_j=x_j-x_{j-1}$与m_j分别为第j个位势的高度、宽度与粒子的有效质量。由于外区位势皆为零,故此多阶梯势无束缚定态解。

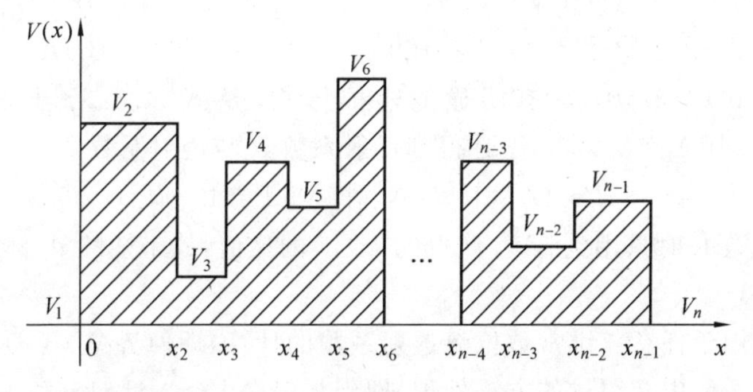

图 4.2　任意多个阶梯势

在位势的 n 个区域内,本征波函数的一般形式为

$$\varphi_1(x)=A_{1,1}\mathrm{e}^{\mathrm{i}k_1x}+A_{2,1}\mathrm{e}^{-\mathrm{i}k_1x} \tag{4.3.1}$$

$$\varphi_2(x)=A_{1,2}\mathrm{e}^{\mathrm{i}k_2x}+A_{2,2}\mathrm{e}^{-\mathrm{i}k_2x} \tag{4.3.2}$$

……

$$\varphi_{n-2}(x)=A_{1,n-2}\mathrm{e}^{\mathrm{i}k_{n-2}x}+A_{2,n-2}\mathrm{e}^{-\mathrm{i}k_{n-2}x} \tag{4.3.3}$$

$$\varphi_{n-1}(x)=A_{1,n-1}\mathrm{e}^{\mathrm{i}k_{n-1}x}+A_{2,n-1}\mathrm{e}^{-\mathrm{i}k_{n-1}x} \tag{4.3.4}$$

$$\varphi_n(x)=A_{1,n}\mathrm{e}^{\mathrm{i}k_nx} \tag{4.3.5}$$

其中

$$k_j=[2m_j(E-V_j)/\hbar^2]^{1/2} \quad (j=1,2,\cdots,n) \tag{4.3.6}$$

显然,k_j 只能是实数或者纯虚数,而 $A_{1,j}$ 与 $A_{2,j}$ 分别为粒子在第 j 个区域的透射振幅与反射振幅。

2. 计算透射系数的递推公式

由于粒子在各区域内的有效质量不同,故在阶跃点 $x=x_j(j=1,2,\cdots,n-1)$ 处的波函数及其一阶导数的边界条件为

$$\begin{cases}\psi_j(x)\big|_{x=x_j}=\psi_{j+1}(x)\big|_{x=x_j}\\ m_{j+1}\,\psi_j'(x)\big|_{x=x_j}=m_j\,\psi_{j+1}'(x)\big|_{x=x_j}\end{cases} \tag{4.3.7}$$

利用式(4.3.7)、式(4.3.4) 和式(4.3.5),可以导出在 x_{n-1} 处的透射振幅 $A_{1,n-1}$ 与反射振幅 $A_{2,n-1}$ 分别为

$$\begin{cases}A_{1,n-1}=2^{-1}(1+B_{n-1})\mathrm{e}^{\mathrm{i}(k_n-k_{n-1})x_{n-1}}A_{1,n}\\ A_{2,n-1}=2^{-1}(1-B_{n-1})\mathrm{e}^{\mathrm{i}(k_n+k_{n-1})x_{n-1}}A_{1,n}\end{cases} \tag{4.3.8}$$

其中

$$B_{n-1}=m_{n-1}k_n/(m_nk_{n-1}) \tag{4.3.9}$$

再利用式(4.3.7)、式(4.3.3) 和式(4.3.4),可以导出在 x_{n-2} 处的 $A_{1,n-2}$ 与 $A_{2,n-2}$ 的表达式,以此类推,可以得到在 $x_j(j<n-1)$ 处的 $A_{1,j}$ 与 $A_{2,j}$,即

$$\begin{cases}A_{1,j}=2^{-1}\mathrm{e}^{-\mathrm{i}k_jx_j}[\mathrm{e}^{\mathrm{i}k_{j+1}x_j}(1+B_j)A_{1,j+1}+\mathrm{e}^{-\mathrm{i}k_{j+1}x_j}(1-B_j)A_{2,j+1}]\\ A_{2,j}=2^{-1}\mathrm{e}^{\mathrm{i}k_jx_j}[\mathrm{e}^{\mathrm{i}k_{j+1}x_j}(1-B_j)A_{1,j+1}+\mathrm{e}^{-\mathrm{i}k_{j+1}x_j}(1+B_j)A_{2,j+1}]\end{cases} \tag{4.3.10}$$

容易看出,式(4.3.10) 具有明显的递推形式,从式(4.3.8) 出发,反复利用式(4.3.10),直至求出 $A_{1,1}$ 与 $A_{2,1}$,于是得到反射系数 R 与透射系数 T 为

$$R=|A_{2,1}|^2/|A_{1,1}|^2,\quad T=1-R \tag{4.3.11}$$

由于计算反射系数 R 时只用到 $|A_{2,1}|^2$ 与 $|A_{1,1}|^2$ 的比值,故未知的 $A_{1,n}$ 会在计算过程中被消掉。

以上公式适用于任意一维常数位势透射系数的计算,即使势垒 $V(x)$ 不是常数位势,也可以利用在 3.2 节中介绍过的方法处理,即先将势垒 $V(x)$ 近似分解为多阶梯位势,然后使用透射系数的递推公式进行计算。

4.3.2　谐振隧穿效应

在 4.2 节中已经引入了谐振隧穿的概念，为了对其有感性认识，下面对一个具体问题进行计算和讨论。

设入射粒子是质量为 m_e、能量为 $E > 0$ 的电子，位势是由两种半导体材料砷化镓铝(AlGaAs) 和砷化镓(GaAs) 相间构成的，已知

$$m_1 = m_n = m_e$$

$$m_2 = m_4 = \cdots = m_{n-1} = 0.090\,14 m_e, \quad m_3 = m_5 = \cdots = m_{n-2} = 0.065\,7 m_e$$

$$V_1 = V_n = 0.0 \text{ eV}$$

$$V_2 = V_4 = \cdots = V_{n-1} = 0.299\,88 \text{ eV}, \quad V_3 = V_5 = \cdots = V_{n-2} = 0.0 \text{ eV}$$

$$d_2 = d_4 = \cdots = d_{n-1} = a, \quad d_3 = d_5 = \cdots = d_{n-2} = b$$

式中，m_i 为处于第 $i(i=1,2,\cdots,n)$ 个区域电子的有效质量；a 与 b 分别为势垒和势阱的宽度。

利用计算透射系数公式编制的计算机程序(见作者编著的《量子物理学中的常用算法与程序》) 完成下面的计算。

选 $n=5$，$a=4$ nm，$b=10$ nm，位势的形状如图 4.3 所示，称其为两对称方势垒夹一方势阱。透射系数 T 随入射电子能量 E 变化的曲线绘在图 4.4 中。

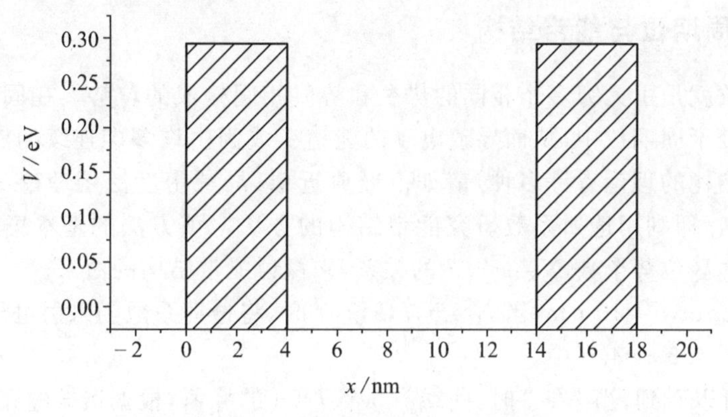

图 4.3　两对称方势垒夹一方势阱

从图 4.4 看出，当入射能量 $E < V_2 = V_4$ 时，透射系数曲线有三个波峰，在 $E_1 = 0.032\,441\,14$ eV，$E_2 = 0.128\,146\,8$ eV 与 $E_3 = 0.276\,59$ eV 处的透射系数 $T=1$，说明上述入射能量为谐振能量。

对具有谐振能量的入射电子而言，根本无视势垒的存在，或者说，形成此位势的半导体材料是隐身或者透明的，此即所谓谐振隧穿现象。玻姆(Bohm) 最早用 WKB 近似研究了这一现象，后来科内(Knae) 严格证明了它的存在。

从量子力学的角度看，在两对称方势垒夹一方势阱的情况下，当入射电子具有谐振

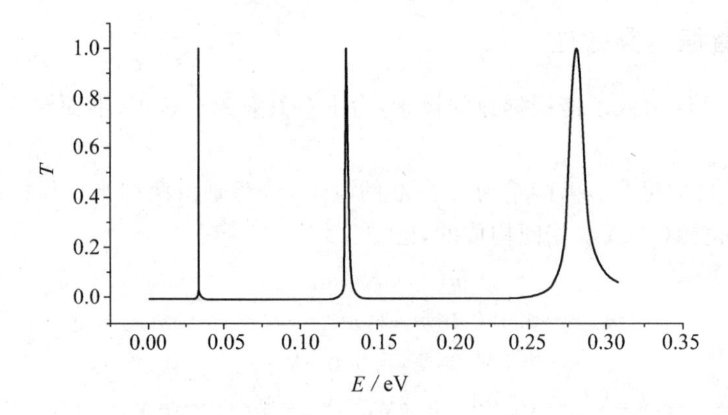

图 4.4　两对称方势垒夹一方势阱的透射系数

能量时，电子将在两个势垒相邻壁之间多次往复反射，从而使得电子能在势阱内滞留一段时间。或者说，在一段时间内电子被束缚在势阱的某一个状态中，即此能级具有确定的寿命，有时也把这样的状态称为**亚稳态**或者**准束缚定态**。由于电子在势阱中滞留的时间是有限的，所以相对束缚定态而言，准束缚定态的寿命也是有限的。

计算结果还表明，随着阱宽 b 的增大，图 4.4 中每个峰的位置将向左移动，且峰将变尖锐，接着将发生的是峰的个数逐渐增多。

4.3.3　周期位与能带结构

所谓**周期位**就是由无穷多个相同的势垒和势阱相间构成的位势。在固体物理学中，晶体中的电子处于周期位中，从而导致电子的能谱变成为由许多准连续的能级构成的**能带**。处理能带结构的理论有许多种，诸如准经典近似、局域密度泛函理论等。作者给出了一种新的方法，即利用透射系数研究能带结构的方法。该方法的基本思路是，通过讨论透射系数与内区位势个数 $N=n-2$ 的关系，来探讨能带结构的由来。

仍取 $a=4\ \text{nm}$，$b=10\ \text{nm}$，当 $N=5,7,9,101$ 时，将透射系数随入射电子能量变化的曲线分别绘在图 4.5 ～ 4.8 中。

从图 4.4 可以看到，当 $N=3$ 时，曲线有 3 个 $T=1$ 的峰值，根据谐振隧穿理论的解释，它们分别与体系的 3 个准束缚定态能级相对应，且能量越高，峰越宽。图 4.5 ～ 4.7 则显示出，当 N 增至 5、7、9 时，每个峰区又分别出现 2、3、4 个峰。特别是，当 $N=101$ 时(图 4.8)，3 个峰区各自对应 50 个峰。由于在如此狭小的能量范围之内出现 50 个峰，所以形成了一个黑色带，在这三个黑色带的底部，都存在一个半椭圆状的白色空间，它表明在这三个能量范围内透射系数的最小值也不为零，而在其他能量区域中透射系数皆为零。实际上，从能带理论的角度来看，3 个黑色区为**子导带**，空白区为**禁戒带**。在每个子导带内，峰的个数为 $(N-1)/2$。随着入射能量的增加，子导带的宽度会加宽，这意味着，半导体材料可以在更大的能量范围内成为隐身材料。

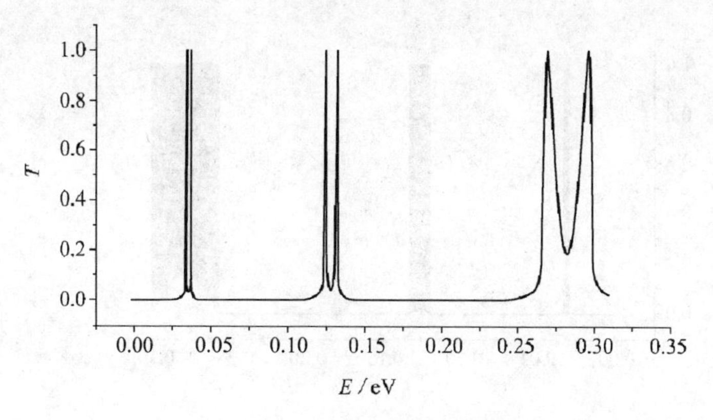

图 4.5　$N = 5$ 时的透射系数

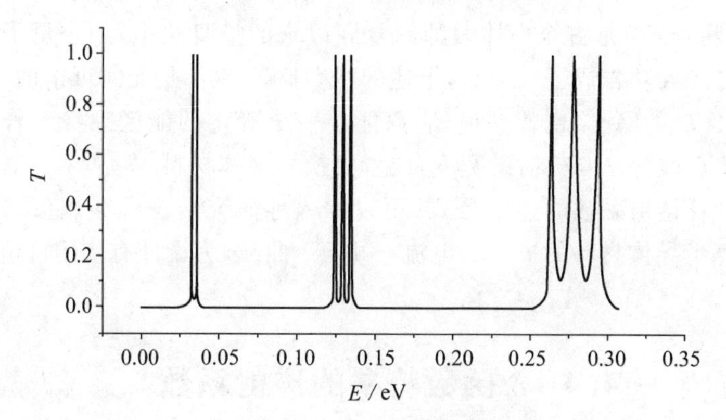

图 4.6　$N = 7$ 时的透射系数

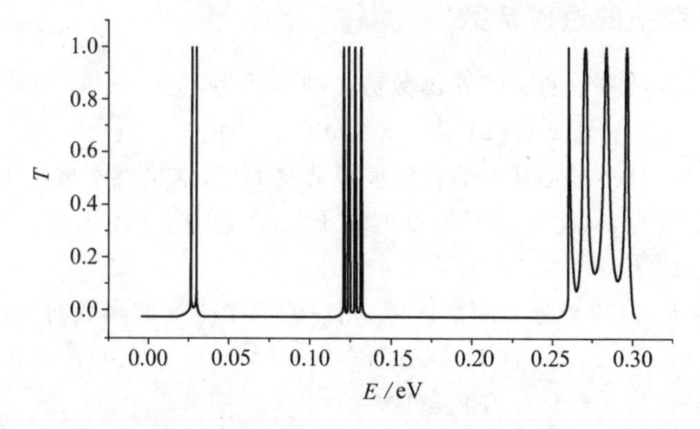

图 4.7　$N = 9$ 时的透射系数

在固体物理学中的能带理论可以成功地处理单一介质问题，且只当 $N \to \infty$时有效，而透射系数方法不仅可以处理多介质问题，而且，还可以针对任意的 N 来进行，换言之，透射系数方法可以更细微地了解能带结构的形成过程。

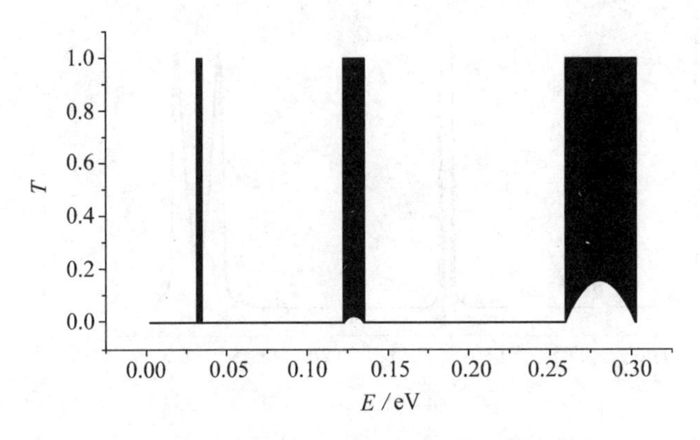

图 4.8　$N = 101$ 时的透射系数

众所周知,“隐身术”是古今中外大师们梦寐以求的护身法宝,如今量子理论能使其梦想成真,看似已经大功告成了。但是,上述的“隐身术”也不是无懈可击的,那就是还不能实现在全能量区域的隐身,也就是说,它只能在一个确定的能区隐身。若要在其他的能区隐身,则需要更改势垒与势阱的宽度,或者更换半导体材料。

总之,利用计算透射系数的递推公式,可以深入地研究谐振隧穿现象和能带理论。此外,还可以计算半导体材料的 $I-V$(电流－电压)曲线,为设计有实用价值的半导体器件提供理论依据。

4.4　δ 函数势垒的透射系数

4.4.1　δ 函数势垒的透射系数

类似于 δ 函数势阱,最简单的一维 **δ 函数势垒**的形式为

$$V(x) = aV_0\delta(x) \quad (aV_0 \geqslant 0) \tag{4.4.1}$$

它的形状与图 3.4 类似,只不过将其中的势阱换成势垒而已,这里就不再画出了。

现在的问题是,质量为 m、能量为 $E > 0$ 的粒子从左方射向上述 δ 函数势垒,求出其透射系数和反射系数。

首先,以 $x = 0$ 为界,将位势分为两个区域,相应的两个本征波函数的一般形式为

$$\begin{cases} \psi_1(x) = A\mathrm{e}^{\mathrm{i}kx} + B\mathrm{e}^{-\mathrm{i}kx} \\ \psi_2(x) = C\mathrm{e}^{\mathrm{i}kx} \end{cases} \tag{4.4.2}$$

其中

$$k = (2mE/\hbar^2)^{1/2} \tag{4.4.3}$$

其次,在 $x = 0$ 处,利用波函数及其一阶导数满足的边界条件

$$\begin{cases}\psi_1(0)=\psi_2(0)\\ \psi_2'(0^+)-\psi_1'(0^-)=2m\hbar^{-2}aV_0\psi_2(0)\end{cases} \tag{4.4.4}$$

和本征波函数的表达式(4.4.2),得到

$$\begin{cases}A+B=C\\ C-A+B=-\mathrm{i}2mk^{-1}\hbar^{-2}aV_0C\end{cases} \tag{4.4.5}$$

由上式可以解出

$$C=\frac{\mathrm{i}k\hbar^2A}{\mathrm{i}k\hbar^2-maV_0},\quad B=\frac{maV_0A}{\mathrm{i}k\hbar^2-maV_0} \tag{4.4.6}$$

最后,利用反射系数和透射系数的定义,得到

$$R=\frac{ma^2V_0^2}{2E\hbar^2+ma^2V_0^2},\quad T=\frac{2E\hbar^2}{2E\hbar^2+ma^2V_0^2} \tag{4.4.7}$$

一般情况下,透射系数 $T\neq 0$,意味着粒子以 T 的概率出现在势垒右侧,此即 δ 函数势垒的隧穿效应。当 δ 函数势垒不存在(即 $aV_0=0$)时,有 $R=0$ 和 $T=1$,与经典理论结果相同;当 δ 函数势垒为无限高或无限宽(即 $aV_0=\infty$)时,有 $R=1$ 和 $T=0$,亦与经典理论结果相同。

4.4.2　δ 函数势垒透射系数的另一种解法

如前所述,δ 函数势垒是方势垒的极限情况,既然如此,就可以先求出相应方势垒的透射系数,然后对其取极限,进而得到 δ 函数势垒的透射系数,此即求 δ 函数势垒透射系数的另一种方法。

设质量为 m、能量为 $E>0$ 的粒子从左射向有限高对称方势垒,即

$$V(x)=\begin{cases}0 & (|x|\geqslant\varepsilon/2)\\ \tilde{V}_0=aV_0\varepsilon^{-1} & (|x|<\varepsilon/2)\end{cases} \tag{4.4.8}$$

由于位势的坐标平移不影响透射系数的结果,故可以使用式(4.2.1)表示的非对称方势垒的结果进行讨论。显然,当 $\varepsilon\to 0$ 时,上述位势变成由式(4.4.1)表示的 δ 函数势垒,若要求出 δ 函数势垒的透射系数,只需要对式(4.2.1)给出的透射系数取极限即可。

由于方势垒的透射系数是分两种情况给出的,故下面分别讨论之。

当入射能量 $E>\tilde{V}_0$ 时,方势垒的透射系数满足式(4.2.14),即

$$T=4E(E-\tilde{V}_0)/[4E(E-\tilde{V}_0)+\tilde{V}_0^2\sin^2(\alpha\varepsilon)] \tag{4.4.9}$$

其中

$$\alpha=[2m(E-\tilde{V}_0)/\hbar^2]^{1/2} \tag{4.4.10}$$

当 $\varepsilon\to 0$ 时,由于 $|\alpha\varepsilon|\to 0$,故正弦函数可以展开为

$$\sin(\alpha\varepsilon)=\sum_{n=0}^{\infty}(-1)^n[(2n+1)!]^{-1}(\alpha\varepsilon)^{2n+1}=\alpha\varepsilon-(\alpha\varepsilon)^3/(3!)+\cdots \tag{4.4.11}$$

略去高级小项,得到

$$\widetilde{V}_0^2 \sin^2(\alpha\varepsilon) = 2m\hbar^{-2}\varepsilon^2\widetilde{V}_0^2(E-\widetilde{V}_0) \tag{4.4.12}$$

将上式代入式(4.4.9),得到透射系数为

$$T = 4E(E-\widetilde{V}_0)\hbar^2/[4E(E-\widetilde{V}_0)\hbar^2 + 2m\varepsilon^2\widetilde{V}_0^2(E-\widetilde{V}_0)] =$$

$$2E\hbar^2/(2E\hbar^2 + m\varepsilon^2\widetilde{V}_0^2) = 2E\hbar^2/(2E\hbar^2 + ma^2V_0^2) \tag{4.4.13}$$

显然,当 $E > \widetilde{V}_0$ 时,方势垒的透射系数的极限值与 δ 函数势垒透射系数的表达式(4.4.7)完全相同。

当入射能量 $E \leqslant \widetilde{V}_0$ 时,方势垒的透射系数满足式(4.2.23),即

$$T = 4E(\widetilde{V}_0 - E)/[4E(\widetilde{V}_0 - E) + \widetilde{V}_0^2 \operatorname{sh}^2(\beta\varepsilon)] \tag{4.4.14}$$

其中

$$\beta = [2m(\widetilde{V}_0 - E)/\hbar^2]^{1/2} \tag{4.4.15}$$

当 $\varepsilon \to 0$ 时,由于 $|\beta\varepsilon| \to 0$,故双曲正弦函数可以展开为

$$\operatorname{sh}(\beta\varepsilon) = \sum_{n=0}^{\infty} [(2n+1)!]^{-1} (\beta\varepsilon)^{2n+1} = \beta\varepsilon + (\beta\varepsilon)^3/(3!) + \cdots \tag{4.4.16}$$

略去高级小项,得到

$$\widetilde{V}_0^2 \operatorname{sh}^2(\beta\varepsilon) = 2m\hbar^{-2}\varepsilon^2\widetilde{V}_0^2(\widetilde{V}_0 - E) \tag{4.4.17}$$

将上式代入式(4.4.14),得到透射系数为

$$T = 4E(\widetilde{V}_0 - E)\hbar^2/[4E(\widetilde{V}_0 - E)\hbar^2 + 2m\widetilde{V}_0^2 a^2(\widetilde{V}_0 - E)] =$$

$$2E\hbar^2/(2E\hbar^2 + m\varepsilon^2\widetilde{V}_0^2) = 2E\hbar^2/(2E\hbar^2 + ma^2V_0^2) \tag{4.4.18}$$

显然,当 $E \leqslant \widetilde{V}_0$ 时,方势垒的透射系数 T 的极限值也与 δ 函数势垒透射系数的表达式(4.4.7)完全相同。

总之,利用 δ 函数的定义式(3.3.3),给出了求解 δ 函数势垒透射系数的另一种方法。

例题选讲 4

例题 4.1 利用关系式

$$C = 4k_1k_2\mathrm{e}^{-\mathrm{i}k_1a}[(k_1+k_2)^2\mathrm{e}^{-\mathrm{i}k_2a} - (k_1-k_2)^2\mathrm{e}^{\mathrm{i}k_2a}]^{-1}A_1$$

导出透射系数表达式。式中

$$k_1 = (2mE/\hbar^2)^{1/2}, \quad k_2 = [2m(E-V_0)/\hbar^2]^{1/2}, \quad E > V_0$$

解 由透射系数的定义可知

$$T=|C|^2/|A_1|^2=|4k_1k_2\mathrm{e}^{-\mathrm{i}k_1a}[(k_1+k_2)^2\mathrm{e}^{-\mathrm{i}k_2a}-(k_1-k_2)^2\mathrm{e}^{\mathrm{i}k_2a}]^{-1}|^2=$$
$$16k_1^2k_2^2\,|(k_1+k_2)^2\mathrm{e}^{-\mathrm{i}k_2a}-(k_1-k_2)^2\mathrm{e}^{\mathrm{i}k_2a}|^{-2} \tag{1}$$

首先,计算式(1)右端的模方项,即

$$|(k_1+k_2)^2\mathrm{e}^{-\mathrm{i}k_2a}-(k_1-k_2)^2\mathrm{e}^{\mathrm{i}k_2a}|^2=$$
$$[(k_1+k_2)^2\mathrm{e}^{-\mathrm{i}k_2a}-(k_1-k_2)^2\mathrm{e}^{\mathrm{i}k_2a}][(k_1+k_2)^2\mathrm{e}^{\mathrm{i}k_2a}-(k_1-k_2)^2\mathrm{e}^{-\mathrm{i}k_2a}]=$$
$$(k_1+k_2)^4+(k_1-k_2)^4-(k_1^2-k_2^2)^2(\mathrm{e}^{\mathrm{i}2k_2a}+\mathrm{e}^{-\mathrm{i}2k_2a})=$$
$$(k_1+k_2)^4+(k_1-k_2)^4-2(k_1^2-k_2^2)^2\cos(2k_2a)=$$
$$(k_1+k_2)^4+(k_1-k_2)^4-2(k_1^2-k_2^2)^2[1-2\sin^2(k_2a)]=$$
$$(k_1+k_2)^4+(k_1-k_2)^4-2(k_1^2-k_2^2)^2+4(k_1^2-k_2^2)^2\sin^2(k_2a) \tag{2}$$

利用k_1、k_2的定义,计算上式中右端的各项,得到

$$(k_1^2-k_2^2)^2=[2mE\hbar^{-2}-2m(E-V_0)\hbar^{-2}]^2=4m^2V_0^2\hbar^{-4} \tag{3}$$
$$(k_1+k_2)^4=(k_1^2+k_2^2+2k_1k_2)^2=(k_1^2+k_2^2)^2+4k_1^2k_2^2+4k_1k_2(k_1^2+k_2^2) \tag{4}$$
$$(k_1-k_2)^4=(k_1^2+k_2^2-2k_1k_2)^2=(k_1^2+k_2^2)^2+4k_1^2k_2^2-4k_1k_2(k_1^2+k_2^2) \tag{5}$$

将式(4)与式(5)相加,有

$$(k_1+k_2)^4+(k_1-k_2)^4=2(k_1^2+k_1^2)^2+8k_1^2k_2^2=$$
$$2(4mE\hbar^{-2}-2mV_0\hbar^{-2})^2+32m^2E(E-V_0)\hbar^{-4}=$$
$$64m^2E^2\hbar^{-4}+8m^2V_0^2\hbar^{-4}-64m^2EV_0\hbar^{-4} \tag{6}$$

将式(3)与式(6)代入式(2),得到

$$|(k_1+k_2)^2\mathrm{e}^{-\mathrm{i}k_2a}-(k_1-k_2)^2\mathrm{e}^{\mathrm{i}k_2a}|^2=64m^2E^2\hbar^{-4}+8m^2V_0^2\hbar^{-4}-$$
$$64m^2EV_0\hbar^{-4}-8m^2V_0^2\hbar^{-4}+16m^2V_0^2\hbar^{-4}\sin^2(k_2a)=$$
$$64m^2E(E-V_0)\hbar^{-4}+16m^2V_0^2\hbar^{-4}\sin^2(k_2a) \tag{7}$$

然后,再将式(7)代入式(1),得到

$$T=16k_1^2k_2^2\,|(k_1+k_2)^2\mathrm{e}^{-\mathrm{i}k_2a}-(k_1-k_2)^2\mathrm{e}^{\mathrm{i}k_2a}|^{-2}=$$
$$\frac{64m^2E(E-V_0)\hbar^{-4}}{64m^2E(E-V_0)\hbar^{-4}+16m^2V_0^2\hbar^{-4}\sin^2(k_2a)}=$$
$$\frac{4E(E-V_0)}{4E(E-V_0)+V_0^2\sin^2(k_2a)} \tag{8}$$

此即$E>V_0$时方势垒透射系数的表达式(4.2.14)。

例题 4.2　设质量为m、能量为$E>0$的粒子从左方射向如下势场,即

$$V(x)=\begin{cases}0 & (-\infty<x\leqslant 0)\\ V_0 & (0<x\leqslant d)\\ V_1 & (d<x<\infty)\end{cases}$$

当入射能量为$E>V_0$,$E>V_1$时,求其透射系数。

解　在位势的三个区域中,本征波函数的一般形式为

$$\psi_1(x)=A_1\mathrm{e}^{\mathrm{i}k_1x}+A_2\mathrm{e}^{-\mathrm{i}k_1x} \tag{1}$$

$$\psi_2(x)=B_1\mathrm{e}^{\mathrm{i}k_2x}+B_2\mathrm{e}^{-\mathrm{i}k_2x} \tag{2}$$

$$\psi_3(x)=C\mathrm{e}^{\mathrm{i}k_3x} \tag{3}$$

式中

$$k_1=(2mE/\hbar^2)^{1/2},\quad k_2=[2m(E-V_0)/\hbar^2]^{1/2},\quad k_3=[2m(E-V_1)/\hbar^2]^{1/2} \tag{4}$$

在 $x=0,d$ 处,由波函数及其一阶导数的边界条件可知

$$A_1+A_2=B_1+B_2 \tag{5}$$

$$A_1-A_2=k_2k_1^{-1}(B_1-B_2) \tag{6}$$

$$B_1\mathrm{e}^{\mathrm{i}k_2d}+B_2\mathrm{e}^{-\mathrm{i}k_2d}=C\mathrm{e}^{\mathrm{i}k_3d} \tag{7}$$

$$B_1\mathrm{e}^{\mathrm{i}k_2d}-B_2\mathrm{e}^{-\mathrm{i}k_2d}=k_3k_2^{-1}C\mathrm{e}^{\mathrm{i}k_3d} \tag{8}$$

式(7) 加式(8),有

$$B_1=2^{-1}C(1+k_3/k_2)\mathrm{e}^{\mathrm{i}(k_3-k_2)d} \tag{9}$$

式(7) 减式(8),有

$$B_2=2^{-1}C(1-k_3/k_2)\mathrm{e}^{\mathrm{i}(k_3+k_2)d} \tag{10}$$

式(5) 加式(6),有

$$A_1=2^{-1}[(1+k_2/k_1)B_1+(1-k_2/k_1)B_2] \tag{11}$$

将式(9) 与式(10) 代入式(11),得到

$$C=\frac{4k_1k_2\mathrm{e}^{-\mathrm{i}k_3d}A_1}{(k_2-k_3)(k_1-k_2)\mathrm{e}^{\mathrm{i}k_2d}+(k_2+k_3)(k_1+k_2)\mathrm{e}^{-\mathrm{i}k_2d}} \tag{12}$$

由透射系数的定义可知

$$T=\frac{k_3\ |C|^2}{k_1\ |A_1|^2}=\frac{4k_1k_2^2k_3}{(k_2^2-k_1^2)(k_2^2-k_3^2)\sin(k_2d)+k_2^2\ (k_1+k_3)^2} \tag{13}$$

其中用到

$$\sin x=(\mathrm{e}^{\mathrm{i}x}-\mathrm{e}^{-\mathrm{i}x})/(2\mathrm{i}) \tag{14}$$

当 $V_1=0$ 时,由式(4) 可知

$$k_3=k_1 \tag{15}$$

此时双势垒变成了单势垒。若将式(15) 代入式(13),则立即得到与单势垒完全相同的结果。

例题 4.3 设质量为 m、能量为 $E>0$ 的粒子从左方入射到如下的双 δ 函数势垒,即

$$V(x)=dV_0[\delta(x)+\delta(x-a)]$$

求其反射系数和透射系数。

解 由于位势中两个 δ 函数的存在,所以有两个奇点 $x=0,a$。在三个不同的区域内,本征波函数的一般形式为

$$\psi_1(x)=A_1\mathrm{e}^{\mathrm{i}kx}+A_2\mathrm{e}^{-\mathrm{i}kx} \tag{1}$$

$$\psi_2(x)=B_1\mathrm{e}^{\mathrm{i}kx}+B_2\mathrm{e}^{-\mathrm{i}kx} \tag{2}$$

$$\psi_3(x)=C\mathrm{e}^{\mathrm{i}kx} \tag{3}$$

式中

$$k=(2mE/\hbar^2)^{1/2} \tag{4}$$

在 $x=0$ 处，由波函数及其一阶导数的边界条件可知

$$A_1+A_2=B_1+B_2 \tag{5}$$

$$\mathrm{i}k(B_1-B_2-A_1+A_2)=D(B_1+B_2) \tag{6}$$

其中

$$D=2mdV_0/\hbar^2 \tag{7}$$

由式(6) 与式(5) 可知

$$\mathrm{i}k(2B_1-2A_1)=D(B_1+B_2) \tag{8}$$

于是得到

$$B_2=\mathrm{i}2kD^{-1}(B_1-A_1)-B_1 \tag{9}$$

若令

$$\alpha=2kD^{-1}=k\hbar^2/(mdV_0) \tag{10}$$

则式(9) 可以改写成

$$B_2=(\mathrm{i}\alpha-1)B_1-\mathrm{i}\alpha A_1 \tag{11}$$

将上式代入式(5)，得到

$$A_2=B_1+B_2-A_1=\mathrm{i}\alpha B_1-(\mathrm{i}\alpha+1)A_1 \tag{12}$$

在 $x=a$ 处，由波函数及其一阶导数的边界条件可知

$$B_1\mathrm{e}^{\mathrm{i}ka}+B_2\mathrm{e}^{-\mathrm{i}ka}=C\mathrm{e}^{\mathrm{i}ka} \tag{13}$$

$$\mathrm{i}k(C-B_1)\mathrm{e}^{\mathrm{i}ka}+\mathrm{i}kB_2\mathrm{e}^{-\mathrm{i}ka}=DC\mathrm{e}^{\mathrm{i}ka} \tag{14}$$

上述两式可以简化为

$$B_1+B_2\mathrm{e}^{-\mathrm{i}2ka}=C \tag{15}$$

$$\mathrm{i}k(C-B_1)+\mathrm{i}kB_2\mathrm{e}^{-\mathrm{i}2ka}=DC \tag{16}$$

用 $\mathrm{i}k$ 乘式(15)，再与式(16) 相加，得到

$$\mathrm{i}kC+\mathrm{i}2kB_2\mathrm{e}^{-\mathrm{i}2ka}=(\mathrm{i}k+D)C \tag{17}$$

将式(10) 代入上式，有

$$C=\mathrm{i}\alpha\mathrm{e}^{-\mathrm{i}2ka}B_2 \tag{18}$$

用 $\mathrm{i}k$ 乘式(15)，再与式(16) 相减，得到

$$\mathrm{i}k(-C+2B_1)=(\mathrm{i}k-D)C \tag{19}$$

将式(10) 代入上式，有

$$B_1=-\mathrm{i}\alpha^{-1}(\mathrm{i}\alpha-1)C \tag{20}$$

再将上式代入式(11)，得到

$$B_2=(\mathrm{i}\alpha-1)B_1-\mathrm{i}\alpha A_1=-\mathrm{i}\alpha^{-1}(\mathrm{i}\alpha-1)^2C-\mathrm{i}\alpha A_1 \tag{21}$$

将其代入式(18)，得到

$$C = \mathrm{i}\alpha B_2 \mathrm{e}^{-\mathrm{i}2ka} = [(\mathrm{i}\alpha - 1)^2 C + \alpha^2 A_1]\mathrm{e}^{-\mathrm{i}2ka} \tag{22}$$

整理之，有

$$C = \frac{\alpha^2 \mathrm{e}^{-\mathrm{i}2ka}}{1 - (\mathrm{i}\alpha - 1)^2 \mathrm{e}^{-\mathrm{i}2ka}} A_1 \tag{23}$$

由透射系数与反射系数的定义可知

$$T = \frac{|C|^2}{|A_1|^2} = \frac{\alpha^4}{(4 + \alpha^2)\alpha^2 + 4(1 - \alpha^2)\sin^2(ka) + 4\alpha\sin(2ka)} \tag{24}$$

$$R = \frac{4\alpha^2 + 4(1 - \alpha^2)\sin^2(ka) + 4\alpha\sin(2ka)}{(4 + \alpha^2)\alpha^2 + 4(1 - \alpha^2)\sin^2(ka) + 4\alpha\sin(2ka)} \tag{25}$$

下面讨论双 δ 函数位势退化为单 δ 函数位势的情况。

当 $a = 0$ 时，式(24) 简化为

$$T = \alpha^2 / (4 + \alpha^2) \tag{26}$$

将 α 的定义式(10) 代入上式，得到

$$T = E\hbar^2 / (E\hbar^2 + 2md^2V_0^2) \tag{27}$$

从位势的角度看，当 $a = 0$ 时，双 δ 函数势垒变成如下形式的单函数 δ 势垒，即

$$V(x) = 2dV_0\delta(x) \tag{28}$$

它的透射系数可以直接写出，即

$$T = E\hbar^2 / (E\hbar^2 + 2md^2V_0^2) \tag{29}$$

显然，两种方式得到的结果是完全一样的。

例题 4.4 设质量为 m、能量为 $E > 0$ 的粒子从左方入射到如下方势垒，即

$$V(x) = \begin{cases} 0 & (-\infty < x \leqslant 0) \\ V_0 & (0 < x \leqslant a) \\ 0 & (a < x < \infty) \end{cases}$$

在 $\alpha a \gg 1$ 的条件下，导出透射系数的近似表达式。式中，$\alpha = [2m\hbar^{-2}(V_0 - E)]^{1/2}$，$V_0 > 0$，$E \leqslant V_0$。

解 当 $E \leqslant V_0$ 时，由式(4.2.22) 可知，透射振幅为

$$C = 4\mathrm{i}k_1\alpha \mathrm{e}^{-\mathrm{i}k_1 a}[(k_1 + \mathrm{i}\alpha)^2 \mathrm{e}^{\alpha a} - (k_1 - \mathrm{i}\alpha)^2 \mathrm{e}^{-\alpha a}]^{-1} A_1 \tag{1}$$

式中

$$k_1 = (2mE/\hbar^2)^{1/2} \tag{2}$$

当 $\alpha a \gg 1$ 时，有 $\mathrm{e}^{-\alpha a} \approx 0$，于是式(1) 可以近似写成

$$C \approx 4\mathrm{i}k_1\alpha \mathrm{e}^{-\mathrm{i}k_1 a} \mathrm{e}^{-\alpha a} (k_1 + \mathrm{i}\alpha)^{-2} A_1 \tag{3}$$

由透射系数的定义可知

$$T \approx k_1 |C|^2 k_1^{-1} |A_1|^{-2} = 16k_1^2\alpha^2 \mathrm{e}^{-2\alpha a} |(k_1 + \mathrm{i}\alpha)^{-2}|^2 = 16k_1^2\alpha^2 \mathrm{e}^{-2\alpha a} / (k_1^2 + \alpha^2)^2 \tag{4}$$

由于 $\alpha a \gg 1$，故 $\mathrm{e}^{-2\alpha a}$ 是一个小量。将 k_1 与 α 的表达式代入上式，得到

$$T \approx 16EV_0^{-2}(V_0 - E)\exp\{-2a[2m(V_0 - E)]^{1/2}/\hbar\} \tag{5}$$

此即透射系数的近似表达式。

习　题　4

习题 4.1　设质量为 m、能量为 $E = 3V_0$ 的粒子从左方射向如下势垒，即

$$V(x) = \begin{cases} 0 & (-\infty < x \leqslant 0) \\ V_0 & (0 < x \leqslant a) \\ 2V_0 & (a < x < \infty) \end{cases}$$

求粒子的透射和反射系数，其中 $V_0 > 0$。

习题 4.2　设质量为 m、能量为 $E > 0$ 的粒子从左方射向如下势阱，即

$$V(x) = \begin{cases} 0 & (-\infty < x \leqslant 0) \\ -V_0 & (0 < x \leqslant a) \\ 0 & (a < x < \infty) \end{cases}$$

求粒子的透射和反射系数，其中 $V_0 > 0$。

习题 4.3　设质量为 m、能量为 $E > 0$ 的粒子从左方射向如下势阱，即

$$V(x) = -aV_0\delta(x)$$

求粒子的透射和反射系数，其中 $aV_0 > 0$。

习题 4.4　设质量为 m、能量为 $E > 0$ 的粒子从左方射向如下方势垒，即

$$V(x) = \begin{cases} 0 & (-\infty < x \leqslant 0) \\ V_0 & (0 < x \leqslant a) \\ 0 & (a < x < \infty) \end{cases}$$

利用书中所给出的递推公式计算 $E > V_0$ 时的透射系数，其中 $V_0 > 0$。

习题 4.5　设质量为 m、能量为 $V_1 < E < V_0$ 的粒子从左方射向如下势垒，即

$$V(x) = \begin{cases} 0 & (-\infty < x \leqslant 0) \\ V_0 & (0 < x \leqslant d) \\ V_1 & (d < x < \infty) \end{cases}$$

计算其透射系数，其中 $V_0 > 0, V_1 > 0$。

第5章　厄米算符及其本征解的特性

算符是量子力学的三要素之一，它的作用是将一个状态变成另外一个状态，或者说，它是联系两个状态的纽带。算符可以分为两大类，即力学量算符与变换算符，从数学的角度说，可观测的力学量算符为厄米算符，变换算符为幺正算符。本章将介绍厄米算符及其本征解的特性，至于幺正算符的作用将在第8章中进行讨论。

对一些简单的量子体系，前面两章求解了其哈密顿算符的本征方程，从而对其本征解已经有了感性认识。本章的目标是，将这些感性的认识上升至理性的高度，进而得到具有普遍意义的结论。

主要内容包括：算符的类型及其性质；可观测力学量相应的算符是线性厄米算符；狄拉克符号及其内积与外积；证明厄米算符的本征值一定是实数；证明厄米算符断续谱和连续谱的本征矢满足正交归一化条件；利用展开假设和理论证明两种方式，给出厄米算符本征矢的完备性和封闭关系，从而实现了厄米算符两种谱理论的统一。

5.1　算符及其运算规则

5.1.1　算符及其定义域

1. 算符的定义

如前所述，波函数是用来描述状态的，算符的作用是对波函数的一种运算或者操作，从而将其变成另外一个波函数。例如，动量算符、角动量算符与哈密顿算符皆表示对其后面的波函数的数学运算，由于上述算符皆与可观测的力学量相对应，故将其统称为**力学量算符**。而宇称算符表示对其后面的波函数的一种操作，即将波函数中的坐标改变一个符号，尚无可观测力学量与之对应。

由算符的定义可知，算符可以有量纲，例如坐标、动量、角动量和能量算符分别具有相应力学量的量纲；算符也可以是无量纲的，例如宇称算符就没有量纲；常数也可以视为一种特殊的无量纲算符。

2. 算符的定义域

从表面上看，算符与波函数似乎是两个独立的概念，但是由算符的定义可知，算符与波函数是唇齿相依、密不可分的，换言之，离开了波函数，算符将是一无所用的。

对一个具体的算符而言,也并不是对任意一个波函数的作用都能够得到确定的结果,实际上,这是对算符的适用范围给出了附加条件:首先,要求算符与波函数具有同样的自变量,即两者处于同一空间中,例如,算符 $\hat{p}_x$ 对波函数 $\psi(y)$ 的作用就没有实际意义;其次,要求被算符作用后的波函数存在,例如,对于算符 $\hat{p}_x$ 的 n 次幂 $\hat{p}_x^n$ 而言,只有当波函数 $\psi(x)$ 的 n 阶导数 $\psi^{(n)}(x)$ 存在时,算符 $\hat{p}_x^n$ 的作用才有意义。通常将可以被算符 $\hat{g}$ 作用的波函数 ψ 的集合 $\{\psi\}$ 称为算符 $\hat{g}$ 的**定义域**,得到的新波函数 $\hat{g}\psi$ 的集合 $\{\hat{g}\psi\}$ 称为算符 $\hat{g}$ 的**值域**。总之,算符对其定义域中的每一个波函数作用的结果都应该在其值域中。

如果不加特殊说明,下面提到的算符应与其作用的波函数(包括任意波函数)处于同一空间中,而且所有的波函数均在算符的定义域与值域之内。

5.1.2　算符的类型

1. 单位算符

对任意的波函数 ψ(为简洁起见,略去了其中的自变量,下同),若算符 $\hat{I}$ 满足关系式

$$\hat{I}\psi = \psi \tag{5.1.1}$$

则称 $\hat{I}$ 为**单位算符**,单位算符是无量纲的。从数学的角度看,上式是算符 $\hat{I}$ 满足的本征方程,它的本征值为 1,任意波函数皆为它的本征波函数,显然,其本征值 1 是高度简并的。在不会产生误解的情况下,有时会将单位算符 $\hat{I}$ 直接写成数字 1。

对任意的波函数 ψ,若算符 $\hat{A}$ 满足 $\hat{A}\psi=0$,则称算符 $\hat{A}$ 为**零算符**。有物理意义的算符均为非零算符。

2. 算符相等

对任意的波函数 ψ,若两个算符 $\hat{A}$ 和 $\hat{B}$ 满足关系式

$$\hat{A}\psi = \hat{B}\psi \tag{5.1.2}$$

则称**算符 $\hat{A}$ 与 $\hat{B}$ 相等**,记为 $\hat{A}=\hat{B}$。

3. 线性算符

对于任意的两个波函数 ψ_1 和 ψ_2,若算符 $\hat{A}$ 与 $\hat{B}$ 分别满足下列运算规则,即

$$\hat{A}(C_1\psi_1 + C_2\psi_2) = C_1\hat{A}\psi_1 + C_2\hat{A}\psi_2 \tag{5.1.3a}$$

$$\hat{B}(C_1\psi_1 + C_2\psi_2) = C_1^*\hat{B}\psi_1 + C_2^*\hat{B}\psi_2 \tag{5.1.3b}$$

则称算符 $\hat{A}$ 为**线性算符**,算符 $\hat{B}$ 为**反线性算符**,其中 C_1、C_2 是任意两个复常数,C_1^*、C_2^* 分别为它们的复数共轭。显然,此前提到的力学量算符和宇称算符皆为线性算符,而开任意次方的算符都不是线性算符。

在量子力学中,可观测量对应的算符都应该是线性算符,这是状态叠加原理所要求的,而反线性算符在高等量子力学中讨论时间反演算符时会用到。如无特殊声明,下面所涉及的算符皆为线性算符。

4. 算符之和(差)

对任意的波函数 ψ,若算符 $\hat{A}$ 与 $\hat{B}$ 满足关系式

$$(\hat{A} \pm \hat{B})\psi = \hat{A}\psi \pm \hat{B}\psi \tag{5.1.4}$$

则称算符$(\hat{A}+\hat{B})$为**算符$\hat{A}$与$\hat{B}$之和**，算符$(\hat{A}-\hat{B})$为**算符$\hat{A}$与$\hat{B}$之差**。显然，只有当算符$\hat{A}$与$\hat{B}$具有相同的量纲时，算符$(\hat{A}\pm\hat{B})$才有意义。

算符$\hat{A}$、$\hat{B}$和$\hat{C}$的加法运算满足交换律和结合律，即

$$\begin{cases}\hat{A}+\hat{B}=\hat{B}+\hat{A}\\ \hat{A}+(\hat{B}+\hat{C})=(\hat{A}+\hat{B})+\hat{C}\end{cases} \tag{5.1.5}$$

5. 算符之积

由两个算符$\hat{A}$和$\hat{B}$构成的算符$(\hat{A}\hat{B})$称为**算符之积**，算符之积$(\hat{A}\hat{B})$仍然是一个算符。对任意的波函数ψ，算符之积$(\hat{A}\hat{B})$的作用定义为

$$(\hat{A}\hat{B})\psi = \hat{A}(\hat{B}\psi) \tag{5.1.6}$$

具体地说，算符之积$(\hat{A}\hat{B})$对波函数ψ的作用过程是，先用算符$\hat{B}$对波函数ψ进行运算或操作，得到一个新的波函数$(\hat{B}\psi)$，然后再用算符$\hat{A}$对新的波函数$(\hat{B}\psi)$进行运算或操作。

由算符之积的定义可知，一般情况下，有

$$\hat{A}\hat{B} \neq \hat{B}\hat{A} \tag{5.1.7}$$

此即算符运算与代数运算的本质差别之一。

6. 算符之逆

设算符$\hat{A}$对任意波函数ψ的作用满足的关系式为

$$\hat{A}\psi = \varphi \tag{5.1.8}$$

通常将上式称为**算符方程**。若能够由上式唯一地解出波函数ψ，则可以定义算符$\hat{A}$的**逆算符**$\hat{A}^{-1}$，它满足的算符方程为

$$\hat{A}^{-1}\varphi = \psi \tag{5.1.9}$$

由数学理论可知，并非所有的算符都具有相应的逆算符，当且仅当算符$\hat{A}$只有非零的本征值时，它的逆算符$\hat{A}^{-1}$才存在。

若算符$\hat{A}$的逆算符$\hat{A}^{-1}$存在，则由式(5.1.8)和式(5.1.9)可知

$$\hat{A}^{-1}\hat{A}\psi = \hat{A}^{-1}\varphi = \psi, \quad \hat{A}\hat{A}^{-1}\varphi = \hat{A}\psi = \varphi \tag{5.1.10}$$

由于波函数ψ是任意的，故有

$$\hat{A}^{-1}\hat{A} = \hat{A}\hat{A}^{-1} = \hat{I} \tag{5.1.11}$$

在数学中，上式相当于要求算符$\hat{A}$的左逆算符与右逆算符都唯一存在，并且两者相等。

在任意两个算符$\hat{A}$和$\hat{B}$的四则运算中，前面给出了它们的和、差与积的定义，唯独不见两者之商$\hat{A}/\hat{B}$的定义，这是何故？原因有二：第一，两者之商中的$1/\hat{B}$是算符$\hat{B}$的逆算符$\hat{B}^{-1}$，如果逆算符$\hat{B}^{-1}$不存在，则商$\hat{A}/\hat{B}$根本无意义；第二，即使$\hat{B}^{-1}$存在，商$\hat{A}/\hat{B}$也可用两种方式表示，即$\hat{A}\hat{B}^{-1}$和$\hat{B}^{-1}\hat{A}$，由于在通常情况下两者并不一定相等，故结果存在不确定性，从而导致无法给出商的确切结果。但是，在一种特殊情况下，即$\hat{B}^{-1}$存在且$\hat{A}\hat{B}^{-1}=\hat{B}^{-1}\hat{A}$时，两个算符之商还是有意义的，在微扰论公式的推导中将会用到它。

7. 算符之幂

算符 $\hat{A}$ 的 n 次**幂算符** $\hat{A}^n$ 定义为

$$\hat{A}^n = \underbrace{\hat{A}\hat{A}\cdots\hat{A}}_{n个} \tag{5.1.12}$$

同一个算符的不同次幂之积满足的关系式为

$$\hat{A}^m\hat{A}^n = \hat{A}^{m+n} \tag{5.1.13}$$

由幂算符的定义与式(5.1.7)可知，通常情况下，有

$$\hat{A}^m\hat{B}^m \neq (\hat{A}\hat{B})^m \tag{5.1.14}$$

只有当算符之积 $\hat{A}\hat{B} = \hat{B}\hat{A}$ 时，$\hat{A}^m\hat{B}^m = (\hat{A}\hat{B})^m$ 才成立。

8. 算符之复数共轭

为简洁计，以下讨论均在一维坐标空间进行。算符 $\hat{A}$ 的**复数共轭算符** $\hat{A}^*$ 是将算符 $\hat{A}$ 中的所有复量换成其共轭复量。例如，动量的 x 分量算符 $\hat{p}_x$ 的复数共轭算符为

$$\hat{p}_x^* = (-\mathrm{i}\hbar\partial/\partial x)^* = \mathrm{i}\hbar\partial/\partial x = -\hat{p}_x \tag{5.1.15}$$

9. 算符之转置

对任意的波函数 $\psi(x)$ 和 $\varphi(x)$，算符 $\hat{A}$ 的**转置算符** $\widetilde{A}$ 的定义为

$$\int_{-\infty}^{\infty} \varphi^*(x)\,\widetilde{A}\psi(x)\mathrm{d}x = \int_{-\infty}^{\infty} \psi(x)\hat{A}\varphi^*(x)\mathrm{d}x \tag{5.1.16}$$

利用转置算符的定义，可以证明算符之和(积)的转置算符分别为

$$\widetilde{(\hat{A}+\hat{B})} = \widetilde{A} + \widetilde{B}, \quad \widetilde{(\hat{A}\hat{B})} = \widetilde{B}\,\widetilde{A} \tag{5.1.17}$$

10. 算符之共轭

对任意的波函数 $\psi(x)$ 和 $\varphi(x)$，算符 $\hat{A}$ 的**厄米共轭**(简称为**共轭**)**算符** $\hat{A}^\dagger$ 的定义为

$$\int_{-\infty}^{\infty} \varphi^*(x)\hat{A}^\dagger\psi(x)\mathrm{d}x = \int_{-\infty}^{\infty} \psi(x)\,[\hat{A}\varphi(x)]^*\,\mathrm{d}x \tag{5.1.18}$$

由共轭算符和转置算符的定义可知

$$\int_{-\infty}^{\infty} \varphi^*(x)\hat{A}^\dagger\psi(x)\mathrm{d}x = \int_{-\infty}^{\infty} \psi(x)\hat{A}^*\varphi^*(x)\mathrm{d}x = \int_{-\infty}^{\infty} \varphi^*(x)\,\widetilde{\hat{A}^*}\,\psi(x)\mathrm{d}x \tag{5.1.19}$$

于是有

$$\hat{A}^\dagger = \widetilde{\hat{A}^*} \tag{5.1.20}$$

上式表明，一个算符的共轭算符为该算符取其复数共轭后再转置。

可以证明算符的共轭算符具有如下性质：

$$(\hat{A}^\dagger)^\dagger = \hat{A}, \quad (\hat{A}+\hat{B})^\dagger = \hat{A}^\dagger + \hat{B}^\dagger, \quad (\hat{A}\hat{B})^\dagger = \hat{B}^\dagger\hat{A}^\dagger, \quad C^\dagger = C^* \tag{5.1.21}$$

式中，C 为复常数算符。

11. 厄米算符

对任意的波函数 $\psi(x)$ 和 $\varphi(x)$，若算符 $\hat{A}$ 满足关系式

$$\int_{-\infty}^{\infty} \varphi^*(x)\hat{A}\psi(x)\mathrm{d}x = \int_{-\infty}^{\infty} \psi(x)\left[\hat{A}\varphi(x)\right]^*\mathrm{d}x \tag{5.1.22}$$

则称算符 $\hat{A}$ 为**厄米算符**。显然坐标算符 x 是厄米算符。由共轭算符的定义可知，厄米算符的定义也可以写成

$$\hat{A}^\dagger = \hat{A} \tag{5.1.23}$$

显然，若一个算符的共轭算符等于该算符自身，则此算符是厄米算符，因此厄米算符也称为**自共轭算符**，在数学中称为自伴算符。在量子力学中，可观测的力学量对应的算符都是线性厄米算符。

可以证明厄米算符具有如下性质：厄米算符的实常数倍仍是厄米算符；实函数算符必为厄米算符；两个厄米算符之和(差)仍为厄米算符；当且仅当两个厄米算符交换相等时，两者之积才是厄米算符。

12. 算符函数

若函数 $F(x)$ 的各阶导数 $F^{(n)}(x)(n=0,1,2,\cdots,\infty)$ 均存在，且对其做幂级数展开时是收敛的，则定义算符 $\hat{A}$ 的**算符函数** $F(\hat{A})$ 为

$$F(\hat{A}) = \sum_{n=0}^{\infty}(n!)^{-1}F^{(n)}(\hat{A})\big|_{\hat{A}=0}\hat{A}^n \tag{5.1.24}$$

算符函数具有如下性质：若厄米算符 $\hat{A}$ 满足本征方程 $\hat{A}\psi_k = a_k\psi_k$，则算符函数 $F(\hat{A})$ 满足的本征方程为

$$\begin{aligned} F(\hat{A})\psi_k = \sum_{n=0}^{\infty}(n!)^{-1}F^{(n)}(\hat{A})\big|_{\hat{A}=0}\hat{A}^n\psi_k = \\ \sum_{n=0}^{\infty}(n!)^{-1}F^{(n)}(a_k)\big|_{a_k=0}a_k^n\psi_k = F(a_k)\psi_k \end{aligned} \tag{5.1.25}$$

上述结果表明，算符函数 $F(\hat{A})$ 的本征波函数与算符 $\hat{A}$ 的本征波函数相同，只不过其本征值变成 $F(a_k)$。

例如，若哈密顿算符 $\hat{H}$ 满足的本征方程为 $\hat{H}\psi_k = E_k\psi_k$，则算符函数 $F(\hat{H}) = \mathrm{e}^{\mathrm{i}\hat{H}t/\hbar}$ 满足的本征方程为

$$F(\hat{H})\psi_k = \mathrm{e}^{\mathrm{i}\hat{H}t/\hbar}\psi_k = \mathrm{e}^{\mathrm{i}E_k t/\hbar}\psi_k \tag{5.1.26}$$

当 $E \neq \mp E_k$ 时，算符函数 $F(\hat{H}) = (E \pm \hat{H})$ 的逆算符 $F^{-1}(\hat{H}) = (E \pm \hat{H})^{-1}$ 存在，算符函数 $F^{-1}(\hat{H})$ 满足的本征方程为

$$F^{-1}(\hat{H}) = (E \pm \hat{H})^{-1}\psi_k = (E \pm E_k)^{-1}\psi_k \tag{5.1.27}$$

13. 幺正算符

如果算符 $\hat{A}$ 的逆算符存在，且满足关系式

$$\hat{A}^\dagger = \hat{A}^{-1} \tag{5.1.28}$$

则称算符 $\hat{A}$ 为**幺正算符**，它是无量纲算符。幺正算符的作用是将量子力学三要素从一个表象变到另一个表象(见 8.3 节)，也可以将其称为变换算符。

可以证明，幺正算符的逆算符也是幺正算符，两个幺正算符之积也是幺正算符。

细心的读者会发现，算符的定义和运算规则与矩阵是相同的。由表象理论可知，在断续谱表象中，波函数是一个列矩阵，算符是一个正方形矩阵，如此看来，波函数和算符与矩阵只不过是同一件事情的不同表示而已。

5.1.3　对易子代数

1. 对易子的定义

为了描述两个算符 $\hat{A}$ 与 $\hat{B}$ 之间的交换关系，引入记号

$$[\hat{A},\hat{B}]=\hat{A}\hat{B}-\hat{B}\hat{A} \tag{5.1.29}$$

将其称为算符 $\hat{A}$ 与 $\hat{B}$ 的**对易关系**或者**对易子**。如果 $[\hat{A},\hat{B}]=0$，则称算符 $\hat{A}$ 与 $\hat{B}$ 是可对易(交换)的，否则称算符 $\hat{A}$ 与 $\hat{B}$ 是不对易的。

例如，坐标(动量)的三个分量算符之间是对易的，即

$$[\mu,\nu]=0\ ,\quad [\hat{p}_\mu,\hat{p}_\nu]=0 \quad (\mu,\nu=x,y,z) \tag{5.1.30}$$

根据所研究对象的需要，有时要用到两个算符 $\hat{A}$ 与 $\hat{B}$ 的**反对易关系**，其定义为

$$[\hat{A},\hat{B}]_+\equiv\{\hat{A},\hat{B}\}=\hat{A}\hat{B}+\hat{B}\hat{A} \tag{5.1.31}$$

2. 对易子的计算

(1) 基本算符的对易子

例 5.1　计算坐标与动量算符的对易子。

解　对于任意的波函数 $\psi(x)$，利用对易子的定义得到

$$[x,\hat{p}_x]\psi(x)=-\mathrm{i}\hbar[x\psi'(x)-\psi(x)-x\psi'(x)]=\mathrm{i}\hbar\psi(x) \tag{5.1.32}$$

由波函数 $\psi(x)$ 的任意性可知

$$[x,\hat{p}_x]=\mathrm{i}\hbar \tag{5.1.33}$$

进而，可以得到更一般的坐标与动量算符的对易子，即

$$[\mu,\hat{p}_\nu]=\mathrm{i}\hbar\delta_{\mu,\nu} \quad (\mu,\nu=x,y,z) \tag{5.1.34}$$

此即著名的**海森伯对易子**，它是量子力学中最基本的对易子。

同理，可以得到时间 t 与能量算符 $\hat{E}$ 的对易子，即

$$[t,\hat{E}]=-\mathrm{i}\hbar \tag{5.1.35}$$

例 5.2　计算对易子 $[\hat{\pi},x]$。

解　对于任意的波函数 $\psi(x)$，有

$$\begin{aligned}[\hat{\pi},x]\psi(x)&=(\hat{\pi}x-x\hat{\pi})\psi(x)=-x\psi(-x)-x\psi(-x)=\\&-2x\psi(-x)=-2x\hat{\pi}\psi(x)\end{aligned} \tag{5.1.36}$$

由波函数 $\psi(x)$ 的任意性可知

$$[\hat{\pi},x]=-2x\hat{\pi} \tag{5.1.37}$$

习惯上将上式写成反对易关系的形式，即

$$[\hat{\pi},x]_+=0 \tag{5.1.38}$$

例 5.3 计算对易子$[f(x),\hat{p}_x]$。

解 对于任意的波函数$\psi(x)$,有

$$\begin{aligned}[f(x),\hat{p}_x]\psi(x) = & -\mathrm{i}\hbar[f(x),\mathrm{d}/\mathrm{d}x]\psi(x) = \\ & -\mathrm{i}\hbar\{f(x)\psi'(x)-f'(x)\psi(x)-f(x)\psi'(x)\} = \\ & \mathrm{i}\hbar f'(x)\psi(x)\end{aligned} \tag{5.1.39}$$

由波函数$\psi(x)$的任意性可知

$$[f(x),\hat{p}_x]=\mathrm{i}\hbar f'(x) \tag{5.1.40}$$

(2) 对易子的运算规则

容易证明对易子满足如下运算规则:

$$\begin{cases}[\hat{A},\hat{B}]=-[\hat{B},\hat{A}] \\ [\hat{A},\lambda\hat{B}]=\lambda[\hat{A},\hat{B}] \\ [\hat{A},\hat{B}+\hat{C}]=[\hat{A},\hat{B}]+[\hat{A},\hat{C}] \\ [\hat{A},\hat{B}\hat{C}]=[\hat{A},\hat{B}]\hat{C}+\hat{B}[\hat{A},\hat{C}] \\ [\hat{A}\hat{B},\hat{C}]=\hat{A}[\hat{B},\hat{C}]+[\hat{A},\hat{C}]\hat{B}\end{cases} \tag{5.1.41}$$

式中,λ为任意复常数;$\hat{A}$、$\hat{B}$、$\hat{C}$为任意算符。

例 5.4 已知角动量算符$\hat{\boldsymbol{L}}=\boldsymbol{r}\times\hat{\boldsymbol{p}}$,计算$[\hat{L}_x,\hat{L}_y]$,$[\hat{L}_y,\hat{L}_z]$,$[\hat{L}_z,\hat{L}_x]$。

解 在笛卡儿坐标系中,由矢量叉乘公式(见附 3.5)可知,角动量的三个分量算符分别为

$$\begin{cases}\hat{L}_x=y\hat{p}_z-z\hat{p}_y=-\mathrm{i}\hbar(y\partial/\partial z-z\partial/\partial y) \\ \hat{L}_y=z\hat{p}_x-x\hat{p}_z=-\mathrm{i}\hbar(z\partial/\partial x-x\partial/\partial z) \\ \hat{L}_z=x\hat{p}_y-y\hat{p}_x=-\mathrm{i}\hbar(x\partial/\partial y-y\partial/\partial x)\end{cases} \tag{5.1.42}$$

利用对易子的运算规则可以得到

$$\begin{aligned}[\hat{L}_x,\hat{L}_y]= & [y\hat{p}_z-z\hat{p}_y,z\hat{p}_x-x\hat{p}_z] = \\ & [y\hat{p}_z-z\hat{p}_y,z\hat{p}_x]-[y\hat{p}_z-z\hat{p}_y,x\hat{p}_z] = \\ & [y\hat{p}_z,z\hat{p}_x]-[z\hat{p}_y,z\hat{p}_x]-[y\hat{p}_z,x\hat{p}_z]+[z\hat{p}_y,x\hat{p}_z] = \\ & y[\hat{p}_z,z]\hat{p}_x+x[z,\hat{p}_z]\hat{p}_y=\mathrm{i}\hbar(x\hat{p}_y-y\hat{p}_x)=\mathrm{i}\hbar\hat{L}_z\end{aligned} \tag{5.1.43}$$

同理可以导出角动量分量算符的另外两个对易子,于是有

$$[\hat{L}_x,\hat{L}_y]=\mathrm{i}\hbar\hat{L}_z,\quad [\hat{L}_y,\hat{L}_z]=\mathrm{i}\hbar\hat{L}_x,\quad [\hat{L}_z,\hat{L}_x]=\mathrm{i}\hbar\hat{L}_y \tag{5.1.44}$$

例 5.5 定义**角动量平方算符**$\hat{\boldsymbol{L}}^2=\hat{L}_x^2+\hat{L}_y^2+\hat{L}_z^2$,计算$[\hat{\boldsymbol{L}}^2,\hat{L}_\mu]$,式中的$\mu=x,y,z$。

解 利用对易子的运算规则得到

$$\begin{aligned}[\hat{\boldsymbol{L}}^2,\hat{L}_z]= & [\hat{L}_x^2,\hat{L}_z]+[\hat{L}_y^2,\hat{L}_z]+[\hat{L}_z^2,\hat{L}_z] = \\ & \hat{L}_x[\hat{L}_x,\hat{L}_z]+[\hat{L}_x,\hat{L}_z]\hat{L}_x+\hat{L}_y[\hat{L}_y,\hat{L}_z]+[\hat{L}_y,\hat{L}_z]\hat{L}_y = \\ & \mathrm{i}\hbar(-\hat{L}_x\hat{L}_y-\hat{L}_y\hat{L}_x+\hat{L}_y\hat{L}_x+\hat{L}_x\hat{L}_y)=0\end{aligned} \tag{5.1.45}$$

由上式可知，$\hat{\boldsymbol{L}}^2$ 与 $\hat{L}_z$ 是对易的。

同理可证，$\hat{\boldsymbol{L}}^2$ 与 $\hat{L}_x$ 及 $\hat{L}_y$ 也是对易的。于是有

$$[\hat{\boldsymbol{L}}^2, \hat{L}_\mu]=0 \quad (\mu=x,y,z) \tag{5.1.46}$$

综上所述，在所有力学量算符的对易或反对易关系中，除非其结果为零，否则一定与普朗克常数 $\hbar$ 成正比。如果所研究体系的角动量大到足以将 $\hbar$ 视为无穷小，则所有的对易关系皆变成零，这就意味着所有的力学量算符之间都是可以交换的，而这正是经典力学的结果。由此可见，对易关系从一个侧面反映出经典力学是量子力学的一种极限情况。

5.1.4　厄米算符的判别法

鉴于厄米算符的重要性，给出如下三种方法来判别一个算符是否为厄米算符。

1. 利用厄米算符的原始定义判别

例 5.6　证明动量的 x 分量算符 $\hat{p}_x$ 是厄米算符。

证明　由于算符 $\hat{p}_x=-\mathrm{i}\hbar\mathrm{d}/\mathrm{d}x$ 是最基本的算符，故其厄米性需要用原始的定义来证明。设 $\psi_1(x)$ 和 $\psi_2(x)$ 为任意两个体系波函数，利用分部积分法计算如下积分，即

$$\begin{aligned}\int_{-\infty}^{\infty}\psi_1^*(x)\hat{p}_x\psi_2(x)\mathrm{d}x &= -\mathrm{i}\hbar\int_{-\infty}^{\infty}\psi_1^*(x)\psi_2'(x)\mathrm{d}x = \\ & -\mathrm{i}\hbar\psi_1^*(x)\,\psi_2(x)\,\big|_{-\infty}^{\infty}+\mathrm{i}\hbar\int_{-\infty}^{\infty}[\psi_1^*(x)]'\psi_2(x)\mathrm{d}x = \\ & \int_{-\infty}^{\infty}\psi_2(x)\,[\hat{p}_x\psi_1(x)]^*\,\mathrm{d}x\end{aligned} \tag{5.1.47}$$

上式最后一步成立是有条件的，即要求 $\psi_1(x)$ 和 $\psi_2(x)$ 中至少有一个是束缚定态。显然，在此条件下 $\hat{p}_x$ 是厄米算符。

假设 $\psi_1(x)$ 和 $\psi_2(x)$ 两者皆不是束缚定态，例如两者都是规格化的单色平面波，即

$$\psi_1(x)=(2\pi\hbar)^{-1/2}\mathrm{e}^{\mathrm{i}p_1x/\hbar}, \quad \psi_2(x)=(2\pi\hbar)^{-1/2}\mathrm{e}^{\mathrm{i}p_2x/\hbar} \tag{5.1.48}$$

利用上式计算下面两个积分，即

$$\begin{cases}\displaystyle\int_{-\infty}^{\infty}\psi_1^*(x)\hat{p}_x\psi_2(x)\mathrm{d}x=(2\pi\hbar)^{-1}p_2\int_{-\infty}^{\infty}\mathrm{e}^{-\mathrm{i}(p_1-p_2)x/\hbar}\mathrm{d}x=p_2\delta(p_1-p_2) \\ \displaystyle\int_{-\infty}^{\infty}\psi_2(x)\,[\hat{p}_x\psi_1(x)]^*\,\mathrm{d}x=(2\pi\hbar)^{-1}p_1\int_{-\infty}^{\infty}\mathrm{e}^{-\mathrm{i}(p_1-p_2)x/\hbar}\mathrm{d}x=p_1\delta(p_1-p_2)\end{cases} \tag{5.1.49}$$

将上面两式相减，由 δ 函数的性质 $x\delta(x)=0$ 可知，算符 $\hat{p}_x$ 满足厄米算符的定义，即

$$\int_{-\infty}^{\infty}\psi_2(x)\,[\hat{p}_x\psi_1(x)]^*\,\mathrm{d}x=\int_{-\infty}^{\infty}\psi_1^*(x)\hat{p}_x\psi_2(x)\mathrm{d}x \tag{5.1.50}$$

即使 $\psi_1(x)$ 和 $\psi_2(x)$ 两者都是单色平面波的线性组合，也可以证明 $\hat{p}_x$ 是厄米算符。同理可以证明算符 $\hat{p}_y$ 与 $\hat{p}_z$ 也是厄米算符，于是可知，动量算符 $\hat{\boldsymbol{p}}$ 是厄米算符。此外，也可以利用坐标与动量算符的对易子来证明此命题，有兴趣的读者可以试做。

在已知坐标与动量算符都是厄米算符的基础上，容易证明此前提到的力学量算符皆为厄米算符。

2. 利用算符的对易子判别

例 5.7　证明算符 $\mathrm{i}(\hat{p}_x^2 x - x\hat{p}_x^2)$ 是厄米算符。

证明　由对易子的定义和运算规则可知

$$\mathrm{i}(\hat{p}_x^2 x - x\hat{p}_x^2) = \mathrm{i}[\hat{p}_x^2, x] = \mathrm{i}\hat{p}_x[\hat{p}_x, x] + \mathrm{i}[\hat{p}_x, x]\hat{p}_x = 2\hbar\hat{p}_x \tag{5.1.51}$$

因为 $\hat{p}_x$ 是厄米算符，所以 $\mathrm{i}(\hat{p}_x^2 x - x\hat{p}_x^2)$ 也是厄米算符。

3. 利用算符的自共轭条件判别

例 5.8　证明算符 $\mathrm{i}(\hat{p}_x^2 x - x\hat{p}_x^2)$ 和 $(\hat{p}_x^2 x + x\hat{p}_x^2)$ 皆为厄米算符。

证明　利用算符的厄米共轭性质

$$(\hat{A} + \hat{B})^\dagger = \hat{A}^\dagger + \hat{B}^\dagger, \quad (\hat{A}\hat{B})^\dagger = \hat{B}^\dagger\hat{A}^\dagger \tag{5.1.52}$$

及 x 与 $\hat{p}_x$ 皆为厄米算符，得到

$$[\mathrm{i}(\hat{p}_x^2 x - x\hat{p}_x^2)]^\dagger = -\mathrm{i}(x\hat{p}_x^2 - \hat{p}_x^2 x) = \mathrm{i}(\hat{p}_x^2 x - x\hat{p}_x^2) \tag{5.1.53}$$

上式表明，算符 $\mathrm{i}(\hat{p}_x^2 x - x\hat{p}_x^2)$ 是自共轭的，所以它是厄米算符。

对于算符 $(\hat{p}_x^2 x + x\hat{p}_x^2)$ 而言，同理可得

$$(\hat{p}_x^2 x + x\hat{p}_x^2)^\dagger = (\hat{p}_x^2 x)^\dagger + (x\hat{p}_x^2)^\dagger = x\hat{p}_x^2 + \hat{p}_x^2 x \tag{5.1.54}$$

故其也是厄米算符。

上述结论可以推广到更一般的情况，即若 $\hat{A}$ 和 $\hat{B}$ 皆为厄米算符，则算符 $\mathrm{i}(\hat{A}\hat{B} - \hat{B}\hat{A})$ 与 $(\hat{A}\hat{B} + \hat{B}\hat{A})$ 必是厄米算符。

另外，可以证明任意线性算符 $\hat{F}$ 总可以写成两个厄米算符的组合，即

$$\hat{F} = \hat{F}_+ + \mathrm{i}\hat{F}_- \tag{5.1.55}$$

其中的厄米算符 $\hat{F}_+$ 与 $\hat{F}_-$ 分别为

$$\hat{F}_+ = (\hat{F} + \hat{F}^\dagger)/2, \quad \hat{F}_- = (\hat{F} - \hat{F}^\dagger)/(2\mathrm{i}) \tag{5.1.56}$$

5.2　狄拉克符号与投影算符

5.2.1　狄拉克符号

在此之前遇到的波函数与算符都是以坐标为自变量的，当然，也曾通过傅里叶变换将波函数表示成以动量为自变量的形式。在量子力学中，将波函数与算符的具体表达形式称为表象，表象也可以理解为，若波函数和算符以厄米算符 $\hat{g}$ 的本征值作为变量，或者以其本征波函数系为基底，则称它们处于 g 表象。这就意味着，波函数与算符的表达形式与所选择的表象相关。

狄拉克为了摆脱波函数对表象的依赖，采用了一个全新的记号 $|\rangle$ 来表示状态，将其

称为**右矢**(ket),如果需要标志某个具体的状态 ψ,则在右矢内填上相应的标记,记为 $|\psi\rangle$。与右矢 $|\rangle$ 相对应的符号是 $\langle|$,称为**左矢**(bra),它表示右矢共轭空间中的一个状态。左矢与右矢统称为**狄拉克符号**。

由狄拉克符号的定义可知,右矢 $|\psi\rangle$ 和左矢 $\langle\psi|$ 的关系为

$$|\psi\rangle=\langle\psi|^{\dagger},\quad \langle\psi|=|\psi\rangle^{\dagger} \tag{5.2.1}$$

当算符 $\hat{g}$ 为厄米算符时,与右矢 $|\varphi\rangle=\hat{g}|\psi\rangle$ 和左矢 $\langle\varphi|=\langle\psi|\hat{g}^{\dagger}$ 对应的左矢与右矢分别为

$$\langle\varphi|=(\hat{g}|\psi\rangle)^{\dagger}=\langle\psi|\hat{g}^{\dagger},\quad |\varphi\rangle=(\langle\psi|\hat{g}^{\dagger})^{\dagger}=\hat{g}|\psi\rangle \tag{5.2.2}$$

由于狄拉克符号既可以描述状态又满足矢量的定义,故将其称为**状态矢量**,简称为**态矢**,它是在复数域中定义的。引入狄拉克符号之后,终于可以摆脱表象的羁绊,使用与表象无关的态矢来表示状态了。

总之,狄拉克符号之所以受到了人们的青睐,并频繁出现在科技文献中,是因为它具有三个优点:一是,不必事先选定具体的表象;二是,书写方便、运算简洁;三是,用狄拉克符号不仅可以表示状态,而且可以由其构成投影算符。这里,只是介绍它的一些使用规则,而不刻意追求其数学上的完美。

5.2.2　矢量空间与内积空间

1. 矢量空间

在几何学中,一个抽象的坐标矢量,它本身并不涉及任何坐标系,但是,在需要的时候,既可以在笛卡儿坐标系也可以在其他坐标系(例如,球极坐标系)下将其写出来。在量子力学中,态矢类似于抽象的坐标矢量,它并不涉及任何具体的表象,但是,在需要的时候态矢也可以在具体的表象(例如,坐标表象或者动量表象)下写出来。总之,态矢类似于几何学中的矢量,选择态矢的表象类似于几何学中选择坐标系。

设厄米算符 $\hat{g}$ 满足本征方程 $\hat{g}|\psi_{\alpha}\rangle=g_{\alpha}|\psi_{\alpha}\rangle$,其中的态矢 $|\psi_{\alpha}\rangle$ 称为算符 $\hat{g}$ 的**本征矢**。由于本征矢 $|\psi_{\alpha}\rangle$ 满足矢量加法与数乘的 8 项规则(见附 3.6),所以由其线性组合构成的任意叠加态也满足矢量的要求,进而,将叠加态的集合称为**矢量空间**(线性空间),简称为 g **空间**,本征矢的集合$\{|\psi_{x}|\}$称为 g 空间的**基底**。所谓算符和波函数在 g 空间中的表示,也就是它们在 g 表象中的表示。

2. 态矢的内积与内积空间

在量子力学中,将符号 $\langle\varphi|\psi\rangle$ 称为态矢 $\langle\varphi|$ 与 $|\psi\rangle$ 的**内积**(标积),它的含义是态矢 $|\psi\rangle$ 在态矢 $|\varphi\rangle$ 上的投影,内积是复数域中的一个无量纲数值。

两个态矢 $\langle\varphi|$ 与 $|\psi\rangle$ 的内积满足如下四个要求:

第一,$\langle\varphi|\psi\rangle=\langle\psi|\varphi\rangle^{*}$,若 $\langle\varphi|\psi\rangle=0$,则称 $|\psi\rangle$ 与 $|\varphi\rangle$ 是相互正交的;

第二,$\langle\varphi|\varphi\rangle$ 为实数,且 $\langle\varphi|\varphi\rangle\geqslant 0$。若 $\langle\varphi|\varphi\rangle=0$,则 $|\varphi\rangle=0$,即 $|\varphi\rangle$ 为零矢量,若

$\langle \varphi \mid \varphi \rangle = 1$,则称 $\mid \varphi \rangle$ 是归一化的态矢;

第三,$\langle \varphi \mid \lambda\psi \rangle = \lambda \langle \varphi \mid \psi \rangle$,$\langle \lambda\varphi \mid \psi \rangle = \lambda^* \langle \varphi \mid \psi \rangle$,其中 λ 为任意复常数;

第四,$\langle \varphi \mid \psi_1 + \psi_2 \rangle = \langle \varphi \mid \psi_1 \rangle + \langle \varphi \mid \psi_2 \rangle$,$\langle \varphi_1 + \varphi_2 \mid \psi \rangle = \langle \varphi_1 \mid \psi \rangle + \langle \varphi_2 \mid \psi \rangle$。

通常将矢量空间中满足上述要求内积的集合称为**内积空间**。显然,上述 g 空间中的态矢也满足内积空间的要求。进而,将完备的内积空间称为**希尔伯特**(Hilbert) **空间**(见附 3.6),而希尔伯特空间就是演出量子力学大剧的舞台。

应该再次强调两点,一是,内积与两个态矢的位置有关,二是,内积是一个无量纲的复数,它可以与任意算符交换位置。

5.2.3 态矢的外积与投影算符

设线性厄米算符 $\hat{g}$ 具有无简并断续谱,满足的本征方程为

$$\hat{g} \mid n \rangle = g_n \mid n \rangle \tag{5.2.3}$$

以 $\{\mid n \rangle\}$ 为基底的空间为 g 空间,如无特殊说明,以下讨论均在 g 空间进行,$\mid \varphi \rangle$ 与 $\mid \psi \rangle$ 为 g 空间中任意态矢。

相对两个态矢 $\langle \varphi \mid$ 与 $\mid \psi \rangle$ 的内积 $\langle \varphi \mid \psi \rangle$ 而言,将符号 $\mid \varphi \rangle \langle \psi \mid$ 称为态矢 $\mid \varphi \rangle$ 与 $\langle \psi \mid$ 的**外积**(矢积),将符号 $\mid \varphi \rangle \mid \psi \rangle$ 称为态矢 $\mid \varphi \rangle$ 与 $\mid \psi \rangle$ 的**直积**。内积是一个无量纲的复数,外积是一个无量纲的算符,直积是两个态矢的并矢。

1. 本征矢 $\mid n \rangle$ 的投影算符

用算符 $\hat{g}$ 的本征矢 $\mid n \rangle$ 的外积 $\mid n \rangle \langle n \mid$ 定义一个算符为

$$\hat{p}_n = \mid n \rangle \langle n \mid \tag{5.2.4}$$

于是可知,算符 $\hat{p}_n$ 对任意态矢 $\mid \psi \rangle$ 作用的结果为

$$\hat{p}_n \mid \psi \rangle = \mid n \rangle \langle n \mid \sum_m C_m \mid m \rangle = \sum_m C_m \mid n \rangle \delta_{m,n} = C_n \mid n \rangle \tag{5.2.5}$$

其中用到断续谱本征矢的正交归一化条件及完备性(见 5.3 节和 5.5 节),即

$$\langle m \mid n \rangle = \delta_{m,n}, \quad \mid \psi \rangle = \sum_n C_n \mid n \rangle \tag{5.2.6}$$

算符 $\hat{p}_n$ 对态矢 $\mid \psi \rangle$ 作用的结果可以理解为:在态矢 $\mid \psi \rangle$ 中只保留 $\mid n \rangle$ 分量,将其他分量全部去掉,而且 $\mid n \rangle$ 分量的大小不变,故将 $\hat{p}_n$ 称为**本征矢 $\mid n \rangle$ 的投影算符**。

$\hat{p}_n$ 是一个厄米算符,有 1 和 0 两个本征值,$\mid n \rangle$ 是本征值 1 对应的本征矢,所有与 $\mid n \rangle$ 正交的态矢都是本征值 0 对应的本征矢。

算符 $\hat{p}_n$ 具有如下性质:

$$(\hat{p}_n)^\dagger = \hat{p}_n \tag{5.2.7}$$

$$\hat{p}_m \hat{p}_n = \hat{p}_n \delta_{m,n} \tag{5.2.8}$$

$$\hat{p}_n^2 = \hat{p}_n \tag{5.2.9}$$

$$\mathrm{tr}\, \hat{p}_n = 1 \tag{5.2.10}$$

$$\langle \psi \mid \hat{p}_n \mid \psi \rangle \geqslant 0 \tag{5.2.11}$$

$$[\hat{p}_n, \hat{g}] = 0 \tag{5.2.12}$$

2. 去本征矢 $\mid n\rangle$ 的投影算符

再用算符 $\hat{p}_n$ 定义另一个算符为

$$\hat{q}_n = 1 - \mid n\rangle\langle n \mid = 1 - \hat{p}_n \tag{5.2.13}$$

于是可知,算符 $\hat{q}_n$ 对任意态矢 $\mid \psi\rangle$ 作用的结果为

$$\hat{q}_n \mid \psi\rangle = (1 - \mid n\rangle\langle n \mid) \sum_m C_m \mid m\rangle = \sum_m C_m \mid m\rangle - \sum_m C_m \mid n\rangle\langle n \mid m\rangle =$$

$$\sum_m C_m \mid m\rangle - C_n \mid n\rangle = \sum_{m\neq n} C_m \mid m\rangle \tag{5.2.14}$$

算符 $\hat{q}_n$ 的作用刚好与算符 $\hat{p}_n$ 相反,它对态矢 $\mid \psi\rangle$ 作用的结果可以理解为:将态矢 $\mid \psi\rangle$ 中的 $\mid n\rangle$ 分量去掉,而其他分量保持不变,故将 $\hat{q}_n$ 称为**去本征矢 $\mid n\rangle$ 的投影算符**。在微扰论递推公式与最陡下降法迭代公式的导出过程中,算符 $\hat{q}_n$ 的作用是无可替代的(详见第 10 章)。

算符 $\hat{q}_n$ 具有如下性质:

$$\hat{q}_n^{\dagger} = \hat{q}_n \tag{5.2.15}$$

$$\hat{q}_m \hat{q}_n = \begin{cases} \hat{q}_n & (m = n) \\ \hat{q}_n - \hat{p}_m & (m \neq n) \end{cases} \tag{5.2.16}$$

$$[\hat{q}_n, \hat{g}] = 0 \tag{5.2.17}$$

3. 反转投影算符

当今的世界,量子信息学已经成为一个热门的新兴学科,在量子算法中会用到如下算符,即

$$\hat{u}_n = 2 \mid n\rangle\langle n \mid - 1 = 2\hat{p}_n - 1 \tag{5.2.18}$$

于是可知,算符 $\hat{u}_n$ 对任意态矢 $\mid \psi\rangle$ 作用的结果为

$$\hat{u}_n \mid \psi\rangle = 2 \mid n\rangle\langle n \mid \sum_m C_m \mid m\rangle - \sum_m C_m \mid m\rangle =$$

$$2C_n \mid n\rangle - \sum_m C_m \mid m\rangle = C_n \mid n\rangle - \sum_{m\neq n} C_m \mid m\rangle \tag{5.2.19}$$

算符 $\hat{u}_n$ 对态矢 $\mid \psi\rangle$ 作用的结果可以理解为:保持态矢 $\mid \psi\rangle$ 中的 $\mid n\rangle$ 分量不变,而将其他的分量反转(即改变一个负号),故将 $\hat{u}_n$ 称为**反转 $\mid n\rangle$ 的正交态的投影算符**。

类似地,再定义一个算符为

$$\hat{v}_n = 1 - 2 \mid n\rangle\langle n \mid = 1 - 2\hat{p}_n \tag{5.2.20}$$

于是可知,则算符 $\hat{v}_n$ 对任意态矢 $\mid \psi\rangle$ 作用的结果为

$$\hat{v}_n \mid \psi\rangle = \sum_m C_m \mid m\rangle - 2 \mid n\rangle\langle n \mid \sum_m C_m \mid m\rangle =$$

$$\sum_m C_m \mid m\rangle - 2C_n \mid n\rangle = \sum_{m\neq n} C_m \mid m\rangle - C_n \mid n\rangle \tag{5.2.21}$$

算符 $\hat{v}_n$ 的作用恰好与算符 $\hat{u}_n$ 相反，它对态矢 $|\psi\rangle$ 作用的结果可以理解为：将态矢 $|\psi\rangle$ 中的 $|n\rangle$ 分量反转，其他分量保持不变，故将 $\hat{v}_n$ 称为**反转 $|n\rangle$ 态的投影算符**。

算符 $\hat{u}_n$ 和 $\hat{v}_n$ 具有如下性质：

$$\hat{u}_n^\dagger = \hat{u}, \quad \hat{v}_n^\dagger = \hat{v}_n \tag{5.2.22}$$

$$[\hat{u}_n, \hat{g}] = 0, \quad [\hat{v}_n, \hat{g}] = 0 \tag{5.2.23}$$

4. 广义投影算符

由外积的定义可知，利用算符 $\hat{g}$ 的本征矢还可以定义另一个算符为

$$\hat{p}_{mn} = |m\rangle\langle n| \tag{5.2.24}$$

于是可知，算符 $\hat{p}_{mn}$ 对任意态矢 $|\psi\rangle$ 作用的结果为

$$\hat{p}_{mn}|\psi\rangle = |m\rangle\langle n|\sum_k C_k|k\rangle = \sum_k C_k|m\rangle\delta_{n,k} = C_n|m\rangle \tag{5.2.25}$$

算符 $\hat{p}_{mn}$ 对态矢 $|\psi\rangle$ 作用的结果可以理解为：只保留态矢 $|\psi\rangle$ 中的 $|m\rangle$ 分量，并将其大小换成 $|n\rangle$ 分量的大小，将 $\hat{p}_{mn}$ 称为**广义投影算符**，它不是厄米算符。

算符 $\hat{p}_{mn}$ 具有如下性质：

$$(\hat{p}_{mn})^\dagger = \hat{p}_{nm} \tag{5.2.26}$$

$$\hat{p}_{mn}\hat{p}_{kl} = \hat{p}_{ml}\delta_{n,k} \tag{5.2.27}$$

$$[\hat{p}_{mn}, \hat{g}] = (g_n - g_m)\hat{p}_{mn} \tag{5.2.28}$$

5. 态矢的密度算符

上述投影算符都是用厄米算符 $\hat{g}$ 的本征矢定义的，如果将思路拓宽，则可以在更普遍的意义下定义一个投影算符为

$$\hat{\rho}_\psi = |\psi\rangle\langle\psi| \tag{5.2.29}$$

式中，$|\psi\rangle$ 为体系的任意归一化态矢；$\hat{\rho}_\psi$ 为态矢 $|\psi\rangle$ 的投影算符，通常称为**态矢 $|\psi\rangle$ 的密度算符**，密度算符 $\hat{\rho}_\psi$ 是一个厄米算符。

在体系态矢 $|\psi\rangle$ 之下，力学量 g 取 g_n 值的概率为

$$W(g_n) = |\langle n|\psi\rangle|^2 = \langle\psi|n\rangle\langle n|\psi\rangle = \langle n|\psi\rangle\langle\psi|n\rangle = \langle n|\hat{\rho}_\psi|n\rangle \tag{5.2.30}$$

式中，$|n\rangle$ 为算符 $\hat{g}$ 的本征值 g_n 相应的本征矢。上式说明，力学量 g 取 g_n 值的概率等于密度算符在本征矢 $|n\rangle$ 下的平均值。进一步还可以由密度算符求出该力学量的平均值，即

$$\bar{g} = \sum_n g_n W(g_n) = \sum_n g_n\langle n|\hat{\rho}_\psi|n\rangle \tag{5.2.31}$$

总之，若知道了密度算符，则可以求出任意力学量的取值概率与平均值，换句话说，密度算符也可以用来描述体系的状态。由此可见，能够描述体系状态的并非只有波函数，密度算符与高等量子力学中的格林(Green) 函数也都可以描述体系状态。可以用一个通俗的比喻来说明这种思维模式，虽然白马王子骑的是白马，但是骑白马的未必都是白马王子，因为大唐圣僧唐三藏也骑着一匹白龙马，一旦搞错了就会终成千古恨吆，此说

纯属笑谈。

5.3　厄米算符断续谱本征矢的正交归一化

5.3.1　厄米算符的本征值为实数

前面已经引入了算符本征方程的概念，下面将对线性厄米算符的本征解做更深入的讨论。设线性厄米算符 $\hat{g}$ 满足的本征方程为

$$\hat{g}\mid\psi_\alpha\rangle=g_\alpha\mid\psi_\alpha\rangle \tag{5.3.1}$$

式中，g_α 为算符 $\hat{g}$ 的本征值，可以取断续值或连续值；$\mid\psi_\alpha\rangle$ 为 g_α 相应的本征矢。

定理 5.1　厄米算符在任意态矢下的平均值皆为实数。

证明　在 g 空间中，利用厄米算符的定义 $\hat{g}^\dagger=\hat{g}$，计算其在任意态矢 $\mid\varphi\rangle$ 下的平均值

$$\bar{g}=\frac{\langle\varphi\mid\hat{g}\mid\varphi\rangle}{\langle\varphi\mid\varphi\rangle}=\frac{\langle\varphi\mid\hat{g}^\dagger\mid\varphi\rangle}{\langle\varphi\mid\varphi\rangle}=\frac{[\langle\varphi\mid\hat{g}\mid\varphi\rangle]^\dagger}{\langle\varphi\mid\varphi\rangle}=\bar{g}^* \tag{5.3.2}$$

上式表明，厄米算符 $\hat{g}$ 在任意态矢 $\mid\varphi\rangle$ 下的平均值皆为实数。定理 5.1 证毕。

定理 5.2　厄米算符的本征值必为实数。

证明　在厄米算符 $\hat{g}$ 的任意本征矢 $\mid\psi_\alpha\rangle$ 下，g 的平均值为

$$\bar{g}=\langle\psi_\alpha\mid\hat{g}\mid\psi_\alpha\rangle/\langle\psi_\alpha\mid\psi_\alpha\rangle=g_\alpha \tag{5.3.3}$$

由定理 5.1 可知，在任意态矢下，算符 $\hat{g}$ 的平均值 $\bar{g}$ 为实数，故厄米算符的本征值 g_α 必为实数。

此外还可以利用另外的方式来证明。由于 $\hat{g}^\dagger=\hat{g}$，故有

$$\langle\psi_\alpha\mid\hat{g}^\dagger\mid\psi_\alpha\rangle=g_\alpha^*\langle\psi_\alpha\mid\psi_\alpha\rangle=\langle\psi_\alpha\mid\hat{g}\mid\psi_\alpha\rangle=g_\alpha\langle\psi_\alpha\mid\psi_\alpha\rangle \tag{5.3.4}$$

于是可知，本征值 $g_\alpha=g_\alpha^*$ 为实数。由证明过程可知，即使本征值 E_α 是简并的，也可以得到同样的结论。定理 5.2 证毕。

需要说明的是，厄米算符的本征值必为实数的结论，刚好与相应力学量的观测值是实数相一致的，这就是要求力学量算符为厄米算符的原因之一。另一个原因是厄米算符的本征矢可以构成正交归一完备函数系，使用起来方便简洁，后面两节将介绍这部分内容。

初看起来，要求可观测力学量对应一个厄米算符似乎是理所当然的，但仔细想来，这种要求似乎有些过分。用数学的语言来表述，此条件是充分的，但并不是必要的。实际上，即使某个力学量算符是非厄米算符，只要它的本征值是实数即可。具体的实例可见作者编著的《原子核多体理论》，书中提到吴式枢教授给出的由质量算符定义的单粒子位，虽然它是非厄米算符，但可以证明它的本征值是实数，因此，质量算符单粒子位被公认是目前单粒子位的最佳选择，在 12.5 节还将提到它。话又说回来，使用了这样的非厄

米算符，虽然能保证本征值是实数，但会使本征函数系变成超完备的，以致不便于使用，这也是至今仍选用厄米算符作为单粒子位的缘故。

5.3.2 断续谱本征矢的正交归一化

既然厄米算符的本征值只能为实数，那么它的取值方式还存在断续取值与连续取值两种可能。下面讨论断续谱本征矢的正交归一化问题，后者留待下一节讨论。

为了具有普遍意义，假设厄米算符 $\hat{g}$ 的本征值是断续和简并的，即算符 $\hat{g}$ 满足的本征方程为

$$\hat{g}\mid\psi_{n\alpha}\rangle=g_n\mid\psi_{n\alpha}\rangle \tag{5.3.5}$$

式中，n 为主量子数；$\alpha=1,2,3,\cdots,f_n$ 为简并量子数；f_n 为本征值 g_n 的简并度。

1. 无简并本征矢的正交归一化

定理 5.3 厄米算符断续谱无简并本征矢满足正交归一化条件。

证明 当本征值 g_n 无简并时，由于 $\alpha=1$，故可将其略去。

用 $\langle\psi_m\mid$ 从左作用式(5.3.5)两端，得到

$$\langle\psi_m\mid\hat{g}\mid\psi_n\rangle=g_n\langle\psi_m\mid\psi_n\rangle \tag{5.3.6}$$

利用算符 $\hat{g}$ 的厄米性质和本征值为实数的结论，上式可改写为

$$\langle\psi_m\mid\hat{g}\mid\psi_n\rangle=\langle\psi_m\mid\hat{g}^{\dagger}\mid\psi_n\rangle=g_m\langle\psi_m\mid\psi_n\rangle \tag{5.3.7}$$

用式(5.3.7)减式(5.3.6)，得到

$$(g_m-g_n)\langle\psi_m\mid\psi_n\rangle=0 \tag{5.3.8}$$

当 $m\neq n$ 时，上式变为

$$\langle\psi_m\mid\psi_n\rangle=0 \tag{5.3.9}$$

当 $m=n$ 时，由于内积 $\langle\psi_n\mid\psi_n\rangle$ 为有限实数，故可以将其归一化为

$$\langle\psi_n\mid\psi_n\rangle=1 \tag{5.3.10}$$

上述两式可以统一写成

$$\langle\psi_m\mid\psi_n\rangle=\delta_{m,n} \tag{5.3.11}$$

此即**断续谱无简并本征矢的正交归一化条件**。定理 5.3 证毕。

2. 简并本征矢的正交归一化

定理 5.4 厄米算符断续谱简并本征矢满足正交归一化条件。

证明 由式(5.3.5)可知，本征值 g_n 对应 f_n 个线性独立的本征矢 $\mid\psi_{n\alpha}\rangle$。如果没有其他的附加条件，这 f_n 个简并本征矢的选择并不是唯一的，通常情况下，它们也并不一定是正交归一的。但是，总可以把它们重新线性组合，使之满足正交归一化条件。

具体的处理过程如下：

首先，在 f_n 维的简并子空间中，利用已知的本征矢 $\mid\psi_{n\alpha}\rangle$ 构造一组新的态矢 $\mid\varphi_{n\beta}\rangle$，即

$$|\varphi_{n\beta}\rangle=\sum_{\alpha=1}^{f_n}C_{\alpha\beta}|\psi_{n\alpha}\rangle\quad(\beta=1,2,3,\cdots,f_n)\tag{5.3.12}$$

然后,用算符 $\hat{g}$ 从左作用式(5.3.12)两端得到

$$\hat{g}|\varphi_{n\beta}\rangle=\sum_{\alpha=1}^{f_n}C_{\alpha\beta}\hat{g}|\psi_{n\alpha}\rangle=g_n\sum_{\alpha=1}^{f_n}C_{\alpha\beta}|\psi_{n\alpha}\rangle=g_n|\varphi_{n\beta}\rangle\tag{5.3.13}$$

上式说明这组新的态矢 $|\varphi_{n\beta}\rangle$ 也是算符 $\hat{g}$ 的属于本征值 g_n 的本征矢。

最后,选择待定系数 $C_{\alpha\beta}$ 使新本征矢 $|\varphi_{n\beta}\rangle$ 满足正交归一化条件,即

$$\langle\varphi_{n\alpha}|\varphi_{n\beta}\rangle=\delta_{\alpha,\beta}\tag{5.3.14}$$

由于系数 $C_{\alpha\beta}$ 的个数为 f_n^2,满足的条件数为 $f_n(f_n+1)/2<f_n^2$,即待定系数的个数大于方程的个数,所以有多组解可以满足上式。定理5.4证毕。

若再顾及主量子数不同的情况,则**断续谱简并本征矢的正交归一化条件**变成

$$\langle\varphi_{m\alpha}|\varphi_{n\beta}\rangle=\delta_{m,n}\delta_{\alpha,\beta}\tag{5.3.15}$$

上述结论对于任意厄米算符断续谱的本征矢均成立。

5.3.3　施密特正交归一化方法

在有了求解待求系数 $C_{\alpha\beta}$ 的基本原则之后,具体的操作还需要利用施密特(Schmidt)方法来实现,施密特方法可以将任意一组线性独立的本征矢变换为正交归一化的本征矢。

施密特正交归一化方法的基本步骤如下:

首先,在简并子空间中任选一个本征矢,例如 $|\psi_{n1}\rangle$,求出其归一化的表示,作为第1个新本征矢,即

$$|\varphi_{n1}\rangle=[\langle\psi_{n1}|\psi_{n1}\rangle]^{-1/2}|\psi_{n1}\rangle\tag{5.3.16}$$

其次,利用 $|\varphi_{n1}\rangle$ 和 $|\psi_{n2}\rangle$ 构造第2个新本征矢,即

$$|\varphi_{n2}\rangle=\alpha|\varphi_{n1}\rangle+\beta|\psi_{n2}\rangle\tag{5.3.17}$$

再利用 $|\varphi_{n2}\rangle$ 与 $|\varphi_{n1}\rangle$ 正交的要求

$$\langle\varphi_{n1}|\varphi_{n2}\rangle=\alpha\langle\varphi_{n1}|\varphi_{n1}\rangle+\beta\langle\varphi_{n1}|\psi_{n2}\rangle=0\tag{5.3.18}$$

得到

$$\alpha/\beta=-\langle\varphi_{n1}|\psi_{n2}\rangle\tag{5.3.19}$$

此外还要求 $|\varphi_{n2}\rangle$ 是归一化的,即满足

$$\langle\varphi_{n2}|\varphi_{n2}\rangle=\langle\alpha\varphi_{n1}+\beta\psi_{n2}|\alpha\varphi_{n1}+\beta\psi_{n2}\rangle=1\tag{5.3.20}$$

利用上述两式可以求出 α 和 β,进而得到 $|\varphi_{n2}\rangle$。

然后,再利用 $|\varphi_{n1}\rangle$、$|\varphi_{n2}\rangle$ 和 $|\psi_{n3}\rangle$ 构造第3个新本征矢,即

$$|\varphi_{n3}\rangle=\tilde{\alpha}|\varphi_{n1}\rangle+\tilde{\beta}|\varphi_{n2}\rangle+\gamma|\psi_{n3}\rangle\tag{5.3.21}$$

进而,利用 $|\varphi_{n3}\rangle$ 与 $|\varphi_{n1}\rangle$ 和 $|\varphi_{n2}\rangle$ 的正交条件和自身的归一化条件确定 $\tilde{\alpha}$、$\tilde{\beta}$ 和 γ。以此

类推，直至将全部本征矢变换成新本征矢。

最后，得到的 $|\varphi_{n\beta}\rangle(\beta=1,2,3,\cdots,f_n)$ 就是已经正交归一化的本征矢。

为了加深对施密特方法的感性认识，下面来完成一个简单的例题。

例 5.9 已知两个线性独立的态矢分别为

$$\begin{cases}|\psi_1\rangle=2^{-1}|u_1\rangle+2^{-1}|u_2\rangle\\|\psi_2\rangle=2\times2^{1/2}|u_1\rangle-2^{1/2}|u_2\rangle\end{cases}\tag{5.3.22}$$

利用施密特方法将其正交归一化。其中 $|u_1\rangle$、$|u_2\rangle$ 为任意两个正交归一化的基矢。

解 首先，将 $|\psi_1\rangle$ 归一化，得到第 1 个新本征矢为

$$|\varphi_1\rangle=2^{-1/2}[|u_1\rangle+|u_2\rangle]\tag{5.3.23}$$

然后，利用 $|\varphi_1\rangle$ 和 $|\psi_2\rangle$ 构造第 2 个新本征矢，即

$$|\varphi_2\rangle=\alpha|\varphi_1\rangle+\beta|\psi_2\rangle=2^{-1/2}\alpha[|u_1\rangle+|u_2\rangle]+2^{1/2}\beta[2|u_1\rangle-|u_2\rangle]\tag{5.3.24}$$

由 $|\varphi_1\rangle$ 与 $|\varphi_2\rangle$ 正交的条件可知

$$\alpha=-\beta\tag{5.3.25}$$

将上式代入式(5.3.24)，再利用 $|\varphi_2\rangle$ 的归一化条件得到

$$9|\beta|^2=1\tag{5.3.26}$$

解之得

$$\beta=\pm e^{i\delta}/3\tag{5.3.27}$$

由于 α 与 β 只相差一个负号，所以 $|\varphi_2\rangle$ 与 β 成正比，进而可知，相因子 $e^{i\delta}$ 可以去掉。

当取 $\beta=+1/3=-\alpha$ 时，将其代入式(5.3.24) 得到

$$|\varphi_2\rangle=2^{-1/2}[|u_1\rangle-|u_2\rangle]\tag{5.3.28}$$

当取 $\beta=-1/3=-\alpha$ 时，将其代入式(5.3.24) 得到

$$|\varphi_2\rangle=-2^{-1/2}[|u_1\rangle-|u_2\rangle]\tag{5.3.29}$$

上述两式仅相差一个负号，它们描述的是同一个状态。通常将 $|\varphi_2\rangle$ 选为式(5.3.28) 的形式。

最后，得到两个正交归一化的新本征矢分别为

$$\begin{cases}|\varphi_1\rangle=2^{-1/2}[|u_1\rangle+|u_2\rangle]\\|\varphi_2\rangle=2^{-1/2}[|u_1\rangle-|u_2\rangle]\end{cases}\tag{5.3.30}$$

总之，本节已经得到两个结论：即厄米算符的本征值为实数，断续谱本征矢可以正交归一化。

5.4 厄米算符连续谱本征矢的正交归一化

5.4.1 连续谱本征矢的正交归一化

在证明了厄米算符断续谱本征矢可以正交归一化之后，下面将目光转向连续谱本征

矢的归一化问题。自狄拉克 δ 函数问世以来，一直认为连续谱的本征矢不能归一化，只能规格化为 δ 函数，以至有人认为这是“全世界已经研究应用近百年的成熟理论”。通过对无穷大量与 δ 函数的研讨，作者试图给出连续谱本征矢的归一化形式，使断续谱与连续谱的本征矢的正交归一化条件得以统一。尽管被说成是“如此轻率的改动是十分不可取的”，作者还是愿意斗胆献丑，至于孰是孰非任由读者明鉴。

定理 5.5　厄米算符连续谱本征矢满足正交归一化条件。

证明　为简洁起见，仅以一维体系为例，设任意线性厄米算符 $\hat{g}$ 具有连续谱，满足的本征方程为

$$\hat{g} \mid \tilde{g}_a\rangle = g_a \mid \tilde{g}_a\rangle \tag{5.4.1}$$

由定理5.2可知，厄米算符 $\hat{g}$ 的本征值 g_a 为实数，可以在正负无穷大之间连续取任意实数值，即 $-\infty < g_a < \infty$。为了与归一化本征矢 $|g_a\rangle$ 区别，这里用 $|\tilde{g}_a\rangle$ 标志对应本征值 g_a 的尚未归一化的本征矢。

由于具有连续谱的厄米算符 $\hat{g}$ 在自身表象中可以写成其函数形式 g（见8.3节），故式(5.4.1)可改写为

$$(g - g_a) \mid \tilde{g}_a\rangle = 0 \tag{5.4.2}$$

由 δ 函数的基本性质（见式(3.3.6)）可知

$$(g - g_a)\delta(g - g_a) = 0 \tag{5.4.3}$$

比较上述两式，立即得到本征矢在自身表象下的表达式，即

$$\mid \tilde{g}_a\rangle = \delta(g - g_a) \tag{5.4.4}$$

式中 $\delta(g - g_a)$ 的定义和性质在 3.3 节已经列出，此处不再赘述。

利用 δ 函数的积分性质（见式(3.3.5)），计算两个本征矢的内积，得到

$$\langle \tilde{g}_a \mid \tilde{g}_b\rangle = \int_{-\infty}^{\infty} \delta^*(g - g_a)\delta(g - g_b)\mathrm{d}g = \delta(g_a - g_b) = \delta_g(0)\delta_{a,b} \tag{5.4.5}$$

上式称为未归一化本征矢的**正交规格化条件**，将 $|\tilde{g}_a\rangle$ 称为算符 $\hat{g}$ 的**规格化本征矢**。需要特别说明的是，由于 $\delta(g-g_a)$ 具有 g 的倒数量纲，故不能将 $\delta(g-g_a)$ 在 $g \to g_a$ 处的结果简单地记为 $\delta(0)$，为了避免误解，利用汤川对 δ 函数的定义式(3.3.3)，将其极值记为 $\delta_g(0) = \lim\limits_{g\to 0}(1/g)$，从形式看，$\delta_g(0)$ 与变量 g 相关，实际上，它是一个无穷大量，只不过具有 g 的倒数量纲而已。

式(5.4.5)的含义有两点：一是，由 δ 函数的定义可知，连续谱的不同本征矢之间是相互正交的，这与断续谱的结论是一致的；二是，任意一个本征矢的内积都不是有限数，而是一个无穷大量 $\delta_g(0)$，这与断续谱的结论不同。由于 $\delta_g(0)$ 为无穷大量，故通常认为 $|\tilde{g}_a\rangle$ 是不能归一化的。上述推导过程与其他教材相同。

按照波函数归一化的常规做法，设归一化本征矢为

$$\mid g_a\rangle = c \mid \tilde{g}_a\rangle \tag{5.4.6}$$

由于规格化本征矢的内积为无穷大量 $\delta_g(0)$，而无穷大量一定不等于零，故 $\delta_g(0)$ 可以做除法运算，于是有

$$c=[\langle\tilde{g}_a \mid \tilde{g}_a\rangle]^{-1/2}=\delta_g^{-1/2}(0) \tag{5.4.7}$$

由于此时的 c 并非是一个常数，而是一个无穷小量，故将其改称为**归一化因子**。将上式代入式(5.4.6)立即得到算符 $\hat{g}$ 的**归一化本征矢**，即

$$|g_a\rangle=\delta_g^{-1/2}(0)\delta(g-g_a) \tag{5.4.8}$$

由定理2.1可知，本征矢 $|g_a\rangle$ 与 $|\tilde{g}_a\rangle$ 描述的是同一个状态，即力学量 g 取确定值 g_a 的状态。由于归一化因子 c 与本征值无关，故算符 $\hat{g}$ 的所有本征矢的归一化因子皆相同。

进而可知，任意两个归一化本征矢的内积为

$$\langle g_a \mid g_b\rangle=\delta_g^{-1}(0)\int_{-\infty}^{\infty}\delta(g-g_a)\delta(g-g_b)\mathrm{d}g=\delta_g^{-1}(0)\delta(g_a-g_b)=\delta_{a,b} \tag{5.4.9}$$

上式即为**连续谱本征矢的正交归一化条件**，显然，它与断续谱本征矢的正交归一化条件完全相同。定理5.5证毕。

5.4.2 连续谱归一化本征矢的诠释

1. 归一化本征矢的诠释

在前面的推导过程中，若直接用无穷大符号∞代替 $\delta_g(0)$，则归一化因子的模方就会变成1/∞，进而可知，$\langle g_a \mid g_a\rangle=\infty/\infty$的取值是不确定的，这就是以往认为连续谱本征矢不能归一化的症结所在。

(1) 归一化因子存在

实际上，$\delta_g(0)$ 是 $\delta(g)$ 当 $g\to 0$ 时的极限，它是一个无穷大量。虽然无穷大量 $\delta_g(0)$ 不是一个确定的有限数，但是 $\delta_g(0)$ 一定不等于零，而数学中规定只有零不能作为除数，所以 $\delta_g(0)$ 可以用来做除法运算，此即归一化因子 $\delta_g^{-1/2}(0)$ 存在的原因。

(2) 归一化因子不是零

由于 $\delta_g(0)$ 为无穷大量，所以归一化因子 $\delta_g^{-1/2}(0)$ 是无穷大量的倒数开平方，而数学理论认为无穷大量的倒数为无穷小量。虽然数值零是无穷小量，但是无穷小量 $\delta_g^{-1/2}(0)$ 并不是零，因为无穷小量是极限为零的变量而不是数值零，所以不能把归一化因子视为数值零。

上述结论可以用一个简单的例子来说明：由数学中的极限理论可知，$\delta_g^{1/2}(0)$ 为无穷大量，其倒数 $\delta_g^{-1/2}(0)$ 为无穷小量，这样的两个极限之积为常数1，即 $\delta_g^{1/2}(0)\delta_g^{-1/2}(0)=1$。若将无穷小量 $\delta_g^{-1/2}(0)$ 视为零，则会导致 $\delta_g^{1/2}(0)\delta_g^{-1/2}(0)=0$，这与前面的结论不符，故归一化因子 $\delta_g^{-1/2}(0)$ 不是零。

(3) 规格化本征矢中也隐含着无穷大量

初看起来，与规格化本征矢相比较，在归一化本征矢中，多出了一个与无穷大量

$\delta_g(0)$ 相关的归一化因子。实际上,由于 $|\tilde{g}_a\rangle=\delta_g(0)\delta_{g,g_a}$,所以在规格化本征矢中,早已隐含着无穷大量 $\delta_g(0)$。而归一化本征矢 $|g_a\rangle=\delta_g^{1/2}(0)\delta_{g,g_a}$ 仍然保持为无穷大的形式,只不过无穷大量的阶数与 $|\tilde{g}_a\rangle$ 不同而已。总之,在归一化本征矢中出现无穷大量并非什么新鲜之事,没有大惊小怪的必要。

2. 归一化本征矢对物理概念的诠释

由于归一化本征矢满足正交归一化条件,故可以与断续谱同样地解释一些与其相关的物理概念。

(1) 归一化本征矢属于希尔伯特空间

由于规格化本征矢的内积为无穷大量,故其并不满足内积空间的(模方可积)要求。由此导致,一直认为规格化本征矢不属于"数学传统的"或者"严格定义的"希尔伯特空间,而是属于"扩大的"或者"物理的"希尔伯特空间。由于归一化本征矢已经正交归一化,意味着它满足模方可积的要求,故其属于通常意义下的希尔伯特空间。

(2) 归一化本征矢的量纲与继续谱本征矢相同

由式(5.4.4)可知,规格化本征矢的模方**具有 g^{-2} 的量纲**,而由式(5.4.8)可知,归一化本征矢的模方**具有 g^{-1} 的量纲**,后者与断续谱一致。

(3) 可观测量中不会出现无穷大量

在与归一化本征矢相关的理论计算中,归一化因子中的无穷大量只是出现在理论推导的中间过程,而任何可观测量(力学量的本征值、取值概率与平均值等,下同)的表达式中绝不会出现无穷大量(见例 5.10)。这类似于态矢是一个复函数,虽然态矢的表达式中可能会出现虚数单位 i,但是,任何可观测量的计算结果却一定为实数,绝不可能出现虚数单位 i。

总之,厄米算符连续谱归一化本征矢的出现,不但使得规格化本征矢带来的诸多不便皆迎刃而解,而且使得断续谱和连续谱本征矢的正交归一化条件得以统一。

5.4.3　坐标与动量算符的本征矢

坐标与动量算符是两个最基本的力学量算符,它们都具有连续谱,作为定理 5.5 的应用实例,可以直接得到它们的归一化本征矢。

1. 坐标算符的本征矢

(1) 一维坐标算符的本征矢

在一维坐标空间中,坐标算符 $\hat{x}$ 的规格化本征矢 $|\tilde{x}_a\rangle$ 及其正交规格化条件为

$$|\tilde{x}_a\rangle=\delta(x-x_a),\quad \langle\tilde{x}_a|\tilde{x}_b\rangle=\delta(x_a-x_b) \tag{5.4.10}$$

式中,$-\infty<x,x_a,x_b<\infty$。

坐标算符 $\hat{x}$ 的归一化本征矢 $|x_a\rangle$ 及其正交归一化条件为

$$|x_a\rangle=\delta_x^{-1/2}(0)\delta(x-x_a),\quad \langle x_a|x_b\rangle=\delta_{a,b} \tag{5.4.11}$$

(2) 三维坐标算符的本征矢

在三维坐标空间中，坐标算符 $\hat{\boldsymbol{r}}$ 的规格化本征矢及其正交规格化条件为

$$|\tilde{\boldsymbol{r}}_a\rangle=\delta^3(\boldsymbol{r}-\boldsymbol{r}_a)\ ,\quad \langle\tilde{\boldsymbol{r}}_a\mid\tilde{\boldsymbol{r}}_b\rangle=\delta^3(\boldsymbol{r}_a-\boldsymbol{r}_b) \tag{5.4.12}$$

将定理5.5推广到三维空间，可以得到坐标算符 $\hat{\boldsymbol{r}}$ 的归一化本征矢及其正交归一化条件为

$$|\boldsymbol{r}_a\rangle=\delta_{\boldsymbol{r}}^{-3/2}(0)\delta^3(\boldsymbol{r}-\boldsymbol{r}_a),\quad \langle\boldsymbol{r}_a\mid\boldsymbol{r}_b\rangle=\delta_{a,b} \tag{5.4.13}$$

(3) δ 函数的物理内涵

当初狄拉克引入的 δ 函数只是一个抽象的数学符号，并未明确说明它的物理内涵，如今由式(5.4.12)可知，$\delta^3(\boldsymbol{r}-\boldsymbol{r}_a)$ 是坐标算符 $\hat{\boldsymbol{r}}$ 的本征值 $\boldsymbol{r}_a$ 对应的规格化本征波函数，它描述的是坐标取确定值 $\boldsymbol{r}_a$ 的状态。

换一个角度看问题，如果将 $\delta^3(\boldsymbol{r}-\boldsymbol{r}_a)$ 理解为一个算符，即

$$\hat{\rho}_{\boldsymbol{r}_a}=\delta^3(\boldsymbol{r}-\boldsymbol{r}_a) \tag{5.4.14}$$

那么，在体系的任意一个态矢 $|\psi(\boldsymbol{r})\rangle$ 下，$\rho_{\boldsymbol{r}_a}$ 的平均值为

$$\bar{\rho}_{\boldsymbol{r}_a}=\langle\psi(\boldsymbol{r})\mid\hat{\rho}_{\boldsymbol{r}_a}\mid\psi(\boldsymbol{r})\rangle=\int\psi^*(\boldsymbol{r})\delta^3(\boldsymbol{r}-\boldsymbol{r}_a)\psi(\boldsymbol{r})\mathrm{d}\tau=|\psi(\boldsymbol{r}_a)|^2 \tag{5.4.15}$$

上式意味着，$\rho_{\boldsymbol{r}_a}$ 在任意态矢 $|\psi(\boldsymbol{r})\rangle$ 下的平均值皆为坐标在 $\boldsymbol{r}_a$ 处的取值概率密度，或者说，$\hat{\rho}_{\boldsymbol{r}_a}$ 具有坐标取值**概率密度算符**的物理含义。

类似地，设粒子的质量为 m，若定义

$$\hat{\boldsymbol{J}}_{\boldsymbol{r}_a}=(2m)^{-1}[\delta^3(\boldsymbol{r}-\boldsymbol{r}_a)\hat{\boldsymbol{p}}+\hat{\boldsymbol{p}}\delta^3(\boldsymbol{r}-\boldsymbol{r}_a)] \tag{5.4.16}$$

为粒子的**概率流密度算符**，则可以验证，$\boldsymbol{J}_{\boldsymbol{r}_a}$ 在任意态矢 $|\psi(\boldsymbol{r})\rangle$ 下的平均值皆为粒子坐标在 $\boldsymbol{r}_a$ 处的取值概率流密度。

$\delta^3(\boldsymbol{r}-\boldsymbol{r}_a)$ 原本是坐标算符 $\hat{\boldsymbol{r}}$ 的规格化本征波函数，现如今 $\delta^3(\boldsymbol{r}-\boldsymbol{r}_a)$ 又具有了坐标概率密度算符的含义，在量子力学的舞台上，$\delta^3(\boldsymbol{r}-\boldsymbol{r}_a)$ 扮演着“一仆二主”的角色。

2. 动量算符的本征矢

利用定理5.5，下面分别在动量空间和坐标空间中给出动量算符本征矢的归一化形式。仍以一维体系为例，将动量的 x 分量算符 $\hat{p}_x$ 简记为 $\hat{p}$，用 p_a 表示动量算符 $\hat{p}$ 的本征值，$-\infty<p_a<\infty$。

(1) 动量空间

在动量空间中，动量算符的本征解完全可以仿照坐标算符的求解方法处理之。为简洁计，直接给出动量算符的规格化本征矢 $|\tilde{p}_a(p)\rangle$ 及其满足的正交规格化条件为

$$|\tilde{p}_a(p)\rangle=\delta(p-p_a)\ ,\quad \langle\tilde{p}_a(p)\mid\tilde{p}_b(p)\rangle=\delta(p_a-p_b) \tag{5.4.17}$$

由定理5.5可知，动量算符在动量空间中的归一化本征矢 $|p_a(p)\rangle$ 及其满足的正交归一化条件为

$$|p_a(p)\rangle=\delta_p^{-1/2}(0)\delta(p-p_a),\quad \langle p_a(p)\mid p_b(p)\rangle=\delta_{a,b} \tag{5.4.18}$$

(2) 坐标空间

在坐标空间中，由动量算符的定义可知，动量算符的规格化本征矢 $|\tilde{p}_a(x)\rangle$ 及其满足的正交规格化条件为

$$|\tilde{p}_a(x)\rangle=(2\pi\hbar)^{-1/2}\mathrm{e}^{\mathrm{i}p_a x/\hbar},\quad \langle\tilde{p}_a(x)|\tilde{p}_b(x)\rangle=\delta(p_a-p_b) \tag{5.4.19}$$

由定理 5.5 可知，动量算符在坐标空间中的归一化本征矢 $|p_a(x)\rangle$ 及其满足的正交归一化条件为

$$|p_a(x)\rangle=[2\pi\hbar\delta_p(0)]^{-1/2}\mathrm{e}^{\mathrm{i}p_a x/\hbar},\quad \langle p_a(x)|p_b(x)\rangle=\delta_{a,b} \tag{5.4.20}$$

(3) 动量算符归一化本征矢的诠释

虽然归一化本征矢 $|p_a(p)\rangle$ 与 $|p_a(x)\rangle$ 所处的空间不同，但是它们描述的是同一个状态，即动量取确定值 p_a 的本征态，而取其他值的概率为零。

在动量空间中，$|p_a(p)\rangle$ 的归一化因子中无穷大量的物理诠释与坐标算符本征矢类似，这里无须赘述。

在坐标空间中，归一化的本征矢 $|p_a(x)\rangle$ 是一个单色平面波，它既是动量算符的本征态，也是动能和自由粒子能量的本征态。这类波函数的特点是，在本征矢 $|p_a(x)\rangle$ 下测量粒子的坐标时，由式(5.4.20)可知，坐标的取值概率密度与坐标变量无关，即处处皆为无穷小量 $[2\pi\hbar\delta_p(0)]^{-1}$。需要再次说明，这里的归一化因子虽然是一个无穷小量，但是这个无穷小量并不是数值零。

出现这种情况的原因是：首先，由不确定关系(见 6.2 节)可知，由于坐标与动量算符不对易，两者不能同时取确定值，两者的差方平均值满足不确定关系。在动量取确定值的本征矢 $|p_a(x)\rangle$ 下，坐标只能是完全不确定的，即坐标的取值概率密度处处相同；其次，由于坐标的取值概率密度处处相同，那么为了保证在全空间内发现该粒子的概率为 1，其坐标的取值概率密度只能是无穷小量 $[2\pi\hbar\delta_p(0)]^{-1}$；最后，既然在本征矢 $|p_a(p)\rangle$ 下允许动量取 p_a 值的概率密度可以是无穷大量 $\delta_p(0)$，那么在本征矢 $|p_a(x)\rangle$ 下坐标 x 的取值概率密度为无穷小量 $[2\pi\hbar\delta_p(0)]^{-1}$ 也是无可厚非的事情。

在本节结束之前完成下面的例题，用以说明规格化和归一化本征矢的具体应用。

例 5.10　已知做一维运动的粒子处于 $|\psi\rangle=2c\cos(kx)$ 的状态，求其动量 p 的取值概率及平均值。式中，k 为波矢量。

解　为了说明规格化与归一化本征矢在具体应用中的差别，分别用这两种本征矢完成本例题。

使用规格化本征矢求解本题的步骤如下：

在坐标空间中，一维动量算符的正交规格化本征矢为

$$|\tilde{p}\rangle=(2\pi\hbar)^{-1/2}\mathrm{e}^{\mathrm{i}px/\hbar} \tag{5.4.21}$$

为了与已知条件对应，将其换作以波矢量 k 作为自变量的本征矢，即

$$|\tilde{k}\rangle=(2\pi)^{-1/2}\mathrm{e}^{\mathrm{i}kx} \tag{5.4.22}$$

首先,利用余弦函数与e指数的关系,将态矢$|\psi\rangle$改写为

$$|\psi\rangle = 2c\cos(kx) = c(\mathrm{e}^{\mathrm{i}kx} + \mathrm{e}^{-\mathrm{i}kx}) = c\,(2\pi)^{1/2}\left[|\tilde{k}\rangle + |-\tilde{k}\rangle\right] \tag{5.4.23}$$

其次,由于$|\tilde{k}\rangle$和$|-\tilde{k}\rangle$只能规格化为$\delta_k(0)$,故态矢$|\psi\rangle$也只能做规格化处理。利用态矢$|\psi\rangle$的规格化条件求出规格化常数为

$$c = (4\pi)^{-1/2} \tag{5.4.24}$$

规格化后不为零的展开系数只有两个,即

$$c_k = 2^{-1/2}, \quad c_{-k} = 2^{-1/2} \tag{5.4.25}$$

最后,求出动量的取值概率为

$$W(p = k\hbar) = 1/2, \quad W(p = -k\hbar) = 1/2 \tag{5.4.26}$$

平均值为

$$\bar{p} = \sum_p pW(p) = 0 \tag{5.4.27}$$

使用归一化本征矢求解本题的步骤如下:

在坐标空间中,用波矢量表示的一维动量算符的正交归一化本征矢为

$$|k\rangle = \left[2\pi\delta_k(0)\right]^{-1/2}\mathrm{e}^{\mathrm{i}kx} \tag{5.4.28}$$

首先,利用余弦函数与e指数的关系,将态矢$|\psi\rangle$改写为

$$|\psi\rangle = 2c\cos(kx) = c(\mathrm{e}^{\mathrm{i}kx} + \mathrm{e}^{-\mathrm{i}kx}) = c\left[2\pi\delta_k(0)\right]^{1/2}\left[|k\rangle + |-k\rangle\right] \tag{5.4.29}$$

其次,利用归一化条件求出归一化因子为

$$c = \left[4\pi\delta_k(0)\right]^{-1/2} \tag{5.4.30}$$

后面的运算与式(5.4.25)~(5.4.27)相同,不再重复列出,结果表明在两种本征矢下得到的结果完全相同。

在演示了利用归一化本征矢的求解过程后,再重新审视一下利用规格化本征矢求解的过程。若将规格化本征矢用归一化本征矢表示为

$$|\tilde{k}\rangle = \left[\delta_k(0)\right]^{1/2}|k\rangle \tag{5.4.31}$$

将其代入式(5.4.23)中,则得到

$$|\psi\rangle = c\left[2\pi\delta_k(0)\right]^{1/2}\left[|k\rangle + |-k\rangle\right] \tag{5.4.32}$$

上式与式(5.4.29)相同,可以做归一化处理,上述结果充分反映出两种本征矢之间的联系。

综上所述,连续谱本征矢归一化的依据是:从数学的角度看,允许含有无穷大量$\delta(0)$的归一化因子存在,并且归一化的操作过程是有章可循的;从物理学的角度看,归一化本征矢可以更直观地解释所有相关的物理概念,从而规避了规格化本征矢带来的一些不便;从实际应用的角度看,归一化本征矢与断续谱的本征矢的操作过程是相同的,比规格化本征矢更容易接受。总之,连续谱本征矢满足与断续谱本征矢相同的正交归一化条件,为实现连续谱与断续谱理论的统一奠定了基础。

5.5　厄米算符本征矢的完备性和封闭关系

5.5.1　厄米算符本征矢的完备性

1. 完备性的定义

设任意线性厄米算符 $\hat{g}$ 满足的本征方程为 $\hat{g}\mid g_\alpha\rangle=g_\alpha\mid g_\alpha\rangle$，已经证明，本征值 g_α 可以断续或者连续取实数值，本征矢 $\mid g_\alpha\rangle$ 满足正交归一化条件。所谓本征矢 $\mid g_\alpha\rangle$ 具有**完备性**，说的是处于 g 空间中的任意态矢 $\mid\psi\rangle$，可以表示为 $\mid\psi\rangle=\sum\limits_\alpha C_\alpha\mid g_\alpha\rangle$，式中的 C_α 为态矢 $\mid\psi\rangle$ 在本征矢 $\mid g_\alpha\rangle$ 上的分量值 $\langle g_\alpha\mid\psi\rangle$。本征矢的完备性表现为总可以找到一组 C_α 使上式成立。简而言之，厄米算符 $\hat{g}$ 的本征函数系 $\{\mid g_\alpha\rangle\}$ 构成 g 空间的基底，在 g 空间中，任意的态矢 $\mid\psi\rangle$ 均可以向 g 空间的基底做展开。

2. 完备性的作用

厄米算符本征矢完备性的意义在于：它直接关系到力学量的取值概率与平均值的计算，即本征矢完备性是连接理论与实验的桥梁。特别是，与完备性等价的封闭关系是量子力学中最常用的公式之一，因为它的意思是，所有本征矢外积之和为单位算符，所以它既可以插入公式中任何需要的地方，也可以从公式中任何地方撤出。

5.5.2　展开假设及本征矢完备性的证明

1. 展开假设

由于至今尚未见厄米算符本征矢完备性的普遍性证明，故在文献中只能用假设的方式给出。

展开假设的内容如下：量子体系的任何可观测物理量 g 都与一个线性厄米算符 $\hat{g}$ 相对应，算符 $\hat{g}$ 的本征矢集合 $\{\mid g_\alpha\rangle\}$ 构成正交归一完备本征函数系，或者说，g 空间中的任意态矢 $\mid\psi\rangle$ 均可以向 $\{\mid g_\alpha\rangle\}$ 展开，即 $\mid\psi\rangle=\sum\limits_\alpha\langle g_\alpha\mid\psi\rangle\mid g_\alpha\rangle$。若 $\mid\psi\rangle$ 是归一化的态矢，则展开系数 $c_\alpha=\langle g_\alpha\mid\psi\rangle$ 的模方 $|c_\alpha|^2$ 就是力学量 g 取 g_α 值的概率。

进而，由态矢 $\mid\psi\rangle$ 的任意性可知，厄米算符 $\hat{g}$ 的正交归一化本征矢 $\mid g_\alpha\rangle$ 满足封闭关系，即 $\sum\limits_\alpha\mid g_\alpha\rangle\langle g_\alpha\mid=\hat{I}$。

2. 完备性的证明

作为探索，作者给出厄米算符本征矢完备性的一种证明方法。

定理 5.6　厄米算符的正交归一化本征函数系是完备的。

证明　证明过程分三步完成。

第一步，引入算符 $\hat{B}$ 并证明其满足关系式 $\hat{B}^2=\hat{B}$。

令算符 $\hat{B}$ 为

$$\hat{B}=\sum_{\alpha}|g_{\alpha}\rangle\langle g_{\alpha}| \tag{5.5.1}$$

式中，$|g_{\alpha}\rangle$ 为厄米算符 $\hat{g}$ 的正交归一化本征矢；相应的本征值 g_{α} 可断续或连续取值。显然，算符 $\hat{B}$ 是在 g 空间中定义的厄米算符。

利用式(5.5.1)及本征矢 $|g_{\alpha}\rangle$ 的正交归一化条件，容易得到

$$\hat{B}^2=\sum_{\alpha}|g_{\alpha}\rangle\langle g_{\alpha}|\sum_{\beta}|g_{\beta}\rangle\langle g_{\beta}|=\hat{B} \tag{5.5.2}$$

通常情况下，满足上式的算符 $\hat{B}$ 只可能有 0 和 1 两个本征值(见例题 8.3)。例如，本征矢 $|g_{\alpha}\rangle$ 的投影算符 $\hat{p}_{\alpha}=|g_{\alpha}\rangle\langle g_{\alpha}|$ 满足式(5.5.2)，如前所述，算符 $\hat{p}_{\alpha}$ 只有 0 和 1 两个本征值。

第二步，证明算符 $\hat{B}$ 不存在 0 本征值。

设算符 $\hat{B}$ 满足的本征方程为

$$\hat{B}|b_{\gamma}\rangle=b_{\gamma}|b_{\gamma}\rangle \tag{5.5.3}$$

由于算符 $\hat{B}$ 是在 g 空间中定义的，故其本征矢 $|b_{\gamma}\rangle$ 亦应处于 g 空间中。

下面用反证法证明 0 不是算符 $\hat{B}$ 的本征值。

假定算符 $\hat{B}$ 存在 0 本征值，即 $b_{\gamma}=0$，则式(5.5.3)变成

$$\sum_{\alpha}|g_{\alpha}\rangle\langle g_{\alpha}|0\rangle=0|0\rangle=0 \tag{5.5.4}$$

式中，$|0\rangle$ 为算符 $\hat{B}$ 的 0 本征值相应的本征矢。为确保上式成立，要求本征矢 $|0\rangle$ 在 g 空间中的所有分量值 $\langle g_{\alpha}|0\rangle$ 皆为 0，于是可知，本征矢 $|0\rangle$ 只能是 g 空间中的 0 矢量，即 $|0\rangle=0$。由于 0 本征矢对任意算符的任意本征值皆成立，所以，数学理论认为它不是本征方程的解。实际上，对于算符 $\hat{B}$ 而言，0 本征值是求解式(5.5.2)时产生的一个增根。于是，算符 $\hat{B}$ 存在 0 本征值的假定不成立。

第三步，导出厄米算符本征函数系的封闭关系和完备性表达式。

由数学理论可知，一个算符存在逆算符的充要条件是，该算符只有非零本征值。既然算符 $\hat{B}$ 不存在 0 本征值，那么，算符 $\hat{B}$ 的逆算符 $\hat{B}^{-1}$ 一定存在，用其作用式(5.5.2)两端，得到

$$\sum_{\alpha}|g_{\alpha}\rangle\langle g_{\alpha}|=\hat{I} \tag{5.5.5}$$

此即厄米算符 $\hat{g}$ 的正交归一化本征矢 $|g_{\alpha}\rangle$ 满足的**封闭关系**。应该特别说明的是，由于 g_{α} 可以取断续值、连续值甚至两者混合取值，所以，上述封闭关系是涵盖了断续谱、连续谱和混合谱的统一表达式。

将封闭关系两端从左作用到 g 空间中的任意态矢 $|\psi\rangle$ 上，由算符相等的定义可知

$$|\psi\rangle=\sum_{\alpha}|g_{\alpha}\rangle\langle g_{\alpha}|\psi\rangle \tag{5.5.6}$$

此即厄米算符 $\hat{g}$ 的本征矢 $|g_{\alpha}\rangle$ **完备性表达式**。至此，定理 5.6 证毕。

综上所述，对于厄米算符而言，不管其具有断续谱、连续谱还是混合谱，本征矢一定构成正交归一完备的本征函数系，并且满足完全相同的正交归一化条件和封闭关系，从而使得厄米算符的谱理论得以统一。

5.5.3　厄米算符本征矢完备性的诠释

1. 完备性与封闭关系等价

由上述论证过程可知，厄米算符本征矢的完备性与封闭关系互为前提和结论，两者是等价的，只不过表述方式不同而已。

2. 封闭关系是基本公式

以下两点理由可以说明封闭关系是量子力学的基本公式。

第一点，从厄米算符本征矢的角度看：任意两个本征矢的内积满足正交归一化条件；所有本征矢的外积之和为单位算符（见式(5.5.5)）。鉴于两者都仅与本征矢相关，故可以认为正交归一化条件与封闭关系是直接描述本征矢性质的基本公式。

第二点，从封闭关系的应用角度看：将封闭关系两端作用于任意态矢，可以得到本征矢完备性的表达式(5.5.6)；用算符 $\hat{g}$ 作用封闭关系两端可以得到算符 $\hat{g}$ 的**谱分解公式**，即

$$\hat{g}=\sum_{\alpha} | g_\alpha\rangle g_\alpha\langle g_\alpha | \tag{5.5.7}$$

由此可见，完备性表达式和谱分解公式都只是封闭关系的具体应用。

3. 规格化本征矢的完备性

连续谱的规格化本征矢 $|\tilde{g}_\alpha\rangle$ 满足的正交规格化条件为

$$\langle\tilde{g}_a | \tilde{g}_b\rangle=\delta(g_a-g_b) \tag{5.5.8}$$

式中，g_a、g_b 可在正负无穷大之间连续取值。由于 $|\tilde{g}_\alpha\rangle$ 不满足归一化条件，故需要特殊处理。

利用定理5.6中的方法可以证得，规格化本征矢满足的封闭关系为

$$\int_{-\infty}^{\infty}\mathrm{d}g_\alpha | \tilde{g}_\alpha\rangle\langle\tilde{g}_\alpha |=\hat{I} \tag{5.5.9}$$

若 $|\psi\rangle$ 为 g 空间任意态矢，则规格化本征矢的完备性表达式为

$$|\psi\rangle=\int_{-\infty}^{\infty}\mathrm{d}g_\alpha | \tilde{g}_\alpha\rangle\langle\tilde{g}_\alpha | \psi\rangle \tag{5.5.10}$$

综上所述，厄米算符的本征函数系是正交、归一和完备的，从而构成一个希尔伯特空间，量子力学的所有精彩节目都是在此空间中上演的。

5.5.4　两种本征矢封闭关系的转换

如前所述，对于连续谱规格化本征矢的完备性证明，完全可以仿照定理5.6的方法进行。为了加深对规格化与归一化本征矢的理解，下面以坐标算符为例，对两种本征矢封

闭关系的转换做一简要讨论。

1. 两种本征矢的封闭关系

在一维坐标空间中，由厄米算符本征矢的完备性可知，坐标算符的规格化本征矢、正交规格化条件与封闭关系分别为

$$|\tilde{x}_a\rangle=\delta(x-x_a)\,,\quad \langle\tilde{x}_a|\tilde{x}_b\rangle=\delta(x_a-x_b)\,,\quad \int_{-\infty}^{\infty}\mathrm{d}x_a\,|\tilde{x}_a\rangle\langle\tilde{x}_a|=\hat{I} \tag{5.5.11}$$

坐标算符的归一化本征矢、正交归一化条件与封闭关系分别为

$$|x_a\rangle=\delta_x^{-1/2}(0)\delta(x-x_a)\,,\quad \langle x_a|x_b\rangle=\delta_{a,b}\,,\quad \sum_a|x_a\rangle\langle x_a|=\hat{I} \tag{5.5.12}$$

2. 封闭关系中求和与积分的转换

若将封闭关系中的求和与积分互换，则由式(5.5.11)和式(5.5.12)可知

$$\int_{-\infty}^{\infty}\mathrm{d}x_a\,|x_a\rangle\langle x_a|=\delta_x^{-1}(0),\quad \sum_a|\tilde{x}_a\rangle\langle\tilde{x}_a|=\delta_x(0) \tag{5.5.13}$$

上述两式也可以改写成封闭关系的形式，即

$$\delta_x(0)\int_{-\infty}^{\infty}\mathrm{d}x_a\,|x_a\rangle\langle x_a|=\hat{I}\,,\quad \delta_x^{-1}(0)\sum_a|\tilde{x}_a\rangle\langle\tilde{x}_a|=\hat{I} \tag{5.5.14}$$

此即封闭关系中求和与积分互换的结果。

在本节结束之前，仍用上一节的例题来演示规格化和归一化本征矢封闭关系的具体应用。

例 5.11 已知做一维运动的粒子处于 $|\psi\rangle=2c\cos(kx)$ 的状态，求其动量 p 的取值概率分布及平均值。式中，k 为波矢量。

解 分别用规格化和归一化本征矢的封闭关系完成本例题。

使用规格化本征矢的封闭关系求解本题的步骤如下：

在坐标空间中，用波矢量表示的一维动量算符的规格化本征矢为

$$|\tilde{k}\rangle=(2\pi)^{-1/2}\mathrm{e}^{\mathrm{i}kx} \tag{5.5.15}$$

首先，利用正交规格化条件计算内积，得到

$$\begin{aligned}\langle\tilde{k}'|\psi\rangle=&\int_{-\infty}^{\infty}(2\pi)^{-1/2}\mathrm{e}^{-\mathrm{i}k'x}2c\cos(kx)\,\mathrm{d}x=\\&\int_{-\infty}^{\infty}(2\pi)^{-1/2}\mathrm{e}^{-\mathrm{i}k'x}c(\mathrm{e}^{\mathrm{i}kx}+\mathrm{e}^{-\mathrm{i}kx})\mathrm{d}x=\\&c(2\pi)^{1/2}[\delta(k'-k)+\delta(k'+k)]\end{aligned} \tag{5.5.16}$$

其次，再利用规格化本征矢的封闭关系导出态矢 $|\psi\rangle$ 的展开形式，即

$$\begin{aligned}|\psi\rangle=&\int_{-\infty}^{\infty}\langle\tilde{k}'|\psi\rangle|\tilde{k}'\rangle\mathrm{d}k'=c(2\pi)^{1/2}\int_{-\infty}^{\infty}[\delta(k'-k)+\delta(k'+k)]|\tilde{k}'\rangle\mathrm{d}k'=\\&c(2\pi)^{1/2}[|\tilde{k}\rangle+|-\tilde{k}\rangle]\end{aligned} \tag{5.5.17}$$

然后，利用规格化条件求出规格化常数为

$$c=(4\pi)^{-1/2} \tag{5.5.18}$$

不为零的展开系数为

$$c_k = 2^{-1/2}, \quad c_{-k} = 2^{-1/2} \tag{5.5.19}$$

最后，求出动量的取值概率为

$$W(p = k\hbar) = 1/2, \quad W(p = -k\hbar) = 1/2 \tag{5.5.20}$$

平均值为

$$\bar{p} = \sum_p pW(p) = 0 \tag{5.5.21}$$

使用归一化本征矢的封闭关系求解本题的步骤如下：

在坐标空间中，用波矢量表示的一维动量算符的归一化本征矢为

$$|k\rangle = [2\pi\delta_k(0)]^{-1/2} e^{ikx} \tag{5.5.22}$$

首先，利用正交归一化条件计算内积，得到

$$\langle k' | \psi\rangle = 2c\langle k' | \cos(kx)\rangle = c\langle k' | (e^{ikx} + e^{-ikx})\rangle =$$
$$c[2\pi\delta_k(0)]^{1/2}\langle k' | (|k\rangle + |-k\rangle) = c[2\pi\delta_k(0)]^{1/2}(\delta_{k',k} + \delta_{k',-k}) \tag{5.5.23}$$

其次，再利用归一化本征矢的完备性得到态矢 $|\psi\rangle$ 的展开形式为

$$|\psi\rangle = \sum_{k'=-\infty}^{\infty} |k'\rangle\langle k' | \psi\rangle = c[2\pi\delta_k(0)]^{1/2} \sum_{k'=-\infty}^{\infty} (\delta_{k',k} + \delta_{k',-k}) |k'\rangle =$$
$$c[2\pi\delta_k(0)]^{1/2} [|k\rangle + |-k\rangle] \tag{5.5.24}$$

然后，利用归一化条件求出归一化因子为

$$c = [4\pi\delta_k(0)]^{-1/2} \tag{5.5.25}$$

以下的计算与式(5.5.19) ～ (5.5.21) 完全相同，不再列出。

在利用规格化本征矢进行计算的过程中，实际上有更简洁的处理方法，在得到式(5.5.17)，即

$$|\psi\rangle = c\,(2\pi)^{1/2}\,[|\tilde{k}\rangle + |-\tilde{k}\rangle] \tag{5.5.26}$$

之后，利用

$$|\tilde{k}\rangle = \delta_k^{1/2}(0)\,|k\rangle \tag{5.5.27}$$

立即得到式(5.5.24)，后续的计算与归一化本征矢计算相同。

上述结果表明：在利用封闭关系计算动量取值概率与平均值的过程中，使用两种本征矢的计算过程雷同，并且所得结果相同。只不过前者的计算过程中出现 δ 函数的积分运算，后者虽然存在无穷大量 $\delta_k(0)$，但是出现的 δ 符号会使运算更简单。应该说明的是，对于两种本征矢而言，无穷大量 $\delta_k(0)$ 都不出现在可观测量的结果中。

总之，对于规格化本征矢 $|\tilde{k}\rangle$，虽然 $\delta_k(0)$ 并未出现在规格化常数中，但它与 $|\tilde{k}\rangle$ 如影随形、寸步不离，只要遇到与 $|\tilde{k}\rangle$ 内积相关的量，$\delta_k(0)$ 就会显形，必须处处提防；对于归一化本征矢 $|k\rangle$，$\delta_k(0)$ 已经名正言顺地登堂入室，反而使得一切操作皆有章可循，即按断续谱的规矩处理。此即明枪易躲暗箭难防的道理。

综上所述，首先，本节介绍了本征矢完备性的概念；其次，分别利用展开假设和理论

证明的方式，给出了厄米算符本征矢完备性表达式和封闭关系；最后，通过对封闭关系的讨论，得到连续谱与断续谱本征矢的正交归一化条件和封闭关系皆完全相同的结论，从而实现了两种谱理论的统一表示。

例题选讲 5

例题 5.1 计算对易关系$[\hat{L}_\mu,\hat{p}_\nu]$，其中 $\mu,\nu=x,y,z$。

解 在笛卡儿坐标系中，由角动量分量算符的表达式可知

$$[\hat{L}_x,\hat{p}_x]=[y\hat{p}_z-z\hat{p}_y,\hat{p}_x]=0 \tag{1}$$

$$[\hat{L}_y,\hat{p}_x]=[z\hat{p}_x-x\hat{p}_z,\hat{p}_x]=-[x,\hat{p}_x]\hat{p}_z=-\mathrm{i}\hbar\hat{p}_z \tag{2}$$

$$[\hat{L}_z,\hat{p}_x]=[x\hat{p}_y-y\hat{p}_x,\hat{p}_x]=[x,\hat{p}_x]\hat{p}_y=\mathrm{i}\hbar\hat{p}_y \tag{3}$$

同理可得

$$[\hat{L}_x,\hat{p}_y]=\mathrm{i}\hbar\hat{p}_z,\quad [\hat{L}_y,\hat{p}_y]=0,\quad [\hat{L}_z,\hat{p}_y]=-\mathrm{i}\hbar\hat{p}_x \tag{4}$$

$$[\hat{L}_x,\hat{p}_z]=-\mathrm{i}\hbar\hat{p}_y,\quad [\hat{L}_y,\hat{p}_z]=\mathrm{i}\hbar\hat{p}_x,\quad [\hat{L}_z,\hat{p}_z]=0 \tag{5}$$

例题 5.2 证明

$$[\hat{\boldsymbol{L}}^2,x]=\mathrm{i}\hbar[(\boldsymbol{r}\times\hat{\boldsymbol{L}})_x-(\hat{\boldsymbol{L}}\times\boldsymbol{r})_x]$$

$$[\hat{\boldsymbol{L}}^2,\hat{p}_x]=\mathrm{i}\hbar[(\hat{\boldsymbol{p}}\times\hat{\boldsymbol{L}})_x-(\hat{\boldsymbol{L}}\times\hat{\boldsymbol{p}})_x]$$

证明 在笛卡儿坐标系中，由角动量平方算符的定义可知

$$\begin{aligned}[\hat{\boldsymbol{L}}^2,x]=&[\hat{L}_x^2+\hat{L}_y^2+\hat{L}_z^2,x]=[\hat{L}_y^2,x]+[\hat{L}_z^2,x]=\\&\hat{L}_y[\hat{L}_y,x]+[\hat{L}_y,x]\hat{L}_y+\hat{L}_z[\hat{L}_z,x]+[\hat{L}_z,x]\hat{L}_z=\\&\mathrm{i}\hbar(-\hat{L}_yz-z\hat{L}_y+\hat{L}_zy+y\hat{L}_z)=\mathrm{i}\hbar[(\boldsymbol{r}\times\hat{\boldsymbol{L}})_x-(\hat{\boldsymbol{L}}\times\boldsymbol{r})_x]\end{aligned} \tag{1}$$

$$\begin{aligned}[\hat{\boldsymbol{L}}^2,\hat{p}_x]=&[\hat{L}_x^2+\hat{L}_y^2+\hat{L}_z^2,\hat{p}_x]=[\hat{L}_y^2,\hat{p}_x]+[\hat{L}_z^2,\hat{p}_x]=\\&\hat{L}_y[\hat{L}_y,\hat{p}_x]+[\hat{L}_y,\hat{p}_x]\hat{L}_y+\hat{L}_z[\hat{L}_z,\hat{p}_x]+[\hat{L}_z,\hat{p}_x]\hat{L}_z=\\&\mathrm{i}\hbar(-\hat{L}_y\hat{p}_z-\hat{p}_z\hat{L}_y+\hat{L}_z\hat{p}_y+\hat{p}_y\hat{L}_z)=\mathrm{i}\hbar[(\hat{\boldsymbol{p}}\times\hat{\boldsymbol{L}})_x-(\hat{\boldsymbol{L}}\times\hat{\boldsymbol{p}})_x]\end{aligned} \tag{2}$$

例题 5.3 证明

$$\hat{\boldsymbol{A}}\cdot\hat{\boldsymbol{p}}-\hat{\boldsymbol{p}}\cdot\hat{\boldsymbol{A}}=[-\hat{\boldsymbol{p}}\cdot\hat{\boldsymbol{A}}]=\mathrm{i}\hbar(\nabla\cdot\hat{\boldsymbol{A}})$$

$$\hat{\boldsymbol{p}}\times\hat{\boldsymbol{A}}+\hat{\boldsymbol{A}}\times\hat{\boldsymbol{p}}=[\hat{\boldsymbol{p}}\times\hat{\boldsymbol{A}}]=-\mathrm{i}\hbar(\nabla\times\hat{\boldsymbol{A}})$$

式中，$\hat{\boldsymbol{A}}$ 为任意矢量算符；$\hat{\boldsymbol{p}}$ 为动量算符；符号$[\hat{\boldsymbol{p}}\times\hat{\boldsymbol{A}}]$与$[-\hat{\boldsymbol{p}}\cdot\hat{\boldsymbol{A}}]$表示 $\hat{\boldsymbol{p}}$ 只对 $\hat{\boldsymbol{A}}$ 作用。

证明 首先，用算符$(\hat{\boldsymbol{A}}\cdot\hat{\boldsymbol{p}}-\hat{\boldsymbol{p}}\cdot\hat{\boldsymbol{A}})_x$从左作用在任意波函数$\psi(\boldsymbol{r})$上，有

$$\begin{aligned}&(\hat{\boldsymbol{A}}\cdot\hat{\boldsymbol{p}}-\hat{\boldsymbol{p}}\cdot\hat{\boldsymbol{A}})_x\psi(\boldsymbol{r})=\\&-\mathrm{i}\hbar(\hat{A}_x\partial/\partial x-\partial/\partial x\hat{A}_x)\psi(\boldsymbol{r})=\\&-\mathrm{i}\hbar\{\hat{A}_x\partial\psi(\boldsymbol{r})/\partial x-\partial[\hat{A}_x\psi(\boldsymbol{r})]/\partial x\}=\\&-\mathrm{i}\hbar\{\hat{A}_x\partial\psi(\boldsymbol{r})/\partial x-\hat{A}_x\partial\psi(\boldsymbol{r})/\partial x-[\partial\hat{A}_x/\partial x]\psi(\boldsymbol{r})\}=\\&\mathrm{i}\hbar[\partial\hat{A}_x/\partial x]\psi(\boldsymbol{r})=\mathrm{i}\hbar(\nabla\cdot\hat{\boldsymbol{A}})_x\psi(\boldsymbol{r})\end{aligned} \tag{1}$$

由波函数$\psi(\boldsymbol{r})$的任意性可知

$$(\hat{\boldsymbol{A}}\cdot\hat{\boldsymbol{p}}-\hat{\boldsymbol{p}}\cdot\hat{\boldsymbol{A}})_x=\mathrm{i}\hbar\,(\nabla\cdot\hat{\boldsymbol{A}})_x \tag{2}$$

对于该算符的 y、z 分量算符亦有同样的结果，故欲证之第 1 式成立。

其次，用算符 $(\hat{\boldsymbol{p}}\times\hat{\boldsymbol{A}}+\hat{\boldsymbol{A}}\times\hat{\boldsymbol{p}})_x$ 从左作用在任意波函数 $\psi(\boldsymbol{r})$ 上，有

$$\begin{aligned}&(\hat{\boldsymbol{p}}\times\hat{\boldsymbol{A}}+\hat{\boldsymbol{A}}\times\hat{\boldsymbol{p}})_x\psi(\boldsymbol{r})=\\&\hat{p}_y\hat{A}_z\psi(\boldsymbol{r})-\hat{p}_z\hat{A}_y\psi(\boldsymbol{r})+\hat{A}_y\hat{p}_z\psi(\boldsymbol{r})-\hat{A}_z\hat{p}_y\psi(\boldsymbol{r})=\\&[\hat{p}_y\hat{A}_z]\psi(\boldsymbol{r})+\hat{A}_z\hat{p}_y\psi(\boldsymbol{r})-[\hat{p}_z\hat{A}_y]\psi(\boldsymbol{r})-\hat{A}_y\hat{p}_z\psi(\boldsymbol{r})+\\&\hat{A}_y\hat{p}_z\psi(\boldsymbol{r})-\hat{A}_z\hat{p}_y\psi(\boldsymbol{r})=[\hat{p}_y\hat{A}_z-\hat{p}_z\hat{A}_y]\psi(\boldsymbol{r})=\\&[\hat{\boldsymbol{p}}\times\hat{\boldsymbol{A}}]_x\psi(\boldsymbol{r})=-\mathrm{i}\hbar(\nabla\times\hat{\boldsymbol{A}})_x\psi(\boldsymbol{r})\end{aligned} \tag{3}$$

由波函数 $\psi(\boldsymbol{r})$ 的任意性可知

$$(\hat{\boldsymbol{p}}\times\hat{\boldsymbol{A}}+\hat{\boldsymbol{A}}\times\hat{\boldsymbol{p}})_x=-\mathrm{i}\hbar\,(\nabla\times\hat{\boldsymbol{A}})_x \tag{4}$$

对于该算符的 y、z 分量算符亦有同样的结果，故欲证之第 2 式成立。

在讨论电子的磁矩时会用到上述两个公式（见 9.6 节）。

例题 5.4　已知算符 $\hat{A}$、$\hat{B}$ 皆与它们的对易子 $[\hat{A},\hat{B}]$ 对易，证明

$$[\hat{A},\hat{B}^n]=n\hat{B}^{n-1}[\hat{A},\hat{B}]$$

$$[\hat{A}^n,\hat{B}]=n\hat{A}^{n-1}[\hat{A},\hat{B}]$$

$$\mathrm{e}^{\hat{A}}\,\mathrm{e}^{\hat{B}}=\mathrm{e}^{(\hat{A}+\hat{B})}\,\mathrm{e}^{[\hat{A},\hat{B}]/2}$$

证明　用数学归纳法来证明前两式。

当 $n=1$ 时，有

$$[\hat{A},\hat{B}]=[\hat{A},\hat{B}] \tag{1}$$

显然，欲证明的两个公式皆成立。

假设 $n=k$ 时欲证明的两个公式皆成立，即

$$[\hat{A},\hat{B}^k]=k\hat{B}^{k-1}[\hat{A},\hat{B}] \tag{2}$$

$$[\hat{A}^k,\hat{B}]=k\hat{A}^{k-1}[\hat{A},\hat{B}] \tag{3}$$

当 $n=k+1$ 时，有

$$\begin{aligned}[\hat{A},\hat{B}^{k+1}]&=[\hat{A},\hat{B}\hat{B}^k]=\hat{B}[\hat{A},\hat{B}^k]+[\hat{A},\hat{B}]\hat{B}^k=\\&\hat{B}k\hat{B}^{k-1}[\hat{A},\hat{B}]+\hat{B}^k[\hat{A},\hat{B}]=(k+1)\hat{B}^k[\hat{A},\hat{B}]\end{aligned} \tag{4}$$

$$\begin{aligned}[\hat{A}^{k+1},\hat{B}]&=[\hat{A}\hat{A}^k,\hat{B}]=\hat{A}[\hat{A}^k,\hat{B}]+[\hat{A},\hat{B}]\hat{A}^k=\\&\hat{A}k\hat{A}^{k-1}[\hat{A},\hat{B}]+\hat{A}^k[\hat{A},\hat{B}]=(k+1)\hat{A}^k[\hat{A},\hat{B}]\end{aligned} \tag{5}$$

于是前两个公式得证。

为了证明第 3 个等式成立，引入一个算符函数为

$$T(s)=\mathrm{e}^{s\hat{A}}\,\mathrm{e}^{s\hat{B}} \tag{6}$$

式中，s 为实参数。将上式两端对 s 求导数，得到

$$T'(s)=\hat{A}\mathrm{e}^{s\hat{A}}\,\mathrm{e}^{s\hat{B}}+\mathrm{e}^{s\hat{A}}\hat{B}\,\mathrm{e}^{s\hat{B}}=(\hat{A}+\mathrm{e}^{s\hat{A}}\hat{B}\,\mathrm{e}^{-s\hat{A}})\,T(s) \tag{7}$$

由算符函数的定义可知

$$[\hat{B},\mathrm{e}^{-s\hat{A}}]=\sum_{n=0}^{\infty}\,(-s)^n\,(n!)^{-1}[\hat{B},\hat{A}^n] \tag{8}$$

利用已证明之第1式,可将上式改写成

$$[\hat{B},\mathrm{e}^{-s\hat{A}}]=\sum_{n=0}^{\infty}(-s)^{n}(n!)^{-1}n\hat{A}^{n-1}[\hat{B},\hat{A}]=$$

$$-s\sum_{n=1}^{\infty}(-s)^{n-1}[(n-1)!]^{-1}\hat{A}^{n-1}[\hat{B},\hat{A}]=-s\mathrm{e}^{-s\hat{A}}[\hat{B},\hat{A}] \tag{9}$$

于是得到

$$\mathrm{e}^{s\hat{A}}\hat{B}\mathrm{e}^{-s\hat{A}}=\mathrm{e}^{s\hat{A}}\{\mathrm{e}^{-s\hat{A}}\hat{B}-s\mathrm{e}^{-s\hat{A}}[\hat{B},\hat{A}]\}=\hat{B}+s[\hat{A},\hat{B}] \tag{10}$$

将式(10)代入式(7),得到算符函数 $T(s)$ 满足的微分方程为

$$T'(s)=\{\hat{A}+\hat{B}+s[\hat{A},\hat{B}]\}T(s) \tag{11}$$

上式的初始条件为

$$T(0)=1 \tag{12}$$

由于算符 $(\hat{A}+\hat{B})$ 与 $[\hat{A},\hat{B}]$ 对易,故可以对式(11)积分,于是得到

$$T(s)=\mathrm{e}^{s(\hat{A}+\hat{B})}\mathrm{e}^{s^{2}[\hat{A},\hat{B}]/2} \tag{13}$$

将式(6)代入上式,取 $s=1$ 则得欲证之式,即

$$\mathrm{e}^{\hat{A}}\mathrm{e}^{\hat{B}}=\mathrm{e}^{(\hat{A}+\hat{B})}\mathrm{e}^{[\hat{A},\hat{B}]/2} \tag{14}$$

例题 5.5　设做一维运动的质量为 μ 的粒子具有无简并断续能谱,即

$$\hat{H}\mid\psi_{n}\rangle=E_{n}\mid\psi_{n}\rangle$$

试证

$$(p_{x})_{mn}=\mathrm{i}\hbar^{-1}\mu(E_{m}-E_{n})x_{mn}$$

$$(xp_{x})_{mn}=\mathrm{i}\hbar^{-1}\mu\sum_{k}(E_{k}-E_{n})x_{mk}x_{kn}$$

式中,$x_{mn}=\langle\psi_{m}\mid x\mid\psi_{n}\rangle$;$p_{mn}=\langle\psi_{m}\mid\hat{p}_{x}\mid\psi_{n}\rangle$。两者分别称为坐标和动量算符的矩阵元。

证明　做一维运动粒子的哈密顿算符为

$$\hat{H}=\hat{p}_{x}^{2}/(2\mu)+V(x) \tag{1}$$

它与坐标的对易关系为

$$[\hat{H},x]=[\hat{p}_{x}^{2}/(2\mu)+V(x),x]=[\hat{p}_{x}^{2},x]/(2\mu)=-\mathrm{i}\hbar\hat{p}_{x}/\mu \tag{2}$$

由上式可知

$$\hat{p}_{x}=\mathrm{i}\hbar^{-1}\mu[\hat{H},x] \tag{3}$$

于是动量算符的矩阵元为

$$\langle\psi_{m}\mid\hat{p}_{x}\mid\psi_{n}\rangle=\mathrm{i}\hbar^{-1}\mu\langle\psi_{m}\mid[\hat{H},x]\mid\psi_{n}\rangle=\mathrm{i}\hbar^{-1}\mu(E_{m}-E_{n})\langle\psi_{m}\mid x\mid\psi_{n}\rangle \tag{4}$$

通常将上式写成更简洁的形式,即

$$(p_{x})_{mn}=\mathrm{i}\hbar^{-1}\mu(E_{m}-E_{n})x_{mn} \tag{5}$$

进而,由式(5)及本征矢的封闭关系可知

$$(xp_{x})_{mn}=\sum_{k}x_{mk}(p_{x})_{kn}=\mathrm{i}\hbar^{-1}\mu\sum_{k}(E_{k}-E_{n})x_{mk}x_{kn} \tag{6}$$

例题 5.6　设一维自由粒子的状态为

$$\psi(x)=A[\sin^2(kx)+2^{-1}\cos(kx)]$$

式中的 k 为波矢量值。求出粒子动量与动能的取值概率和平均值。

解　在一维坐标下,已知用波矢量表示的动量算符的归一化本征波函数为

$$\varphi_k(x)=[2\pi\delta_k(0)]^{-1/2}\mathrm{e}^{\mathrm{i}kx} \tag{1}$$

将已知的波函数 $\psi(x)$ 改写为

$$\begin{aligned}\psi(x)=&A[\sin^2(kx)+2^{-1}\cos(kx)]=\\&A[-2^{-2}(\mathrm{e}^{\mathrm{i}kx}-\mathrm{e}^{-\mathrm{i}kx})^2+2^{-2}(\mathrm{e}^{\mathrm{i}kx}+\mathrm{e}^{-\mathrm{i}kx})]=\\&2^{-2}A(2-\mathrm{e}^{\mathrm{i}2kx}-\mathrm{e}^{-\mathrm{i}2kx}+\mathrm{e}^{\mathrm{i}kx}+\mathrm{e}^{-\mathrm{i}kx})=\\&2^{-2}[2\pi\delta_k(0)]^{1/2}A[2\varphi_0(x)+\varphi_k(x)+\varphi_{-k}(x)-\varphi_{2k}(x)-\varphi_{-2k}(x)]\end{aligned} \tag{2}$$

其中不为零的展开系数只有五个,即

$$C_0=[2^{-1}\pi\delta_k(0)]^{1/2}A\ ,\quad C_k=C_{-k}=[8^{-1}\pi\delta_k(0)]^{1/2}A,\quad C_{2k}=C_{-2k}=-C_k \tag{3}$$

利用归一化条件

$$\sum_k|C_k|^2=1 \tag{4}$$

可以确定归一化因子为

$$A=[\pi\delta_k(0)]^{-1/2} \tag{5}$$

于是有

$$\psi(x)=4^{-1}\times2^{1/2}[2\varphi_0(x)+\varphi_k(x)+\varphi_{-k}(x)-\varphi_{2k}(x)-\varphi_{-2k}(x)] \tag{6}$$

最后,得到动量的取值概率为

$$W(p=0)=1/2\ ,\quad W(p=\pm k\hbar)=1/8\ ,\quad W(p=\pm2k\hbar)=1/8 \tag{7}$$

动量的平均值为

$$\bar{p}=\sum_p pW(p)=0 \tag{8}$$

动能的平均值为

$$\bar{T}=(2\mu)^{-1}\sum_p p^2W(p)=5k^2\hbar^2/(8\mu) \tag{9}$$

习　题　5

习题 5.1　计算对易关系$[\hat{L}_\mu,\nu]$,其中 $\mu,\nu=x,y,z$。

习题 5.2　证明

$$\hat{\boldsymbol{L}}\times\boldsymbol{r}+\boldsymbol{r}\times\hat{\boldsymbol{L}}=2\mathrm{i}\hbar\boldsymbol{r}$$
$$\hat{\boldsymbol{L}}\times\hat{\boldsymbol{p}}+\hat{\boldsymbol{p}}\times\hat{\boldsymbol{L}}=2\mathrm{i}\hbar\hat{\boldsymbol{p}}$$

习题 5.3　证明雅可比(Jacobi)恒等式,即

$$[\hat{A},[\hat{B},\hat{C}]]+[\hat{B},[\hat{C},\hat{A}]]+[\hat{C},[\hat{A},\hat{B}]]=0$$

习题 5.4　已知算符 $\hat{q}$ 和 $\hat{p}$ 满足对易关系$[\hat{q},\hat{p}]=\mathrm{i}\hbar$,$f(\hat{q})$ 是 $\hat{q}$ 的可导函数,证明

$$[\hat{q},\hat{p}^2f(\hat{q})]=2\mathrm{i}\hbar\hat{p}f(\hat{q})$$

$$[\hat{q},\hat{p}f(\hat{q})\hat{p}]=\mathrm{i}\hbar\{f(\hat{q})\hat{p}+\hat{p}f(\hat{q})\}$$
$$[\hat{p},\hat{p}^2f(\hat{q})]=-\mathrm{i}\hbar\hat{p}^2f'(\hat{q})$$
$$[\hat{p},\hat{p}f(\hat{q})\hat{p}]=-\mathrm{i}\hbar\hat{p}f'(\hat{q})\hat{p}$$

习题 5.5 证明

$$[\hat{A},\hat{B}^n]=\sum_{m=0}^{n-1}\hat{B}^m[\hat{A},\hat{B}]\hat{B}^{n-m-1}$$

进而利用上式证明

$$[x,\hat{p}_x^n]=\mathrm{i}\hbar n\hat{p}_x^{n-1}$$

习题 5.6 设 $f(\boldsymbol{r})$ 是只与空间坐标有关的函数，证明

$$[f(\boldsymbol{r}),[\nabla^2,f(\boldsymbol{r})]]=-2[\nabla f(\boldsymbol{r})]^2$$

习题 5.7 已知 λ 是一个小的正实数，且算符 $\hat{A}$ 的逆算符存在，证明

$$(\hat{A}-\lambda\hat{B})^{-1}=\hat{A}^{-1}+\lambda\hat{A}^{-1}\hat{B}\hat{A}^{-1}+\lambda^2\hat{A}^{-1}\hat{B}\hat{A}^{-1}\hat{B}\hat{A}^{-1}+\cdots$$

习题 5.8 已知算符 $\hat{A}$ 与 $\hat{B}$ 满足对易关系 $[\hat{A},[\hat{A},\hat{B}]]=0$，求证

$$\mathrm{e}^{\lambda\hat{A}}\hat{B}\mathrm{e}^{-\lambda\hat{A}}=\hat{B}+\lambda[\hat{A},\hat{B}]$$

习题 5.9 定义算符

$$\hat{A}=(\hat{U}+\hat{U}^\dagger)/2,\quad \hat{B}=(\hat{U}-\hat{U}^\dagger)/(2\mathrm{i})$$

式中的 $\hat{U}$ 是幺正算符。证明 $\hat{A}$ 与 $\hat{B}$ 皆为厄米算符，并且满足

$$\hat{A}^2+\hat{B}^2=\hat{I},\quad [\hat{A},\hat{B}]=0$$

习题 5.10 设哈密顿算符 $\hat{H}$ 的本征解为 E_n 和 $\psi_n(\boldsymbol{r})$，对任意的线性厄米算符 $\hat{A}$，证明

$$\int\psi_n^*(\boldsymbol{r})[\hat{H},\hat{A}]\psi_n(\boldsymbol{r})\mathrm{d}\tau=0$$

习题 5.11 质量为 m 的粒子处于宽度为 $2a$ 的一维无限深对称方势阱中，已知 $t=0$ 时粒子的状态为

$$\psi(x,0)=\begin{cases}A[\cos(2^{-1}\pi x/a)+\sin(2\pi x/a)-4^{-1}\cos(3\times2^{-1}\pi x/a)] & (|x|\leqslant a)\\ 0 & (|x|>a)\end{cases}$$

求 $t>0$ 时刻粒子的波函数。

习题 5.12 质量为 m 的粒子在宽度为 a 的一维无限深非对称方势阱中运动，已知 $t=0$ 时粒子的状态为

$$\psi(x,0)=C_1\psi_1(x)+C_2\psi_2(x)+C_3\psi_3(x)$$

求 $t=0$ 时粒子的能量取值概率分布；$t>0$ 时粒子的波函数和能量取值概率分布。其中，$\psi_n(x)$ 为粒子的第 n 个本征态。

第6章　不确定关系及守恒定律

在研究了一个厄米算符本征解的特性之后,现在把目光转向对两个力学量的测量问题上,得到的结论是:当两个厄米算符相互对易时,它们存在共同完备本征函数系,相应的两个力学量可以同时取确定值;当两个厄米算符不对易时,它们不存在共同完备本征函数系,虽然通常情况下这两个力学量不能同时取确定值,但是它们的差方平均值满足著名的不确定关系。

测量是获取实验数据的必要手段,量子物理学中的测量与经典物理学不同。本章在介绍量子测量理论的基础上,利用实例讨论了两个力学量的测量问题。

此外,针对力学量算符还介绍如下两方面的内容:一是,力学量平均值随时间的变化规律,利用定理的形式给出一些常用力学量平均值与时间的关系,例如,埃伦费斯特(Ehrenfest)定理、位力(Virial)定理、赫尔曼(Hellmann)-费曼定理等;二是,给出体系的对称性与守恒量之间的因果关系,例如,空间反演对称性与宇称守恒、空间平移对称性与动量守恒、时间平移对称性与能量守恒、空间转动对称性与角动量守恒等。

6.1　角动量算符及其共同本征函数系

6.1.1　角动量算符及其对易关系

在量子力学中,除了坐标、动量和哈密顿量之外,角动量是表征体系转动性质的重要物理量。由于角动量的平方算符与任意分量算符对易,因此两者存在共同完备本征函数系,从而这两个力学量可以同时取确定值,此即本节的要点。

1. 角动量算符的表达式

前面已经利用算符化规则给出了角动量算符的表达式,即

$$\hat{\boldsymbol{L}}=\boldsymbol{r}\times\hat{\boldsymbol{p}} \tag{6.1.1}$$

显然角动量算符是一个与体系无关的普适算符。

(1) 笛卡儿坐标系中的角动量算符

在笛卡儿坐标系中,角动量三个分量算符的形式(见例5.4)为

$$\hat{L}_x=y\hat{p}_z-z\hat{p}_y,\quad \hat{L}_y=z\hat{p}_x-x\hat{p}_z,\quad \hat{L}_z=x\hat{p}_y-y\hat{p}_x \tag{6.1.2}$$

而角动量平方算符的表达式为

$$\hat{\boldsymbol{L}}^2=\hat{L}_x^2+\hat{L}_y^2+\hat{L}_z^2 \tag{6.1.3}$$

(2) 球极坐标系中的角动量算符

已知笛卡儿坐标系与球极坐标系自变量之间的关系为

$$\begin{cases} x=r\sin\theta\cos\varphi, \quad y=r\sin\theta\sin\varphi, \quad z=r\cos\theta \\ r=(x^2+y^2+z^2)^{1/2}, \quad \theta=\arccos(z/r), \quad \varphi=\arctan(y/r) \end{cases} \tag{6.1.4}$$

由此可以导出在球极坐标系中角动量三个分量算符及其平方算符为

$$\begin{cases} \hat{L}_x=\mathrm{i}\hbar\left(\sin\varphi\dfrac{\partial}{\partial\theta}+\cot\theta\cos\varphi\dfrac{\partial}{\partial\varphi}\right) \\ \hat{L}_y=-\mathrm{i}\hbar\left(\cos\varphi\dfrac{\partial}{\partial\theta}-\cot\theta\sin\varphi\dfrac{\partial}{\partial\varphi}\right) \\ \hat{L}_z=-\mathrm{i}\hbar\dfrac{\partial}{\partial\varphi} \\ \hat{\boldsymbol{L}}^2=-\hbar^2\left[\dfrac{1}{\sin\theta}\dfrac{\partial}{\partial\theta}\left(\sin\theta\dfrac{\partial}{\partial\theta}\right)+\dfrac{1}{\sin^2\theta}\dfrac{\partial^2}{\partial\varphi^2}\right] \end{cases} \tag{6.1.5}$$

式中,$0\leqslant\varphi\leqslant 2\pi$;$0\leqslant\theta\leqslant\pi$。具体的导出过程见习题 6.8 的解答。

2. 与角动量算符相关的对易关系

利用对易子运算规则可以证明如下与角动量算符 $\hat{\boldsymbol{L}}$ 相关的对易关系。

(1) $\hat{\boldsymbol{L}}$ 的分量算符之间的对易关系(见例 5.4)

$$[\hat{L}_x,\hat{L}_y]=\mathrm{i}\hbar\hat{L}_z, \quad [\hat{L}_y,\hat{L}_z]=\mathrm{i}\hbar\hat{L}_x, \quad [\hat{L}_z,\hat{L}_x]=\mathrm{i}\hbar\hat{L}_y \tag{6.1.6}$$

(2) $\hat{\boldsymbol{L}}$ 的分量算符与 $\boldsymbol{r}$ 的分量算符的对易关系

$$[\hat{L}_\mu,\mu]=0 \quad (\mu=x,y,z) \tag{6.1.7}$$

$$\begin{cases} [\hat{L}_x,y]=\mathrm{i}\hbar z, \quad [\hat{L}_y,z]=\mathrm{i}\hbar x, \quad [\hat{L}_z,x]=\mathrm{i}\hbar y \\ [\hat{L}_x,z]=-\mathrm{i}\hbar y, \quad [\hat{L}_y,x]=-\mathrm{i}\hbar z, \quad [\hat{L}_z,y]=-\mathrm{i}\hbar x \end{cases} \tag{6.1.8}$$

(3) $\hat{\boldsymbol{L}}$ 的分量算符与 $\hat{\boldsymbol{p}}$ 的分量算符的对易关系(见例题 5.1)

$$[\hat{L}_\mu,\hat{p}_\mu]=0 \quad (\mu=x,y,z) \tag{6.1.9}$$

$$\begin{cases} [\hat{L}_x,\hat{p}_y]=\mathrm{i}\hbar\hat{p}_z, \quad [\hat{L}_y,\hat{p}_z]=\mathrm{i}\hbar\hat{p}_x, \quad [\hat{L}_z,\hat{p}_x]=\mathrm{i}\hbar\hat{p}_y \\ [\hat{L}_x,\hat{p}_z]=-\mathrm{i}\hbar\hat{p}_y, \quad [\hat{L}_y,\hat{p}_x]=-\mathrm{i}\hbar\hat{p}_z, \quad [\hat{L}_z,\hat{p}_y]=-\mathrm{i}\hbar\hat{p}_x \end{cases} \tag{6.1.10}$$

(4) $\hat{\boldsymbol{L}}^2$ 与 $\boldsymbol{r}$、$\hat{\boldsymbol{p}}$ 和 $\hat{\boldsymbol{L}}$ 的分量算符的对易关系(见例题 5.2 和例 5.5)

$$\begin{cases} [\hat{\boldsymbol{L}}^2,\mu]=\mathrm{i}\hbar[(\boldsymbol{r}\times\hat{\boldsymbol{L}})_\mu-(\hat{\boldsymbol{L}}\times\hat{\boldsymbol{r}})_\mu] \\ [\hat{\boldsymbol{L}}^2,\hat{p}_\mu]=\mathrm{i}\hbar[(\hat{\boldsymbol{p}}\times\hat{\boldsymbol{L}})_\mu-(\hat{\boldsymbol{L}}\times\hat{\boldsymbol{p}})_\mu] \\ [\hat{\boldsymbol{L}}^2,\hat{L}_\mu]=0 \quad (\mu=x,y,z) \end{cases} \tag{6.1.11}$$

6.1.2 角动量算符的本征解

在球极坐标系中,分别求解算符 $\hat{L}_z$ 与 $\hat{\boldsymbol{L}}^2$ 满足的本征方程。

1. 算符 $\hat{L}_z$ 的本征解

由式(6.1.5)中的第 3 式可知,算符 $\hat{L}_z$ 满足的本征方程为

$$-i\hbar\Phi'(\varphi)=L_z\Phi(\varphi) \tag{6.1.12}$$

可以直接写出它的本征波函数为

$$\Phi(\varphi)=c\mathrm{e}^{\mathrm{i}L_z\varphi/\hbar} \tag{6.1.13}$$

式中，c 为待定的归一化常数。

利用波函数的单值性(周期性)要求

$$\Phi(0)=\Phi(2\pi) \tag{6.1.14}$$

可以求出算符 $\hat{L}_z$ 的本征值为

$$L_z=m\hbar \quad (m=0,\pm1,\pm2,\cdots) \tag{6.1.15}$$

式中，m 为角动量的**磁量子数**。

归一化常数 c 可以利用归一化条件

$$\int_0^{2\pi}\Phi_m^*(\varphi)\Phi_m(\varphi)\mathrm{d}\varphi=1 \tag{6.1.16}$$

确定为

$$c=(2\pi)^{-1/2} \tag{6.1.17}$$

于是得到与本征值 $L_z=m\hbar$ 相应的归一化本征波函数为

$$\Phi_m(\varphi)=(2\pi)^{-1/2}\mathrm{e}^{\mathrm{i}m\varphi} \tag{6.1.18}$$

2. 算符 $\hat{L}^2$ 的本征解

由式(6.1.5)中第4式可知，算符 $\hat{\boldsymbol{L}}^2$ 满足的本征方程为

$$-\hbar^2\left[\frac{1}{\sin\theta}\frac{\partial}{\partial\theta}\left(\sin\theta\frac{\partial}{\partial\theta}\right)+\frac{1}{\sin^2\theta}\frac{\partial^2}{\partial\varphi^2}\right]Y(\theta,\varphi)=\lambda\hbar^2Y(\theta,\varphi) \tag{6.1.19}$$

式中，$\lambda\hbar^2$ 与 $Y(\theta,\varphi)$ 分别为算符 $\hat{\boldsymbol{L}}^2$ 的待求本征值与本征波函数。

下面分五步求解上述本征方程。

第一步，将式(6.1.19)分离变量。

设待求本征波函数为

$$Y(\theta,\varphi)=\Theta(\theta)\Phi(\varphi) \tag{6.1.20}$$

式中，与角度 φ 相关的函数 $\Phi(\varphi)$ 是算符 $\hat{L}_z$ 的本征波函数，已由式(6.1.18)给出，将其与式(6.1.20)代入式(6.1.19)，得到与角度 θ 相关函数 $\Theta(\theta)$ 满足的微分方程，即

$$(\sin\theta)^{-1}[\sin\theta\,\Theta'(\theta)]'+[\lambda-m^2(\sin\theta)^{-2}]\Theta(\theta)=0 \tag{6.1.21}$$

第二步，将式(6.1.21)改写成特殊函数方程。

若令 $\xi=\cos\theta$，则 $\mathrm{d}\xi=-\sin\theta\mathrm{d}\theta$，于是可以将式(6.1.21)改写成

$$[(1-\xi^2)\Theta'(\xi)]'+[\lambda-m^2(1-\xi^2)^{-1}]\Theta(\xi)=0 \tag{6.1.22}$$

将其稍做整理即可得到更加明晰的形式，即

$$(1-\xi^2)\Theta''(\xi)-2\xi\Theta'(\xi)+[\lambda-m^2(1-\xi^2)^{-1}]\Theta(\xi)=0 \tag{6.1.23}$$

上式刚好是连带勒让德(Legendre)方程(见附5.3)。

第三步，直接写出式(6.1.23)的本征解。

数学家已经证明，连带勒让德方程的解为

$$\begin{cases}\lambda = l(l+1) & (l=0,1,2,\cdots)\\ \Theta_{lm}(\xi) = \mathrm{P}_l^m(\xi) & (|m| \leqslant l)\end{cases} \tag{6.1.24}$$

其中，$\mathrm{P}_l^m(\xi)$ 为连带勒让德函数，其表达式为

$$\mathrm{P}_l^m(\xi) = (1-\xi^2)^{m/2}\mathrm{d}^m\mathrm{P}_l(\xi)/\mathrm{d}\xi^m = (1-\xi^2)^{m/2}\sum_{k=0}^{[(l-m)/2]}\frac{(-1)^k(2l-2k)!\xi^{l-2k-m}}{2^l k!(l-k)!(l-2k-m)!} \tag{6.1.25}$$

式中，符号 $[(l-m)/2]$ 表示取不超过 $(l-m)/2$ 的最大整数。

第四步，将函数 $\Theta_{lm}(\theta)$ 归一化。

已知连带勒让德函数的正交关系为

$$\int_{-1}^{1}\mathrm{P}_l^m(\xi)\mathrm{P}_{\tilde{l}}^m(\xi)\mathrm{d}\xi = 2(l+m)!/[(2l+1)(l-m)!]\delta_{l,\tilde{l}} \tag{6.1.26}$$

利用上式可以得到归一化的函数 $\Theta_{lm}(\theta)$ 为

$$\Theta_{lm}(\theta) = (-1)^m\{(2l+1)(l-m)!/[2(l+m)!]\}^{1/2}\mathrm{P}_l^m(\cos\theta) \tag{6.1.27}$$

其中多出的因子 $(-1)^m$ 是由于自变量不同造成的，可以由式(6.1.25)及 $\xi=\cos\theta$ 和 $\mathrm{d}\xi=\mathrm{d}\cos\theta=-\sin\theta\mathrm{d}\theta$ 看出。函数 $\Theta_{lm}(\theta)$ 满足的正交归一化条件为

$$\int_0^{\pi}\Theta_{lm}(\theta)\Theta_{\tilde{l}m}(\theta)\sin\theta\mathrm{d}\theta = \delta_{l,\tilde{l}} \tag{6.1.28}$$

第五步，写出算符 $\hat{\boldsymbol{L}}^2$ 的本征解。

由 $\lambda = l(l+1)$ 可知，算符 $\hat{\boldsymbol{L}}^2$ 的本征解为

$$\begin{cases}\boldsymbol{L}^2 = l(l+1)\hbar^2\\ \Theta_{lm}(\theta) = (-1)^m\{(2l+1)(l-m)!/[2(l+m)!]\}^{1/2}\mathrm{P}_l^m(\cos\theta)\end{cases} \tag{6.1.29}$$

式中，$l(l=0,1,2,\cdots)$ 称为角动量量子数，简称**角量子数**；满足 $|m|\leqslant l$ 的 m 为相应的磁量子数。

最后，将式(6.1.18)与式(6.1.29)代入式(6.1.20)，得到

$$Y_{lm}(\theta,\varphi) = N_{lm}\mathrm{P}_l^m(\cos\theta)\mathrm{e}^{\mathrm{i}m\varphi} \tag{6.1.30}$$

式中，N_{lm} 为归一化常数，其表达式为

$$N_{lm} = (-1)^m\{(2l+1)(l-m)!/[4\pi(l+m)!]\}^{1/2} \tag{6.1.31}$$

实际上，式(6.1.30)中的 $Y_{lm}(\theta,\varphi)$ 就是**球谐函数** $\mathrm{Y}_{lm}(\theta,\varphi)$，前几个球谐函数的具体形式见附 5.3。球谐函数满足的正交归一化条件为

$$\int_0^{2\pi}\mathrm{d}\varphi\int_0^{\pi}\mathrm{d}\theta\sin\theta\,\mathrm{Y}_{lm}^*(\theta,\varphi)\mathrm{Y}_{\tilde{l}\tilde{m}}(\theta,\varphi) = \delta_{l,\tilde{l}}\delta_{m,\tilde{m}} \tag{6.1.32}$$

3. 角动量算符本征解的讨论

为了简化表示，用狄拉克符号 $|lm\rangle$ 表示球谐函数 $\mathrm{Y}_{lm}(\theta,\varphi)$，于是有

$$\begin{cases}\hat{\boldsymbol{L}}^2|lm\rangle = l(l+1)\hbar^2|lm\rangle & (l=0,1,2,\cdots)\\ \hat{L}_z|lm\rangle = m\hbar|lm\rangle & (|m|\leqslant l)\end{cases} \tag{6.1.33}$$

由上述两式可以得出如下五点结论：

第一，算符 $\hat{\boldsymbol{L}}^2$ 与 $\hat{L}_z$ 的本征值都是量子化的，即具有断续本征值谱。

第二，除了 $l=0$ 的态外，算符 $\hat{\boldsymbol{L}}^2$ 的所有本征值都是简并的，且简并度为 $f_l=2l+1$，也就是说，每一个量子数为 l 的本征值对应 f_l 个简并的本征矢。这意味着，仅由算符 $\hat{\boldsymbol{L}}^2$ 不能唯一确定本征矢 $|lm\rangle$。

第三，$|lm\rangle$ 既是算符 $\hat{\boldsymbol{L}}^2$ 对应角量子数 l 的本征矢，也是算符 $\hat{L}_z$ 对应磁量子数 m 的本征矢，说明由算符 $\hat{\boldsymbol{L}}^2$ 和 $\hat{L}_z$ 能唯一确定本征矢 $|lm\rangle$，或者说，$\{|lm\rangle\}$ 构成算符 $\hat{\boldsymbol{L}}^2$ 与 $\hat{L}_z$ 的**共同完备本征函数系**。

第四，在本征矢 $|lm\rangle$ 下，力学量 $\boldsymbol{L}^2$ 取确定值 $l(l+1)\hbar^2$，L_z 取确定值 $m\hbar$，即力学量 $\boldsymbol{L}^2$ 和 L_z 可以同时取确定值。

第五，设有一个转动惯量为 I 的**空间转子**，已知其哈密顿算符为 $\hat{H}=\hat{\boldsymbol{L}}^2/(2I)$，由上述讨论可知，角动量算符的本征矢 $|lm\rangle$ 也是空间转子的能量本征矢，相应的本征值为 $l(l+1)\hbar^2/(2I)$，换句话说，得到了角动量算符的本征解，就意味着解决了空间转子的本征问题。

6.1.3　共同完备本征函数系

如上所述，算符 $\hat{\boldsymbol{L}}^2$ 与 $\hat{L}_z$ 存在共同完备本征函数系，此外，动能算符 $\hat{T}$ 与动量算符 $\hat{\boldsymbol{p}}$ 亦存在共同完备本征函数系，但是，这并不意味着任意两个厄米算符都可以有共同完备本征函数系。事实上，当且仅当两个算符相互对易时，它们才可能存在共同完备本征函数系。下面用定理的形式给出这个结论。

定理 6.1　若厄米算符 $\hat{A}$ 与 $\hat{B}$ 有共同完备本征函数系，则算符 $\hat{A}$ 与 $\hat{B}$ 相互对易。

证明　设厄米算符 $\hat{A}$ 与 $\hat{B}$ 有共同完备本征函数系 $\{|\psi_{n\alpha}\rangle\}$，即

$$\hat{A}|\psi_{n\alpha}\rangle=a_n|\psi_{n\alpha}\rangle \tag{6.1.34}$$

$$\hat{B}|\psi_{n\alpha}\rangle=b_\alpha|\psi_{n\alpha}\rangle \tag{6.1.35}$$

分别用算符 $\hat{B}$ 和 $\hat{A}$ 从左作用式(6.1.34)和式(6.1.35)两端，得到

$$\hat{B}\hat{A}|\psi_{n\alpha}\rangle=a_n\hat{B}|\psi_{n\alpha}\rangle=a_nb_\alpha|\psi_{n\alpha}\rangle \tag{6.1.36}$$

$$\hat{A}\hat{B}|\psi_{n\alpha}\rangle=b_\alpha\hat{A}|\psi_{n\alpha}\rangle=b_\alpha a_n|\psi_{n\alpha}\rangle \tag{6.1.37}$$

将上述两式相减得到

$$[\hat{A},\hat{B}]|\psi_{n\alpha}\rangle=0 \tag{6.1.38}$$

因为 $|\psi_{n\alpha}\rangle$ 不具有任意性，所以还不能由此断定算符 $\hat{A}$ 与 $\hat{B}$ 是对易的。

由于算符 $\hat{A}$ 与 $\hat{B}$ 有共同完备本征函数系 $\{|\psi_{n\alpha}\rangle\}$，对于任意态矢 $|\Psi\rangle$，由厄米算符本征矢的完备性可知

$$|\Psi\rangle=\sum_{n,\alpha}C_{n\alpha}|\psi_{n\alpha}\rangle \tag{6.1.39}$$

再用对易子 $[\hat{A},\hat{B}]$ 从左作用上式两端，利用式(6.1.38)得到

$$[\hat{A},\hat{B}]\mid\Psi\rangle=\sum_{n,\alpha}C_{n\alpha}[\hat{A},\hat{B}]\mid\psi_{n\alpha}\rangle=0 \tag{6.1.40}$$

于是，由态矢 $|\Psi\rangle$ 的任意性可知

$$[\hat{A},\hat{B}]=0 \tag{6.1.41}$$

定理 6.1 证毕。

定理 6.2 若厄米算符 $\hat{A}$ 与 $\hat{B}$ 相互对易，则它们存在共同完备本征函数系。

证明 设厄米算符 $\hat{A}$ 满足的本征方程为

$$\hat{A}\mid\psi_{n\alpha}\rangle=a_n\mid\psi_{n\alpha}\rangle \tag{6.1.42}$$

用厄米算符 $\hat{B}$ 从左作用上式两端，由算符 $\hat{A}$ 与 $\hat{B}$ 相互对易可知

$$\hat{B}\hat{A}\mid\psi_{n\alpha}\rangle=\hat{A}[\hat{B}\mid\psi_{n\alpha}\rangle]=a_n[\hat{B}\mid\psi_{n\alpha}\rangle] \tag{6.1.43}$$

式(6.1.43)表明，$\hat{B}|\psi_{n\alpha}\rangle$ 也是算符 $\hat{A}$ 的对应本征值 a_n 的本征矢，它与本征矢 $|\psi_{n\alpha}\rangle$ 只能相差一个复常数因子，若设其为 b_α，则有

$$\hat{B}\mid\psi_{n\alpha}\rangle=b_\alpha\mid\psi_{n\alpha}\rangle \tag{6.1.44}$$

显然，上式就是厄米算符 $\hat{B}$ 的本征方程，b_α 与 $|\psi_{n\alpha}\rangle$ 为其本征解。于是可知，当算符 $\hat{A}$ 与 $\hat{B}$ 相互对易时，若 $|\psi_{n\alpha}\rangle$ 是算符 $\hat{A}$ 的本征矢，则它也一定是算符 $\hat{B}$ 的本征矢，反之亦然，故 $\{|\psi_{n\alpha}\rangle\}$ 是算符 $\hat{A}$ 和 $\hat{B}$ 的共同完备本征函数系。定理 6.2 证毕。

总之，由于算符 $\hat{\boldsymbol{L}}^2$ 的本征值是简并的，所以仅由量子数 l 无法唯一地确定其本征态。若想唯一地确定其本征态，必须启用另一个与之对易的算符 $\hat{L}_z$。由此看来，这样两个相互对易的厄米算符可以有共同完备的本征函数系，能唯一地确定角动量的取值状态。将上述思路推而广之，如果有 N 个相互对易的力学量算符 $\hat{A}_1,\hat{A}_2,\hat{A}_3,\cdots,\hat{A}_N$ 能唯一地确定力学量的取值状态，就将这 N 个力学量称为**力学量完全集**，或者**完整力学数量组**，通常将其记为 $\{A_1,A_2,A_3,\cdots,A_N\}$。

6.2 量子测量理论与不确定关系

6.2.1 状态叠加原理与测量理论初步

1. 状态叠加原理的狄拉克表述

状态叠加原理是量子力学的基本原理之一，其表述方式不尽相同，除了前面已经给出的形式之外，狄拉克也对其给出了自己的表述。

状态叠加原理(狄拉克表述)：

首先，狄拉克认为："量子力学的普遍叠加原理，适用于任何力学系统的态，…。任何两个或更多个态可以被叠加起来产生一个新的态，这个过程是一个数学过程，它总是可以允许的，这一点不涉及任何物理条件。"

其次，狄拉克从观察的角度对叠加态做了具体的说明："我们研究 A 和 B 两个态的叠

加，对这两个态的要求是存在着一种观察，它作用于处于 A 态的系统时一定得到一个特定的结果，例如就是 a。当我们把这种观察作用于 B 态的系统时，一定得到某一个不同的结果，例如就是 b。当我们把这种观察作用于它们叠加态的系统时，…，观察的结果将有时为 a，有时为 b，按照由叠加过程中 A 与 B 的相对权重所决定的概率规律而定。除了 a 和 b 外，永不会有其他结果。”

下面对上述状态叠加原理做进一步的诠释。

(1) 力学量算符的本征矢

叠加原理中所谓的观察可以理解为，在某个状态下对一个力学量 g（例如，能量、动量和坐标等）的测量。由算符化规则可知，可观测的力学量 g 一定与一个线性厄米算符 $\hat{g}$ 相对应。求解该算符满足的本征方程，可以得到其本征值 $g_1, g_2, g_3, \cdots$ 及相应的归一化本征矢 $|g_1\rangle, |g_2\rangle, |g_3\rangle, \cdots$。如果在某个状态下观测力学量 g 一定得到特定的结果 $g_i (i=1,2,3,\cdots)$，那就意味着这个状态只能是算符 $\hat{g}$ 的具有本征值 g_i 的本征态 $|g_i\rangle$。由于叠加原理认为“存在着一种观察，它作用于处于 A 态的系统时一定得到一个特定的结果，例如就是 a”。所以叠加原理中的参与态是力学量算符 $\hat{g}$ 的本征态，这是狄拉克给出的状态叠加原理的前提条件。

(2) 叠加态与矢量空间

在力学量算符 $\hat{g}$ 的任意两个本征态 $|g_i\rangle$ 与 $|g_j\rangle$ 的叠加态 $c_i|g_i\rangle + c_j|g_j\rangle$（$c_i$ 和 c_j 为任意复常数）下观测力学量 g，其可能取值只能是 g_i 或者 g_j，绝不可能取其他值，并且取 g_i 值的概率为 $|c_i|^2/(|c_i|^2+|c_j|^2)$，取 g_j 值的概率为 $|c_j|^2/(|c_i|^2+|c_j|^2)$。显然，算符 $\hat{g}$ 的两个本征态的任意叠加态也是描述力学量 g 取值的状态。同样，三个甚至更多个本征态的任意叠加态也可以描述力学量 g 取值的状态。推而广之，由上述任意两个或多个叠加态构成的新的叠加态也可以描述力学量 g 取值的状态。

如果将每个可以描述力学量 g 取值状态的叠加态视为一个态矢，则所有可以描述力学量 g 取值的叠加态（本征态是叠加态的一个特例）和零矢量构成一个矢量空间。

2. 量子测量理论初步

物理学中的测量是指按照某种物理规律，利用通过仪器获取的数据来描述观察到的物理现象，即对事物做出量化描述。纵观量子力学的全部内容，它的成功之处就在于对测量结果的正确解释和预言，一旦离开了对物理量的测量，它就只剩下一套无聊的数学演绎与推导。

关于量子测量的解释，目前还没有统一的表述，除了实验物理上的考量之外，还涉及对哲学层面上的思考，可以说是派别林立、众说纷纭。因此自量子力学诞生之日起，关于测量的解释就是争论的焦点之一。

目前，占主流地位的哥本哈根学派对**量子测量**有如下三点诠释：

第一，在力学量算符 $\hat{g}$ 的某个本征态 $|g_i\rangle$ 下测量该力学量的值，其结果只能是本征

态$|g_i\rangle$相应的本征值g_i。并且测量之后状态保持不变，仍然为本征态$|g_i\rangle$。

第二，由厄米算符本征态的完备性可知，g空间的任意归一化状态$|\Psi\rangle$可以向算符$\hat{g}$的本征态展开。在此状态下对力学量g进行测量，由于该状态不一定是算符$\hat{g}$的本征态，所以通常测量值是不确定的。但是每次测得的结果必为展开系数不为零的参与态的本征值中的一个（例如g_i），且每个测量值（本征值）出现的概率是确定的。

第三，在状态$|\Psi\rangle$下对g实施一次测量得到测量值g_i之后，状态$|\Psi\rangle$随之变成对应本征值g_i的本征态$|g_i\rangle$，通常将其称为**波包的编缩**。如果需要在状态$|\Psi\rangle$下重复多次测量，必须将每次测量后的状态恢复为状态$|\Psi\rangle$。

量子测量与经典力学中的测量有明显的差别：一是，测量仪器的介入会对量子体系产生影响，例如，改变被测量体系的状态，而测量仪器对宏观物体产生的影响可以忽略；二是，对处于同一状态的量子体系进行多次测量，虽然每次得到的结果是不确定的，但是这些结果出现的概率是确定的，而对宏观物体的多次测量结果是相同的；三是，在一个确定的状态下对某个力学量进行的每一次量子测量，都会使原来的状态坍缩为该力学量的本征态，而对宏观物体测量不改变它原来的状态。

量子力学关于测量结果的预言已被诸多实验所证实，为了正确理解状态叠加原理和量子测量的物理内涵，下面来完成一个例题。

例 6.1 设粒子处于如下状态，即

$$|\psi\rangle=(5/9)^{1/2}\,|21\rangle-(1/9)^{1/2}\,|20\rangle+(1/3)^{1/2}\,|31\rangle$$

其中，态矢$|lm\rangle$为角动量平方算符$\hat{\boldsymbol{L}}^2$和角动量z分量算符$\hat{L}_z$的共同本征矢，算符$\hat{\boldsymbol{L}}^2$与$\hat{L}_z$满足的本征方程已由式(6.1.33)给出。

(1) 在态矢$|\psi\rangle$下测量$\boldsymbol{L}^2$和L_z的可能取值与相应的取值概率；

(2) 在态矢$|\psi\rangle$下同时测量$\boldsymbol{L}^2$和L_z，测得$\boldsymbol{L}^2=6\hbar^2, L_z=\hbar$和$\boldsymbol{L}^2=12\hbar^2, L_z=\hbar$的概率；

(3) 先在态矢$|\psi\rangle$下测量$\boldsymbol{L}^2$得到$12\hbar^2$后，紧接着测量L_z的可能取值与相应的取值概率；

(4) 先在态矢$|\psi\rangle$下测量L_z得到$\hbar$后，紧接着测量$\boldsymbol{L}^2$的可能取值与相应的取值概率。

解 首先，判断态矢$|\psi\rangle$是否已经归一化。

由本征矢$|lm\rangle$的完备性可知

$$|\psi\rangle=\sum_{l,m}C_{lm}\,|lm\rangle \tag{6.2.1}$$

显然不为零的展开系数只有三个，即

$$C_{21}=(5/9)^{1/2},\quad C_{20}=-1/3,\quad C_{31}=(1/3)^{1/2} \tag{6.2.2}$$

由于

$$\sum_{l,m}|C_{lm}|^2=5/9+1/9+1/3=1 \tag{6.2.3}$$

所以态矢 $|\psi\rangle$ 已经归一化。

其次，计算四种情况下各力学量的可能取值和相应的取值概率。

(1) 算符 $\hat{\boldsymbol{L}}^2$ 的本征值表达式为

$$\boldsymbol{L}^2 = l(l+1)\hbar^2 \quad (l=2,3) \tag{6.2.4}$$

相应的取值概率公式为

$$W(\boldsymbol{L}^2 = l(l+1)\hbar^2) = \sum_{m=-l}^{l} |C_{lm}|^2 \tag{6.2.5}$$

在态矢 $|\psi\rangle$ 下，具体的计算结果为

$$\begin{cases} W(\boldsymbol{L}^2 = 6\hbar^2) = |C_{21}|^2 + |C_{20}|^2 = 2/3 \\ W(\boldsymbol{L}^2 = 12\hbar^2) = |C_{31}|^2 = 1/3 \\ \overline{\boldsymbol{L}^2} = (2/3) \times 6\hbar^2 + (1/3) \times 12\hbar^2 = 8\hbar^2 \end{cases} \tag{6.2.6}$$

算符 $\hat{L}_z$ 的本征值表达式为

$$L_z = m\hbar \quad (m=0,1) \tag{6.2.7}$$

相应的取值概率公式为

$$W(L_z = m\hbar) = \sum_{l} |C_{lm}|^2 \tag{6.2.8}$$

在态矢 $|\psi\rangle$ 下，具体的计算结果为

$$\begin{cases} W(L_z = 0) = |C_{20}|^2 = 1/9 \\ W(L_z = \hbar) = |C_{21}|^2 + |C_{31}|^2 = 8/9 \\ \overline{L_z} = 8\hbar/9 \end{cases} \tag{6.2.9}$$

(2) 在态矢 $|\psi\rangle$ 下，测得 $\boldsymbol{L}^2 = 6\hbar^2, L_z = \hbar$ 和 $\boldsymbol{L}^2 = 12\hbar^2, L_z = \hbar$ 的概率分别为

$$\begin{cases} W(\boldsymbol{L}^2 = 6\hbar^2, L_z = \hbar) = |C_{21}|^2 = 5/9 \\ W(\boldsymbol{L}^2 = 12\hbar^2, L_z = \hbar) = |C_{31}|^2 = 1/3 \end{cases} \tag{6.2.10}$$

(3) 在态矢 $|\psi\rangle$ 下，测量 $\boldsymbol{L}^2$ 得 $\boldsymbol{L}^2 = 12\hbar^2 (l=3)$ 后，状态 $|\psi\rangle$ 已经变成 $\hat{\boldsymbol{L}}^2$ 的本征态 $|31\rangle$，而它恰好是 $\hat{L}_z$ 的对应本征值 $L_z = \hbar$ 的本征态，所以这时再测量 L_z 必将得到确定值 $\hbar$，或者说测量值为 $\hbar$ 的概率是 1。但是，由于在状态 $|\psi\rangle$ 下测量 $\boldsymbol{L}^2$ 得 $\boldsymbol{L}^2 = 12\hbar^2 (l=3)$ 的概率为 1/3，所以，如果从态矢 $|\psi\rangle$ 算起，则测得 L_z 的值为 $\hbar$ 的概率应该是 1/3。

(4) 在态矢 $|\psi\rangle$ 下，测得 $L_z = \hbar$ 后，使得态矢 $|\psi\rangle$ 变成一个新的状态，即

$$|\tilde{\psi}\rangle = (5/9)^{1/2} |21\rangle + (1/3)^{1/2} |31\rangle \tag{6.2.11}$$

在新态矢 $|\tilde{\psi}\rangle$ 下，为了求出 $\boldsymbol{L}^2$ 的可能取值及相应的取值概率，必须先将新态矢 $|\tilde{\psi}\rangle$ 归一化，即令

$$|\tilde{\psi}\rangle = c\left[(5/9)^{1/2} |21\rangle + (1/3)^{1/2} |31\rangle\right] \tag{6.2.12}$$

由态矢的归一化条件

$$(5/9 + 1/3)\, |c|^2 = 1 \tag{6.2.13}$$

可知归一化常数为

$$c=(9/8)^{1/2} \tag{6.2.14}$$

于是，归一化后的新态矢 $|\tilde{\psi}\rangle$ 为

$$|\tilde{\psi}\rangle=(5/8)^{1/2}|21\rangle+(3/8)^{1/2}|31\rangle \tag{6.2.15}$$

在态矢 $|\tilde{\psi}\rangle$ 下，测量 $\boldsymbol{L}^2$ 的可能取值为 $6\hbar^2$ 和 $12\hbar^2$ 的取值概率与平均值分别为

$$\begin{cases}\tilde{W}(\boldsymbol{L}^2=6\hbar^2)=5/8\\ \tilde{W}(\boldsymbol{L}^2=12\hbar^2)=3/8\\ \overline{\boldsymbol{L}^2}=(5/8)\times 6\hbar^2+(3/8)\times 12\hbar^2=33\hbar^2/4\end{cases} \tag{6.2.16}$$

如果从初始的态矢 $|\psi\rangle$ 算起，则相应的取值概率和平均值分别为

$$\begin{cases}W(\boldsymbol{L}^2=6\hbar^2)=(8/9)\times(5/8)=5/9\\ W(\boldsymbol{L}^2=12\hbar^2)=(8/9)\times(3/8)=1/3\\ \overline{\boldsymbol{L}^2}=(5/9)\times 6\hbar^2+(1/3)\times 12\hbar^2=22\hbar^2/3\end{cases} \tag{6.2.17}$$

6.2.2 平均值、差方平均值与方均根误差

既然涉及对力学量的测量，通常会有测量误差产生。在经典物理学中，测量误差是由仪器的测量精度造成的。在量子力学中，测量误差的概念已与经典物理学的含义不同，它不是取决于仪器的测量精度，而是由每次测量结果的不确定性引起的。为了研究可观测量的测量误差，通常需要引入平均值、差方平均值与方均根误差的概念。如果所涉及的态矢与时间相关，则所有与其相关的结果会与时间相关，为简洁计，下面暂时略记它们的时间变量。

1. 力学量的平均值

设可观测力学量 g 取无简并断续值，即厄米算符 $\hat{g}$ 满足的本征方程为

$$\hat{g}|\psi_n\rangle=g_n|\psi_n\rangle \tag{6.2.18}$$

对于 g 空间中任意归一化的态矢 $|\Psi(t)\rangle$，前面已经给出了力学量 g 平均值的两种表达式，即

$$\bar{g}=\langle\Psi(t)|\hat{g}|\Psi(t)\rangle \tag{6.2.19}$$

$$\bar{g}=\sum_n g_n W(g_n,t) \tag{6.2.20}$$

式中，$W(g_n,t)$ 为 t 时刻在态矢 $|\Psi(t)\rangle$ 下测量 g 得到 g_n 值的概率。

定理 6.3　式(6.2.19)与式(6.2.20)是等价的。

证明　下面由式(6.2.20)导出式(6.2.19)。

在 g 空间中，由厄米算符 $\hat{g}$ 的本征矢 $|\psi_n\rangle$ 完备性可知，任意归一化态矢 $|\Psi(t)\rangle$ 可以展开为

$$|\Psi(t)\rangle=\sum_n|\psi_n\rangle\langle\psi_n|\Psi(t)\rangle=\sum_n C_n(t)|\psi_n\rangle \tag{6.2.21}$$

力学量 g 取 g_n 值的概率为

$$W(g_n,t)=|C_n(t)|^2 \tag{6.2.22}$$

将上式代入式(6.2.20)，利用本征矢 $|\psi_n\rangle$ 满足的封闭关系得到

$$\begin{aligned}\bar{g}&=\sum_n g_n W(g_n,t)=\sum_n g_n\ |C_n(t)|^2=\\&\sum_n g_n\langle\psi_n\mid\Psi(t)\rangle\langle\Psi(t)\mid\psi_n\rangle=\sum_n\langle\Psi(t)\mid\psi_n\rangle g_n\langle\psi_n\mid\Psi(t)\rangle=\\&\sum_n\langle\Psi(t)\mid\hat{g}\mid\psi_n\rangle\langle\psi_n\mid\Psi(t)\rangle=\langle\Psi(t)\mid\hat{g}\mid\Psi(t)\rangle\end{aligned} \tag{6.2.23}$$

上述结果也可以利用谱分解公式(5.5.8)得到。

反之，也可以由式(6.2.19)导出式(6.2.20)，于是可知上述两式是等价的。定理6.3证毕。

2. 力学量的差方平均值与方均根误差

为了定量地描述每一次测量的结果与平均值的统计偏差程度，需要引进新的误差概念。在任意归一化态矢 $|\Psi(t)\rangle$ 下，若对力学量 g 的某一次的测量值为 g_n，则此次测量误差的平方值记为

$$(\Delta g_n)^2=(g_n-\bar{g})^2\geqslant 0 \tag{6.2.24}$$

在态矢 $|\Psi(t)\rangle$ 下，若定义力学量 g 的**差方平均值**为 $\overline{(\Delta g)^2}=\overline{(\hat{g}-\bar{g})^2}$，则有

$$\begin{aligned}\overline{(\Delta g)^2}&=\overline{(\hat{g}-\bar{g})^2}=\langle\Psi(t)\mid(\hat{g}-\bar{g})^2\mid\Psi(t)\rangle=\\&\sum_n(g_n-\bar{g})^2W(g_n-\bar{g},t)=\sum_n(\Delta g_n)^2W(g_n,t)\end{aligned} \tag{6.2.25}$$

上式中的最后一个等式还需要证明，即

$$W(g_n-\bar{g},t)=W(g_n,t) \tag{6.2.26}$$

证明的过程很简单：由于对自变量 g_n 而言 $\bar{g}$ 为常数，故 $|\psi_n\rangle$ 也是算符 $\hat{g}-\bar{g}$ 的本征矢(见定理 3.1)，即

$$(\hat{g}-\bar{g})\mid\psi_n\rangle=(g_n-\bar{g})\mid\psi_n\rangle \tag{6.2.27}$$

说明在态矢 $|\Psi(t)\rangle$ 下取 g_n 和 $g_n-\bar{g}$ 值的概率是相同的，式(6.2.26)证毕。

因为 $(\Delta g_n)^2\geqslant 0$，$W(g_n,t)\geqslant 0$，所以由式(6.2.25)可知，差方平均值 $\overline{(\Delta g)^2}\geqslant 0$。特别是，当 $\overline{(\Delta g)^2}=0$ 时，说明态矢 $|\Psi(t)\rangle$ 恰好是算符 $\hat{g}$ 的本征矢 $|\psi_n\rangle$，或者说，态矢 $|\Psi(t)\rangle$ 是力学量 g 取确定值的状态；否则态矢 $|\Psi(t)\rangle$ 必定是本征矢 $|\psi_n\rangle$ 的叠加态，即 g 取不确定值的状态。在证明不确定关系时会用到上述结论。

差方平均值的计算公式也可以改写成更简洁的形式，即

$$\begin{aligned}\overline{(\Delta g)^2}&=\langle\Psi(t)\mid(\hat{g}-\bar{g})^2\mid\Psi(t)\rangle=\langle\Psi(t)\mid(\hat{g}^2-2\bar{g}\hat{g}+\bar{g}^2)\mid\Psi(t)\rangle=\\&\overline{g^2}-2\bar{g}^2+\bar{g}^2=\overline{g^2}-\bar{g}^2\end{aligned} \tag{6.2.28}$$

上式表明，一个力学量的差方平均值等于该力学量平方的平均值与平均值平方之差。

通常情况下，更习惯用**方均根误差** Δg 来描述测量误差，它是由差方平均值定义的，即

$$\Delta g=\sqrt{\overline{(\Delta g)^2}} \tag{6.2.29}$$

6.2.3 不确定关系的证明

关于两个可观测力学量算符的本征问题，已经知道当且仅当它们相互对易时存在共同完备本征函数系，这就意味着它们可以同时取确定值。反之，如果这两个算符不对易，则它们不存在共同完备本征函数系，通常情况下，它们也就不能同时取确定值，接下来的问题是，它们的取值状况还会有据可依吗？这个问题需要下面的定理来回答。

定理 6.4 设两个不对易厄米算符 $\hat{f}$ 和 $\hat{g}$ 满足的对易关系为

$$[\hat{f},\hat{g}]=\mathrm{i}\hat{q}\neq 0 \tag{6.2.30}$$

在任意归一化态矢(算符 $\hat{f}$ 和 $\hat{g}$ 的本征矢除外) $|\psi\rangle$ 下，两者的差方平均值之积满足的关系式为

$$\overline{(\Delta f)^2}\cdot\overline{(\Delta g)^2}\geqslant\bar{q}^2/4 \tag{6.2.31}$$

上式即著名的**不确定关系**。

证明 对式(6.2.30)两端取厄米共轭，由算符 $\hat{f}$ 和 $\hat{g}$ 的厄米性质可知，算符 $\hat{q}$ 也是厄米算符。为简化表示定义两个算符为

$$\Delta\hat{f}=\hat{f}-\bar{f},\quad \Delta\hat{g}=\hat{g}-\bar{g} \tag{6.2.32}$$

其中，$\bar{f}$ 和 $\bar{g}$ 为力学量 f 和 g 在态矢 $|\psi\rangle$ 下的平均值，由定理 5.1 可知它们均为实数。由于算符 $\hat{f}$ 和 $\hat{g}$ 为厄米算符，故 $\Delta\hat{f}$ 和 $\Delta\hat{g}$ 亦为厄米算符。

利用态矢 $|\psi\rangle$ 引入一个以实参数 α 为自变量的函数，即

$$I(\alpha)=\langle\psi|(\alpha\Delta\hat{f}-\mathrm{i}\Delta\hat{g})^{\dagger}(\alpha\Delta\hat{f}-\mathrm{i}\Delta\hat{g})|\psi\rangle \tag{6.2.33}$$

显然，这是同一个态矢的内积，由内积的性质可知，$I(\alpha)\geqslant 0$。

利用算符 $\Delta\hat{f}$ 和 $\Delta\hat{g}$ 的厄米性质，可以导出函数 $I(\alpha)$ 的具体形式为

$$\begin{aligned}I(\alpha)&=\overline{(\alpha\Delta f+\mathrm{i}\Delta g)(\alpha\Delta f-\mathrm{i}\Delta g)}=\\&\alpha^2\,\overline{(\Delta f)^2}+\overline{(\Delta g)^2}-\mathrm{i}\alpha\,\overline{(\Delta f\Delta g-\Delta g\Delta f)}\geqslant 0\end{aligned} \tag{6.2.34}$$

由算符 $\Delta\hat{f}$ 和 $\Delta\hat{g}$ 的定义可知

$$\overline{\Delta f\Delta g-\Delta g\Delta f}=\mathrm{i}\bar{q} \tag{6.2.35}$$

将上式代入式(6.2.34)得到

$$I(\alpha)=\overline{(\Delta f)^2}\alpha^2+\bar{q}\alpha+\overline{(\Delta g)^2}\geqslant 0 \tag{6.2.36}$$

由于算符 $(\Delta\hat{f})^2$、$(\Delta\hat{g})^2$ 和 $\hat{q}$ 皆为厄米算符，故其在任意态矢 $|\psi\rangle$ 下的平均值皆为实数，并且满足 $\overline{(\Delta f)^2}\geqslant 0$、$\overline{(\Delta g)^2}\geqslant 0$ 和 $\bar{q}\neq 0$。若再顾及态矢 $|\psi\rangle$ 不能是算符 $\hat{f}$ 和 $\hat{g}$ 的本征矢，则有 $\overline{(\Delta f)^2}>0$ 与 $\overline{(\Delta g)^2}>0$。为叙述方便，引入记号

$$\delta = \bar{q}^2 - 4\,\overline{(\Delta f)^2} \cdot \overline{(\Delta g)^2} \tag{6.2.37}$$

为了使式(6.2.36)中的 α 可在正负无穷间取实数值,需要在如下两种情况分别讨论之:首先,当式(6.2.36)右端的等号成立时,由一元二次方程的解可知,为得到满足要求的实数解 α,要求 $\delta \geqslant 0$;其次,当式(6.2.36)右端的大于号成立时,由于 $\overline{(\Delta f)^2} > 0$、$\overline{(\Delta g)^2} > 0$ 和 $\bar{q} \neq 0$,为得到满足不等式要求的实数解 α,故要求 $\delta < 0$(见数学手册 22 页)。综合上述两种情况,欲得到满足要求的实数解 α,要求 $\delta \leqslant 0$,即

$$\delta = \bar{q}^2 - 4\,\overline{(\Delta f)^2} \cdot \overline{(\Delta g)^2} \leqslant 0 \tag{6.2.38}$$

上式容易改写成欲证之式。定理 6.4 证毕。

不确定关系是在 1927 年由海森伯给出的,早期曾被译为测不准关系。上述证明方法是罗伯逊(Robertson)在 1929 年给出的,要比其他的证明方法(例如,施瓦茨(Schwarz)不等式方法)更简洁、更完善。

6.2.4　不确定关系的讨论

在量子力学中不确定关系是一个至关重要的公式,也是一个难于理解的关系式,下面对其做一些必要的讨论。

1. 坐标与动量的不确定关系

对于一维坐标 x 和动量算符 $\hat{p}_x$ 而言,利用对易关系 $[x, \hat{p}_x] = \mathrm{i}\hbar$ 和不确定关系式(6.2.31),得到

$$\overline{(\Delta x)^2} \cdot \overline{(\Delta p_x)^2} \geqslant \hbar^2/4 \tag{6.2.39}$$

或者写成方均根误差的形式,即

$$\Delta x \cdot \Delta p_x \geqslant \hbar/2 \tag{6.2.40}$$

上式表明,坐标与动量不能同时取确定值。

应该特别指出的是,由于动能算符与势能算符不对易,故动能与势能也不能同时取确定值,由此导致量子力学中的总能量等于动能加势能的关系式不成立。细心的读者会记得,上述结论在 4.1 节中曾经用过。

2. 不确定关系需要满足的条件

看似不确定关系应该在任意归一化状态下都成立,其实不然。仍以一维坐标与动量的不确定关系为例,假设这个任意状态为坐标算符的归一化本征态,在此状态下有 $\overline{(\Delta x)^2} = 0$ 与 $\bar{q} = \hbar$,显然无论 $\overline{(\Delta p_x)^2}$ 取任何值,都不能满足不确定关系。这就是从所谓任意归一化态矢中排除算符 $\hat{f}$ 和 $\hat{g}$ 的本征矢的原因所在。

如果将不确定关系的两个限制条件同时去掉,即两个算符 $\hat{f}$ 和 $\hat{g}$ 对易,任意态矢选为它们的本征矢,则不确定关系式两端皆为零,其等号成立。

3. 最小不确定态

对于两个不对易的算符而言,在任意归一化状态之下,既然它们的差方平均值之积

一定不小于一个实数,那么应该有一个状态能使其等号成立。实际上,这样的状态就是使两个算符的差方平均值之积最小的状态,称为**最小不确定态**。在线谐振子基态下,坐标与动量的不确定关系的等号成立,线谐振子的基态为最小不确定态(见例题 6.2);在高等量子力学中,将证明线谐振子降算符的本征态(相干态)是最小不确定态。实质上,最小不确定态是最接近经典状态的量子状态。

在最小不确定态下,一个力学量的测量结果越准确,另一个力学量的测量误差就会越大,此即所谓的鱼和熊掌不可兼得。

4. 两个不对易算符的共同本征矢

当两个厄米算符 $\hat{f}$ 与 $\hat{g}$ 不对易($\hat{q} \neq 0$)时,虽然它们不存在共同完备本征函数系,但也并未排除它们存在个别的共同本征矢的可能性。那么它们存在共同本征矢的条件是什么呢?

如果算符 $\hat{f}$ 与 $\hat{g}$ 存在某个共同的归一化本征矢 $|\psi\rangle$,则它们在本征矢 $|\psi\rangle$ 下的差方平均值皆为零,为了保证不确定关系成立,必须要求算符 $\hat{q}$ 的平均值亦为零。由此可知:此时的算符 $\hat{q}$ 不能是常数,并且 $|\psi\rangle$ 必须是算符 $\hat{q}$ 的相应本征值为零的本征矢。此即两个不对易算符存在共同本征矢的条件。

例 6.2 求出轨道角动量分量算符 $\hat{L}_x$ 与 $\hat{L}_y$ 的共同本征波函数。

解 已知 $\hat{L}_x$ 与 $\hat{L}_y$ 满足的对易关系为

$$[\hat{L}_x, \hat{L}_y] = \mathrm{i}\hbar\hat{L}_z \tag{6.2.41}$$

为了求出两个不对易算符 $\hat{L}_x$ 与 $\hat{L}_y$ 的共同本征波函数,需要先找出满足 $\overline{L_z}=0$ 的波函数,因为 $Y_{00}(\theta,\varphi)$ 是算符 $\hat{L}_z$ 本征值为零的本征波函数,所以 $Y_{00}(\theta,\varphi)$ 是满足要求的波函数。而此时的波函数 $Y_{00}(\theta,\varphi)$,它恰恰也同时是算符 $\hat{L}_x$ 与 $\hat{L}_y$ 的本征波函数,相应的本征值皆为零。于是,$Y_{00}(\theta,\varphi)$ 是它们的共同本征波函数,在数学上表现为不确定关系式的两端皆为零。由于 $Y_{00}(\theta,\varphi)=(4\pi)^{-1/2}$,所以角动量算符的三个分量算符的共同本征波函数是一个常数。另外的例子见例题 6.3。

综上所述,若要找出两个不对易厄米算符 $\hat{f}$ 与 $\hat{g}$ 的共同本征波函数,首先计算出它们的对易子 $\mathrm{i}\hat{q}=[\hat{f},\hat{g}]$,然后找出使得 $\overline{q}=0$ 的函数或者函数系列,最后在这一系列函数中找出算符 $\hat{f}$ 与 $\hat{g}$ 的共同本征波函数。

6.3 力学量平均值随时间的变化

6.3.1 力学量算符的运动方程

在前面对力学量取值状况的讨论中,并未顾及它们与时间的关系,下面来讨论力学量平均值随时间的变化。

在体系的任意归一化态矢 $|\Psi(t)\rangle$ 之下,力学量 F 的平均值为

$$\overline{F}(t)=\langle\Psi(t)|\hat{F}|\Psi(t)\rangle \tag{6.3.1}$$

显然,即使算符 $\hat{F}$ 与时间无关,其平均值 $\overline{F}(t)$ 也是一个与时间相关的函数。为得到平均值随时间变化的规律,将上式两端对时间 t 求导数,即

$$\frac{\mathrm{d}}{\mathrm{d}t}\overline{F}(t)=\frac{\partial}{\partial t}[\langle\Psi(t)|]\hat{F}|\Psi(t)\rangle+\langle\Psi(t)|\hat{F}\frac{\partial}{\partial t}[|\Psi(t)\rangle]+\langle\Psi(t)|\frac{\partial\hat{F}}{\partial t}|\Psi(t)\rangle \tag{6.3.2}$$

由于体系的态矢 $|\Psi(t)\rangle$ 满足薛定谔方程,故可以将其对时间的偏导数表示为

$$\frac{\partial}{\partial t}|\Psi(t)\rangle=-\frac{\mathrm{i}}{\hbar}\hat{H}|\Psi(t)\rangle \tag{6.3.3}$$

$$\frac{\partial}{\partial t}\langle\Psi(t)|=\frac{\mathrm{i}}{\hbar}\langle\Psi(t)|\hat{H} \tag{6.3.4}$$

将上面两式代入式(6.3.2),得到**力学量 F 平均值满足的微分方程**为

$$\frac{\mathrm{d}}{\mathrm{d}t}\overline{F}(t)=\overline{\frac{\partial}{\partial t}\hat{F}+\frac{\mathrm{i}}{\hbar}[\hat{H},\hat{F}]} \tag{6.3.5}$$

在体系的任意状态 $|\Psi(t)\rangle$ 下,如果力学量 F 的平均值不随时间变化,即

$$\mathrm{d}\overline{F}(t)/\mathrm{d}t=0 \tag{6.3.6}$$

则称力学量 F 为**守恒量**或者**运动积分**。由式(6.3.5)可知,若算符 $\hat{F}$ 同时满足如下两个条件,即

$$\partial\hat{F}/\partial t=0 \tag{6.3.7}$$

$$[\hat{F},\hat{H}]=0 \tag{6.3.8}$$

则力学量 F 为守恒量,此即**守恒量的判据**。下一节将说明,守恒量是与体系哈密顿算符的对称性密切相关的。

由式(6.3.6)可知,在体系的任意状态下守恒量的平均值不随时间改变,后面还将看到它的取值概率也不随时间改变。例如,当 $\hat{F}=\hat{H}$ 且 $\hat{H}$ 不显含时间变量时,有 $\mathrm{d}\overline{H}/\mathrm{d}t=0$,哈密顿量为守恒量,这相当于经典物理中的能量守恒。

若有一个包括哈密顿量 H 在内的不显含时间的力学量完全集 $\{A,B,C,\cdots,H\}$,则力学量 $A,B,C,\cdots$ 皆为守恒量,且把它们相应的量子数称为**好量子数**。

引入一个新的算符 $\mathrm{d}\hat{F}/\mathrm{d}t$,它是用力学量 F 的平均值定义的,即

$$\overline{\mathrm{d}\hat{F}/\mathrm{d}t}=\mathrm{d}\overline{F}(t)/\mathrm{d}t \tag{6.3.9}$$

算符 $\mathrm{d}\hat{F}/\mathrm{d}t$ 被称为**力学量算符 $\hat{F}$ 的时间导数算符**。由式(6.3.5)可知

$$\frac{\mathrm{d}}{\mathrm{d}t}\hat{F}=\frac{\partial}{\partial t}\hat{F}+\frac{\mathrm{i}}{\hbar}[\hat{H},\hat{F}] \tag{6.3.10}$$

上式称为**力学量算符 $\hat{F}$ 的运动方程**,它反映出力学量算符随时间变化的规律。需要强调

的是，时间导数算符只是在求平均值时才有意义。

6.3.2　力学量平均值随时间的变化

设体系的哈密顿算符为

$$\hat{H}=\hat{T}+V(\boldsymbol{r})=\hat{\boldsymbol{p}}^2/(2m)+V(\boldsymbol{r}) \tag{6.3.11}$$

利用式(6.3.5)以定理的形式给出几个具有实用价值的例子。

1. 平均速度与平均动量的关系

定理 6.5　在体系的任意归一化状态下，坐标平均值满足的运动方程为

$$\mathrm{d}\,\overline{\boldsymbol{r}}/\mathrm{d}t=\overline{\boldsymbol{p}}/m \tag{6.3.12}$$

式中，$\mathrm{d}\,\overline{\boldsymbol{r}}/\mathrm{d}t$ 和 $\overline{\boldsymbol{p}}$ 分别为平均速度和平均动量。

证明　利用位势与坐标对易，由式(6.3.5)可知

$$\mathrm{d}\,\overline{\boldsymbol{r}}/\mathrm{d}t=\mathrm{i}\hbar^{-1}\,\overline{[\hat{H},\boldsymbol{r}]}=\mathrm{i}\hbar^{-1}\,\overline{[\hat{\boldsymbol{p}}^2/(2m),\boldsymbol{r}]} \tag{6.3.13}$$

再利用算符的运算规则及坐标与动量算符的对易关系，得到

$$[\hat{p}_\mu^2,\nu]=-2\mathrm{i}\hbar\hat{p}_\mu\delta_{\mu,\nu}\quad(\mu,\nu=x,y,z) \tag{6.3.14}$$

将上式代入式(6.3.13)，得到欲证之式(6.3.12)。定理 6.5 证毕。

在量子力学中，虽然不存在速度的概念，但是在平均值的意义下，动量 $\boldsymbol{p}$ 与速度 $\boldsymbol{v}$ 还是满足经典力学关系 $\overline{\boldsymbol{p}}=m\,\overline{\boldsymbol{v}}$ 的。

2. 埃伦费斯特定理

定理 6.6　在体系的任意归一化状态下，动量平均值满足的运动方程为

$$\mathrm{d}\,\overline{\boldsymbol{p}}/\mathrm{d}t=-\overline{\nabla V(\boldsymbol{r})} \tag{6.3.15}$$

此即**埃伦费斯特定理**。

证明　利用动能算符与动量算符对易，由式(6.3.5)可知

$$\mathrm{d}\,\overline{\boldsymbol{p}}/\mathrm{d}t=\mathrm{i}\hbar^{-1}\,\overline{[\hat{H},\hat{\boldsymbol{p}}]}=\mathrm{i}\hbar^{-1}\,\overline{[V(\boldsymbol{r}),\hat{\boldsymbol{p}}]} \tag{6.3.16}$$

其中

$$[V(\boldsymbol{r}),\hat{\boldsymbol{p}}]=[V(\boldsymbol{r}),\hat{p}_x]\boldsymbol{i}+[V(\boldsymbol{r}),\hat{p}_y]\boldsymbol{j}+[V(\boldsymbol{r}),\hat{p}_z]\boldsymbol{k} \tag{6.3.17}$$

再利用式(5.1.40)得到

$$[V(\boldsymbol{r}),\hat{p}_\mu]=\mathrm{i}\hbar\partial V(\boldsymbol{r})/\partial\mu\quad(\mu=x,y,z) \tag{6.3.18}$$

将上式代入式(6.3.16)即可得到欲证之式(6.3.15)。定理 6.6 证毕。

3. 位力定理

定理 6.7　在体系的归一化定态下，动能平均值为

$$\overline{T}=2^{-1}\,\overline{\boldsymbol{r}\cdot\nabla V(\boldsymbol{r})} \tag{6.3.19}$$

此即**位力定理**。

证明　在体系的任意归一化状态下，由式(6.3.5)可知

$$d\overline{\boldsymbol{r}\cdot\hat{\boldsymbol{p}}}/dt = i\hbar^{-1}\overline{[\hat{H},\boldsymbol{r}\cdot\hat{\boldsymbol{p}}]} \tag{6.3.20}$$

将式(6.3.11)代入上式得到

$$d\overline{\boldsymbol{r}\cdot\hat{\boldsymbol{p}}}/dt = \overline{i\hbar^{-1}[\hat{\boldsymbol{p}}^2/(2m),\boldsymbol{r}\cdot\hat{\boldsymbol{p}}]} + \overline{i\hbar^{-1}[V(\boldsymbol{r}),\boldsymbol{r}\cdot\hat{\boldsymbol{p}}]} \tag{6.3.21}$$

式中的两个对易子(详见例题6.5)分别为

$$\begin{cases} i\hbar^{-1}[\hat{\boldsymbol{p}}^2/(2m),\boldsymbol{r}\cdot\hat{\boldsymbol{p}}] = \hat{\boldsymbol{p}}^2/m \\ i\hbar^{-1}[V(\boldsymbol{r}),\boldsymbol{r}\cdot\hat{\boldsymbol{p}}] = -\boldsymbol{r}\cdot\nabla V(\boldsymbol{r}) \end{cases} \tag{6.3.22}$$

于是有

$$d\overline{\boldsymbol{r}\cdot\hat{\boldsymbol{p}}}/dt = \overline{\hat{\boldsymbol{p}}^2/m} - \overline{\boldsymbol{r}\cdot\nabla V(\boldsymbol{r})} \tag{6.3.23}$$

对于体系的定态而言,因为

$$|\Psi_E(t)\rangle = |\Psi_E(0)\rangle e^{-iEt/\hbar} \tag{6.3.24}$$

所以

$$\overline{\boldsymbol{r}\cdot\hat{\boldsymbol{p}}} = \langle\Psi_E(t)|\boldsymbol{r}\cdot\hat{\boldsymbol{p}}|\Psi_E(t)\rangle = \langle\Psi_E(0)|\boldsymbol{r}\cdot\hat{\boldsymbol{p}}|\Psi_E(0)\rangle \tag{6.3.25}$$

由于上式与时间无关,故有

$$d\overline{\boldsymbol{r}\cdot\hat{\boldsymbol{p}}}/dt = 0 \tag{6.3.26}$$

将其代入式(6.3.23),可知欲证之式(6.3.19)成立。定理6.7证毕。

特别是,若$V(\boldsymbol{r})$可以写成x、y、z的齐次函数形式,即

$$V(\boldsymbol{r}) = \alpha x^n\boldsymbol{i} + \beta y^n\boldsymbol{j} + \gamma z^n\boldsymbol{k} \quad (n=1,2,3,\cdots) \tag{6.3.27}$$

式中,α、β、γ为任意实常数,则有

$$\boldsymbol{r}\cdot\nabla V(\boldsymbol{r}) = n\boldsymbol{r}\cdot(\alpha x^{n-1}\boldsymbol{i} + \beta y^{n-1}\boldsymbol{j} + \gamma z^{n-1}\boldsymbol{k}) = nV(\boldsymbol{r}) \tag{6.3.28}$$

于是位力定理可以简化为

$$\bar{T} = n\bar{V}/2 \tag{6.3.29}$$

例如,若选线谐振子位势,即

$$V(x) = m\omega^2x^2/2 \tag{6.3.30}$$

则由$n=2$可知,动能与势能平均值相等,即

$$\bar{T} = \bar{V} \tag{6.3.31}$$

4. 赫尔曼－费曼定理

定理6.8　在哈密顿算符$\hat{H}$的归一化束缚态$|\psi_n\rangle$下,有

$$\overline{\frac{\partial}{\partial\lambda}\hat{H}} = \frac{\partial}{\partial\lambda}E_n \tag{6.3.32}$$

此即**赫尔曼－费曼定理**。其中λ为算符$\hat{H}$中的一个参数,E_n与$|\psi_n\rangle$分别为能量本征值与本征矢。

证明　因为

$$E_n = \langle\psi_n|\hat{H}|\psi_n\rangle \tag{6.3.33}$$

所以有

$$\frac{\partial}{\partial\lambda}E_n=\frac{\partial}{\partial\lambda}[\langle\psi_n\mid]\hat{H}\mid\psi_n\rangle+\langle\psi_n\mid\hat{H}\frac{\partial}{\partial\lambda}[\mid\psi_n\rangle]+\overline{\frac{\partial}{\partial\lambda}\hat{H}}=$$

$$E_n\frac{\partial}{\partial\lambda}\langle\psi_n\mid\psi_n\rangle+\overline{\frac{\partial}{\partial\lambda}\hat{H}}=\overline{\frac{\partial}{\partial\lambda}\hat{H}} \qquad (6.3.34)$$

至此,定理 6.8 证毕。

例如,对于式(6.3.30)表示的线谐振子位势,若选 ω 为参数,则由赫尔曼－费曼定理可知,在 $\hat{H}$ 归一化的本征矢 $\mid\psi_n\rangle$ 下有

$$\overline{m\omega x^2}=(n+1/2)\hbar \qquad (6.3.35)$$

用 ω 乘上式两端得到

$$2\bar{V}=E_n \qquad (6.3.36)$$

在本征矢 $\mid\psi_n\rangle$ 下,哈密顿算符的平均值为

$$E_n=\bar{V}+\bar{T} \qquad (6.3.37)$$

将其代入式(6.3.36)得到

$$\bar{T}=\bar{V} \qquad (6.3.38)$$

它与由位力定理得到的结果完全一样。

由于上述四个定理皆与力学量的平均值相关,所以,需要说明是在什么样的状态下的平均值,前两个定理的条件最宽松,体系的任意归一化状态都适用,第 3 个定理只有在体系的归一化定态下才成立,第 4 个定理的要求最苛刻,必须是哈密顿算符的归一化的束缚定态。

6.3.3　力学量取值概率随时间的变化

1. 算符 $\hat{F}$ 与哈密顿算符对易

当力学量算符 $\hat{F}$ 与哈密顿算符对易时,由定理 6.2 可知,它们具有共同完备本征函数系 $\{\mid\psi_{n\alpha}\rangle\}$,即满足的本征方程分别为

$$\hat{H}\mid\psi_{n\alpha}\rangle=E_n\mid\psi_{n\alpha}\rangle \qquad (6.3.39a)$$

$$\hat{F}\mid\psi_{n\alpha}\rangle=f_\alpha\mid\psi_{n\alpha}\rangle \qquad (6.3.39b)$$

由本征矢的完备性可知,体系的任意归一化态矢 $\mid\Psi(t)\rangle$ 可以展开为

$$\mid\Psi(t)\rangle=\sum_{n,\alpha}C_{n\alpha}(t)\mid\psi_{n\alpha}\rangle \qquad (6.3.40)$$

其中的展开系数为

$$C_{n\alpha}(t)=\langle\psi_{n\alpha}\mid\Psi(t)\rangle \qquad (6.3.41)$$

将式(6.3.41)两端对时间 t 求导数,利用薛定谔方程及哈密顿算符的厄米性质得到

$$C'_{n\alpha}(t)=\langle\psi_{n\alpha}\mid\partial\Psi(t)/\partial t\rangle=-\mathrm{i}\hbar^{-1}\langle\psi_{n\alpha}\mid\hat{H}\mid\Psi(t)\rangle=-\mathrm{i}\hbar^{-1}E_nC_{n\alpha}(t)\tag{6.3.42}$$

上式是展开系数 $C_{n\alpha}(t)$ 满足的一阶微分方程，其解为

$$C_{n\alpha}(t)=c\mathrm{e}^{-\mathrm{i}E_nt/\hbar}\tag{6.3.43}$$

式中，c 是一个积分常数，可以利用 $t=0$ 时的条件定出为 $c=C_{n\alpha}(0)$，将其代入上式得到

$$C_{n\alpha}(t)=C_{n\alpha}(0)\mathrm{e}^{-\mathrm{i}E_nt/\hbar}\tag{6.3.44}$$

在任意时刻 t，力学量 F 在态矢 $\mid\Psi(t)\rangle$ 下取 f_α 值的概率为

$$W(f_\alpha,t)=\left|C_{n\alpha}(t)\right|^2\tag{6.3.45}$$

将式(6.3.44) 代入式(6.3.45) 得到

$$W(f_\alpha,t)=W(f_\alpha,0)\tag{6.3.46}$$

上式说明，当力学量算符 $\hat{F}$ 与哈密顿算符对易时，守恒量 F 的取值概率不随时间改变。

另外，将式(6.3.44) 代入式(6.3.40) 得到 t 时刻波函数的公式为

$$\mid\Psi(t)\rangle=\sum_{n,\alpha}C_{n\alpha}(0)\mathrm{e}^{-\mathrm{i}E_nt/\hbar}\mid\psi_{n\alpha}\rangle\tag{6.3.47}$$

利用上式可以由 $t=0$ 时的波函数求出任意时刻 t 的波函数。

2. 算符 $\hat{F}$ 与哈密顿算符不对易

当力学量算符 $\hat{F}$ 与哈密顿算符不对易时，它们不具有共同完备的本征函数系 $\{\mid\psi_{n\alpha}\rangle\}$。设算符 $\hat{H}$ 与算符 $\hat{F}$ 分别满足

$$\hat{H}\mid\psi_{n\alpha}\rangle\neq E_n\mid\psi_{n\alpha}\rangle\tag{6.3.48a}$$

$$\hat{F}\mid\psi_{n\alpha}\rangle=f_\alpha\mid\psi_{n\alpha}\rangle\tag{6.3.48b}$$

对于体系的任意归一化态矢 $\mid\Psi(t)\rangle$，设其展开形式仍为式(6.3.40)，展开系数 $C_{n\alpha}(t)$ 满足

$$\begin{aligned}C'_{n\alpha}(t)=&\langle\psi_n\mid\partial\Psi(t)/\partial t\rangle=-\mathrm{i}\hbar^{-1}\langle\psi_{n\alpha}\mid\hat{H}\mid\Psi(t)\rangle=\\&-\mathrm{i}\hbar^{-1}\sum_{m,\beta}C_{m\beta}(t)\langle\psi_{n\alpha}\mid\hat{H}\mid\psi_{m\beta}\rangle=-\mathrm{i}\hbar^{-1}\sum_{m,\beta}H_{n\alpha,m\beta}C_{m\beta}(t)\end{aligned}\tag{6.3.49}$$

式中符号 $H_{n\alpha,m\beta}$ 为算符 $\hat{H}$ 的矩阵元，即

$$H_{n\alpha,m\beta}=\langle\psi_{n\alpha}\mid\hat{H}\mid\psi_{m\beta}\rangle\tag{6.3.50}$$

它是一个与时间无关的数值。

式(6.3.49) 可以改写成

$$\mathrm{i}\hbar C'_{n\alpha}(t)=\sum_{m,\beta}H_{n\alpha,m\beta}C_{m\beta}(t)\tag{6.3.51}$$

若要求出 $C_{n\alpha}(t)$，需要求解上述微分方程组。一般情况下，力学量 F 的取值概率是与时间有关的。

6.4　对称性与守恒定律

6.4.1　对称性与守恒量

1. 对称性与守恒量

对称性是物理世界完美性的一种体现，它可以分为几何形体对称性与物理规律对称性两种类型。所谓几何形体对称性是其在某种操作下的不变性，常见的几种几何形体对称性有：轴（左右）对称性、中心（旋转）对称性、平移对称性和点阵（晶体）对称性等。所谓**物理规律的对称性**指的是，物理规律在某种变换下的不变性，下面的讨论就是针对这种对称性进行的。

如前所述，若一个力学量算符 $\hat{g}$ 不显含时间，并且与哈密顿算符对易，则力学量 g 为守恒量。守恒量算符与哈密顿算符对易，这意味着哈密顿算符具有与该守恒量相关的对称性。反之，哈密顿算符的某种对称性必将与某个守恒量相对应。

若体系具有某个守恒量，则该体系具有如下的性质：在该体系的任意状态下，守恒量的取值概率与平均值皆不随时间改变；守恒量算符既然与哈密顿算符对易，两者必有共同完备本征函数系，通常会导致能量本征值的简并。

2. 变换算符

体系的状态 $|\psi(t)\rangle$ 满足的薛定谔方程为

$$\mathrm{i}\hbar\frac{\partial}{\partial t}|\psi(t)\rangle=\hat{H}|\psi(t)\rangle \tag{6.4.1}$$

假设算符 $\hat{Q}$ 与时间无关，并且它对态矢 $|\psi(t)\rangle$ 和 $|\varphi\rangle$ 的作用分别为

$$|\psi(t)\rangle\rightarrow|\tilde{\psi}(t)\rangle=\hat{Q}|\psi(t)\rangle \tag{6.4.2a}$$

$$|\varphi\rangle\rightarrow|\tilde{\varphi}\rangle=\hat{Q}|\varphi\rangle \tag{6.4.2b}$$

将算符 $\hat{Q}$ 称为**变换算符**。其中的 $|\psi(t)\rangle$、$|\varphi\rangle$ 分别为体系的态矢和任意力学量算符 $\hat{g}$ 的本征矢。

若要态矢在 Q 变换之下具有不变性，则意味着该变换需要满足两个要求，一是变换前后力学量的取值概率不变，二是变换前后体系的运动规律不变。

3. 变换算符的性质

(1) 变换算符是幺正算符

所谓 Q 变换前后力学量 g 的取值概率不变，即要求

$$|\langle\tilde{\varphi}|\tilde{\psi}(t)\rangle|^2=|\langle\varphi|\hat{Q}^{\dagger}\hat{Q}|\psi(t)\rangle|^2=|\langle\varphi|\psi(t)\rangle|^2 \tag{6.4.3}$$

如果算符 $\hat{Q}$ 的逆算符 $\hat{Q}^{-1}$ 存在，则要求变换算符 $\hat{Q}$ 满足的关系式为

$$\hat{Q}^{\dagger}=\hat{Q}^{-1} \tag{6.4.4}$$

上式说明，当变换算符是无量纲的幺正算符时，可以保证变换前后任意力学量 g 的取值概率不变。

(2) 变换算符与哈密顿算符对易

所谓变换前后体系的运动规律不变，就是要求变换后的态矢 $|\tilde{\psi}(t)\rangle$ 仍然满足薛定谔方程，即

$$\mathrm{i}\hbar \frac{\partial}{\partial t} |\tilde{\psi}(t)\rangle = \hat{H} |\tilde{\psi}(t)\rangle \tag{6.4.5}$$

用算符 $\hat{Q}$ 从左作用式(6.4.1)两端得到

$$\mathrm{i}\hbar \hat{Q} \frac{\partial}{\partial t} |\psi(t)\rangle = \hat{Q}\hat{H} |\psi(t)\rangle \tag{6.4.6}$$

显然，如果变换算符与哈密顿算符对易，即

$$[\hat{Q},\hat{H}] = 0 \tag{6.4.7}$$

则式(6.4.6)变成

$$\mathrm{i}\hbar \frac{\partial}{\partial t}[\hat{Q} |\psi(t)\rangle] = \hat{H}[\hat{Q} |\psi(t)\rangle] \tag{6.4.8}$$

由式(6.4.2)可知，上式即式(6.4.5)。上述结果表明，当变换算符与哈密顿算符对易时，可以保证变换前后体系的运动规律不变。

通常将满足式(6.4.4)与式(6.4.7)的变换称为**对称变换**。

(3) 对称变换算符对应一个守恒量

对于力学量 g 的无穷小变换而言，若 g 的变化为无穷小量 Δg，则对称变换算符 $\hat{Q}$ 的一般形式为

$$\hat{Q} = \exp(\pm \mathrm{i}\Delta g\hat{F}/\hbar) \tag{6.4.9}$$

将其称为 g 的**无穷小变换算符**，而将式中的算符 $\hat{F}$ 称为算符 $\hat{Q}$ 的**生成元**。显然式中的 $\Delta g\hat{F}$ 具有角动量量纲。

进而，由对称变换算符 $\hat{Q}$ 的幺正性可知

$$\hat{I} = \hat{Q}\hat{Q}^{-1} = \hat{Q}\hat{Q}^{\dagger} = \exp(\pm \mathrm{i}\Delta g\hat{F}/\hbar)\exp(\mp \mathrm{i}\Delta g\hat{F}^{\dagger}/\hbar) \tag{6.4.10}$$

于是得到

$$\hat{F}^{\dagger} = \hat{F} \tag{6.4.11}$$

上式表明，若变换算符 $\hat{Q}$ 是一个无穷小对称变换算符，则与无穷小量相关的生成元 $\hat{F}$ 是厄米算符。

最后，将式(6.4.9)代入式(6.4.7)得到

$$[\hat{H},\hat{F}] = 0 \tag{6.4.12}$$

加之算符 $\hat{F}$ 与时间无关，于是可知力学量 F 为守恒量。

总之，若体系在无穷小对称变换下具有不变性，则一定存在一个守恒量。

6.4.2 空间反演对称性与宇称守恒

1. 宇称算符的定义

如前所述，所谓**空间反演**就是将波函数或算符中的空间坐标 $\boldsymbol{r}$ 变换为 $-\boldsymbol{r}$，即

$$\boldsymbol{r} \rightarrow -\boldsymbol{r} \tag{6.4.13}$$

在第 2 章中已经提到，对一个波函数的空间反演，实际上就是对该波函数的一种操作，通常用一个宇称算符 $\hat{\pi}$ 来表示，即

$$\hat{\pi} \mid \psi(\boldsymbol{r})\rangle = \mid \psi(-\boldsymbol{r})\rangle \tag{6.4.14}$$

显然宇称算符就是一个实施空间反演的变换算符，它不是无穷小变换算符。

2. 宇称算符的性质

(1) 宇称算符是厄米算符

在坐标空间中，若 $\mid \varphi(\boldsymbol{r})\rangle$ 和 $\mid \psi(\boldsymbol{r})\rangle$ 为任意两个态矢，则有

$$\begin{aligned}\langle \varphi(\boldsymbol{r}) \mid \hat{\pi} \mid \psi(\boldsymbol{r})\rangle &= \langle \varphi(\boldsymbol{r}) \mid \psi(-\boldsymbol{r})\rangle = \\ \langle \varphi(-\boldsymbol{r}) \mid \psi(\boldsymbol{r})\rangle &= \langle \varphi(\boldsymbol{r}) \mid \hat{\pi}^{\dagger} \mid \psi(\boldsymbol{r})\rangle\end{aligned} \tag{6.4.15}$$

因为态矢 $\mid \varphi(\boldsymbol{r})\rangle$ 和 $\mid \psi(\boldsymbol{r})\rangle$ 是任意的，所以宇称算符是厄米算符。虽然宇称算符是厄米算符，但是至今还没有找到一个可观测量与之对应。由此可见，并非所有的厄米算符都与一个可观测量相对应，反之，却要求可观测量算符是厄米算符。

(2) 宇称算符的本征解

前面已经求解了宇称算符满足的本征方程，其本征值为 $\pi = \pm 1$，对应 $\pi = 1$ 的本征态为正宇称态，对应 $\pi = -1$ 的本征态为负宇称态。

(3) 宇称算符是幺正算符

由宇称算符的定义及其厄米性质可知

$$\hat{\pi}^2 = \hat{\pi}\hat{\pi} = \hat{\pi}^{\dagger}\hat{\pi} = \hat{I} \tag{6.4.16}$$

式中，$\hat{I}$ 为单位算符。由于宇称算符只有非零本征值，故其逆算符存在，于是有

$$\hat{\pi}^{\dagger} = \hat{\pi}^{-1} \tag{6.4.17}$$

所以宇称算符也是幺正算符。

3. 宇称守恒

若体系的哈密顿算符具有空间反演不变性，即

$$\hat{H}(\boldsymbol{r}) = \hat{H}(-\boldsymbol{r}) \tag{6.4.18}$$

则对于坐标空间中任意的态矢 $\mid \psi(\boldsymbol{r})\rangle$ 有

$$\begin{aligned}[\hat{\pi}, \hat{H}(\boldsymbol{r})] \mid \psi(\boldsymbol{r})\rangle &= \hat{\pi}\hat{H}(\boldsymbol{r}) \mid \psi(\boldsymbol{r})\rangle - \hat{H}(\boldsymbol{r})\hat{\pi} \mid \psi(\boldsymbol{r})\rangle = \\ &\hat{H}(-\boldsymbol{r}) \mid \psi(-\boldsymbol{r})\rangle - \hat{H}(\boldsymbol{r}) \mid \psi(-\boldsymbol{r})\rangle = 0\end{aligned} \tag{6.4.19}$$

于是由态矢 $\mid \psi(\boldsymbol{r})\rangle$ 的任意性可知

$$[\hat{\pi}, \hat{H}(\boldsymbol{r})] = 0 \tag{6.4.20}$$

上式表明,宇称是一个守恒量。体系的宇称不随时间改变,称为**宇称守恒**。

总之,如果体系具有空间反演不变性,则宇称是一个守恒量,同时也意味着空间绝对的左与右是不可观测的。换言之,具有空间反演对称性的体系所可能实现的状态,到底取什么样的宇称,还要取决于体系初始状态的宇称状况。

特别值得一提的是,虽然在引力作用、电磁作用和强相互作用之下宇称是守恒的,但是对弱相互作用而言,美籍华人物理学家李政道和杨振宁认为在β衰变过程中宇称并不守恒,巧合的是,此预言被同样是美籍华人的女物理学家吴健雄所设计的实验证实,为此,李－杨获得了诺贝尔物理学奖。

6.4.3　空(时)间平移不变性与动(能)量守恒

1. 空间平移不变性与动量守恒

以一维体系为例,若坐标沿 x 方向做一个无穷小平移 Δx,即

$$x \to \tilde{x} = x + \Delta x \tag{6.4.21}$$

则体系任意态矢 $|\psi(x)\rangle$(略去了时间变量)相应的变化为

$$|\psi(x)\rangle \to |\tilde{\psi}(x)\rangle = \hat{D}(\Delta x)|\psi(x)\rangle \tag{6.4.22}$$

式中,变换算符 $\hat{D}(\Delta x)$ 称为**坐标的无穷小平移(Δx)算符**。

如果体系具有空间平移不变性,则有

$$|\tilde{\psi}(\tilde{x})\rangle = |\psi(x)\rangle \tag{6.4.23}$$

将式(6.4.22)代入上式,得到

$$\hat{D}(\Delta x)|\psi(x+\Delta x)\rangle = |\psi(x)\rangle \tag{6.4.24}$$

再将上式中的 x 用 $x-\Delta x$ 代替,于是上式可以改写为

$$\hat{D}(\Delta x)|\psi(x)\rangle = |\psi(x-\Delta x)\rangle \tag{6.4.25}$$

由于 Δx 是一个无穷小量,所以上式的右端可以展开为

$$|\psi(x-\Delta x)\rangle = |\psi(x)\rangle - \Delta x \partial|\psi(x)\rangle/\partial x + \cdots = \mathrm{e}^{-\Delta x \partial/\partial x}|\psi(x)\rangle \tag{6.4.26}$$

将上式代入式(6.4.25),由态矢 $|\psi(x)\rangle$ 的任意性可知,坐标无穷小平移算符为

$$\hat{D}(\Delta x) = \mathrm{e}^{-\Delta x \partial/\partial x} = \mathrm{e}^{-\mathrm{i}\Delta x \hat{p}_x/\hbar} \tag{6.4.27}$$

它是式(6.4.9)在坐标无穷小平移 Δx 中的具体表示。其中

$$\hat{p}_x = -\mathrm{i}\hbar\partial/\partial x \tag{6.4.28}$$

是动量的 x 分量算符,它就是坐标 x 无穷小平移变换的生成元。

由对称变换算符的性质可知,坐标无穷小平移算符与哈密顿算符对易,即

$$[\hat{D}(\Delta x), \hat{H}] = 0 \tag{6.4.29}$$

将式(6.4.27)代入上式,得到

$$[\hat{p}_x, \hat{H}] = 0 \tag{6.4.30}$$

说明动量的 x 分量 p_x 是守恒量。

将上述结果推广到三维空间,坐标 $\boldsymbol{r}$ 的无穷小平移 $\Delta\boldsymbol{r}$ 算符为

$$\hat{D}(\Delta\boldsymbol{r})=\mathrm{e}^{-\mathrm{i}\Delta\boldsymbol{r}\cdot\hat{\boldsymbol{p}}/\hbar} \tag{6.4.31}$$

同理可知,动量 $\boldsymbol{p}$ 为守恒量。

总之,如果体系具有沿 $\boldsymbol{r}$ 方向平移不变性,则动量 $\boldsymbol{p}$ 是一个守恒量,同时也意味着坐标 $\boldsymbol{r}$ 的原点的绝对位置是不可观测的。

2. 时间平移不变性与能量守恒

也可以用类似空间平移不变的方法,讨论时间平移不变的问题,得到**时间 t 的无穷小平移(Δt)算符**为

$$\hat{D}(\Delta t)=\mathrm{e}^{\mathrm{i}\Delta t(\mathrm{i}\hbar\partial/\partial t)/\hbar}=\mathrm{e}^{\mathrm{i}\Delta t\hat{E}/\hbar} \tag{6.4.32}$$

它也是式(6.4.9)在时间无穷小平移 Δt 下的具体表示。进而可知

$$[\hat{E},\hat{H}]=0 \tag{6.4.33}$$

说明能量 E 是守恒量。

总之,如果体系具有时间平移不变性,则能量是守恒量,同时也意味着时间的绝对原点是不可观测的。

6.4.4 空间转动不变性与角动量守恒

1. 绕 z 轴旋转不变性与 L_z 守恒

先从一种简单的特殊情况入手,即当体系绕 z 轴旋转无穷小角度 $\Delta\varphi$ 时,有

$$\varphi\rightarrow\tilde{\varphi}=\varphi+\Delta\varphi \tag{6.4.34}$$

用类似处理空间平移的方法,可以得到**绕 z 轴无穷小转动($\Delta\varphi$)算符**为

$$\hat{R}(\Delta\varphi,\boldsymbol{k})=\mathrm{e}^{-\mathrm{i}\Delta\varphi\hat{L}_z/\hbar} \tag{6.4.35}$$

它是式(6.4.9)在绕 z 轴无穷小转动 $\Delta\varphi$ 中的具体表示。其中角动量 z 分量算符

$$\hat{L}_z=-\mathrm{i}\hbar\partial/\partial\varphi \tag{6.4.36}$$

为绕 z 轴无穷小转动的生成元,满足守恒量的条件,即

$$[\hat{L}_z,\hat{H}]=0 \tag{6.4.37}$$

总之,如果体系具有绕 z 轴的空间旋转不变性,则轨道角动量的 z 分量 L_z 为守恒量,同时也意味着空间 z 轴的绝对方向是不可观测的。

2. 绕空间任意方向 $\boldsymbol{n}$ 旋转不变性与 L_n 守恒

设体系绕空间任意方向 $\boldsymbol{n}$(单位矢量)的无穷小转动为 $\Delta\theta$,此变换为

$$\boldsymbol{r}\rightarrow\tilde{\boldsymbol{r}}=\boldsymbol{r}+\Delta\boldsymbol{r}=\boldsymbol{r}+\Delta\boldsymbol{\theta}\times\boldsymbol{r}=\boldsymbol{r}+\Delta\theta\,\boldsymbol{n}\times\boldsymbol{r} \tag{6.4.38}$$

在此变换之下,态矢相应的变换为

$$|\psi(\boldsymbol{r})\rangle\rightarrow|\tilde{\psi}(\boldsymbol{r})\rangle=\hat{R}(\Delta\theta,\boldsymbol{n})|\psi(\boldsymbol{r})\rangle \tag{6.4.39}$$

式中,$\hat{R}(\Delta\theta,\boldsymbol{n})$ 为**绕 $\boldsymbol{n}$ 轴无穷小转动($\Delta\theta$)算符**。

如果体系具有空间转动不变性,则有

$$|\tilde{\psi}(\tilde{\boldsymbol{r}})\rangle = |\psi(\boldsymbol{r})\rangle \tag{6.4.40}$$

此即

$$\hat{R}(\Delta\theta,\ \boldsymbol{n})\ |\psi(\boldsymbol{r}+\Delta\boldsymbol{r})\rangle = |\psi(\boldsymbol{r})\rangle \tag{6.4.41}$$

若用 $\boldsymbol{r}-\Delta\boldsymbol{r}$ 代替 $\boldsymbol{r}$，则上式可以改写为

$$\begin{aligned}\hat{R}(\Delta\theta,\ \boldsymbol{n})\ |\psi(\boldsymbol{r})\rangle = |\psi(\boldsymbol{r}-\Delta\boldsymbol{r})\rangle = |\psi(\boldsymbol{r}-\Delta\theta\boldsymbol{n}\times\boldsymbol{r})\rangle = \\ |\psi(\boldsymbol{r})\rangle - \Delta\theta(\boldsymbol{n}\times\boldsymbol{r})\cdot\nabla\ |\psi(\boldsymbol{r})\rangle + \cdots = \\ \mathrm{e}^{-\Delta\theta(\boldsymbol{n}\times\boldsymbol{r})\cdot\nabla}\ |\psi(\boldsymbol{r})\rangle = \mathrm{e}^{-\mathrm{i}\Delta\theta(\boldsymbol{n}\times\boldsymbol{r})\cdot\hat{\boldsymbol{p}}/\hbar}\ |\psi(\boldsymbol{r})\rangle = \\ \mathrm{e}^{-\mathrm{i}\Delta\theta\,\boldsymbol{n}\cdot(\boldsymbol{r}\times\hat{\boldsymbol{p}})/\hbar}\ |\psi(\boldsymbol{r})\rangle = \mathrm{e}^{-\mathrm{i}\Delta\theta\boldsymbol{n}\cdot\hat{\boldsymbol{L}}/\hbar}\ |\psi(\boldsymbol{r})\rangle\end{aligned} \tag{6.4.42}$$

由态矢 $|\psi(\boldsymbol{r})\rangle$ 的任意性可知，绕 $\boldsymbol{n}$ 轴无穷小转动($\Delta\theta$) 算符为

$$\hat{R}(\Delta\theta,\ \boldsymbol{n}) = \mathrm{e}^{-\mathrm{i}\Delta\theta\boldsymbol{n}\cdot\hat{\boldsymbol{L}}/\hbar} \tag{6.4.43}$$

它是式(6.4.9) 在绕 $\boldsymbol{n}$ 轴无穷小转动($\Delta\theta$) 中的具体表示。式中，绕 $\boldsymbol{n}$ 轴无穷小转动的生成元

$$\hat{L}_n = \boldsymbol{n}\cdot\hat{\boldsymbol{L}} = (\boldsymbol{r}\times\hat{\boldsymbol{p}})_n \tag{6.4.44}$$

为轨道角动量算符在 $\boldsymbol{n}$ 方向的分量，满足守恒量的条件为

$$[\hat{L}_n, \hat{H}] = 0 \tag{6.4.45}$$

总之，如果体系具有绕 $\boldsymbol{n}$ 轴的空间转动不变性，则轨道角动量的 n 分量 L_n 为守恒量，同时也意味着空间 $\boldsymbol{n}$ 轴的绝对方向是不可观测的。

综上所述，体系具有的某种对称性将导致一个守恒量的存在，其变换算符或其生成元就是守恒量算符，同时也意味着存在一个不可观测量。体系的对称性也将导致能量本征值的简并，若要消除简并，则必须引入与哈密顿算符对易的新的力学量算符。

在本节结束之前，为对守恒量有兴趣的读者留一道思考题。

在体系的任意状态 $|\psi(t)\rangle$ 下，一个与时间无关的力学量算符 $\hat{F}$ 的平均值通常是与时间相关的。若算符 $\hat{F}$ 与 $\hat{H}$ 对易，则力学量 F 为守恒量，它的取值概率和平均值都与时间无关。当将力学量算符 $\hat{F}$ 扩展为含时力学量算符 $\hat{F}(t)$ 时，如果仍然要求 $F(t)$ 为守恒量，那么算符 $\hat{F}(t)$ 需要满足的条件是什么？显然，只要满足了这个条件，即使是含时的力学量也可以是守恒量。对于这个在以往文献中从未讨论过的问题，可以在作者编著的《高等量子力学》中找到答案。

例题选讲 6

例题 6.1　已知体系的哈密顿算符为

$$\hat{H} = (2I_1)^{-1}(\hat{L}_x^2 + \hat{L}_y^2) + (2I_2)^{-1}\hat{L}_z^2$$

求其能量本征值。

解　将哈密顿算符改写为

$$\hat{H}=(2I_1)^{-1}(\hat{L}_x^2+\hat{L}_y^2+\hat{L}_z^2)+[(2I_2)^{-1}-(2I_1)^{-1}]\hat{L}_z^2=$$
$$(2I_1)^{-1}\hat{\boldsymbol{L}}^2+[(2I_2)^{-1}-(2I_1)^{-1}]\hat{L}_z^2 \tag{1}$$

显然$\{H,\boldsymbol{L}^2,L_z\}$构成力学量完全集，其共同本征函数系为$\{|lm\rangle\}$ ($l=0,1,2,\cdots;|m|\leqslant l$)，于是有

$$\hat{H}|lm\rangle=\{(2I_1)^{-1}\hat{\boldsymbol{L}}^2+[(2I_2)^{-1}-(2I_1)^{-1}]\hat{L}_z^2\}|lm\rangle=$$
$$\{(2I_1)^{-1}l(l+1)\hbar^2+[(2I_2)^{-1}-(2I_1)^{-1}]m^2\hbar^2\}|lm\rangle \tag{2}$$

进而可知能量本征值为

$$E_{lm}=\{(2I_1)^{-1}l(l+1)+[(2I_2)^{-1}-(2I_1)^{-1}]m^2\}\hbar^2 \tag{3}$$

例题 6.2 已知线谐振子处于基态，即

$$\psi(x)=(\alpha\pi^{-1/2})^{1/2}\mathrm{e}^{-\alpha^2x^2/2}$$

式中，$\alpha^2=\mu\omega/\hbar$。在状态$\psi(x)$下计算$\overline{(\Delta x)^2}\cdot\overline{(\Delta p)^2}$。

解 已知坐标的差方平均值为

$$\overline{(\Delta x)^2}=\overline{(x-\bar{x})^2}=\overline{x^2}-\bar{x}^2 \tag{1}$$

式中右端的两个平均值分别为

$$\bar{x}=\int_{-\infty}^{\infty}\psi^*(x)x\psi(x)\mathrm{d}x=\alpha\pi^{-1/2}\int_{-\infty}^{\infty}x\mathrm{e}^{-\alpha^2x^2}\mathrm{d}x=0 \tag{2}$$

$$\overline{x^2}=\alpha\pi^{-1/2}\int_{-\infty}^{\infty}x^2\mathrm{e}^{-\alpha^2x^2}\mathrm{d}x=2\alpha\pi^{-1/2}\int_0^{\infty}x^2\mathrm{e}^{-\alpha^2x^2}\mathrm{d}x=(2\alpha^2)^{-1} \tag{3}$$

计算过程中用到定积分公式

$$\int_0^{\infty}x^{2n}\mathrm{e}^{-\beta^2x^2}\mathrm{d}x=2^{-(n+1)}\beta^{-(2n+1)}(2n-1)!!\pi^{1/2} \tag{4}$$

于是得到

$$\overline{(\Delta x)^2}=(2\alpha^2)^{-1} \tag{5}$$

已知动量的差方平均值为

$$\overline{(\Delta p)^2}=\overline{(\hat{p}-\bar{p})^2}=\overline{p^2}-\bar{p}^2 \tag{6}$$

式中右端的两个平均值分别为

$$\bar{p}=-\mathrm{i}\hbar\int_{-\infty}^{\infty}\psi^*(x)\psi'(x)\mathrm{d}x=\mathrm{i}\hbar\alpha^3\pi^{-1/2}\int_{-\infty}^{\infty}x\mathrm{e}^{-\alpha^2x^2}\mathrm{d}x=0 \tag{7}$$

$$\overline{p^2}=-\hbar^2\int_{-\infty}^{\infty}\psi^*(x)\psi''(x)\mathrm{d}x=-\hbar^2\alpha\pi^{-1/2}\int_{-\infty}^{\infty}\mathrm{e}^{-\alpha^2x^2/2}(-\alpha^2x\mathrm{e}^{-\alpha^2x^2/2})'\mathrm{d}x=$$
$$2\hbar^2\alpha^3\pi^{-1/2}\int_0^{\infty}(1-\alpha^2x^2)\mathrm{e}^{-\alpha^2x^2}\mathrm{d}x=\hbar^2\alpha^2/2 \tag{8}$$

于是得到

$$\overline{(\Delta p)^2}=\hbar^2\alpha^2/2 \tag{9}$$

由式(5)和式(9)可知

$$\overline{(\Delta x)^2}\cdot\overline{(\Delta p)^2}=(2\alpha^2)^{-1}\hbar^2\alpha^2/2=\hbar^2/4 \tag{10}$$

显然线谐振子的基态是其最小不确定态。

例题 6.3　求出角动量分量算符 $\hat{L}_x$ 与坐标 y 的共同本征波函数。

解　已知 $\hat{L}_x$ 与 y 的对易关系为

$$[\hat{L}_x,y]=\mathrm{i}\hbar z \tag{1}$$

为了求出算符 $\hat{L}_x$ 与 y 的共同本征函数，需要先找出满足 $\bar{z}=0$ 的波函数，因为算符 z 的本征值为零的归一化本征波函数为

$$f(z)=\delta_z^{-1/2}(0)\delta(z) \tag{2}$$

所以满足要求的波函数为

$$g(y,z)=c(y)f(z) \tag{3}$$

其中 $c(y)$ 是 y 的任意函数。

为了使 $g(y,z)$ 也是 y 的本征波函数，必须要求

$$c(y)=\delta_y^{-1/2}(0)\delta(y) \tag{4}$$

于是算符 y 与 z 的共同本征波函数为

$$\psi(y,z)=\delta_y^{-1/2}(0)\delta_z^{-1/2}(0)\delta(y)\delta(z) \tag{5}$$

且两者都对应零本征值。

用算符 $\hat{L}_x$ 从左作用波函数 $\psi(y,z)$，利用 $y\delta(y)=0, z\delta(z)=0$，得到

$$\begin{aligned}\hat{L}_x\psi(y,z)=\delta_y^{-1/2}(0)\delta_z^{-1/2}(0)\hat{L}_x\delta(y)\delta(z)=\\ -\mathrm{i}\hbar\delta_y^{-1/2}(0)\delta_z^{-1/2}(0)(y\partial/\partial z-z\partial/\partial y)\delta(y)\delta(z)=\\ -\mathrm{i}\hbar\delta_y^{-1/2}(0)\delta_z^{-1/2}(0)[y\delta(y)\delta'(z)-z\delta(z)\delta'(y)]=0\end{aligned} \tag{6}$$

显然 $\psi(y,z)$ 也是算符 $\hat{L}_x$ 的本征波函数，对应的本征值也为零。总之，$\psi(y,z)$ 是算符 $\hat{L}_x$ 和 y 的共同本征波函数。

例题 6.4　已知哈密顿算符 $\hat{H}=\hat{p}_x^2/(2\mu)+V(x)$ 的本征值 E_n 和本征矢 $|\psi_n\rangle$，在其本征矢 $|\psi_n\rangle$ 下，证明

$$\overline{x\hat{p}_x}=\mathrm{i}\hbar/2$$

$$\sum_k(E_k-E_n)\,|x_{kn}|^2=\hbar^2/(2\mu)$$

解　首先，由力学量平均值随时间变化的关系式可知，对体系的任意状态有

$$\mathrm{d}\,\overline{x^2}/\mathrm{d}t=(\mathrm{i}\hbar)^{-1}\,\overline{[x^2,\hat{H}]}=(\mathrm{i}\hbar)^{-1}\,\overline{[x^2,(2\mu)^{-1}\hat{p}_x^2]}=\mu^{-1}\,\overline{(x\hat{p}_x+\hat{p}_x x)} \tag{1}$$

而在哈密顿算符的本征矢 $|\psi_n\rangle$ 下，又有

$$\begin{aligned}\mathrm{d}\,\overline{x^2}/\mathrm{d}t=(\mathrm{i}\hbar)^{-1}\langle\psi_n|[x^2,\hat{H}]|\psi_n\rangle=\\ (\mathrm{i}\hbar)^{-1}\langle\psi_n|x^2\hat{H}|\psi_n\rangle-(\mathrm{i}\hbar)^{-1}\langle\psi_n|\hat{H}x^2|\psi_n\rangle=0\end{aligned} \tag{2}$$

将其代入式(1)得到

$$\overline{\hat{p}_x x}=-\overline{x\hat{p}_x} \tag{3}$$

换一个角度，由坐标与动量算符的对易关系$[x,\hat{p}_x]=\mathrm{i}\hbar$可知

$$\overline{x\hat{p}_x}-\overline{\hat{p}_x x}=\mathrm{i}\hbar \tag{4}$$

将式(3) 代入式(4) 立即得到

$$\overline{x\hat{p}_x}=\mathrm{i}\hbar/2 \tag{5}$$

其次，由例题 5.5 可知，在能量本征矢下动量算符的矩阵元为

$$(p_x)_{mn}=\mathrm{i}\hbar^{-1}\mu(E_m-E_n)x_{mn} \tag{6}$$

于是算符$(x\hat{p}_x)$的对角元为

$$(xp_x)_{nn}=\sum_k x_{nk}(p_x)_{kn}=\sum_k x_{nk}\mathrm{i}\hbar^{-1}\mu(E_k-E_n)x_{kn}=\mathrm{i}\hbar^{-1}\mu\sum_k(E_k-E_n)\,|x_{kn}|^2 \tag{7}$$

将式(5) 代入上式得到

$$\sum_k(E_k-E_n)\,|x_{kn}|^2=\hbar^2/(2\mu) \tag{8}$$

例题 6.5 证明

$$\mathrm{i}\hbar^{-1}[\hat{\boldsymbol{p}}^2/(2m),\boldsymbol{r}\cdot\hat{\boldsymbol{p}}]=\hat{\boldsymbol{p}}^2/m$$
$$\mathrm{i}\hbar^{-1}[V(\boldsymbol{r}),\boldsymbol{r}\cdot\hat{\boldsymbol{p}}]=-\boldsymbol{r}\cdot\nabla V(\boldsymbol{r})$$

证明 由于算符$\hat{\boldsymbol{p}}^2$与$\hat{\boldsymbol{p}}$对易，故有

$$[\hat{\boldsymbol{p}}^2,\boldsymbol{r}\cdot\hat{\boldsymbol{p}}]=[\hat{\boldsymbol{p}}^2,\boldsymbol{r}]\cdot\hat{\boldsymbol{p}}=[\hat{p}_x^2+\hat{p}_y^2+\hat{p}_z^2,x\boldsymbol{i}+y\boldsymbol{j}+z\boldsymbol{k}]\cdot\hat{\boldsymbol{p}}=\{[\hat{p}_x^2,x\boldsymbol{i}]+[\hat{p}_y^2,y\boldsymbol{j}]+[\hat{p}_z^2,z\boldsymbol{k}]\}\cdot\hat{\boldsymbol{p}} \tag{1}$$

其中

$$[\hat{p}_x^2,x\boldsymbol{i}]=-\mathrm{i}2\hbar\hat{p}_x\boldsymbol{i},\quad[\hat{p}_y^2,y\boldsymbol{j}]=-\mathrm{i}2\hbar\hat{p}_y\boldsymbol{j},\quad[\hat{p}_z^2,z\boldsymbol{k}]=-\mathrm{i}2\hbar\hat{p}_z\boldsymbol{k} \tag{2}$$

将上式代入式(1) 得到

$$[\hat{\boldsymbol{p}}^2,\boldsymbol{r}\cdot\hat{\boldsymbol{p}}]=-\mathrm{i}2\hbar\hat{\boldsymbol{p}}\cdot\hat{\boldsymbol{p}}=-\mathrm{i}2\hbar\hat{\boldsymbol{p}}^2 \tag{3}$$

最后，将上式代入欲证之第 1 式左端，则其得证。

由于算符$V(\boldsymbol{r})$与$\boldsymbol{r}$对易，故有

$$[V(\boldsymbol{r}),\boldsymbol{r}\cdot\hat{\boldsymbol{p}}]=\boldsymbol{r}\cdot[V(\boldsymbol{r}),\hat{\boldsymbol{p}}]=\boldsymbol{r}\cdot\{[V(x),\hat{p}_x\boldsymbol{i}]+[V(y),\hat{p}_y\boldsymbol{j}]+[V(z),\hat{p}_z\boldsymbol{k}]\} \tag{4}$$

由例 5.3 可知

$$[V(x),\hat{p}_x\boldsymbol{i}]=\mathrm{i}\hbar V'(x)\boldsymbol{i},\quad[V(y),\hat{p}_y\boldsymbol{j}]=\mathrm{i}\hbar V'(y)\boldsymbol{j},\quad[V(z),\hat{p}_z\boldsymbol{k}]=\mathrm{i}\hbar V'(z)\boldsymbol{k} \tag{5}$$

将上式代入式(4) 得到

$$[V(\boldsymbol{r}),\boldsymbol{r}\cdot\hat{\boldsymbol{p}}]=\boldsymbol{r}\cdot[V(\boldsymbol{r}),\hat{\boldsymbol{p}}]=\mathrm{i}\hbar\boldsymbol{r}\cdot\nabla V(\boldsymbol{r}) \tag{6}$$

上式容易改写成欲求证之第 2 式的形式。

习 题 6

习题 6.1 质量为m的粒子在非对称二维无限深方势阱

$$V(x)=\begin{cases}0 & (0<x\leqslant a)\\ \infty & (-\infty<x\leqslant 0, a<x<\infty)\end{cases}$$

$$V(y)=\begin{cases}0 & (0<y\leqslant a)\\ \infty & (-\infty<y\leqslant 0, a<y<\infty)\end{cases}$$

中运动，已知 $t=0$ 时粒子的状态为

$$\psi(x,y)=\begin{cases}A\cos(\pi x/a)\cos(\pi y/a)\sin(\pi x/a)\sin(\pi y/a) & (0<x,y\leqslant a)\\ 0 & (-\infty<x,y\leqslant 0; a<x,y<\infty)\end{cases}$$

问，力学量集合 $\{H\}$，$\{H_x\}$，$\{H_x,H_y\}$，$\{H,H_x\}$ 是否构成力学量完全集？分别求出 $t=0$ 和 $t>0$ 时粒子的能量取值概率与平均值。

习题 6.2　证明在 $\hat{L}_z$ 的本征态下，$\overline{L_x}=\overline{L_y}=0$。进而证明角动量沿与任意方向 $\boldsymbol{n}$ 的分量 $\hat{L}_n$ 的平均值为 $m\hbar\cos\theta$，其中 θ 为 $\boldsymbol{n}$ 与 z 轴的夹角，$\boldsymbol{n}$ 为任意方向单位矢量。

习题 6.3　当 $t=0$ 时，已知平面转子的状态为

$$\psi(\varphi,0)=c\,[1+\sin(2\varphi)]^2$$

在 $t>0$ 时，求 L_z 的可能取值与相应的取值概率。

习题 6.4　已知算符 $\hat{A}$ 与哈密顿算符 $\hat{H}$ 皆不显含时间，试证

$$-\hbar^2\mathrm{d}^2\bar{A}/\mathrm{d}t^2=\overline{[[\hat{A},\hat{H}],\hat{H}]}$$

习题 6.5　已知粒子的质量为 m，证明

$$\mathrm{d}\,\overline{x^2}/\mathrm{d}t=\overline{(x\hat{p}_x+\hat{p}_x x)}/m$$

习题 6.6　已知 $\hat{A}$ 与 $\hat{B}$ 为守恒量算符，证明它们的对易子 $[\hat{A},\hat{B}]$ 也是守恒量算符。

习题 6.7　已知粒子处于宽度为 a 的一维非对称无限深方势阱中，在其第 n 个本征态下，证明

$$\overline{(x-\bar{x})^2}=12^{-1}a^2(1-6\pi^{-2}n^{-2})$$

习题 6.8　导出角动量三个分量算符及角动量平方算符在球极坐标中的表示。

第7章　中心力场的本征问题

在量子力学中，如果需要处理真实的物理问题，则必须求解三维势场中的定态薛定谔方程。在常见的三维势场中，由于中心力场与坐标的取向无关，所以它是一个既简单又常见的力场。

中心力场问题可以在不同的坐标系中求解，在笛卡儿坐标系中，有些三维势场问题(例如谐振子)在第3章已经解决了，于是如何处理在球极坐标系中的中心力场问题被提上日程。本章在导出中心力场径向方程之后，利用它成功地解决了氢原子与球谐振子两个真实的物理问题，不但为用量子力学解决微观问题提供了确凿的证据，而且也为处理复杂体系的问题奠定了基础。

此外，在解决圆谐振子问题的基础上，还讨论了人造原子和人造分子等热门课题，为探索量子力学的前沿课题做好铺垫。

7.1　中心力场的径向方程

7.1.1　中心力场问题概述

在三维空间中，若位势与坐标的取向无关，即$V(\boldsymbol{r})=V(r)$，则称此位势为**中心力场**。当粒子处于中心力场中时，由于位势与坐标的取向无关，体系具有空间转动不变性，故其轨道角动量是守恒量。

众所周知，库仑(Coulomb)场是一个被研究得非常透彻的中心力场，氢原子中的电子就处于库仑场中。氢原子是少数几个可以得到解析解的真实物理体系之一，它的求解过程不但是解决此类问题的一个标准范例，而且它的本征解也是处理复杂原子与分子问题的基础。此外，球谐振子的位势也属于中心力场，它的本征解在原子核物理学中经常被用到。

从数学的角度看，求解中心力场的径向方程是量子力学的难点之一，也是使初学者望而生畏之处。为了顺利渡过这个难关，借助数学上已有的特殊函数理论，直接得到径向方程的本征解，可以取得事半功倍的效果，此即所谓的“他山之石可以攻玉”。具体的操作过程与处理线谐振子的方法类似，即本着充分利用特殊函数研究成果的原则，将欲求解的径向方程转化成某个特殊函数满足的方程，然后比对两组方程的系数，就可以直接得到径向方程的本征解。显然,这样的求解模式可以规避繁杂的数学推导,即便是没有系统学习过特殊函数理论的读者,只要承认关于特殊函数的定义和结论,相应的数学难点都会迎刃而解。

随着科学技术的不断进步,纳米尺度的人造(人工)原子和人造(人工)分子已经受到科学家的关注,由它们组装的器件更是人们追求的目标。例如,国内外对医用纳米机器人均有报道,研制已经进入动物实验阶段,期望能在不久的将来为人类的健康带来福祉,此即本章介绍人造原子和人造分子的初衷。

7.1.2　中心力场的径向方程

1. 中心力场的定态薛定谔方程

在中心力场 $V(r)$ 中,质量为 μ 的粒子满足的定态薛定谔方程为

$$[-(2\mu)^{-1}\hbar^2\ \nabla^2+V(r)]\psi(\boldsymbol{r})=E\psi(\boldsymbol{r}) \tag{7.1.1}$$

在球极坐标系中,拉普拉斯算符可以分解成两部分,即

$$\nabla^2=\nabla_r^2+r^{-2}\ \nabla_{\theta\varphi}^2 \tag{7.1.2}$$

式中,径向和角度部分的拉普拉斯算符分别为

$$\nabla_r^2=\frac{1}{r^2}\frac{\partial}{\partial r}\left(r^2\frac{\partial}{\partial r}\right) \tag{7.1.3}$$

$$\nabla_{\theta\varphi}^2=\frac{1}{\sin\theta}\frac{\partial}{\partial\theta}\left(\sin\theta\frac{\partial}{\partial\theta}\right)+\frac{1}{\sin^2\theta}\frac{\partial^2}{\partial\varphi^2} \tag{7.1.4}$$

将式(7.1.2)代入式(7.1.1)得到球极坐标系中的定态薛定谔方程为

$$\{-(2\mu)^{-1}\hbar^2[\nabla_r^2+r^{-2}\ \nabla_{\theta\varphi}^2]+V(r)\}\psi(r,\theta,\varphi)=E\psi(r,\theta,\varphi) \tag{7.1.5}$$

2. 定态薛定谔方程的分离变量解

方程式(7.1.5)具有分离变量解,即体系的本征波函数可以分解为

$$\psi(r,\theta,\varphi)=R(r)Y(\theta,\varphi) \tag{7.1.6}$$

为叙述方便,把 $R(r)$ 与 $Y(\theta,\varphi)$ 分别称为**径向波函数**与**角度波函数**。将上式代入式(7.1.5),于是有

$$\left\{-\frac{\hbar^2}{2\mu}\left[\frac{1}{r^2}\frac{\partial}{\partial r}\left(r^2\frac{\partial}{\partial r}\right)+\frac{1}{r^2}\ \nabla_{\theta\varphi}^2\right]+V(r)\right\}R(r)Y(\theta,\varphi)=ER(r)Y(\theta,\varphi) \tag{7.1.7}$$

上式可以改写为

$$\frac{[r^2R'(r)]'+2\mu\hbar^{-2}r^2[E-V(r)]R(r)}{R(r)}=-\frac{\nabla_{\theta\varphi}^2Y(\theta,\varphi)}{Y(\theta,\varphi)}=\lambda \tag{7.1.8}$$

式中的 λ 是与径向变量和角度变量都无关的分离参数。上式可以分解成角度波函数 $Y(\theta,\varphi)$ 和径向波函数 $R(r)$ 满足的方程,即

$$\nabla_{\theta\varphi}^2Y(\theta,\varphi)+\lambda Y(\theta,\varphi)=0 \tag{7.1.9}$$

$$r^{-2}\ [r^2R'(r)]'+\{2\mu\hbar^{-2}[E-V(r)]-\lambda r^{-2}\}R(r)=0 \tag{7.1.10}$$

由式(6.1.19)可知,若把式(7.1.9)两端乘 $-\hbar^2$,则其就是角动量平方算符 $\hat{\boldsymbol{L}}^2$ 满足的本征方程,它的解已经在6.1节中给出,即

$$\lambda = l(l+1),\quad Y_{lm}(\theta,\varphi) = Y_{lm}(\theta,\varphi) \tag{7.1.11}$$

式中,$Y_{lm}(\theta,\varphi)$ 为球谐函数;$l=0,1,2,\cdots,|m|\leqslant l$。由于式(7.1.9)与中心力场的具体形式无关,因此它的本征解适用于任意中心力场。

3. 中心力场的径向方程

鉴于上述原因,对于一个具体的中心力场而言,只需要求解径向波函数满足的方程式(7.1.10)就足够了。将式(7.1.11)中的 λ 代入式(7.1.10)得到径向波函数 $R(r)$ 满足的方程,即

$$r^{-2}[r^2R'(r)]' + \{2\mu\hbar^{-2}[E-V(r)] - l(l+1)r^{-2}\}R(r) = 0 \tag{7.1.12}$$

此即中心力场的径向波函数 $R(r)$ 满足的微分方程。

为简化表示,将径向波函数分解为

$$R(r) = u(r)/r \tag{7.1.13}$$

为与径向波函数 $R(r)$ 区别,将 $u(r)$ 称为**径向函数**。利用上式可以将式(7.1.12)改写成

$$-(2\mu)^{-1}\hbar^2u''(r) + [V(r) + (2\mu)^{-1}l(l+1)\hbar^2r^{-2}]u(r) = Eu(r) \tag{7.1.14}$$

此即中心力场径向函数 $u(r)$ 满足的微分方程,简称为**中心力场的径向方程**,它与粒子的质量及中心力场的具体形式相关,是解决中心力场问题的基本方程。

7.1.3 径向(波)函数的渐近形式

1. 径向函数及位势满足的条件

当 $r\to 0$ 时,径向函数 $u(r)$ 与位势 $V(r)$ 需要满足如下两个条件:

第一,为了确保径向波函数 $R(r)$ 的有限性,径向函数 $u(r)$ 应该满足**零点条件**,即

$$\lim_{r\to 0} u(r) = 0 \tag{7.1.15}$$

第二,为了体系存在束缚定态解,位势 $V(r)$ 应该满足的条件为(见例题7.2)

$$\lim_{r\to 0} r^2V(r) = 0 \tag{7.1.16}$$

2. 径向(波)函数的渐近形式

下面利用上述两个条件导出 $r\to 0$ 时径向(波)函数的渐近形式。

若令径向函数为

$$u(r) \sim r^s \tag{7.1.17}$$

则式(7.1.14)变成

$$-(2\mu)^{-1}\hbar^2s(s-1)r^{s-2} + V(r)r^s + (2\mu)^{-1}\hbar^2l(l+1)r^{s-2} = Er^s \tag{7.1.18}$$

当 $r\to 0$ 时,为保证式(7.1.16)成立,要求

$$V(r) \sim r^q \quad (q > -2) \tag{7.1.19}$$

于是式(7.1.18)变为

$$-(2\mu)^{-1}\hbar^2[s(s-1)-l(l+1)]r^{s-2}+r^{q+s}=Er^s \tag{7.1.20}$$

将上式两端除以 r^{s-2} 得到

$$-(2\mu)^{-1}\hbar^2[s(s-1)-l(l+1)]+r^{q+2}=Er^2 \tag{7.1.21}$$

因为 $q>-2$，所以当 $r\to 0$ 时有

$$r^2\to 0\,,\quad r^{q+2}\to 0 \tag{7.1.22}$$

将上式代入式(7.1.21)得到

$$s(s-1)=l(l+1) \tag{7.1.23}$$

上式是关于参数 s 的一元二次方程，s 的两个根分别为 $s=-l$ 和 $s=l+1$。由于 $s=-l$ 不满足径向函数的零点条件式(7.1.15)，故只剩下 $s=l+1$ 是合理的根。

于是，当 $r\to 0$ 时，**径向函数的渐近形式**为

$$u(r)\sim r^s=r^{l+1} \tag{7.1.24}$$

将上式代入式(7.1.13)得到**径向波函数的渐近形式**，即

$$R(r)=u(r)/r\sim r^{l+1}/r=r^l \tag{7.1.25}$$

综上所述，处于中心力场中的体系，它的哈密顿算符 $\hat{H}$、角动量平方算符 $\hat{\boldsymbol{L}}^2$ 与角动量 z 分量算符 $\hat{L}_z$ 相互对易，它们构成中心力场的力学量完全集 $\{H,\boldsymbol{L}^2,L_z\}$。一般情况下，能量本征值与角量子数 l 有关，而与磁量子数 m 无关，这是由于中心力场的势能具有空间旋转不变性，与坐标的角度 φ 取向无关所造成的。这也使得能量本征值对于量子数 m 是简并的，并且简并度为 $2l+1$。

7.2　氢原子与类氢离子

7.2.1　氢原子的相对运动方程

1. 氢原子的定态薛定谔方程

在原子的大家族中，氢原子是一个最简单的原子，它是由一个电荷为 $+e$ 的质子(原子核)与一个电荷为 $-e$ 的电子构成的，核外电子处于库仑势中，库仑势是一个中心力场。

若取无穷远处的位势为势能零点，则在高斯单位制与国际单位制中，电子的**库仑势**分别为

$$V(r)=\begin{cases}-e^2/r & (e=4.803\,206\,8\times 10^{-10}\,\text{esu})\\ -(4\pi\varepsilon_0)^{-1}e^2/r & (e=1.602\,177\,33\times 10^{-19}\,\text{C})\end{cases} \tag{7.2.1}$$

式中，r 为电子与质子之间的相对距离；ε_0 为真空介电常数。如不做特殊说明，库仑势选用与 ε_0 无关的高斯单位制。

由于氢原子是由电子与质子构成的两粒子体系，故其满足两体的定态薛定谔方程为

$$[-(2m_1)^{-1}\hbar^2\nabla_1^2-(2m_2)^{-1}\hbar^2\nabla_2^2+V(r)]\Psi(\boldsymbol{r}_1,\boldsymbol{r}_2)=E_{\mathrm{T}}\Psi(\boldsymbol{r}_1,\boldsymbol{r}_2) \quad (7.2.2)$$

式中,下标1与2分别标志电子和质子;r是电子与质子之间的相对距离,$r=|\boldsymbol{r}_1-\boldsymbol{r}_2|$;$E_{\mathrm{T}}$为体系的能量本征值;$\Psi(\boldsymbol{r}_1,\boldsymbol{r}_2)$为$E_{\mathrm{T}}$相应的本征波函数。

2. 质心运动与相对运动的分离

为了将上述两体问题转化为单体问题,需要引入质心坐标$\boldsymbol{R}$和相对坐标$\boldsymbol{r}$以及总质量M与约化(折合)质量μ,它们的定义分别为

$$\boldsymbol{R}=(m_1\boldsymbol{r}_1+m_2\boldsymbol{r}_2)/(m_1+m_2) \quad (7.2.3)$$

$$\boldsymbol{r}=\boldsymbol{r}_1-\boldsymbol{r}_2 \quad (7.2.4)$$

$$M=m_1+m_2 \quad (7.2.5)$$

$$\mu=m_1m_2/(m_1+m_2) \quad (7.2.6)$$

进而可以得到(见习题7.5的解答)

$$m_1^{-1}\nabla_1^2+m_2^{-1}\nabla_2^2=M^{-1}\nabla_{\boldsymbol{R}}^2+\mu^{-1}\nabla_{\boldsymbol{r}}^2 \quad (7.2.7)$$

利用上式可以将式(7.2.2)改写为

$$[-(2M)^{-1}\hbar^2\nabla_{\boldsymbol{R}}^2-(2\mu)^{-1}\hbar^2\nabla_{\boldsymbol{r}}^2+V(r)]\Psi(\boldsymbol{R},\boldsymbol{r})=E_{\mathrm{T}}\Psi(\boldsymbol{R},\boldsymbol{r}) \quad (7.2.8)$$

设本征方程式(7.2.8)的分离变量解为

$$\Psi(\boldsymbol{R},\boldsymbol{r})=\varphi(\boldsymbol{R})\psi(\boldsymbol{r}) \quad (7.2.9)$$

将其代回原式,得到**质心运动方程**和**相对运动方程**分别为

$$-(2M)^{-1}\hbar^2\nabla_{\boldsymbol{R}}^2\varphi(\boldsymbol{R})=E_{\mathrm{C}}\varphi(\boldsymbol{R}) \quad (7.2.10)$$

$$[-(2\mu)^{-1}\hbar^2\nabla^2+V(r)]\psi(\boldsymbol{r})=E\psi(\boldsymbol{r}) \quad (7.2.11)$$

质心运动方程(7.2.10)描述的是体系质心的运动,它是一个质量为M的自由粒子的定态薛定谔方程,其本征解已在2.6节中给出,E_{C}是与体系内部结构无关的质心能量,$\varphi(\boldsymbol{R})$是一个单色平面波。

相对运动方程(7.2.11)描述的是电子与质子的相对运动,E为相对运动的能量,式中的∇^2是$\nabla_{\boldsymbol{r}}^2$的简记。体系的总能量$E_{\mathrm{T}}$为质心能量$E_{\mathrm{C}}$与相对运动能量$E$之和。欲了解两粒子体系的内部结构,只需要求解相对运动方程式(7.2.11)即可,以下凡氢原子的定态薛定谔方程均指此方程。在形式上,虽然式(7.2.11)与通常的定态薛定谔方程类似,但是有三点实质性的差别:一是,式中的μ为电子的约化质量;二是,∇^2为相对坐标$\boldsymbol{r}$的拉普拉斯算符;三是,E为电子与质子的相对运动能量。

7.2.2 氢原子的能量本征解

1. 氢原子的径向方程

将高斯单位制的库仑势代入式(7.2.11),得到电子与质子相对运动的定态薛定谔方程,即

$$[-(2\mu)^{-1}\hbar^2\nabla^2-e^2/r]\psi(\boldsymbol{r})=E\psi(\boldsymbol{r}) \quad (7.2.12)$$

由于库仑势是中心力场，并且满足式(7.1.16)的要求，故其存在束缚定态本征解。

本征波函数 $\psi(\boldsymbol{r})$ 可以分离为径向与角度两部分，即

$$\psi(\boldsymbol{r})=R(r)Y(\theta,\varphi) \tag{7.2.13}$$

其中的角度波函数 $Y(\theta,\varphi)$ 与体系无关，已知它是一个球谐函数，即

$$Y_{lm}(\theta,\varphi)\quad(l=0,1,2,\cdots;|m|\leqslant l) \tag{7.2.14}$$

径向波函数 $R(r)$ 与体系相关，它与径向函数 $u(r)$ 的关系为

$$R(r)=u(r)/r \tag{7.2.15}$$

由 7.1 节可知，$u(r)$ 满足径向方程式(7.1.14)，即

$$u''(r)+[2\mu\hbar^{-2}(E+e^2r^{-1})-l(l+1)r^{-2}]u(r)=0 \tag{7.2.16}$$

当 $E<0$ 时，若令

$$\rho=\alpha r \tag{7.2.17}$$

$$\alpha=(8\mu|E|/\hbar^2)^{1/2},\quad \beta=2\mu e^2/(\alpha\hbar^2) \tag{7.2.18}$$

则径向方程式(7.2.16)可以改写为

$$u''(\rho)+[\beta\rho^{-1}-1/4-l(l+1)\rho^{-2}]u(\rho)=0 \tag{7.2.19}$$

2. 氢原子的能量本征解

下面分五步求解径向方程式(7.2.19)，虽然过程较烦琐，但是无数学难点，并且思路很清晰。

第一步，求出 $u(r)$ 的渐近解。

当 $\rho\to\infty$ 时，径向方程式(7.2.19)简化为

$$u''(\rho)-u(\rho)/4=0 \tag{7.2.20}$$

可以直接写出它的解为

$$u(\rho)\sim e^{\pm\rho/2} \tag{7.2.21}$$

由于 $e^{\rho/2}$ 不满足波函数有限性要求，故舍去。于是，可设 $u(\rho)$ 的一般形式为

$$u(\rho)=f(\rho)e^{-\rho/2} \tag{7.2.22}$$

式中，$f(\rho)$ 是一个以 ρ 为自变量的待定函数。

第二步，建立 $f(\rho)$ 满足的方程。

将式(7.2.22)代入方程式(7.2.19)得到

$$[f(\rho)e^{-\rho/2}]''+[\beta\rho^{-1}-1/4-l(l+1)\rho^{-2}]f(\rho)e^{-\rho/2}=0 \tag{7.2.23}$$

整理之，得到待定函数 $f(\rho)$ 满足的微分方程，即

$$f''(\rho)-f'(\rho)+[\beta\rho^{-1}-l(l+1)\rho^{-2}]f(\rho)=0 \tag{7.2.24}$$

当 $\rho\to0$ 时，由式(7.1.24)可知

$$f(\rho)=\rho^{l+1}g(\rho) \tag{7.2.25}$$

式中，$g(\rho)$ 是一个以 ρ 为自变量的待定函数。

第三步，建立 $g(\rho)$ 满足的方程。

将式(7.2.25)两端对 ρ 求一阶导数和二阶导数,结果分别为

$$f'(\rho)=\rho^{l+1}g'(\rho)+(l+1)\rho^{l}g(\rho) \tag{7.2.26}$$

$$f''(\rho)=\rho^{l+1}g''(\rho)+2(l+1)\rho^{l}g'(\rho)+l(l+1)\rho^{l-1}g(\rho) \tag{7.2.27}$$

将上述两式代入式(7.2.24),整理后得到 $g(\rho)$ 满足的微分方程为

$$\rho g''(\rho)+[2(l+1)-\rho]g'(\rho)+(\beta-l-1)g(\rho)=0 \tag{7.2.28}$$

第四步,求出氢原子能量本征值。

已知连带拉盖尔(Laguerre)方程(见附5.4)为

$$\rho\,[\mathrm{L}_{n_r}^{k}(\rho)]''+(k+1-\rho)\,[\mathrm{L}_{n_r}^{k}(\rho)]'+n_r\mathrm{L}_{n_r}^{k}(\rho)=0 \tag{7.2.29}$$

式中,$\mathrm{L}_{n_r}^{k}(\rho)$ 为连带拉盖尔多项式,$n_r=0,1,2,\cdots$。

将式(7.2.29)与式(7.2.28)进行比较可知

$$k=2l+1\,,\quad \beta=n_r+l+1\,,\quad g_{n_r}^{k}(\rho)=\mathrm{L}_{n_r}^{k}(\rho) \tag{7.2.30}$$

由于 $n_r,l=0,1,2,\cdots$,故 $\beta=1,2,3,\cdots$。习惯上,将 β 改记为 n,即

$$n=n_r+l+1 \tag{7.2.31}$$

称 n 为**主量子数**。

进而,由 β 与 α 的定义式(7.2.18)可知,氢原子的能级为

$$E_n=-(8\mu)^{-1}\hbar^2\,(2\mu e^2\hbar^{-2}n^{-1})^2=-\mu e^4/(2\hbar^2 n^2) \tag{7.2.32}$$

式中,$n=1,2,3,\cdots$。

第五步,求出氢原子能量本征波函数。

首先,由式(7.2.31)可知,连带拉盖尔多项式中的 $n_r=n-l-1$,其中 $l=0,1,2,\cdots,n-1$。于是氢原子的径向波函数为

$$\begin{aligned}R_{nl}(\rho)&=N_{nl}\rho^{-1}u_{nl}(\rho)=N_{nl}\rho^{-1}f_{nl}(\rho)\mathrm{e}^{-\rho/2}=\\&N_{nl}\rho^{-1}\rho^{l+1}\mathrm{e}^{-\rho/2}g_{n_r}^{k}(\rho)=N_{nl}\rho^{l}\mathrm{e}^{-\rho/2}\mathrm{L}_{n-l-1}^{2l+1}(\rho)\end{aligned} \tag{7.2.33}$$

式中,N_{nl} 为待定的径向波函数归一化常数。

其次,利用连带拉盖尔多项式 $\mathrm{L}_{n}^{k}(\rho)$ 的表达式

$$\mathrm{L}_{n}^{k}(\rho)=\sum_{m=0}^{n}\frac{(-1)^m(n+k)!\,\rho^m}{(n-m)!\,(k+m)!\,m!} \tag{7.2.34}$$

可以得到式(7.2.33)中的连带拉盖尔多项式为

$$\mathrm{L}_{n-l-1}^{2l+1}(\rho)=\sum_{m=0}^{n-l-1}\frac{(-1)^m(n+l)!\rho^m}{(n-l-1-m)!\,(2l+1+m)!\,m!} \tag{7.2.35}$$

然后,利用连带拉盖尔多项式的积分公式

$$\int_0^{\infty}\mathrm{e}^{-\rho}\rho^{k+1}\mathrm{L}_{n}^{k}(\rho)\mathrm{L}_{n}^{k}(\rho)\mathrm{d}\rho=(n!)^{-1}(n+k)!\,(2n+k+1) \tag{7.2.36}$$

和径向波函数的归一化条件

$$\int_0^{\infty}R_{nl}(\alpha r)R_{nl}(\alpha r)r^2\,\mathrm{d}r=|N_{nl}|^2\alpha^{-3}\int_0^{\infty}\mathrm{e}^{-\rho}\rho^{2l+2}\mathrm{L}_{n-l-1}^{2l+1}(\rho)\mathrm{L}_{n-l-1}^{2l+1}(\rho)\mathrm{d}\rho=$$

$$2n(n+l)![(n-l-1)!]^{-1}\alpha^{-3}\ |N_{nl}|^2=1 \tag{7.2.37}$$

可以求出径向波函数的归一化常数为

$$N_{nl}=\{\alpha^3(n-l-1)!/[2n(n+l)!]\}^{1/2} \tag{7.2.38}$$

最后,将氢原子的本征解改写成更简洁的形式。

由式(7.2.18)可知

$$\alpha=(8\mu|E|/\hbar^2)^{1/2}=2\mu e^2\hbar^{-2}n^{-1}=2/(a_0 n) \tag{7.2.39}$$

式中

$$a_0=\hbar^2/(\mu e^2)=0.052\,9\ \mathrm{nm} \tag{7.2.40}$$

称其为氢原子的**玻尔半径**。利用上式可以将式(7.2.32)与式(7.2.38)分别改写为

$$E_n=-\mu \mathrm{e}^4\hbar^{-2}n^{-2}/2=-e^2/(2a_0 n^2) \tag{7.2.41}$$

$$N_{nl}=\{4\ (na_0)^{-3}(n-l-1)!/[n(n+l)!]\}^{1/2} \tag{7.2.42}$$

如果再顾及角度波函数,则氢原子的归一化本征波函数为

$$\psi_{nlm}(\boldsymbol{r})=\mathrm{N}_{nl}\ (\alpha r)^l\mathrm{e}^{-\alpha r/2}\mathrm{L}_{n-l-1}^{2l+1}(\alpha r)\mathrm{Y}_{lm}(\theta,\varphi) \tag{7.2.43}$$

式中,$\mathrm{Y}_{lm}(\theta,\varphi)$ 为球谐函数;$\alpha=2/(a_0 n)$;$n=1,2,3,\cdots$;$l=0,1,2,\cdots,n-1$;$|m|\leqslant l$。

为了使用方便,列出氢原子的前几个本征波函数如下:

$$\begin{cases}\psi_{100}(\boldsymbol{r})=(\pi a_0^3)^{-1/2}\mathrm{e}^{-r/a_0}\\ \psi_{200}(\boldsymbol{r})=(8\pi a_0^3)^{-1/2}(1-2^{-1}a_0^{-1}r)\mathrm{e}^{-r/(2a_0)}\\ \psi_{211}(\boldsymbol{r})=-(8a_0)^{-1}(\pi a_0^3)^{-1/2}r\mathrm{e}^{-r/(2a_0)}\sin\theta\mathrm{e}^{\mathrm{i}\varphi}\\ \psi_{210}(\boldsymbol{r})=(48a_0)^{-1}(2\pi a_0^3)^{-1/2}r\mathrm{e}^{-r/(2a_0)}\cos\theta\\ \psi_{21-1}(\boldsymbol{r})=(8a_0)^{-1}(\pi a_0^3)^{-1/2}r\mathrm{e}^{-r/(2a_0)}\sin\theta\mathrm{e}^{-\mathrm{i}\varphi}\end{cases} \tag{7.2.44}$$

在理论推导过程中,为简洁计,通常将氢原子的归一化本征波函数用狄拉克符号表示为 $|nlm\rangle$。

至此,氢原子的本征解已经求解完毕,在此基础上可以直接给出类氢离子的本征解,下面来完成这个命题。

3. 类氢离子的能量本征解

一个电子与带 $+Ze$ 电荷的原子核构成的体系称为**类氢离子**,上述求解氢原子本征解的过程对类氢离子也是适用的。实际上,可以不用去求解类氢离子满足的本征方程,它的本征解也能直接由氢原子的本征解(式(7.2.41)～(7.2.43))得到,只不过有两处需要改动:一是,由于类氢离子的位势由 $-e^2/r$ 变成 $-Ze^2/r$,所以需要将式中的 e^2 换成 Ze^2;二是,对于类氢离子与氢原子的玻尔半径而言,由于它们的电子约化质量近似相等,故只需要将表达式中的 e^2 换成 Ze^2,这刚好相当于用 a_0/Z 来替换原来的 a_0。这样一来,就可以直接写出类氢离子的能量本征解,即

$$E_n=-Z^2e^2/(2a_0 n^2) \tag{7.2.45}$$

$$\psi_{nlm}(\boldsymbol{r})=\mathrm{N}_{nl}\ (Z\alpha r)^l\mathrm{L}_{n-l-1}^{2l+1}(Z\alpha r)\mathrm{e}^{-Z\alpha r/2}\mathrm{Y}_{lm}(\theta,\varphi) \tag{7.2.46}$$

$$N_{nl}=\{4Z^3\ (na_0)^{-3}(n-l-1)!/[n(n+l)!]\}^{1/2} \tag{7.2.47}$$

上述三式中的量子数 n、l、m 的取值与氢原子相同。

提醒读者注意:如果需要对类氢离子的能谱做精确计算,则应该使用类氢离子精准的电子约化质量。

7.2.3 氢原子能量本征解的讨论

1. 能级及其简并度

由氢原子能级的表达式可知,其束缚定态的能量是负值,基态能量约为 -13.6 eV。能级取值是量子化的,随着主量子数 n 的增大,能量变大且间距变小。当 $n\to\infty$时会使得 $E_n\to 0$,进而,会导致氢原子解体变成自由的质子和自由的电子。

对于氢原子,若令里德伯常数为

$$R_\infty=\mu e^4/(4\pi\hbar^3 c)=10\ 973\ 731.543\ \text{m}^{-1} \tag{7.2.48}$$

则其能量公式(7.2.32)可以改写为

$$E_n=-chR_\infty/n^2 \tag{7.2.49}$$

它与玻尔给出的能量公式(1.3.6)相同。利用上式得到的计算结果与观测的氢原子光谱完全一致,从而使其成为解决微客体问题的成功范例。

对于中心力场而言,通常情况下能级的简并度为 $f_{nl}=2l+1$。氢原子能级与角量子数 l 无关,其简并度为

$$f_n=\sum_{l=0}^{n-1}f_{nl}=\sum_{l=0}^{n-1}(2l+1)=n^2 \tag{7.2.50}$$

说明库仑场的简并度高于一般的中心力场。

2. 角度概率密度

求出了氢原子的能量本征波函数,就等于知道了电子坐标的概率密度分布,即

$$W_{nlm}(r,\theta,\varphi)\mathrm{d}\tau=|R_{nl}(r)|^2\ |\mathrm{Y}_{lm}(\theta,\varphi)|^2 r^2\mathrm{d}r\mathrm{d}\Omega \tag{7.2.51}$$

将式(7.2.51)两端对径向部分做积分,由其归一化条件可知

$$W_{lm}(\theta,\varphi)\mathrm{d}\Omega=|\mathrm{Y}_{lm}(\theta,\varphi)|^2\mathrm{d}\Omega \tag{7.2.52}$$

称式中的 $W_{lm}(\theta,\varphi)$ 为**角度概率密度**,它与主量子数 n 无关,并且与角度 φ 也无关,即

$$W_{lm}(\theta,\varphi)\mathrm{d}\Omega=W_{lm}(\theta)\sin\theta\mathrm{d}\theta \tag{7.2.53}$$

说明概率的角分布是关于 z 轴旋转对称的。

由球谐函数的性质

$$|\mathrm{Y}_{lm}(\theta,\varphi)|^2=|\mathrm{Y}_{l-m}(\theta,\varphi)|^2 \tag{7.2.54}$$

可知

$$W_{lm}(\theta)=W_{l-m}(\theta) \tag{7.2.55}$$

3. 径向概率密度

将式(7.2.51)两端对角度部分做积分,由其归一化条件可知

$$W_{nl}(r)\mathrm{d}r=|R_{nl}(r)|^2r^2\mathrm{d}r \tag{7.2.56}$$

式中，$W_{nl}(r)$ 表示在半径 r 附近的单位厚度球壳中发现电子的概率，称为**径向概率密度**。

对氢原子的基态而言，其径向概率密度为

$$W_{10}(r)=r^2\ |R_{10}(r)|^2=4a_0^{-3}r^2\mathrm{e}^{-2r/a_0} \tag{7.2.57}$$

既然电子的径向位置是以概率的形式出现的，那么电子出现在什么地方的概率最大呢？利用 $W_{10}(r)$ 取极值的条件

$$W'_{10}(r)=0 \tag{7.2.58}$$

可以求出 $W_{10}(r)$ 取极值的位置为

$$r=a_0 \tag{7.2.59}$$

由于在此处概率密度的二阶导数为负值，故 $W_{10}(a_0)$ 为极大值，即

$$W_{10}(a_0)=4/(a_0e^2) \tag{7.2.60}$$

上述结果表明，当电子处于基态时，它出现在径向长度为玻尔半径处的概率最大，通常将玻尔半径称为**最可几半径**，此即玻尔半径的物理含义。

在量子力学中，由于电子的坐标取值是以概率的形式出现的，所以不存在速度与轨道的概念，当然也就无从谈起轨道的半径。当电子处于基态时，由于它出现在玻尔半径处的概率最大，所以还是可以借用轨道的概念来描述电子的运动，此即所谓的“道可道”；但是此道非彼道，即此时的道已经不是通常意义下的轨道（常道），轨道半径只是最可几半径，这就是所谓的“非常道”。总之可以借用“道可道，非常道”来理解氢原子的玻尔半径。

7.3　球形人造原子

7.3.1　人造原子与人造分子

近年来，随着半导体技术的飞速发展，器件的体量已经可以做到介观的尺度（几十纳米至几纳米）。在纳米科学中，人造原子亦被称为**量子点**，鉴于量子点的实际应用价值，对于它们的研究已经成为实验和理论工作者关注的课题。

若能使用人为制造的位势将粒子（例如电子）的运动限制在一定的范围内，则把这种位势称为**人造限域势**。人造限域势通常选为谐振子势，也可以选为其他形式（例如刚性壁）。利用不同的限域势可以得到具有各种不同性质的人造原子，进而还可以把两个或多个人造原子组装成人造分子。

由于人造原子与人造分子的尺寸可以人为控制，因此它们可能具有明显不同于自然原子与分子的性质，人们期望通过改变限域条件得到具有使用价值的纳米器件，换句话

说,人造原子与人造分子具有极大的潜在应用价值。

7.3.2 无限深球方势阱

设质量为 μ 的粒子被人为限制在一个半径为 a 的球体内运动,位势可以写成

$$V(r)=\begin{cases}0 & (0<r\leqslant a)\\ \infty & (a<r<\infty)\end{cases} \tag{7.3.1}$$

这是一个中心力场,称为**无限深球方势阱**。当能量大于零时,体系可能具有束缚定态解。

式(7.1.12)已经给出了中心力场径向波函数满足的方程为

$$r^{-2}\left[r^2R'(r)\right]'+\{2\mu\hbar^{-2}[E-V(r)]-l(l+1)r^{-2}\}R(r)=0 \tag{7.3.2}$$

将位势以 $r=a$ 为界分为内区与外区,设两个区域的径向波函数分别为 $R(r)$ 与 $\widetilde{R}(r)$。由于外区的位势为无穷大,故有

$$\widetilde{R}(r)=0 \tag{7.3.3}$$

在无限深球方势阱的内区,径向方程可以改写为

$$R''(r)+2r^{-1}R'(r)+[k^2-l(l+1)r^{-2}]R(r)=0 \tag{7.3.4}$$

式中

$$k=(2\mu E/\hbar^2)^{1/2}\quad (E>0) \tag{7.3.5}$$

若令

$$\rho=kr \tag{7.3.6}$$

则式(7.3.4)可以简化为关于自变量 ρ 的微分方程,即

$$R''(\rho)+2\rho^{-1}R'(\rho)+[1-l(l+1)\rho^{-2}]R(\rho)=0 \tag{7.3.7}$$

上式刚好是球贝塞尔(Bessel)方程(见附5.5)。

由特殊函数理论可知,式(7.3.7)的解是球贝塞尔函数 $\mathrm{j}_l(\rho)$ 和球诺伊曼(Neumann)函数 $\mathrm{n}_l(\rho)$。当 $\rho\to 0$ 时,它们的渐近行为分别为

$$\mathrm{j}_l(\rho)\to[(2l+1)!!]^{-1}\rho^l \tag{7.3.8a}$$

$$\mathrm{n}_l(\rho)\to-(2l-1)!!\,\rho^{-(l+1)} \tag{7.3.8b}$$

显然,当 $\rho\to 0$ 时,由于 $\mathrm{n}_l(\rho)$ 不满足波函数的有限性要求,所以球方势阱的内区波函数为

$$R(r)=\mathrm{j}_l(kr) \tag{7.3.9}$$

在位势阶跃点 $r=a$ 处,由于外区的波函数为零,故只需顾及径向波函数满足的边界条件,即

$$R(a)=0 \tag{7.3.10}$$

将上式代入式(7.3.9)得到

$$\mathrm{j}_l(ka)=0 \tag{7.3.11}$$

此即无限深球方势阱能量本征值满足的超越方程。

当 $l=0$ 时,已知球贝塞尔函数为

$$\mathrm{j}_0(kr)=\sin(kr)/(kr) \tag{7.3.12}$$

由式(7.3.11) 可知

$$\sin(ka)=0 \tag{7.3.13}$$

于是得到

$$ka=n\pi \quad (n=1,\pm 2,\pm 3\cdots) \tag{7.3.14}$$

将式(7.3.14) 代入式(7.3.5) 得到 $l=0$ 时的能量本征值为

$$E_n=\pi^2\hbar^2 n^2/(2\mu a^2) \quad (n=1,2,3,\cdots) \tag{7.3.15}$$

相应的归一化的内区径向波函数为

$$R_n(r)=(2/a)^{1/2}\sin(n\pi r/a) \tag{7.3.16}$$

显然,当 $l=0$ 时,无限深球方势阱与无限深非对称方势阱的本征解(见式(3.1.24) 与(3.1.25))是完全相同的。

当 $l=1$ 时,球贝塞尔函数为

$$\mathrm{j}_1(kr)=\sin(kr)/(kr)^2-\cos(kr)/(kr) \tag{7.3.17}$$

利用式(7.3.11) 可导出能量本征值满足的超越方程为

$$\tan(ka)=ka \tag{7.3.18}$$

由于它是一个超越方程,所以必须进行数值求解或者用作图法求解。对于 $l>1$ 的情况,可以用类似的方法处理,只不过更复杂一些。

*7.3.3　球形人造原子

设质量为 m_e 的电子处于**有限深球方势阱中**,即

$$V(r)=\begin{cases}-V_0 & (0<r\leqslant a)\\ 0 & (a<r<\infty)\end{cases} \tag{7.3.19}$$

其中 $V_0>0$。求其束缚定态解。

这个问题也可以理解为一个电子被有限深球方势阱所限域,如果将其与氢原子(一个电子被库仑势所限域) 比较,则可以将其视为一个**人造氢原子**。由于人造氢原子的尺度 a 和势阱深度 V_0 是可以人为调节的,故其能级结构可以控制,以至能够制造出纳米尺度的有使用价值的人造原子,进而,还可以得到由人造原子组装的人造分子乃至器件。

在能量区间 $0>E>-V_0$ 中,将位势分为内区与外区,由式(7.1.12) 可知,内区和外区径向波函数 $R_1(r)$ 和 $R_2(r)$ 满足的径向方程分别为

$$R_1''(r)+2r^{-1}R_1'(r)+[k_1^2-l(l+1)r^{-2}]R_1(r)=0 \tag{7.3.20}$$

$$R_2''(r)+2r^{-1}R_2'(r)+[(\mathrm{i}k_2)^2-l(l+1)r^{-2}]R_2(r)=0 \tag{7.3.21}$$

其中

$$k_1=[2m_e(E+V_0)/\hbar^2]^{1/2} \tag{7.3.22}$$

$$k_2 = (2m_e |E| / \hbar^2)^{1/2} \tag{7.3.23}$$

在内区，满足物理条件的解为球贝塞尔函数，即

$$R_1(r) = \mathrm{j}_l(k_1 r) \tag{7.3.24}$$

在外区，相应的解只能是虚宗量的第一类球汉克尔(Hankel)函数，即

$$R_2(r) = \mathrm{h}_l^{(1)}(\mathrm{i}k_2 r) \tag{7.3.25}$$

对于一个确定的角量子数 l，利用波函数及其一阶导数在 $r=a$ 处的边界条件，可以导出能量本征值满足的超越方程。

例如，当 $l=0$ 时，已知球贝塞尔函数和第一类球汉克尔函数为

$$\mathrm{j}_0(k_1 r) = \sin(k_1 r)/(k_1 r) \tag{7.3.26}$$

$$\mathrm{h}_0^{(1)}(\mathrm{i}k_2 r) = -\mathrm{e}^{-k_2 r}/(k_2 r) \tag{7.3.27}$$

在 $r=a$ 处，径向波函数及其一阶导数的边界条件分别为

$$\sin(k_1 a)/(k_1 a) = -\mathrm{e}^{-k_2 a}/(k_2 a) \tag{7.3.28}$$

$$-\sin(k_1 a)/(k_1 a) + \cos(k_1 a) = [(k_2 a)^{-1} + 1]\mathrm{e}^{-k_2 a} \tag{7.3.29}$$

将式(7.3.28)代入式(7.3.29)得到能量本征值满足的超越方程，即

$$\cos(k_1 a) = \mathrm{e}^{-k_2 a} \tag{7.3.30}$$

上述超越方程无解析解，可以利用计算机程序进行数值求解，也可以使用图解法求解。

*7.4 两电子人造分子

7.4.1 人造分子的理论模型

在讨论了人造原子的基础上，下面介绍由两个人造原子组装的人造分子的能级结构。设体系是由两个水平放置的圆盘构成的，每个圆盘上有一个被角频率为 ω_0 的谐振子势限域的电子，两盘在 z 方向相距为 d，且两盘间的势垒足够高，以至无隧穿发生，体系置于 z 方向的磁场中，此即所谓**两电子人造分子**的理论模型。

上述两电子人造分子体系的哈密顿算符为

$$\hat{H} = \frac{1}{2m_e}\sum_{i=1}^{2}\left\{[\hat{\boldsymbol{p}}(i) + e\boldsymbol{A}(i)]^2 + \frac{1}{2}m_e\omega_0^2\boldsymbol{r}^2(i)\right\} + \frac{e^2}{[|\boldsymbol{r}(1) - \boldsymbol{r}(2)|^2 + d^2]^{1/2}} \tag{7.4.1}$$

式中，m_e、e 分别为电子的质量与电荷的绝对值；ω_0 为谐振子的角频率；$\boldsymbol{r}(i)$、$\boldsymbol{p}(i)$、$\boldsymbol{A}(i)$ 分别为第 $i(i=1,2)$ 个电子的坐标、动量与矢势。

当有外磁场 $\boldsymbol{B} = B\boldsymbol{k}$ 作用到体系上时，第 i 个电子的矢势为

$$\boldsymbol{A}(i) = \frac{1}{2}\boldsymbol{B}\times\boldsymbol{r}(i) = \frac{1}{2}\begin{vmatrix} \boldsymbol{i} & \boldsymbol{j} & \boldsymbol{k} \\ 0 & 0 & B \\ x(i) & y(i) & z(i) \end{vmatrix} \tag{7.4.2}$$

将其写成分量形式，即

$$A_x(i)=-By(i)/2,\quad A_y(i)=Bx(i)/2,\quad A_z(i)=0 \tag{7.4.3}$$

7.4.2 质心运动与相对运动的分离

1. 单电子人造原子的哈密顿算符

第 $i(i=1,2)$ 个单电子人造原子的哈密顿算符为

$$\hat{h}(i)=(2m_e)^{-1}[\hat{\boldsymbol{p}}(i)+e\boldsymbol{A}(i)]^2+2^{-1}m_e\omega_0^2\boldsymbol{r}^2(i) \tag{7.4.4}$$

将式(7.4.3)代入上式,整理之后得到第 i 个电子的哈密顿算符在平面极坐标下的形式为

$$\hat{h}(i)=(2m_e)^{-1}\hat{\boldsymbol{p}}_\rho^2(i)+2^{-1}m_e\omega^2\boldsymbol{\rho}^2(i)+2^{-1}\omega_c\hat{L}_z(i) \tag{7.4.5}$$

式中

$$\begin{cases}\omega_c=eB/m_e,\quad \omega=(\omega_0^2+\omega_c^2/4)^{1/2}\\ \boldsymbol{\rho}^2(i)=x^2(i)+y^2(i),\quad \hat{\boldsymbol{p}}_\rho^2(i)=\hat{p}_x^2(i)+\hat{p}_y^2(i)\\ \hat{L}_z(i)=[\boldsymbol{\rho}(i)\times\hat{\boldsymbol{p}}_\rho(i)]_z=x(i)\hat{p}_y(i)-y(i)\hat{p}_x(i)\end{cases} \tag{7.4.6}$$

2. 质心运动与相对运动的分离

用下标 M 与 R 分别标志与质心运动和相对运动相关的力学量,动量与径向坐标分别为

$$\begin{cases}(\hat{\boldsymbol{p}}_\rho)_M=\hat{\boldsymbol{p}}_\rho(1)+\hat{\boldsymbol{p}}_\rho(2),\quad (\hat{\boldsymbol{p}}_\rho)_R=2^{-1}[\hat{\boldsymbol{p}}_\rho(1)-\hat{\boldsymbol{p}}_\rho(2)]\\ \boldsymbol{\rho}_M=2^{-1}[\boldsymbol{\rho}(1)+\boldsymbol{\rho}(2)],\quad \boldsymbol{\rho}_R=\boldsymbol{\rho}(1)-\boldsymbol{\rho}(2)\end{cases} \tag{7.4.7}$$

反之有

$$\begin{cases}\hat{\boldsymbol{p}}_\rho(1)=2^{-1}(\hat{\boldsymbol{p}}_\rho)_M+(\hat{\boldsymbol{p}}_\rho)_R,\quad \hat{\boldsymbol{p}}_\rho(2)=2^{-1}(\hat{\boldsymbol{p}}_\rho)_M-(\hat{\boldsymbol{p}}_\rho)_R\\ \boldsymbol{\rho}(1)=\boldsymbol{\rho}_M+2^{-1}\boldsymbol{\rho}_R,\quad \boldsymbol{\rho}(2)=\boldsymbol{\rho}_M-2^{-1}\boldsymbol{\rho}_R\end{cases} \tag{7.4.8}$$

将式(7.4.8)代入式(7.4.1)且利用式(7.4.5),体系的哈密顿算符可以写成

$$\hat{H}=\hat{H}_M+\hat{H}_R \tag{7.4.9}$$

其中

$$\hat{H}_M=(4m_e)^{-1}(\hat{\boldsymbol{p}}_\rho^2)_M+2^{-1}m_e\omega^2\boldsymbol{\rho}_M^2+\omega_c(\hat{L}_z)_M \tag{7.4.10}$$

$$\hat{H}_R=m_e^{-1}(\hat{\boldsymbol{p}}_\rho^2)_R+4^{-1}m_e\omega^2\boldsymbol{\rho}_R^2+2^{-1}\omega_c(\hat{L}_z)_R+e^2(\boldsymbol{\rho}_R^2+d^2)^{-1/2} \tag{7.4.11}$$

由于质心运动只对体系的能量零点有贡献,所以只需要处理相对运动部分,为简洁起见略去其下标 R。

若令 $\mu=m_e/2$,则由式(7.4.11)表示的相对运动的哈密顿算符可以改写成

$$\hat{H}=\hat{H}_0+V(\rho) \tag{7.4.12}$$

其中

$$\begin{cases}\hat{H}_0=\hat{H}_1+\hat{H}_2\\ \hat{H}_1=(2\mu)^{-1}\hat{\boldsymbol{p}}_\rho^2+2^{-1}\mu\omega^2\boldsymbol{\rho}^2\\ \hat{H}_2=2^{-1}\omega_c\hat{L}_z\\ V(\rho)=e^2(\boldsymbol{\rho}^2+d^2)^{-1/2}\end{cases} \tag{7.4.13}$$

式中，$\hat{H}_1$ 为以 ρ 为自变量的圆谐振子哈密顿算符；$\hat{H}_2$ 与以 φ 为自变量的角动量 z 分量算符 $\hat{L}_z$ 只相差常数倍；$V(\rho)$ 为圆谐振子位势。

7.4.3 两电子人造分子的能量本征解

欲求两电子人造分子的能量本征解（即算符 $\hat{H}$ 的本征解），首先，需要求出算符 $\hat{H}_0$ 的本征解，然后，在 H_0 表象中计算位势 $V(\rho)$ 的矩阵元，最后，求解矩阵方程得到算符 $\hat{H}$ 的本征解只是数学问题了。

1. 求解算符 $\hat{H}_0$ 满足的本征方程

下面分三步求解算符 $\hat{H}_0=\hat{H}_1+\hat{H}_2$ 满足的本征方程，即

$$\hat{H}_0\psi(\rho,\varphi)=E\psi(\rho,\varphi) \tag{7.4.14}$$

第一步，利用分离变量法导出圆谐振子的径向方程。

由于算符 $\hat{H}_1$ 与自变量 ρ 相关，而算符 $\hat{H}_2$ 与自变量 φ 相关，故待求本征波函数 $\psi(\rho,\varphi)$ 可分离变量，即

$$\psi(\rho,\varphi)=R(\rho)\Phi(\varphi) \tag{7.4.15}$$

进而可以将式(7.4.14)分离成两个本征方程，即

$$-2^{-1}\omega_c\hat{L}_z\Phi(\varphi)=\lambda\,\Phi(\varphi) \tag{7.4.16}$$

$$\hat{H}_1R(\rho)=(E+\lambda)R(\rho) \tag{7.4.17}$$

式中，λ 为分离常数。

实质上，式(7.4.16)是算符 $\hat{L}_z$ 的本征方程，已知其本征解为

$$\begin{cases}\lambda=-m\hbar\omega_c/2 \quad (m=0,\pm1,\pm2,\cdots)\\ \Phi_m(\varphi)=(2\pi)^{-1/2}\mathrm{e}^{im\varphi}\end{cases} \tag{7.4.18}$$

径向方程式(7.4.17)为圆谐振子的本征方程，若令

$$\widetilde{E}=E+\lambda=E-m\hbar\omega_c/2 \tag{7.4.19}$$

则可以将其改写成更明显的形式，即

$$R''(\rho)+\rho^{-1}R'(\rho)+(2\mu\hbar^{-2}\widetilde{E}-\mu^2\hbar^{-2}\omega^2\rho^2-m^2\rho^{-2})R(\rho)=0 \tag{7.4.20}$$

为了简化表示，引入变量和参数为

$$\xi=\alpha\rho,\quad \alpha^2=\mu\omega/\hbar,\quad \gamma=2\widetilde{E}/(\hbar\omega) \tag{7.4.21}$$

于是式(7.4.20)简化成

$$R''(\xi)+\xi^{-1}R'(\xi)+(\gamma-\xi^2-m^2\xi^{-2})R(\xi)=0 \tag{7.4.22}$$

此即圆谐振子满足的径向方程。

第二步，将径向方程改写成连带拉盖尔方程的形式。

首先，利用 $\xi\to\infty$ 时的边界条件，导出径向波函数 $R(\xi)$ 的一般表达式。

当 $\xi\to\infty$ 时，式(7.4.22)简化为

$$R''(\xi)-\xi^2R(\xi)=0 \tag{7.4.23}$$

满足有限性要求的径向波函数的渐近解为

$$R(\xi)\sim \mathrm{e}^{-\xi^2/2} \tag{7.4.24}$$

于是径向波函数的一般形式可取为

$$R(\xi)=u(\xi)\mathrm{e}^{-\xi^2/2} \tag{7.4.25}$$

式中，$u(\xi)$ 为待定的径向函数。

求出上式对自变量 ξ 的一阶和二阶导数后，代入式(7.4.22)，消去共同的因子，得到径向函数 $u(\xi)$ 满足的微分方程为

$$u''(\xi)-2\xi u'(\xi)+\xi^{-1}u'(\xi)+(\gamma-2-m^2\xi^{-2})u(\xi)=0 \tag{7.4.26}$$

其次，利用 $\xi\to 0$ 时的边界条件，导出径向函数 $u(\xi)$ 的一般表达式。

当 $\xi\to 0$ 时，式(7.4.26) 变成

$$u''(\xi)+\xi^{-1}u'(\xi)-m^2\xi^{-2}u(\xi)=0 \tag{7.4.27}$$

上式满足零点条件的渐近解为

$$u(\xi)\sim \xi^{|m|} \tag{7.4.28}$$

于是径向函数的一般形式可取为

$$u(\xi)=f(\xi)\xi^{|m|} \tag{7.4.29}$$

式中，$f(\xi)$ 为以 ξ 为自变量的待定函数。

计算式(7.4.29) 对自变量 ξ 的一阶和二阶导数后，代入式(7.4.26)，整理之，得到待定函数 $f(\xi)$ 满足的方程为

$$f''(\xi)+(2|m|+1)\xi^{-1}f'(\xi)-2\xi f'(\xi)+(\gamma-2-2|m|)f(\xi)=0 \tag{7.4.30}$$

最后，利用坐标变换将上式改写成连带拉盖尔方程的形式。

若设 $y=\xi^2$，则有

$$\mathrm{d}\xi=2^{-1}y^{-1/2}\mathrm{d}y \tag{7.4.31}$$

进而可以将式(7.4.30) 改写为

$$yf''(y)+(|m|+1-y)f'(y)+4^{-1}(\gamma-2-2|m|)f(y)=0 \tag{7.4.32}$$

第三步，与连带拉盖尔方程比较得到本征解。

已知连带拉盖尔方程(见附 5.4) 为

$$y[\mathrm{L}_n^\beta(y)]''+(\beta+1-y)[\mathrm{L}_n^\beta(y)]'+n\mathrm{L}_n^\beta(y)=0 \tag{7.4.33}$$

将上式与式(7.4.32) 比较，得到

$$\beta=|m| \tag{7.4.34}$$

$$n=4^{-1}(\gamma-2|m|-2) \tag{7.4.35}$$

$$f_n^\beta(y)=\mathrm{L}_n^\beta(y) \tag{7.4.36}$$

式中，$\mathrm{L}_n^\beta(y)$ 为连带拉盖尔多项式，$n=0,1,2,\cdots$。

由 γ 的定义及式(7.4.35) 可知，算符 $\hat{H}_1$ 的能量本征值为

$$\widetilde{E}_{nm}=(2n+|m|+1)\hbar\omega \tag{7.4.37}$$

此结果与笛卡儿坐标系中的结果是一样的。

进而,由式(7.4.19)可知,算符 $\hat{H}_0$ 的能量本征值为

$$E_{nm}=(2n+|m|+1)\hbar\omega+m\hbar\omega_c/2 \tag{7.4.38}$$

顾及角度分量后,算符 $\hat{H}_0$ 的本征波函数为

$$\psi_{nm}(\rho,\varphi)=N_{nm}(\alpha\rho)^{|m|}\mathrm{L}_n^{|m|}(\alpha^2\rho^2)\mathrm{e}^{-\alpha^2\rho^2/2}\mathrm{e}^{\mathrm{i}m\varphi} \tag{7.4.39}$$

其中,N_{nm} 为待定的归一化常数,而连带拉盖尔多项式的表达式为

$$\mathrm{L}_n^{|m|}(\alpha^2\rho^2)=\sum_{k=0}^{n}\frac{(-1)^k(n+|m|)!(\alpha\rho)^{2k}}{k!(n-k)!(k+|m|)!} \tag{7.4.40}$$

为了求出归一化常数 N_{nm},需要计算积分

$$\int_0^{2\pi}\mathrm{d}\varphi\int_0^{\infty}\rho\mathrm{d}\rho\,|\psi_{nm}(\rho,\varphi)|^2=$$

$$2\pi\,|N_{nm}|^2\int_0^{\infty}\mathrm{e}^{-\alpha^2\rho^2}(\alpha\rho)^{2|m|}\mathrm{L}_n^{|m|}(\alpha\rho)\mathrm{L}_n^{|m|}(\alpha\rho)\rho\mathrm{d}\rho=$$

$$\pi\alpha^{-2}\,|N_{nm}|^2\int_0^{\infty}\mathrm{e}^{-y}y^{|m|}\mathrm{L}_n^{|m|}(y)\mathrm{L}_n^{|m|}(y)\mathrm{d}y \tag{7.4.41}$$

上式右端的积分可以利用连带拉盖尔多项式的正交关系

$$\int_0^{\infty}\mathrm{e}^{-y}y^k\mathrm{L}_m^k(y)\mathrm{L}_n^k(y)\mathrm{d}y=(n!)^{-1}(n+k)!\delta_{m,n} \tag{7.4.42}$$

得到,于是可求出本征波函数的归一化常数为

$$N_{nm}=\alpha\,\{n!/[\pi(n+|m|)!]\}^{1/2} \tag{7.4.43}$$

至此,算符 $\hat{H}_0$ 的本征解已经求出。

2. H_0 表象中的位势矩阵元

若选算符 $\hat{H}_0$ 的本征函数系为基底,则位势 $V(\rho)$ 的矩阵元的计算是求解能量本征方程的关键,利用式(7.4.39)可以导出它的表达式为

$$V_{nm,\tilde{n}\tilde{m}}=e^2[(\rho^2+d^2)^{-1/2}]_{nm,\tilde{n}\tilde{m}}=2\pi e^2\delta_{m,\tilde{m}}N_{\tilde{n}m}N_{nm}\times$$

$$\sum_{k=0}^{n}\sum_{\tilde{k}=0}^{\tilde{n}}\frac{(-1)^{k+\tilde{k}}(n+|m|)!(\tilde{n}+|m|)!}{(|m|+k)!(|m|+\tilde{k})!(n-k)!(\tilde{n}-\tilde{k})!k!\tilde{k}!}\times$$

$$\int_0^{\infty}\rho^{2|m|+1}(\rho^2+d^2)^{-1/2}(\alpha^2\rho^2)^{k+\tilde{k}}\mathrm{e}^{-\alpha^2\rho^2}\mathrm{d}\rho \tag{7.4.44}$$

总之,利用计算机程序算出位势的矩阵元后,可以求解哈密顿算符 $\hat{H}$ 满足的本征方程,进而得到能量本征解。

如果圆盘是由半导体材料构成的,则需要将电子的质量换成电子的有效质量,并且还应该顾及材料的介电常数对两圆盘之间的相互作用的影响。

作者利用上述公式对两电子人造分子的前10条能级进行了数值计算,分别考察了它

们随两盘间距 d、限域能量 $\hbar\omega_0$ 和外磁场强度 B 的变化情况，篇幅所限就不一一列出了。

7.5　球极坐标系中的谐振子

7.5.1　球谐振子的径向方程

三维各向同性谐振子也是量子力学的基本问题之一，在笛卡儿坐标系中，它的本征解已经在 3.4 节中求出。它也可以在球极坐标系中求解，此即球谐振子的本征问题。球谐振子也是量子力学中可以精确求解的另一个真实的物理体系，它的本征解在原子核物理学中经常用到。

设有一质量为 μ、角频率为 ω 的球谐振子，其位势为

$$V(r) = \mu\omega^2 r^2/2 \tag{7.5.1}$$

相应的定态薛定谔方程在正能量区间有束缚定态解。将上式代入式(7.1.14)，得到球谐振子满足的径向方程为

$$-(2\mu)^{-1}\hbar^2 u''(r) + [(2\mu)^{-1}l(l+1)\hbar^2 r^{-2} + 2^{-1}\mu\omega^2 r^2]u(r) = Eu(r) \tag{7.5.2}$$

式中，$u(r)$ 为径向函数，$u(r) = rR(r)$；$R(r)$ 为径向波函数。

若令

$$\xi = \alpha r, \quad \alpha = (\mu\omega/\hbar)^{1/2}, \quad \lambda = 2E/(\hbar\omega) \tag{7.5.3}$$

则可以将式(7.5.2) 简化为

$$u''(\xi) + [\lambda - \xi^2 - l(l+1)\xi^{-2}]u(\xi) = 0 \tag{7.5.4}$$

上述方程有两个奇点，$\xi = 0$ 和 $\xi = \infty$。

7.5.2　球谐振子的能量本征解

球谐振子径向方程的求解过程可以分为如下四步进行。

1. 导出径向函数 $u(r)$ 的渐近形式

当 $\xi \to 0$ 时，式(7.5.4) 简化为

$$u''(\xi) - l(l+1)\xi^{-2}u(\xi) = 0 \tag{7.5.5}$$

其渐近解与式(7.1.24) 完全一致，即

$$u(\xi) \sim \xi^{l+1} \tag{7.5.6}$$

当 $\xi \to \infty$ 时，式(7.5.4) 简化为

$$u''(\xi) - \xi^2 u(\xi) = 0 \tag{7.5.7}$$

由上式可知，满足束缚定态条件的径向函数为

$$u(\xi) \sim e^{-\xi^2/2} \tag{7.5.8}$$

总之，径向函数的一般形式可取为

$$u(\xi)=g(\xi)\xi^{l+1}e^{-\xi^2/2} \tag{7.5.9}$$

式中，$g(\xi)$ 为待定函数。将上式代入方程式(7.5.4) 得到待定函数 $g(\xi)$ 满足的微分方程为

$$\xi g''(\xi)+[2(l+1)-2\xi^2]g'(\xi)+[\lambda-(2l+3)]\xi g(\xi)=0 \tag{7.5.10}$$

2. 改写 $g(\xi)$ 满足的微分方程

若设

$$y=\xi^2 \tag{7.5.11}$$

则有

$$d\xi=2^{-1}y^{-1/2}dy \tag{7.5.12}$$

进而可知，待定函数 $g(\xi)$ 的一阶和二阶导数分别为

$$g'(\xi)=2y^{1/2}g'(y) \tag{7.5.13}$$

$$g''(\xi)=2g'(y)+4yg''(y) \tag{7.5.14}$$

将上述两式代入式(7.5.10)，整理后得到 $g(y)$ 满足的本征方程为

$$yg''(y)+(l+3/2-y)g'(y)+4^{-1}(\lambda-2l-3)g(y)=0 \tag{7.5.15}$$

3. 确定能量本征解

已知连带拉盖尔方程为

$$y[L_n^\beta(y)]''+(\beta+1-y)[L_n^\beta(y)]'+nL_n^\beta(y)=0 \tag{7.5.16}$$

比较上式与式(7.5.15) 得到

$$\lambda=4n+2l+3\quad(n=0,1,2,\cdots) \tag{7.5.17}$$

$$\beta=l+1/2\quad(l=0,1,2,\cdots) \tag{7.5.18}$$

$$g_n^\beta(y)=L_n^\beta(y)=L_n^{l+1/2}(y) \tag{7.5.19}$$

式中，$L_n^{l+1/2}(y)$ 为连带拉盖尔多项式，其表达式为

$$L_n^{l+1/2}(y)=2^{-n}(2n+2l+1)!!\sum_{m=0}^{n}\frac{(-2)^m y^m}{m!(n-m)!(2l+2m+1)!!} \tag{7.5.20}$$

由式(7.5.17) 和式(7.5.3) 可知，球谐振子的能量本征值为

$$E_{nl}=(2n+l+3/2)\hbar\omega \tag{7.5.21}$$

将式(7.5.19) 代入式(7.5.9)，得到相应的径向波函数为

$$R_{nl}(\xi)=N_{nl}\xi^{-1}u_{nl}(\xi)=N_{nl}\xi^l L_n^{l+1/2}(\xi^2)e^{-\xi^2/2} \tag{7.5.22}$$

式中，N_{nl} 为待定的径向波函数归一化常数。

4. 将径向波函数归一化

已知连带拉盖尔多项式的积分公式为

$$\int_0^\infty e^{-y}y^{l+1/2}L_n^{l+1/2}(y)L_n^{l+1/2}(y)dy=(n!)^{-1}\Gamma(n+l+3/2) \tag{7.5.23}$$

式中，$\Gamma(n+l+3/2)$ 为伽马(Gama) 函数(见附 5.1)。为了将径向波函数归一化，利用式(7.5.23) 计算径向波函数模方的积分，即

$$\int_0^\infty R_{nl}(\alpha r)R_{nl}(\alpha r)r^2\mathrm{d}r = |N_{nl}|^2\int_0^\infty r^{-2}u_{nl}(\alpha r)u_{nl}(\alpha r)r^2\mathrm{d}r =$$

$$\alpha^{-3}|N_{nl}|^2\int_0^\infty \mathrm{e}^{-\xi^2}\xi^{2l+2}\mathrm{L}_n^{l+1/2}(\xi^2)\mathrm{L}_n^{l+1/2}(\xi^2)\mathrm{d}\xi =$$

$$(2\alpha^3)^{-1}|N_{nl}|^2\int_0^\infty \mathrm{e}^{-y}y^{l+1/2}\mathrm{L}_n^{l+1/2}(y)\mathrm{L}_n^{l+1/2}(y)\mathrm{d}y =$$

$$(2\alpha^3 n!)^{-1}|N_{nl}|^2\Gamma(n+l+3/2) \tag{7.5.24}$$

于是,可以求出径向波函数的归一化常数为

$$N_{nl} = [2\alpha^3 n!/\Gamma(n+l+3/2)]^{1/2} \tag{7.5.25}$$

为了使用方便,通常将伽马函数换成更常见的表达式。由于

$$\Gamma(n+l+3/2) = \Gamma(n+l+1+1/2) \tag{7.5.26}$$

故可以利用半整数伽马函数的求值公式

$$\Gamma(n+1/2) = 2^{-n}(2n-1)!!\,\pi^{1/2} \tag{7.5.27}$$

将归一化常数改写为

$$N_{nl} = \{2^{n+l+2}\alpha^3 n!/[\pi^{1/2}(2n+2l+1)!!]\}^{1/2} \tag{7.5.28}$$

最后,得到归一化的径向本征波函数为

$$R_{nl}(r) = N_{nl}(\alpha r)^l\mathrm{L}_n^{l+1/2}(\alpha^2 r^2)\mathrm{e}^{-\alpha^2 r^2/2} \tag{7.5.29}$$

若再顾及与角度相关的部分,则球谐振子的归一化本征波函数为

$$\psi_{nlm}(\boldsymbol{r}) = N_{nl}(\alpha r)^l\mathrm{L}_n^{l+1/2}(\alpha^2 r^2)\mathrm{e}^{-\alpha^2 r^2/2}\mathrm{Y}_{lm}(\theta,\varphi) \tag{7.5.30}$$

式中,$\mathrm{Y}_{lm}(\theta,\varphi)$ 为球谐函数。在理论推导过程中,为简洁计,通常也将球谐振子的归一化本征波函数用狄拉克符号表示为 $|nlm\rangle$。

7.5.3　能量本征值的简并度

在球谐振子的能级表达式中,若令

$$N = 2n+l\quad(N=0,1.2,\cdots) \tag{7.5.31}$$

则可以得到与笛卡儿坐标系同样的能级表达式,即

$$E_N = (N+3/2)\hbar\omega \tag{7.5.32}$$

显然球谐振子的能级取值是量子化的,能级间距是相等的,均为 $\hbar\omega$,与笛卡儿坐标系中的结论相同,说明体系的能级与坐标系的选择无关。

球谐振子的能级是简并的,当 n、l 取固定值时简并度为

$$f_{nl} = 2l+1 \tag{7.5.33}$$

当 N 取固定值时,满足式(7.5.31)的 n、l 还可以有多种选法。若 $n=0,1,2,\cdots,(N-1)/2$ 或者 $N/2$,相应的 $l=N,N-2,N-4,\cdots,1$ 或者 0,则其简并度与笛卡儿坐标系中的简并度相同,即

$$f_N = (N+1)(N+2)/2 \tag{7.5.34}$$

说明体系能级的简并度也与坐标系的选择无关。

如前所述，虽然球谐振子与氢原子处于不同的位势中，具有完全不同的本征解，但是，这样看似不同的两个物理问题仍然是相互关联的，它们的共同之处就是位势与坐标的取向无关，即同处于中心力场中。从而导致可以由氢原子的能量本征解导出球谐振子的能量本征解，具体的推导过程可见例题7.4。

从认识论的层面上看，看似不同的问题也可能存在相同之处，即异中有同，例如，氢原子与球谐振子，方势阱(垒)与δ函数势阱(垒)，连续谱与断续谱本征矢的归一化条件和完备性；反之，看似相同的问题也可能存在不同之处，即同中存异，例如，无限深方势阱与自由粒子的箱归一化。因此，除了常用的推广和借鉴等方法之外，异中寻同与同中求异也是寻求物理学规律的途径之一。

例题选讲7

例题7.1 已知氢原子在$t=0$时的状态为

$$|\Psi(0)\rangle=2^{-1}|210\rangle-2^{-1/2}|310\rangle-2^{-1/2}|21-1\rangle$$

求其能量、角动量平方及角动量z分量的取值概率与平均值；写出在$t>0$时体系的波函数，并给出此时能量、角动量平方及角动量z分量的取值概率与平均值。

解 已知氢原子的能量本征解为

$$E_n=-e^2/(2a_0n^2)\quad(n=1,2,3,\cdots)\tag{1}$$

$$|nlm\rangle\quad(l=0,1,2,\cdots,n-1,|m|\leqslant l)\tag{2}$$

将态矢$|\Psi(0)\rangle$向氢原子的本征矢$|nlm\rangle$展开，即

$$|\Psi(0)\rangle=\sum_{n,l,m}C_{nlm}(0)|nlm\rangle\tag{3}$$

由已知条件可知，不为零的展开系数只有三个，即

$$C_{210}(0)=2^{-1},\quad C_{310}(0)=-2^{-1/2},\quad C_{21-1}(0)=-2^{-1/2}\tag{4}$$

显然，题中所给出的态矢并未归一化，容易求出归一化常数为$(4/5)^{1/2}$，于是归一化后的展开系数为

$$\begin{cases}C_{210}(0)=2^{-1}(4/5)^{1/2}=(1/5)^{1/2}\\C_{310}(0)=-2^{-1/2}(4/5)^{1/2}=-(2/5)^{1/2}\\C_{21-1}(0)=-2^{-1/2}(4/5)^{1/2}=-(2/5)^{1/2}\end{cases}\tag{5}$$

不为零的能量取值概率为

$$\begin{cases}W(E_2,0)=1/5+2/5=3/5\\W(E_3,0)=2/5\end{cases}\tag{6}$$

能量平均值为

$$\overline{E}=3E_2/5+2E_3/5=-7e^2a_0^{-1}/72\tag{7}$$

不为零的角动量平方取值概率只有

$$W(2\hbar^2,0)=1 \tag{8}$$

角动量平方的平均值为

$$\overline{\boldsymbol{L}^2}=2\hbar^2 \tag{9}$$

不为零的角动量z分量取值概率为

$$\begin{cases}W(0,0)=1/5+2/5=3/5\\ W(-\hbar,0)=2/5\end{cases} \tag{10}$$

角动量z分量的平均值为

$$\overline{L_z}=-2\hbar/5 \tag{11}$$

在$t>0$时，体系的态矢为

$$\begin{aligned}|\Psi(t)\rangle=&\sum_{n,l,m}C_{nlm}(0)\mid nlm\rangle e^{-iE_nt/\hbar}=\\&[C_{210}(0)\mid 210\rangle+C_{21-1}(0)\mid 21-1\rangle]e^{-iE_2t/\hbar}+C_{310}(0)\mid 310\rangle e^{-iE_3t/\hbar}=\\&[(1/5)^{1/2}\mid 210\rangle-(2/5)^{1/2}\mid 21-1\rangle]e^{-iE_2t/\hbar}-(2/5)^{1/2}\mid 310\rangle e^{-iE_3t/\hbar}\end{aligned} \tag{12}$$

由于能量、角动量与角动量z分量皆为守恒量，所以它们的取值概率及平均值均不随时间改变，与$t=0$时的结果相同。

例题7.2　质量为μ的粒子处于如下中心力场中，即

$$V(r)=-\alpha r^{-k}\quad(\alpha>0)$$

式中，k为正整数。证明其存在束缚定态解的条件是$0<k<2$。

证明　由位力定理可知，在定态之下，当势能可以写成坐标的齐次函数时，动能与势能的平均值满足的关系式为

$$2\bar{T}=n\bar{V} \tag{1}$$

由题中给出的位势可知

$$n=-k \tag{2}$$

于是有

$$\bar{V}=-2k^{-1}\bar{T} \tag{3}$$

在平均值的意义下，总能量为

$$\bar{E}=\bar{T}+\bar{V}=(1-2k^{-1})\bar{T} \tag{4}$$

由于动能的平均值大于零，而此时束缚定态的总能量小于零，所以要求

$$0<k<2 \tag{5}$$

例题7.3　已知类氢离子(核电荷为Ze)中的电子处于束缚定态$\psi_{nlm}(\boldsymbol{r})$，在此状态下，计算平均值$\overline{r^{-1}}$与$\overline{r^{-2}}$。

解　已知类氢离子的能量本征值为

$$E_n = -Z^2 e^2/(2a_0 n^2) \quad (n=1,2,3,\cdots) \tag{1}$$

式中，$a_0 = \hbar^2/(\mu e^2)$ 为氢原子的玻尔半径；μ 为该类氢离子中电子的约化质量。

由位力定理可知

$$\bar{T} = -\bar{V}/2 \tag{2}$$

在 $\psi_{nlm}(\boldsymbol{r})$ 状态之下，能量的平均值为

$$E_n = \bar{T} + \bar{V} = \bar{V}/2 = -Ze^2\,\overline{r^{-1}}/2 \tag{3}$$

于是得到

$$\overline{r^{-1}} = -2E_n/(Ze^2) = Z/(a_0 n^2) \quad (n=1,2,3,\cdots) \tag{4}$$

类氢离子的径向哈密顿算符为

$$\hat{H} = -(2\mu)^{-1}\hbar^2\,\nabla_r^2 + (2\mu)^{-1}l(l+1)\hbar^2 r^{-2} - Ze^2 r^{-1} \tag{5}$$

将上式两端对 l 求偏导数，然后在 $\psi_{nlm}(\boldsymbol{r})$ 状态之下求其平均值，得到

$$\overline{\partial\hat{H}/\partial l} = (l+1/2)\mu^{-1}\hbar^2\,\overline{r^{-2}} \tag{6}$$

利用

$$n = n_r + l + 1 \tag{7}$$

再将式(1) 两端对 l 求偏导数，得到

$$\partial E_n/\partial l = \partial E_n/\partial n = Z^2 e^2 a_0^{-1} n^{-3} \tag{8}$$

最后，利用赫尔曼－费曼定理，由式(6) 与式(8) 可知

$$\overline{r^{-2}} = Z^2/[(l+1/2)a_0^2 n^3] \tag{9}$$

例题 7.4 由氢原子的能级导出球谐振子的能级。

解 从表面上看，氢原子与球谐振子是两个不同的物理问题，但是，有一点是相同的，那就是它们都处于中心力场之中。通过下面的推导可以由氢原子的能级得到球谐振子的能级。

设球谐振子的位势为

$$V_B(r) = \lambda_B r^2 \tag{1}$$

其中

$$\lambda_B = m_B\omega^2/2 \tag{2}$$

已知其本征波函数为

$$\Psi_B(\boldsymbol{r}) = r^{-1}\psi(r)Y_{lm}(\theta,\varphi) \tag{3}$$

式中的径向函数 $\psi(r)$ 满足的方程为

$$(2m_B)^{-1}\hbar^2\psi''(r) + [E_B - \lambda_B r^2 - (2m_B)^{-1}l(l+1)\hbar^2 r^{-2}]\psi(r) = 0 \tag{4}$$

设氢原子的位势为

$$V_H(r) = \lambda_H/r \tag{5}$$

其中

$$\lambda_{\mathrm{H}}=-e^2 \tag{6}$$

已知其本征波函数为

$$\Psi_{\mathrm{H}}(\boldsymbol{r})=r^{-1}u(r)\mathrm{Y}_{lm}(\theta,\varphi) \tag{7}$$

式中的径向函数 $u(r)$ 满足的方程为

$$(2m_{\mathrm{H}})^{-1}\hbar^2u''(r)+[E_{\mathrm{H}}-\lambda_{\mathrm{H}}r^{-1}-(2m_{\mathrm{H}})^{-1}l(l+1)\hbar^2r^{-2}]u(r)=0 \tag{8}$$

式(4)与式(8)的差别仅在于位势的不同，若对式(4)做如下的变换，即

$$r^2=\rho\,,\quad \psi(r)=\rho^{-1/4}v(\rho) \tag{9}$$

则式(4)可化成径向函数 $v(\rho)$ 满足的方程，即

$$(2m_{\mathrm{B}})^{-1}\hbar^2v''(\rho)+[\widetilde{E}_{\mathrm{B}}-\widetilde{\lambda}_{\mathrm{B}}\rho^{-1}-(2m_{\mathrm{B}})^{-1}\widetilde{l}(\widetilde{l}+1)\hbar^2\rho^{-2}]v(\rho)=0 \tag{10}$$

式中

$$\widetilde{E}_{\mathrm{B}}=-\lambda_{\mathrm{B}}/4 \tag{11}$$

$$\widetilde{\lambda}_{\mathrm{B}}=-E_{\mathrm{B}}/4 \tag{12}$$

$$\widetilde{l}(\widetilde{l}+1)=l(l+1)/4-3/16 \tag{13}$$

由式(13)可以解得

$$\widetilde{l}=l/2-1/4 \tag{14}$$

比较发现，式(8)与式(10)在形式上是完全相同的两个微分方程，两者的变量之间满足的对应关系为

$$r\leftrightarrow\rho\,,\quad E_{\mathrm{H}}\leftrightarrow\widetilde{E}_{\mathrm{B}}\,,\quad \lambda_{\mathrm{H}}\leftrightarrow\widetilde{\lambda}_{\mathrm{B}}\,,\quad l\leftrightarrow\widetilde{l}\,,\quad u(r)\leftrightarrow v(\rho) \tag{15}$$

下面从氢原子的能级出发，求出球谐振子的能级。

已知氢原子的能级为

$$E_{\mathrm{H}}=-(2\hbar^2)^{-1}m_{\mathrm{H}}\lambda_{\mathrm{H}}^2\,(n_r+l+1)^{-2} \tag{16}$$

由式(15)的对应关系可知

$$\widetilde{E}_{\mathrm{B}}=-(2\hbar^2)^{-1}m_{\mathrm{B}}\widetilde{\lambda}_{\mathrm{B}}^2\,(n_r+\widetilde{l}+1)^{-2} \tag{17}$$

利用式(11)及式(2)，可以将式(17)的左端变成

$$\widetilde{E}_{\mathrm{B}}=-\lambda_{\mathrm{B}}/4=-m_{\mathrm{B}}\omega^2/8 \tag{18}$$

再将式(12)及式(14)代入式(17)右端，得到

$$\begin{aligned}&-(2\hbar^2)^{-1}m_{\mathrm{B}}\widetilde{\lambda}_{\mathrm{B}}^2(n_r+\widetilde{l}+1)^{-2}=\\&-(2\hbar^2)^{-1}m_{\mathrm{B}}16^{-1}E_{\mathrm{B}}^2(n_r+l/2-1/4+1)^{-2}=\\&-(8\hbar^2)^{-1}m_{\mathrm{B}}E_{\mathrm{B}}^2(2n_r+l+3/2)^{-2}\end{aligned} \tag{19}$$

最后，将式(18)与式(19)代入式(17)，得到球谐振子的能级为

$$E_{\mathrm{B}}=(2n_r+l+3/2)\hbar\omega \tag{20}$$

上式与球谐振子的能级表达式(7.5.21) 完全相同。

仿照上述做法,也可以由氢原子的能量本征波函数得到球谐振子的能量本征波函数,有兴趣的读者可以自己来完成。

习　题　7

习题 7.1　已知氢原子的状态为

$$\psi(r)=(\pi a_0^3)^{-1/2}\mathrm{e}^{-r/a_0}$$

在此状态下,计算 $\bar{r}$、$\overline{-e^2r^{-1}}$ 及动量的概率分布。

习题 7.2　在 $t=0$ 时刻,已知氢原子的状态为

$$\Psi(\boldsymbol{r},0)=c\left[2^{-1/2}\psi_1(\boldsymbol{r})+3^{-1/2}\psi_2(\boldsymbol{r})+2^{-1/2}\psi_3(\boldsymbol{r})\right]$$

式中,$\psi_n(\boldsymbol{r})$ 为氢原子的第 n 个本征态。计算 $t=0$ 时能量的取值概率与平均值,进而写出 $t>0$ 时的波函数。

习题 7.3　有一个质量为 $m=500\ \mathrm{MeV}/c^2$ 的粒子(c 为光速),在半径为 $a=1.5\times10^{-15}\,\mathrm{m}$ 的球方势阱中运动,当 $l=0$ 时,此阱至少要多深才可能有束缚定态存在?

习题 7.4　已知氢原子处于基态,求在 $r\geqslant 2a_0$ 处发现电子的概率。若在半径为 r_0 的球内发现电子的概率为 0.9,那么半径 r_0 为多大?

习题 7.5　证明

$$m_1^{-1}\,\nabla_{\boldsymbol{r}_1}^2+m_2^{-1}\,\nabla_{\boldsymbol{r}_2}^2=M^{-1}\,\nabla_{\boldsymbol{R}}^2+\mu^{-1}\,\nabla_{\boldsymbol{r}}^2$$

其中

$$M=m_1+m_2,\quad \mu=m_1m_2/(m_1+m_2)$$

$$\boldsymbol{r}=\boldsymbol{r}_1-\boldsymbol{r}_2,\quad \boldsymbol{R}=(m_1\boldsymbol{r}_1+m_2\boldsymbol{r}_2)/(m_1+m_2)$$

第8章 表象理论与绘景理论

实际上,表象已经不是一个陌生的概念,在此前的章节中已经多次出现过。自由粒子的能量本征波函数是以坐标为自变量的单色平面波,通过傅里叶变换可以将其变成以动量为自变量的形式,它给予我们这样一个启示,除了坐标变量之外,量子力学的三个要素还可以用其他的力学量作为自变量,或者说,它们还可以在不同的基底下写出来,此即表象理论的物理内涵。另外,从随时间变化的角度看,量子力学的三个要素也有不同的表示方式,这就是绘景理论的物理内涵。

不论是表象理论还是绘景理论,都属于量子力学的形式理论,它们的魅力不仅是从不同的视角展现了量子力学的完美性,而且,由于形式理论并不影响可观测量的结果,所以允许选择一个恰当的绘景与表象,使得量子力学的三个要素均处于该绘景与表象之中,以期达到使理论推导和计算变得简捷,此即形式理论的实用价值。

可能有人会问,既然狄拉克符号与表象无关,那么若使用狄拉克符号,是不是就不用再选择绘景与表象了? 实际上,虽然狄拉克符号可以使得理论推导的过程变得简捷,但是,为了获取最终的理论计算结果,还是需要在一个选定的绘景和表象中来实现。由此可见,为了得到可观测量的计算结果,选择具体的绘景与表象是无论如何也回避不掉的。

8.1 态矢的矩阵表示

8.1.1 表象的定义和作用

众所周知,几何学中的矢量是一个具有长度和方向的量。矢量的大小称为矢量的模,模为1的矢量称为单位矢量,模等于零的矢量称为零矢量。在三维空间中,若坐标的三个单位矢量是相互正交的,则其可以构成正交归一的坐标系,例如,常用的笛卡儿坐标系、球极坐标系等。矢量运算可以在不同的坐标系下进行,最终的运算结果是相同的,这就是所谓的万变不离其宗。

在量子力学中,将其三要素(算符、态矢和薛定谔方程)的具体表示方式称为**表象**。例如,若用厄米算符 $\hat{g}$ 的本征矢为基底(或者用其本征值作为自变量)来表示量子力学的三要素,则称其处于 g **表象**,选择表象的实质就是选择希尔伯特空间。态矢和基底类似于几何学中的矢量和坐标系，同一个态矢可以在不同的表象中展示出来。

8.1.2　任意力学量表象

设 $\Psi(x,t)$ 是一维坐标空间中任意归一化的体系波函数，为了得到它在 g 表象中的表示，必须事先知道厄米算符 $\hat{g}$ 的本征解。下面分别导出 $\Psi(x,t)$ 在坐标、动量及任意断续谱表象中的表示。

1. 坐标表象中的波函数 $\Psi(x,t)$

在一维坐标空间中，坐标算符 $\hat{x}$ 满足的本征方程为

$$\hat{x}\psi_{x_a}(x) = x_a\psi_{x_a}(x) \tag{8.1.1}$$

在第 5 章中，已经求出了它的正交规格化本征解，即

$$\begin{cases} x_a \quad (-\infty < x_a < \infty) \\ \psi_{x_a}(x) = \delta(x - x_a) \end{cases} \tag{8.1.2}$$

本征函数系 $\{\psi_{x_a}(x)\}$ 构成坐标表象的基底。

由 $\{\psi_{x_a}(x)\}$ 的完备性可知，波函数 $\Psi(x,t)$ 可以向 $\psi_{x_a}(x)$ 展开为

$$\Psi(x,t) = \int_{-\infty}^{\infty} C_{x_a}(t)\psi_{x_a}(x)\mathrm{d}x_a \tag{8.1.3}$$

其中的展开系数为

$$C_{x_a}(t) = \int_{-\infty}^{\infty} \delta^*(x - x_a)\Psi(x,t)\mathrm{d}x = \Psi(x_a,t) \tag{8.1.4}$$

由完备性的解释可知，集合 $\{\Psi(x_a,t)\}$ 就是 $\Psi(x,t)$ 在坐标表象中的表示，其中的 x_a 可以在正负无穷之间连续取值。从数学的角度看，由于 x_a 可以连续取值，故集合 $\{\Psi(x_a,t)\}$ 可以写成函数形式 $\Psi(x_a,t)$。实际上，$\Psi(x_a,t)$ 与 $\Psi(x,t)$ 只是自变量所用符号不同而已，不言而喻，$\Psi(x,t)$ 已经是坐标表象中的波函数，这与已知条件完全吻合。

若选用坐标算符的归一化本征波函数系为基底，也可以得到同样的结论(下同)。

2. 动量表象中的波函数 $\Psi(x,t)$

在一维坐标空间中，将动量算符 $\hat{p}_x$ 简记为 $\hat{p}$，其满足的本征方程为

$$-\mathrm{i}\hbar\psi'_{p_a}(x) = p_a\psi_{p_a}(x) \tag{8.1.5}$$

在第 2 章中，它的正交规格化本征解已经求出，即

$$\begin{cases} p_a \quad (-\infty < p_a < \infty) \\ \psi_{p_a}(x) = (2\pi\hbar)^{-1/2}\mathrm{e}^{\mathrm{i}p_a x/\hbar} \end{cases} \tag{8.1.6}$$

本征函数系 $\{\psi_{p_a}(x)\}$ 构成动量表象的基底。

将波函数 $\Psi(x,t)$ 向 $\psi_{p_a}(x)$ 展开，即

$$\Psi(x,t) = \int_{-\infty}^{\infty} \Phi(p_a,t)\psi_{p_a}(x)\mathrm{d}p_a \tag{8.1.7}$$

由傅里叶变换可知，展开系数为

$$\Phi(p_a,t)=(2\pi\hbar)^{-1/2}\int_{-\infty}^{\infty}\mathrm{e}^{-\mathrm{i}p_a x/\hbar}\Psi(x,t)\mathrm{d}x \tag{8.1.8}$$

由完备性的解释可知，集合$\{\Phi(p_a,t)\}$就是波函数$\Psi(x,t)$在动量表象中的表示，它也可以写成以p为自变量的函数形式$\Phi(p,t)$。实际上，式(8.1.8)就是由坐标表象中的波函数$\Psi(x,t)$到动量表象中的波函数$\Phi(p,t)$的变换公式。

3. 任意断续谱表象中的波函数 $\Psi(x,t)$

在一维坐标空间中，设任意厄米算符$\hat{g}$具有无简并断续谱，满足的本征方程为

$$\hat{g}\psi_n(x)=g_n\psi_n(x) \tag{8.1.9}$$

若其本征解已求出，则集合$\{\psi_n(x)\}$就是g表象的基底，与坐标和动量不同的是，此时的基底是断续的。

由$\{\psi_n(x)\}$的完备性可知，波函数$\Psi(x,t)$可以展开为

$$\Psi(x,t)=\sum_n C_n(t)\psi_n(x) \tag{8.1.10}$$

其中的展开系数为

$$C_n(t)=\int_{-\infty}^{\infty}\psi_n^*(x)\Psi(x,t)\mathrm{d}x \tag{8.1.11}$$

由完备性的解释可知，展开系数的集合$\{C_n(t)\}$就是波函数$\Psi(x,t)$在g表象中的表示。

由于波函数$\Psi(x,t)$已经归一化，故有

$$1=\int_{-\infty}^{\infty}\Psi^*(x,t)\Psi(x,t)\mathrm{d}x=\sum_{m,n}C_m^*(t)C_n(t)\int_{-\infty}^{\infty}\psi_m^*(x)\psi_n(x)\mathrm{d}x=$$

$$\sum_n C_n^*(t)C_n(t)=\sum_n|C_n(t)|^2 \tag{8.1.12}$$

上式表明，当$\Psi(x,t)$是归一化的波函数时，它在g表象中的表示$\{C_n(t)\}$也一定是归一化的，反之亦然。

8.1.3　态矢的矩阵表示

在希尔伯特空间中，态矢具有矢量的性质，为了运算的方便，有时也将态矢写成矩阵的形式。以断续谱为例，设g_n与$|\psi_n\rangle$分别是厄米算符$\hat{g}$的本征值及其相应的本征矢。由本征矢$|\psi_n\rangle$的完备性可知，体系的任意一个态矢$|\Psi(t)\rangle$总可以展开为

$$|\Psi(t)\rangle=\sum_n C_n(t)|\psi_n\rangle \tag{8.1.13}$$

其中的展开系数$C_n(t)$就是态矢$|\Psi(t)\rangle$在g表象中的第n个矩阵元，矩阵元的集合$\{C_n(t)\}$构成一个列矩阵，即

$$\begin{pmatrix} C_1(t) \\ C_2(t) \\ \vdots \\ C_n(t) \\ \vdots \end{pmatrix} \tag{8.1.14}$$

上述列矩阵的共轭矩阵为行矩阵，即

$$\begin{pmatrix} C_1(t) \\ C_2(t) \\ \vdots \\ C_n(t) \\ \vdots \end{pmatrix}^{\dagger} = (C_1^*(t)\ C_2^*(t)\ \cdots\ C_n^*(t)\ \cdots) \tag{8.1.15}$$

若态矢 $|\Psi(t)\rangle$ 满足归一化条件，则矩阵形式的态矢 $|\Psi(t)\rangle$ 满足的归一化条件为

$$(C_1^*(t)\ C_2^*(t)\ \cdots\ C_n^*(t)\ \cdots)\begin{pmatrix} C_1(t) \\ C_2(t) \\ \vdots \\ C_n(t) \\ \vdots \end{pmatrix} = \sum_n |C_n(t)|^2 = 1 \tag{8.1.16}$$

例如，已知归一化的态矢为

$$|\boldsymbol{\Psi}(\boldsymbol{r},t)\rangle = 2^{-1/2}|100\rangle \mathrm{e}^{-\mathrm{i}E_{10}t/\hbar} + 2^{-1/2}|211\rangle \mathrm{e}^{-\mathrm{i}E_{21}t/\hbar} \tag{8.1.17}$$

式中，E_{nl} 与 $|nlm\rangle$ 为体系的能量本征解。求其在能量表象中的矩阵表示。

将态矢 $|\boldsymbol{\Psi}(\boldsymbol{r},t)\rangle$ 向本征矢 $|nlm\rangle$ 展开，可知其展开系数为

$$C_{nlm}(t) = 2^{-1/2}\delta_{nlm,100}\mathrm{e}^{-\mathrm{i}E_{10}t/\hbar} + 2^{-1/2}\delta_{nlm,211}\mathrm{e}^{-\mathrm{i}E_{21}t/\hbar} \tag{8.1.18}$$

展开系数的集合 $\{C_{nlm}(t)\}$ 就是态矢 $|\boldsymbol{\Psi}(\boldsymbol{r},t)\rangle$ 在能量表象中的表示，它构成一个列矩阵，即

$$\begin{pmatrix} C_{100}(t) \\ C_{200}(t) \\ C_{21-1}(t) \\ C_{210}(t) \\ C_{211}(t) \\ \vdots \end{pmatrix} = \begin{pmatrix} 2^{-1/2}\mathrm{e}^{-\mathrm{i}E_{10}t/\hbar} \\ 0 \\ 0 \\ 0 \\ 2^{-1/2}\mathrm{e}^{-\mathrm{i}E_{21}t/\hbar} \\ \vdots \end{pmatrix} \tag{8.1.19}$$

对于量子力学的三要素而言，通常将其在连续谱表象中的表示称为**波动力学**，而将其在断续谱表象中的表示称为**矩阵力学**。在量子力学的历史上，上述两种表示方法几乎是同时发展起来的，可以证明它们是等价的。

8.2 算符的矩阵表示

8.2.1 力学量算符的矩阵表示

在断续谱表象中，既然态矢已经用一个列矩阵表示，为了保证理论体系具有一致性，

那么算符及理论公式也需要写成矩阵形式。

1. 算符的矩阵表示

设厄米算符 $\hat{g}$ 满足的本征方程为

$$\hat{g} \mid \varphi_n\rangle = g_n \mid \varphi_n\rangle \tag{8.2.1}$$

并且其本征解已经求出。由于 $\{\mid \varphi_n\rangle\}$ 为正交归一完备的本征函数系，故可以将其作为基底。在此基底下，三要素的表示形式处于 g 表象，或者说，此基底张开的希尔伯特空间为 g 空间。

设另一个厄米算符 $\hat{f}$ 满足的算符方程为

$$\mid \Phi\rangle = \hat{f} \mid \Psi\rangle \tag{8.2.2}$$

利用算符 $\hat{g}$ 的本征矢完备性，上式两端的态矢可以分别展开为

$$\mid \Psi\rangle = \sum_n a_n \mid \varphi_n\rangle, \quad \mid \Phi\rangle = \sum_n b_n \mid \varphi_n\rangle \tag{8.2.3}$$

将上述两式代入式(8.2.2)，得到

$$\sum_n b_n \mid \varphi_n\rangle = \sum_n a_n \hat{f} \mid \varphi_n\rangle \tag{8.2.4}$$

再用 $\langle \varphi_m \mid$ 从左作用上式两端，得到

$$\sum_n b_n \langle \varphi_m \mid \varphi_n\rangle = \sum_n a_n \langle \varphi_m \mid \hat{f} \mid \varphi_n\rangle \tag{8.2.5}$$

利用本征矢 $\mid \varphi_n\rangle$ 的正交归一化性质，上式可以简化为

$$b_m = \sum_n f_{mn} a_n \tag{8.2.6}$$

此即 g 表象中 $\hat{f}$ 满足的算符方程，其中

$$f_{mn} = \langle \varphi_m \mid \hat{f} \mid \varphi_n\rangle \tag{8.2.7}$$

称为算符 $\hat{f}$ 在 g 表象中的**矩阵元**。

由于矩阵元 f_{mn} 也可以视为两个态矢 $\langle \varphi_m \mid$ 和 $\hat{f} \mid \varphi_n\rangle$ 的内积，故 f_{mn} 是一个复数。矩阵元的集合 $\{f_{mn}\}$ 构成一个复数方阵，将其记为

$$\hat{f}(g) = \begin{pmatrix} f_{11} & f_{12} & \cdots & f_{1k} & \cdots \\ f_{21} & f_{22} & \cdots & f_{2k} & \cdots \\ \vdots & \vdots & & \vdots & \\ f_{k1} & f_{k2} & \cdots & f_{kk} & \cdots \\ \vdots & \vdots & & \vdots & \end{pmatrix} \tag{8.2.8}$$

把 $\hat{f}(g)$ 称为算符 $\hat{f}$ 在 g 表象中的**矩阵表示**。为简洁计，通常将其表象记号 g 略去，仍记为 $\hat{f}$，但要知道它所属的表象。

2. 厄米算符对应厄米矩阵

在 g 表象中，厄米算符 $\hat{f}$ 变成由式(8.2.8)表示的矩阵，它应该是一个厄米矩阵，下面证明之。

由式(8.2.7)定义的厄米算符 $\hat{f}$ 的矩阵元 f_{mn}，其复数共轭为

$$(f_{mn})^* = [\langle\varphi_m \mid \hat{f} \mid \varphi_n\rangle]^* = f_{nm} \tag{8.2.9}$$

于是有

$$(\hat{f}^{\dagger})_{mn} = (f_{nm})^* = f_{mn} \tag{8.2.10}$$

根据厄米矩阵的定义，可以确定集合$\{f_{mn}\}$构成一个厄米矩阵，厄米矩阵的本征值是实数。总之，一个算符不管是写成函数形式，还是写成矩阵形式，都具有相同的性质。

3. 算符在自身表象中为对角矩阵

通常将 g 表象称为厄米算符 $\hat{g}$ 的**自身表象**。下面来讨论厄米算符 $\hat{g}$ 在自身表象中的矩阵形式。由算符矩阵元的定义式(8.2.7)可知

$$g_{mn} = \langle\varphi_m \mid \hat{g} \mid \varphi_n\rangle = g_n\delta_{m,n} \tag{8.2.11}$$

将其集合$\{g_{mn}\}$写成矩阵形式，即

$$\hat{g}(g) = \begin{pmatrix} g_1 & 0 & \cdots & \cdots & \cdots & 0 \\ 0 & g_2 & 0 & \cdots & \cdots & 0 \\ \vdots & \vdots & & \cdots & & \vdots \\ 0 & & 0 & g_n & & 0 \\ \vdots & \vdots & \vdots & \vdots & \vdots & \vdots \end{pmatrix} \tag{8.2.12}$$

上式表明，厄米算符在自身表象中是一个对角矩阵，并且实数对角元就是其本征值。对角矩阵的阵迹是全部本征值之和，相应的行列式值是全部本征值的乘积。

上述结论是针对具有断续谱的厄米算符给出的，对于具有连续谱的厄米算符，可以证明，其在自身表象中的表示为相应的力学量，即可以将其算符符号去掉。例如，在一维坐标表象中，坐标算符 $\hat{x}$ 可以直接写成 x，在一维动量表象中，动量算符 $\hat{p}_x$ 可以直接写成 p_x。

将求厄米算符矩阵表示的过程归纳为如下四点：第一，欲求厄米算符 $\hat{f}$ 在 g 表象中的矩阵表示，必须已知厄米算符 $\hat{g}$ 的本征解；第二，在任何断续谱表象中，厄米算符对应的都是一个厄米方阵；第三，在任何断续谱表象中，厄米算符的矩阵元一定是一个复数，故其可以与任意算符交换位置；第四，在不同的表象中，算符的矩阵元可能会不同，但是该算符的本征值不会改变。

8.2.2　量子力学公式的矩阵表示

1. 算符方程的矩阵表示

在 g 表象中，算符方程式(8.2.2)可以写成式(8.2.6)的形式，利用波函数和算符的矩阵表示，可以得到算符方程的矩阵形式为

$$\begin{pmatrix} b_1 \\ b_2 \\ \vdots \\ b_k \\ \vdots \end{pmatrix} = \begin{pmatrix} f_{11} & f_{12} & \cdots & f_{1k} & \cdots \\ f_{21} & f_{22} & \cdots & f_{2k} & \cdots \\ \vdots & \vdots & & \vdots & \\ f_{k1} & f_{k2} & \cdots & f_{kk} & \cdots \\ \vdots & \vdots & & \vdots & \end{pmatrix} \begin{pmatrix} a_1 \\ a_2 \\ \vdots \\ a_k \\ \vdots \end{pmatrix} \tag{8.2.13}$$

式中，b_m、a_n 与 f_{mn} 分别为态矢 $|\Phi\rangle$ 与 $|\Psi\rangle$ 及算符 $\hat{f}$ 在 g 表象中的矩阵元。如果态矢 $|\Phi\rangle$ 和 $|\Psi\rangle$ 与时间相关，则 b_m 和 a_n 是时间的函数。

2. 本征方程的矩阵表示

在 g 表象中，用类似的方法可以直接写出厄米算符 $\hat{f}$ 本征方程的矩阵形式为

$$\begin{pmatrix} f_{11} & f_{12} & \cdots & f_{1k} & \cdots \\ f_{21} & f_{22} & \cdots & f_{2k} & \cdots \\ \vdots & \vdots & & \vdots & \\ f_{k1} & f_{k2} & \cdots & f_{kk} & \cdots \\ \vdots & \vdots & & \vdots & \end{pmatrix} \begin{pmatrix} a_{n1} \\ a_{n2} \\ \vdots \\ a_{nk} \\ \vdots \end{pmatrix} = f_n \begin{pmatrix} a_{n1} \\ a_{n2} \\ \vdots \\ a_{nk} \\ \vdots \end{pmatrix} \tag{8.2.14}$$

因为任意力学量在自身表象中的矩阵都是对角的，所以通常把求解本征方程的过程称为算符矩阵的对角化过程。

3. 薛定谔方程的矩阵表示

在 g 表象中，薛定谔方程也可以写成矩阵形式，即

$$\mathrm{i}\hbar \frac{\partial}{\partial t} \begin{pmatrix} C_1(t) \\ C_2(t) \\ \vdots \\ C_k(t) \\ \vdots \end{pmatrix} = \begin{pmatrix} H_{11} & H_{12} & \cdots & H_{1k} & \cdots \\ H_{21} & H_{22} & \cdots & H_{2k} & \cdots \\ \vdots & \vdots & & \vdots & \\ H_{k1} & H_{k2} & \cdots & H_{kk} & \cdots \\ \vdots & \vdots & & \vdots & \end{pmatrix} \begin{pmatrix} C_1(t) \\ C_2(t) \\ \vdots \\ C_k(t) \\ \vdots \end{pmatrix} \tag{8.2.15}$$

式中，H_{lk} 为哈密顿算符 $\hat{H}$ 在 g 表象中的矩阵元。

4. 平均值公式的矩阵表示

在体系的任意归一化态矢 $|\Psi(t)\rangle$ 下，力学量 f 的平均值为

$$\bar{f}(t) = \langle \Psi(t) | \hat{f} | \Psi(t) \rangle \tag{8.2.16}$$

在 g 表象中，由本征矢 $|\varphi_n\rangle$ 的完备性可知

$$|\Psi(t)\rangle = \sum_n C_n(t) |\varphi_n\rangle \tag{8.2.17}$$

把上式及其左矢代入式(8.2.16)得到

$$\bar{f}(t) = \sum_{m,n} C_m^*(t) f_{mn} C_n(t) \tag{8.2.18}$$

将其写成矩阵形式，即

$$\bar{f}(t)=(C_1^*(t)\ C_2^*(t)\ \cdots\ C_k^*(t)\ \cdots)\begin{pmatrix} f_{11} & f_{12} & \cdots & f_{1k} & \cdots \\ f_{21} & f_{22} & \cdots & f_{2k} & \cdots \\ \vdots & \vdots & & \vdots & \\ f_{k1} & f_{k2} & \cdots & f_{kk} & \cdots \\ \vdots & \vdots & & \vdots & \end{pmatrix}\begin{pmatrix} C_1(t) \\ C_2(t) \\ \vdots \\ C_k(t) \\ \vdots \end{pmatrix} \tag{8.2.19}$$

在本节结束之前，为了对表象的概念有一些感性的认知，下面给出一个通俗的比喻：在不同的场合，你会穿戴（选择）相应的服饰（表象），比如，礼服（坐标表象）、马甲（动量表象）或者睡衣（能量表象）；除了需要适应场合的要求之外，上身（算符）和下身（态矢）的服饰还需要配套，不能出现上身穿礼服下身穿睡裤的尴尬场面；无论你如何变换服饰，即使脱掉了马甲（使用无表象的狄拉克符号），你还是你，你永远成不了别人，此即所谓需要透过现象抓住本质。

8.3　态矢及算符的表象变换

8.3.1　基底之间的变换

将量子力学的三个要素从一个表象变换到另一个表象，称为**表象变换**。前面所讨论的问题多数属于从坐标表象到另外力学量表象的变换，为了具有普遍意义，本节介绍任意两个无简并断续谱表象之间的变换，包括基底之间的变换及态矢之间、算符之间的表象变换。

1. 基底的变换矩阵

设厄米算符 $\hat{A}$ 与 $\hat{B}$ 满足的本征方程分别为

$$\hat{A}\mid a_m\rangle=a_m\mid a_m\rangle,\quad \hat{B}\mid b_i\rangle=b_i\mid b_i\rangle \tag{8.3.1}$$

本征函数系 $\{\mid a_m\rangle\}$ 和 $\{\mid b_i\rangle\}$ 构成两个基底，将态矢与算符在这两个基底下的表示分别称为 a 表象与 b 表象中的表示。

将两个基底相互展开，有

$$\mid a_m\rangle=\sum_i u_{im}\mid b_i\rangle,\quad \mid b_i\rangle=\sum_m v_{mi}\mid a_m\rangle \tag{8.3.2}$$

式中的展开系数为

$$u_{im}=\langle b_i\mid a_m\rangle,\quad v_{mi}=\langle a_m\mid b_i\rangle \tag{8.3.3}$$

它们的集合构成两个变换矩阵 $\hat{u}$ 和 $\hat{v}$。

两个基底互换的矩阵形式分别为

$$
\begin{pmatrix} |a_1\rangle \\ |a_2\rangle \\ \vdots \\ |a_m\rangle \\ \vdots \end{pmatrix} = \begin{pmatrix} u_{11} & u_{21} & \cdots & u_{m1} & \cdots \\ u_{12} & u_{22} & \cdots & u_{m2} & \cdots \\ \vdots & \vdots & & \vdots & \\ u_{1m} & u_{2m} & \cdots & u_{mm} & \cdots \\ \vdots & \vdots & & \vdots & \end{pmatrix} \begin{pmatrix} |b_1\rangle \\ |b_2\rangle \\ \vdots \\ |b_m\rangle \\ \vdots \end{pmatrix} \tag{8.3.4a}
$$

$$
\begin{pmatrix} |b_1\rangle \\ |b_2\rangle \\ \vdots \\ |b_i\rangle \\ \vdots \end{pmatrix} = \begin{pmatrix} v_{11} & v_{21} & \cdots & v_{i1} & \cdots \\ v_{12} & v_{22} & \cdots & v_{i2} & \cdots \\ \vdots & \vdots & & \vdots & \\ v_{1i} & v_{2i} & \cdots & v_{ii} & \cdots \\ \vdots & \vdots & & \vdots & \end{pmatrix} \begin{pmatrix} |a_1\rangle \\ |a_2\rangle \\ \vdots \\ |a_i\rangle \\ \vdots \end{pmatrix} \tag{8.3.4b}
$$

2. 变换矩阵的性质

变换矩阵 $\hat{u}$ 和 $\hat{v}$ 也可以写成投影算符的形式，即

$$
\hat{u} = \sum_k |a_k\rangle\langle b_k|, \quad \hat{v} = \sum_k |b_k\rangle\langle a_k| \tag{8.3.5}
$$

在 a 表象与 b 表象中，通过计算可知算符 $\hat{u}$ 与 $\hat{v}$ 的矩阵元分别为

$$
u_{im} = \langle b_i | a_m\rangle, \quad v_{mi} = \langle a_m | b_i\rangle \tag{8.3.6}
$$

显然此结果与式(8.3.3)是相同的。

由式(8.3.5)可知，算符 $\hat{u}$ 与 $\hat{v}$ 互为厄米共轭，即

$$
\hat{v} = \hat{u}^\dagger, \quad \hat{u} = \hat{v}^\dagger \tag{8.3.7}
$$

进而得到

$$
\begin{cases} \hat{u}\hat{u}^\dagger = \hat{u}\hat{v} = \sum_i |a_i\rangle\langle b_i| \sum_j |b_j\rangle\langle a_j| = \sum_i |a_i\rangle\langle a_i| = \hat{I} \\ \hat{u}^\dagger\hat{u} = \hat{v}\hat{u} = \sum_i |b_i\rangle\langle a_i| \sum_j |a_j\rangle\langle b_j| = \sum_i |b_i\rangle\langle b_i| = \hat{I} \end{cases} \tag{8.3.8}
$$

显然，$\hat{u}$ 是一个幺正算符，同理可知，$\hat{v}$ 也是一个幺正算符。

需要说明的是，在上述算符 $\hat{u}$ 和 $\hat{v}$ 的矩阵形式中，它们的矩阵元都没有按照正常顺序排列。当变换矩阵元为实数(见 9.5 节)时，由内积的性质可知，上述矩阵与正常排列的矩阵等价。总之，$\hat{u}$ 矩阵的作用是把基底 $\{|b_i\rangle\}$ 变成基底 $\{|a_m\rangle\}$，而 $\hat{v}$ 矩阵的作用是把基底 $\{|a_m\rangle\}$ 变成基底 $\{|b_i\rangle\}$。

8.3.2　态矢的表象变换

设有任意归一化的态矢 $|\Psi\rangle$，将其分别向 a 与 b 表象的基底做展开，得到

$$
|\Psi\rangle = \sum_m |a_m\rangle\langle a_m|\Psi\rangle, \quad |\Psi\rangle = \sum_i |b_i\rangle\langle b_i|\Psi\rangle \tag{8.3.9}
$$

其中的展开系数为

$$\begin{cases}\langle a_m \mid \Psi\rangle = \sum_i \langle a_m \mid b_i\rangle\langle b_i \mid \Psi\rangle = \sum_i v_{mi}\langle b_i \mid \Psi\rangle \\ \langle b_i \mid \Psi\rangle = \sum_m \langle b_i \mid a_m\rangle\langle a_m \mid \Psi\rangle = \sum_m u_{im}\langle a_m \mid \Psi\rangle\end{cases} \tag{8.3.10}$$

它们分别为态矢 $\mid \Psi\rangle$ 在 a 与 b 表象中的矩阵元,其矩阵形式分别为

$$\begin{pmatrix}\langle a_1 \mid \Psi\rangle \\ \langle a_2 \mid \Psi\rangle \\ \vdots \\ \langle a_k \mid \Psi\rangle \\ \vdots\end{pmatrix} = \begin{pmatrix} v_{11} & v_{12} & \cdots & v_{1k} & \cdots \\ v_{21} & v_{22} & \cdots & v_{2k} & \cdots \\ \vdots & \vdots & & \vdots & \\ v_{k1} & v_{k2} & \cdots & v_{kk} & \cdots \\ \vdots & \vdots & & \vdots & \end{pmatrix}\begin{pmatrix}\langle b_1 \mid \Psi\rangle \\ \langle b_2 \mid \Psi\rangle \\ \vdots \\ \langle b_k \mid \Psi\rangle \\ \vdots\end{pmatrix} \tag{8.3.11}$$

$$\begin{pmatrix}\langle b_1 \mid \Psi\rangle \\ \langle b_2 \mid \Psi\rangle \\ \vdots \\ \langle b_k \mid \Psi\rangle \\ \vdots\end{pmatrix} = \begin{pmatrix} u_{11} & u_{12} & \cdots & u_{1k} & \cdots \\ u_{21} & u_{22} & \cdots & u_{2k} & \cdots \\ \vdots & \vdots & & \vdots & \\ u_{k1} & u_{k2} & \cdots & u_{kk} & \cdots \\ \vdots & \vdots & & \vdots & \end{pmatrix}\begin{pmatrix}\langle a_1 \mid \Psi\rangle \\ \langle a_2 \mid \Psi\rangle \\ \vdots \\ \langle a_k \mid \Psi\rangle \\ \vdots\end{pmatrix} \tag{8.3.12}$$

态矢的变换也可以将矩阵形式改写成算符形式,即

$$\mid \Psi(a)\rangle = \hat{v} \mid \Psi(b)\rangle, \quad \mid \Psi(b)\rangle = \hat{u} \mid \Psi(a)\rangle \tag{8.3.13}$$

式中,$\mid \Psi(a)\rangle$、$\mid \Psi(b)\rangle$ 分别为态矢 $\mid \Psi\rangle$ 在 a 和 b 表象中的表示。

总之,这里的 $\hat{v}$ 矩阵和 $\hat{u}$ 矩阵的矩阵元已经按照正常顺序排列。v 矩阵的作用是将态矢 $\mid \Psi\rangle$ 从 b 表象变到 a 表象,$\hat{u}$ 矩阵的作用是将态矢 $\mid \Psi\rangle$ 从 a 表象变到 b 表象。

8.3.3 算符的表象变换

已知任意厄米算符 $\hat{g}$ 在 a 和 b 表象中的矩阵元分别为

$$g_{mn}(a) = \langle a_m \mid \hat{g} \mid a_n\rangle, \quad g_{ij}(b) = \langle b_i \mid \hat{g} \mid b_j\rangle \tag{8.3.14}$$

由封闭关系可知,两个表象中矩阵元之间的关系为

$$g_{mn}(a) = \sum_{i,j}\langle a_m \mid b_i\rangle\langle b_i \mid \hat{g} \mid b_j\rangle\langle b_j \mid a_n\rangle = \sum_{i,j} v_{mi} g_{ij}(b) u_{jn} = \sum_{i,j} v_{mi} g_{ij}(b) v_{jn}^{\dagger} \tag{8.3.15a}$$

$$g_{ij}(b) = \sum_{m,n}\langle b_i \mid a_m\rangle\langle a_m \mid \hat{g} \mid a_n\rangle\langle a_n \mid b_j\rangle = \sum_{m,n} u_{im} g_{mn}(a) v_{nj} = \sum_{m,n} u_{im} g_{mn}(a) u_{nj}^{\dagger} \tag{8.3.15b}$$

其中符号 $v_{jn}^{\dagger}$ 与 $u_{nj}^{\dagger}$ 分别为算符 $\hat{v}^{\dagger}$ 和 $\hat{u}^{\dagger}$ 的矩阵元(下同)。上式表明,算符在 a 和 b 表象中的矩阵元,可以通过幺正变换矩阵相互转换。

矩阵的变换也可以写成算符形式,即

$$\hat{g}(a) = \hat{v}\hat{g}(b)\hat{v}^{\dagger}, \quad \hat{g}(b) = \hat{u}\hat{g}(a)\hat{u}^{\dagger} \tag{8.3.16}$$

式中，$\hat{g}(a)$、$\hat{g}(b)$ 分别为算符 $\hat{g}$ 在 a 和 b 表象中的表示。

需要说明的是，对于具有连续谱的厄米算符而言，例如，坐标算符 $\hat{x}$ 和动量算符 $\hat{p}_x$，在坐标表象中，已知它们分别为 $\hat{x}(x)=x$ 和 $\hat{p}_x(x)=-\mathrm{i}\hbar\partial/\partial x$，而在动量表象中，有多种方法可以证明它们分别为 $\hat{x}(p_x)=\mathrm{i}\hbar\partial/\partial p_x$ 和 $\hat{p}_x(p_x)=p_x$。这就好像，一个在外边（非自身表象）总是戴着帽子（算符符号）的人（算符），当他回到自己家里（自身表象）时，终于可以把头上的帽子摘掉了。

8.3.4　表象变换下的不变量

定理 8.1　厄米算符的本征值及其简并度与表象的选取无关。

证明　在 b 表象中，设任意厄米算符 $\hat{g}(b)$ 的本征值 $g_k(b)$ 是 $f_k(b)$ 度简并的，即其满足的本征方程为

$$\hat{g}(b)\mid\varphi_{k\alpha}(b)\rangle=g_k(b)\mid\varphi_{k\alpha}(b)\rangle\quad(\alpha=1,2,3,\cdots,f_k(b))\tag{8.3.17}$$

由式(8.3.13) 和式(8.3.16) 可知

$$\mid\varphi_{k\alpha}(b)\rangle=\hat{u}\mid\varphi_{k\alpha}(a)\rangle\tag{8.3.18}$$

$$\hat{g}(b)=\hat{u}\hat{g}(a)\hat{u}^{\dagger}\tag{8.3.19}$$

将上述两式代入式(8.3.17) 得到

$$\hat{u}\hat{g}(a)\hat{u}^{\dagger}\hat{u}\mid\varphi_{k\alpha}(a)\rangle=g_k(b)\hat{u}\mid\varphi_{k\alpha}(a)\rangle\tag{8.3.20}$$

再用算符 $\hat{u}^{\dagger}$ 左乘式(8.3.20) 两端，由算符 $\hat{u}$ 的幺正性质可知

$$\hat{g}(a)\mid\varphi_{k\alpha}(a)\rangle=g_k(b)\mid\varphi_{k\alpha}(a)\rangle\tag{8.3.21}$$

此即算符 $\hat{g}$ 在 a 表象中满足的本征方程。显然在 a 与 b 两个表象中，算符 $\hat{g}$ 的本征值是相同的，将其简记为 g_k，并且，由于简并量子数 α 的取值范围没有改变，故其简并度亦不变，将其简记为 f_k。简而言之，厄米算符的本征值及其简并度与表象的选取无关。定理 8.1 证毕。

定理 8.2　可观测力学量的取值概率及平均值与表象的选取无关。

证明　在 b 表象中，设任意厄米算符 $\hat{g}(b)$ 满足本征方程(8.3.17)，对于任意态矢 $\mid\Psi(b)\rangle$，由算符 $\hat{g}(b)$ 的本征值及其简并度与表象的选取无关可知，力学量 g 取 g_k 值的概率为

$$W(g_k,b)=\sum_{\alpha=1}^{f_k}\left|\langle\varphi_{k\alpha}(b)\mid\Psi(b)\rangle\right|^2\tag{8.3.22}$$

利用式(8.3.18)，上式可以改写为

$$W(g_k,b)=\sum_{\alpha=1}^{f_k}\left|\langle\varphi_{k\alpha}(a)\mid\hat{u}^{\dagger}\hat{u}\mid\Psi(a)\rangle\right|^2=\sum_{\alpha=1}^{f_k}\left|\langle\varphi_{k\alpha}(a)\mid\Psi(a)\rangle\right|^2=W(g_k,a)\tag{8.3.23}$$

结果表明，在 a 与 b 两个表象中，力学量 g 取 g_k 值的概率相同，进而说明力学量取值概率

与表象的选取无关。

由力学量g的本征值和取值概率皆与表象的选取无关可知，力学量g在态矢$|\Psi(b)\rangle$下的平均值亦与表象的选取无关，即

$$\bar{g}(b)=\sum_k g_k(b)W(g_k,b)=\sum_k g_k(a)W(g_k,a)=\bar{g}(a) \tag{8.3.24}$$

至此，定理8.2证毕。

利用上述两个定理还可以证明以下内容与表象的选取无关：本征矢的正交归一化条件和封闭关系；算符的厄米性质或幺正性质；厄米矩阵的阵迹；厄米矩阵的行列式值；两个厄米算符的对易关系。

综上所述，同样一个物理问题可以在不同的表象中处理，尽管在不同的表象中，态矢及算符的矩阵元可能会千差万别，但是，最后所得到的可观测量的结果却一定是相同的。由于关心的只是可观测量的结果，所以允许对表象做出恰当的选择。如果选取了一个合适的表象，则可能使得问题的推导和计算过程变得简单，甚至取得事半功倍的效果，此即表象理论的魅力所在。

8.4 态矢与算符的绘景

8.4.1 绘景及其物理内涵

在介绍表象及表象变换时，为简洁计并没有顾及体系的态矢与算符随时间的变化，实际上量子体系是随时间变化的，并且描述这种变化的方式也不是唯一的。

由于以下内容只考虑态矢与算符随时间的变化，为了简洁起见，将态矢与算符中的非时间变量略记，并且将对时间的偏导数简记为对时间的导数，希望不要引起误解。

通常将描述体系随时间变化的具体形式称为**绘景**(图像)。若$\hat{F}(t)$与$|\Psi(t)\rangle$分别为任意含时力学量算符和体系的态矢，则体系随时间变化会有如下三种不同的方式，即

$$|\Psi'(t)\rangle\neq 0,\quad \hat{F}'(t)=0 \tag{8.4.1a}$$

$$|\Psi'(t)\rangle=0,\quad \hat{F}'(t)\neq 0 \tag{8.4.1b}$$

$$|\Psi'(t)\rangle\neq 0,\quad \hat{F}'(t)\neq 0 \tag{8.4.1c}$$

上述三种不同方式构成了三种不同的绘景，即**薛定谔绘景**、**海森伯绘景**和**狄拉克**(相互作用)**绘景**，分别用下标S、H和D标志它们。

在经典力学中，为了描述一个物体的运动，除了必须选择一个坐标系外，还需要选择一个参照系。为此坐标系大致可以分成三类，即固定坐标系、随体运动坐标系和非随体运动坐标系。

在量子力学中，绘景的实质是顾及所选择的基底与时间的关系，即该基底是否与时间有关和如何与时间相关，这恰恰相当于经典力学中选择不同的参照系。在这个意义上

讲，薛定谔绘景相当于选择了固定坐标系，即描述粒子状态的波函数是随时间变化的，而将力学量算符视为固定坐标系中的测量仪器，因此算符不随时间变化，其本征态也与时间无关。海森伯绘景相当于选择了随体运动坐标系，即粒子的状态不随时间变化，而算符是与时间相关的。狄拉克绘景也相当于选择了运动坐标系，但不是随体运动坐标系，即粒子相对于这个运动坐标系还在运动，使得粒子的状态与算符皆随时间变化。

总之，在量子力学中选择表象类似于经典力学选择坐标系，选择绘景类似于经典力学选择参照系。

实际上，绘景是一种广义的表象，只是它从时间的角度反映了算符与态矢的变化情况。类似于选择表象，不管采用何种绘景，所得到的可观测量的结果是完全相同的。在实际应用的过程中，量子力学的三要素需要在同一绘景及同一表象中表示。

8.4.2　薛定谔、海森伯和狄拉克绘景

1. 薛定谔绘景

在此前所讨论的问题中，基本上都是体系的态矢随时间变化，而力学量算符不显含时间变量，故都属于薛定谔绘景。

在薛定谔绘景中，由于体系的态矢 $|\Psi_S(t)\rangle$ 与时间相关，而力学量算符 $\hat{F}_S$ 与时间无关，故它们满足的运动方程分别为

$$\mathrm{i}\hbar\,|\Psi'_S(t)\rangle=\hat{H}\,|\Psi_S(t)\rangle \tag{8.4.2}$$

$$\hat{F}'_S=0 \tag{8.4.3}$$

以下的哈密顿算符 $\hat{H}$ 均不显含时间，为简洁计，略记了其下标 S。

利用导数的定义可以直接写出式(8.4.2)的解为

$$|\Psi_S(t)\rangle=c\mathrm{e}^{-\mathrm{i}\hat{H}t/\hbar} \tag{8.4.4}$$

其中的因子 c 需要利用初始条件定出，即当 $t=t_0$ 时有

$$|\Psi_S(t_0)\rangle=c\mathrm{e}^{-\mathrm{i}\hat{H}t_0/\hbar} \tag{8.4.5}$$

于是得到

$$c=\mathrm{e}^{\mathrm{i}\hat{H}t_0/\hbar}\,|\Psi_S(t_0)\rangle \tag{8.4.6}$$

将其代回式(8.4.4)中得到

$$|\Psi_S(t)\rangle=\hat{U}_S(t,t_0)\,|\Psi_S(t_0)\rangle \tag{8.4.7}$$

式中，$\hat{U}_S(t,t_0)$ 为 $\hat{H}$ 的算符函数，即

$$\hat{U}_S(t,t_0)=\mathrm{e}^{-\mathrm{i}\hat{H}(t-t_0)/\hbar} \tag{8.4.8}$$

式(8.4.7)的物理含义是，可以利用算符 $\hat{U}_S(t,t_0)$ 由 t_0 时刻的态矢 $|\Psi_S(t_0)\rangle$ 得到任意时刻 t 的态矢 $|\Psi_S(t)\rangle$，其实，这也正是求解薛定谔方程的目的。算符函数 $\hat{U}_S(t,t_0)$ 是实现上述变换的算符，称为薛定谔绘景中的状态时间演化算符，简称为**时间演化算符**。由于 $\hat{H}$ 是厄米算符，所以 $\hat{U}_S(t,t_0)$ 是幺正算符。

2. 海森伯绘景

在海森伯绘景中，态矢是用薛定谔绘景中的态矢 $|\Psi_S(t)\rangle$ 定义的，即

$$|\Psi_H(t)\rangle = e^{i\hat{H}t/\hbar}|\Psi_S(t)\rangle \tag{8.4.9}$$

将上式两端对时间 t 求导数得到

$$\begin{aligned} i\hbar|\Psi'_H(t)\rangle &= i\hbar[e^{i\hat{H}t/\hbar}|\Psi_S(t)\rangle]' = \\ &i\hbar i\hbar^{-1}\hat{H}e^{i\hat{H}t/\hbar}|\Psi_S(t)\rangle + e^{i\hat{H}t/\hbar}\hat{H}|\Psi_S(t)\rangle = 0 \end{aligned} \tag{8.4.10}$$

于是态矢 $|\Psi_H(t)\rangle$ 满足的运动方程为

$$i\hbar|\Psi'_H(t)\rangle = 0 \tag{8.4.11}$$

上式表明，由式(8.4.9)定义的海森伯绘景中的态矢不随时间变化。

在海森伯绘景中，算符是用薛定谔绘景中的算符 $\hat{F}_S$ 定义的，即

$$\hat{F}_H(t) = e^{i\hat{H}t/\hbar}\hat{F}_S e^{-i\hat{H}t/\hbar} \tag{8.4.12}$$

将上式两端对时间 t 求导数得到

$$\begin{aligned} i\hbar\hat{F}'_H(t) &= i\hbar[e^{-i\hat{H}t/\hbar}\hat{F}_S e^{-i\hat{H}t/\hbar}]' = \\ &i\hbar i\hbar^{-1}\hat{H}e^{i\hat{H}t/\hbar}\hat{F}_S e^{-i\hat{H}t/\hbar} - i\hbar i\hbar^{-1}e^{i\hat{H}t/\hbar}\hat{F}_S\hat{H}e^{-i\hat{H}t/\hbar} = \\ &[\hat{F}_H(t),\hat{H}] \end{aligned} \tag{8.4.13}$$

于是得到算符 $\hat{F}_H(t)$ 满足的运动方程，即

$$i\hbar\hat{F}'_H(t) = [\hat{F}_H(t),\hat{H}] \tag{8.4.14}$$

在海森伯绘景中，算符 $\hat{F}_H(t)$ 在任意态矢 $|\Phi_H(t)\rangle$ 和 $|\Psi_H(t)\rangle$ 下的矩阵元为

$$\begin{aligned} \langle\Phi_H(t)|\hat{F}_H(t)|\Psi_H(t)\rangle &= \langle\Phi_S(t)|e^{-i\hat{H}t/\hbar}\hat{F}_H(t)e^{i\hat{H}t/\hbar}|\Psi_S(t)\rangle = \\ &\langle\Phi_S(t)|\hat{F}_S|\Psi_S(t)\rangle \end{aligned} \tag{8.4.15}$$

上式表明，在海森伯绘景和薛定谔绘景中的算符矩阵元是相等的。

3. 狄拉克绘景

在第10章将要介绍的微扰近似计算中，通常将体系的哈密顿算符写成

$$\hat{H} = \hat{H}_0 + \hat{W} \tag{8.4.16}$$

其中的微扰算符 $\hat{W}$ 对哈密顿算符 $\hat{H}$ 的贡献比无微扰的哈密顿算符 $\hat{H}_0$ 要小得多。为了突出算符 $\hat{H}_0$ 的作用，引入狄拉克绘景。

在狄拉克绘景中，算符的定义为

$$\hat{F}_D(t) = e^{i\hat{H}_0 t/\hbar}\hat{F}_S e^{-i\hat{H}_0 t/\hbar} \tag{8.4.17}$$

用类似海森伯绘景中使用的方法，可以导出此算符满足的运动方程为

$$i\hbar\hat{F}'_D(t) = [\hat{F}_D(t),\hat{H}_0] \tag{8.4.18}$$

在狄拉克绘景中，态矢的定义为

$$|\Psi_D(t)\rangle = e^{i\hat{H}_0 t/\hbar}|\Psi_S(t)\rangle \tag{8.4.19}$$

将上式两端对时间 t 求导数得到

$$i\hbar|\Psi'_D(t)\rangle = i\hbar[e^{i\hat{H}_0 t/\hbar}|\Psi_S(t)\rangle]' =$$

$$\mathrm{i}\hbar\mathrm{i}\hbar^{-1}\hat{H}_0\mathrm{e}^{\mathrm{i}\hat{H}_0 t/\hbar} \mid \Psi_\mathrm{S}(t)\rangle + \mathrm{e}^{\mathrm{i}\hat{H}_0 t/\hbar}\hat{H} \mid \Psi_\mathrm{S}(t)\rangle =$$
$$\mathrm{e}^{\mathrm{i}\hat{H}_0 t/\hbar}(\hat{H}-\hat{H}_0) \mid \Psi_\mathrm{S}(t)\rangle = \mathrm{e}^{\mathrm{i}\hat{H}_0 t/\hbar}\hat{W}_\mathrm{S}\mathrm{e}^{-\mathrm{i}\hat{H}_0 t/\hbar}\mathrm{e}^{\mathrm{i}\hat{H}_0 t/\hbar} \mid \Psi_\mathrm{S}(t)\rangle =$$
$$\hat{W}_\mathrm{D}(t) \mid \Psi_\mathrm{D}(t)\rangle \tag{8.4.20}$$

于是态矢满足的运动方程为

$$\mathrm{i}\hbar \mid \Psi'_\mathrm{D}(t)\rangle = \hat{W}_\mathrm{D}(t) \mid \Psi_\mathrm{D}(t)\rangle \tag{8.4.21}$$

其中

$$\hat{W}_\mathrm{D}(t) = \mathrm{e}^{\mathrm{i}\hat{H}_0 t/\hbar}\hat{W}_\mathrm{S}\mathrm{e}^{-\mathrm{i}\hat{H}_0 t/\hbar} \tag{8.4.22}$$

是狄拉克绘景中的微扰算符。

8.4.3　狄拉克绘景中的时间演化算符

1. 时间演化算符的定义

在薛定谔绘景中曾经引入了时间演化算符 $\hat{U}_\mathrm{S}(t,t_0)$，它的作用是，将 t_0 时刻的体系态矢 $| \Psi_\mathrm{S}(t_0)\rangle$ 变换成任意时刻 t 的体系态矢 $| \Psi_\mathrm{S}(t)\rangle$。为了处理有关微扰的问题，在狄拉克绘景中也同样引入一个时间演化算符 $\hat{U}(t,t_0)$（为简洁计，略去了算符与态矢中的下标 D)，它的定义为

$$| \Psi(t)\rangle = \hat{U}(t,t_0) \mid \Psi(t_0)\rangle \tag{8.4.23}$$

将 $\hat{U}(t,t_0)$ 称为狄拉克绘景中状态的时间演化算符，简称为**算符** $\hat{U}$，它在具体表象中的表示称为 U 矩阵。由算符 $\hat{U}$ 的定义可知，它具有如下基本性质，即

$$\hat{U}(t_0,t_0) = \hat{I}\,, \quad \hat{U}(t,t) = \hat{I} \tag{8.4.24}$$

为了深入了解算符 $\hat{U}$ 的另外一些性质，下面导出算符 $\hat{U}$ 的形式解。设 $| \Psi(t)\rangle$ 为狄拉克绘景中的任意态矢，于是有

$$| \Psi(t)\rangle = \mathrm{e}^{\mathrm{i}\hat{H}_0 t/\hbar} \mid \Psi_\mathrm{S}(t)\rangle = \mathrm{e}^{\mathrm{i}\hat{H}_0 t/\hbar}\mathrm{e}^{-\mathrm{i}\hat{H}(t-t_0)/\hbar} \mid \Psi_\mathrm{S}(t_0)\rangle =$$
$$\mathrm{e}^{\mathrm{i}\hat{H}_0 t/\hbar}\mathrm{e}^{-\mathrm{i}\hat{H}(t-t_0)/\hbar}\mathrm{e}^{-\mathrm{i}\hat{H}_0 t_0/\hbar}\mathrm{e}^{\mathrm{i}\hat{H}_0 t_0/\hbar} \mid \Psi_\mathrm{S}(t_0)\rangle =$$
$$\mathrm{e}^{\mathrm{i}\hat{H}_0 t/\hbar}\mathrm{e}^{-\mathrm{i}\hat{H}(t-t_0)/\hbar}\mathrm{e}^{-\mathrm{i}\hat{H}_0 t_0/\hbar} \mid \Psi(t_0)\rangle \tag{8.4.25}$$

由算符 $\hat{U}$ 的定义可知

$$\hat{U}(t,t_0) = \mathrm{e}^{\mathrm{i}\hat{H}_0 t/\hbar}\mathrm{e}^{-\mathrm{i}\hat{H}(t-t_0)/\hbar}\mathrm{e}^{-\mathrm{i}\hat{H}_0 t_0/\hbar} \tag{8.4.26}$$

上述表达式通常不能用于解决实际问题，故称为**形式解**。

2. 时间演化算符的性质

性质 1　算符 $\hat{U}$ 具有时间连接性，即

$$\hat{U}(t,t_0)\hat{U}(t_0,t_1) = \hat{U}(t,t_1) \tag{8.4.27}$$

证明　从式(8.4.27)的左端出发，利用算符 $\hat{U}$ 的形式解得到

$$\hat{U}(t,t_0)\hat{U}(t_0,t_1) = \mathrm{e}^{\mathrm{i}\hat{H}_0 t/\hbar}\mathrm{e}^{-\mathrm{i}\hat{H}(t-t_0)/\hbar}\mathrm{e}^{-\mathrm{i}\hat{H}_0 t_0/\hbar}\mathrm{e}^{\mathrm{i}\hat{H}_0 t_0/\hbar}\mathrm{e}^{-\mathrm{i}\hat{H}(t_0-t_1)/\hbar}\mathrm{e}^{-\mathrm{i}\hat{H}_0 t_1/\hbar} =$$
$$\mathrm{e}^{\mathrm{i}\hat{H}_0 t/\hbar}\mathrm{e}^{-\mathrm{i}\hat{H}(t-t_0)/\hbar}\mathrm{e}^{-\mathrm{i}\hat{H}(t_0-t_1)/\hbar}\mathrm{e}^{-\mathrm{i}\hat{H}_0 t_1/\hbar} =$$
$$\mathrm{e}^{\mathrm{i}\hat{H}_0 t/\hbar}\mathrm{e}^{-\mathrm{i}\hat{H}(t-t_1)/\hbar}\mathrm{e}^{-\mathrm{i}\hat{H}_0 t_1/\hbar} = \hat{U}(t,t_1)$$

上式即欲证之式，说明算符 $\hat{U}$ 具有时间连接性。

性质 2　算符 $\hat{U}$ 与其厄米共轭算符满足的关系式为

$$\hat{U}(t,t_0)=\hat{U}^{\dagger}(t_0,t) \tag{8.4.28}$$

证明　从式(8.4.28)的右端出发，利用算符 $\hat{U}$ 的形式解容易得到欲证之式，即

$$\hat{U}^{\dagger}(t_0,t)=\left[e^{iH_0t_0/\hbar}e^{-iH(t_0-t)/\hbar}e^{-iH_0t/\hbar}\right]^{\dagger}=$$
$$e^{iH_0t/\hbar}e^{-iH(t-t_0)/\hbar}e^{-iH_0t_0/\hbar}=\hat{U}(t,t_0)$$

性质 3　算符 $\hat{U}$ 是幺正算符，即

$$\hat{U}^{\dagger}(t,t_0)\hat{U}(t,t_0)=\hat{I}\ ,\quad \hat{U}(t,t_0)\hat{U}^{\dagger}(t,t_0)=\hat{I} \tag{8.4.29}$$

证明　由式(8.4.28)与式(8.4.24)可知

$$\hat{U}^{\dagger}(t,t_0)\hat{U}(t,t_0)=\hat{U}(t_0,t)\hat{U}(t,t_0)=\hat{U}(t_0,t_0)=\hat{I}$$

同理可证

$$\hat{U}(t,t_0)\hat{U}^{\dagger}(t,t_0)=\hat{I}$$

显然算符 $\hat{U}$ 是一个幺正算符。

3. 时间演化算符的微分方程

在狄拉克绘景中，已知态矢满足的运动方程为

$$i\hbar\mid\Psi'(t)\rangle=\hat{W}(t)\mid\Psi(t)\rangle \tag{8.4.30}$$

将式(8.4.23)代入上式，由于求导数是对变量 t 进行的，故有

$$i\hbar\hat{U}'(t,t_0)\mid\Psi(t_0)\rangle=\hat{W}(t)\hat{U}(t,t_0)\mid\Psi(t_0)\rangle \tag{8.4.31}$$

因为体系的初始状态 $\mid\Psi(t_0)\rangle$ 是可以任意选取的，所以，算符 $\hat{U}$ 满足的**微分方程**为

$$i\hbar\hat{U}'(t,t_0)=\hat{W}(t)\hat{U}(t,t_0) \tag{8.4.32}$$

4. 时间演化算符的积分方程

先将式(8.4.32)中的时间变量 t 换成 t_1，然后将其对变量 t_1 做积分，积分的上、下限分别取为 t 和 t_0，即

$$i\hbar\int_{t_0}^{t}\hat{U}'(t_1,t_0)\,dt_1=\int_{t_0}^{t}\hat{W}(t_1)\hat{U}(t_1,t_0)\,dt_1 \tag{8.4.33}$$

式中 $\hat{U}(t_1,t_0)$ 的求导数是对变量 t_1 进行的。完成上式左端的积分后得到

$$\hat{U}(t,t_0)-\hat{U}(t_0,t_0)=-i\hbar^{-1}\int_{t_0}^{t}\hat{W}(t_1)\hat{U}(t_1,t_0)\,dt_1 \tag{8.4.34}$$

利用式(8.4.24)可以将上式改写为

$$\hat{U}(t,t_0)=\hat{I}-i\hbar^{-1}\int_{t_0}^{t}\hat{W}(t_1)\hat{U}(t_1,t_0)\,dt_1 \tag{8.4.35}$$

此即算符 $\hat{U}$ 满足的**积分方程**。

5. 时间演化算符的迭代形式

虽然积分方程式(8.4.35)的形式十分简洁，但是，因为等式的两端都存在待求的算符 $\hat{U}$，所以不能直接用其进行计算。遇到这种情况时，通常采用对待求算符 $\hat{U}$ 做迭代处

理的方法,即

$$\hat{U}(t,t_0)=\hat{I}-(\mathrm{i}\hbar^{-1})\int_{t_0}^{t}\hat{W}(t_1)\hat{U}(t_1,t_0)\mathrm{d}t_1=$$

$$\hat{I}-(\mathrm{i}\hbar^{-1})\int_{t_0}^{t}\hat{W}(t_1)\left[\hat{I}-(\mathrm{i}\hbar^{-1})\int_{t_0}^{t_1}\hat{W}(t_2)\hat{U}(t_2,t_0)\mathrm{d}t_2\right]\mathrm{d}t_1=\cdots=$$

$$\hat{I}+(\mathrm{i}\hbar^{-1})\int_{t_0}^{t}\hat{W}(t_1)\mathrm{d}t_1+(\mathrm{i}\hbar^{-1})^2\int_{t_0}^{t}\hat{W}(t_1)\mathrm{d}t_1\int_{t_0}^{t_1}\hat{W}(t_2)\mathrm{d}t_2+\cdots+$$

$$(\mathrm{i}\hbar^{-1})^n\int_{t_0}^{t}\hat{W}(t_1)\mathrm{d}t_1\int_{t_0}^{t_1}\hat{W}(t_2)\mathrm{d}t_2\cdots\int_{t_0}^{t_{n-1}}\hat{W}(t_n)\mathrm{d}t_n+\cdots \tag{8.4.36}$$

此即算符 $\hat{U}$ 的**迭代形式**。由于微扰算符 $\hat{W}$ 的贡献是一个相对小量,故可以根据实际需要计算到微扰的某一级,从而得到算符 $\hat{U}$ 的近似表达式。

在薛定谔绘景中,求解薛定谔方程是为了由初始时刻体系的态矢 $|\Psi(t_0)\rangle$ 求出任意时刻体系的态矢 $|\Psi(t)\rangle$,在狄拉克绘景中,算符 $\hat{U}$ 的作用也是如此,两者的目标是完全相同的。若得到了狄拉克绘景的算符 $\hat{U}$ 的近似表达式,就可以利用式(8.4.23)和式(8.4.36)求出任意时刻体系态矢 $|\Psi(t)\rangle$ 的近似结果,从而规避了求解薛定谔方程的过程。

例题选讲 8

例题 8.1　求轨道角动量算符 $\hat{L}_x$ 在动量表象中的矩阵表示。

解　若要计算算符 $\hat{L}_x$ 在动量表象中的矩阵元,既可以在坐标表象中进行,也可以在动量表象中完成,得到的结果应该是完全相同的。

首先,在坐标表象中进行计算。这时算符 $\hat{L}_x$ 的表达式及动量算符 $\hat{\boldsymbol{p}}$ 的规格化本征波函数分别为

$$\hat{L}_x=y\hat{p}_z-z\hat{p}_y \tag{1}$$

$$\psi_{\boldsymbol{p}}(\boldsymbol{r})=(2\pi\hbar)^{-3/2}\mathrm{e}^{\mathrm{i}\boldsymbol{p}\cdot\boldsymbol{r}/\hbar} \tag{2}$$

于是,算符 $\hat{L}_x$ 在动量表象中的矩阵元为

$$(L_x)_{\boldsymbol{p}_1,\boldsymbol{p}_2}=\int\psi^*_{\boldsymbol{p}_1}(\boldsymbol{r})\hat{L}_x\psi_{\boldsymbol{p}_2}(\boldsymbol{r})\mathrm{d}\tau=$$

$$(2\pi\hbar)^{-3}\int\mathrm{e}^{-\mathrm{i}\boldsymbol{p}_1\cdot\boldsymbol{r}/\hbar}(y\hat{p}_z-z\hat{p}_y)\mathrm{e}^{\mathrm{i}\boldsymbol{p}_2\cdot\boldsymbol{r}/\hbar}\mathrm{d}\tau=$$

$$(2\pi\hbar)^{-3}\int\mathrm{e}^{-\mathrm{i}\boldsymbol{p}_1\cdot\boldsymbol{r}/\hbar}(-\mathrm{i}\hbar)(y\partial/\partial z-z\partial/\partial y)\mathrm{e}^{\mathrm{i}\boldsymbol{p}_2\cdot\boldsymbol{r}/\hbar}\mathrm{d}\tau=$$

$$(2\pi\hbar)^{-3}\int\mathrm{e}^{-\mathrm{i}\boldsymbol{p}_1\cdot\boldsymbol{r}/\hbar}(-\mathrm{i}\hbar)\mathrm{i}\hbar^{-1}(yp_{2z}-zp_{2y})\mathrm{e}^{\mathrm{i}\boldsymbol{p}_2\cdot\boldsymbol{r}/\hbar}\mathrm{d}\tau=$$

$$(2\pi\hbar)^{-3}\int\mathrm{e}^{-\mathrm{i}\boldsymbol{p}_1\cdot\boldsymbol{r}/\hbar}(-\mathrm{i}\hbar)(p_{2z}\partial/\partial p_{2y}-p_{2y}\partial/\partial p_{2z})\mathrm{e}^{\mathrm{i}\boldsymbol{p}_2\cdot\boldsymbol{r}/\hbar}\mathrm{d}\tau=$$

$$-\mathrm{i}\hbar(p_{2z}\partial/\partial p_{2y}-p_{2y}\partial/\partial p_{2z})(2\pi\hbar)^{-3}\int \mathrm{e}^{-\mathrm{i}\boldsymbol{p}_1\cdot\boldsymbol{r}/\hbar}\mathrm{e}^{\mathrm{i}\boldsymbol{p}_2\cdot\boldsymbol{r}/\hbar}\mathrm{d}\tau=$$

$$\mathrm{i}\hbar(p_{2y}\partial/\partial p_{2z}-p_{2z}\partial/\partial p_{2y})\delta(\boldsymbol{p}_2-\boldsymbol{p}_1) \tag{3}$$

其次，在动量表象中进行计算。这时算符 $\hat{L}_x$ 的表达式及动量算符 $\hat{\boldsymbol{p}}$ 的规格化本征波函数分别为

$$\hat{L}_x=y\hat{p}_z-z\hat{p}_y=\mathrm{i}\hbar(p_z\partial/\partial p_y-p_y\partial/\partial p_z) \tag{4}$$

$$\psi_{\boldsymbol{p}_i}(\boldsymbol{p})=\delta(\boldsymbol{p}-\boldsymbol{p}_i) \tag{5}$$

由算符 $\hat{L}_x$ 的厄米性质和 δ 函数的积分公式可知，算符 $\hat{L}_x$ 的矩阵元为

$$(L_x)_{\boldsymbol{p}_1,\boldsymbol{p}_2}=\int\delta^*(\boldsymbol{p}-\boldsymbol{p}_1)\,\mathrm{i}\hbar(p_z\partial/\partial p_y-p_y\partial/\partial p_z)\delta(\boldsymbol{p}-\boldsymbol{p}_2)\mathrm{d}\boldsymbol{p}=$$

$$\mathrm{i}\hbar(p_{2y}\partial/\partial p_{2z}-p_{2z}\partial/\partial p_{2y})\delta(\boldsymbol{p}_2-\boldsymbol{p}_1) \tag{6}$$

式(6)与式(3)完全一样，但是，在动量表象中的推导过程要比坐标表象简单得多，由此可以感知选择合适表象的重要性。

例题 8.2 在 $\boldsymbol{L}^2$ 和 L_z 的共同表象中，当 $l=1$ 时，由式(9.3.29)可知，算符 $\hat{L}_x$ 与 $\hat{L}_y$ 的矩阵形式分别为

$$\hat{L}_x=\frac{\hbar}{\sqrt{2}}\begin{pmatrix}0&1&0\\1&0&1\\0&1&0\end{pmatrix},\quad \hat{L}_y=\frac{\hbar}{\sqrt{2}}\begin{pmatrix}0&-\mathrm{i}&0\\\mathrm{i}&0&-\mathrm{i}\\0&\mathrm{i}&0\end{pmatrix}$$

求其本征值及相应的本征波函数。

解 在 $\boldsymbol{L}^2$ 和 L_z 的共同表象中，设算符 $\hat{L}_x$ 满足的本征方程为

$$\frac{\hbar}{\sqrt{2}}\begin{pmatrix}0&1&0\\1&0&1\\0&1&0\end{pmatrix}\begin{pmatrix}C_1\\C_2\\C_3\end{pmatrix}=\lambda\begin{pmatrix}C_1\\C_2\\C_3\end{pmatrix} \tag{1}$$

为使上述线性齐次方程组有非零解，要求其系数满足的久期方程为

$$\begin{vmatrix}-\lambda&\hbar/\sqrt{2}&0\\\hbar/\sqrt{2}&-\lambda&\hbar/\sqrt{2}\\0&\hbar/\sqrt{2}&-\lambda\end{vmatrix}=0 \tag{2}$$

于是，得到本征值 λ 满足的代数方程为

$$-\lambda^3+\hbar^2\lambda=0 \tag{3}$$

显然，上式的解为 $\lambda=0,\pm\hbar$。

当 $\lambda=\hbar$ 时，将其代回本征方程式(1)，得到

$$\frac{1}{\sqrt{2}}\begin{pmatrix}0&1&0\\1&0&1\\0&1&0\end{pmatrix}\begin{pmatrix}C_1\\C_2\\C_3\end{pmatrix}=\begin{pmatrix}C_1\\C_2\\C_3\end{pmatrix} \tag{4}$$

由上式可知

$$C_2=\sqrt{2}C_1 \tag{5}$$

$$C_1+C_3=\sqrt{2}C_2 \tag{6}$$

$$C_2=\sqrt{2}C_3 \tag{7}$$

于是有

$$C_2=\sqrt{2}C_1=\sqrt{2}C_3 \tag{8}$$

利用归一化条件

$$1=|C_1|^2+|C_2|^2+|C_3|^2=|C_2|^2/2+|C_2|^2+|C_2|^2/2=2|C_2|^2 \tag{9}$$

得到

$$C_1=1/2,\quad C_2=1/\sqrt{2},\quad C_3=1/2 \tag{10}$$

将上式代回式(4),得到 $\lambda=\hbar$ 时本征波函数的矩阵形式为

$$\psi_\hbar=\frac{1}{2}\begin{pmatrix}1\\ \sqrt{2}\\ 1\end{pmatrix} \tag{11}$$

同理,可以求出 $\lambda=0,-\hbar$ 时相应的本征波函数的矩阵形式,于是三个本征值相应的本征波函数的矩阵形式分别为

$$\psi_\hbar=\frac{1}{2}\begin{pmatrix}1\\ \sqrt{2}\\ 1\end{pmatrix},\quad \psi_0=\frac{1}{\sqrt{2}}\begin{pmatrix}1\\ 0\\ -1\end{pmatrix},\quad \psi_{-\hbar}=\frac{1}{2}\begin{pmatrix}1\\ -\sqrt{2}\\ 1\end{pmatrix} \tag{12}$$

容易验证上述三个本征波函数相互正交,而自身是归一化的。

用完全类似的方法,可以求出 $\hat{L}_y$ 的本征值 $\lambda=0,\pm\hbar$,相应的本征波函数分别为

$$\psi_\hbar=\frac{1}{2}\begin{pmatrix}-\mathrm{i}\\ \sqrt{2}\\ \mathrm{i}\end{pmatrix},\quad \psi_0=\frac{1}{\sqrt{2}}\begin{pmatrix}1\\ 0\\ 1\end{pmatrix},\quad \psi_{-\hbar}=\frac{1}{2}\begin{pmatrix}\mathrm{i}\\ \sqrt{2}\\ -\mathrm{i}\end{pmatrix} \tag{13}$$

例题 8.3　已知算符 $\hat{A}$ 与 $\hat{B}$ 满足如下关系式,即

$$\hat{A}^2=0,\quad \hat{A}^\dagger\hat{A}+\hat{A}\hat{A}^\dagger=1,\quad \hat{B}=\hat{A}^\dagger\hat{A}$$

证明算符 $\hat{B}$ 满足 $\hat{B}^2=\hat{B}$,并在 b 表象中求出算符 $\hat{A}$ 的矩阵表示。

解　由题中所给条件可知欲证之式成立,即

$$\hat{B}^2=(\hat{A}^\dagger\hat{A})^2=\hat{A}^\dagger\hat{A}\hat{A}^\dagger\hat{A}=\hat{A}^\dagger(1-\hat{A}^\dagger\hat{A})\hat{A}=$$
$$\hat{A}^\dagger\hat{A}-\hat{A}^\dagger\hat{A}^\dagger\hat{A}\hat{A}=\hat{A}^\dagger\hat{A}=\hat{B} \tag{1}$$

设算符 $\hat{B}$ 满足的本征方程为

$$\hat{B}\mid\psi\rangle=b\mid\psi\rangle \tag{2}$$

用算符 $\hat{B}$ 从左作用上式两端得到

$$\hat{B}^2 \mid \psi\rangle = b^2 \mid \psi\rangle \tag{3}$$

由式(1) 可知

$$b^2 = b \tag{4}$$

显然,算符 $\hat{B}$ 的本征值为

$$b = 0,1 \tag{5}$$

在自身表象中,算符 $\hat{B}$ 的矩阵形式为

$$\hat{B}(b) = \begin{pmatrix} 0 & 0 \\ 0 & 1 \end{pmatrix} \tag{6}$$

在 b 表象中,设算符 $\hat{A}$ 的矩阵形式为

$$\hat{A}(b) = \begin{bmatrix} a_{11} & a_{12} \\ a_{21} & a_{22} \end{bmatrix} \tag{7}$$

首先,利用已知条件

$$\hat{B}\hat{A} = \hat{A}^\dagger \hat{A}\hat{A} = 0 \tag{8}$$

得到

$$a_{21} = a_{22} = 0 \tag{9}$$

其次,再利用

$$\hat{A}^2 = 0 \tag{10}$$

又得到

$$a_{11}^2 = 0 \ , \quad a_{11}a_{12} = 0 \tag{11}$$

由上式可知,$a_{11} = 0$。若再考虑式(9) 的结果,则要求 $a_{12} \neq 0$,否则算符 $\hat{A} = 0$。

最后,将已知条件

$$\hat{A}^\dagger \hat{A} = \hat{B} \tag{12}$$

写成矩阵形式,即

$$\begin{bmatrix} 0 & 0 \\ a_{12}^* & 0 \end{bmatrix} \begin{pmatrix} 0 & a_{12} \\ 0 & 0 \end{pmatrix} = \begin{pmatrix} 0 & 0 \\ 0 & 1 \end{pmatrix} \tag{13}$$

解之得到

$$|a_{12}|^2 = 1 \tag{14}$$

于是,算符 $\hat{A}$ 的矩阵形式为

$$\hat{A}(b) = \begin{pmatrix} 0 & e^{i\delta} \\ 0 & 0 \end{pmatrix} \tag{15}$$

式中,δ 为任意实常数。

例题 8.4 已知体系的哈密顿算符 $\hat{H} = \hat{p}_x^2/(2\mu) + V(x)$ 不显含时间,在能量表象中,用矩阵方法证明

$$\sum_n (E_n - E_m) \ |x_{nm}|^2 = \hbar^2/(2\mu)$$

证明　在能量表象中,由式(6.3.10) 可知

$$
\begin{aligned}
(\mathrm{d}x/\mathrm{d}t)_{mn} = (\partial x/\partial t)_{mn} + (\mathrm{i}\hbar)^{-1}([x,\hat{H}])_{mn} = (\mathrm{i}\hbar)^{-1}(xH - Hx)_{mn} = \\
(\mathrm{i}\hbar)^{-1}\sum_k (x_{mk}H_{kn} - H_{mk}x_{kn}) = (\mathrm{i}\hbar)^{-1}\sum_k (x_{mk}E_n\delta_{k,n} - E_m\delta_{m,k}x_{kn}) = \\
(\mathrm{i}\hbar)^{-1}(E_n - E_m)x_{mn}
\end{aligned} \tag{1}
$$

如果换一种方法计算同一个矩阵元,则有

$$
\begin{aligned}
(\mathrm{d}x/\mathrm{d}t)_{mn} = (\mathrm{i}\hbar)^{-1}([x,\hat{H}])_{mn} = (\mathrm{i}\hbar)^{-1}([x,\hat{p}_x^2/(2\mu) + V(x)])_{mn} = \\
(\mathrm{i}\hbar)^{-1}([x,\hat{p}_x^2/(2\mu)])_{mn} = (p_x)_{mn}/\mu
\end{aligned} \tag{2}
$$

由式(1) 与式(2) 的左端相等可知

$$
(p_x)_{mn} = (\mathrm{i}\hbar)^{-1}\mu(E_n - E_m)x_{mn} \tag{3}
$$

已知坐标与动量算符的对易关系为

$$
x\hat{p}_x - \hat{p}_x x = \mathrm{i}\hbar \tag{4}
$$

在能量表象中,对上式两端计算对角元,得到

$$
\begin{aligned}
\mathrm{i}\hbar = (xp_x - p_x x)_{mm} = \sum_n [x_{mn}(p_x)_{nm} - (p_x)_{mn}x_{nm}] = \\
(\mathrm{i}\hbar)^{-1}\mu\sum_n [x_{mn}(E_m - E_n)x_{nm} - (E_n - E_m)x_{mn}x_{nm}] = \\
-2(\mathrm{i}\hbar)^{-1}\mu\sum_n (E_n - E_m)\,|x_{nm}|^2
\end{aligned} \tag{5}
$$

整理后得到欲证公式,即

$$
\sum_n (E_n - E_m)\,|x_{nm}|^2 = \hbar^2/(2\mu) \tag{6}
$$

式(3) 与式(6) 分别与例题 5.5 和例题 6.4 的结果完全一致,只不过证明方法不同而已。

例题 8.5　求线谐振子的坐标与动量算符在海森伯绘景中的表示。

解　在海森伯绘景中,算符是时间相关的,即

$$
\hat{F}_{\mathrm{H}}(t) = \mathrm{e}^{\mathrm{i}\hat{H}t/\hbar}\hat{F}\mathrm{e}^{-\mathrm{i}\hat{H}t/\hbar} \tag{1}
$$

而算符的运动方程为

$$
\hat{F}'_{\mathrm{H}}(t) = \mathrm{i}\hbar^{-1}[\hat{H},\hat{F}_{\mathrm{H}}(t)] \tag{2}
$$

对于坐标和动量算符而言,有

$$
\hat{x}'_{\mathrm{H}}(t) = \mathrm{i}\hbar^{-1}[\hat{H},\hat{x}_{\mathrm{H}}(t)] = \mathrm{i}\hbar^{-1}\mathrm{e}^{\mathrm{i}\hat{H}t/\hbar}[\hat{H},\hat{x}]\mathrm{e}^{-\mathrm{i}\hat{H}t/\hbar} \tag{3}
$$

$$
\hat{p}'_{\mathrm{H}}(t) = \mathrm{i}\hbar^{-1}[\hat{H},\hat{p}_{\mathrm{H}}(t)] = \mathrm{i}\hbar^{-1}\mathrm{e}^{\mathrm{i}\hat{H}t/\hbar}[\hat{H},\hat{p}]\mathrm{e}^{-\mathrm{i}\hat{H}t/\hbar} \tag{4}
$$

已知线谐振子的哈密顿算符为

$$
\hat{H} = \hat{p}^2/(2\mu) + \mu\omega^2\hat{x}^2/2 \tag{5}
$$

计算式(3) 与式(4) 中的对易关系得到

$$
[\hat{H},\hat{x}] = [\hat{p}^2/(2\mu),\hat{x}] = -\mathrm{i}\hbar\hat{p}/\mu \tag{6}
$$

$$
[\hat{H},\hat{p}] = [\mu\omega^2\hat{x}^2/2,\hat{p}] = \mathrm{i}\hbar\mu\omega^2\hat{x} \tag{7}
$$

将式(6) 与式(7) 分别代入式(3) 与式(4) 得到

$$\hat{x}'_{\rm H}(t)=\mu^{-1}\hat{p}_{\rm H}(t) \tag{8}$$

$$\hat{p}'_{\rm H}(t)=-\mu\omega^2\hat{x}_{\rm H}(t) \tag{9}$$

将式(8) 两端再对时间变量 t 求导数,并利用式(9) 得到

$$\hat{x}''_{\rm H}(t)=\mu^{-1}\hat{p}'_{\rm H}(t)=-\omega^2\hat{x}_{\rm H}(t) \tag{10}$$

上式的通解为

$$\hat{x}_{\rm H}(t)=C_1\cos\,(\omega t)+C_2\sin\,(\omega t) \tag{11}$$

由式(8) 知

$$\hat{p}_{\rm H}(t)=\mu\hat{x}'_{\rm H}(t)=-\mu\omega C_1\sin\,(\omega t)+\mu\omega C_2\cos\,(\omega t) \tag{12}$$

最后,由初始条件可以定出常数 C_1 与 C_2,即

$$\hat{x}_{\rm H}(t)\big|_{t=0}=\hat{x}=C_1 \tag{13}$$

$$\hat{p}_{\rm H}(t)\big|_{t=0}=\hat{p}=C_2\mu\omega \tag{14}$$

将两个常数代回式(11) 与式(12) 得到

$$\hat{x}_{\rm H}(t)=\hat{x}\cos(\omega t)+(\mu\omega)^{-1}\hat{p}\sin(\omega t) \tag{15}$$

$$\hat{p}_{\rm H}(t)=-\mu\omega\hat{x}\sin(\omega t)+\hat{p}\cos(\omega t) \tag{16}$$

此即海森伯绘景中线谐振子坐标与动量算符的表达式。

习　题　8

习题 8.1　已知

$$f(x)=(2\pi)^{-1/2}\int_{-\infty}^{\infty}g(k)\,{\rm e}^{{\rm i}kx}\,{\rm d}k$$

证明

$$g(k)=(2\pi)^{-1/2}\int_{-\infty}^{\infty}f(x)\,{\rm e}^{-{\rm i}kx}\,{\rm d}x\ ,\quad \int_{-\infty}^{\infty}|g(k)|^2{\rm d}k=\int_{-\infty}^{\infty}|f(x)|^2{\rm d}x$$

习题 8.2　定义波包函数为

$$\psi(x)=\begin{cases}A{\rm e}^{{\rm i}k_0x} & (-d/2<x\leqslant d/2)\\ 0 & (-\infty<x\leqslant -d/2,d/2<x<\infty)\end{cases}$$

求其傅里叶变换。

习题 8.3　在 L_z 表象中,导出波函数 $\Psi(\varphi)=C\sin^2\varphi$ 的矩阵表示。

习题 8.4　在动量表象中,求处于一维均匀场 $V(x)=-Fx$ 中粒子的能量本征矢。

习题 8.5　在动量表象中,写出线谐振子哈密顿算符的矩阵元。

习题 8.6　在动量表象中,求出线谐振子的能量本征解。

习题 8.7　设粒子在周期场 $V(x)=V_0\cos(bx)$ 中运动,在动量表象中写出其定态薛定谔方程。

习题 8.8　已知线谐振子满足的能量本征方程为

$$[\hat{p}^2/(2\mu)+\mu\omega^2x^2/2]\mid n\rangle = E_n\mid n\rangle$$

计算矩阵元

$$\langle m\mid x\mid n\rangle,\quad \langle m\mid x^2\mid n\rangle,\quad \langle m\mid x^3\mid n\rangle,\quad \langle m\mid x^4\mid n\rangle$$

习题 8.9　设处于三维空间体系的基矢分别为 $\mid u_1\rangle$、$\mid u_2\rangle$ 和 $\mid u_3\rangle$。已知算符 $\hat{L}$ 与 $\hat{S}$ 分别满足如下关系式，即

$$\hat{L}\mid u_1\rangle = \mid u_1\rangle,\quad \hat{L}\mid u_2\rangle = 0\ ,\quad \hat{L}\mid u_3\rangle = -\mid u_3\rangle$$

$$\hat{S}\mid u_1\rangle = \mid u_3\rangle,\quad \hat{S}\mid u_2\rangle = \mid u_2\rangle,\quad \hat{S}\mid u_3\rangle = \mid u_1\rangle$$

给出算符 $\hat{L}$、$\hat{S}$、$\hat{L}^2$ 及 $\hat{S}^2$ 的矩阵表示。

习题 8.10　已知厄米算符 $\hat{A}$、$\hat{B}$、$\hat{C}$ 满足如下关系式，即

$$\hat{A}^2=\hat{B}^2=\hat{C}^2=1,\quad \hat{B}\hat{C}-\hat{C}\hat{B}=\mathrm{i}\hat{A}$$

求证

$$\hat{A}\hat{B}+\hat{B}\hat{A}=\hat{A}\hat{C}+\hat{C}\hat{A}=0$$

并在 a 表象中求出算符 $\hat{B}$ 和 $\hat{C}$ 的矩阵表示。

习题 8.11　已知厄米算符 $\hat{A}$、$\hat{B}$ 满足如下关系式，即

$$\hat{A}^2=\hat{B}^2=I,\quad \hat{A}\hat{B}+\hat{B}\hat{A}=0$$

分别在 a 和 b 表象中写出算符 $\hat{A}$ 和 $\hat{B}$ 的矩阵表示，并求出它们的本征值和本征波函数，最后给出由 a 表象到 b 表象的幺正变换矩阵。

习题 8.12　证明矩阵的迹与表象的选择无关，即

$$\sum_i\langle u_i\mid\hat{A}\mid u_i\rangle=\sum_j\langle v_j\mid\hat{A}\mid v_j\rangle$$

式中，$\mid u_i\rangle$ 与 $\mid v_j\rangle$ 为任意两个表象的基矢。

习题 8.13　已知 $\mid u\rangle$ 和 $\mid v\rangle$ 为任意两个态矢，证明

$$\mathrm{tr}(\mid u\rangle\langle u\mid)=\langle u\mid u\rangle\ ,\quad \mathrm{tr}(\mid u\rangle\langle v\mid)=\langle v\mid u\rangle$$

习题 8.14　已知 $\hat{S}$ 是幺正算符，$\hat{A}$、$\hat{B}$ 为任意厄米算符，且算符 $\hat{A}$ 满足的本征方程为 $\hat{A}\mid\psi_n\rangle=a_n\mid\psi_n\rangle$。证明

$$(\hat{S}\hat{A}\hat{S}^\dagger)\hat{S}\mid\psi_n\rangle=a_n\hat{S}\mid\psi_n\rangle\ ,\quad \hat{S}[\hat{A},\hat{B}]\hat{S}^\dagger=[\hat{S}\hat{A}\hat{S}^\dagger,\hat{S}\hat{B}\hat{S}^\dagger]$$

$$\mathrm{tr}(\hat{S}\hat{A}\hat{S}^\dagger)=\mathrm{tr}\,\hat{A}\ ,\quad \det(\hat{S}\hat{A}\hat{S}^\dagger)=\det\hat{A}$$

习题 8.15　设处于三维空间体系的基矢分别为 $\mid u_1\rangle$、$\mid u_2\rangle$ 和 $\mid u_3\rangle$。已知两个状态分别为

$$\begin{cases}\mid\psi_0\rangle=2^{-1/2}\mid u_1\rangle+\mathrm{i}2^{-1}\mid u_2\rangle+2^{-1}\mid u_3\rangle\\ \mid\psi_1\rangle=2^{-1/2}\mid u_1\rangle+\mathrm{i}2^{-1/2}\mid u_3\rangle\end{cases}$$

求此二状态的投影算符的矩阵表示。

习题 8.16　求自由粒子坐标算符的海森伯表示。

第9章　自旋假说及角动量理论

1925年，两个年轻人乌伦贝克和古兹米特大胆地提出了电子具有 $\hbar/2$ 自旋的假说。由于自旋具有角动量的性质，故称为**自旋角动量**，为了与其区别，将此前提到的角动量改称为**轨道角动量**，通常将轨道角动量与自旋角动量统称为**角动量**。

首先，介绍关于角动量的基本理论，其中包括：自旋算符及其本征解；角动量的升降算符及其实际应用；多个角动量的耦合方式及其矢量耦合系数等。角动量理论是量子力学中的重要理论之一，有相关的专门著作论述之。

其次，介绍自旋假说的具体应用。在电磁场中，体系的轨道角动量导致轨道磁矩的存在，微客体的自旋角动量也会导致自旋磁矩的存在，据此导出了电磁场中的薛定谔方程。在此基础上正确解释了碱金属原子光谱的双线结构和反常塞曼效应，从而使得量子理论迈上了一个更完善的新高度。

9.1　自旋假说与自旋算符

9.1.1　自旋假说及其诠释

乌伦贝克和古兹米特起初认为，核外电子的运动就像地球绕太阳转动一样，电子绕原子核公转时，自己也在以 $\hbar/2$ 的角动量自转，此即原始的自旋假说的初衷。他们的假说引入了普朗克常数，虽然已经可以从中嗅出量子理论的味道，但是这种对电子自旋含义的理解还没有彻底摆脱经典物理学的桎梏。对于经典半径 $r_e = 2.817\,9 \times 10^{-15}\,\mathrm{m}$ 的电子小球而言，利用经典图像可以估算出，若要使其具有 $\hbar/2$ 的自转角动量，则电子球面上的线速度将大大超过光速，这样的结果明显与相对论相悖。

自旋假说(量子论假说之五)：每个微客体都具有相应的自旋，例如，电子的自旋为 $\hbar/2$。自旋的正确含义是，它并非微客体的自身转动，而是像微客体具有的质量与电荷一样，是一个表征微客体内禀属性的力学量。

自旋是量子力学中一个特有的物理量，它没有经典的对应量。自旋的存在，标志微客体又增加了一个新的自由度。在非相对论的范畴内，电子具有自旋是作为假说给出的，而在相对论的框架下，由电子满足的狄拉克方程可以导出电子具有 $\hbar/2$ 自旋的结论，关于这部分内容将在《高等量子力学》中予以介绍。

在理论上，利用电子的自旋假说，可以正确解释碱金属原子光谱的双线结构和弱磁场中光谱的反常塞曼效应，再一次使量子理论得以峰回路转、绝处逢生。在实验上，施特恩(Stern)－格拉赫(Gerlach)的实验直接证实了电子自旋的存在。后来的许多实验事实还表明，不仅电子具有自旋，而且所有的微观粒子均具有相应的自旋。

按照微观粒子自旋的取值情况，可以将其分为两种类型，即自旋为零或 $\hbar$ 的整数倍 $(0,\hbar,2\hbar,\cdots)$ 和 $\hbar$ 的半奇数倍 $(\hbar/2,3\hbar/2,5\hbar/2,\cdots)$ 的粒子，分别称为**玻色**(Bose) **子**和**费米**(Fermi) **子**，它们遵守各自的统计规律。电子的自旋为 $\hbar/2$，它属于费米子，服从费米统计规律。

电子的自旋假说可谓是一语双关，一则是电子具有自旋自由度，二则电子的自旋值为 $\hbar/2$。如前所述，正是因为电子的自旋与量子理论的标志性常数 $\hbar$ 相关，才使其获得成功。当普朗克常数 $\hbar$ 的作用可视为无穷小时，所有粒子的自旋都将变成零，量子力学退化为经典力学。

9.1.2　自旋算符及其本征解

既然自旋是表征微客体固有属性的力学量，那么由算符化规则可知，一定有一个线性厄米算符与之相对应。由于该算符具有角动量的性质，故用一个矢量算符 $\hat{\boldsymbol{s}}$ 来标识它，称为**自旋算符**。

在笛卡儿坐标系中，类似于轨道角动量算符，自旋算符可以写成

$$\hat{\boldsymbol{s}}=\hat{s}_x\boldsymbol{i}+\hat{s}_y\boldsymbol{j}+\hat{s}_z\boldsymbol{k} \tag{9.1.1}$$

由轨道角动量算符的性质可知，自旋的三个分量算符满足的对易关系为

$$[\hat{s}_x,\hat{s}_y]=\mathrm{i}\hbar\hat{s}_z,\quad [\hat{s}_y,\hat{s}_z]=\mathrm{i}\hbar\hat{s}_x,\quad [\hat{s}_z,\hat{s}_x]=\mathrm{i}\hbar\hat{s}_y \tag{9.1.2}$$

自旋平方算符 $\hat{\boldsymbol{s}}^2$ 的定义为

$$\hat{\boldsymbol{s}}^2=\hat{s}_x^2+\hat{s}_y^2+\hat{s}_z^2 \tag{9.1.3}$$

它与自旋的三个分量算符皆对易，即

$$[\hat{\boldsymbol{s}}^2,\hat{s}_\mu]=0\quad(\mu=x,y,z) \tag{9.1.4}$$

设算符 $\hat{\boldsymbol{s}}^2$ 与 $\hat{s}_z$ 满足的本征方程分别为

$$\hat{\boldsymbol{s}}^2\mid s\rangle=s(s+1)\hbar^2\mid s\rangle \tag{9.1.5}$$

$$\hat{s}_z\mid m_s\rangle=m_s\hbar\mid m_s\rangle \tag{9.1.6}$$

由于算符 $\hat{\boldsymbol{s}}^2$ 与 $\hat{s}_z$ 对易，故算符 $\hat{\boldsymbol{s}}^2$ 与 $\hat{s}_z$ 存在共同完备本征函数系 $\{\mid sm_s\rangle\}$，于是有

$$\hat{\boldsymbol{s}}^2\mid sm_s\rangle=s(s+1)\hbar^2\mid sm_s\rangle \tag{9.1.7}$$

$$\hat{s}_z\mid sm_s\rangle=m_s\hbar\mid sm_s\rangle \tag{9.1.8}$$

式中，s 为**自旋量子数**，它可以取整数或半奇数；m_s 为**自旋磁量子数**，它的取值范围为 $|m_s|\leqslant s$，共有 $2s+1$ 个可能取值。

对电子而言，自旋量子数 $s=1/2$。算符 $\hat{\boldsymbol{s}}^2$ 的本征值为 $3\hbar^2/4$，算符 $\hat{s}_z$ 的本征值只可能

取两个值,即 $+\hbar/2$ 与 $-\hbar/2$;相应的本征矢 $|sm_s\rangle$ 有两个,记为 $|1/2,+1/2\rangle$ 与 $|1/2,-1/2\rangle$,分别称为电子的**自旋向上的态**和**自旋向下的态**。

9.1.3 与自旋相关的波函数

引入自旋变量之后,体系增加了关于自旋的自由度。以电子为例,由于其 s_z 只能取两个断续的值 $\pm\hbar/2$,所以在坐标与自旋的联合表象中,若暂不顾及波函数随时间的变化,则通常用二分量的波函数来表示体系的状态,即

$$\Psi(\boldsymbol{r},s_z\hbar)=\begin{pmatrix}\psi(\boldsymbol{r},+\hbar/2)\\ \psi(\boldsymbol{r},-\hbar/2)\end{pmatrix}\tag{9.1.9}$$

二分量波函数也称为**旋量波函数**。其中 $|\psi(\boldsymbol{r},+\hbar/2)|^2$ 与 $|\psi(\boldsymbol{r},-\hbar/2)|^2$ 分别表示处于坐标 $\boldsymbol{r}$ 附近 $\mathrm{d}\tau$ 体积元中自旋向上与向下的电子概率密度。

引入自旋变量后,旋量波函数的归一化条件应该做相应变化,即

$$\sum_{m_s=\pm1/2}\int|\Psi(\boldsymbol{r},m_s\hbar)|^2\mathrm{d}\tau=\int\{|\psi(\boldsymbol{r},+\hbar/2)|^2+|\psi(\boldsymbol{r},-\hbar/2)|^2\}\,\mathrm{d}\tau=1\tag{9.1.10}$$

对于自旋量子数为其他值的体系,可以用类似的方法处理。例如,当 $s=1$ 时,$m_s=+1,0,-1$,对应的三分量波函数为

$$\Psi(\boldsymbol{r},s_z\hbar)=\begin{pmatrix}\psi(\boldsymbol{r},+\hbar)\\ \psi(\boldsymbol{r},0)\\ \psi(\boldsymbol{r},-\hbar)\end{pmatrix}\tag{9.1.11}$$

当 $s=3/2$ 时,$m_s=+3/2,+1/2,-1/2,-3/2$,对应的四分量波函数为

$$\Psi(\boldsymbol{r},s_z\hbar)=\begin{pmatrix}\psi(\boldsymbol{r},+3\hbar/2)\\ \psi(\boldsymbol{r},+\hbar/2)\\ \psi(\boldsymbol{r},-\hbar/2)\\ \psi(\boldsymbol{r},-3\hbar/2)\end{pmatrix}\tag{9.1.12}$$

9.2 泡利算符及其本征解

9.2.1 泡利算符及其性质

1. 泡利算符的定义

在微观领域中,电子、质子和中子是最常见的基本粒子,它们的自旋都是 $\hbar/2$。因为自旋为 $\hbar/2$,所以自旋的 z 分量只能取 $+\hbar/2$ 和 $-\hbar/2$ 两个值,自旋算符的本征波函数是旋量波函数。为了使用方便,针对自旋为 $\hbar/2$ 的粒子引入一个矢量算符 $\hat{\boldsymbol{\sigma}}$,称为**泡利**(Pauli)**算符**。

泡利算符 $\hat{\boldsymbol{\sigma}}$ 是用自旋为 $\hbar/2$ 的自旋算符 $\hat{\boldsymbol{s}}$ 来定义的,两者的关系为

$$\hat{\boldsymbol{\sigma}} = 2\hat{\boldsymbol{s}}/\hbar \tag{9.2.1}$$

引入泡利算符的好处就在于，它是一个无量纲的厄米算符。

2. 泡利算符的性质

(1) 泡利分量算符之间的对易关系

由式(9.1.2) 与式(9.2.1) 可知，泡利分量算符之间的对易关系为

$$[\hat{\sigma}_x, \hat{\sigma}_y] = 2\mathrm{i}\,\hat{\sigma}_z,\quad [\hat{\sigma}_y, \hat{\sigma}_z] = 2\mathrm{i}\,\hat{\sigma}_x,\quad [\hat{\sigma}_z, \hat{\sigma}_x] = 2\mathrm{i}\,\hat{\sigma}_y \tag{9.2.2}$$

(2) 泡利分量算符的平方为单位算符

对于自旋为 $\hbar/2$ 的自旋算符 $\hat{\boldsymbol{s}}$ 而言，由于它的任何一个分量算符 $\hat{s}_\mu(\mu = x, y, z)$ 的本征值皆为 $\pm\hbar/2$，所以泡利算符的任意一个分量算符 $\hat{\sigma}_\mu$ 的本征值都只能取 ± 1，相应的平方算符 $\hat{\sigma}_\mu^2$ 的两个本征值皆为 1。进而可知，任意一个泡利分量算符的平方为单位算符，即

$$\hat{\sigma}_\mu^2 = \hat{I} \tag{9.2.3}$$

(3) 两个不同的泡利分量算符是反对易的

用算符 $\hat{\sigma}_y$ 左乘式(9.2.2) 中的第 2 式两端，得到

$$2\mathrm{i}\,\hat{\sigma}_y\hat{\sigma}_x = \hat{\sigma}_y[\hat{\sigma}_y, \hat{\sigma}_z] = \hat{\sigma}_z - \hat{\sigma}_y\hat{\sigma}_z\hat{\sigma}_y \tag{9.2.4}$$

再用算符 $\hat{\sigma}_y$ 右乘式(9.2.2) 中的第 2 式两端，又得到

$$2\mathrm{i}\,\hat{\sigma}_x\hat{\sigma}_y = [\hat{\sigma}_y, \hat{\sigma}_z]\hat{\sigma}_y = \hat{\sigma}_y\hat{\sigma}_z\hat{\sigma}_y - \hat{\sigma}_z \tag{9.2.5}$$

将上述两式相加，可知算符 $\hat{\sigma}_x$ 与 $\hat{\sigma}_y$ 是反对易的。同理可证，算符 $\hat{\sigma}_x$ 与 $\hat{\sigma}_z$ 及 $\hat{\sigma}_y$ 与 $\hat{\sigma}_z$ 也满足反对易关系。于是有

$$\{\hat{\sigma}_\mu, \hat{\sigma}_\nu\} \equiv \hat{\sigma}_\mu\hat{\sigma}_\nu + \hat{\sigma}_\nu\hat{\sigma}_\mu = 0 \quad (\mu, \nu = x, y, z;\ \mu \neq \nu) \tag{9.2.6}$$

(4) 三个不同的泡利分量算符之积为虚数单位 i

由式(9.2.2) 中的第 1 式和式(9.2.6) 可知

$$2\mathrm{i}\,\hat{\sigma}_z = [\hat{\sigma}_x, \hat{\sigma}_y] = \hat{\sigma}_x\hat{\sigma}_y - \hat{\sigma}_y\hat{\sigma}_x = 2\hat{\sigma}_x\hat{\sigma}_y \tag{9.2.7}$$

消去等式两端的常数 2 得到

$$\hat{\sigma}_x\hat{\sigma}_y = \mathrm{i}\,\hat{\sigma}_z \tag{9.2.8}$$

再用算符 $\hat{\sigma}_z$ 右乘上式两端，利用式(9.2.3) 得到

$$\hat{\sigma}_x\hat{\sigma}_y\hat{\sigma}_z = \mathrm{i} \tag{9.2.9}$$

9.2.2　泡利表象与泡利矩阵

通常把 σ_z 表象称为**泡利表象**，而将泡利表象中的泡利分量算符称为**泡利矩阵**。下面导出泡利矩阵的具体形式。

1. 算符 $\hat{\sigma}_z$ 的矩阵形式

由于泡利表象是算符 $\hat{\sigma}_z$ 的自身表象，故算符 $\hat{\sigma}_z$ 构成一个二维对角矩阵，并且对角元就是其本征值 +1 和 −1，即其泡利矩阵为

$$\hat{\sigma}_z = \begin{pmatrix} 1 & 0 \\ 0 & -1 \end{pmatrix} \tag{9.2.10}$$

2. 算符 $\hat{\sigma}_x$ 的矩阵形式

在泡利表象中,设泡利矩阵 $\hat{\sigma}_x$ 的形式为

$$\hat{\sigma}_x = \begin{pmatrix} a & b \\ c & d \end{pmatrix} \tag{9.2.11}$$

将上式和式(9.2.10)代入反对易关系式

$$\hat{\sigma}_x \hat{\sigma}_z = -\hat{\sigma}_z \hat{\sigma}_x \tag{9.2.12}$$

得到其矩阵形式为

$$\begin{pmatrix} a & b \\ c & d \end{pmatrix}\begin{pmatrix} 1 & 0 \\ 0 & -1 \end{pmatrix} = -\begin{pmatrix} 1 & 0 \\ 0 & -1 \end{pmatrix}\begin{pmatrix} a & b \\ c & d \end{pmatrix} \tag{9.2.13}$$

上式可以简化为

$$\begin{pmatrix} a & -b \\ c & -d \end{pmatrix} = \begin{pmatrix} -a & -b \\ c & d \end{pmatrix} \tag{9.2.14}$$

由上式可知,$a = d = 0$,于是泡利矩阵 $\hat{\sigma}_x$ 简化为

$$\hat{\sigma}_x = \begin{pmatrix} 0 & b \\ c & 0 \end{pmatrix} \tag{9.2.15}$$

由算符 $\hat{\sigma}_x$ 的厄米性可知,$c = b^*$,于是式(9.2.15)又变成

$$\hat{\sigma}_x = \begin{pmatrix} 0 & b \\ b^* & 0 \end{pmatrix} \tag{9.2.16}$$

再利用式(9.2.3)得到

$$\hat{\sigma}_x^2 = \begin{pmatrix} 0 & b \\ b^* & 0 \end{pmatrix}\begin{pmatrix} 0 & b \\ b^* & 0 \end{pmatrix} = \begin{bmatrix} |b|^2 & 0 \\ 0 & |b|^2 \end{bmatrix} = \begin{pmatrix} 1 & 0 \\ 0 & 1 \end{pmatrix} \tag{9.2.17}$$

于是有

$$|b|^2 = 1 \tag{9.2.18}$$

进而得到

$$b = \mathrm{e}^{\mathrm{i}\delta} \tag{9.2.19}$$

由此可知,泡利矩阵 $\hat{\sigma}_x$ 有一个相位的不确定性,习惯上取 $\delta = 0$。于是有

$$\hat{\sigma}_x = \begin{pmatrix} 0 & 1 \\ 1 & 0 \end{pmatrix} \tag{9.2.20}$$

3. 算符 $\hat{\sigma}_y$ 的矩阵形式

用算符 $\hat{\sigma}_x$ 左乘式(9.2.8)两端得到

$$\hat{\sigma}_y = \mathrm{i}\,\hat{\sigma}_x \hat{\sigma}_z \tag{9.2.21}$$

将泡利矩阵 $\hat{\sigma}_x$ 与 $\hat{\sigma}_z$ 代入上式,有

$$\hat{\sigma}_y = \mathrm{i}\begin{pmatrix} 0 & 1 \\ 1 & 0 \end{pmatrix}\begin{pmatrix} 1 & 0 \\ 0 & -1 \end{pmatrix} = \begin{pmatrix} 0 & -\mathrm{i} \\ \mathrm{i} & 0 \end{pmatrix} \tag{9.2.22}$$

综上所述,三个泡利矩阵分别为

$$\hat{\sigma}_x=\begin{pmatrix}0 & 1\\ 1 & 0\end{pmatrix},\quad \hat{\sigma}_y=\begin{pmatrix}0 & -\mathrm{i}\\ \mathrm{i} & 0\end{pmatrix},\quad \hat{\sigma}_z=\begin{pmatrix}1 & 0\\ 0 & -1\end{pmatrix} \tag{9.2.23}$$

上述的泡利矩阵在后面将经常用到,应该记得它们的表达式。

最后,需要说明的是:其实泡利矩阵 $\hat{\sigma}_z$ 的表达式(9.2.10)并不是唯一的选择,它也可以选为

$$\hat{\sigma}_z=\begin{pmatrix}-1 & 0\\ 0 & 1\end{pmatrix} \tag{9.2.24}$$

这样一来,泡利矩阵 $\hat{\sigma}_x$ 与 $\hat{\sigma}_y$ 的形式要做相应的改变。习惯上,泡利矩阵特指的是式(9.2.23)的形式。

9.2.3　泡利矩阵的本征解

已知由式(9.2.23)表示的三个泡利矩阵的本征值皆为 $+1$ 与 -1,下面只需求出相应的本征矢即可。

1. 泡利矩阵 $\hat{\sigma}_z$ 的本征矢

设泡利矩阵 $\hat{\sigma}_z$ 满足的本征方程为

$$\begin{pmatrix}1 & 0\\ 0 & -1\end{pmatrix}\begin{bmatrix}C_1\\ C_2\end{bmatrix}=\sigma_z\begin{bmatrix}C_1\\ C_2\end{bmatrix} \tag{9.2.25}$$

当 $\sigma_z=+1$ 时,由 $C_2=0$ 及归一化条件可知,相应的本征矢为

$$|+\rangle=\begin{pmatrix}1\\ 0\end{pmatrix} \tag{9.2.26}$$

当 $\sigma_z=-1$ 时,由 $C_1=0$ 及归一化条件可知,相应的本征矢为

$$|-\rangle=\begin{pmatrix}0\\ 1\end{pmatrix} \tag{9.2.27}$$

泡利矩阵 $\hat{\sigma}_z$ 的本征矢满足的正交归一化条件和封闭关系为

$$\langle+|-\rangle=\langle-|+\rangle=0 \tag{9.2.28}$$

$$\langle+|+\rangle=\langle-|-\rangle=1 \tag{9.2.29}$$

$$|+\rangle\langle+|+|-\rangle\langle-|=\hat{I} \tag{9.2.30}$$

2. 泡利矩阵 $\hat{\sigma}_x$ 的本征矢

设泡利矩阵 $\hat{\sigma}_x$ 满足的本征方程为

$$\begin{pmatrix}0 & 1\\ 1 & 0\end{pmatrix}\begin{bmatrix}C_1\\ C_2\end{bmatrix}=\sigma_x\begin{bmatrix}C_1\\ C_2\end{bmatrix} \tag{9.2.31}$$

当 $\sigma_x=+1$ 时,有

$$C_1=C_2 \tag{9.2.32}$$

由归一化条件可知

$$|+\rangle_x = \frac{1}{\sqrt{2}}\begin{pmatrix}1\\1\end{pmatrix} = 2^{-1/2}[|+\rangle + |-\rangle] \tag{9.2.33}$$

式中，$|+\rangle_x$ 为泡利矩阵 $\hat{\sigma}_x$ 的本征值为 $+1$ 时的本征矢。

当 $\sigma_x = -1$ 时，有

$$C_1 = -C_2 \tag{9.2.34}$$

由归一化条件可知

$$|-\rangle_x = \frac{1}{\sqrt{2}}\begin{pmatrix}1\\-1\end{pmatrix} = 2^{-1/2}[|+\rangle - |-\rangle] \tag{9.2.35}$$

3. 泡利矩阵 $\hat{\sigma}_y$ 的本征矢

仿照泡利矩阵 $\hat{\sigma}_x$ 的做法，可以得到泡利矩阵 $\hat{\sigma}_y$ 的本征矢为

$$|+\rangle_y = \frac{1}{\sqrt{2}}\begin{pmatrix}1\\\mathrm{i}\end{pmatrix} = 2^{-1/2}[|+\rangle + \mathrm{i}\,|-\rangle] \tag{9.2.36}$$

$$|-\rangle_y = \frac{1}{\sqrt{2}}\begin{pmatrix}1\\-\mathrm{i}\end{pmatrix} = 2^{-1/2}[|+\rangle - \mathrm{i}\,|-\rangle] \tag{9.2.37}$$

显然，泡利矩阵 $\hat{\sigma}_z$ 的本征矢构成泡利表象的基底，泡利矩阵 $\hat{\sigma}_x$ 和 $\hat{\sigma}_y$ 的本征矢都是在此基底下展开的。容易验证，三个泡利矩阵的本征矢皆满足正交归一化条件和封闭关系。

在求出泡利矩阵的本征解之后，可以直接得到自旋为 $\hbar/2$ 的自旋算符 $\hat{s}$ 的本征解。因为自旋算符 $\hat{\boldsymbol{s}}$ 与泡利算符 $\hat{\boldsymbol{\sigma}}$ 只相差一个常数因子 $\hbar/2$，故 $\hat{\boldsymbol{s}}$ 各分量算符的本征值皆为 $\pm\hbar/2$，相应的本征矢与 $\hat{\boldsymbol{\sigma}}$ 分量算符的本征矢完全一样。自旋平方算符 $\hat{\boldsymbol{s}}^2$ 的本征值为 $3\hbar^2/4$，相应的本征矢也与算符 $\hat{\sigma}_z$ 的本征矢相同。

9.3 角动量的升降算符

9.3.1 升降算符的定义和性质

在角动量理论中，习惯用 $\hat{\boldsymbol{j}}$ 来表示角动量算符，它既可以是轨道角动量算符或自旋角动量算符，也可以是由它们耦合得到的角动量算符。虽然已经知道 $|jm\rangle$ 是算符 $\hat{\boldsymbol{j}}^2$ 与 $\hat{j}_z$ 的共同本征矢，但是，$|jm\rangle$ 并不是算符 $\hat{j}_x$ 与 $\hat{j}_y$ 的本征矢。为了计算 $\hat{j}_x|jm\rangle$ 与 $\hat{j}_y|jm\rangle$ 的结果，需要借助升降算符来完成，升降算符在角动量理论中扮演着一个十分重要的角色。

1. 升降算符的定义

在笛卡儿坐标系中，设 $\hat{j}_x$ 与 $\hat{j}_y$ 分别为任意角动量 $\boldsymbol{j}$ 的 x 与 y 分量算符，利用它们引入

两个新的算符，即

$$\hat{j}_{\pm}=\hat{j}_x \pm \mathrm{i}\hat{j}_y \tag{9.3.1}$$

式中，$\hat{j}_+$ 与 $\hat{j}_-$ 分别称为角动量 $\boldsymbol{j}$ 的**升算符**与**降算符**，两者通称为**升降算符**。反过来，算符 $\hat{j}_x$ 和 $\hat{j}_y$ 也可以用升降算符表示为

$$\hat{j}_x=(\hat{j}_+ + \hat{j}_-)/2, \quad \hat{j}_y=(\hat{j}_+ - \hat{j}_-)/(2\mathrm{i}) \tag{9.3.2}$$

显然，如果能得到 $\hat{j}_+ \mid jm\rangle$ 与 $\hat{j}_- \mid jm\rangle$ 的结果，就相当于知道了矩阵元 $\langle \widetilde{jm} \mid \hat{j}_x \mid jm\rangle$ 与 $\langle \widetilde{jm} \mid \hat{j}_y \mid jm\rangle$ 的表达式，而这正是本节的终极目标。

2. 升降算符的性质

由升降算符的定义及角动量算符的厄米性质可知

$$\hat{j}_+^{\dagger}=(\hat{j}_x+\mathrm{i}\hat{j}_y)^{\dagger}=\hat{j}_x-\mathrm{i}\hat{j}_y=\hat{j}_- \tag{9.3.3}$$

$$\hat{j}_-^{\dagger}=(\hat{j}_x-\mathrm{i}\hat{j}_y)^{\dagger}=\hat{j}_x+\mathrm{i}\hat{j}_y=\hat{j}_+ \tag{9.3.4}$$

上面两式表明，虽然升算符与降算符都不是厄米算符，但是两者是互为厄米共轭的。

升算符与降算符两者不对易，满足的对易关系为

$$[\hat{j}_+,\hat{j}_-]=[\hat{j}_x+\mathrm{i}\hat{j}_y,\hat{j}_x-\mathrm{i}\hat{j}_y]=-2\mathrm{i}[\hat{j}_x,\hat{j}_y]=2\hbar\hat{j}_z \tag{9.3.5}$$

利用升降算符的定义容易证明如下的对易关系，即

$$[\hat{j}_x,\hat{j}_{\pm}]=[\hat{j}_x,\hat{j}_x\pm\mathrm{i}\hat{j}_y]=\mp\hbar\hat{j}_z \tag{9.3.6}$$

$$[\hat{j}_y,\hat{j}_{\pm}]=[\hat{j}_y,\hat{j}_x\pm\mathrm{i}\hat{j}_y]=-\hbar\hat{j}_z \tag{9.3.7}$$

$$[\hat{j}_z,\hat{j}_{\pm}]=[\hat{j}_z,\hat{j}_x\pm\mathrm{i}\hat{j}_y]=\mathrm{i}\hbar\hat{j}_y\pm\hbar\hat{j}_x=\pm\hbar\hat{j}_{\pm} \tag{9.3.8}$$

$$[\hat{\boldsymbol{j}}^2,\hat{j}_{\pm}]=[\hat{\boldsymbol{j}}^2,\hat{j}_x\pm\mathrm{i}\hat{j}_y]=0 \tag{9.3.9}$$

进而，还可以导出如下常用关系式，即

$$\hat{j}_+\hat{j}_-=\hat{\boldsymbol{j}}^2-\hat{j}_z^2+\hbar\hat{j}_z \tag{9.3.10}$$

$$\hat{j}_-\hat{j}_+=\hat{\boldsymbol{j}}^2-\hat{j}_z^2-\hbar\hat{j}_z \tag{9.3.11}$$

$$\hat{j}_x^2+\hat{j}_y^2=(\hat{j}_+\hat{j}_-+\hat{j}_-\hat{j}_+)/2 \tag{9.3.12}$$

$$\hat{\boldsymbol{j}}^2=(\hat{j}_+\hat{j}_-+\hat{j}_-\hat{j}_+)/2+\hat{j}_z^2 \tag{9.3.13}$$

$$\hat{\boldsymbol{j}}^2=\hat{j}_+\hat{j}_-+\hat{j}_z^2-\hbar\hat{j}_z \tag{9.3.14}$$

$$\hat{\boldsymbol{j}}^2=\hat{j}_-\hat{j}_++\hat{j}_z^2+\hbar\hat{j}_z \tag{9.3.15}$$

9.3.2　升降算符对角动量本征矢的作用

设角动量平方算符 $\hat{\boldsymbol{j}}^2$ 和 z 分量算符 $\hat{j}_z$ 满足的本征方程分别为

$$\hat{\boldsymbol{j}}^2 \mid jm\rangle=j(j+1)\hbar^2 \mid jm\rangle \tag{9.3.16}$$

$$\hat{j}_z \mid jm\rangle=m\hbar \mid jm\rangle \tag{9.3.17}$$

式中，$\{\mid jm\rangle\}$ 是算符 $\hat{\boldsymbol{j}}^2$ 和 $\hat{j}_z$ 的共同完备本征函数系。

定理 9.1　升降算符对 $\hat{\boldsymbol{j}}^2$ 和 $\hat{j}_z$ 的本征矢 $\mid jm\rangle$ 的作用结果为

$$\hat{j}_{\pm} \mid jm\rangle=[j(j+1)-m(m\pm1)]^{1/2}\hbar \mid j,m\pm1\rangle \tag{9.3.18}$$

证明 分如下两步证明上式。

第一步，证明升降算符满足如下关系式，即

$$\hat{j}_{\pm}|jm\rangle = N_{\pm}|j,m\pm 1\rangle \tag{9.3.19}$$

式中，$N_{\pm}$ 为待定的复常数。

用算符 $\hat{j}_z$ 从左作用态矢 $\hat{j}_{+}|jm\rangle$，再注意到式(9.3.8)，有

$$\hat{j}_z[\hat{j}_{+}|jm\rangle] = (\hat{j}_{+}\hat{j}_z + \hbar\hat{j}_{+})|jm\rangle = (m+1)\hbar[\hat{j}_{+}|jm\rangle] \tag{9.3.20}$$

上式表明，态矢 $\hat{j}_{+}|jm\rangle$ 也是算符 $\hat{j}_z$ 的本征矢，且对应的本征值为 $(m+1)\hbar$，或者说，态矢 $\hat{j}_{+}|jm\rangle$ 与算符 $\hat{j}_z$ 的本征矢 $|j,m+1\rangle$ 只能相差一个复常数，若设其为 N_{+}，则可以用数学的语言表述为

$$\hat{j}_{+}|jm\rangle = N_{+}|j,m+1\rangle \tag{9.3.21}$$

同理可得

$$\hat{j}_{-}|jm\rangle = N_{-}|j,m-1\rangle \tag{9.3.22}$$

于是式(9.3.19) 得证。

第二步，确定常数 $N_{\pm}$。

从式(9.3.21) 出发，再利用式(9.3.3) 和式(9.3.11)，得到

$$\begin{aligned}|N_{+}|^2 &= \langle jm|\hat{j}_{+}^{\dagger}\hat{j}_{+}|jm\rangle = \langle jm|\hat{j}_{-}\hat{j}_{+}|jm\rangle = \\ &\langle jm|\hat{\boldsymbol{j}}^2 - \hat{j}_z^2 - \hbar\hat{j}_z|jm\rangle = [j(j+1) - m(m+1)]\hbar^2\end{aligned} \tag{9.3.23}$$

取相因子为零，于是得到

$$N_{+} = [j(j+1) - m(m+1)]^{1/2}\hbar \tag{9.3.24}$$

使用类似的方法，还可以得到

$$N_{-} = [j(j+1) - m(m-1)]^{1/2}\hbar \tag{9.3.25}$$

于是，式(9.3.18) 得证。定理 9.1 证毕。

定理 9.1 的物理含义是，虽然态矢 $|jm\rangle$ 不是升降算符的本征矢，但是升降算符可以将态矢 $|jm\rangle$ 变成 $|j,m\pm 1\rangle$，换句话说，只是将态矢 $|jm\rangle$ 中的磁量子数 m 提升或降低1，这也就是将 $\hat{j}_{\pm}$ 称为升降算符的原因。在处理与角动量相关的问题时，式(9.3.18) 是一个十分重要的公式，可以说是不可或缺的利器。

9.3.3 算符 $\hat{j}_x$ 与 $\hat{j}_y$ 的矩阵形式

作为升降算符的一个简单应用，可以利用式(9.3.18) 直接导出算符 $\hat{j}_x$ 与 $\hat{j}_y$ 的矩阵元表达式。

在 $\boldsymbol{j}^2$ 和 j_z 的联合表象中，由式(9.3.2) 和式(9.3.18) 可知，算符 $\hat{j}_x$ 和 $\hat{j}_y$ 的矩阵元分别为

$$\begin{aligned}\langle\tilde{j}\tilde{m}|\hat{j}_x|jm\rangle &= 2^{-1}\{\langle\tilde{j}\tilde{m}|\hat{j}_{+}|jm\rangle + \langle\tilde{j}\tilde{m}|\hat{j}_{-}|jm\rangle\} = \\ &2^{-1}\hbar\{[j(j+1) - m(m+1)]^{1/2}\delta_{\tilde{m},m+1} +\end{aligned}$$

$$[j(j+1)-m(m-1)]^{1/2}\delta_{\tilde{m},m-1}\}\delta_{\tilde{j},j} \tag{9.3.26}$$

$$\begin{aligned}\langle\tilde{j}\tilde{m}\mid\hat{j}_y\mid jm\rangle &= (2\mathrm{i})^{-1}\{\langle\tilde{j}\tilde{m}\mid\hat{j}_+\mid jm\rangle-\langle\tilde{j}\tilde{m}\mid\hat{j}_-\mid jm\rangle\}= \\ &-\mathrm{i}2^{-1}\hbar\{[j(j+1)-m(m+1)]^{1/2}\delta_{\tilde{m},m+1}- \\ &[j(j+1)-m(m-1)]^{1/2}\delta_{\tilde{m},m-1}\}\delta_{\tilde{j},j}\end{aligned} \tag{9.3.27}$$

上面两式表明，当 $j\neq\tilde{j}$ 时，算符 $\hat{j}_x$ 和 $\hat{j}_y$ 的矩阵元皆为零。

下面利用式(9.3.26)和式(9.3.27)完成几个具体的实例。

在 $\boldsymbol{j}^2$ 和 j_z 的联合表象中，当 $j=1/2,m=\pm1/2$ 时，利用上述两式，容易求出角动量各分量算符的矩阵元，进而得到它们的矩阵形式为

$$\hat{j}_x=\frac{\hbar}{2}\begin{pmatrix}0 & 1\\1 & 0\end{pmatrix},\quad \hat{j}_y=\frac{\hbar}{2}\begin{pmatrix}0 & -\mathrm{i}\\\mathrm{i} & 0\end{pmatrix},\quad \hat{j}_z=\frac{\hbar}{2}\begin{pmatrix}1 & 0\\0 & -1\end{pmatrix} \tag{9.3.28}$$

上式正是自旋为 $\hbar/2$ 粒子自旋分量算符的矩阵表示。由于它们与泡利矩阵只相差常数 $\hbar/2$，故其本征解可直接由泡利矩阵的本征解得到。

在 $\boldsymbol{j}^2$ 和 j_z 的联合表象中，当 $j=1,m=1,0,-1$ 时，同理可以得到角动量各分量算符的矩阵形式为

$$\hat{j}_x=\frac{\hbar}{\sqrt{2}}\begin{pmatrix}0 & 1 & 0\\1 & 0 & 1\\0 & 1 & 0\end{pmatrix},\quad \hat{j}_y=\frac{\hbar}{\sqrt{2}}\begin{pmatrix}0 & -\mathrm{i} & 0\\\mathrm{i} & 0 & -\mathrm{i}\\0 & \mathrm{i} & 0\end{pmatrix},\quad \hat{j}_z=\hbar\begin{pmatrix}1 & 0 & 0\\0 & 0 & 0\\0 & 0 & -1\end{pmatrix} \tag{9.3.29}$$

上式就是角量子数为1的角动量分量算符的矩阵表示。例题8.2已经给出了它们的本征解。

如果按照通常的方法导出上述矩阵，会是相当复杂的一个过程，由此可见升降算符的功效。

9.4 角动量耦合理论

9.4.1 LS 耦合与 jj 耦合

迄今为止，只是讨论了单个角动量的问题，下面来研究多个角动量的矢量之和的问题，此即所谓**角动量耦合**，亦称为**角动量加法**。

真实的量子体系是由多个粒子构成的，由于每个粒子既有自旋角动量也存在轨道角动量，故多个角动量之间的常用耦合方式有两种，即LS耦合与jj耦合，下面分别说明之。

1. LS 耦合

如果体系是由 $N(N>1)$ 个粒子构成的，第 $i(i=1,2,3,\cdots,N)$ 个粒子的自旋和轨道角动量分别为 $\boldsymbol{s}_i$ 和 $\boldsymbol{l}_i$，则体系的**总自旋** $\boldsymbol{S}$ 和**总轨道角动量** $\boldsymbol{L}$ 分别为

$$\boldsymbol{S}=\sum_{i=1}^{N}\boldsymbol{s}_i \tag{9.4.1}$$

$$\boldsymbol{L}=\sum_{i=1}^{N}\boldsymbol{l}_i \tag{9.4.2}$$

进而可以定义体系的**总角动量**为

$$\boldsymbol{J}=\boldsymbol{S}+\boldsymbol{L} \tag{9.4.3}$$

通常将角动量的这种耦合方式称为角动量的 **LS 耦合**。

2. jj 耦合

体系的总角动量还可以用另外一种方式来表示，若定义**第 i 个粒子的总角动量**为

$$\boldsymbol{j}_i=\boldsymbol{s}_i+\boldsymbol{l}_i \tag{9.4.4}$$

则体系的总角动量可写为

$$\boldsymbol{J}=\sum_{i=1}^{N}\boldsymbol{j}_i \tag{9.4.5}$$

将角动量的这种耦合方式称为角动量的 **jj 耦合**。

对于只有一个粒子的体系，不存在耦合方式的选择问题，它只有一种耦合方式，即 LS 耦合。

在不做任何近似的情况下，利用两种不同的耦合方式给出的可观测量的结果是相同的。在实际应用中，总是根据具体问题的要求，选用能使推导和计算更方便、更简洁的耦合方式。

9.4.2 耦合表象与非耦合表象

1. 耦合表象和非耦合表象

定理 9.2 若 $\hat{\boldsymbol{j}}_1$ 和 $\hat{\boldsymbol{j}}_2$ 是任意两个独立的角动量算符，则 $|j_1j_2jm\rangle$ 为算符 $\hat{\boldsymbol{j}}_1$、$\hat{\boldsymbol{j}}_2$、$\hat{\boldsymbol{j}}$、$\hat{j}_z$ 的共同本征矢，即

$$\begin{cases}\hat{\boldsymbol{j}}_1^2\,|j_1j_2jm\rangle=j_1(j_1+1)\hbar^2\,|j_1j_2jm\rangle\\ \hat{\boldsymbol{j}}_2^2\,|j_1j_2jm\rangle=j_2(j_2+1)\hbar^2\,|j_1j_2jm\rangle\\ \hat{\boldsymbol{j}}^2\,|j_1j_2jm\rangle=j(j+1)\hbar^2\,|j_1j_2jm\rangle\\ \hat{j}_z\,|j_1j_2jm\rangle=m\hbar\,|j_1j_2jm\rangle\end{cases} \tag{9.4.6}$$

其中

$$\hat{\boldsymbol{j}}=\hat{\boldsymbol{j}}_1+\hat{\boldsymbol{j}}_2,\quad \hat{j}_z=\hat{j}_{1z}+\hat{j}_{2z} \tag{9.4.7}$$

并且当量子数 j_1 与 j_2 给定时，量子数 j 的取值范围是

$$j=|j_1-j_2|,|j_1-j_2|+1,\cdots,j_1+j_2-1,j_1+j_2 \tag{9.4.8}$$

当量子数 j 给定时，量子数 m 的取值范围是

$$m=-j,-j+1,\cdots,j-1,j \tag{9.4.9}$$

证明 首先，讨论非耦合表象中的本征矢。

由角动量算符的性质可知，两个独立的角动量算符 $\hat{\boldsymbol{j}}_1$ 和 $\hat{\boldsymbol{j}}_2$ 满足的本征方程分别为

$$\begin{cases}\hat{\boldsymbol{j}}_1^2 \mid j_1 m_1\rangle = j_1(j_1+1)\hbar^2 \mid j_1 m_1\rangle \\ \hat{j}_{1z} \mid j_1 m_1\rangle = m_1\hbar \mid j_1 m_1\rangle\end{cases} \tag{9.4.10}$$

$$\begin{cases}\hat{\boldsymbol{j}}_2^2 \mid j_2 m_2\rangle = j_2(j_2+1)\hbar^2 \mid j_2 m_2\rangle \\ \hat{j}_{2z} \mid j_2 m_2\rangle = m_2\hbar \mid j_2 m_2\rangle\end{cases} \tag{9.4.11}$$

因为算符 $\hat{\boldsymbol{j}}_1$ 与 $\hat{\boldsymbol{j}}_2$ 是对易的，所以两者本征矢的直积 $\mid j_1 m_1\rangle \mid j_2 m_2\rangle$ 是算符 $\hat{\boldsymbol{j}}_1^2$、$\hat{j}_{1z}$、$\hat{\boldsymbol{j}}_2^2$ 和 $\hat{j}_{2z}$ 的共同本征矢，即

$$\begin{cases}\hat{\boldsymbol{j}}_1^2 \mid j_1 m_1\rangle \mid j_2 m_2\rangle = j_1(j_1+1)\hbar^2 \mid j_1 m_1\rangle \mid j_2 m_2\rangle \\ \hat{j}_{1z} \mid j_1 m_1\rangle \mid j_2 m_2\rangle = m_1\hbar \mid j_1 m_1\rangle \mid j_2 m_2\rangle\end{cases} \tag{9.4.12}$$

$$\begin{cases}\hat{\boldsymbol{j}}_2^2 \mid j_1 m_1\rangle \mid j_2 m_2\rangle = j_2(j_2+1)\hbar^2 \mid j_1 m_1\rangle \mid j_2 m_2\rangle \\ \hat{j}_{2z} \mid j_1 m_1\rangle \mid j_2 m_2\rangle = m_2\hbar \mid j_1 m_1\rangle \mid j_2 m_2\rangle\end{cases} \tag{9.4.13}$$

此外，由式(9.4.7)还可知，直积 $\mid j_1 m_1\rangle \mid j_2 m_2\rangle$ 也是算符 $\hat{j}_z$ 的本征矢，即

$$\hat{j}_z \mid j_1 m_1\rangle \mid j_2 m_2\rangle = (m_1+m_2)\hbar \mid j_1 m_1\rangle \mid j_2 m_2\rangle \tag{9.4.14}$$

总之，本征矢 $\mid j_1 m_1\rangle \mid j_2 m_2\rangle$ 是两个独立的角动量基矢的直积，它是 $\hat{\boldsymbol{j}}_1^2$、$\hat{\boldsymbol{j}}_2^2$、$\hat{j}_{1z}$、$\hat{j}_{2z}$ 和 $\hat{j}_z$ 五个算符的共同本征矢。将以 $\{\mid j_1 m_1\rangle \mid j_2 m_2\rangle\}$ 为基底的表象称为角动量的**非耦合表象**。

其次，讨论耦合表象中的本征矢。

由于式 $\hat{j}_z = \hat{j}_{1z} + \hat{j}_{2z}$ 的存在，故在上述五个算符之中只有四个是独立的，即用四个量子数就可以描述体系的状态。因为算符 $\hat{\boldsymbol{j}}^2$ 虽然与 $\hat{j}_z$ 是对易的，但是它与算符 $\hat{j}_{1z}$ 和 $\hat{j}_{2z}$ 都不对易，所以 $\mid j_1 m_1\rangle \mid j_2 m_2\rangle$ 不是算符 $\hat{\boldsymbol{j}}^2$ 的本征矢。容易看出，$\hat{\boldsymbol{j}}_1^2$、$\hat{\boldsymbol{j}}_2^2$、$\hat{\boldsymbol{j}}^2$、$\hat{j}_z$ 四个算符是相互对易的，它们存在共同完备本征函数系 $\{\mid j_1 j_2 jm\rangle\}$，将以 $\{\mid j_1 j_2 jm\rangle\}$ 为基底的表象称为角动量的**耦合表象**。

在耦合表象中，有

$$\begin{cases}\hat{\boldsymbol{j}}_1^2 \mid j_1 j_2 jm\rangle = j_1(j_1+1)\hbar^2 \mid j_1 j_2 jm\rangle \\ \hat{\boldsymbol{j}}_2^2 \mid j_1 j_2 jm\rangle = j_2(j_2+1)\hbar^2 \mid j_1 j_2 jm\rangle \\ \hat{\boldsymbol{j}}^2 \mid j_1 j_2 jm\rangle = j(j+1)\hbar^2 \mid j_1 j_2 jm\rangle \\ \hat{j}_z \mid j_1 j_2 jm\rangle = m\hbar \mid j_1 j_2 jm\rangle\end{cases} \tag{9.4.15}$$

最后，确定耦合表象中量子数的取值范围。

当量子数 j_1 与 j_2 的值给定时，相应的两个磁量子数的可能取值分别为

$$\begin{cases}m_1 = -j_1, -j_1+1, \cdots, j_1-1, j_1 \\ m_2 = -j_2, -j_2+1, \cdots, j_2-1, j_2\end{cases} \tag{9.4.16}$$

由 $m = m_1 + m_2$ 可知，磁量子数 m 的最大值为

$$m_{\max} = j_1 + j_2 \tag{9.4.17}$$

进而可知，量子数 j 的最大值亦是

$$j_{\max} = j_1 + j_2 \tag{9.4.18}$$

当 j_1 与 j_2 的值给定时，在非耦合表象中，已知其简并度为

$$f_{j_1j_2}=(2j_1+1)(2j_2+1) \tag{9.4.19}$$

在耦合表象中，若设 j 的最小值为 $j_{\min}$，则其简并度为

$$f_j=\sum_{j=j_{\min}}^{j_{\max}}(2j+1)=2^{-1}[(2j_{\max}+1)+(2j_{\min}+1)](j_{\max}-j_{\min}+1)=$$
$$(j_{\max}+1)^2-(j_{\min})^2 \tag{9.4.20}$$

对同一个体系而言，由于简并度与表象无关(见定理 8.1)，故有

$$(j_{\max}+1)^2-(j_{\min})^2=(2j_1+1)(2j_2+1) \tag{9.4.21}$$

将式(9.4.18) 代入上式，解之得

$$j_{\min}=|j_1-j_2| \tag{9.4.22}$$

总之，量子数 j 的可能取值只能从最小值 $j_{\min}=|j_1-j_2|$ 开始，依次递增 1，直到最大值 $j_{\max}=j_1+j_2$ 为止，于是式(9.4.8) 成立。由角量子数与磁量子数的关系可知，当 j 的值给定时，相应的磁量子数 m 的取值满足式(9.4.9)。定理 9.2 证毕。

通常把量子数 j_1、j_2 与 j 的取值关系称为**三角形关系**，记为 $\Delta(j_1j_2j)$。这种三角形关系适用于任何角动量。

2. 态矢的耦合(CG) 系数

定理 9.2 已经给出了耦合表象与非耦合表象的基底表示，下面需要探讨的是，这两个基底之间的变换，实际上，在 8.3 节中已经做过一般性的讨论。

若 $\hat{\boldsymbol{j}}_1$ 和 $\hat{\boldsymbol{j}}_2$ 是两个独立的角动量算符，分别满足本征方程(9.4.12) 和(9.4.13)，则 $\{\boldsymbol{j}_1^2,\boldsymbol{j}_2^2,j_{1z},j_{2z}\}$ 构成力学量的完全集，其共同本征函数系 $\{|j_1m_1\rangle|j_2m_2\rangle\}$ 为非耦合表象的基底。由定理 9.2 可知，$\{\boldsymbol{j}_1^2,\boldsymbol{j}_2^2,\boldsymbol{j}^2,j_z\}$ 也可以构成力学量的完全集，其共同本征函数系 $\{|j_1j_2jm\rangle\}$ 为耦合表象的基底。由本征矢的完备性可知，耦合表象的本征矢 $|j_1j_2jm\rangle$ 可以向非耦合表象的基底 $\{|j_1m_1\rangle|j_2m_2\rangle\}$ 展开，即

$$|j_1j_2jm\rangle=\sum_{m_1,m_2}C_{j_1m_1j_2m_2}^{jm}|j_1m_1\rangle|j_2m_2\rangle \tag{9.4.23}$$

式中的展开系数 $C_{j_1m_1j_2m_2}^{jm}$ 称为两个角动量的**态矢耦合系数**，由于它是克莱布什(Clebsch) 和哥尔丹(Gordan) 给出的，故将其简称为 **CG 系数**。几种简单情况下的 CG 系数已经在附录 6 中列出。关于多个角动量的态矢耦合系数的定义、性质和计算公式将在下一节给出。

下面用两个例子来说明导出 CG 系数计算公式的基本思路。

9.4.3　单电子角动量的 LS 耦合

当同时顾及一个电子的自旋及轨道角动量时，在 LS 耦合中，耦合本征矢可以向非耦合的基底展开为

$$| l,s,j,m_j \rangle = \sum_{m_l,m_s} C^{jm_j}_{lm_l sm_s} | lm_l \rangle | sm_s \rangle \tag{9.4.24}$$

由于已知 $s=1/2, m_s=\pm 1/2$，故可以利用角动量 z 分量量子数的关系式

$$m_j = m_l \pm 1/2 \tag{9.4.25}$$

将式(9.4.24) 简化为

$$| l,1/2,j,m_j \rangle = \alpha | l,m_j - 1/2 \rangle |+\rangle + \beta | l,m_j + 1/2 \rangle |-\rangle \tag{9.4.26}$$

式中，$| l,m_l \rangle = Y_{lm_l}(\theta,\varphi)$ 已经归一化；$|+\rangle$ 与 $|-\rangle$ 为算符 $\hat{s}_z$ 的两个正交归一化本征矢，相应的本征值分别为 $+\hbar/2$ 与 $-\hbar/2$；α、β 是两个组合常数。此即电子耦合本征矢的一般表达式。

1. $l=0$ 时的 LS 耦合

由于 $l=0$，所以 $m_l=0$，进而可知 $m_j=\pm 1/2$。

当 $m_j=+1/2$ 时，$\beta=0, \alpha=1$，式(9.4.26) 可以写成

$$| 0,1/2,1/2,+1/2 \rangle = | 00 \rangle |+\rangle \tag{9.4.27}$$

当 $m_j=-1/2$ 时，$\alpha=0, \beta=1$，式(9.4.26) 可以写成

$$| 0,1/2,1/2,-1/2 \rangle = | 00 \rangle |-\rangle \tag{9.4.28}$$

上述两式即 $l=0$ 时耦合表象与非耦合表象本征矢之间的关系，意味着，不为零的 CG 系数只有两个，即

$$C^{1/2,-1/2}_{0,0,1/2,-1/2} = C^{1/2,1/2}_{0,0,1/2,1/2} = 1 \tag{9.4.29}$$

2. $l \neq 0$ 时的 LS 耦合

若要式(9.4.26) 中的态矢 $| l,1/2,j,m_j \rangle$ 同时也是算符 $\hat{\boldsymbol{j}}^2$ 的本征矢，则要求其满足的本征方程为

$$\hat{\boldsymbol{j}}^2 | l,1/2,j,m_j \rangle = j(j+1)\hbar^2 | l,1/2,j,m_j \rangle \tag{9.4.30}$$

利用关系式

$$\hat{\boldsymbol{j}}^2 = \hat{\boldsymbol{l}}^2 + \hat{\boldsymbol{s}}^2 + 2\hat{l}_z\hat{s}_z + \hat{l}_+\hat{s}_- + \hat{l}_-\hat{s}_+ \tag{9.4.31}$$

$$\hat{s}_- |-\rangle = 0 \ , \quad \hat{s}_+ |+\rangle = 0 \ , \quad \hat{s}_- |+\rangle = \hbar |-\rangle \ , \quad \hat{s}_+ |-\rangle = \hbar |+\rangle \tag{9.4.32}$$

可以导出 α 与 β 满足的联立方程组，即

$$\begin{cases} [j(j+1) - l(l+1) - m_j - 1/4]\alpha - [l(l+1) - (m_j^2 - 1/4)]^{1/2}\beta = 0 \\ -[l(l+1) - (m_j^2 - 1/4)]^{1/2}\alpha + [j(j+1) - l(l+1) + m_j - 1/4]\beta = 0 \end{cases} \tag{9.4.33}$$

由于 $l \neq 0$，故上式有非零解的条件是其系数行列式等于零，于是得到

$$j = l \pm 1/2 \tag{9.4.34}$$

将式(9.4.34) 代入式(9.4.33)，若注意到归一化条件

$$|\alpha|^2 + |\beta|^2 = 1 \tag{9.4.35}$$

则可得到如下结果：

当 $j=l+1/2$ 时，有

$$| l,1/2,j,m_j \rangle = [(j+m_j)(2j)^{-1}]^{1/2} | l,m_j - 1/2 \rangle |+\rangle +$$

$$[(j-m_j)(2j)^{-1}]^{1/2}\mid l,m_j+1/2\rangle\mid-\rangle \tag{9.4.36}$$

当 $j=l-1/2$ 时,有

$$\mid l,1/2,j,m_j\rangle=-[(j-m_j+1)(2j+2)^{-1}]^{1/2}\mid l,m_j-1/2\rangle\mid+\rangle+ \\ [(j+m_j+1)(2j+2)^{-1}]^{1/2}\mid l,m_j+1/2\rangle\mid-\rangle \tag{9.4.37}$$

上述两式即 $l\neq0$ 时耦合表象与非耦合表象本征矢之间的关系。上面结果的详细导出过程可见例题 9.6。

由式(9.4.36) 和式(9.4.37) 可知,不为零的 CG 系数只有四个,即

$$\begin{cases} C_{l,m_j-1/2,1/2,1/2}^{l+1/2,m_j}=[(l+1/2+m_j)/(2l+1)]^{1/2} \\ C_{l,m_j+1/2,1/2,-1/2}^{l+1/2,m_j}=[(l+1/2-m_j)/(2l+1)]^{1/2} \\ C_{l,m_j-1/2,1/2,1/2}^{l-1/2,m_j}=-[(l-1/2-m_j+1)/(2l+1)]^{1/2} \\ C_{l,m_j+1/2,1/2,-1/2}^{l-1/2,m_j}=[(l-1/2+m_j+1)/(2l+1)]^{1/2} \end{cases} \tag{9.4.38}$$

至此,对于 LS 耦合而言,两个表象基底的变换已经完成。

由式(9.4.36) 和式(9.4.37) 可知,在 LS 耦合表象中,自旋 z 分量 s_z 的平均值为

$$\langle l,1/2,j,m_j\mid\hat{s}_z\mid l,1/2,j,m_j\rangle=\begin{cases}+m_j\hbar/(2j) & (j=l+1/2) \\ -m_j\hbar/(2j+2) & (j=l-1/2)\end{cases} \tag{9.4.39}$$

这是一个有用的公式,在后面讨论反常塞曼效应时会用到它。

9.4.4 双电子自旋的 jj 耦合

对于两个自旋为 $\hbar/2$ 的粒子(例如,电子)而言,若它们的自旋算符分别为 $\hat{\boldsymbol{s}}_1$ 与 $\hat{\boldsymbol{s}}_2$,则其总自旋算符为

$$\hat{\boldsymbol{S}}=\hat{\boldsymbol{s}}_1+\hat{\boldsymbol{s}}_2 \tag{9.4.40}$$

当不顾及粒子的轨道角动量时,可以采用jj耦合的方式处理之。在非耦合表象中,两个粒子的自旋算符满足的本征方程分别为

$$\begin{cases}\hat{\boldsymbol{s}}_1^2\mid s_1m_1\rangle_1=s_1(s_1+1)\hbar^2\mid s_1m_1\rangle_1 \\ \hat{s}_{1z}\mid s_1m_1\rangle_1=m_1\hbar\mid s_1m_1\rangle_1\end{cases} \tag{9.4.41}$$

$$\begin{cases}\hat{\boldsymbol{s}}_2^2\mid s_2m_2\rangle_2=s_2(s_2+1)\hbar^2\mid s_2m_2\rangle_2 \\ \hat{s}_{2z}\mid s_2m_2\rangle_2=m_2\hbar\mid s_2m_2\rangle_2\end{cases} \tag{9.4.42}$$

在耦合表象中,自旋算符满足的本征方程为

$$\begin{cases}\hat{\boldsymbol{S}}^2\mid s_1s_2SM\rangle=S(S+1)\hbar^2\mid s_1s_2SM\rangle \\ \hat{S}_z\mid s_1s_2SM\rangle=M\hbar\mid s_1s_2SM\rangle \\ \hat{\boldsymbol{s}}_1^2\mid s_1s_2SM\rangle=s_1(s_1+1)\hbar^2\mid s_1s_2SM\rangle \\ \hat{\boldsymbol{s}}_2^2\mid s_1s_2SM\rangle=s_2(s_2+1)\hbar^2\mid s_1s_2SM\rangle\end{cases} \tag{9.4.43}$$

式中

$$s_1 = s_2 = 1/2 \tag{9.4.44}$$

由定理 9.2 可知

$$S = 0, 1, \quad M = m_1 + m_2 \tag{9.4.45}$$

由表象变换理论可知，耦合表象的基底可以向非耦合表象的基底展开，下面求出其展开系数。

因为两个粒子的自旋量子数皆为 1/2，磁量子数都只能取 ±1/2，故可以将它们的本征矢分别简记为

$$\begin{cases} |+\rangle_1 = |\, s_1, m_1 = +1/2\rangle_1, \quad |-\rangle_1 = |\, s_1, m_1 = -1/2\rangle_1 \\ |+\rangle_2 = |\, s_2, m_2 = +1/2\rangle_2, \quad |-\rangle_2 = |\, s_2, m_2 = -1/2\rangle_2 \end{cases} \tag{9.4.46}$$

通常将上述单个粒子的状态简称为**单粒子态**。对于两个粒子构成的体系而言，可以由上述单粒子态的直积构成四个**双粒子态**，即

$$|+\rangle_1 |+\rangle_2, \quad |-\rangle_1 |-\rangle_2, \quad |+\rangle_1 |-\rangle_2, \quad |-\rangle_1 |+\rangle_2 \tag{9.4.47}$$

由于 $\hat{\boldsymbol{s}}_1$ 与 $\hat{\boldsymbol{s}}_2$ 分属于两个不同的粒子，故有

$$[\hat{s}_{1\mu}, \hat{s}_{2\nu}] = 0 \quad (\mu, \nu = x, y, z) \tag{9.4.48}$$

因为 $\hat{S}_z = \hat{s}_{1z} + \hat{s}_{2z}$，所以上述四个双粒子态也是算符 $\hat{S}_z$ 的本征矢，并且分别对应于本征值为 $+\hbar, -\hbar, 0, 0$。

如果上述四个双粒子态也是算符 $\hat{\boldsymbol{S}}^2$ 的本征矢，那么问题就解决了，遗憾的是事实并非如此。需要分 $M \neq 0$ 和 $M = 0$ 两种情况处理。

1. $M \neq 0$ 时的 jj 耦合

由算符 $\hat{\boldsymbol{S}}$ 和 $\hat{\boldsymbol{S}}^2$ 的定义可知

$$\hat{\boldsymbol{S}}^2 = \hat{\boldsymbol{s}}_1^2 + \hat{\boldsymbol{s}}_2^2 + 2^{-1}\hbar^2(\hat{\sigma}_{1x}\hat{\sigma}_{2x} + \hat{\sigma}_{1y}\hat{\sigma}_{2y} + \hat{\sigma}_{1z}\hat{\sigma}_{2z}) \tag{9.4.49}$$

利用泡利算符对单粒子态的作用公式

$$\hat{\sigma}_x |+\rangle = |-\rangle, \quad \hat{\sigma}_x |-\rangle = |+\rangle, \quad \hat{\sigma}_y |+\rangle = \mathrm{i}\, |-\rangle, \quad \hat{\sigma}_y |-\rangle = -\mathrm{i}\, |+\rangle \tag{9.4.50}$$

得到

$$\begin{cases} \hat{\boldsymbol{S}}^2 |+\rangle_1 |+\rangle_2 = 2\hbar^2 |+\rangle_1 |+\rangle_2 \\ \hat{\boldsymbol{S}}^2 |-\rangle_1 |-\rangle_2 = 2\hbar^2 |-\rangle_1 |-\rangle_2 \end{cases} \tag{9.4.51}$$

上式表明，这两个 $M \neq 0$ 的双粒子态也是算符 $\hat{\boldsymbol{S}}^2$ 的本征矢，且对应的本征值都是 $2\hbar^2$。

为简洁计，略去耦合本征矢中的不变量子数 $s_1 = 1/2, s_2 = 1/2$，上述耦合表象中的本征矢可以简记为

$$\begin{cases} |\, S = 1, M = +1\rangle = |+\rangle_1 |+\rangle_2 \\ |\, S = 1, M = -1\rangle = |-\rangle_1 |-\rangle_2 \end{cases} \tag{9.4.52}$$

利用上式可以写出相应的 CG 系数，就不再一一列出了。

2. $M = 0$ 时的 jj 耦合

当 $M=0$ 时，两个双粒子态不是算符 $\hat{\boldsymbol{S}}^2$ 的本征矢，但是可以由它们的线性叠加构成一

个新的态矢 $|\psi\rangle$，即

$$|\psi\rangle=\alpha|+\rangle_1|-\rangle_2+\beta|-\rangle_1|+\rangle_2 \tag{9.4.53}$$

若态矢 $|\psi\rangle$ 是算符 $\hat{S}^2$ 的本征矢，则应满足的本征方程为

$$\hat{S}^2|\psi\rangle=\lambda\hbar^2|\psi\rangle \tag{9.4.54}$$

式中，$\lambda\hbar^2$ 为待求本征值。

利用式(9.4.49)和式(9.4.50)，得到

$$\hat{S}^2|\psi\rangle=(\alpha+\beta)\hbar^2|+\rangle_1|-\rangle_2+(\alpha+\beta)\hbar^2|-\rangle_1|+\rangle_2 \tag{9.4.55}$$

将上式与式(9.4.54)比较，得到

$$(\alpha+\beta)[|+\rangle_1|-\rangle_2+|-\rangle_1|+\rangle_2]=\lambda[\alpha|+\rangle_1|-\rangle_2+\beta|-\rangle_1|+\rangle_2] \tag{9.4.56}$$

或者改写成

$$[(1-\lambda)\alpha+\beta]|+\rangle_1|-\rangle_2+[\alpha+(1-\lambda)\beta]|-\rangle_1|+\rangle_2=0 \tag{9.4.57}$$

为了使上式能够成立，要求其系数满足如下联立方程，即

$$\begin{cases}(1-\lambda)\alpha+\beta=0\\ \alpha+(1-\lambda)\beta=0\end{cases} \tag{9.4.58}$$

上式有非零解的条件为

$$\begin{vmatrix}1-\lambda & 1\\ 1 & 1-\lambda\end{vmatrix}=0 \tag{9.4.59}$$

求解式(9.4.59)得到

$$\lambda=0,2 \tag{9.4.60}$$

将 λ 的两个值分别代回式(9.4.58)得到

$$\begin{cases}\alpha=-\beta\quad(\lambda=0)\\ \alpha=+\beta\quad(\lambda=2)\end{cases} \tag{9.4.61}$$

再利用归一化条件并选取适当的相位，得到 $M=0$ 时的两个归一化的本征矢为

$$\begin{cases}|S=0,M=0\rangle=2^{-1/2}[|+\rangle_1|-\rangle_2-|-\rangle_1|+\rangle_2]\\ |S=1,M=0\rangle=2^{-1/2}[|+\rangle_1|-\rangle_2+|-\rangle_1|+\rangle_2]\end{cases} \tag{9.4.62}$$

3. 自旋单态与自旋三重态

综合上述结果，耦合表象基底向非耦合表象基底展开的形式为

$$\begin{cases}|S=0,M=0\rangle=2^{-1/2}[|+\rangle_1|-\rangle_2-|-\rangle_1|+\rangle_2]\\ |S=1,M=-1\rangle=|-\rangle_1|-\rangle_2\\ |S=1,M=0\rangle=2^{-1/2}[|+\rangle_1|-\rangle_2+|-\rangle_1|+\rangle_2]\\ |S=1,M=+1\rangle=|+\rangle_1|+\rangle_2\end{cases} \tag{9.4.63}$$

通常将上式进一步简记为

$$\begin{cases} |00\rangle = 2^{-1/2}[|+-\rangle - |-+\rangle] \\ |1-1\rangle = |--\rangle \\ |10\rangle = 2^{-1/2}[|+-\rangle + |-+\rangle] \\ |1+1\rangle = |++\rangle \end{cases} \tag{9.4.64}$$

当 $S=0$ 时，只有 $M=0$ 一个态，称为**自旋单态**，当 $S=1$ 时，$M=-1,0,+1$，共有三个态，故称为**自旋三重态**。

利用式(9.4.64)可以由非耦合表象的基底求出耦合表象的基底，反之，也可以用耦合表象的基底表示非耦合表象的基底，即

$$\begin{cases} |++\rangle = |1+1\rangle \\ |--\rangle = |1-1\rangle \\ |+-\rangle = 2^{-1/2}[|10\rangle + |00\rangle] \\ |-+\rangle = 2^{-1/2}[|10\rangle - |00\rangle] \end{cases} \tag{9.4.65}$$

在处理两个角动量皆为 $\hbar/2$ 的问题时，经常会用到上述两个公式。

4. 量子纠缠现象

下面以自旋单态为例对双粒子态做一些更有趣的讨论。

如果在双粒子自旋单态 $|00\rangle$ 下测量粒子 1 的自旋 z 分量，则可能取值为 $\pm\hbar/2$，相应的取值概率皆为 1/2。假设测量结果为 $+\hbar/2$，那么测量之后，原来的自旋单态 $|00\rangle$ 就坍缩为双粒子态 $|+-\rangle$，这时粒子 2 的自旋 z 分量只能取 $-\hbar/2$，反之亦然。换句话说，在自旋单态下对粒子 1 的测量将会瞬间决定粒子 2 所处的状态，此即所谓的**量子纠缠现象**，并为此将自旋单态称为这两个粒子的**纠缠态**。更加奇妙的是，上述的讨论中只是要求两个粒子处于自旋单态，并未限定这两个粒子之间的距离，假设粒子 1 在北京，粒子 2 在南京，如果在北京测得粒子 1 的自旋向上，那么，在南京的粒子 2 的自旋必然向下。在这个意义上讲，这种不可分离性也称为量子力学的非定域性。如果要寻求出现这种非定域性的根源，则还是要追溯到微观粒子的波粒二象性。有些学者正试图将这种量子力学特有的性质应用到量子信息学中。

量子纠缠是量子力学的特有现象，也是一个既不容易接受又容易被误解的概念，需要用一个通俗的比喻来说明。譬如，将夫妻二人分别置于两个不可区分的密室中，在无法知晓谁在哪个密室里的情况下，只要打开其中的一个密室，就可以知道另一个密室里是男还是女。即使将两个密室分别送到南极和北极，也会得到同样的结果。

这里有两个关键问题需要特别强调：一是，既然说到纠缠，至少需要两个粒子同时存在；二是，这两个粒子需要处于纠缠态。换句话说，单个粒子无法和自己纠缠，也不是处于任意双粒子态的两个粒子都会发生量子纠缠，只有处于纠缠态的两个粒子才会有量子纠缠现象发生。

*9.5　多角动量的态矢耦合系数

9.5.1　CG 系数和 3j 符号

1. CG 系数的定义

如前所述，对于两个独立的角动量 $\boldsymbol{j}_1$ 与 $\boldsymbol{j}_2$ 来说，其总角动量为 $\boldsymbol{j}=\boldsymbol{j}_1+\boldsymbol{j}_2$。若态矢 $|j_1m_1\rangle|j_2m_2\rangle$ 是其非耦合表象的本征矢，$|j_1j_2jm\rangle$ 是其耦合表象的本征矢，按照表象变换理论，则两个本征矢之间的变换关系为

$$
\begin{aligned}
|j_1j_2jm\rangle=&\sum_{m_1,m_2}|j_1m_1\rangle|j_2m_2\rangle\langle j_1m_1|\langle j_2m_2|j_1j_2jm\rangle\equiv\\
&\sum_{m_1,m_2}C^{jm}_{j_1m_1j_2m_2}|j_1m_1\rangle|j_2m_2\rangle
\end{aligned}
\tag{9.5.1}
$$

其中的展开系数 $C^{jm}_{j_1m_1j_2m_2}$ 为两个角动量态矢耦合的 CG 系数。

2. 3j 符号的定义

3j 符号是用 CG 系数定义的，即

$$
\begin{pmatrix} j_1 & j_2 & j_3\\ m_1 & m_2 & m_3\end{pmatrix}=\frac{(-1)^{j_1-j_2-m_3}}{(2j_3+1)^{1/2}}C^{j_3-m_3}_{j_1m_1j_2m_2}
\tag{9.5.2}
$$

3. 3j 符号的计算公式

$$
\begin{aligned}
&\begin{pmatrix} j_1 & j_2 & j_3\\ m_1 & m_2 & m_3\end{pmatrix}=\\
&[(j_1-m_1)!(j_1+m_1)!(j_2-m_2)!(j_2+m_2)!(j_3-m_3)!(j_3+m_3)!]^{1/2}\times\\
&(-1)^{j_1-j_2-m_3}\left[\frac{(j_1+j_2-j_3)!(j_1-j_2+j_3)!(-j_1+j_2+j_3)!}{(j_1+j_2+j_3+1)!}\right]^{1/2}\times\\
&\sum_k\frac{(-1)^k}{k!(j_1+j_2-j_3-k)!(j_1-m_1-k)!(j_2+m_2-k)!(j_3-j_2+m_1+k)!(j_3-j_1-m_2+k)!}
\end{aligned}
\tag{9.5.3}
$$

9.5.2　扬系数和 6j 符号

1. 扬系数的定义

将三个独立的角动量 $\boldsymbol{j}_1$、$\boldsymbol{j}_2$、$\boldsymbol{j}_3$ 之矢量和 $\boldsymbol{j}=\boldsymbol{j}_1+\boldsymbol{j}_2+\boldsymbol{j}_3$ 按如下两种方式耦合，即

$$
\begin{cases}
\boldsymbol{j}=(\boldsymbol{j}_1+\boldsymbol{j}_2)+\boldsymbol{j}_3=\boldsymbol{j}_{12}+\boldsymbol{j}_3 & (\boldsymbol{j}_{12}=\boldsymbol{j}_1+\boldsymbol{j}_2)\\
\boldsymbol{j}=\boldsymbol{j}_1+(\boldsymbol{j}_2+\boldsymbol{j}_3)=\boldsymbol{j}_1+\boldsymbol{j}_{23} & (\boldsymbol{j}_{23}=\boldsymbol{j}_2+\boldsymbol{j}_3)
\end{cases}
\tag{9.5.4}
$$

对应的两个耦合本征矢分别为 $|j_1j_2(j_{12}),j_3;JM\rangle$ 与 $|j_1,j_2j_3(j_{23});JM\rangle$。

将两个耦合本征矢分别向非耦合表象的本征矢展开，即

$$\begin{cases} |j_1j_2(j_{12}),j_3;JM\rangle = \sum\limits_{m_1,m_2,m_3,m_{12}} C_{j_1m_1j_2m_2}^{j_{12}m_{12}} C_{j_{12}m_{12}j_3m_3}^{JM} |j_1m_1\rangle |j_2m_2\rangle |j_3m_3\rangle \\ |j_1,j_2j_3(j_{23});JM\rangle = \sum\limits_{m_1,m_2,m_3,m_{23}} C_{j_2m_2j_3m_3}^{j_{23}m_{23}} C_{j_1m_1j_{23}m_{23}}^{JM} |j_1m_1\rangle |j_2m_2\rangle |j_3m_3\rangle \end{cases} \tag{9.5.5}$$

再将 $|j_1,j_2j_3(j_{23});JM\rangle$ 向 $|j_1j_2(j_{12}),j_3;JM\rangle$ 展开，即

$$|j_1,j_2j_3(j_{23});JM\rangle = \sum_{j_{12}} U(j_1j_2Jj_3;j_{12}j_{23}) |j_1j_2(j_{12}),j_3;JM\rangle \tag{9.5.6}$$

其中

$$U(j_1j_2Jj_3;j_{12}j_{23}) = \langle j_1j_2(j_{12}),j_3;JM | j_1,j_2j_3(j_{23});JM\rangle = \sum_{m_1,m_2,m_3,m_{12},m_{23}} C_{j_1m_1j_2m_2}^{j_{12}m_{12}} C_{j_{12}m_{12}j_3m_3}^{JM} C_{j_1m_1j_{23}m_{23}}^{JM} C_{j_2m_2j_3m_3}^{j_{23}m_{23}} \tag{9.5.7}$$

称为三个态矢耦合的**扬**(Jahn) **系数**，或者 $\boldsymbol{U}$ **系数**。

2. 6j 符号的定义

6j 符号是用扬系数定义的，即

$$\begin{Bmatrix} j_1 & j_2 & j_3 \\ l_1 & l_2 & l_3 \end{Bmatrix} = \frac{(-1)^{j_1+j_2+l_1+l_2}}{[(2j_3+1)(2l_3+1)]^{1/2}} U(j_1j_2l_2l_1;j_3l_3) \tag{9.5.8}$$

3. 6j 符号的计算公式

$$\begin{Bmatrix} j_1 & j_2 & j_3 \\ l_1 & l_2 & l_3 \end{Bmatrix} = (-1)^{j_1+j_2+l_1+l_2} h_{j_1,j_2,j_3} h_{l_1,l_2,j_3} h_{l_1,j_2,l_3} h_{j_1,l_2,l_3} \times \\ \sum_k \frac{(-1)^k (j_1+j_2+l_1+l_2+1-k)!}{k!(j_1+j_2-j_3-k)!(l_1+l_2-j_3-k)!(j_1+l_2-l_3-k)!} \times \\ \frac{1}{(l_1+j_2-l_3-k)!(-j_1-l_1+l_3+j_3+k)!(-j_2-l_2+j_3+l_3+k)!} \tag{9.5.9}$$

式中

$$h_{i,j,k} = \left[\frac{(i+j-k)!(i-j+k)!(-i+j+k)!}{(i+j+k+1)!}\right]^{1/2} \tag{9.5.10}$$

9.5.3　广义拉卡系数和 9j 符号

1. 广义拉卡系数的定义

将四个独立的角动量 $\boldsymbol{j}_1$、$\boldsymbol{j}_2$、$\boldsymbol{j}_3$、$\boldsymbol{j}_4$ 之矢量和 $\boldsymbol{j}=\boldsymbol{j}_1+\boldsymbol{j}_2+\boldsymbol{j}_3+\boldsymbol{j}_4$ 按如下两种方式耦合，即

$$\begin{cases} \boldsymbol{j} = (\boldsymbol{j}_1+\boldsymbol{j}_2)+(\boldsymbol{j}_3+\boldsymbol{j}_4) = \boldsymbol{j}_{12}+\boldsymbol{j}_{34} \\ \boldsymbol{j} = (\boldsymbol{j}_1+\boldsymbol{j}_3)+(\boldsymbol{j}_2+\boldsymbol{j}_4) = \boldsymbol{j}_{13}+\boldsymbol{j}_{24} \end{cases} \tag{9.5.11}$$

它们对应的本征矢可以分别展开为

$$\begin{cases} |j_1j_2(j_{12})j_3j_4(j_{34});JM\rangle = \\ \displaystyle\sum_{m_1,m_2,m_{12},m_3,m_4,m_{34}} C^{j_{12}m_{12}}_{j_1m_1j_2m_2}C^{j_{34}m_{34}}_{j_3m_3j_4m_4}C^{JM}_{j_{12}m_{12}j_{34}m_{34}}\ |j_1m_1\rangle\ |j_2m_2\rangle\ |j_3m_3\rangle\ |j_4m_4\rangle \\ |j_1j_3(j_{13})j_2j_4(j_{24});JM\rangle = \\ \displaystyle\sum_{m_1,m_3,m_{13},m_2,m_4,m_{24}} C^{j_{13}m_{13}}_{j_1m_1j_3m_3}C^{j_{24}m_{24}}_{j_2m_2j_4m_4}C^{JM}_{j_{13}m_{13}j_{24}m_{24}}\ |j_1m_1\rangle\ |j_2m_2\rangle\ |j_3m_3\rangle\ |j_4m_4\rangle \end{cases} \tag{9.5.12}$$

再将 $|j_1j_3(j_{13})j_2j_4(j_{24});JM\rangle$ 向 $|j_1j_2(j_{12})j_3j_4(j_{34});JM\rangle$ 展开，即

$$|j_1j_3(j_{13})j_2j_4(j_{24});JM\rangle = \sum_{j_{12},j_{34}} |j_1j_2(j_{12})j_3j_4(j_{34});JM\rangle \times \langle j_1j_2(j_{12})j_3j_4(j_{34});JM\ |\ j_1j_3(j_{13})j_2j_4(j_{24});JM\rangle \tag{9.5.13}$$

其中

$$\begin{bmatrix} j_1 & j_2 & j_{12} \\ j_3 & j_4 & j_{34} \\ j_{13} & j_{24} & J \end{bmatrix} = \langle j_1j_2(j_{12})j_3j_4(j_{34});JM\ |\ j_1j_3(j_{13})j_2j_4(j_{24});JM\rangle \tag{9.5.14}$$

称为四个态矢耦合的**广义拉卡**(Racah) **系数**。

广义拉卡系数的具体表达式为

$$\begin{bmatrix} j_1 & j_2 & j_{12} \\ j_3 & j_4 & j_{34} \\ j_{13} & j_{24} & J \end{bmatrix} = \sum_{\substack{m_1,m_2,m_3,m_4,\\ m_{12},m_{34},m_{13},m_{24}}} C^{j_{12}m_{12}}_{j_1m_1j_2m_2}C^{j_{34}m_{34}}_{j_3m_3j_4m_4}C^{JM}_{j_{12}m_{12}j_{34}m_{34}}C^{j_{13}m_{13}}_{j_1m_1j_3m_3}C^{j_{24}m_{24}}_{j_2m_2j_4m_4}C^{JM}_{j_{13}m_{13}j_{24}m_{24}} \tag{9.5.15}$$

2. 9j 符号的定义

9j 符号是由广义拉卡系数定义的，即

$$\begin{Bmatrix} j_1 & j_2 & j_{12} \\ j_3 & j_4 & j_{34} \\ j_{13} & j_{24} & J \end{Bmatrix} = \frac{1}{[(2j_{12}+1)(2j_{34}+1)(2j_{13}+1)(2j_{24}+1)]^{1/2}} \begin{bmatrix} j_1 & j_2 & j_{12} \\ j_3 & j_4 & j_{34} \\ j_{13} & j_{24} & J \end{bmatrix} \tag{9.5.16}$$

3. 9j 符号的计算公式

$$\begin{Bmatrix} j_1 & j_2 & j_{12} \\ j_3 & j_4 & j_{34} \\ j_{13} & j_{24} & J \end{Bmatrix} = \sum_j (-1)^{2j}(2j+1) \begin{Bmatrix} j_1 & j_3 & j_{13} \\ j_{24} & J & j \end{Bmatrix} \begin{Bmatrix} j_2 & j_4 & j_{24} \\ j_3 & j & j_{34} \end{Bmatrix} \begin{Bmatrix} j_{12} & j_{34} & J \\ j & j_1 & j_2 \end{Bmatrix} \tag{9.5.17}$$

即使已经有了上述的计算公式，态矢耦合系数的计算仍然是一件比较繁杂的工作。为了在公式推导过程中使用 CG 系数，附录 6 列出了部分常用 CG 系数的具体数值；为了在数值计算中使用态矢耦合系数，需要利用计算机程序来完成，详见作者编著的《量子物

理学中的常用算法与程序》。

总之,态矢耦合系数是解决核物理与原子分子物理问题必不可少的理论工具。本节直接给出了多个角动量的态矢耦合系数的定义及其计算公式,以备在以后的科研工作中查用。

9.6　电磁场中的薛定谔方程

9.6.1　电磁场中的薛定谔方程

在经典物理学中,电磁相互作用是被研究得非常透彻的相互作用之一。处理电磁场中的微观粒子,成为检验量子理论的一个试金石。

当无电磁场存在时,由算符化规则可知,能量与动量算符分别为

$$\hat{E} = \mathrm{i}\hbar\partial/\partial t\ ,\quad \hat{\boldsymbol{p}} = -\mathrm{i}\hbar\nabla \tag{9.6.1}$$

体系满足的薛定谔方程为

$$\mathrm{i}\hbar\frac{\partial}{\partial t}\mid\psi(t)\rangle = [\hat{\boldsymbol{p}}^2/(2\mu)+V]\mid\psi(t)\rangle \tag{9.6.2}$$

当电磁场的矢势 $\boldsymbol{A}$ 和标势 φ 存在时,按经典的最小电磁耦合原理,在高斯单位制中,电荷为 q 的粒子,其能量($E-q\varphi$)和动量($\boldsymbol{p}-c^{-1}q\boldsymbol{A}$)之间的关系与无电磁场时 E 和 $\boldsymbol{p}$ 的关系相同,其中 c 为光速。于是得到电磁场中的算符化结果,即

$$E\to\hat{E}-q\varphi,\quad \boldsymbol{p}\to\hat{\boldsymbol{p}}-c^{-1}q\boldsymbol{A} \tag{9.6.3}$$

式中,$\hat{\boldsymbol{p}}=-\mathrm{i}\hbar\nabla$ 是正则动量算符;$\hat{\boldsymbol{p}}-c^{-1}q\boldsymbol{A}$ 是机械(普通)动量算符。将上述替换代入无电磁场的薛定谔方程式(9.6.2),得到

$$\mathrm{i}\hbar\frac{\partial}{\partial t}\mid\psi(t)\rangle = [(-\mathrm{i}\hbar\nabla-c^{-1}q\boldsymbol{A})^2/(2\mu)+V+q\varphi]\mid\psi(t)\rangle \tag{9.6.4}$$

此即**电磁场中的薛定谔方程**。

当无磁场存在时,即 $\boldsymbol{A}=0$,薛定谔方程简化为

$$\mathrm{i}\hbar\frac{\partial}{\partial t}\mid\psi(t)\rangle = [\hat{\boldsymbol{p}}^2/(2\mu)+V+q\varphi]\mid\psi(t)\rangle \tag{9.6.5}$$

当无电场存在时,即 $\varphi=0$,薛定谔方程简化为

$$\mathrm{i}\hbar\frac{\partial}{\partial t}\mid\psi(t)\rangle = [(\hat{\boldsymbol{p}}^2-c^{-1}q\boldsymbol{A})^2/(2\mu)+V]\mid\psi(t)\rangle \tag{9.6.6}$$

当电磁场皆不存在时,式(9.6.4)退化为式(9.6.2)。

9.6.2　电子的轨道磁矩算符

在物理学中,磁矩是一个重要的物理量。带电粒子在磁场中运动时,轨道角动量的

存在使得粒子具有磁矩,称为粒子的**轨道磁矩**。

在非相对论情况下,如果暂不顾及电子自旋,则一个质量为μ的自由电子的哈密顿算符为

$$\hat{H}_0 = \hat{\boldsymbol{p}}^2/(2\mu) \tag{9.6.7}$$

当只顾及外磁场$\boldsymbol{B}=\nabla\times\boldsymbol{A}$的存在时,用电子的电荷$-e$替换式(9.6.6)中的$q$,得到

$$\hat{H}_0 = (\hat{\boldsymbol{p}} + c^{-1}e\boldsymbol{A})^2/(2\mu) = \hat{\boldsymbol{p}}^2/(2\mu) + e(\boldsymbol{A}\cdot\hat{\boldsymbol{p}} + \hat{\boldsymbol{p}}\cdot\boldsymbol{A})/(2\mu c) + e^2\boldsymbol{A}^2/(2\mu c^2) \tag{9.6.8}$$

由于磁作用的贡献只有电作用的1/137,故可以略去上式右端中的第3项(反磁项)。

通常情况下,算符$\hat{\boldsymbol{p}}$与$\boldsymbol{A}$不对易,由例题5.3可知,它们满足的关系式为

$$\boldsymbol{A}\cdot\hat{\boldsymbol{p}} - \hat{\boldsymbol{p}}\cdot\boldsymbol{A} = \mathrm{i}\hbar[\nabla\cdot\boldsymbol{A}] \tag{9.6.9}$$

如果采用横波条件,即$\nabla\cdot\boldsymbol{A}=0$,则式(9.6.8)可以简化为

$$\hat{H}_0 = \hat{\boldsymbol{p}}^2/(2\mu) + e\boldsymbol{A}\cdot\hat{\boldsymbol{p}}/(\mu c) \tag{9.6.10}$$

当外磁场$\boldsymbol{B}$为均匀磁场时,取矢势为

$$\boldsymbol{A} = \boldsymbol{B}\times\boldsymbol{r}/2 \tag{9.6.11}$$

利用标量三重积的性质(见附3.5),可以将式(9.6.10)右端的第2项改写为

$$e\boldsymbol{A}\cdot\hat{\boldsymbol{p}}/(\mu c) = e(\boldsymbol{B}\times\boldsymbol{r})\cdot\hat{\boldsymbol{p}}/(2\mu c) = e\boldsymbol{B}\cdot(\boldsymbol{r}\times\hat{\boldsymbol{p}})/(2\mu c) = e\hat{\boldsymbol{l}}\cdot\boldsymbol{B}/(2\mu c) = -\hat{\boldsymbol{\mu}}_l\cdot\boldsymbol{B} \tag{9.6.12}$$

式中

$$\hat{\boldsymbol{\mu}}_l = -e\hat{\boldsymbol{l}}/(2\mu c) \tag{9.6.13}$$

称为**电子的轨道磁矩算符**。将式(9.6.12)代入式(9.6.10)得到

$$\hat{H}_0 = \hat{\boldsymbol{p}}^2/(2\mu) - \hat{\boldsymbol{\mu}}_l\cdot\boldsymbol{B} \tag{9.6.14}$$

上述结果表明,一个在均匀外磁场中运动的自由电子,即使不顾及其自旋的存在,除了动能之外,也还具有轨道磁矩提供的能量。

9.6.3 电子的自旋磁矩算符

实际上微观粒子是具有自旋的,类似于外磁场中的轨道角动量可以提供一个轨道磁矩,磁场中的自旋角动量也应该贡献一个相应的磁矩,将此磁矩称为**自旋磁矩**或**固有磁矩**。下面从理论上说明它的存在。

当任意两个矢量算符$\hat{\boldsymbol{C}}$和$\hat{\boldsymbol{D}}$皆与泡利算符$\hat{\boldsymbol{\sigma}}$对易时,有(见例题9.1)

$$(\hat{\boldsymbol{\sigma}}\cdot\hat{\boldsymbol{C}})(\hat{\boldsymbol{\sigma}}\cdot\hat{\boldsymbol{D}}) = \hat{\boldsymbol{C}}\cdot\hat{\boldsymbol{D}} + \mathrm{i}\hat{\boldsymbol{\sigma}}\cdot(\hat{\boldsymbol{C}}\times\hat{\boldsymbol{D}}) \tag{9.6.15}$$

如果算符$\hat{\boldsymbol{C}}=\hat{\boldsymbol{D}}=\hat{\boldsymbol{p}}$,则上式简化为

$$(\hat{\boldsymbol{\sigma}}\cdot\hat{\boldsymbol{p}})^2 = \hat{\boldsymbol{p}}^2 \tag{9.6.16}$$

于是,若顾及电子的自旋,则自由电子的哈密顿算符应该写成

$$\hat{H}=(\hat{\boldsymbol{\sigma}}\cdot\hat{\boldsymbol{p}})^2/(2\mu) \tag{9.6.17}$$

显然，若没有外磁场存在，则上式退化为无自旋的哈密顿算符。

当有外磁场 $\boldsymbol{B}=\nabla\times\boldsymbol{A}$ 存在时，用 $\hat{\boldsymbol{p}}+ec^{-1}\boldsymbol{A}$ 代替上式中的 $\hat{\boldsymbol{p}}$，得到

$$\hat{H}=[\hat{\boldsymbol{\sigma}}\cdot(\hat{\boldsymbol{p}}+ec^{-1}\boldsymbol{A})]^2/(2\mu) \tag{9.6.18}$$

进而，由式(9.6.15)可知，上式可以改写为

$$\hat{H}=(\hat{\boldsymbol{p}}+ec^{-1}\boldsymbol{A})^2/(2\mu)+\mathrm{i}\hat{\boldsymbol{\sigma}}\cdot[(\hat{\boldsymbol{p}}+ec^{-1}\boldsymbol{A})\times(\hat{\boldsymbol{p}}+ec^{-1}\boldsymbol{A})]/(2\mu) \tag{9.6.19}$$

式中右端第 1 项是无自旋时的哈密顿算符 $\hat{H}_0$，第 2 项可以简化为

$$\begin{aligned}&\mathrm{i}\hat{\boldsymbol{\sigma}}\cdot[(\hat{\boldsymbol{p}}+ec^{-1}\boldsymbol{A})\times(\hat{\boldsymbol{p}}+ec^{-1}\boldsymbol{A})]/(2\mu)=\\&\mathrm{i}e\,\hat{\boldsymbol{\sigma}}\cdot(\hat{\boldsymbol{p}}\times\boldsymbol{A}+\boldsymbol{A}\times\hat{\boldsymbol{p}})/(2\mu c)=\\&\mathrm{i}e(-\mathrm{i}\hbar)\hat{\boldsymbol{\sigma}}\cdot(\nabla\times\boldsymbol{A})/(2\mu c)=e\hbar\hat{\boldsymbol{\sigma}}\cdot\boldsymbol{B}/(2\mu c)\end{aligned} \tag{9.6.20}$$

上式的推导过程中利用了关系式(见例题 5.3)，即

$$\hat{\boldsymbol{p}}\times\hat{\boldsymbol{A}}+\hat{\boldsymbol{A}}\times\hat{\boldsymbol{p}}=[\hat{\boldsymbol{p}}\times\hat{\boldsymbol{A}}]=-\mathrm{i}\hbar(\nabla\times\hat{\boldsymbol{A}}) \tag{9.6.21}$$

将式(9.6.20)代入式(9.6.19)，得到

$$\hat{H}=\hat{H}_0-\hat{\boldsymbol{\mu}}_s\cdot\boldsymbol{B} \tag{9.6.22}$$

其中

$$\hat{H}_0=\hat{\boldsymbol{p}}^2/(2\mu)-\hat{\boldsymbol{\mu}}_l\cdot\boldsymbol{B} \tag{9.6.23}$$

$$\hat{\boldsymbol{\mu}}_s=-e\hbar\hat{\boldsymbol{\sigma}}/(2\mu c)=-e\,\hat{\boldsymbol{s}}/(\mu c) \tag{9.6.24}$$

式中，$\hat{\boldsymbol{\mu}}_s$ 称为**电子的自旋磁矩算符**。

最后，式(9.6.22)可以改写为

$$\hat{H}=\hat{\boldsymbol{p}}^2/(2\mu)-(\hat{\boldsymbol{\mu}}_l+\hat{\boldsymbol{\mu}}_s)\cdot\boldsymbol{B} \tag{9.6.25}$$

此即顾及自旋后外磁场中自由电子的哈密顿算符。若将上述结果推广到顾及电子具有位势 V 和标势 φ 的情况，则电子更具一般性的哈密顿算符为

$$\hat{H}=\hat{\boldsymbol{p}}^2/(2\mu)+V-e\varphi-(\hat{\boldsymbol{\mu}}_l+\hat{\boldsymbol{\mu}}_s)\cdot\boldsymbol{B} \tag{9.6.26}$$

称之为用磁矩表示的电磁场中的哈密顿算符。

通常把磁矩的数值

$$\mu_{\mathrm{B}}=e\hbar/(2\mu c)=9.274\times10^{-24}\,\mathrm{J}\cdot\mathrm{T}^{-1} \tag{9.6.27}$$

称为**玻尔磁子**。上式中的 e 是以 esu 为单位的，如果用 C(库仑)作为单位，则式中的光速 c 不出现。

将式(9.6.27)代入磁矩算符的表达式，得到

$$\hat{\boldsymbol{\mu}}_l=-\mu_{\mathrm{B}}\hat{\boldsymbol{l}}\,,\quad\hat{\boldsymbol{\mu}}_s=-2\mu_{\mathrm{B}}\hat{\boldsymbol{s}} \tag{9.6.28}$$

当以玻尔磁子为单位时，将反映磁矩 μ_j 与 $\mu_{\mathrm{B}}\hat{\boldsymbol{j}}$ 之间关系的常数 g 称为**朗德**(Landé)**因子**。显然电子的轨道磁矩与自旋磁矩的朗德因子分别为 $g_l=-1$ 和 $g_s=-2$。

9.7　光谱的双线结构和塞曼效应

9.7.1　碱金属原子光谱的双线结构

由原子物理学可知，原子是由原子核与若干个核外电子构成的，这些核外电子是从内向外按壳层分布的，每个壳层只能容纳一定数目的电子。填满了电子的壳层称为**满壳层**，满壳层中的电子是相对稳定的。通常将原子核与满壳层电子构成的体系称为**原子实**，原子实外的电子称为**价电子**，而多电子原子可以视为由原子实和价电子构成的，此即所谓的**价电子模型**。关于原子的壳层结构详见 12.3 节。

锂(^{3}Li)、钠(^{11}Na)、钾(^{19}K)、铷(^{37}Ru)、铯(^{55}Cs) 等都是原子实外只有一个价电子的原子，将其统称为**碱金属原子**。从价电子模型的角度看，由于碱金属原子的结构与氢原子十分相似，故其应该有类似于氢原子的光谱结构。差别仅在于，氢原子中的电子只受到原子核(质子) 的库仑作用，而碱金属原子中的价电子要感受到原子实形成的库仑场的作用。类似于氢原子，碱金属原子的低激发态就是价电子的激发态。

在碱金属钠原子光谱中，起初只观测到有一条波长为 589.3 nm 的黄线，后来，由于光谱仪分辨率的提高，发现它竟然一分为二，两条谱线的波长分别为 589.6 nm 和 589.0 nm，此即所谓碱金属原子光谱的**双线结构**，下面利用电子的自旋假说来解释这种实验现象。

1. 不顾及价电子自旋的情况

在价电子模型中，如果不顾及价电子的自旋，则约化质量为 μ 的价电子的哈密顿算符为

$$\hat{H}_0 = -\hbar^2 \nabla^2/(2\mu) + V(r) \tag{9.7.1}$$

式中

$$V(r) = -e^2/r - e^2\tau/r^2 \tag{9.7.2}$$

上式右端的两项分别是原子实产生的库仑场与偶极子场，τ 是一个与具体原子性质相关的常数。由于位势与坐标的取向无关，所以价电子处于中心力场中。当 $r \to \infty$时，式(9.7.2) 退化为类似于氢原子的库仑势，在 r 变得越来越小时，偶极子场的作用会逐渐变强。

将式(9.7.2) 代入中心力场的径向方程式(7.1.14)，得到

$$u''(r) + \{2\mu\hbar^{-2}[E + e^2 r^{-1}(1 + \tau r^{-1})] - l(l+1)r^{-2}\}\, u(r) = 0 \tag{9.7.3}$$

使用类似处理氢原子问题的方法，若令

$$\rho = \alpha r\ ,\quad \alpha = (8\mu\,|E|/\hbar^2)^{1/2},\quad \beta = 2\mu e^2/(\alpha\hbar^2) \tag{9.7.4}$$

则径向方程(9.7.3) 可以简化为

$$u''(\rho)+[\beta\rho^{-1}-1/4-\tilde{l}(\tilde{l}+1)\rho^{-2}]u(\rho)=0 \tag{9.7.5}$$

式中

$$\tilde{l}(\tilde{l}+1)=l(l+1)-\alpha\beta\tau \tag{9.7.6}$$

比较式(9.7.5)与氢原子的径向方程式(7.2.19)发现，虽然两者在形式上是相同的，但是两者有着明显的差别，即式(9.7.5)中的 $\tilde{l}$ 并非整数。注意到，当 τ 足够小时，$\tilde{l}$ 的值会非常接近 l 的值，这时式(9.7.6)可以改写成

$$\alpha\beta\tau=l(l+1)-\tilde{l}(\tilde{l}+1)=(l-\tilde{l})(l+\tilde{l}+1)\approx(l-\tilde{l})(2l+1) \tag{9.7.7}$$

于是有

$$\tilde{l}\approx l-\alpha\beta\tau/(2l+1)=l-\alpha_l \tag{9.7.8}$$

其中的 α_l 为

$$\alpha_l=\alpha\beta\tau/(2l+1)=2\mu\hbar^{-2}e^2\tau/(2l+1) \tag{9.7.9}$$

当用 $\tilde{l}$ 替换氢原子能级表达式(7.2.32)中的 l 时，相当于用 $n-\alpha_l$ 代替原来的 n，于是式(7.2.32)变成

$$E_{nl}^{(0)}=-\mu e^4/[2\hbar^2\,(n-\alpha_l)^2] \tag{9.7.10}$$

此即不顾及价电子自旋时碱金属原子的能量本征值。这时的能级不仅与主量子数 $n(n=1,2,3,\cdots)$ 有关，而且与角量子数 $l(l=0,1,2,\cdots,n-1)$ 有关，氢原子能级关于角量子数 l 的简并已被消除。

2. 顾及价电子自旋的情况

(1) 导出顾及价电子自旋的哈密顿算符

当顾及价电子具有 $\hbar/2$ 自旋时，已知电子的自旋磁矩为

$$\boldsymbol{\mu}_s=-e\boldsymbol{s}/(\mu c) \tag{9.7.11}$$

由电磁理论可知，电子的轨道角动量 $\boldsymbol{l}$ 可以产生强的内磁场，即

$$\boldsymbol{B}_l=V'(r)\boldsymbol{l}/(2\mu c e r) \tag{9.7.12}$$

式中，$V'(r)$ 为位势 $V(r)$ 对径向坐标 r 的一阶导数。

处于内磁场 $\boldsymbol{B}_l$ 中的自旋磁矩 $\boldsymbol{\mu}_s$ 将产生一个附加的哈密顿量，即

$$\hat{H}_1=-\hat{\boldsymbol{\mu}}_s\cdot\hat{\boldsymbol{B}}_l=\eta(r)\hat{\boldsymbol{s}}\cdot\hat{\boldsymbol{l}} \tag{9.7.13}$$

式中

$$\eta(r)=V'(r)/(2\mu^2c^2r) \tag{9.7.14}$$

这样一来，顾及价电子自旋后，体系的哈密顿量就可以写成

$$\hat{H}=\hat{H}_0+\hat{H}_1=\hat{H}_0+\eta(r)\hat{\boldsymbol{s}}\cdot\hat{\boldsymbol{l}} \tag{9.7.15}$$

式中，$\hat{H}_0$ 为未顾及价电子自旋时碱金属原子的哈密顿算符；$\hat{H}_1$ 为自旋－轨道相互作用项，也称为**托马斯**(Thomas)**项**，它是价电子自旋引起的修正项。

(2) 导出碱金属原子能级的表达式

由于托马斯项的存在,必须选择合适的含角动量在内的表象,下面将会看到,在 LS 的耦合表象中问题会变得简单。利用

$$\hat{\boldsymbol{s}}\cdot\hat{\boldsymbol{l}}=(\hat{\boldsymbol{j}}^2-\hat{\boldsymbol{l}}^2-\hat{\boldsymbol{s}}^2)/2 \tag{9.7.16}$$

可以将式(9.7.15)改写为

$$\hat{H}=\hat{H}_0+\eta(r)(\hat{\boldsymbol{j}}^2-\hat{\boldsymbol{l}}^2-\hat{\boldsymbol{s}}^2)/2 \tag{9.7.17}$$

显然应该选 $\{H,\boldsymbol{j}^2,j_z,\boldsymbol{l}^2,\boldsymbol{s}^2\}$ 为力学量完全集,它们的共同完备本征函数系为 $\{R_{nl}(r)\chi_{jlm_j}(\theta,\varphi,s_z)\}$。

设算符 $\hat{H}_0$ 的本征值 $E_{nl}^{(0)}$ 和径向波函数 $R_{nl}^{(0)}(r)$ 是已知的,因为 $\hat{H}_0$ 的贡献比托马斯项大得多,故可以将算符 $\hat{H}$ 的径向波函数近似取为

$$R_{nl}(r)\approx R_{nl}^{(0)}(r) \tag{9.7.18}$$

于是价电子的能级可以近似写成

$$\begin{aligned}E_{nlj}\approx&\sum_{s_z}\int R_{nl}^{(0)*}(r)\chi_{jlm_j}^*(\theta,\varphi,s_z)\hat{H}R_{nl}^{(0)}(r)\chi_{jlm_j}(\theta,\varphi,s_z)\mathrm{d}\tau=\\&E_{nl}^{(0)}+2^{-1}\hbar^2\eta_{nl}[j(j+1)-l(l+1)-3/4]\end{aligned} \tag{9.7.19}$$

式中

$$\eta_{nl}=\int_0^{\infty}R_{nl}^{(0)*}(r)\eta(r)R_{nl}^{(0)}(r)r^2\mathrm{d}r \tag{9.7.20}$$

(3) 讨论碱金属原子的光谱

电子的自旋量子数 $s=1/2$,若轨道角量子数 $l=0$,则由三角形关系(见 9.4 节)可知,总角量子数只能是 $j=1/2$,这样一来,式(9.7.19)右端的第 2 项为零,于是有

$$E_{n,0,1/2}=E_{n,0}^{(0)} \tag{9.7.21}$$

说明当 $l=0$ 时,能级没有劈裂。

当 $l\neq0$ 时,$j=l\pm1/2$,进而由式(9.7.19)得到

$$E_{nlj}=E_{nl}^{(0)}+\begin{cases}+\eta_{nl}l\,\hbar^2/2 & (j=l+1/2)\\-\eta_{nl}(l+1)\hbar^2/2 & (j=l-1/2)\end{cases} \tag{9.7.22}$$

这时能级劈裂为两条,并且这两条能级的间距为

$$\Delta E_{nl}=E_{nl,l+1/2}-E_{nl,l-1/2}=\eta_{nl}(2l+1)\hbar^2/2 \tag{9.7.23}$$

按照原子物理学的惯例,用符号 $n^{2s+1}L_j$ 来表示原子的能级,其中 L 是轨道角量子数 l,当 $l=0,1,2,3,\cdots$ 时,分别用符号 s,p,d,f,… 来标志 L,能级符号中的 s 是自旋量子数,由于电子的自旋为 $\hbar/2$,$2s+1=2$ 是确定的,为了简洁起见,在此将其略去,n 为主量子数。

以钠原子为例,它有 11 个电子,其基态的组态为

$$(1\mathrm{s})^2\ (2\mathrm{s})^2\ (2\mathrm{p})^6\ (3\mathrm{s})^1 \tag{9.7.24}$$

前 10 个电子填满了低能量的两个主壳层,与原子核形成原子实,处于 3s 态上的一个电子

就是价电子。钠原子的最低激发能级应该是价电子从 3s 态到 3p 态的激发所致，由于托马斯项的存在，3p 能级劈裂为两条能级 $3p_{1/2}$ 与 $3p_{3/2}$，这样一来，当价电子从这两个激发态跃迁回基态时，就会辐射出两条光谱线，它们的波长分别为 589.0 nm 和589.6 nm，两者均处于可见的黄光波段之内。至此，利用电子的自旋假说正确解释了碱金属原子光谱的双线结构。

对原子光谱的进一步研究表明，若顾及相对论效应的影响，则原子光谱存在**精细结构**，如果再顾及与原子核相关的修正，则原子光谱还存在**超精细结构**。随着计算机技术的进步和原子物理学的发展，关于原子光谱的精确计算已经成为一个新的研究领域。

9.7.2　强磁场中的正常塞曼效应

如果一个具有磁矩的体系处于磁场中，则将附加一项由此引起的能量。由于原子的轨道磁矩可以产生强的内磁场，故具有自旋磁矩的价电子处于内磁场中，从而使得碱金属原子光谱出现双线结构。实际上，除了内磁场之外，外磁场同样能够影响原子的光谱结构，使其发生劈裂。

早在 1896 年塞曼就已经发现，外磁场能够使得每一条原子光谱线劈裂成一组相邻的谱线，称为**塞曼效应**。在强外磁场中，一条原子光谱线会劈裂成三条谱线，不必顾及电子的自旋与轨道角动量的耦合就可以解释这种劈裂，称为**正常塞曼效应**。在弱外磁场中，谱线将劈裂成更多条，必须顾及电子自旋的存在才能正确解释这种劈裂，称为**反常塞曼效应**。

在碱金属原子中，原子的磁矩 $\boldsymbol{\mu}$ 等于价电子自旋磁矩 $\boldsymbol{\mu}_s$ 与轨道磁矩 $\boldsymbol{\mu}_l$ 之和，即

$$\boldsymbol{\mu}=\boldsymbol{\mu}_s+\boldsymbol{\mu}_l=-e\,\boldsymbol{s}/(\mu c)-e\,\boldsymbol{l}/(2\mu c)=-\mu_{\mathrm{B}}(\boldsymbol{j}+\boldsymbol{s})/\hbar \tag{9.7.25}$$

式中，μ_{B} 为玻尔磁子。

如果有外磁场 $\boldsymbol{B}$ 存在，则将附加由磁作用引起的哈密顿算符，即

$$\hat{H}_2=-\hat{\boldsymbol{\mu}}\cdot\boldsymbol{B} \tag{9.7.26}$$

若将外磁场的方向选为 z 轴方向，即

$$\boldsymbol{B}=B\boldsymbol{k} \tag{9.7.27}$$

则附加的哈密顿算符为

$$\hat{H}_2=-B\hat{\mu}_z=\mu_{\mathrm{B}}B(\hat{s}_z+\hat{j}_z)/\hbar=\omega(\hat{s}_z+\hat{j}_z) \tag{9.7.28}$$

式中的 ω 称为**拉莫尔**(Larmor) **频率**，其定义为

$$\omega=\mu_{\mathrm{B}}B/\hbar \tag{9.7.29}$$

于是，价电子的哈密顿算符变成

$$\hat{H}=\hat{\boldsymbol{p}}^2/(2\mu)+V(r)+\eta(r)\hat{\boldsymbol{s}}\cdot\hat{\boldsymbol{l}}+\omega(\hat{s}_z+\hat{j}_z) \tag{9.7.30}$$

在强外磁场中，由于磁场 B 很强，磁作用势能远大于托马斯项，可以将托马斯项忽略，故哈密顿算符简化为

$$\hat{H}=\hat{\boldsymbol{p}}^2/(2\mu)+V(r)+\omega(\hat{s}_z+\hat{j}_z)=\hat{H}_0+\omega(2\hat{s}_z+\hat{l}_z) \tag{9.7.31}$$

由于哈密顿算符中已经不存在托马斯项，故可以用分离变量法求解。选力学量完全集为$\{H_0,\boldsymbol{l}^2,l_z,s_z\}$，能量的本征态为

$$\Psi_{nlm_lm_s}(r,\theta,\varphi,m_s)=\psi_{nlm_l}(r,\theta,\varphi)\chi_{m_s} \tag{9.7.32}$$

式中，$E_{nl}^{(0)}$ 与 $\psi_{nlm_l}(r,\theta,\varphi)$ 是哈密顿算符 $\hat{H}_0$ 的本征解，即其满足的本征方程为

$$\hat{H}_0\psi_{nlm_l}(r,\theta,\varphi)=E_{nl}^{(0)}\psi_{nlm_l}(r,\theta,\varphi) \tag{9.7.33}$$

由式(9.7.31)定义的哈密顿算符的能量本征值为

$$E_{nl,m_l\pm1/2}=E_{nl}^{(0)}+(m_l\pm1)\hbar\omega \tag{9.7.34}$$

这时原来的能级 $E_{nl}^{(0)}$ 就劈裂成一组间距为 $\hbar\omega$ 的能级。由于光谱线还要受到选择定则的限制(见式(10.6.44))，即

$$\Delta l=\pm1,\quad \Delta m_l=0,\pm1,\quad \Delta m_s=0 \tag{9.7.35}$$

于是每一条光谱线在磁场中都劈裂成三条等间距的谱线，此即正常塞曼效应。

9.7.3 弱磁场中的反常塞曼效应

在弱外磁场中，哈密顿算符的表达式应该是式(9.7.30)，它的本征解会产生反常塞曼效应。为了使用方便，将式(9.7.30)改写为

$$\hat{H}=\hat{\boldsymbol{p}}^2/(2\mu)+V(r)+\eta(r)\hat{\boldsymbol{s}}\cdot\hat{\boldsymbol{l}}+\omega\,\hat{j}_z+\omega\,\hat{s}_z \tag{9.7.36}$$

由于上式右端最后一项的存在，所以严格求解上式是非常困难的。作为一种近似，先略去它，这时可以选$\{H_0,\boldsymbol{j}^2,j_z,\boldsymbol{l}^2,\boldsymbol{s}^2\}$作为力学量完全集，能量本征值为

$$E_{nljm_j}\approx E_{nlj}+m_j\hbar\omega \tag{9.7.37}$$

其中 E_{nlj} 与 ω 分别由式(9.7.22)和式(9.7.29)定义。

当无外加磁场时，能级 E_{nlj} 是 $2j+1$ 度简并的，加上外磁场后，能级与磁量子数 m_j 有关，劈裂成 $2j+1$ 条能级，即简并完全消除。此即反常塞曼效应。

如果顾及式(9.7.36)中最后一项，由于算符 $\hat{\boldsymbol{j}}^2$ 与 $\hat{s}_z$ 不对易，所以 j 不再是好量子数。但是在外加磁场比较弱时，算符 $\omega\hat{s}_z$ 可以视为对哈密顿算符的一个微小扰动(简称为微扰)，可以用第10章即将介绍的微扰论来近似地处理它。在一级近似下，若忽略不同 j 态的混合，只要在简并子空间 $|ljm_j\rangle$ 中将微扰算符对角化就行了。因为

$$\langle lj\tilde{m}_j|\hat{s}_z|ljm_j\rangle=\langle ljm_j|\hat{s}_z|ljm_j\rangle\delta_{m_j,\tilde{m}_j} \tag{9.7.38}$$

所以实际上它已经对角化了。由前面导出的式(9.4.39)可知

$$\langle ljm_j|\omega\hat{s}_z|ljm_j\rangle=\begin{cases}+m_j\hbar\omega/(2j) & (j=l+1/2)\\ -m_j\hbar\omega/(2j+2) & (j=l-1/2)\end{cases} \tag{9.7.39}$$

最后，若顾及式(9.7.39)对式(9.7.37)的修正，则近似的能量本征值为

$$E_{nljm_j}\approx E_{nlj}+\begin{cases}[1+1/(2j)]m_j\hbar\omega & (j=l+1/2)\\ [1-1/(2j+2)]m_j\hbar\omega & (j=l-1/2)\end{cases} \tag{9.7.40}$$

这时能级的劈裂情况比较复杂,但是仍然符合反常塞曼效应的基本结论。

例题选讲 9

例题 9.1　已知 $\hat{\boldsymbol{A}}$ 和 $\hat{\boldsymbol{B}}$ 是任意两个与泡利算符 $\hat{\boldsymbol{\sigma}}$ 对易的矢量算符,证明

$$(\hat{\boldsymbol{\sigma}}\cdot\hat{\boldsymbol{A}})(\hat{\boldsymbol{\sigma}}\cdot\hat{\boldsymbol{B}})=\hat{\boldsymbol{A}}\cdot\hat{\boldsymbol{B}}+\mathrm{i}\hat{\boldsymbol{\sigma}}\cdot(\hat{\boldsymbol{A}}\times\hat{\boldsymbol{B}})$$

证明　将欲证之式左端写成分量形式,即

$$\begin{aligned}(\hat{\boldsymbol{\sigma}}\cdot\hat{\boldsymbol{A}})(\hat{\boldsymbol{\sigma}}\cdot\hat{\boldsymbol{B}})=&(\hat{\sigma}_x\hat{A}_x+\hat{\sigma}_y\hat{A}_y+\hat{\sigma}_z\hat{A}_z)(\hat{\sigma}_x\hat{B}_x+\hat{\sigma}_y\hat{B}_y+\hat{\sigma}_z\hat{B}_z)=\\&(\hat{\sigma}_x^2\hat{A}_x\hat{B}_x+\hat{\sigma}_y^2\hat{A}_y\hat{B}_y+\hat{\sigma}_z^2\hat{A}_z\hat{B}_z)+(\hat{\sigma}_x\hat{\sigma}_y\hat{A}_x\hat{B}_y+\hat{\sigma}_y\hat{\sigma}_x\hat{A}_y\hat{B}_x)+\\&(\hat{\sigma}_y\hat{\sigma}_z\hat{A}_y\hat{B}_z+\hat{\sigma}_z\hat{\sigma}_y\hat{A}_z\hat{B}_y)+(\hat{\sigma}_z\hat{\sigma}_x\hat{A}_z\hat{B}_x+\hat{\sigma}_x\hat{\sigma}_z\hat{A}_x\hat{B}_z)\end{aligned}\tag{1}$$

利用如下关系式

$$\hat{\sigma}_x^2=\hat{\sigma}_y^2=\hat{\sigma}_z^2=\hat{I}\tag{2}$$

$$\begin{cases}\hat{\sigma}_x\hat{\sigma}_y=\mathrm{i}\,\hat{\sigma}_z=-\hat{\sigma}_y\hat{\sigma}_x\\\hat{\sigma}_y\hat{\sigma}_z=\mathrm{i}\,\hat{\sigma}_x=-\hat{\sigma}_z\hat{\sigma}_y\\\hat{\sigma}_z\hat{\sigma}_x=\mathrm{i}\,\hat{\sigma}_y=-\hat{\sigma}_x\hat{\sigma}_z\end{cases}\tag{3}$$

可以得到

$$\begin{aligned}(\hat{\boldsymbol{\sigma}}\cdot\hat{\boldsymbol{A}})(\hat{\boldsymbol{\sigma}}\cdot\hat{\boldsymbol{B}})=&(\hat{A}_x\hat{B}_x+\hat{A}_y\hat{B}_y+\hat{A}_z\hat{B}_z)+\mathrm{i}\,\hat{\sigma}_z(\hat{A}_x\hat{B}_y-\hat{A}_y\hat{B}_x)+\\&\mathrm{i}\,\hat{\sigma}_x(\hat{A}_y\hat{B}_z-\hat{A}_z\hat{B}_y)+\mathrm{i}\,\hat{\sigma}_y(\hat{A}_z\hat{B}_x-\hat{A}_x\hat{B}_z)=\\&\hat{\boldsymbol{A}}\cdot\hat{\boldsymbol{B}}+\mathrm{i}\,\hat{\boldsymbol{\sigma}}\cdot(\hat{\boldsymbol{A}}\times\hat{\boldsymbol{B}})\end{aligned}\tag{4}$$

例题 9.2　对于自旋为 $\hbar/2$ 的粒子,已知自旋算符 $\hat{\boldsymbol{s}}$ 在 $\boldsymbol{n}(\cos\alpha,\cos\beta,\cos\gamma)$ 方向的投影为

$$\hat{s}_n=\hat{\boldsymbol{s}}\cdot\boldsymbol{n}=\hat{s}_x\cos\alpha+\hat{s}_y\cos\beta+\hat{s}_z\cos\gamma$$

求其本征值和相应的本征波函数。在其两个本征态上,求 s_z 的取值概率及平均值。

解　将自旋分量算符的矩阵形式代入投影算符 $\hat{s}_n$ 中,得到其矩阵形式为

$$\begin{aligned}\hat{s}_n=&\frac{\hbar}{2}\begin{pmatrix}0&1\\1&0\end{pmatrix}\cos\alpha+\frac{\hbar}{2}\begin{pmatrix}0&-\mathrm{i}\\\mathrm{i}&0\end{pmatrix}\cos\beta+\frac{\hbar}{2}\begin{pmatrix}1&0\\0&-1\end{pmatrix}\cos\gamma=\\&\frac{\hbar}{2}\begin{pmatrix}\cos\gamma&\cos\alpha-\mathrm{i}\cos\beta\\\cos\alpha+\mathrm{i}\cos\beta&-\cos\gamma\end{pmatrix}\end{aligned}\tag{1}$$

设算符 $\hat{s}_n$ 满足的本征方程为

$$\frac{\hbar}{2}\begin{pmatrix}\cos\gamma&\cos\alpha-\mathrm{i}\cos\beta\\\cos\alpha+\mathrm{i}\cos\beta&-\cos\gamma\end{pmatrix}\begin{pmatrix}C_1\\C_2\end{pmatrix}=\lambda\begin{pmatrix}C_1\\C_2\end{pmatrix}\tag{2}$$

其相应的久期方程为

$$\begin{vmatrix}\cos\gamma-2\lambda/\hbar&\cos\alpha-\mathrm{i}\cos\beta\\\cos\alpha+\mathrm{i}\cos\beta&-\cos\gamma-2\lambda/\hbar\end{vmatrix}=0\tag{3}$$

解之得

$$\lambda = \pm \hbar/2 \tag{4}$$

上式表明，自旋算符在任意方向投影的本征值皆为 $\pm \hbar/2$。

为了求出 $\lambda = +\hbar/2$ 相应的本征波函数，将其代入式(2)，得到

$$C_2 = C_1(\cos\alpha + \mathrm{i}\cos\beta)/(1+\cos\gamma) \tag{5}$$

再利用归一化条件

$$|C_1|^2 + |C_2|^2 = 1 \tag{6}$$

得到归一化本征波函数的矩阵形式为

$$\psi_{+\hbar/2} = \left(\frac{1+\cos\gamma}{2}\right)^{1/2} \begin{pmatrix} 1 \\ (\cos\alpha + \mathrm{i}\cos\beta)/(1+\cos\gamma) \end{pmatrix} \tag{7}$$

同理可以求出 $\lambda = -\hbar/2$ 相应的归一化本征波函数的矩阵形式为

$$\psi_{-\hbar/2} = \left(\frac{1-\cos\gamma}{2}\right)^{1/2} \begin{pmatrix} -1 \\ (\cos\alpha + \mathrm{i}\cos\beta)/(1-\cos\gamma) \end{pmatrix} \tag{8}$$

在本征态 $\psi_{+\hbar/2}$ 下，s_z 的取值概率分别为

$$\begin{cases} W(s_z = +\hbar/2) = (1+\cos\gamma)/2 \\ W(s_z = -\hbar/2) = (1-\cos\gamma)/2 \end{cases} \tag{9}$$

s_z 的平均值为

$$\bar{s}_z = \hbar\cos\gamma/2 \tag{10}$$

同理可以求出，在本征态 $\psi_{-\hbar/2}$ 下，s_z 的取值概率分别为

$$\begin{cases} W(s_z = +\hbar/2) = (1-\cos\gamma)/2 \\ W(s_z = -\hbar/2) = (1+\cos\gamma)/2 \end{cases} \tag{11}$$

s_z 的平均值亦为

$$\bar{s}_z = \hbar\cos\gamma/2 \tag{12}$$

例题 9.3 自旋磁矩为 $\boldsymbol{\mu}_{\mathrm{p}}$ 的质子，已知 $t=0$ 时处于 $s_x = +\hbar/2$ 的状态，同时进入均匀磁场 $\boldsymbol{B} = B_0\boldsymbol{k}$ 中。求 $t > 0$ 时测量 s_x 得 $-\hbar/2$ 的概率。

解 按如下步骤求解此问题。

第一步，求解质子的定态薛定谔方程。

这是一个讨论自旋状态随时间演变的问题，可以略记空间变量。由于外磁场中的自旋磁矩会提供一个附加能量，所以只与自旋相关的哈密顿算符为

$$\hat{H} = -\hat{\boldsymbol{\mu}}_{\mathrm{p}} \cdot \boldsymbol{B} = -e\hat{\boldsymbol{s}} \cdot (B_0\boldsymbol{k})/(m_{\mathrm{p}}c) = -eB_0\hat{s}_z/(m_{\mathrm{p}}c) \tag{1}$$

式中，e 与 m_{p} 分别为质子的电荷与质量。若令

$$\omega_0 = -eB_0/(m_{\mathrm{p}}c) \tag{2}$$

则哈密顿算符可简化为

$$\hat{H} = \omega_0\hat{s}_z \tag{3}$$

在 s_z 表象中,哈密顿算符是对角矩阵,已知它的本征解为

$$\begin{cases} E_1 = +\hbar\omega_0/2\ , & |\varphi_1\rangle = |+\rangle = \begin{pmatrix}1\\0\end{pmatrix} \\ E_2 = -\hbar\omega_0/2\ , & |\varphi_2\rangle = |-\rangle = \begin{pmatrix}0\\1\end{pmatrix} \end{cases} \tag{4}$$

第二步,写出任意时刻质子的态矢。

依题意知,当 $t=0$ 时,质子的状态为

$$|\Psi(0)\rangle = |+\rangle_x \tag{5}$$

式中,$|+\rangle_x$ 是算符 $\hat{s}_x$ 的一个本征矢,对应的本征值为 $s_x=\hbar/2$。为了将其在 s_z 表象中表示出来,需要求解算符 $\hat{s}_x$ 满足的本征方程,即

$$\frac{\hbar}{2}\begin{pmatrix}0 & 1\\1 & 0\end{pmatrix}\begin{pmatrix}C_1\\C_2\end{pmatrix} = \frac{\hbar}{2}\lambda\begin{pmatrix}C_1\\C_2\end{pmatrix} \tag{6}$$

解之得(见式(9.2.33)与式(9.2.35))

$$\begin{cases} |+\rangle_x = \dfrac{1}{\sqrt{2}}\begin{pmatrix}1\\+1\end{pmatrix} = 2^{-1/2}\left[|+\rangle + |-\rangle\right] \\ |-\rangle_x = \dfrac{1}{\sqrt{2}}\begin{pmatrix}1\\-1\end{pmatrix} = 2^{-1/2}\left[|+\rangle - |-\rangle\right] \end{cases} \tag{7}$$

在 s_z 表象中,式(5) 可以改写为

$$|\Psi(0)\rangle = |+\rangle_x = 2^{-1/2}\left[|+\rangle + |-\rangle\right] = \frac{1}{\sqrt{2}}\begin{pmatrix}1\\1\end{pmatrix} \tag{8}$$

于是 $t>0$ 时刻质子的态矢为

$$|\Psi(t)\rangle = 2^{-1/2}\left[|+\rangle \mathrm{e}^{-\mathrm{i}\omega_0 t/2} + |-\rangle \mathrm{e}^{\mathrm{i}\omega_0 t/2}\right] \tag{9}$$

第三步,求出在态矢 $|\Psi(t)\rangle$ 下测量 s_x 得 $-\hbar/2$ 的概率。

将态矢 $|\Psi(t)\rangle$ 向算符 $\hat{s}_x$ 的本征矢展开,得到

$$|\Psi(t)\rangle = \sum_{m=+,-} C_m\, |m\rangle_x = C_+(t)\, |+\rangle_x + C_-(t)\, |-\rangle_x \tag{10}$$

其中

$$C_+(t) = {}_x\langle + | \Psi(t)\rangle\ ,\quad C_-(t) = {}_x\langle - | \Psi(t)\rangle \tag{11}$$

于是在态矢 $|\Psi(t)\rangle$ 下测量 s_x 得 $s_x=-\hbar/2$ 的概率为

$$\begin{aligned} W(s_x=-\hbar/2,t) = {} & |C_-(t)|^2 = |{}_x\langle - | \Psi(t)\rangle|^2 = \\ & \left|2^{-1/2}\left[\langle + | - \langle - |\right] 2^{-1/2}\left[|+\rangle \mathrm{e}^{-\mathrm{i}\omega_0 t/2} + |-\rangle \mathrm{e}^{\mathrm{i}\omega_0 t/2}\right]\right|^2 = \\ & \left|\left[\mathrm{e}^{-\mathrm{i}\omega_0 t/2} - \mathrm{e}^{\mathrm{i}\omega_0 t/2}\right]/2\right|^2 = \sin^2(\omega_0 t/2) \end{aligned} \tag{12}$$

第四步,对上述结果进行讨论。

在 $t=0$ 时，质子处于 $s_x=+\hbar/2$ 的状态，在均匀磁场的作用下，使其在 $t>0$ 时刻以 $\sin^2(\omega_0 t/2)$ 的概率处于 $s_x=-\hbar/2$ 的状态。

若令

$$T_0=\pi/\omega_0 \tag{13}$$

则

$$W(s_x=-\hbar/2,t)=\sin^2[\pi t/(2T_0)] \tag{14}$$

当 $t=(2n+1)T_0$ 时，有

$$W(s_x=-\hbar/2,t)=\sin^2[(n+1/2)\pi]=1 \tag{15}$$

当 $t=2nT_0$ 时，有

$$W(s_x=-\hbar/2,t)=\sin^2(n\pi)=0 \tag{16}$$

总之，质子进入均匀磁场后，随着时间的推移，其状态在 $|+\rangle_x$ 与 $|-\rangle_x$ 之间做周期性的“翻转”。

例题 9.4 已知体系是由三个自旋为 $\hbar/2$ 的非全同粒子组成的，且其哈密顿算符为

$$\hat{H}=A\hat{\boldsymbol{s}}_1\cdot\hat{\boldsymbol{s}}_2+B(\hat{\boldsymbol{s}}_1+\hat{\boldsymbol{s}}_2)\cdot\hat{\boldsymbol{s}}_3$$

式中，A、B 为实常数；$\hat{\boldsymbol{s}}_i(i=1,2,3)$ 为第 i 个粒子的自旋算符。试找出体系的守恒量，并求出体系的能级与简并度。

解 将粒子 1 和粒子 2 的自旋算符之矢量和记为 $\hat{\boldsymbol{S}}_{12}$，三个粒子的总自旋算符记为 $\hat{\boldsymbol{S}}$，即

$$\hat{\boldsymbol{S}}_{12}=\hat{\boldsymbol{s}}_1+\hat{\boldsymbol{s}}_2,\quad \hat{\boldsymbol{S}}=\hat{\boldsymbol{S}}_{12}+\hat{\boldsymbol{s}}_3 \tag{1}$$

显然，算符 $\hat{\boldsymbol{S}}_{12}$ 与 $\hat{\boldsymbol{S}}$ 都具有角动量算符的性质，而三个粒子的自旋算符之间相互对易，且满足如下关系式，即

$$\hat{\boldsymbol{S}}_{12}^2=\hat{\boldsymbol{s}}_1^2+\hat{\boldsymbol{s}}_2^2+2\hat{\boldsymbol{s}}_1\cdot\hat{\boldsymbol{s}}_2 \tag{2}$$

$$\hat{\boldsymbol{S}}^2=\hat{\boldsymbol{s}}_1^2+\hat{\boldsymbol{s}}_2^2+\hat{\boldsymbol{s}}_3^2+2(\hat{\boldsymbol{s}}_1\cdot\hat{\boldsymbol{s}}_2+\hat{\boldsymbol{s}}_1\cdot\hat{\boldsymbol{s}}_3+\hat{\boldsymbol{s}}_2\cdot\hat{\boldsymbol{s}}_3) \tag{3}$$

体系的哈密顿算符可以改写成

$$\begin{aligned}\hat{H}=&(A-B)\hat{\boldsymbol{s}}_1\cdot\hat{\boldsymbol{s}}_2+B(\hat{\boldsymbol{s}}_1\cdot\hat{\boldsymbol{s}}_2+\hat{\boldsymbol{s}}_1\cdot\hat{\boldsymbol{s}}_3+\hat{\boldsymbol{s}}_3\cdot\hat{\boldsymbol{s}}_2)=\\&(A-B)(\hat{\boldsymbol{S}}_{12}^2-\hat{\boldsymbol{s}}_1^2-\hat{\boldsymbol{s}}_2^2)/2+B(\hat{\boldsymbol{S}}^2-\hat{\boldsymbol{s}}_1^2-\hat{\boldsymbol{s}}_2^2-\hat{\boldsymbol{s}}_3^2)/2\end{aligned} \tag{4}$$

由于

$$[\hat{\boldsymbol{S}}_{12},\hat{\boldsymbol{s}}_3]=0 \tag{5}$$

所以

$$[\hat{\boldsymbol{S}}_{12},\hat{\boldsymbol{S}}]=0 \tag{6}$$

进而可知，$\boldsymbol{S}^2$、$\boldsymbol{S}_{12}^2$、S_z 都是守恒量，故可选 $\{H,\boldsymbol{S}^2,\boldsymbol{S}_{12}^2,S_z\}$ 作为力学量完全集，共同本征矢为 $|S_{12}SS_z\rangle$，其中各量子数的可能取值为

$$S_{12}=\begin{cases}0, & S=1/2, \quad S_z=\begin{cases}+1/2\\-1/2\end{cases}\\ 1, & S=\begin{cases}1/2, \quad S_z=\begin{cases}+1/2\\-1/2\end{cases}\\ 3/2, \quad S_z=\begin{cases}+3/2\\+1/2\\-1/2\\-3/2\end{cases}\end{cases}\end{cases} \tag{7}$$

体系的能量本征值只与量子数 S_{12} 和 S 有关，即

$$\hat{H}\mid S_{12}SS_z\rangle=2^{-1}B[S(S+1)\hbar^2-9\hbar^2/4]\mid S_{12}SS_z\rangle+\{2^{-1}(A-B)[S_{12}(S_{12}+1)\hbar^2-3\hbar^2/2]\}\mid S_{12}SS_z\rangle \tag{8}$$

当 $S_{12}=0$ 时，$S=1$，有

$$E_{0,1/2}=-3(A-B)\hbar^2/4-3B\hbar^2/4=-3A\hbar^2/4 \tag{9}$$

其简并度为 2。

当 $S_{12}=1$ 时，$S=1\pm1/2$，有

$$E_{1,S}=4^{-1}A\hbar^2-11\times8^{-1}B\hbar^2+2^{-1}BS(S+1)\hbar^2 \tag{10}$$

若 $S=1/2$，则上式变成

$$E_{1,1/2}=4^{-1}A\hbar^2-11\times8^{-1}B\hbar^2+3\times8^{-1}B\hbar^2=(A/4-B)\hbar^2 \tag{11}$$

其简并度为 2。

若 $S=3/2$，则式(10) 变成

$$E_{1,3/2}=4^{-1}A\hbar^2-11\times8^{-1}B\hbar^2+15\times8^{-1}B\hbar^2=(A/4+B/2)\hbar^2 \tag{12}$$

其简并度为 4。

例题 9.5　在基本粒子的口袋模型中，假设两个质量为 $m_q=70\ \mathrm{MeV}/c^2$ 的夸克之间的相互作用为

$$V(r)=-a(\hat{\boldsymbol{\sigma}}_1\cdot\hat{\boldsymbol{\sigma}}_2-b)r^2$$

式中，r 为两个夸克之间的距离；$\hat{\boldsymbol{\sigma}}_1$ 与 $\hat{\boldsymbol{\sigma}}_2$ 分别为两个夸克的泡利算符；作用强度 $a=68.99\ \mathrm{MeV/fm^2}\,(1\ \mathrm{fm}=10^{-15}\ \mathrm{m})$。当 b 取什么值时，才能使两个夸克束缚在一起？

解　令两个夸克的总自旋算符为

$$\hat{\boldsymbol{S}}=\hbar(\hat{\boldsymbol{\sigma}}_1+\hat{\boldsymbol{\sigma}}_2)/2 \tag{1}$$

若选耦合表象，则利用上式及 $\hat{\boldsymbol{\sigma}}^2=3$ 可将位势改写成

$$V(r)=-a(\hat{\boldsymbol{\sigma}}_1\cdot\hat{\boldsymbol{\sigma}}_2-b)\,r^2=2a[(3+b)/2-\hbar^{-2}\hat{\boldsymbol{S}}^2]r^2 \tag{2}$$

于是体系的哈密顿算符为

$$\hat{H}=\hat{\boldsymbol{p}}^2/(2\mu)+V(r) \tag{3}$$

式中，$\mu=m_q/2$ 是两个夸克的约化质量。

由式(2)与式(3)可知,力学量的完全集为$\{H,\boldsymbol{S}^2,S_z,\boldsymbol{L}^2,L_z\}$,态矢可以写成空间部分与自旋部分的直积形式,即

$$|\Psi\rangle=|\psi(\boldsymbol{r})\rangle\,|SM\rangle \tag{4}$$

在此状态之下,能量的平均值为

$$\bar{E}=\langle\Psi|\hat{H}|\Psi\rangle=\langle\Psi|\hat{\boldsymbol{p}}^2/(2\mu)+V(r)|\Psi\rangle=$$
$$\langle\psi(\boldsymbol{r})|\hat{\boldsymbol{p}}^2/(2\mu)+\mu\omega_S^2r^2/2|\psi(\boldsymbol{r})\rangle \tag{5}$$

式中

$$\omega_S^2=8am_q^{-1}[(3+b)/2-S(S+1)] \tag{6}$$

显然,式(5)中的算符就是球谐振子的哈密顿算符,只不过是角频率与总自旋量子数S有关而已,欲使其有束缚定态解,则要求

$$\omega_S^2=8am_q^{-1}[(3+b)/2-S(S+1)]>0 \tag{7}$$

或者

$$b>2S(S+1)-3=\begin{cases}-3 & (S=0)\\ +1 & (S=1)\end{cases} \tag{8}$$

所以两个夸克形成束缚定态的条件为

$$b>-3 \tag{9}$$

例题 9.6 已知算符$\hat{j}_z$、$\hat{\boldsymbol{l}}^2$与$\hat{\boldsymbol{s}}^2$共同本征矢的一般表达式为

$$|\psi\rangle=\alpha\,|l,m_j-1/2\rangle\,|+\rangle+\beta\,|l,m_j+1/2\rangle\,|-\rangle$$

式中,$l\neq0$。证明若要态矢$|\psi\rangle$同时也是算符$\hat{\boldsymbol{j}}^2$的本征矢,则要求$j=l\pm1/2$。进而导出耦合表象中的本征矢。

证明 若要态矢$|\psi\rangle$是算符$\hat{\boldsymbol{j}}^2$的本征矢,则要求其满足的本征方程为

$$\hat{\boldsymbol{j}}^2\,|\psi\rangle=j(j+1)\hbar^2\,|\psi\rangle \tag{1}$$

利用算符关系式

$$\hat{\boldsymbol{j}}^2=\hat{\boldsymbol{l}}^2+\hat{\boldsymbol{s}}^2+2\hat{l}_z\hat{s}_z+\hat{l}_+\hat{s}_-+\hat{l}_-\hat{s}_+ \tag{2}$$

和算符对态矢的作用

$$\begin{cases}\hat{s}_z\,|+\rangle=\hbar/2\,|+\rangle, & \hat{s}_z\,|-\rangle=-\hbar/2\,|-\rangle\\ \hat{s}_-\,|-\rangle=0, \quad \hat{s}_+\,|+\rangle=0, & \hat{s}_-\,|+\rangle=\hbar\,|-\rangle, \quad \hat{s}_+\,|-\rangle=\hbar\,|+\rangle\end{cases} \tag{3}$$

$$\hat{l}_\pm\,|lm_l\rangle=[l(l+1)-m_l(m_l\pm1)]^{1/2}\hbar\,|l,m_l\pm1\rangle \tag{4}$$

可以得到

$$\hbar^{-2}\hat{\boldsymbol{j}}^2\,|\psi\rangle=\hbar^{-2}[\hat{\boldsymbol{l}}^2+\hat{\boldsymbol{s}}^2+2\hat{l}_z\hat{s}_z+\hat{l}_+\hat{s}_-+\hat{l}_-\hat{s}_+]\,|\psi\rangle=$$
$$[\hat{\boldsymbol{l}}^2+\hat{\boldsymbol{s}}^2+2\hat{l}_z\hat{s}_z+\hat{l}_+\hat{s}_-+\hat{l}_-\hat{s}_+][\alpha\,|l,m_j-1/2\rangle\,|+\rangle+$$
$$\beta\,|l,m_j+1/2\rangle\,|-\rangle]=$$
$$[l(l+1)+3/4+(m_j-1/2)]\alpha\,|l,m_j-1/2\rangle\,|+\rangle+$$
$$[l(l+1)-(m_j^2-1/4)]^{1/2}\alpha\,|l,m_j+1/2\rangle\,|-\rangle+$$

$$[l(l+1)+3/4+(m_j+1/2)]\beta \mid l,m_j+1/2\rangle \mid -\rangle +$$
$$[l(l+1)-(m_j^2-1/4)]^{1/2}\beta \mid l,m_j-1/2\rangle \mid +\rangle \tag{5}$$

将上式代入式(1),于是可知 α 与 β 满足的联立方程组为

$$\begin{cases}[j(j+1)-l(l+1)-m_j-1/4]\alpha-[l(l+1)-(m_j^2-1/4)]^{1/2}\beta=0\\ -[l(l+1)-(m_j^2-1/4)]^{1/2}\alpha+[j(j+1)-l(l+1)+m_j-1/4]\beta=0\end{cases} \tag{6}$$

上式有非零解的条件是其系数行列式等于零,于是得到

$$[j(j+1)-l(l+1)-1/4-m_j][j(j+1)-l(l+1)-1/4+m_j]-[l(l+1)-(m_j^2-1/4)]=0 \tag{7}$$

为简化表示,令

$$J=j(j+1),\quad L=l(l+1) \tag{8}$$

于是,式(7) 简化成

$$(J-L-1/4)^2-L-1/4=0 \tag{9}$$

将上式整理成 J 满足的一元二次方程,即

$$J^2-2(L+1/4)J+(L^2-L/2-3/16)=0 \tag{10}$$

进而,得到 J 的两个根为

$$J_{\pm}=[2L+1/2\pm(4L+1)^{1/2}]/2=[2l(l+1)+1/2\pm(2l+1)]/2 \tag{11}$$

当式(11) 中的正负号取正号时,有

$$J_+=j_+(j_++1)=(2l^2+4l+3/2)/2=(l+1/2)(l+3/2) \tag{12}$$

得到

$$j_+=l+1/2 \tag{13}$$

当式(11) 中的正负号取负号时,有

$$J_-=j_-(j_-+1)=(2l^2-1/2)/2=(l-1/2)(l+1/2) \tag{14}$$

得到

$$j_-=l-1/2 \tag{15}$$

综合式(13) 和式(15),得到

$$j=l\pm 1/2 \tag{16}$$

当 $j=l+1/2$ 时,将其代入式(6),得到

$$\begin{cases}(j-m_j)\alpha-(j^2-m_j^2)^{1/2}\beta=0\\ -(j^2-m_j^2)^{1/2}\alpha+(j+m_j)\beta=0\end{cases} \tag{17}$$

整理后,得到

$$|\alpha|^2=|\beta|^2(j+m_j)/(j-m_j) \tag{18}$$

再利用归一化条件

$$|\alpha|^2+|\beta|^2=1 \tag{19}$$

得到

$$|\beta|^2=(j-m_j)/(2j)\,,\quad |\alpha|^2=(j+m_j)/(2j) \tag{20}$$

进而可知

$$\beta=[(j-m_j)/(2j)]^{1/2},\quad \alpha=[(j+m_j)/(2j)]^{1/2} \tag{21}$$

将上式代入态矢 $|\psi\rangle$ 的表达式，得到

$$\begin{aligned}|l,s=1/2,j=l+1/2,m_j\rangle=&[(j+m_j)/(2j)]^{1/2}\,|l,m_j-1/2\rangle\,|+\rangle+\\&[(j-m_j)/(2j)]^{1/2}\,|l,m_j+1/2\rangle\,|-\rangle\end{aligned} \tag{22}$$

同理，当 $j=l-1/2$ 时，将其代入式(6)，得到

$$\begin{aligned}|l,s=1/2,j=l-1/2,m_j\rangle=&-[(j-m_j+1)/(2j+2)]^{1/2}\,|l,m_j-1/2\rangle\,|+\rangle+\\&[(j+m_j+1)/(2j+2)]^{1/2}\,|l,m_j+1/2\rangle\,|-\rangle\end{aligned} \tag{23}$$

上述两式即在 $l\neq 0$ 时算符 $\hat{\boldsymbol{l}}^2$、$\hat{\boldsymbol{s}}^2$、$\hat{\boldsymbol{j}}^2$ 与 $\hat{j}_z$ 的共同本征矢。

习　题　9

习题 9.1　证明泡利分量算符满足 $\hat{\sigma}_x^2=\hat{\sigma}_y^2=\hat{\sigma}_z^2=\hat{I}$，并求出它们的本征值。

习题 9.2　求自旋为 $\hbar/2$ 的两个分量算符 $\hat{s}_x$ 和 $\hat{s}_y$ 的本征值及相应的本征矢。

习题 9.3　在 σ_z 表象中，求算符 $\hat{\boldsymbol{\sigma}}\cdot\boldsymbol{n}$ 的本征值与相应的本征矢，其中，$\boldsymbol{n}(\sin\theta\cos\varphi,\ \sin\theta\sin\varphi,\ \cos\theta)$ 是 (θ,φ) 方向的单位矢量。

习题 9.4　在 $\hat{s}_z$ 的本征态下，计算算符 $\hat{\boldsymbol{s}}\cdot\boldsymbol{n}$ 的平均值，$\boldsymbol{n}$ 的含义同上题。

习题 9.5　分别在下列状态下计算算符 $\hat{\boldsymbol{J}}^2$ 与 $\hat{J}_z$ 的本征值，即

$\psi_1=\chi_{1/2}(s_z)\mathrm{Y}_{11}(\theta,\varphi)$

$\psi_2=3^{-1/2}[2^{1/2}\chi_{1/2}(s_z)\mathrm{Y}_{10}(\theta,\varphi)+\chi_{-1/2}(s_z)\mathrm{Y}_{11}(\theta,\varphi)]$

$\psi_3=3^{-1/2}[2^{1/2}\chi_{-1/2}(s_z)\mathrm{Y}_{10}(\theta,\varphi)+\chi_{1/2}(s_z)\mathrm{Y}_{1-1}(\theta,\varphi)]$

$\psi_4=\chi_{-1/2}(s_z)\mathrm{Y}_{1-1}(\theta,\varphi)$

习题 9.6　在激发的氦原子中，若两个电子分别处于 p 态与 d 态，求出其总轨道角动量的可能取值。

习题 9.7　已知氢原子的状态为

$$\boldsymbol{\Psi}(\boldsymbol{r})=\begin{pmatrix}R_{21}(r)\mathrm{Y}_{11}(\theta,\varphi)/2\\-\sqrt{3}R_{21}(r)\mathrm{Y}_{10}(\theta,\varphi)/2\end{pmatrix}$$

求轨道角动量 z 分量和自旋 z 分量的平均值，进而求出总磁矩 $\boldsymbol{\mu}=-e\boldsymbol{L}/(2\mu c)-e\boldsymbol{S}/(\mu c)$ 的 z 分量的平均值。

习题 9.8　在自旋状态 $\chi_{1/2}(s_z)$ 下，计算 $\overline{(\Delta s_x)^2}\cdot\overline{(\Delta s_y)^2}$。

习题 9.9　已知体系由两个自旋为 $\hbar/2$ 的非全同粒子构成，其哈密顿算符为

$$\hat{H}=A(\hat{\sigma}_{1z}+\hat{\sigma}_{2z})+B\,\hat{\boldsymbol{\sigma}}_1\cdot\hat{\boldsymbol{\sigma}}_2$$

求其能量本征值。其中的 A、B 为实常数。

习题 9.10　两个自旋为 $\hbar/2$ 的非全同粒子构成一个复合体系，设两个粒子之间无相互作用。若一个粒子处于 $s_z=\hbar/2$ 状态，而另一个粒子处于 $s_x=\hbar/2$ 状态，求体系处于自旋单态的概率。

习题 9.11　在 σ_z 表象中，写出算符 $\hat{Q}_{\pm}=(1\pm\hat{\sigma}_z)/2$ 的矩阵形式，并证明

$$\hat{Q}_{+}+\hat{Q}_{-}=1,\quad \hat{Q}_{+}^{2}=\hat{Q}_{+},\quad \hat{Q}_{-}^{2}=\hat{Q}_{-},\quad \hat{Q}_{+}\hat{Q}_{-}=\hat{Q}_{-}\hat{Q}_{+}=0$$

$$\hat{Q}_{+}\begin{pmatrix}a\\b\end{pmatrix}=\begin{pmatrix}a\\0\end{pmatrix},\quad \hat{Q}_{-}\begin{pmatrix}a\\b\end{pmatrix}=\begin{pmatrix}0\\b\end{pmatrix}$$

习题 9.12　在 σ_z 表象中，写出算符 $\hat{\sigma}_{\pm}=(\hat{\sigma}_x\pm \mathrm{i}\,\hat{\sigma}_y)/2$ 的矩阵形式，并证明

$$\hat{\sigma}_{+}^{2}=\hat{\sigma}_{-}^{2}=0,\quad \hat{\sigma}_{+}\hat{\sigma}_{-}=\hat{Q}_{+},\quad \hat{\sigma}_{-}\hat{\sigma}_{+}=\hat{Q}_{-},\quad \hat{\sigma}_{+}\hat{\sigma}_{-}-\hat{\sigma}_{-}\hat{\sigma}_{+}=\hat{\sigma}_z$$

其中 $\hat{Q}_{\pm}$ 的定义同上题。

习题 9.13　证明两个独立的泡利算符满足的关系式为

$$(\hat{\boldsymbol{\sigma}}_1\cdot\hat{\boldsymbol{\sigma}}_2)^2=3-2(\hat{\boldsymbol{\sigma}}_1\cdot\hat{\boldsymbol{\sigma}}_2)$$

并由此求出算符 $\hat{\boldsymbol{\sigma}}_1\cdot\hat{\boldsymbol{\sigma}}_2$ 的本征值。

习题 9.14　设体系由两个自旋为 $\hbar/2$ 的非全同粒子构成，已知两个粒子分别处于 $|\chi_1\rangle$，$|\chi_2\rangle$ 的自旋状态中，求出体系处于自旋单态与自旋三重态的概率。其中

$$|\chi_1\rangle=\begin{pmatrix}1\\0\end{pmatrix},\quad |\chi_2\rangle=\begin{pmatrix}\cos\theta\ \mathrm{e}^{-\mathrm{i}\varphi/2}\\ \sin\theta\ \mathrm{e}^{\mathrm{i}\varphi/2}\end{pmatrix}$$

习题 9.15　设电子在均匀磁场 $\boldsymbol{B}=B_0\boldsymbol{k}$ 中运动，已知 $t=0$ 时处于 $s_z=\hbar/2$ 的状态，若将磁场的方向突然转向 x 方向，即 $\boldsymbol{B}=B_0\boldsymbol{i}$，求 $t>0$ 时测得 $s_z=\hbar/2$ 的概率。

习题 9.16　两个自旋为 $\hbar/2$ 的非全同粒子构成一个复合体系，设两个粒子之间的相互作用为 $c\,\hat{\boldsymbol{s}}_1\cdot\hat{\boldsymbol{s}}_2$，其中 c 是常数。已知 $t=0$ 时粒子 1 的自旋沿 z 轴正向，粒子 2 的自旋沿 z 轴负向，求 $t>0$ 时测量粒子 1 的自旋仍处于 z 轴正向的概率。

习题 9.17　自旋为 $\hbar/2$ 的粒子处于阱宽为 a 的非对称无限深方势阱中，已知其状态为

$$\psi(x,s_z)=\sqrt{\frac{5}{2}}\varphi_3(x)\begin{pmatrix}1\\-\mathrm{i}\end{pmatrix}+\sqrt{2}\varphi_5(x)\begin{pmatrix}1\\\mathrm{i}\end{pmatrix}$$

求其能量的可测值及相应的取值概率，其中 $\varphi_n(x)$ 为该无限深势阱的第 n 个本征态。

习题 9.18　自旋为 $\hbar/2$ 的粒子处于线谐振子位势中，已知 $t=0$ 时粒子的状态为

$$\psi(x,s_z,0)=3^{-1}[\varphi_0(x)\chi_{1/2}(s_z)-2\varphi_1(x)\chi_{-1/2}(s_z)+\sqrt{2}\varphi_1(x)\chi_{1/2}(s_z)]$$

求 $t>0$ 时的波函数及能量的取值概率与平均值。$\varphi_n(x)$ 为该线谐振子的第 n 个本征态。

第10章　近似方法及其应用

众所周知,对于真实的量子体系而言,具有定态解析解的情况是屈指可数的,若不想轻言放弃,则只能退而求其次,那就是求出其近似解,显然,近似方法是一种不得已而为之的补救手段。微扰(摄动)论与变分法是量子力学中最常用的两种近似方法。古人云"舍得,舍得,有舍方有得",丢车的目的是为了保帅,敢取近似需要勇气,会取近似需要技巧,勇气和技巧都源自对物理问题的深刻认识和理解。

对于束缚定态问题,由通常的无简并微扰论可知,能量的一级修正只是微扰算符的一个对角元,二级修正与多个微扰矩阵元有关,随着修正级数的增加,高级修正的计算公式会越来越繁杂;而变分法在求出一级近似解之后,高级近似的计算又无章可循。在以往的教材中,只给出微扰论的一、二级近似和变分法的一级近似结果。

在上述近似方法的基础上,本章导出了微扰论计算公式的递推形式和变分法的迭代形式(最陡下降法),它们能使其计算结果以任意精度逼近严格解,从而使得近似方法成为一种新的精确解法。

为了加深对近似方法的感性认识,用微扰论处理了氢原子的斯塔克(Stark)效应,用变分法求出了氦原子基态的近似解,特别是,用含时微扰论近似解决了量子跃迁问题。

为了适应理论计算的需要,作者导出了在常用基底下径向坐标任意次幂矩阵元的级数表达式,从而规避了有关特殊函数的数值积分计算。上述方法与公式的计算程序可见作者编著的《量子物理学中的常用算法与程序》。此外,作者还建立了一套利用波函数的归一化条件导出无穷级数求和公式的方法,为物理学服务于数学开辟了一条新路。

10.1　无简并微扰论及其递推形式

10.1.1　微扰论及其使用条件

设体系的哈密顿算符 $\hat{H}$ 具有无简并的断续谱,满足的本征方程为

$$\hat{H} \mid \psi_k \rangle = E_k \mid \psi_k \rangle \tag{10.1.1}$$

其中,能级 E_k 与本征矢 $\mid \psi_k \rangle$ 称为算符 $\hat{H}$ 的**严格解**或者**精确解**,亦称**待求本征解**。

若要使用微扰论计算能量的近似本征解,则需要满足如下三个条件:

第一,哈密顿算符 $\hat{H}$ 可以拆分成两个厄米算符之和,即

$$\hat{H}=\hat{H}_0+\hat{W} \tag{10.1.2}$$

第二,**微扰算符** $\hat{W}$ 对 $\hat{H}$ 的贡献远小于**无微扰哈密顿算符** $\hat{H}_0$;

第三,无微扰哈密顿算符 $\hat{H}_0$ 满足的本征方程为

$$\hat{H}_0 \mid \varphi_i\rangle=E_i^0 \mid \varphi_i\rangle \tag{10.1.3}$$

其无简并的断续本征解 E_i^0 和 $|\varphi_i\rangle$ 已经求出,$\{|\varphi_i\rangle\}$ 构成正交归一完备的本征函数系。

当上述条件被满足时,可以逐级求出算符 $\hat{H}$ 的能级 E_k 与本征矢 $|\psi_k\rangle$ 的近似值,通常把这种近似求解方法称为**无简并微扰论**。

利用微扰论近似求解本征方程(10.1.1)的基本思路是:首先,每次只能处理一个待求的本征解,所有本征解都可以用相同的方法处理,并且,欲处理本征解的次序不分先后;其次,针对每一个确定的待求本征解,必须按着微扰级数由低到高的次序逐级进行求解,直至达到设定的精度要求为止;最后,只要是与待求能级 E_k 相应的 E_k^0 无简并,不论其他能级 $E_{i\neq k}^0$ 是否存在简并,均可以使用无简并微扰论进行计算。

10.1.2　无简并微扰论的低级近似

1. 待求本征解的微扰展开

E_k 与 $|\psi_k\rangle$ 是第 k 个待求的本征解,将其按微扰的级数展开为

$$E_k=E_k^{(0)}+E_k^{(1)}+E_k^{(2)}+\cdots+E_k^{(n)}+\cdots \tag{10.1.4}$$

$$|\psi_k\rangle=|\psi_k^{(0)}\rangle+|\psi_k^{(1)}\rangle+|\psi_k^{(2)}\rangle+\cdots+|\psi_k^{(n)}\rangle+\cdots \tag{10.1.5}$$

式中,$n=0,1,2,\cdots$。当 $n=0$ 时,$E_k^{(0)}$ 与 $|\psi_k^{(0)}\rangle$ 分别称作能级 E_k 与本征矢 $|\psi_k\rangle$ 的**零级近似**,当 $n>0$ 时,$E_k^{(n)}$ 与 $|\psi_k^{(n)}\rangle$ 分别称作能级 E_k 与本征矢 $|\psi_k\rangle$ 的**第 n 级修正**,相对零级近似而言,它们是 n 级小量。

将式(10.1.4)与式(10.1.5)代入式(10.1.1),由于微扰算符 $\hat{W}$ 为一级小量,故由等式两端同量级的量相等可知,零级近似和各级修正满足的方程分别为

$$(\hat{H}_0-E_k^{(0)})\mid\psi_k^{(0)}\rangle=0 \tag{10.1.6}$$

$$(\hat{H}_0-E_k^{(0)})\mid\psi_k^{(1)}\rangle=(E_k^{(1)}-\hat{W})\mid\psi_k^{(0)}\rangle \tag{10.1.7}$$

$$(\hat{H}_0-E_k^{(0)})\mid\psi_k^{(2)}\rangle=(E_k^{(1)}-\hat{W})\mid\psi_k^{(1)}\rangle+E_k^{(2)}\mid\psi_k^{(0)}\rangle \tag{10.1.8}$$

$$(\hat{H}_0-E_k^{(0)})\mid\psi_k^{(3)}\rangle=(E_k^{(1)}-\hat{W})\mid\psi_k^{(2)}\rangle+E_k^{(2)}\mid\psi_k^{(1)}\rangle+E_k^{(3)}\mid\psi_k^{(0)}\rangle \tag{10.1.9}$$

……

$$\begin{aligned}(\hat{H}_0-E_k^{(0)})\mid\psi_k^{(n)}\rangle=&(E_k^{(1)}-\hat{W})\mid\psi_k^{(n-1)}\rangle+E_k^{(2)}\mid\psi_k^{(n-2)}\rangle+\\&E_k^{(3)}\mid\psi_k^{(n-3)}\rangle+\cdots+E_k^{(n)}\mid\psi_k^{(0)}\rangle\end{aligned} \tag{10.1.10}$$

……

为了得到明确的物理结果,在利用微扰论进行理论推导和计算时,需要事先选定一个表象,通常选 H_0 表象。由算符 $\hat{H}_0$ 本征矢的完备性可知,待求本征矢的 n 级修正 $|\psi_k^{(n)}\rangle$ 可以向算符 $\hat{H}_0$ 的本征矢 $|\varphi_i\rangle$ 展开为

$$|\psi_k^{(n)}\rangle = \sum_i |\varphi_i\rangle\langle\varphi_i|\psi_k^{(n)}\rangle = \sum_i B_{ik}^{(n)}|\varphi_i\rangle \tag{10.1.11}$$

式中的展开系数为

$$B_{ik}^{(n)} = \langle\varphi_i|\psi_k^{(n)}\rangle \tag{10.1.12}$$

它是 H_0 表象中待求本征波函数的第 n 级修正。

2. 待求本征解的零级近似

比较式(10.1.3)和式(10.1.6)，立即得到零级近似解，即

$$E_k^{(0)} = E_k^0 \tag{10.1.13}$$

$$|\psi_k^{(0)}\rangle = |\varphi_k\rangle \tag{10.1.14}$$

上式表明，算符 $\hat{H}_0$ 的本征解就是算符 $\hat{H}$ 的零级近似解。

将式(10.1.14)代入式(10.1.12)，得到 H_0 表象中的零级近似本征波函数为

$$B_{ik}^{(0)} = \delta_{i,k} \tag{10.1.15}$$

3. 待求本征解的一级修正

用 $\langle\varphi_k|$ 左乘式(10.1.7)两端，利用式(10.1.14)及算符 $\hat{H}_0$ 的厄米性，可以求出能级的一级修正为

$$E_k^{(1)} = \langle\varphi_k|\hat{W}|\psi_k^{(0)}\rangle = \langle\varphi_k|\hat{W}|\varphi_k\rangle = W_{kk} \tag{10.1.16}$$

显然，能级的一级修正就是微扰算符 $\hat{W}$ 在 H_0 表象中的第 k 个对角元。

为了导出待求本征矢的一级修正表达式，要用到去本征矢 $|\varphi_k\rangle$ 的投影算符 $\hat{q}_k = 1 - |\varphi_k\rangle\langle\varphi_k|$，在5.2节中已经说明，投影算符 $\hat{q}_k$ 对任意态矢的作用是将其投影到本征矢 $|\varphi_k\rangle$ 以外空间。

当逆算符 $(\hat{H}_0 - E_k^0)^{-1}$ 存在时，利用算符 $\hat{q}_k$ 与 $\hat{H}_0$ 对易，可以定义一个算符函数为

$$\frac{\hat{q}_k}{\hat{H}_0 - E_k^0} = \hat{q}_k(\hat{H}_0 - E_k^0)^{-1} = (\hat{H}_0 - E_k^0)^{-1}\hat{q}_k \tag{10.1.17}$$

用上式从左作用式(10.1.7)两端，得到待求本征矢的一级修正为

$$\hat{q}_k|\psi_k^{(1)}\rangle = (\hat{H}_0 - E_k^0)^{-1}\hat{q}_k(E_k^{(1)} - \hat{W})|\psi_k^{(0)}\rangle \tag{10.1.18}$$

由投影算符 $\hat{q}_k$ 的定义可知，态矢 $\hat{q}_k(E_k^{(1)} - \hat{W})|\psi_k^{(0)}\rangle$ 中一定不含 $|\psi_k^{(0)}\rangle = |\varphi_k\rangle$ 的分量，于是，在此态矢下，逆算符 $(\hat{H}_0 - E_k^0)^{-1}$ 是存在的。

为了得到式(10.1.18)在 H_0 表象中的形式，用 $\langle\varphi_i|$ 左乘其两端，根据量子数 i 的不同取值，按如下两种情况分别讨论之。

当 $i=k$ 时，由算符 $\hat{q}_k$ 的定义可知，待求本征矢的一级修正 $\hat{q}_k|\psi_k^{(1)}\rangle$ 中不存在 $|\varphi_k\rangle$ 的分量，即

$$B_{kk}^{(1)} = \langle\varphi_k|\hat{q}_k|\psi_k^{(1)}\rangle = 0 \tag{10.1.19}$$

后面将会发现，待求本征矢的 $n(n\neq 0)$ 级修正皆具有 $\hat{q}_k|\psi_k^{(n)}\rangle$ 的形式，这意味着，它们皆与本征矢的零级近似正交，进而可知，只要 $n\neq 0$，总有 $B_{kk}^{(n)} = 0$，以下不再标出。

当 $i\neq k$ 时，利用算符函数的性质及 $\langle\varphi_i|\varphi_k\rangle = 0$，得到

$$B_{ik}^{(1)}=\langle\varphi_i\mid(\hat{H}_0-E_k^0)^{-1}[1-\mid\varphi_k\rangle\langle\varphi_k\mid](W_{kk}-\hat{W})\mid\varphi_k\rangle=$$
$$(E_i^0-E_k^0)^{-1}[\langle\varphi_i\mid W_{kk}-\hat{W}\mid\varphi_k\rangle-\langle\varphi_i\mid\varphi_k\rangle\langle\varphi_k\mid W_{kk}-\hat{W}\mid\varphi_k\rangle]=$$
$$W_{ik}/(E_k^0-E_i^0) \tag{10.1.20}$$

综上所述，在 H_0 表象中的待求本征波函数一级修正为

$$\begin{cases}B_{kk}^{(1)}=0\\B_{ik}^{(1)}=W_{ik}/(E_k^0-E_i^0)\quad(i\neq k)\end{cases} \tag{10.1.21}$$

4. 待求本征解的二级修正

以此类推，利用式(10.1.8)可导出能级与本征矢二级修正的表达式分别为

$$E_k^{(2)}=\sum_i W_{ki}B_{ik}^{(1)} \tag{10.1.22a}$$

$$\hat{q}_k\mid\psi_k^{(2)}\rangle=\sum_{i\neq k}\mid\varphi_i\rangle[E_k^{(1)}B_{ik}^{(1)}-\sum_j W_{ij}B_{jk}^{(1)}]/(E_i^0-E_k^0) \tag{10.1.22b}$$

首先，为了使用方便，将式(10.1.21)代入式(10.1.22a)，利用微扰算符 $\hat{W}$ 的厄米性质$W_{ki}=W_{ik}^*$，容易得到能级二级修正的明晰表达式，即

$$E_k^{(2)}=\sum_i W_{ki}B_{ik}^{(1)}=\sum_{i\neq k}\frac{|W_{ik}|^2}{E_k^0-E_i^0} \tag{10.1.23}$$

其次，利用处理本征波函数一级修正的方法，可以得到在 H_0 表象中的本征波函数二级修正表达式为

$$B_{ik}^{(2)}=\frac{1}{E_k^0-E_i^0}\Big[\sum_j W_{ij}B_{jk}^{(1)}-E_k^{(1)}B_{ik}^{(1)}\Big]\quad(i\neq k) \tag{10.1.24}$$

最后，若用 $E_k^{[n]}$ 标志能级的 n 级近似，则能级的二级近似为

$$E_k^{[2]}=E_k^0+W_{kk}+\sum_{i\neq k}|W_{ik}|^2/(E_k^0-E_i^0) \tag{10.1.25}$$

如果 $i\neq k$ 的能级 E_i^0 是 f_i 度简并的，则上式应该改写为

$$E_k^{[2]}=E_k^0+W_{kk}+\sum_{i\neq k}\sum_{\alpha=1}^{f_i}|W_{i\alpha k}|^2/(E_k^0-E_i^0) \tag{10.1.26}$$

其中的微扰矩阵元为

$$W_{i\alpha k}=\langle\varphi_{i\alpha}\mid\hat{W}\mid\varphi_k\rangle \tag{10.1.27}$$

以上介绍的就是以往量子力学教材中给出的结果，只不过这里使用了狄拉克符号表示而已。

10.1.3　无简并微扰论的递推形式

仿照前面的做法，在 H_0 表象中，利用式(10.1.10)可导出能级和本征波函数的 n $(n\neq 0)$ 级修正公式为

$$E_k^{(n)}=\sum_i W_{ki}B_{ik}^{(n-1)}\quad(n\neq 0) \tag{10.1.28a}$$

$$B_{ik}^{(n)}=\frac{1}{E_k^0-E_i^0}\left[\sum_j W_{ij}B_{jk}^{(n-1)}-\sum_{m=1}^{n}E_k^{(m)}B_{ik}^{(n-m)}\right]\quad (i\neq k)\qquad (10.1.28b)$$

显然,上述两式具有递推的形式,利用它们可由前 $n-1$ 级结果求出第 n 级修正值。从零级近似

$$E_k^{(0)}=E_k^0,\quad B_{ik}^{(0)}=\delta_{i,k}\qquad (10.1.29)$$

出发,反复利用式(10.1.28),可以逐级求出能级与本征波函数的修正值,直至任意级。此即**无简并微扰论的递推形式**,或者称为**汤川递推公式**。

纵观微扰论的计算公式会发现,在知道了算符 $\hat{H}_0$ 的本征解之后,微扰矩阵元的计算是解决问题的关键所在,本章的最后一节将给出计算常用矩阵元的相应方法。

综上所述,从理论上看,递推公式的出发点是定态薛定谔方程,推导的过程中并未取任何的近似;从形式上看,递推公式只是比二级修正公式稍微复杂一点;从精度上看,利用递推公式能得到任意级近似结果,直至严格解。总之,无简并微扰论的递推计算确实是一种简而不凡的好方法,特别适合使用计算机程序进行高精度的数值计算。

10.2 简并微扰论及其递推形式

10.2.1 简并微扰论的能量一级修正

设哈密顿算符 $\hat{H}=\hat{H}_0+\hat{W}$、无微扰哈密顿算符 $\hat{H}_0$ 与微扰算符 $\hat{W}$ 满足微扰论的三项要求,只是算符 $\hat{H}$ 与 $\hat{H}_0$ 满足的本征方程变为

$$\hat{H}\mid\psi_{k\gamma}\rangle=E_{k\gamma}\mid\psi_{k\gamma}\rangle\quad(\gamma=1,2,\cdots,f_k)\qquad (10.2.1a)$$

$$\hat{H}_0\mid\varphi_{i\alpha}\rangle=E_i^0\mid\varphi_{i\alpha}\rangle\quad(\alpha=1,2,\cdots,f_i)\qquad (10.2.1b)$$

式中,$E_{k\gamma}$ 与 $|\psi_{k\gamma}\rangle$ 为算符 $\hat{H}$ 的严格本征解;算符 $\hat{H}_0$ 的简并断续本征解 E_i^0 与 $|\varphi_{i\alpha}\rangle$ 已知;f_i、f_k 分别表示第 i、k 个能级的简并度。当待求能级 $E_{k\gamma}$ 相应的 E_k^0 为简并能级时,把逐级求出 $E_{k\gamma}$ 与 $|\psi_{k\gamma}\rangle$ 近似解的方法称为**简并微扰论**。

与无简并微扰论相比,简并微扰论的难处有二:一是,由于简并能级的零级近似本征波函数不能唯一确定,所以需要在简并子空间中逐级求解能级修正满足的久期方程,直至简并完全被消除,才可能最后确定零级近似本征波函数;二是,由于无法预判各级修正对简并消除的具体情况,加之简并消除的多样性,因此简并微扰论的高级近似计算变得十分复杂。以往的处理方法仅局限在能量一级修正使简并完全消除的情况。通过类似无简并微扰论递推公式的推导过程,作者给出了任意级简并能级修正满足的本征方程递推形式,使得简并微扰论高级修正的递推计算得以实现。

仿照无简并微扰论的做法,按如下步骤处理简并微扰论问题。

首先,将待求的能级 $E_{k\gamma}$ 与本征矢 $|\psi_{k\gamma}\rangle$ 按微扰的级数展开为

$$E_{k\gamma} = E_{k\gamma}^{(0)} + E_{k\gamma}^{(1)} + E_{k\gamma}^{(2)} + \cdots + E_{k\gamma}^{(n)} + \cdots \tag{10.2.2a}$$

$$|\psi_{k\gamma}\rangle = |\psi_{k\gamma}^{(0)}\rangle + |\psi_{k\gamma}^{(1)}\rangle + |\psi_{k\gamma}^{(2)}\rangle + \cdots + |\psi_{k\gamma}^{(n)}\rangle + \cdots \tag{10.2.2b}$$

再将上述两式代入式(10.2.1a)，进而按微扰的级数分别写出其满足的方程，即

$$(\hat{H}_0 - E_{k\gamma}^{(0)})\,|\psi_{k\gamma}^{(0)}\rangle = 0 \tag{10.2.3}$$

$$(\hat{H}_0 - E_{k\gamma}^{(0)})\,|\psi_{k\gamma}^{(1)}\rangle = (E_{k\gamma}^{(1)} - \hat{W})\,|\psi_{k\gamma}^{(0)}\rangle \tag{10.2.4}$$

$$(\hat{H}_0 - E_{k\gamma}^{(0)})\,|\psi_{k\gamma}^{(2)}\rangle = (E_{k\gamma}^{(1)} - \hat{W})\,|\psi_{k\gamma}^{(1)}\rangle + E_{k\gamma}^{(2)}\,|\psi_{k\gamma}^{(0)}\rangle \tag{10.2.5}$$

……

$$(\hat{H}_0 - E_{k\gamma}^{(0)})\,|\psi_{k\gamma}^{(n)}\rangle = (E_{k\gamma}^{(1)} - \hat{W})\,|\psi_{k\gamma}^{(n-1)}\rangle + E_{k\gamma}^{(2)}\,|\psi_{k\gamma}^{(n-2)}\rangle + E_{k\gamma}^{(3)}\,|\psi_{k\gamma}^{(n-3)}\rangle + \cdots + E_{k\gamma}^{(n)}\,|\psi_{k\gamma}^{(0)}\rangle \tag{10.2.6}$$

……

其次，将待求本征矢的第 n 级修正 $|\psi_{k\gamma}^{(n)}\rangle$ 向算符 $\hat{H}_0$ 的本征矢 $|\varphi_{i\alpha}\rangle$ 展开，即

$$|\psi_{k\gamma}^{(n)}\rangle = \sum_i \sum_{\alpha=1}^{f_i} |\varphi_{i\alpha}\rangle\langle\varphi_{i\alpha}|\psi_{k\gamma}^{(n)}\rangle = \sum_{i,\alpha} B_{i\alpha k\gamma}^{(n)}\,|\varphi_{i\alpha}\rangle \tag{10.2.7}$$

式中的

$$B_{i\alpha\,k\gamma}^{(n)} = \langle\varphi_{i\alpha}|\psi_{k\gamma}^{(n)}\rangle \tag{10.2.8}$$

为 H_0 表象中待求本征波函数的 n 级修正。

然后，比较式(10.2.1a)与式(10.2.3)，得到待求能级与本征波函数的零级近似为

$$E_{k\gamma}^{(0)} = E_k^0,\quad B_{i\alpha\,k\gamma}^{(0)} = B_{k\alpha\,k\gamma}^{(0)}\delta_{i,k} \tag{10.2.9}$$

上述结果与无简并微扰论的最大差别是，零级近似本征波函数中的 $B_{k\alpha\,k\gamma}^{(0)}$ 是未知的，它需要由下面导出的本征方程来确定。

最后，用 $\langle\varphi_{k\gamma}|$ 从左作用式(10.2.4)两端，利用式(10.2.9)及算符 $\hat{H}_0$ 的厄米性质，在待求能级 $E_{k\gamma}$ 的 f_k 维简并子空间中，可以得到能级一级修正 $E_{k\gamma}^{(1)}$ 满足的本征方程为

$$\sum_{\alpha=1}^{f_k}[W_{k\gamma\,k\alpha} - E_{k\gamma}^{(1)}\delta_{\alpha,\gamma}]B_{k\alpha\,k\gamma}^{(0)} = 0 \tag{10.2.10}$$

求解上述本征方程，可得到 f_k 个 $E_{k\gamma}^{(1)}$ 及相应的 $B_{k\alpha\,k\gamma}^{(0)}$。若 f_k 个 $E_{k\gamma}^{(1)}$ 互不相等，则称此能级的简并完全消除；若 f_k 个 $E_{k\gamma}^{(1)}$ 个个相等，则称此能级的简并完全没有消除；除了上述两种情况之外，皆称为能级的简并部分消除。以往量子力学教材中的介绍到此为止。

*10.2.2　简并微扰论的递推形式

在计算能量的高级修正之前，因为需要在 $B_{k\alpha\,k\gamma}^{(0)}$ 的表象中继续进行推导，所以，必须将原表象中的微扰矩阵元 $\widetilde{W}_{l\delta\,k\gamma}$ 通过如下一个幺正变换改写为新的 $W_{i\alpha\,j\beta}$ 矩阵元，即

$$W_{i\alpha j\beta} = \sum_{l,\delta}\sum_{k,\gamma}(B_{l\delta\,i\alpha}^{(0)})^*\,\widetilde{W}_{l\delta\,k\gamma}B_{k\gamma\,j\beta}^{(0)} \tag{10.2.11}$$

以后每次求解能级修正满足的本征方程都要做上述的变换，方可使式(10.2.9)总是能得

到满足，下不赘述。

采用类似无简并微扰论的方法，用算符函数 $\hat{q}_{k\gamma}/(\hat{H}_0 - E_{k\gamma}^{(0)})$ 从左作用式(10.2.4)两端，可以得到本征波函数的一级修正为

$$B_{i\alpha\,k\gamma}^{(1)} = (E_k^0 - E_i^0)^{-1}\sum_{\beta} W_{i\alpha\,k\beta} B_{k\beta\,k\gamma}^{(0)} \quad (i \neq k) \tag{10.2.12}$$

再用 $\langle \varphi_{k\gamma} |$ 左乘式(10.2.5)两端，有

$$\sum_{i,\alpha} W_{k\gamma\,i\alpha} B_{i\alpha\,k\gamma}^{(1)} - E_{k\gamma}^{(1)} B_{k\gamma\,k\gamma}^{(1)} - E_{k\gamma}^{(2)} B_{k\gamma\,k\gamma}^{(0)} = 0 \tag{10.2.13}$$

由于 $B_{k\gamma\,k\gamma}^{(1)} = 0$，故上式可简化为

$$\sum_{i,\alpha} W_{k\gamma\,i\alpha} B_{i\alpha\,k\gamma}^{(1)} - E_{k\gamma}^{(2)} B_{k\gamma\,k\gamma}^{(0)} = 0 \tag{10.2.14}$$

此即能级二级修正 $E_{k\gamma}^{(2)}$ 满足的本征方程。

下面针对 $E_{k\gamma}^{(1)}$ 使得简并消除的不同情况分别讨论之。

1. $E_{k\gamma}^{(1)}$ 未使简并完全消失

在简并未被消除的 $\tilde{f}_k(\tilde{f}_k \leqslant f_k)$ 维子空间中，将式(10.2.12)代入式(10.2.14)可得到更清晰的形式为

$$\sum_{\beta=1}^{\tilde{f}_k}\Big[\sum_{i,\alpha} |W_{k\beta\,i\alpha}|^2/(E_k^0 - E_i^0) - E_{k\gamma}^{(2)}\delta_{\gamma,\beta}\Big] B_{k\beta\,k\gamma}^{(0)} = 0 \tag{10.2.15}$$

求解上述本征方程，可得到 $\tilde{f}_k$ 个 $E_{k\gamma}^{(2)}$ 及相应的 $B_{k\beta\,k\gamma}^{(0)}$，然后再重复类似对式(10.2.10)的讨论。如此进行下去，若第 $n-1$ 级能级修正 $E_{k\gamma}^{(n-1)}$ 仍不能使简并完全消除，则需要求解由式(10.2.6)导出的能级 n 级修正 $E_{k\gamma}^{(n)}$ 满足的本征方程，即

$$\sum_{i,\alpha} W_{k\gamma\,i\alpha} B_{i\alpha\,k\gamma}^{(n-1)} - E_{k\gamma}^{(n)} B_{k\gamma\,k\gamma}^{(0)} = 0 \tag{10.2.16}$$

其中

$$B_{i\alpha\,k\gamma}^{(n-1)} = \frac{1}{E_k^0 - E_i^0}\Big[\sum_{j,\beta} W_{i\alpha\,j\beta} B_{j\beta\,k\gamma}^{(n-2)} - \sum_{m=1}^{n-1} E_{k\gamma}^{(m)} B_{i\alpha\,k\gamma}^{(n-m-1)}\Big] \quad (i \neq k) \tag{10.2.17}$$

如此进行下去，直至简并完全消除为止，但是，也不排除简并始终不能完全消除的情况存在，这与微扰项的具体形式有关。

2. $E_{k\gamma}^{(1)}$ 已使简并完全消失

当 $E_{k\gamma}^{(1)}$ 已使简并完全消失时，在新的表象中，零级波函数已经确定，即

$$B_{j\beta\,k\gamma}^{(0)} = \delta_{j,k}\delta_{\beta,\gamma}, \quad B_{k\gamma\,k\gamma}^{(n)} = \delta_{n,0} \tag{10.2.18}$$

由式(10.2.16)与式(10.2.17)知

$$E_{k\gamma}^{(n)} = \sum_{j,\beta} W_{k\gamma\,j\beta} B_{j\beta\,k\gamma}^{(n-1)} \tag{10.2.19}$$

$$B_{j\beta\,k\gamma}^{(n)} = \frac{1}{E_k^0 - E_j^0}\Big[\sum_{i,\alpha} W_{j\beta\,i\alpha} B_{i\alpha\,k\gamma}^{(n-1)} - \sum_{m=1}^{n} E_{k\gamma}^{(m)} B_{j\beta\,k\gamma}^{(n-m)}\Big] \quad (j \neq k) \tag{10.2.20}$$

此外，还应顾及能级一级修正劈裂($E_{k\gamma}^{(1)} \neq E_{k\beta}^{(1)}$)带来的影响，即

$$B_{k\beta\,k\gamma}^{(n)}=\frac{1}{E_{k\gamma}^{(1)}-E_{k\beta}^{(1)}}\Big[\sum_{i,\alpha}W_{k\beta\,i\alpha}B_{i\alpha\,k\gamma}^{(n)}-\sum_{m=2}^{n}E_{k\gamma}^{(m)}B_{k\beta\,k\gamma}^{(n-m+1)}\Big] \tag{10.2.21}$$

式(10.2.19) ~ (10.2.21) 即为 $E_{k\gamma}^{(1)}$ 已使简并完全消除后按无简并公式逐级计算各级修正的递推公式，利用它们可以逐级计算至任意级修正。

若 $E_{k\gamma}^{(2)}$ 才使简并完全消除($E_{k\gamma}^{(1)}=E_{k\beta}^{(1)}$，$E_{k\gamma}^{(2)}\neq E_{k\beta}^{(2)}$)，则除了式(10.2.19) 与式(10.2.20) 外，$n\geqslant 3$ 级修正还应顾及

$$B_{k\beta\,k\gamma}^{(n)}=\frac{1}{E_{k\gamma}^{(2)}-E_{k\beta}^{(2)}}\Big[\sum_{i,\alpha}W_{k\beta\,i\alpha}B_{i\alpha\,k\gamma}^{(n+1)}-\sum_{m=3}^{n}E_{k\gamma}^{(m)}B_{k\beta k\gamma}^{(n-m+2)}\Big] \tag{10.2.22}$$

若 $E_{k\gamma}^{(3)}$ 才使简并完全消除($E_{k\gamma}^{(1)}=E_{k\beta}^{(1)}$，$E_{k\gamma}^{(2)}=E_{k\beta}^{(2)}$，$E_{k\gamma}^{(3)}\neq E_{k\beta}^{(3)}$)，则除了式(10.2.19) 与式(10.2.20) 外，$n\geqslant 4$ 级修正还应顾及

$$B_{k\beta\,k\gamma}^{(n)}=\frac{1}{E_{k\gamma}^{(3)}-E_{k\beta}^{(3)}}\Big[\sum_{i,\alpha}W_{k\beta\,i\alpha}B_{i\alpha\,k\gamma}^{(n+2)}-\sum_{m=4}^{n}E_{k\gamma}^{(m)}B_{k\beta\,k\gamma}^{(n-m+3)}\Big] \tag{10.2.23}$$

如此进行下去，若 $E_{k\gamma}^{(n-1)}$ 才使简并完全消除($E_{k\gamma}^{(1)}=E_{k\beta}^{(1)},\cdots,E_{k\gamma}^{(n-2)}=E_{k\beta}^{(n-2)}$，$E_{k\gamma}^{(n-1)}\neq E_{k\beta}^{(n-1)}$)，则除了式(10.2.19) 与式(10.2.20) 外，第 n 级修正还应顾及

$$B_{k\beta\,k\gamma}^{(n)}=\frac{1}{E_{k\gamma}^{(n-1)}-E_{k\beta}^{(n-1)}}\Big[\sum_{i,\alpha}W_{k\beta\,i\alpha}B_{i\alpha\,k\gamma}^{(2n-2)}-E_{k\gamma}^{(n)}B_{k\beta\,k\gamma}^{(n-1)}\Big] \tag{10.2.24}$$

一般情况下，式(10.2.22) ~ (10.2.24) 都需要与式(10.2.19)、式(10.2.20) 联立自洽求解，但若经过幺正变换后的微扰矩阵元满足

$$W_{k\beta\,i\alpha}=W_{k\beta\,i\alpha}\delta_{i,k} \tag{10.2.25}$$

则式(10.2.21) ~ (10.2.24) 中的第 1 项为零，公式又变成明显的递推形式，可以逐级计算到任意级修正。实际上，许多具体问题都属于这种情况。

应当指出，当微扰矩阵元不满足式(10.2.25) 时，上述的联立自洽求解是一个比较烦琐的过程，为简化计算，作为一种近似略去式(10.2.21) ~ (10.2.24) 的第1项，所得的结果虽然不能精确地逼近严格解，但仍不失为严格解的一个相当好的高级近似。

上述过程即为简并微扰论的递推求解过程。

10.2.3　关于微扰论的讨论

1. 微扰论的适用条件

在引入微扰论之时，已经说明了使用微扰论时必须满足的三个条件，其中之一就是微扰算符 $\hat{W}$ 对哈密顿算符 $\hat{H}$ 的贡献远小于无微扰的哈密顿算符 $\hat{H}_0$，因为算符之间是无法比较大小的，所以只能使用这种定性的说法。在导出微扰论的计算公式之后，再来考察上述条件，会得到定量的认知。

以无简并微扰论为例，近似到二级的能级为

$$E_k^{[2]}=E_k^0+W_{kk}+\sum_{i\neq k}|W_{ik}|^2/(E_k^0-E_i^0) \tag{10.2.26}$$

如果再继续逐级地做下去，严格的能级 E_k 应该是一个无穷级数，若要其是收敛的，至少要求

$$|E_k^0| > |W_{kk}| > \left|\sum_{i\neq k} |W_{ik}|^2/(E_k^0 - E_i^0)\right| > \cdots \tag{10.2.27}$$

为了达到快速收敛的目的，进而要求

$$|E_k^0| \gg |W_{kk}| \gg \left|\sum_{i\neq k} |W_{ik}|^2/(E_k^0 - E_i^0)\right| \gg \cdots \tag{10.2.28}$$

此要求可以改写为

$$|E_k^0| \gg |W_{kk}| \ , \quad |E_k^0 - E_i^0| \gg |W_{ik}| \tag{10.2.29}$$

总之，只有算符 $\hat{H}_0$ 的能级与微扰矩阵元满足式(10.2.27)时，才能使微扰论的计算结果收敛，进而，当它们满足式(10.2.29)时，可以使得微扰论计算结果快速收敛。

2. 近简并能级与微扰论

由上面给出的无简并微扰论适用条件式(10.2.29)可知，仅满足 $|E_k^0| \gg |W_{kk}|$ 的条件是不够的，还必须满足 $|E_k^0 - E_i^0| \gg |W_{ik}|$ 的要求，也就是说，只有当式(10.2.29)中的两个要求同时被满足时，才可以用无简并微扰论来逐级进行计算，而当能级简并($E_k^0 = E_i^0$)时，则必须用简并微扰论来处理。如果遇到下面的情况，即虽然 $E_k^0 \neq E_i^0$，但是 $E_k^0 \approx E_i^0$，将其称为**近简并能级**。显然，无论是简并还是无简并的微扰论，都不适用于近简并能级的计算，需要选用另外的近似方法来处理它。

3. 简并的产生与消除

当待求能级 E_k 的零级近似 E_k^0 有简并时，意味着算符 $\hat{H}_0$ 具有某种对称性，导致某个守恒量 F 的存在，使得算符 $\hat{H}_0$ 与 $\hat{F}$ 有共同完备本征函数系，此即能级 E_k^0 存在简并的由来。

若要消除能级 E_k^0 的简并，则需要使得微扰算符 $\hat{W}$ 能够破坏算符 $\hat{H}_0$ 的对称性。如果算符 $\hat{W}$ 能够完全破坏算符 $\hat{H}_0$ 的对称性，则能级 E_k^0 的简并完全消除，如果算符 $\hat{W}$ 只能部分破坏算符 $\hat{H}_0$ 的对称性，则能级 E_k^0 的简并部分消除(见 10.3 节)。

4. 递推计算与严格求解

原则上，利用微扰论的递推公式可以求出任意级近似的本征解，或者说，它能以任意的精度逼近严格解。能够出现这种情况的原因是，为了得到与严格解一致的结果，在微扰论的逐级近似计算中需要用到全部的微扰矩阵元。从另一个角度来看，知道了全部微扰矩阵元，自然可以求出严格解，所以两者对得到严格解的要求是完全一致的。

人们不禁要问，既然如此，使用微扰论递推公式的意义何在呢？

首先，对于一个不可能严格求解的复杂问题，如果只需要了解其低级的近似解，那么，只要计算几个微扰矩阵元即可，例如，能级的一级修正只需计算微扰项的对角元，反常塞曼效应的近似结果即是如此。

其次，同样是计算严格解，直接求解本征方程的方法只能给出最终的结果，而微扰论

的递推计算能给出各级的修正，也就是说，后者能更细致地了解最终结果的构成。

5. 基底的维数与能级的精度

不论是微扰论的递推计算还是精确求解定态薛定谔方程，总是在一个具体的表象中完成的。对于许多物理体系(例如线谐振子、氢原子及球谐振子等)而言，基底的维数是无限大的，在进行理论计算时，必须根据需要对无限大的基底做相应的截断。显然，这种人为的截断会给计算结果带来误差，通常将这种误差称为**截断误差**。

一般情况下，基底截断的维数是由能级精度的要求决定的，那么，如何由给定的能级精度来确定基底的维数呢？具体的过程如下：首先，在一个适当的 N 维基底下算出欲求的能级值 $E(N)$，然后，在 $N+1$ 维基底下算出相应的能级值 $E(N+1)$，最后，计算两者的相对误差的绝对值 $\Delta=|[E(N+1)-E(N)]/E(N)|$，如果 Δ 恰好满足所要求的计算精度，则基底截断为 N 维即可，否则，将 N 加上 1 或者一个合适的正整数，重复上面的步骤，直至 Δ 满足所要求的能级精度为止。

6. 微扰论的其他应用

原则上，上述微扰理论是用来近似求解束缚定态问题的，后面将会看到，除此而外，它也可以近似求解含时的薛定谔方程，处理量子跃迁问题(见 10.6 节)，还可以导出玻恩近似方法(见 11.4 节)，用来处理非束缚定态的量子散射问题。

10.3　氢原子光谱的斯塔克效应

10.3.1　斯塔克效应

在第 9 章介绍了塞曼效应，即外磁场中的碱金属原子光谱产生劈裂，此外，实验还发现外电场中的原子光谱也会发生劈裂，称为**斯塔克效应**。作为微扰论的一个应用实例，下面讨论氢原子的斯塔克效应。

以氢原子为例，当不顾及电子的自旋时，电子受到一个库仑场的作用，能级由主量子数 n 决定，简并度为 $f_n=n^2$。若外加一个沿 z 方向的电场 ε，则位势的对称性会部分地被破坏，能级将产生劈裂，简并就会部分地被消除。

在上述外电场中，氢原子的哈密顿算符可以写成

$$\hat{H}=\hat{H}_0+\hat{W} \tag{10.3.1}$$

其中

$$\hat{H}_0=-\hbar^2\nabla^2/(2\mu)-e^2/r \tag{10.3.2}$$

$$\hat{W}=e\varepsilon z=e\varepsilon r\cos\theta \tag{10.3.3}$$

式中，$\hat{H}_0$ 为无外电场时氢原子的哈密顿算符，当电场强度 ε 较弱时，$\hat{W}$ 可以视为微扰算符。

无微扰时，已知哈密顿算符 $\hat{H}_0$ 的本征解为

$$E_n^0 = -\mu e^4/(2\hbar^2 n^2) \tag{10.3.4}$$

$$| nlm\rangle = R_{nl}(r)\mathrm{Y}_{lm}(\theta,\varphi) \tag{10.3.5}$$

式中，μ 为电子的约化质量；量子数的取值范围是

$$n=1,2,3,\cdots,\quad l=0,1,2,\cdots,n-1,\quad |m|\leqslant l \tag{10.3.6}$$

10.3.2 一级斯塔克效应

1. 基态能级的一级修正

当氢原子处于基态时，其量子数 $n=1,l=0,m=0$，基态能级 E_1 的简并度 $f_1=1$，即无简并存在。由无简并微扰论可知，基态能级的一级修正为

$$\begin{aligned}E_1^{(1)} &= \langle 100 \mid \hat{W} \mid 100\rangle = \langle 100 \mid e\,\varepsilon r\cos\theta \mid 100\rangle = \\ &e\,\varepsilon\langle R_{10}(r) \mid r \mid R_{10}(r)\rangle\langle \mathrm{Y}_{00}(\theta,\varphi) \mid \cos\theta \mid \mathrm{Y}_{00}(\theta,\varphi)\rangle\end{aligned} \tag{10.3.7}$$

由附 5.3 可知，前两个球谐函数为

$$| \mathrm{Y}_{00}(\theta,\varphi)\rangle = (4\pi)^{-1/2},\quad | \mathrm{Y}_{10}(\theta,\varphi)\rangle = 3^{1/2}(4\pi)^{-1/2}\cos\theta \tag{10.3.8}$$

由于上述两个球谐函数相互正交，故角度矩阵元为

$$\langle \mathrm{Y}_{00}(\theta,\varphi) \mid \cos\theta \mid \mathrm{Y}_{00}(\theta,\varphi)\rangle = 3^{-1/2}\langle \mathrm{Y}_{00}(\theta,\varphi) \mid \mathrm{Y}_{10}(\theta,\varphi)\rangle = 0 \tag{10.3.9}$$

进而可知，氢原子的基态能级在电场中并不产生劈裂。

2. 第一激发态能级的一级修正

当氢原子处于第一激发态时，其量子数 $n=2,l=0,1$，当 $l=0$ 时，只有 $m=0$；当 $l=1$ 时，$m=+1,0,-1$。于是可知，氢原子的第一激发态能级 E_2 是四度简并的，将四个零级近似波函数分别简记为

$$| 1\rangle = | 200\rangle,\quad | 2\rangle = | 210\rangle,\quad | 3\rangle = | 21+1\rangle,\quad | 4\rangle = | 21-1\rangle \tag{10.3.10}$$

在此基底之下，计算微扰矩阵元得到

$$\begin{aligned}W_{12} &= \langle 1 \mid e\,\varepsilon r\cos\theta \mid 2\rangle = \langle 200 \mid e\,\varepsilon r\cos\theta \mid 210\rangle = \\ &e\,\varepsilon\langle R_{20}(r) \mid r \mid R_{21}(r)\rangle\langle \mathrm{Y}_{00}(\theta,\varphi) \mid \cos\theta \mid \mathrm{Y}_{10}(\theta,\varphi)\rangle\end{aligned} \tag{10.3.11}$$

首先，利用式(10.3.8)，容易求出与角度相关的矩阵元为

$$\langle \mathrm{Y}_{00}(\theta,\varphi) \mid \cos\theta \mid \mathrm{Y}_{10}(\theta,\varphi)\rangle = 3^{-1/2}\langle \mathrm{Y}_{10}(\theta,\varphi) \mid \mathrm{Y}_{10}(\theta,\varphi)\rangle = 3^{-1/2} \tag{10.3.12}$$

其次，在计算径向矩阵元时，需要用到氢原子的两个径向波函数，由附 5.4 可知它们是

$$\begin{cases}R_{20}(r) = 2^{-1/2}a_0^{-3/2}(1-2^{-1}a_0^{-1}r)\mathrm{e}^{-r/(2a_0)} \\ R_{21}(r) = 2^{-1}\times 6^{-1/2}a_0^{-5/2}r\mathrm{e}^{-r/(2a_0)}\end{cases} \tag{10.3.13}$$

式中，a_0 为玻尔半径。将上式代入径向矩阵元的表达式，得到

$$\langle R_{20}(r) \mid r \mid R_{21}(r)\rangle = 4^{-1}\times 3^{-1/2}\int_0^\infty a_0^{-4}r^4(1-2^{-1}a_0^{-1}r)\mathrm{e}^{-r/a_0}\,\mathrm{d}r \tag{10.3.14}$$

为了完成上式右端的积分，令 $r_a = r/a_0$，使得上式简化为

$$\langle R_{20}(r) \mid r \mid R_{21}(r)\rangle = 4^{-1} \times 3^{-1/2} a_0 \int_0^{\infty} (r_a^4 - 2^{-1} r_a^5) \mathrm{e}^{-r_a} \mathrm{d}r_a \tag{10.3.15}$$

再利用定积分公式

$$\int_0^{\infty} x^n \mathrm{e}^{-\alpha x} \mathrm{d}x = n! \alpha^{-(n+1)} \tag{10.3.16}$$

得到径向积分的结果为

$$\langle R_{20}(r) \mid r \mid R_{21}(r)\rangle = -3^{3/2} a_0 \tag{10.3.17}$$

然后，将径向矩阵元和角度矩阵元代回式(10.3.11)，得到

$$W_{12} = -3e\,\varepsilon a_0 \tag{10.3.18}$$

由微扰算符的厄米性质可知

$$W_{21} = W_{12}^* = -3e\,\varepsilon a_0 \tag{10.3.19}$$

利用球谐函数的正交性质，容易算出其余的 14 个矩阵元皆为零。

最后，写出第一激发态能级一级修正满足的久期方程为

$$\begin{vmatrix} -E_2^{(1)} & -3e\,\varepsilon a_0 & 0 & 0 \\ -3e\,\varepsilon a_0 & -E_2^{(1)} & 0 & 0 \\ 0 & 0 & -E_2^{(1)} & 0 \\ 0 & 0 & 0 & -E_2^{(1)} \end{vmatrix} = 0 \tag{10.3.20}$$

由于此行列式是准对角的，故可以改写成

$$\begin{vmatrix} -E_2^{(1)} & -3e\,\varepsilon a_0 \\ -3e\,\varepsilon a_0 & -E_2^{(1)} \end{vmatrix} \cdot \begin{vmatrix} -E_2^{(1)} & 0 \\ 0 & -E_2^{(1)} \end{vmatrix} = 0 \tag{10.3.21}$$

求解上式得到四个解，它们分别为 $-3e\,\varepsilon a_0$，0，0，$3e\,\varepsilon a_0$。在外电场中，氢原子第一激发态能级劈裂成三条，此即氢原子光谱的**一级斯塔克效应**。

将能级的一级修正分别代回本征方程，利用波函数的归一化条件，可以得到零级近似波函数，这里就不做具体推导，直接给出其结果为

$$E_{21} = E_2^0 - 3e\,\varepsilon a_0, \quad |21\rangle^{(0)} = 2^{-1/2}[|200\rangle + |210\rangle] \tag{10.3.22}$$

$$E_{22} = E_2^0 + 3e\,\varepsilon a_0, \quad |22\rangle^{(0)} = 2^{-1/2}[|200\rangle - |210\rangle] \tag{10.3.23}$$

$$E_{23} = E_2^0, \quad |23\rangle^{(0)} = |21+1\rangle \tag{10.3.24}$$

$$E_{24} = E_2^0, \quad |24\rangle^{(0)} = |21-1\rangle \tag{10.3.25}$$

上述结果表明，加上外电场的微扰之后，能级仍然存在二度简并。其中的原因很简单，因为微扰算符只含有与 θ 角度相关的项，所以只能破坏关于 θ 角度的对称性，而关于 φ 角度的对称性仍然存在，简并不能完全消除。

应该特别说明的是，在应用微扰论处理问题时，通常选用无微扰哈密顿算符的本征函数系作为基底，基底的排列顺序(俗称编号)并不影响最后的结果，因此，基底的编号是可以任意选取的。如果编号排列得当，可能会使行列式成为准对角形式，则计算会变得简单。例如，在前面的计算中，若基底的编号不按式(10.3.10)的顺序编排，则矩阵就不

会是准对角的，一定会给求解带来麻烦。特别是，在计算氢原子 $n=3$ 的一级斯塔克效应（见习题 10.26 的解答）时，恰当选择编号所带来的方便显得更重要。

10.4 变分法与线性变分法

10.4.1 变分定理与变分法

除了微扰论之外，变分法是又一种具有实用价值的近似方法。它的优点在于，不必附加任何的额外条件，并且，对基态的计算比较精确。在原子与分子物理学中，变分法占有相当重要的地位。

1. 变分定理

设体系满足的定态薛定谔方程为

$$\hat{H}\mid\psi_n\rangle=E_n\mid\psi_n\rangle\quad(n=1,2,3,\cdots)\tag{10.4.1}$$

已知其具有无简并的断续能谱，$\{\mid\psi_n\rangle\}$ 是正交归一完备本征函数系，且能级已经按着从小到大的顺序排列，即 $E_1<E_2<E_3<\cdots$。

定理 10.1 在体系的任意归一化态矢 $\mid\varphi\rangle$ 下，总有

$$\bar{H}=\langle\varphi\mid\hat{H}\mid\varphi\rangle\geqslant E_1\tag{10.4.2}$$

当且仅当 $\mid\varphi\rangle=\mid\psi_1\rangle$ 时，$\bar{H}=E_1$，其中 E_1 与 $\mid\psi_1\rangle$ 为算符 $\hat{H}$ 的基态本征解。

证明 由本征矢 $\mid\psi_n\rangle$ 的完备性可知

$$\mid\varphi\rangle=\sum_{n=1}^{\infty}C_n\mid\psi_n\rangle\tag{10.4.3}$$

于是，在态矢 $\mid\varphi\rangle$ 之下，能量平均值为

$$\bar{H}=\langle\varphi\mid\hat{H}\mid\varphi\rangle=\sum_{m,n=1}^{\infty}C_m^*C_nE_n\langle\psi_m\mid\psi_n\rangle=\sum_{n=1}^{\infty}\mid C_n\mid^2E_n\tag{10.4.4}$$

由于态矢 $\mid\varphi\rangle$ 已经归一化，所以有

$$\sum_{n=1}^{\infty}\mid C_n\mid^2=1\tag{10.4.5}$$

于是，式(10.4.4)可以改写为

$$\bar{H}-E_1=\sum_{n=1}^{\infty}\mid C_n\mid^2E_n-\sum_{n=1}^{\infty}\mid C_n\mid^2E_1=\sum_{n=1}^{\infty}\mid C_n\mid^2(E_n-E_1)\tag{10.4.6}$$

因为上式右端求和号里的两项皆不小于零，故有

$$\bar{H}=\langle\varphi\mid\hat{H}\mid\varphi\rangle\geqslant E_1\tag{10.4.7}$$

定理 10.1 证毕。

式(10.4.7)表明，在任意归一化态矢下，能量的平均值不小于其基态能量。只有当

该态矢恰好为体系的基态时,能量的平均值等于基态能量。换言之,若逐个使用态空间中所有态矢去计算能量的平均值,则其中最小的一个就是它的基态能量,相应的态矢就是基态。实际上,定理 10.1 给出了一种求解体系基态本征解的方法。

若体系的基态 $|\psi_1\rangle$ 已知,则可以利用下面给出的定理 10.2 求出体系第一激发态的本征解。

定理 10.2　在体系的任意归一化的且与基态 $|\psi_1\rangle$ 正交的态矢 $|\varphi\rangle$ 下,总有

$$\bar{H}=\langle\varphi\mid\hat{H}\mid\varphi\rangle\geqslant E_2 \tag{10.4.8}$$

当且仅当 $|\varphi\rangle=|\psi_2\rangle$ 时,$\bar{H}=E_2$,其中 E_2 与 $|\psi_2\rangle$ 为算符 $\hat{H}$ 的第 2 个态(第一激发态)的本征解。

证明　利用态矢 $|\varphi\rangle$ 与本征矢 $|\psi_1\rangle$ 正交的条件,知

$$0=\langle\psi_1\mid\varphi\rangle=\sum_{n=1}^{\infty}C_n\langle\psi_1\mid\psi_n\rangle=\sum_{n=1}^{\infty}C_n\delta_{n,1}=C_1 \tag{10.4.9}$$

上式说明态矢 $|\varphi\rangle$ 中不含 $|\psi_1\rangle$ 分量。用类似定理 10.1 中的做法,得到

$$\bar{H}-E_2=\sum_{n=2}^{\infty}|C_n|^2(E_n-E_2) \tag{10.4.10}$$

由于求和号里的两项皆不小于零,故有 $\bar{H}\geqslant E_2$。定理 10.2 证毕。

定理 10.2 能够推广到更一般的情况,在体系的前 $m-1(m>1)$ 个本征态 $|\psi_1\rangle$,$|\psi_2\rangle,\cdots,|\psi_{m-1}\rangle$ 已知时,利用下面给出的定理 10.3 可以求出体系的第 m 个态的本征解。

定理 10.3　在体系的任意归一化的且与本征矢 $|\psi_1\rangle,|\psi_2\rangle,\cdots,|\psi_{m-1}\rangle$ 正交的态矢 $|\varphi\rangle$ 下,总有

$$\bar{H}=\langle\varphi\mid\hat{H}\mid\varphi\rangle\geqslant E_m \tag{10.4.11}$$

当且仅当 $|\varphi\rangle=|\psi_m\rangle$ 时,$\bar{H}=E_m$,其中 E_m 与 $|\psi_m\rangle$ 为算符 $\hat{H}$ 的第 m 个态的本征解。

证明　由态矢 $|\varphi\rangle$ 与本征矢 $|\psi_1\rangle,|\psi_2\rangle,\cdots,|\psi_{m-1}\rangle$ 正交的条件可知

$$|\varphi\rangle=\sum_{n=m}^{\infty}C_n\mid\psi_n\rangle \tag{10.4.12}$$

进而有

$$\bar{H}-E_m=\sum_{n=m}^{\infty}|C_n|^2(E_n-E_m) \tag{10.4.13}$$

于是得到

$$\bar{H}=\langle\varphi\mid\hat{H}\mid\varphi\rangle\geqslant E_m \tag{10.4.14}$$

定理 10.3 证毕。

若能利用定理 10.1 求出基态的本征解,在此基础上,利用定理 10.2 可进一步求出第

一激发态的本征解，再反复使用定理 10.3，就可以得到任意激发态的本征解。这就是利用变分定理近似求解定态薛定谔方程的基本思路。

2. 变分法与试探波函数

在实际的理论计算中，由于体系的态空间实在是太大了，在整个态空间中，若想逐个状态去计算能量的平均值几乎是不可能的。通常的做法是：首先，把态矢限定在某一个小范围中，即选择一个含有**变分参数** α 的归一化**试探态矢** $|\varphi(\alpha)\rangle$，具体表象中的试探态矢称为**试探波函数**；然后，利用能量平均值取极值的条件，即

$$\frac{\partial}{\partial\alpha}\bar{H}(\alpha)=\frac{\partial}{\partial\alpha}\langle\varphi(\alpha)\mid\hat{H}\mid\varphi(\alpha)\rangle=0 \tag{10.4.15}$$

确定出使能量平均值取极小值的变分参数 α_0；最后，将求得的变分参数 α_0 代回试探态矢 $|\varphi(\alpha)\rangle$ 中，得到近似的基态本征矢 $|\tilde{\psi}_1\rangle=|\varphi(\alpha_0)\rangle$，再利用 $|\tilde{\psi}_1\rangle$ 计算出能量的平均值 $\langle\tilde{\psi}_1|\hat{H}|\tilde{\psi}_1\rangle$，它就是基态能级 E_1 的近似值。在此基础上，利用变分定理还可以逐个地求出激发态的近似解，上述计算能量本征解的近似方法就是所谓的**变分法**。

如果所选的试探态矢恰好涵盖了体系的严格基态本征矢，则得到的解就是严格解。这种情况出现的概率毕竟是太小了，通常只能得到近似解，而且，近似的程度直接与所选的试探态矢的形式有关。若想得到更精确的近似解，必须更换试探态矢重新进行计算，然后比较所得结果，能量低者为好。这也就是试探态矢名称的由来。

变分法有如下三个缺欠：一是，试探态矢的选取并无普遍适用的规律可循，只能依赖计算者对物理问题的理解和经验；二是，变分法的计算误差很难估计；三是，用变分法计算基态比较准确，在计算激发态时，随着能量的增加，计算结果的累积误差会越来越大。

10.4.2　线性变分法

1. 线性变分法

在使用变分法时，并没有限定试探态矢中的变分参数个数，可以只有一个变分参数，也可以有多个变分参数。若将试探态矢选成线性函数，用其组合系数作为变分参数，则称为**线性变分法**，或**里兹变分法**。

首先，选 $N(N>1)$ 个态矢 $|\varphi_n\rangle$ $(n=1,2,3,\cdots,N)$，它们可以是既不正交也不归一的，利用它们的线性组合构成**线性试探态矢**，即

$$|\varphi\rangle=\sum_{n=1}^{N}C_n\mid\varphi_n\rangle \tag{10.4.16}$$

式中的 N 个 C_n 为变分参数。

其次，将式(10.4.16)代入能量的平均值公式，得到

$$\bar{H}=\frac{\langle\varphi\mid\hat{H}\mid\varphi\rangle}{\langle\varphi\mid\varphi\rangle}=\frac{\sum\limits_{m,n=1}^{N}C_m^*C_n\langle\varphi_m\mid\hat{H}\mid\varphi_n\rangle}{\sum\limits_{m,n=1}^{N}C_m^*C_n\langle\varphi_m\mid\varphi_n\rangle} \tag{10.4.17}$$

为简化表示,令

$$H_{mn}=\langle \varphi_m \mid \hat{H} \mid \varphi_n \rangle \tag{10.4.18}$$

$$\Delta_{mn}=\langle \varphi_m \mid \varphi_n \rangle \tag{10.4.19}$$

于是,式(10.4.17) 简化为

$$\bar{H}\sum_{m,n=1}^{N} C_m^* C_n \Delta_{mn}=\sum_{m,n=1}^{N} C_m^* C_n H_{mn} \tag{10.4.20}$$

然后,将式(10.4.20) 两端对 C_m^* 求偏导数,注意到 $\bar{H}$ 取极值的条件 $\partial\bar{H}/\partial C_m^*=0$,于是有

$$\bar{H}\sum_{n=1}^{N} C_n \Delta_{mn}=\sum_{n=1}^{N} C_n H_{mn} \tag{10.4.21}$$

整理之,得到能量平均值 $\bar{H}$ 满足的线性方程组,即

$$\sum_{n=1}^{N}(H_{mn}-\bar{H}\Delta_{mn})C_n=0 \tag{10.4.22}$$

最后,求解式(10.2.22) 相应的久期方程,即

$$\begin{vmatrix} H_{11}-\bar{H}\Delta_{11} & H_{12}-\bar{H}\Delta_{12} & \cdots & H_{1N}-\bar{H}\Delta_{1N} \\ H_{21}-\bar{H}\Delta_{21} & H_{22}-\bar{H}\Delta_{22} & \cdots & H_{2N}-\bar{H}\Delta_{2N} \\ \vdots & \vdots & & \vdots \\ H_{N1}-\bar{H}\Delta_{N1} & H_{N2}-\bar{H}\Delta_{N2} & \cdots & H_{NN}-\bar{H}\Delta_{NN} \end{vmatrix}=0 \tag{10.4.23}$$

一般情况下,$\bar{H}$ 有 N 个解,其中最小者 $\bar{H}_{\min}$ 即为基态能级的近似值。为了求出基态波函数,将 $\bar{H}_{\min}$ 代回式(10.4.22) 可以求出 N 个组合系数 C_n,最后,利用式(10.4.16) 得到基态波函数的近似值。

特别是,如果集合 $\{|\varphi_n\rangle\}$ 中的态矢是相互正交的,则 Δ_{mn} 是对角的。进而,如果集合 $\{|\varphi_n\rangle\}$ 中的态矢是正交归一化的,则 $\Delta_{mn}=\delta_{m,n}$,这时,式(10.4.22) 就变成了通常的哈密顿算符 $\hat{H}$ 的本征方程,即

$$\sum_{n=1}^{N}(H_{mn}-\bar{H}\delta_{m,n})C_n=0 \tag{10.4.24}$$

只不过式中的求和上限已被截断为 N,本征值 E 的符号换成了 $\bar{H}$。显然,将线性试探波函数选成正交归一函数系会带来方便。

2. 线性变分法与定态薛定谔方程

若集合 $\{|\varphi_n\rangle\}$ $(n=1,2,3,\cdots)$ 是某个厄米算符 $\hat{g}$ 的本征函数系,则在 g 表象中哈密顿算符满足的本征方程为

$$\sum_{n=1}^{\infty}(H_{mn}-E\,\delta_{m,n})C_n=0 \tag{10.4.25}$$

比较式(10.4.24)与式(10.4.25)发现，两者只是在矩阵的维数上有所不同，即前者将后者的无穷维本征函数系截断为 N 维。如果不对线性试探波函数的维数做截断，那么从数学的角度来看，两个方程是没有实质性差异的。进而可知，两者的待求本征值 $\bar{H}$ 与 E 也只是在所用的符号上有差别，于是，可以断定线性变分法与求解定态薛定谔方程是等价的，此即两个看似不同问题之间的关联。

10.4.3　用变分法计算氦原子的基态

氦(^{2}He)原子是由带 $Z=2$ 个正电荷的原子核与两个电子构成的，而类氦离子是由带 $Z>2$ 个正电荷的原子核与两个电子构成的。作为变分法的一个应用实例，下面来计算氦原子的基态能级与相应的本征波函数的近似值。

1. 试探波函数的选择

氦原子的哈密顿算符为

$$\hat{H}=\hat{H}_0+e^2/r_{12} \tag{10.4.26}$$

其中

$$\hat{H}_0=-(2\mu)^{-1}\hbar^2(\nabla_1^2+\nabla_2^2)-Ze^2(r_1^{-1}+r_2^{-1}) \tag{10.4.27}$$

式中，$\boldsymbol{r}_1$、$\boldsymbol{r}_2$ 分别为两个电子的空间坐标；∇_1^2、∇_2^2 分别为坐标 $\boldsymbol{r}_1$、$\boldsymbol{r}_2$ 的拉普拉斯算符；r_{12} 为两个电子之间的距离；μ 为电子的约化质量。由于位势与坐标的空间取向无关，故下面的讨论仅对径向波函数进行。

算符 $\hat{H}_0$ 满足的本征方程可以分离变量求解，它的能级是两个类氢离子能量之和，非耦合波函数是两个本征波函数之积。它的基态为

$$|\,\Psi_1(Z)\rangle=\psi_1(Z,r_1)\psi_1(Z,r_2) \tag{10.4.28}$$

其中，第 $i\,(i=1,2)$ 个类氢离子的基态为

$$\psi_1(Z,r_i)=(\pi^{-1}Z^3a_0^{-3})^{1/2}\mathrm{e}^{-Zr_i/a_0} \tag{10.4.29}$$

式中，a_0 为氢原子的玻尔半径。将上式代入式(10.4.28)，得到

$$|\,\Psi_1(Z)\rangle=\pi^{-1}Z^3a_0^{-3}\mathrm{e}^{-Z(r_1+r_2)/a_0} \tag{10.4.30}$$

电子之间存在排斥作用，由此产生的屏蔽效应相当于原子核的正电荷不再是 Ze，故可以选式(10.4.30)为试探波函数，Z 为变分参数。为了与位势中的 Z 相区别，将变分参数 Z 另记为 λ，而将试探波函数记为 $|\,\Psi_1(\lambda)\rangle$，以避免与算符 $\hat{H}_0$ 的基态本征波函数 $|\,\Psi_1(Z)\rangle$ 混淆。

2. 能量平均值的计算

在所选的试探波函数下，计算氦原子的能量平均值，得到

$$\bar{H}(\lambda)=\langle\Psi_1(\lambda)\,|\,\hat{H}\,|\,\Psi_1(\lambda)\rangle=$$

$$\langle \Psi_1(\lambda) \mid \hat{H}_0 \mid \Psi_1(\lambda)\rangle + \langle \Psi_1(\lambda) \mid e^2/r_{12} \mid \Psi_1(\lambda)\rangle \tag{10.4.31}$$

下面分别计算上式右端的两个平均值。

H_0 的平均值可以直接计算积分得到

$$\langle \Psi_1(\lambda) \mid \hat{H}_0 \mid \Psi_1(\lambda)\rangle = \lambda^2 e^2/a_0 - 4\lambda\, e^2/a_0 \tag{10.4.32}$$

这里应该再次强调的是,虽然 $\mid \Psi_1(Z)\rangle$ 是算符 $\hat{H}_0$ 的本征态,但是试探波函数 $\mid \Psi_1(\lambda)\rangle$ 已经不是它的本征态。原因在于,试探波函数 $\mid \Psi_1(\lambda)\rangle$ 中的 Z 已经换成了变分参数 λ,而位势中的 $Z=2$。

位势平均值的计算需要做如下的变换。若令两个电子的径向电荷密度函数分别为

$$\rho_1(r_1) = -e\psi_1^2(\lambda, r_1)\,, \quad \rho_2(r_2) = -e\psi_1^2(\lambda, r_2) \tag{10.4.33}$$

则有

$$\begin{aligned}
&\langle \Psi_1(\lambda) \mid e^2 r_{12}^{-1} \mid \Psi_1(\lambda)\rangle = \iint e^2 r_{12}^{-1} \psi_1^2(\lambda, r_1)\psi_1^2(\lambda, r_2)\,\mathrm{d}\tau_1\,\mathrm{d}\tau_2 = \\
&\iint r_{12}^{-1}\rho_1(r_1)\rho_2(r_2)\,\mathrm{d}\tau_1\,\mathrm{d}\tau_2 = \\
&16\pi^2 \int_0^\infty \rho_2(r_2)\left[\int_0^{r_2} r_{12}^{-1}\rho_1(r_1) r_1^2\,\mathrm{d}r_1 + \int_{r_2}^\infty r_{12}^{-1}\rho_1(r_1) r_1^2\,\mathrm{d}r_1\right] r_2^2\,\mathrm{d}r_2
\end{aligned} \tag{10.4.34}$$

由静电学的理论可知,半径小于 r_2 的球体内部的对称分布电荷在 r_2 处所产生的静电势,与球内全部电荷集中在球心处是相同的;而半径大于 r_2 的球体外部的对称分布的每一层球壳电荷在 r_2 处所产生的静电势,总是等于这一层球壳的总电荷在该球壳半径处所产生的静电势。上述两种情况刚好对应式(10.4.34) 中的两项。于是,得到

$$\begin{aligned}
&\langle \Psi_1(\lambda) \mid e^2 r_{12}^{-1} \mid \Psi_1(\lambda)\rangle = \\
&16\pi^2 \int_0^\infty \rho_2(r_2)\left[r_2^{-1}\int_0^{r_2} \rho_1(r_1) r_1^2\,\mathrm{d}r_1 + \int_{r_2}^\infty r_1^{-1}\rho_1(r_1) r_1^2\,\mathrm{d}r_1\right] r_2^2\,\mathrm{d}r_2 = \\
&16\pi^2 e^2 (\pi^{-1} a_0^{-3}\lambda^3)^2 \times \\
&\int_0^\infty r_2^2 \mathrm{e}^{-2\lambda r_2/a_0}\left[r_2^{-1}\int_0^{r_2} r_1^2 \mathrm{e}^{-2\lambda r_1/a_0}\,\mathrm{d}r_1 + \int_{r_2}^\infty r_1 \mathrm{e}^{-2\lambda r_1/a_0}\,\mathrm{d}r_1\right]\mathrm{d}r_2 = \\
&5e^2\lambda/(8a_0)
\end{aligned} \tag{10.4.35}$$

上式的最后一步用到如下定积分公式(见附 3.4),即

$$\int_0^{r_2} r_1^2 \mathrm{e}^{\beta r_1}\,\mathrm{d}r_1 = \beta^{-3}\mathrm{e}^{\beta r_2}(\beta^2 r_2^2 - 2\beta r_2 + 2) - 2\beta^{-3} \tag{10.4.36}$$

$$\int_{r_2}^\infty r_1 \mathrm{e}^{\beta r_1}\,\mathrm{d}r_1 = \beta^{-2}\mathrm{e}^{\beta r_2}(1 - \beta r_2) \quad (\beta < 0) \tag{10.4.37}$$

$$\int_0^\infty r_2^n \mathrm{e}^{-\alpha r_2}\,\mathrm{d}r_2 = n!\,\alpha^{-(n+1)} \quad (\alpha > 0) \tag{10.4.38}$$

将式(10.4.32) 与式(10.4.35) 代入式(10.4.31),得到

$$\bar{H}(\lambda) = (e^2\lambda^2 - 4e^2\lambda + 5e^2\lambda/8)/a_0 = e^2\lambda(\lambda - 27/8)/a_0 \tag{10.4.39}$$

3. 利用极值条件求出基态能量

利用能量平均值的极值条件，即

$$\partial \bar{H}(\lambda)/\partial\lambda = (2e^2\lambda - 27e^2/8)/a_0 = 0 \tag{10.4.40}$$

可以求出变分参数为

$$\lambda_0 = 27/16 < 2 \tag{10.4.41}$$

将其代回式(10.4.39)，得到氦原子基态能量的近似值为

$$E_1 \approx \bar{H}(\lambda_0) = -(27/16)^2 e^2/a_0 = -77.096\,76\ \text{eV} \tag{10.4.42}$$

基态能量的实验值大约为 -78.62 eV。

近似的氦原子基态波函数为

$$|\Psi_1\rangle \approx \left(\frac{27}{16}\right)^3 \frac{1}{\pi a_0^3}\exp\left[-\frac{27(r_1+r_2)}{16a_0}\right] \tag{10.4.43}$$

*10.5　最陡下降法

10.5.1　无简并基态的最陡下降法

在变分法的基础上，1987年肖斯洛斯基(Cioslowski)首先建立了无简并基态的最陡下降法，后来，文根旺将其推广到激发态与简并态。最陡下降法的优点在于，不但给出了选择试探态矢的普适方法，而且可以进行迭代计算，直至达到满意的精度为止。总之，最陡下降法克服了变分法的缺点，将变分法提升到了更加实用的高度。本节只介绍无简并的基态与激发态的最陡下降法。

体系哈密顿算符 $\hat{H}$ 满足的定态薛定谔方程为

$$\hat{H}|\psi_k\rangle = E_k|\psi_k\rangle \tag{10.5.1}$$

设哈密顿算符 $\hat{H}$ 可以分解为 $\hat{H}=\hat{H}_0+\hat{W}$，这里并不要求 $\hat{W}$ 为微扰项，只是要求算符 $\hat{H}_0$ 的本征解已知，且无简并，即

$$\hat{H}_0|\varphi_k\rangle = E_k^0|\varphi_k\rangle \tag{10.5.2}$$

式中，$k=1,2,3,\cdots$；能级 E_k^0 已按从小到大的次序排列；本征矢 $|\varphi_k\rangle$ 已经正交归一化。

1. 零级近似试探态矢与一级近似能量

对于待求的无简并基态 $|\psi_1\rangle$ 而言，零级近似能量为 E_1^0，零级近似试探态矢 $|\psi_1^{[0]}\rangle$ 可有不同的选法，通常选 $|\varphi_1\rangle$ 作为基态的零级近似试探态矢，即

$$|\psi_1^{[0]}\rangle = |\varphi_1\rangle \tag{10.5.3}$$

由于算符 $\hat{H}_0$ 的本征矢是正交归一化的，故基态一级近似能量为

$$E_1^{[1]} = \langle\psi_1^{[0]}|\hat{H}|\psi_1^{[0]}\rangle = \langle\varphi_1|\hat{H}|\varphi_1\rangle \tag{10.5.4}$$

2. 一级近似试探态矢与二级近似能量

为了给出一级近似试探态矢 $|\psi_1^{[1]}\rangle$ 的表达式，先引入一个态矢为

$$|\Psi_1\rangle = \hat{q}_1 \hat{H} |\psi_1^{[0]}\rangle \tag{10.5.5}$$

式中，$\hat{q}_1 = 1 - |\psi_1^{[0]}\rangle\langle\psi_1^{[0]}|$ 为去态矢 $|\psi_1^{[0]}\rangle$ 投影算符。如前所述，它的作用是将态矢投影到 $|\psi_1^{[0]}\rangle$ 之外的空间，故态矢 $|\Psi_1\rangle$ 中不含有 $|\psi_1^{[0]}\rangle$ 的分量。

令一级近似试探态矢为

$$|\psi_1^{[1]}\rangle = c_1[|\psi_1^{[0]}\rangle + \alpha|\Psi_1\rangle] \tag{10.5.6}$$

式中，α 为变分参数；c_1 为归一化常数。由态矢 $|\psi_1^{[1]}\rangle$ 的归一化条件知

$$c_1 = [1 + \alpha^2\langle\Psi_1|\Psi_1\rangle]^{-1/2} \tag{10.5.7}$$

为书写简洁计，若令

$$\overline{H_1} = \langle\psi_1^{[0]}|\hat{H}|\psi_1^{[0]}\rangle \tag{10.5.8}$$

则经过简单的计算得到

$$\begin{cases}\langle\Psi_1|\hat{H}|\Psi_1\rangle = \overline{H_1^3} - 2\,\overline{H_1^2}\,\overline{H_1} + (\overline{H_1})^3 \\ \langle\psi_1^{[0]}|\hat{H}|\Psi_1\rangle = \langle\Psi_1|\hat{H}|\psi_1^{[0]}\rangle = \langle\Psi_1|\Psi_1\rangle = \overline{H_1^2} - (\overline{H_1})^2\end{cases} \tag{10.5.9}$$

利用上述各式计算含有变分参数 α 的二级近似能量，结果为

$$E_1^{[2]}(\alpha) = \langle\psi_1^{[1]}|\hat{H}|\psi_1^{[1]}\rangle = \overline{H_1} + \langle\Psi_1|\Psi_1\rangle^{1/2} f(\beta) \tag{10.5.10}$$

式中

$$\begin{cases}f(\beta) = (2\beta + b\beta^2)/(1+\beta^2) \\ b = \langle\Psi_1|\Psi_1\rangle^{-3/2}[\langle\Psi_1|\hat{H}|\Psi_1\rangle - \langle\Psi_1|\Psi_1\rangle\overline{H_1}] \\ \beta = \alpha\langle\Psi_1|\Psi_1\rangle^{1/2}\end{cases} \tag{10.5.11}$$

式(10.5.10) 给出了二级近似能量与变分参数 α 的关系，将其对变量 β 求偏导数可知，当 $\beta = [b - (b^2+4)^{1/2}]/2$ 时，函数 $f(\beta)$ 取极小值，此时对应的变分参数 α 为

$$\alpha = 2^{-1}\langle\Psi_1|\Psi_1\rangle^{-1/2}[b - (b^2+4)^{1/2}] \tag{10.5.12}$$

将其代入式(10.5.10) 和式(10.5.6)，得到

$$\begin{cases}E_1^{[2]} = \overline{H}_1 - 2^{-1}\langle\Psi_1|\Psi_1\rangle^{1/2}[(b^2+4)^{1/2} - b] \\ |\psi_1^{[1]}\rangle = c_1[|\psi_1^{[0]}\rangle + \alpha|\Psi_1\rangle]\end{cases} \tag{10.5.13}$$

至此，由变分原理求出了基态二级近似能量及一级近似本征矢。

3. $n > 1$ 级近似试探态矢与 $n+1$ 级近似能量

在求出了基态一级近似本征矢 $|\psi_1^{[1]}\rangle$ 之后，用它代替零级近似试探态矢 $|\psi_1^{[0]}\rangle$，重复上面步骤，继续做下去，直至 $E_1^{[n]}$ 与 $E_1^{[n+1]}$ 的相对误差满足给定的精度要求为止，就得到在相应精度之下基态的近似解，记为 $\widetilde{E}_1$ 与 $|\widetilde{\varphi}_1\rangle$。此即处理无简并基态的**最陡下降法**。

最后，需要特别指出的是，保证在迭代过程中近似能量本征值不断下降的条件

$$\langle\Psi_1|\Psi_1\rangle^{1/2}[(b^2+4)^{1/2} - b] \geqslant 0 \tag{10.5.14}$$

确实是成立的。如此做下去，原则上在给定的精度下可以得到与严格解完全一致的结果。

10.5.2 无简并激发态的最陡下降法

当第 $i(i>1)$ 个态为无简并激发态时，欲用最陡下降法求其近似解，需要知道前 k $(k=i-1)$ 个本征矢 $|\psi_j\rangle(j=1,2,\cdots,k)$，假设它们的近似结果 $|\widetilde{\psi}_j\rangle$ 已由最陡下降法求得。

第 i 个本征矢的零级近似试探态矢选为

$$|\psi_i^{[0]}\rangle=c_i\left[|\varphi_i\rangle-\sum_{j=1}^{k}|\widetilde{\psi}_j\rangle\langle\widetilde{\psi}_j|\varphi_i\rangle\right] \tag{10.5.15}$$

其中归一化常数为

$$c_i=\left[1-\sum_{j=1}^{k}\left|\langle\varphi_i|\widetilde{\psi}_j\rangle\right|^2\right]^{-1/2} \tag{10.5.16}$$

容易验证该试探态矢与态矢 $|\widetilde{\psi}_j\rangle$ 正交。

类似基态的做法，引入一个态矢为

$$|\Psi_i\rangle=\hat{q}_i\hat{H}|\psi_i^{[0]}\rangle \tag{10.5.17}$$

式中，投影算符为

$$\hat{q}_i=1-|\psi_i^{[0]}\rangle\langle\psi_i^{[0]}|-\sum_{j=1}^{k}|\widetilde{\psi}_j\rangle\langle\widetilde{\psi}_j| \tag{10.5.18}$$

此时有

$$\langle\Psi_i|\Psi_i\rangle=\overline{H_i^2}-(\overline{H_i})^2-\sum_{j=1}^{k}\langle\psi_i^{[0]}|\hat{H}|\widetilde{\psi}_j\rangle\langle\widetilde{\psi}_j|\hat{H}|\psi_i^{[0]}\rangle \tag{10.5.19}$$

$$\begin{aligned}\langle\Psi_i|\hat{H}|\Psi_i\rangle=&\,2\,\overline{H_i}\sum_{j=1}^{k}\langle\psi_i^{[0]}|\hat{H}|\widetilde{\psi}_j\rangle\langle\widetilde{\psi}_j|\hat{H}|\psi_i^{[0]}\rangle-\\&2\sum_{j=1}^{k}\langle\psi_i^{[0]}|\hat{H}^2|\widetilde{\psi}_j\rangle\langle\widetilde{\psi}_j|\hat{H}|\psi_i^{[0]}\rangle+\overline{H_i^3}-2\,\overline{H_i^2}\,\overline{H_i}-(\overline{H_i})^3+\\&\sum_{j=1}^{k}\sum_{l=1}^{k}\langle\psi_i^{[0]}|\hat{H}|\widetilde{\psi}_j\rangle\langle\widetilde{\psi}_j|\hat{H}|\widetilde{\psi}_l\rangle\langle\widetilde{\psi}_l|\hat{H}|\psi_i^{[0]}\rangle\end{aligned} \tag{10.5.20}$$

对激发态而言，除了投影算符 $\hat{q}_i$ 及上述两表达式与基态不同而外，其他公式在形式上与基态相同。重复类似基态的计算过程，可由低到高逐个得到激发态的结果，直至任意激发态。此即处理无简并激发态的最陡下降法。

利用作者编制的程序，对非简谐振子和里坡根(Lipkin)二能级可解模型的计算结果表明，基态的计算结果能以所要求的精度逼近严格解；激发态的计算结果与严格解的相对误差随激发态能级的升高而变大。在计算高激发态时，要求其零级近似试探态矢与所有比其低的态正交，由于计算中用低激发态的近似解代替严格解，这样必将低激发态的计算误差带到高激发态，使得误差的积累影响了高激发态的计算精度。

综上所述，微扰论与最陡下降法是处理束缚定态的两种近似方法，使用它们时都必须从零级近似出发，按照由低到高的次序逐级进行计算，并且，利用它们都可以得到以任意精度逼近严格解的结果，这是两者的共同之处。从数学的角度看，微扰论使用的是递推的方法，最陡下降法使用的是迭代的方法。那么，递推与迭代两种方法的差别在哪里呢？递推的过程是逐级计算能级和本征矢的修正值，迭代的过程是逐级计算它们的近似值。以待求能级 E_k 为例，它的第 m 级修正值 $E_k^{(m)}$ 与第 n 级近似值 $E_k^{[n]}$ 之间的关系为

$$E_k^{[n]} = \sum_{m=0}^{n} E_k^{(m)} \tag{10.5.21}$$

微扰论与最陡下降法所用的递推与迭代方法，它们是计算物理学中最常用的方法，特别适合利用计算机程序进行数值计算。相关的程序及其应用实例可见作者编著的《量子物理学中的常用算法与程序》。

*10.6　与时间相关的微扰论

10.6.1　与时间相关的微扰论

前面已经给出了处理定态问题的几种近似方法，下面来研究与时间相关的微扰论，即量子跃迁问题。

当体系的哈密顿算符与时间相关时，满足的薛定谔方程为

$$\mathrm{i}\hbar \frac{\partial}{\partial t}\Psi(\boldsymbol{r},t) = \hat{H}(\boldsymbol{r},t)\Psi(\boldsymbol{r},t) \tag{10.6.1}$$

上式无定态解。通常情况下，其求解过程是比较复杂的。

假设体系的与时间相关的哈密顿算符可以写成两部分之和，即

$$\hat{H}(\boldsymbol{r},t) = \hat{H}_0 + \hat{W}(\boldsymbol{r},t) \tag{10.6.2}$$

式中，微扰算符 $\hat{W}(\boldsymbol{r},t)$ 满足 $\hat{W}(\boldsymbol{r},0)=0$；无微扰哈密顿算符 $\hat{H}_0$ 与时间无关，并且，它满足的定态薛定谔方程

$$\hat{H}_0 \mid n\rangle = E_n \mid n\rangle \tag{10.6.3}$$

的本征解已经求出。

由于算符 $\hat{H}_0$ 与时间无关，故可以利用与时间相关的微扰理论来近似求解薛定谔方程式(10.6.1)。在 H_0 表象中，按如下步骤导出与时间相关的薛定谔方程。

首先，将式(10.6.1)中的波函数 $\Psi(\boldsymbol{r},t)$ 向算符 $\hat{H}_0$ 的本征矢展开，有

$$\Psi(\boldsymbol{r},t) = \sum_n a_n(t)\mathrm{e}^{-\mathrm{i}E_n t/\hbar} \mid n\rangle \tag{10.6.4}$$

然后，将式(10.6.4)代入式(10.6.1)，于是得到

$$i\hbar\frac{\partial}{\partial t}\sum_n a_n(t)e^{-iE_nt/\hbar}\mid n\rangle=[\hat{H}_0+\hat{W}(\boldsymbol{r},t)]\sum_n a_n(t)e^{-iE_nt/\hbar}\mid n\rangle \tag{10.6.5}$$

整理之后,上式变成

$$\sum_n i\hbar a_n'(t)e^{-iE_nt/\hbar}\mid n\rangle=\hat{W}(\boldsymbol{r},t)\sum_n a_n(t)e^{-iE_nt/\hbar}\mid n\rangle \tag{10.6.6}$$

最后,用$\langle m\mid$从左作用式(10.6.6)两端,得到$a_m(t)$满足的微分方程为

$$i\hbar a_m'(t)=\sum_n W_{mn}(t)e^{i\omega_{mn}t}a_n(t) \tag{10.6.7}$$

式中

$$W_{mn}(t)=\langle m\mid\hat{W}(\boldsymbol{r},t)\mid n\rangle \tag{10.6.8}$$

$$\omega_{mn}=(E_m-E_n)/\hbar \tag{10.6.9}$$

式(10.6.7)就是在H_0表象中的与时间相关的薛定谔方程,$a_m(t)$为任意时刻t的波函数列矩阵元,$W_{mn}(t)$为t时刻的微扰矩阵元。

一般情况下,式(10.6.7)也不容易求解,但是,在$\hat{W}(\boldsymbol{r},t)$可视为微扰时,能够求出其近似解。设$a_n(t)$可以按微扰的级数展开为

$$a_n(t)=a_n^{(0)}(t)+a_n^{(1)}(t)+a_n^{(2)}(t)+\cdots \tag{10.6.10}$$

将其代入式(10.6.7),比较等式两端关于微扰的同量级的项,若只顾及一级修正,且初始的状态为$\mid k\rangle$,则有

$$a_n^{(0)}(0)=\delta_{n,k} \tag{10.6.11}$$

$$a_n^{(1)}(t)=(i\hbar)^{-1}\int_0^t W_{nk}(t_1)e^{i\omega_{nk}t_1}\,dt_1 \tag{10.6.12}$$

上面两式的物理含义分别是,在$t=0$时,体系处于算符$\hat{H}_0$的一个本征态$\mid k\rangle$;在含时间微扰$\hat{W}(\boldsymbol{r},t)$的作用之下,在$t>0$时,体系的状态变为本征态$\mid n\rangle$。通常将$t=0$时的状态$\mid k\rangle$称为**初态**,而把$t>0$时的状态$\mid n\rangle$称为**末态**,体系的状态由初态到末态的变换过程称为**量子跃迁**。

由波函数的统计诠释可知,从初态$\mid k\rangle$跃迁到末态$\mid n\rangle$的概率为

$$p_{nk}(t)=\left|a_n^{(1)}(t)\right|^2=\frac{1}{\hbar^2}\left|\int_0^t W_{nk}(t_1)e^{i\omega_{nk}t_1}\,dt_1\right|^2 \tag{10.6.13}$$

将其称为**跃迁概率**。相应的跃迁速率为

$$q_{nk}(t)=p_{nk}'(t) \tag{10.6.14}$$

10.6.2 周期微扰与常微扰

1. 周期微扰

周期微扰的形式为

$$\hat{W}(t)=2\hat{w}\cos(\omega t)=\hat{w}(e^{i\omega t}+e^{-i\omega t}) \tag{10.6.15}$$

式中,$\hat{w}$是一个与时间无关的微扰算符。

(1) 末态为断续谱

由式(10.6.13)可知,周期微扰的跃迁概率为

$$p_{nk}(t)=\frac{1}{\hbar^2}\left|\int_0^t W_{nk}(t_1)\mathrm{e}^{\mathrm{i}\omega_{nk}t_1}\,\mathrm{d}t_1\right|^2=$$

$$\left|\frac{w_{nk}}{\hbar}\right|^2\left|\int_0^t\left[\mathrm{e}^{\mathrm{i}(\omega+\omega_{nk})t_1}+\mathrm{e}^{-\mathrm{i}(\omega-\omega_{nk})t_1}\right]\mathrm{d}t_1\right|^2=$$

$$\left|\frac{w_{nk}}{\hbar}\right|^2\left|\frac{\mathrm{e}^{\mathrm{i}(\omega+\omega_{nk})t}-1}{\omega_{nk}+\omega}+\frac{\mathrm{e}^{\mathrm{i}(\omega-\omega_{nk})t}-1}{\omega_{nk}-\omega}\right|^2 \tag{10.6.16}$$

由上式可知,当微扰角频率 $\omega=\omega_{nk}$ 时,在其最右端的两个分数项中,第 2 项的分母与分子皆为零,若两者都对 $\omega-\omega_{nk}$ 求导,则知其与 t 成正比。由于第 1 项不随时间增加,故此时第 2 项起主要作用。同理可知,当 $\omega=-\omega_{nk}$ 时,第 1 项的贡献是主要的。而当 $\omega\neq\pm\omega_{nk}$ 时,两项都不随时间增加。总之,只有当 $\omega=\pm\omega_{nk}$ 时,才可能出现明显的跃迁。换句话说,只有微扰的频率 ω 在 $\pm\omega_{nk}$ 附近时,跃迁才有可能发生,且吸收或辐射的能量为 $\hbar\omega_{nk}$,称为**共振吸收**或**共振辐射**。

当 $\omega\approx+\omega_{nk}$ 时,跃迁概率为

$$p_{nk}(t)=\frac{4\,|w_{nk}|^2}{\hbar^2(\omega_{nk}-\omega)^2}\sin^2\left[2^{-1}(\omega_{nk}-\omega)t\right] \tag{10.6.17}$$

当 $\omega\approx-\omega_{nk}$ 时,跃迁概率为

$$p_{nk}(t)=\frac{4\,|w_{nk}|^2}{\hbar^2(\omega_{nk}+\omega)^2}\sin^2\left[2^{-1}(\omega_{nk}+\omega)t\right] \tag{10.6.18}$$

当微扰的作用时间足够长时,利用 δ 函数的性质

$$\lim_{t\to\infty}\sin^2(at)/(a^2t)=\pi\delta(a),\quad \delta(at)=|a|^{-1}\delta(t) \tag{10.6.19}$$

可以将式(10.6.17)和式(10.6.18)分别改写为

$$p_{nk}(t)=2\pi\hbar^{-2}\,|w_{nk}|^2\delta(\omega_{nk}-\omega)t=2\pi\hbar^{-1}\,|w_{nk}|^2\delta(E_n-E_k-\hbar\omega)t \tag{10.6.20}$$

$$p_{nk}(t)=2\pi\hbar^{-2}\,|w_{nk}|^2\delta(\omega_{nk}+\omega)t=2\pi\hbar^{-1}\,|w_{nk}|^2\delta(E_n-E_k+\hbar\omega)t \tag{10.6.21}$$

由上面两式可知,跃迁速率与时间无关。

(2) 末态为连续谱

连续谱可以视为断续谱的极限情况,由于末态能级密集,严格区分不同的末态既无可能也无必要。有实际意义的是计算从初态 $|k\rangle$ 跃迁到能量在 $E_k+\hbar\omega$ 附近的各末态的概率之和。设在 $E_n\approx E_k+\hbar\omega$ 附近、能量间隔为 $\mathrm{d}E_n$ 的状态的数目为 $\rho(E_n)\mathrm{d}E_n$,称 $\rho(E_n)$ 为**状态密度**。由初态 $|k\rangle$ 跃迁到能量为 E_n 附近的各态的**总跃迁概率**为

$$p_{nk}(t)=2\pi\hbar^{-1}\,|w_{nk}|^2\rho(E_n)t \tag{10.6.22}$$

2. 常微扰

常微扰是含时间微扰的一个特例,当 $\omega=0$ 时,周期微扰变成 $\hat{W}=2\hat{w}$。进而可知,当末态为断续谱时,跃迁概率为

$$p_{nk}(t)=2\pi\hbar^{-1}\ |w_{nk}|^2\delta(E_n-E_k)t \tag{10.6.23}$$

当末态为连续谱时，跃迁概率为

$$p_{nk}(t)=2\pi\hbar^{-1}\ |w_{nk}|^2\rho(E_n)t \tag{10.6.24}$$

式中

$$E_n=E_k \tag{10.6.25}$$

式(10.6.24)称为**费米黄金规则**。

10.6.3　光的吸收与辐射

在光的照射下，原子可能吸收光的能量由较低的能级跃迁到较高的能级，或者，原子从较高的能级跃迁到较低的能级而放出光，这种现象分别称为**光的吸收与原子的受激辐射**。在无光照射时，处于激发态的原子跃迁到较低能级而发光，称为**原子的自发辐射**。

原则上讲，处理光与粒子的相互作用的问题，已经超出了非相对论量子力学的范畴。这里采用近似的方法来处理它，即用经典的电磁理论处理光波，而用量子理论处理量子体系，实际上是一种半经典半量子的近似方法。

由经典的电磁理论可知，光波是一种电磁波，它所具有的电磁场对原子中的电子产生作用。如前所述，电场的作用要比磁场大 137 倍左右，因此磁场的作用可略去不计。

1. 单色平面偏振光

为简洁计，考虑沿 z 方向传播的单色平面偏振光，它所处的电场为

$$\varepsilon_x=\varepsilon_0\cos(2\pi z/\lambda-\omega t)\ ,\quad \varepsilon_y=\varepsilon_z=0 \tag{10.6.26}$$

已知原子的尺度大约为10^{-10} m，而可见光的波长为 $\lambda\approx10^{-6}$ m，所以在可见光的范围内有

$$\lambda\gg z \tag{10.6.27}$$

于是，电场可以近似写成

$$\varepsilon_x=\varepsilon_0\cos(\omega t),\quad \varepsilon_y=\varepsilon_z=0 \tag{10.6.28}$$

在该电场中，电子的势能算符为

$$\hat{W}(t)=2^{-1}e\,\varepsilon_0 x(\mathrm{e}^{\mathrm{i}\omega t}+\mathrm{e}^{-\mathrm{i}\omega t}) \tag{10.6.29}$$

将其代入式(10.6.20)，得到由初态 $|k\rangle$ 到末态 $|n\rangle$ 的跃迁概率为

$$p_{nk}(t)=2^{-1}\pi\hbar^{-2}e^2\varepsilon_0^2\,|x_{nk}|^2\delta(\omega_{nk}-\omega)t \tag{10.6.30}$$

式中，$\omega_{nk}=(E_n-E_k)/\hbar$。

利用光的能量密度

$$I=\varepsilon_0^2/(8\pi) \tag{10.6.31}$$

可以将式(10.6.30)改写成

$$p_{nk}(t)=4\pi^2\hbar^{-2}e^2I\,|x_{nk}|^2\delta(\omega_{nk}-\omega)t \tag{10.6.32}$$

2. 连续频率的光

以上的讨论是在假设入射光为单色偏振光条件下进行的。实际上，光源发出的光的

频率是连续分布的。用 $I(\omega)\mathrm{d}\omega$ 来表示这种光频率在 $\omega \to \omega + \mathrm{d}\omega$ 之间的能量密度。用 $I(\omega)\mathrm{d}\omega$ 代替式(10.6.32)中的 I，并对入射光的频率分布范围积分，可以得到跃迁概率为

$$p_{nk}(t) = 4\pi^2 \hbar^{-2} e^2 t\ |x_{nk}|^2 \int I(\omega)\delta(\omega - \omega_{nk})\,\mathrm{d}\omega = 4\pi^2 \hbar^{-2} e^2 I(\omega_{nk})\ |x_{nk}|^2 t \tag{10.6.33}$$

上面的讨论是假设光波中各频率的分波都是沿 z 方向偏振的，所以，上式中只含有 x 的矩阵元。若入射光各向同性，且偏振是无规则的，则跃迁概率应顾及所有坐标方向的矩阵元，即

$$p_{nk}(t) = 4 \times 3^{-1}\pi^2 \hbar^{-2} e^2 I(\omega_{nk})\ |r_{nk}|^2 t \tag{10.6.34}$$

3. 爱因斯坦的光的吸收和辐射理论

1917 年，爱因斯坦从旧量子论出发，建立了光的吸收和辐射理论。为了描述光的吸收和发射过程，他引入了三个系数 A_{kn}、B_{nk} 和 B_{kn}。A_{kn} 称为从能级 E_n 到 E_k 的**自发辐射系数**，它表示原子在单位时间内由能级 E_n 自发跃迁到能级 E_k 的概率。B_{kn} 称为**受激辐射系数**，B_{nk} 称为**吸收系数**，它们的含义是，若作用于原子的光波在 $\omega \to \omega + \mathrm{d}\omega$ 频率范围内的能量密度为 $I(\omega)\mathrm{d}\omega$，则在单位时间内，原子由能级 E_n 受激跃迁到能级 E_k，并辐射出能量为 $\hbar\omega_{kn}$ 的光子的概率是 $B_{kn}I(\omega_{kn})$；原子由能级 E_k 跃迁到能级 E_n，并吸收能量为 $\hbar\omega_{nk}$ 的光子的概率是 $B_{nk}I(\omega_{nk})$。进而，爱因斯坦利用热力学体系的平衡条件建立了三个系数之间的关系，即

$$B_{nk} = B_{kn} \tag{10.6.35}$$

$$A_{kn} = \hbar\omega_{nk}^3 B_{kn}/(\pi^2 c^3) \tag{10.6.36}$$

利用

$$p_{nk}(t)/t = B_{nk} I(\omega_{nk}) \tag{10.6.37}$$

得到吸收系数 B_{nk} 与受激辐射系数 B_{kn} 为

$$B_{nk} = B_{kn} = 4\pi^2 e^2\ |r_{nk}|^2/(3\hbar^2) \tag{10.6.38}$$

而自发辐射系数为

$$A_{kn} = \hbar(\pi^2 c^3)^{-1}\omega_{nk}^3 B_{nk} = 4e^2\omega_{nk}^3\ |r_{nk}|^2/(3\hbar c^3) \tag{10.6.39}$$

10.6.4　量子跃迁的选择定则

由初态 $|k\rangle$ 跃迁到末态 $|n\rangle$ 的概率与 $|r_{nk}|^2$ 成正比，若 $|r_{nk}|^2 = 0$，则跃迁概率为零，即不可能发生跃迁，称这种不可能发生的跃迁为**禁戒跃迁**。下面来导出使得 $|r_{nk}|^2 \neq 0$ 需要满足的条件，即选择定则。

在球极坐标系中，有

$$\boldsymbol{r} = r\sin\theta\cos\varphi\,\boldsymbol{i} + r\sin\theta\sin\varphi\,\boldsymbol{j} + r\cos\theta\,\boldsymbol{k} \tag{10.6.40}$$

在中心力场的本征矢 $|nlm\rangle$ 下计算其矩阵元。

其中用到附 5.3 给出的关系式，即

$$\begin{cases}\cos\theta\mid l,m\rangle=a_{l,m}\mid l+1,m\rangle+a_{l-1,m}\mid l-1,m\rangle\\ \sin\theta\mathrm{e}^{\mathrm{i}\varphi}\mid l,m\rangle=b_{l-1,-(m+1)}\mid l-1,m+1\rangle-b_{l,m}\mid l+1,m+1\rangle\\ \sin\theta\mathrm{e}^{-\mathrm{i}\varphi}\mid l,m\rangle=-b_{l-1,m-1}\mid l-1,m-1\rangle+b_{l,-m}\mid l+1,m-1\rangle\end{cases}\tag{10.6.41}$$

式中

$$a_{l,m}=\left[\frac{(l+1)^2-m^2}{(2l+1)(2l+3)}\right]^{1/2},\quad b_{l,m}=\left[\frac{(l+m+1)(l+m+2)}{(2l+1)(2l+3)}\right]^{1/2}\tag{10.6.42}$$

及

$$\langle nlm\mid r^k\mid\tilde{n}\tilde{l}\tilde{m}\rangle=\langle nl\mid r^k\mid\tilde{n}\tilde{l}\rangle\delta_{l,\tilde{l}}\delta_{m,\tilde{m}}\tag{10.6.43}$$

于是可知，只有当

$$\Delta l=\pm1,\quad\Delta m=0,\pm1\tag{10.6.44}$$

时，才有可能发生跃迁。上式即为发生跃迁的**选择定则**。

*10.7 坐标矩阵元及无穷级数求和公式

10.7.1 坐标矩阵元的计算公式

在量子力学中，不管是精确求解还是近似求解一个算符的本征方程，问题都会归结为对算符矩阵元的计算，于是，算符矩阵元的计算成为解决量子力学问题的关键所在。实质上，在一个确定的基底之下，计算一个算符的矩阵元就是做数值积分。数值积分不但计算工作量大，而且，总会给计算结果带来误差。对于有些具体的物理问题而言，可通过一些简单的变换，将积分运算转化为有限项求和，不但消除了数值积分带来的误差，而且使数值计算易于程序化。

1. 线谐振子基底

质量为 μ、角频率为 ω 的线谐振子的哈密顿算符

$$\hat{H}=-(2\mu)^{-1}\hbar^2\mathrm{d}^2/\mathrm{d}x^2+2^{-1}\mu\omega^2x^2\tag{10.7.1}$$

满足的本征方程为

$$\hat{H}\mid n\rangle=E_n\mid n\rangle\tag{10.7.2}$$

上式的本征解为

$$E_n=(n+1/2)\hbar\omega\tag{10.7.3}$$

$$\mid n\rangle=N_n\mathrm{H}_n(\alpha x)\mathrm{e}^{-\alpha^2x^2/2}\tag{10.7.4}$$

其中

$$N_n=[\pi^{-1/2}\alpha/(2^n n!)]^{1/2}\tag{10.7.5}$$

$$\mathrm{H}_n(\alpha x)=\sum_{i=0}^{[n/2]}\frac{(-1)^i n!}{i!(n-2i)!}(2\alpha x)^{n-2i}\tag{10.7.6}$$

$$\alpha^2 = \mu\omega/\hbar \tag{10.7.7}$$

式中,$H_n(\alpha x)$ 为厄米多项式;符号$[n/2]$ 表示取不超过 $n/2$ 的最大整数;$n=0,1,2,\cdots$。

在线谐振子基底下,$x^k(k=1,2,3,\cdots)$ 的矩阵元为

$$\langle m \mid x^k \mid n\rangle = \int_{-\infty}^{\infty} N_m \mathrm{H}_m(\alpha x)\mathrm{e}^{-\alpha^2x^2/2} x^k N_n \mathrm{H}_n(\alpha x)\mathrm{e}^{-\alpha^2x^2/2}\mathrm{d}x =$$

$$N_m N_n \sum_{i=0}^{[m/2]}\sum_{j=0}^{[n/2]} \frac{(-1)^{i+j} m!n!(2\alpha)^{m+n-2i-2j}}{i!j!(m-2i)!(n-2j)!}\int_{-\infty}^{\infty} x^{k+m+n-2i-2j}\mathrm{e}^{-\alpha^2x^2}\mathrm{d}x \tag{10.7.8}$$

利用积分公式

$$\int_0^{\infty} x^{2n}\mathrm{e}^{-\alpha^2x^2}\mathrm{d}x = 2^{-(n+1)}(2n-1)!!\pi^{1/2}\alpha^{-(2n+1)} \tag{10.7.9}$$

及双阶乘的定义

$$(2n-1)!!=(2n)!/(2^n n!) \tag{10.7.10}$$

完成式(10.7.8)中的积分后,可以得到如下结果:

当 $k+m+n$ 为偶数时,有

$$\langle m \mid x^k \mid n\rangle = (2\alpha)^{-k}[2^{-(m+n)}m!n!]^{1/2}\times$$

$$\sum_{i=0}^{[m/2]}\sum_{j=0}^{[n/2]} \frac{(-1)^{i+j}(k+m+n-2i-2j)!}{i!j!(m-2i)!(n-2j)![2^{-1}(k+m+n)-i-j]!} \tag{10.7.11a}$$

当 $k+m+n$ 为奇数时,有

$$\langle m \mid x^k \mid n\rangle = 0 \tag{10.7.11b}$$

上式是一个很有用的公式,利用它可以直接判断哪些矩阵元为零。

2. 球谐振子基底

质量为 μ、角频率为 ω 的球谐振子的哈密顿算符

$$\hat{H} = -(2\mu)^{-1}\hbar^2\nabla^2 + 2^{-1}\mu\omega^2r^2 \tag{10.7.12}$$

满足的本征方程为

$$\hat{H}\mid nlm\rangle = E_{nl}\mid nlm\rangle \tag{10.7.13}$$

上式的本征解为

$$E_{nl} = (2n+l+3/2)\hbar\omega \tag{10.7.14}$$

$$\mid nlm\rangle = R_{nl}(r)\mathrm{Y}_{lm}(\theta,\varphi) \tag{10.7.15}$$

其中

$$R_{nl}(r) = N_{nl}\ (\alpha r)^l \mathrm{L}_n^{l+1/2}(\alpha^2r^2)\mathrm{e}^{-\alpha^2r^2/2} \tag{10.7.16}$$

$$\mathrm{L}_n^{l+1/2}(\alpha^2r^2) = \sum_{i=0}^{n}\frac{(-2)^i(2n+2l+1)!!(\alpha r)^{2i}}{2^n i!(n-i)!(2l+2i+1)!!} \tag{10.7.17}$$

$$N_{nl} = \{\pi^{-1/2}2^{l-n+2}\alpha^3 n!/[(2n+2l+1)!!]\}^{1/2} \tag{10.7.18}$$

式中,$\mathrm{L}_n^{l+1/2}(\alpha^2r^2)$ 为连带拉盖尔多项式;$\mathrm{Y}_{lm}(\theta,\varphi)$ 为球谐函数;α^2 的定义与式(10.7.7)同;$n,l=0,1,2,\cdots$;$\mid m\mid \leqslant l$。

在球谐振子基底下，$r^k(k=1,2,3,\cdots)$ 的矩阵元为

$$\langle nlm \mid r^k \mid \tilde{n}\tilde{l}\tilde{m}\rangle = \langle nl \mid r^k \mid \tilde{n}\tilde{l}\rangle \delta_{l,\tilde{l}}\delta_{m,\tilde{m}} \tag{10.7.19}$$

其中

$$\langle nl \mid r^k \mid \tilde{n}\tilde{l}\rangle = N_{nl}N_{\tilde{n}\tilde{l}}(2n+2l+1)!!(2\tilde{n}+2\tilde{l}+1)!!\times$$

$$\sum_{i=0}^{n}\sum_{j=0}^{\tilde{n}} \frac{(-2)^{i+j}\alpha^{l+\tilde{l}+2i+2j}\int_0^\infty r^{k+l+\tilde{l}+2i+2j+2}\mathrm{e}^{-\alpha^2 r^2}\mathrm{d}r}{2^{n+\tilde{n}}i!j!(n-i)!(\tilde{n}-j)!(2l+2i+1)!!(2\tilde{l}+2j+1)!!} \tag{10.7.20}$$

实际上，由式(10.7.19)可知，只需计算$\langle nl \mid r^k \mid \tilde{n}l\rangle$ 即可，上式是其更一般的形式（下同）。

当$k+l+\tilde{l}$ 为奇数时，利用积分公式

$$\int_0^\infty x^n \mathrm{e}^{-\alpha x}\mathrm{d}x = n!\alpha^{-(n+1)} \tag{10.7.21}$$

可得

$$\langle nl \mid r^k \mid \tilde{n}\tilde{l}\rangle = \pi^{-1/2}\alpha^{-k}[2^{-n-\tilde{n}+l+\tilde{l}+2}n!\tilde{n}!(2l+2n+1)!!(2\tilde{l}+2\tilde{n}+1)!!]^{1/2}\times$$

$$\sum_{i=0}^{n}\sum_{j=0}^{\tilde{n}} \frac{(-2)^{i+j}[(k+l+\tilde{l}+2i+2j+1)/2]!}{i!j!(n-i)!(\tilde{n}-j)!(2l+2i+1)!!(2\tilde{l}+2j+1)!!} \tag{10.7.22a}$$

当$k+l+\tilde{l}$ 为偶数时，利用积分公式(10.7.9)可得

$$\langle nl \mid r^k \mid \tilde{n}\tilde{l}\rangle = \alpha^{-k}[2^{-(k+n+\tilde{n})}n!\tilde{n}!(2l+2n+1)!!(2\tilde{l}+2\tilde{n}+1)!!]^{1/2}\times$$

$$\sum_{i=0}^{n}\sum_{j=0}^{\tilde{n}} \frac{(-1)^{i+j}(k+l+\tilde{l}+2i+2j+1)!!}{i!j!(n-i)!(\tilde{n}-j)!(2l+2i+1)!!(2\tilde{l}+2j+1)!!} \tag{10.7.22b}$$

3. 类氢离子基底

核电荷数为 Z 的类氢离子的哈密顿算符

$$\hat{H} = -(2\mu)^{-1}\hbar^2\nabla^2 - Ze^2r^{-1} \tag{10.7.23}$$

满足的本征方程为

$$\hat{H}\mid nlm\rangle = E_n \mid nlm\rangle \tag{10.7.24}$$

上式的本征解为

$$E_n = -Z^2e^2/(2a_0n^2) \tag{10.7.25}$$

$$\mid nlm\rangle = R_{nl}(r)\mathrm{Y}_{lm}(\theta,\varphi) \tag{10.7.26}$$

其中

$$R_{nl}(r) = N_{nl}(2Za_0^{-1}n^{-1}r)^l\mathrm{L}_{n-l-1}^{2l+1}(2Za_0^{-1}n^{-1}r)\mathrm{e}^{-Za_0^{-1}n^{-1}r} \tag{10.7.27}$$

$$\mathrm{L}_{n-l-1}^{2l+1}(2Zr/(a_0n)) = \sum_{i=0}^{n-l-1}\frac{(-1)^i(n+l)![2Zr/(a_0n)]^i}{i!(n-l-1-i)!(2l+1+i)!} \tag{10.7.28}$$

$$N_{nl}=\{(2Z)^3(a_0n)^{-3}(n-l-1)!/[2n(n+l)!]\}^{1/2} \tag{10.7.29}$$

$$a_0=\hbar^2/(\mu e^2) \tag{10.7.30}$$

式中，μ 为电子的约化质量；a_0 为氢原子的玻尔半径；$n=1,2,3,\cdots$；$l=0,1,2,\cdots,n-1$；$|m|\leqslant l$。

在类氢离子基底下，$r^k(k=1,2,3,\cdots)$ 的矩阵元为

$$\langle nlm \mid r^k \mid \tilde{n}\tilde{l}\tilde{m}\rangle=\langle nl \mid r^k \mid \tilde{n}\tilde{l}\rangle\delta_{l,\tilde{l}}\delta_{m,\tilde{m}} \tag{10.7.31}$$

式中

$$\langle nl \mid r^k \mid \tilde{n}\tilde{l}\rangle=N_{nl}N_{\tilde{n}\tilde{l}}(n+l)!(\tilde{n}+\tilde{l})!(2Za_0^{-1}n^{-1})^l(2Za_0^{-1}\tilde{n}^{-1})^{\tilde{l}}\times$$
$$\sum_{i=0}^{n-l-1}\sum_{j=0}^{\tilde{n}-\tilde{l}-1}\frac{(-1)^{i+j}(2Za_0^{-1}n^{-1})^i(2Za_0^{-1}\tilde{n}^{-1})^j}{i!j!(n-l-1-i)!(\tilde{n}-\tilde{l}-1-j)!(2l+1+i)!(2\tilde{l}+1+j)!}\times$$
$$\int_0^\infty r^{k+l+\tilde{l}+i+j+2}\exp[-Za_0^{-1}(n^{-1}+\tilde{n}^{-1})r]\,\mathrm{d}r \tag{10.7.32}$$

当 $k\geqslant-(l+\tilde{l}+2)$ 时，上式中的积分为

$$\int_0^\infty r^{k+l+\tilde{l}+i+j+2}\exp[-Za_0^{-1}(n^{-1}+\tilde{n}^{-1})r]\mathrm{d}r=$$
$$(k+l+\tilde{l}+i+j+2)![a_0Z^{-1}n\tilde{n}(n+\tilde{n})^{-1}]^{k+l+\tilde{l}+i+j+3} \tag{10.7.33}$$

将其代回式(10.7.32)，整理后得到

$$\langle nl \mid r^k \mid \tilde{n}\tilde{l}\rangle=M(n,l)M(\tilde{n},\tilde{l})[a_0Z^{-1}n\tilde{n}(n+\tilde{n})^{-1}]^{k+l+\tilde{l}+3}\times$$
$$\sum_{i=0}^{n-l-1}\sum_{j=0}^{\tilde{n}-\tilde{l}-1}A(n,l,i)A(\tilde{n},\tilde{l},j)(k+l+\tilde{l}+i+j+2)!\times$$
$$[a_0Z^{-1}n\tilde{n}(n+\tilde{n})^{-1}]^{i+j} \tag{10.7.34}$$

式中

$$M(n,l)=-\{(n-l-1)!/[2n(n+l)!]\}^{1/2}(2Za_0^{-1}n^{-1})^{l+3/2} \tag{10.7.35}$$

$$A(n,l,i)=(-2Za_0^{-1}n^{-1})^i/[(n-l-1-i)!(2l+1+i)!i!] \tag{10.7.36}$$

综上所述，利用特殊函数的级数表达式可以容易地得到 x^k 或者 r^k 矩阵元的级数表达式，从而将复杂的数值积分运算转化为有限项的级数求和，不但使矩阵元的计算易于程序化，而且回避了数值积分带来的计算误差，从而提高了计算的精度，这就为量子力学的高精度计算创造了必要的条件。

此外，在空间转子基底下，$\cos\theta$ 的矩阵元计算也是经常遇到的，它们可以利用式(10.6.41)得到，这里不再赘述。

10.7.2 无穷级数求和公式的导出

下面利用波函数的归一化条件导出一些无穷级数求和公式。

质量为 m 的粒子在宽度为 a 的非对称一维无限深方势阱(见式(3.1.23))中运动,设粒子处于状态 $\varphi_n(x)=Af_n(x)$,式中的 A 为归一化常数,$f_n(x)$ 为第 $n(n=1,2,3,\cdots)$ 个已知的函数。

在上述势阱中运动的粒子,已知其能级与归一化的本征波函数(见式(3.1.24)与式(3.1.25))分别为

$$E_n=\pi^2\hbar^2n^2/(2ma^2)\quad(n=1,2,3,\cdots)\tag{10.7.37}$$

$$\psi_n(x)=(2/a)^{1/2}\sin(\alpha_n x)\quad(0<x\leqslant a)\tag{10.7.38}$$

式中,$\alpha_n=n\pi/a$。

1. 粒子处于状态 $\varphi_1(x)=Aa$

首先,利用波函数 $\varphi_1(x)$ 的归一化条件

$$\int_0^a|\varphi_1(x)|^2\mathrm{d}x=|A|^2a^3=1\tag{10.7.39}$$

可以求出归一化常数的模方为

$$|A|^2=1/a^3\tag{10.7.40}$$

其次,将波函数 $\varphi_1(x)$ 向能量的本征波函数展开,得到

$$\varphi_1(x)=\sum_{n=1}^{\infty}C_n\psi_n(x)\tag{10.7.41}$$

式中的展开系数为

$$C_n=\int_0^a\psi_n^*(x)\varphi_1(x)\mathrm{d}x=A(2/a)^{1/2}\int_0^a a\sin(\alpha_n x)\mathrm{d}x=$$

$$A(2a)^{1/2}[1-\cos(n\pi)]/\alpha_n=-A(2a)^{1/2}[(-1)^n-1]/\alpha_n\tag{10.7.42}$$

由式(10.7.42)可知,当 n 为偶数时,$C_n=0$,而当 n 为奇数时,有

$$C_n=2(2a)^{1/2}A/\alpha_n\tag{10.7.43}$$

利用展开系数的模方之和为 1 得到

$$1=\sum_{n=1}^{\infty}|C_n|^2=|A|^2\frac{2a^3}{\pi^2}\sum_{n=1}^{\infty}\frac{[(-1)^n-1]^2}{n^2}=\frac{8}{\pi^2}\sum_{n=1,3,5,\cdots}^{\infty}\frac{1}{n^2}\tag{10.7.44}$$

于是得到无穷级数求和公式为

$$\sum_{n=1,3,5,\cdots}^{\infty}\frac{1}{n^2}=\frac{\pi^2}{8}\tag{10.7.45}$$

2. 粒子处于状态 $\varphi_2(x)=A(a-x)$

首先,利用波函数 $\varphi_2(x)$ 的归一化条件求出归一化常数的模方为

$$|A|^2=3/a^3\tag{10.7.46}$$

其次,将波函数 $\varphi_2(x)$ 向能量的本征波函数展开,得到展开系数为

$$C_n=\int_0^a\psi_n^*(x)\varphi_2(x)\mathrm{d}x=A(2/a)^{1/2}\int_0^a(a-x)\sin(\alpha_n x)\mathrm{d}x=A(2a)^{1/2}/\alpha_n\tag{10.7.47}$$

由展开系数的模方之和为 1 可知

$$1=\sum_{n=1}^{\infty}|C_n|^2=|A|^2\frac{2a^3}{\pi^2}\sum_{n=1}^{\infty}\frac{1}{n^2}=\frac{6}{\pi^2}\sum_{n=1}^{\infty}\frac{1}{n^2} \tag{10.7.48}$$

最后,得到无穷级数求和公式为

$$\sum_{n=1}^{\infty}\frac{1}{n^2}=\frac{\pi^2}{6} \tag{10.7.49}$$

进而得到另外两个无穷级数求和公式为

$$\begin{cases}\displaystyle\sum_{n=2,4,6,\cdots}^{\infty}\frac{1}{n^2}=\sum_{n=1}^{\infty}\frac{1}{n^2}-\sum_{n=1,3,5,\cdots}^{\infty}\frac{1}{n^2}=\frac{\pi^2}{6}-\frac{\pi^2}{8}=\frac{\pi^2}{24}\\ \displaystyle\sum_{n=1}^{\infty}(-1)^{n+1}\frac{1}{n^2}=\sum_{n=1,3,5,\cdots}^{\infty}\frac{1}{n^2}-\sum_{n=2,4,6,\cdots}^{\infty}\frac{1}{n^2}=\frac{\pi^2}{12}\end{cases} \tag{10.7.50}$$

3. 粒子处于状态 $\varphi_3(x)=Ax(a-x)$

仿照上述做法,利用波函数 $\varphi_3(x)$ 可以导出两个无穷级数求和公式,即

$$\sum_{n=1,3,5,\cdots}^{\infty}\frac{1}{n^6}=\frac{\pi^6}{960},\quad \sum_{n=1,3,5,\cdots}^{\infty}\frac{1}{n^4}=\frac{\pi^4}{96} \tag{10.7.51}$$

4. 粒子处于状态 $\varphi_4(x)=Ax^2(a-x)$

利用波函数 $\varphi_4(x)$ 可以导出两个无穷级数求和公式,即

$$\sum_{n=2,4,6,\cdots}^{\infty}\frac{1}{n^6}=\frac{\pi^6}{60\,480},\quad \sum_{n=2,4,6,\cdots}^{\infty}\frac{1}{n^4}=\frac{\pi^4}{1\,440} \tag{10.7.52}$$

进而得到

$$\sum_{n=1}^{\infty}\frac{1}{n^4}=\frac{\pi^4}{96}+\frac{\pi^4}{1\,440}=\frac{\pi^4}{90},\quad \sum_{n=1}^{\infty}\frac{1}{n^6}=\frac{\pi^6}{960}+\frac{\pi^6}{60\,480}=\frac{\pi^6}{945} \tag{10.7.53}$$

上式中的第 1 式已经在例题 1.3 中用到。

5. 粒子处于状态 $\varphi_5(x)=A\mathrm{e}^{kx/a}(k=1,2,3,\cdots)$

利用波函数 $\varphi_5(x)$ 可以导出如下无穷级数求和公式,即

$$(1+\mathrm{e}^k)^2\sum_{n=1,3,5,\cdots}^{\infty}\frac{n^2\pi^2}{(k^2+n^2\pi^2)^2}+(1-\mathrm{e}^k)^2\sum_{n=2,4,6,\cdots}^{\infty}\frac{n^2\pi^2}{(k^2+n^2\pi^2)^2}=\frac{\mathrm{e}^{2k}-1}{4k} \tag{10.7.54}$$

6. 粒子处于状态 $\varphi_6(x)=A(\mathrm{e}^{kx/a}-\mathrm{e}^{-kx/a})(k=1,2,3,\cdots)$

利用波函数 $\varphi_6(x)$ 可以导出如下无穷级数求和公式,即

$$\sum_{n=1}^{\infty}\frac{n^2\pi^2}{(k^2+n^2\pi^2)^2}=\frac{\mathrm{e}^{2k}-\mathrm{e}^{-2k}-4k}{4k(\mathrm{e}^k-\mathrm{e}^{-k})^2} \tag{10.7.55}$$

由式(10.7.54)与式(10.7.55)可知

$$\sum_{n=1,3,5,\cdots}^{\infty}\frac{n^2\pi^2}{(k^2+n^2\pi^2)^2}=\frac{\mathrm{e}^{2k}-\mathrm{e}^{-2k}-4k-2(1-k)\mathrm{e}^k+2(1+k)\mathrm{e}^{-k}}{8k(\mathrm{e}^k-\mathrm{e}^{-k})^2} \tag{10.7.56}$$

$$\sum_{n=2,4,6,\cdots}^{\infty}\frac{n^2\pi^2}{(k^2+n^2\pi^2)^2}=\frac{\mathrm{e}^{2k}-\mathrm{e}^{-2k}-4k+2(1-k)\mathrm{e}^k-2(1+k)\mathrm{e}^{-k}}{8k(\mathrm{e}^k-\mathrm{e}^{-k})^2} \tag{10.7.57}$$

进而得到另一个无穷级数求和公式为

$$\sum_{n=1}^{\infty}\frac{(-1)^{n+1}n^2\pi^2}{(k^2+n^2\pi^2)^2}=\frac{(1+k)\mathrm{e}^{-k}-(1-k)\mathrm{e}^{k}}{2k\,(\mathrm{e}^{k}-\mathrm{e}^{-k})^2} \tag{10.7.58}$$

在无穷级数求和公式的推导过程中，首先，利用了波函数归一化条件及能量平均值不随表象变化的性质，而坐标表象与能量表象分别为连续谱表象和断续谱表象，于是可以导出无穷级数求和公式。其次，除了几个量子力学的基本概念之外，只是用到了几个与三角函数相关的积分公式，毫不涉及高深的数学理论，因此上述方法是简单可行的。最后，该方法的推导过程是规范的，若要得到另外的无穷级数求和公式，只要改变波函数 $\varphi(x)$ 的形式即可，例如，若选 $\varphi_7(x)=Ax^3(a-x)$，则可导出 n^{-8} 的求和公式。

更进一步，利用类似的方法还可以导出一些定积分的计算公式，有兴趣的读者可以试做。

综上所述，就物理学与数学的关系而言，通常总是借助数学公式来推导物理学的理论公式，而上面的做法却是反其道而行之，即利用量子力学理论导出数学公式，此即所谓的逆向思维模式。前面所有的理论推导过程都未涉及高深的数学理论，只是用到量子力学的基本理论和简单的积分公式，就可以利用规范的方法得到一些相当复杂的级数求和公式，其中的一些求和公式，即使在数学手册中也无法查到，因此，上述方法为级数求和公式与定积分公式的导出另外开辟了一条蹊径。

例题选讲 10

例题 10.1 利用无简并的微扰论证明

$$E_n^{(3)}=\langle\psi_n^{(1)}\mid\hat{W}-E_n^{(1)}\mid\psi_n^{(1)}\rangle$$

证明 设哈密顿算符 $\hat{H}=\hat{H}_0+\hat{W}$，其中算符 $\hat{H}_0$ 与 $\hat{H}$ 满足的本征方程为

$$\hat{H}_0\mid\psi_n^{(0)}\rangle=E_n^{(0)}\mid\psi_n^{(0)}\rangle \tag{1}$$

$$\hat{H}\mid\psi_n\rangle=E_n\mid\psi_n\rangle \tag{2}$$

将严格解按微扰级数展开为

$$E_n=E_n^{(0)}+E_n^{(1)}+E_n^{(2)}+E_n^{(3)}+\cdots \tag{3}$$

$$\mid\psi_n\rangle=\mid\psi_n^{(0)}\rangle+\mid\psi_n^{(1)}\rangle+\mid\psi_n^{(2)}\rangle+\mid\psi_n^{(3)}\rangle+\cdots \tag{4}$$

再将上述两式代入式(2)，按小量的相同级次得到前三级的方程为

$$\begin{cases}(\hat{H}_0-E_n^{(0)})\mid\psi_n^{(0)}\rangle=0\\(\hat{H}_0-E_n^{(0)})\mid\psi_n^{(1)}\rangle+(\hat{W}-E_n^{(1)})\mid\psi_n^{(0)}\rangle=0\\(\hat{H}_0-E_n^{(0)})\mid\psi_n^{(2)}\rangle+(\hat{W}-E_n^{(1)})\mid\psi_n^{(1)}\rangle-E_n^{(2)}\mid\psi_n^{(0)}\rangle=0\\(\hat{H}_0-E_n^{(0)})\mid\psi_n^{(3)}\rangle+(\hat{W}-E_n^{(1)})\mid\psi_n^{(2)}\rangle-E_n^{(2)}\mid\psi_n^{(1)}\rangle-E_n^{(3)}\mid\psi_n^{(0)}\rangle=0\end{cases} \tag{5}$$

首先，用 $\langle\psi_n^{(0)}\mid$ 左乘式(5)中各式，并利用

$$\langle \psi_n^{(0)} \mid \psi_n^{(m)} \rangle = \delta_{m,0} \tag{6}$$

得到

$$\begin{cases} E_n^{(0)} = \langle \psi_n^{(0)} \mid \hat{H}_0 \mid \psi_n^{(0)} \rangle, \quad E_n^{(1)} = \langle \psi_n^{(0)} \mid \hat{W} \mid \psi_n^{(0)} \rangle \\ E_n^{(2)} = \langle \psi_n^{(0)} \mid \hat{W} - E_n^{(1)} \mid \psi_n^{(1)} \rangle, \quad E_n^{(3)} = \langle \psi_n^{(0)} \mid \hat{W} - E_n^{(1)} \mid \psi_n^{(2)} \rangle \end{cases} \tag{7}$$

然后，用$\langle \psi_n^{(2)} \mid$左乘式(5)中第2式，用$\langle \psi_n^{(1)} \mid$左乘式(5)中第3式，分别得到

$$\langle \psi_n^{(2)} \mid \hat{H}_0 - E_n^{(0)} \mid \psi_n^{(1)} \rangle + \langle \psi_n^{(2)} \mid \hat{W} - E_n^{(1)} \mid \psi_n^{(0)} \rangle = 0 \tag{8}$$

$$\langle \psi_n^{(1)} \mid \hat{H}_0 - E_n^{(0)} \mid \psi_n^{(2)} \rangle + \langle \psi_n^{(1)} \mid \hat{W} - E_n^{(1)} \mid \psi_n^{(1)} \rangle = 0 \tag{9}$$

将式(8)取厄米共轭后再减去式(9)，得到

$$\langle \psi_n^{(0)} \mid \hat{W} - E_n^{(1)} \mid \psi_n^{(2)} \rangle = \langle \psi_n^{(1)} \mid \hat{W} - E_n^{(1)} \mid \psi_n^{(1)} \rangle \tag{10}$$

最后，由式(7)中最后一式可知

$$E_n^{(3)} = \langle \psi_n^{(1)} \mid \hat{W} - E_n^{(1)} \mid \psi_n^{(1)} \rangle \tag{11}$$

例题 10.2　在H_0表象中，已知哈密顿算符的矩阵形式为

$$\hat{H} = \begin{pmatrix} E_1^0 + a & b \\ b & E_2^0 + a \end{pmatrix}$$

式中，a、b为小的实数，且$E_1^0 \neq E_2^0$。用微扰论求能量至二级近似，并与严格解做比较。

解　将哈密顿算符改写成

$$\hat{H} = \hat{H}_0 + \hat{W} \tag{1}$$

式中

$$\hat{H}_0 = \begin{pmatrix} E_1^0 & 0 \\ 0 & E_2^0 \end{pmatrix}, \quad \hat{W} = \begin{pmatrix} a & b \\ b & a \end{pmatrix} \tag{2}$$

由无简并微扰论公式可知，第$k(k=1,2)$个能级的二级近似为

$$E_k^{[2]} = E_k^0 + W_{kk} + \sum_{j \neq k} |W_{jk}|^2 / (E_k^0 - E_j^0) \tag{3}$$

当$k=1$时，有

$$E_1^{[2]} = E_1^0 + W_{11} + \sum_{j \neq 1} |W_{j1}|^2 / (E_1^0 - E_j^0) = E_1^0 + a + b^2 / (E_1^0 - E_2^0) \tag{4}$$

当$k=2$时，有

$$E_2^{[2]} = E_2^0 + W_{22} + \sum_{j \neq 2} |W_{j2}|^2 / (E_2^0 - E_j^0) = E_2^0 + a + b^2 / (E_2^0 - E_1^0) \tag{5}$$

如果直接求解哈密顿算符满足的本征方程

$$\begin{pmatrix} E_1^0 + a & b \\ b & E_2^0 + a \end{pmatrix} \begin{pmatrix} C_1 \\ C_2 \end{pmatrix} = E \begin{pmatrix} C_1 \\ C_2 \end{pmatrix} \tag{6}$$

则其相应的久期方程为

$$\begin{vmatrix} E_1^0 + a - E & b \\ b & E_2^0 + a - E \end{vmatrix} = 0 \tag{7}$$

解之可知本征值为

$$E_{\pm}=2^{-1}(E_1^0+E_2^0+2a)\pm 2^{-1}\left[(E_2^0-E_1^0)^2+4b^2\right]^{1/2} \tag{8}$$

利用微扰论的适用条件

$$|b|/|E_1^0-E_2^0|\ll 1 \tag{9}$$

式(8)右端中的第2项可以展开成

$$2^{-1}\left[(E_2^0-E_1^0)^2+4b^2\right]^{1/2}=2^{-1}|E_2^0-E_1^0|\left[1+2b^2/(E_2^0-E_1^0)^2+\cdots\right] \tag{10}$$

将上式取至二级近似，并代入式(8)，得到

$$E_1^{[2]}=E_1^0+a+b^2/(E_1^0-E_2^0) \tag{11}$$

$$E_2^{[2]}=E_2^0+a+b^2/(E_2^0-E_1^0) \tag{12}$$

与微扰论的二级近似结果完全一致。

例题10.3 一个转动惯量为I、电偶极矩为$\boldsymbol{D}$的平面转子在$x-y$平面上转动，如果在x方向加上一个均匀弱电场$\boldsymbol{E}=\varepsilon\boldsymbol{i}$，求转子基态的能量至二级修正及基态波函数至一级修正。

解 转动惯量为I的平面转子的哈密顿算符为

$$\hat{H}_0=(2I)^{-1}\hat{L}_z^2=-(2I)^{-1}\mathrm{d}^2/\mathrm{d}\varphi^2 \tag{1}$$

已知它的本征解为

$$\begin{cases}E_m^0=m^2\hbar^2/(2I) \quad (m=0,\pm 1,\pm 2,\cdots)\\ \psi_m^0(\varphi)=(2\pi)^{-1/2}\mathrm{e}^{\mathrm{i}m\varphi}\end{cases} \tag{2}$$

显然，除了基态是无简并的之外，所有的激发态都是二度简并的。

加上弱电场之后，相当于加上一个微扰

$$\hat{W}=-\boldsymbol{D}\cdot\boldsymbol{E}=-D\,\varepsilon\cos\varphi \tag{3}$$

对于基态而言，其本征解为

$$\begin{cases}E_0^0=0\\ \psi_0^0(\varphi)=(2\pi)^{-1/2}\end{cases} \tag{4}$$

这是一个无简并的微扰问题，可以直接利用无简并微扰论的公式进行逐级计算。

基态能量的零级近似与一、二级修正分别为

$$E_0^{(0)}=E_0^0 \tag{5}$$

$$E_0^{(1)}=W_{0,0}=0 \tag{6}$$

$$E_0^{(2)}=\sum_{j\neq 0}\left[|W_{0,-j}|^2+|W_{0,j}|^2\right]/(E_0^0-E_j^0)=-2\,(-2^{-1}D\,\varepsilon)^2/E_1^0=-ID^2\varepsilon^2/\hbar^2 \tag{7}$$

基态波函数的零级近似与一级修正为

$$\psi_0^{(0)}(\varphi)=\psi_0^0(\varphi)=(2\pi)^{-1/2} \tag{8}$$

$$\psi_0^{(1)}(\varphi)=\sum_{j\neq 0}-\left[W_{0,-j}\psi_{j,-1}^0(\varphi)+W_{0,j}\psi_{j,1}^0(\varphi)\right]/E_j^0=$$

$$-(-D\,\varepsilon/2)(2\pi)^{-1/2}(\mathrm{e}^{\mathrm{i}\varphi}+\mathrm{e}^{-\mathrm{i}\varphi})/E_j^0=(2/\pi)^{1/2}ID\varepsilon\cos\varphi/\hbar^2 \tag{9}$$

例题 10.4　已知质量为 μ 的二维各向同性非简谐振子的哈密顿算符为

$$\hat{H}=(\hat{p}_x^2+\hat{p}_y^2)/(2\mu)+\mu\omega^2(x^2+y^2)/2+\lambda xy$$

当 $\lambda\ll 1$ 时，试用微扰论求其第一激发态的能级与本征波函数。

解　若令

$$\begin{cases}\hat{H}_0=(\hat{p}_x^2+\hat{p}_y^2)/(2\mu)+\mu\omega^2(x^2+y^2)/2\\ \hat{W}=\lambda xy\end{cases}\tag{1}$$

则哈密顿算符可以写成

$$\hat{H}=\hat{H}_0+\hat{W}\tag{2}$$

已知 $\hat{H}_0$ 的本征解为

$$\begin{cases}E^0_{n_xn_y}=(n_x+n_y+1)\hbar\omega\quad(n_x,n_y=0,1,2,\cdots)\\ \psi^0_{n_xn_y}(x,y)=\varphi_{n_x}(x)\varphi_{n_y}(y)\end{cases}\tag{3}$$

若令

$$n=n_x+n_y\quad(n=0,1,2,\cdots)\tag{4}$$

则零级近似能级可改写成

$$E^0_n=(n+1)\hbar\omega\tag{5}$$

为了看清能级的简并情况，将 n 与 n_x、n_y 的关系列在下面：

$$n=\begin{cases}0\quad n_x=0\quad n_y=0\quad f_0=1\\ 1\quad n_x=\begin{cases}0\quad n_y=1\\ 1\quad n_y=0\quad f_1=2\end{cases}\\ 2\quad n_x=\begin{cases}0\quad n_y=2\\ 1\quad n_y=1\\ 2\quad n_y=0\quad f_2=3\end{cases}\\ \quad\cdots\cdots\end{cases}\tag{6}$$

显然，第 n 个能级的简并度为

$$f_n=n+1\tag{7}$$

第一激发态的量子数是 $n=1$，由于简并度 $f_1=2$，故需要使用简并微扰论来处理。在简并子空间中，相应的零级近似解为

$$\begin{cases}E^0_1=2\hbar\omega\\ |1\rangle=\varphi_0(x)\varphi_1(y)\\ |2\rangle=\varphi_1(x)\varphi_0(y)\end{cases}\tag{8}$$

能量一级修正满足的本征方程为

$$\sum_{\beta=1}^{2}\left[W_{\alpha\beta}-E_1^{(1)}\delta_{\alpha,\beta}\right]C_{1\beta}=0\tag{9}$$

相应的久期方程为

$$\begin{vmatrix} W_{11}-E_1^{(1)} & W_{12} \\ W_{21} & W_{22}-E_1^{(1)} \end{vmatrix}=0 \tag{10}$$

由例题3.2中的公式可知,坐标算符的矩阵元为

$$x_{mn}=\langle m \mid x \mid n\rangle=\alpha^{-1}\{(n/2)^{1/2}\delta_{m,n-1}+[(n+1)/2]^{1/2}\delta_{m,n+1}\} \tag{11}$$

式中

$$\alpha^2=\mu\omega/\hbar \tag{12}$$

于是,可以由式(10.7.11b)或式(11)判断出对角的微扰矩阵元为

$$W_{11}=W_{22}=0 \tag{13}$$

而非对角的微扰矩阵元为

$$W_{12}=\lambda\langle 1 \mid xy \mid 2\rangle=\lambda\int_{-\infty}^{\infty}\mathrm{d}x\int_{-\infty}^{\infty}\mathrm{d}y\varphi_0^*(x)\varphi_1^*(y)xy\varphi_1(x)\varphi_0(y)=$$

$$\lambda\int_{-\infty}^{\infty}\varphi_0^*(x)x\varphi_1(x)\mathrm{d}x\int_{-\infty}^{\infty}\varphi_1^*(y)y\varphi_0(y)\mathrm{d}y=\lambda\hbar/(2\mu\omega)=W_{21} \tag{14}$$

将式(13)和式(14)的矩阵元代入久期方程式(10),解之得

$$E_{11}^{(1)}=-\lambda\hbar/(2\mu\omega),\quad E_{12}^{(1)}=+\lambda\hbar/(2\mu\omega) \tag{15}$$

显然,能量一级修正已使第一激发态的能级劈裂成两条能级,二度简并完全消除。

为了求出近似本征矢,将 $E_{11}^{(1)}$ 代回本征方程,即

$$\frac{\lambda\hbar}{2\mu\omega}\begin{pmatrix}0 & 1\\ 1 & 0\end{pmatrix}\begin{bmatrix}C_1\\ C_2\end{bmatrix}=-\frac{\lambda\hbar}{2\mu\omega}\begin{bmatrix}C_1\\ C_2\end{bmatrix} \tag{16}$$

得到

$$C_1=-C_2 \tag{17}$$

由归一化条件可知

$$C_1=2^{-1/2} \tag{18}$$

于是得到相应的零级本征波函数为

$$\psi_{11}^{(0)}(x,y)=2^{-1/2}[\mid 1\rangle-\mid 2\rangle]=2^{-1/2}[\varphi_0(x)\varphi_1(y)-\varphi_1(x)\varphi_0(y)] \tag{19}$$

同理可得,$E_{12}^{(1)}$ 相应的零级本征波函数为

$$\psi_{12}^{(0)}(x,y)=2^{-1/2}[\mid 1\rangle+\mid 2\rangle]=2^{-1/2}[\varphi_0(x)\varphi_1(y)+\varphi_1(x)\varphi_0(y)] \tag{20}$$

例题 10.5 已知一个质量为 μ 的非简谐振子,其哈密顿算符为

$$\hat{H}=\hat{p}_x^2/(2\mu)+\lambda x^4$$

试以线谐振子的本征波函数 $\psi(x)=(a\pi^{-1/2})^{1/2}\mathrm{e}^{-a^2x^2/2}$ 为试探波函数,用变分法求其基态能量的近似值,其中 a 为变分参数。

解 在试探波函数描述的状态下,能量的平均值为

$$\bar{H}(a)=\langle\psi(x) \mid \hat{H} \mid \psi(x)\rangle=\bar{T}(a)+\bar{V}(a) \tag{1}$$

其中,动能的平均值为

$$\bar{T}(a) = -(2\mu)^{-1}\hbar^2\langle\psi(x)\mid\psi''(x)\rangle =$$

$$-(2\mu)^{-1}\hbar^2 a\pi^{-1/2}\int_{-\infty}^{\infty}(a^4x^2-a^2)\mathrm{e}^{-a^2x^2}\,\mathrm{d}x = \hbar^2a^2/(4\mu) \tag{2}$$

势能的平均值为

$$\bar{V}(a) = \lambda\langle\psi(x)\mid x^4\mid\psi(x)\rangle = 3\lambda/(4a^4) \tag{3}$$

将上述两式代入式(1),得到

$$\bar{H}(a) = \hbar^2a^2/(4\mu) + 3\lambda/(4a^4) \tag{4}$$

再由极值条件

$$\partial\bar{H}(a)/\partial a = 0 \tag{5}$$

求出取极值的变分参数为

$$a_0 = (6\mu\lambda/\hbar^2)^{1/6} \tag{6}$$

将上式代入式(4),整理之后得到基态能量的近似值为

$$E_0 \approx \bar{H}(a_0) = 4^{-1}\times 3^{4/3}\left[\hbar^2/(2\mu)\right]^{2/3}\lambda^{1/3} \tag{7}$$

式中的λ是一个实参数,是为了保证算符λx^4具有能量量纲而设置的,在使用变分法时,对其数值的大小没有限制。如果使用微扰论处理上述问题(见习题10.10的解答),则要求参数λ是一个小量。

例题10.6　设有一个电荷为e的线谐振子,已知在$t=0$时处于基态,$t>0$时处于弱电场$\boldsymbol{\varepsilon}=\varepsilon_0\mathrm{e}^{-t/\tau}\boldsymbol{i}$中,求其处于激发态的概率。

解　由题意知,含时微扰算符为

$$\hat{W}(t) = -e\,\varepsilon_0 x\mathrm{e}^{-t/\tau} \tag{1}$$

从基态$|\,0\rangle$跃迁到激发态$|\,n\rangle$的跃迁概率为

$$p_{n0}(t) = \hbar^{-2}\left|\int_0^t W_{n0}(t_1)\mathrm{e}^{\mathrm{i}\omega_{n0}t_1}\,\mathrm{d}t_1\right|^2 \tag{2}$$

其中

$$\omega_{n0} = (E_n - E_0)/\hbar = n\omega \tag{3}$$

$$W_{n0}(t) = -e\,\varepsilon_0\mathrm{e}^{-t/\tau}\langle n\mid x\mid 0\rangle = -2^{-1/2}e\,\alpha^{-1}\varepsilon_0\mathrm{e}^{-t/\tau}\delta_{n,1} \tag{4}$$

$$\alpha^2 = \mu\omega/\hbar \tag{5}$$

由式(4)可知,只有$n=1$时的跃迁概率不为零。

将式(3)～(5)代入式(2),得到

$$p_{10}(t) = e^2\varepsilon_0^2(2\mu\omega\hbar)^{-1}\left|\int_0^t \mathrm{e}^{-t_1/\tau}\mathrm{e}^{\mathrm{i}n\omega t_1}\,\mathrm{d}t_1\right|^2 =$$

$$e^2\varepsilon_0^2(2\mu\omega\hbar)^{-1}\left|\left[\mathrm{e}^{-(\tau^{-1}-\mathrm{i}\omega)t}-1\right](\tau^{-1}-\mathrm{i}\omega)^{-1}\right|^2 \tag{6}$$

特别是,当$t\to\infty$时,有

$$p_{10}(t)=e^2\varepsilon_0^2\tau^2/[(2\mu\hbar\omega)(1+\omega^2\tau^2)] \tag{7}$$

习　题　10

习题10.1　已知 λ 是个小量,求算符函数 $(\hat{F}-\lambda\hat{G})^{-1}$ 按 λ 升幂的展开式。

习题10.2　已知哈密顿算符的矩阵形式为

$$\hat{H}=\begin{pmatrix}1 & \lambda & 0\\ \lambda & 3 & 0\\ 0 & 0 & \lambda-2\end{pmatrix}$$

求其精确的本征值;若 $\lambda \ll 1$,用微扰论求其能级到二级近似。

习题10.3　当 λ 为一小量时,利用微扰论求矩阵

$$\begin{pmatrix}1 & 2\lambda & 0\\ 2\lambda & 2+\lambda & 3\lambda\\ 0 & 3\lambda & 3+2\lambda\end{pmatrix}$$

的本征值至 λ 的二次项,本征矢至 λ 的一次项。

习题10.4　证明无简并微扰论满足如下关系式,即

$$\langle\psi_n^{(0)}\mid\hat{H}\mid\psi_n^{(0)}\rangle=E_n^{(0)}+E_n^{(1)}$$

$$\langle\psi_n^{(0)}\mid\hat{H}\mid\psi_n^{(0)}+\psi_n^{(1)}\rangle=E_n^{(0)}+E_n^{(1)}+E_n^{(2)}$$

习题10.5　在 H_0 表象中,已知哈密顿算符的矩阵形式为

$$\hat{H}=\begin{pmatrix}E_1^0 & 0 & a\\ 0 & E_2^0 & b\\ a^* & b^* & E_3^0\end{pmatrix}$$

其中 $E_1^0<E_2^0<E_3^0$。利用微扰论求其能级至二级近似。

习题10.6　线谐振子受到微扰 $\hat{W}=\lambda e^{-\beta x^2}$ 的作用,计算基态能量的一级修正,其中实常数 $\beta>0$。

习题10.7　一个电荷为 q 的线谐振子受到恒定弱电场 $\boldsymbol{E}=\varepsilon\boldsymbol{i}$ 的作用,利用微扰论求其能量至二级近似,并与其精确结果比较。

习题10.8　求处于恒定弱电场 $\boldsymbol{E}=\varepsilon\boldsymbol{i}$ 中带电荷 q 的线谐振子的坐标概率密度分布。

习题10.9　线谐振子受到微扰 $\hat{W}=\lambda x^3$ 的作用,求其能量的二级修正、基态与第一激发态本征波函数的一级修正。

习题10.10　线谐振子受到微扰 $\hat{W}=\lambda x^4$ 的作用,求其能量的一级修正。

习题10.11　处于一维无限深方势阱 $(0<x<a)$ 中的粒子,受到微扰

$$\hat{W}=\begin{cases}2\lambda x/a & (0<x\leqslant a/2)\\ 2\lambda(1-x/a) & (a/2<x<a)\end{cases}$$

的作用，求其基态能量的一级修正。

习题 10.12　处于一维无限深方势阱$(0<x<a)$中的粒子，受到微扰

$$\hat{W}=\begin{cases}-2bx/a+b & (0<x\leqslant a/2)\\ +2bx/a-b & (a/2<x<a)\end{cases}$$

的作用，求其能量的一级修正。

习题 10.13　设线谐振子哈密顿算符用升算符 $\hat{a}^{+}$ 与降算符 $\hat{a}$ 表示为 $\hat{H}_0=(\hat{a}^{+}\hat{a}+1/2)\hbar\omega$，此体系受到微扰 $\hat{W}=\lambda(\hat{a}^{+}+\hat{a})\hbar\omega$ 的作用，求体系的能级到二级近似。已知升、降算符对 $\hat{H}_0$ 的本征态 $|n\rangle$ 的作用为

$$\hat{a}^{+}|n\rangle=(n+1)^{1/2}|n+1\rangle,\quad \hat{a}|n\rangle=n^{1/2}|n-1\rangle$$

习题 10.14　处于一维无限深方势阱$(0<x<a)$中的粒子，受到微扰

$$\hat{W}=\begin{cases}0 & (0<x\leqslant a/3,2a/3<x<a)\\ -V_1 & (a/3<x\leqslant 2a/3)\end{cases}$$

的作用，计算基态能量的一级修正。式中的 $V_1>0$。

习题 10.15　已知粒子在一维势阱

$$V(x)=\begin{cases}\lambda x & (0<x\leqslant a)\\ \infty & (x\leqslant 0,a<x)\end{cases}$$

中运动，求其基态能量的一级修正。其中的 $\lambda\ll 1$。

习题 10.16　已知粒子所处的位势为

$$V(x)=\begin{cases}0 & (0<x\leqslant a/2)\\ \pi^2\hbar^2/(80\mu a^2) & (a/2<x\leqslant a)\\ \infty & (x\leqslant 0,a<x)\end{cases}$$

求其能级的一级近似值。

习题 10.17　已知粒子所处的势阱为

$$V(x)=\begin{cases}-\pi^2\hbar^2\sin(\pi a^{-1}x)/(80\mu a^2) & (0<x\leqslant a)\\ \infty & (x\leqslant 0,a<x)\end{cases}$$

求其基态能量的一级近似。

习题 10.18　转动惯量为 I、电矩为 $\boldsymbol{D}$ 的空间转子处于均匀弱电场 $\boldsymbol{\varepsilon}$ 中，用微扰论求其基态能量到二级修正。

习题 10.19　若类氢离子的原子核不是点电荷，而是半径为 r_0、电荷均匀分布的小球，试计算这种效应对类氢离子基态能量的一级修正。提示：此时类氢离子的位势为

$$V(r)=\begin{cases}Ze^2r^2/(2r_0^3)-3Ze^2/(2r_0) & (r\leqslant r_0)\\ -Ze^2/r & (r_0<r)\end{cases}$$

习题 10.20　已知粒子在一个半壁无限高球方势阱运动，位势为

$$V(r)=\begin{cases}V_0 & (0<r\leqslant b)\\ 0 & (b<r\leqslant a)\\ \infty & (a<r<\infty)\end{cases}$$

其中 $V_0>0$ 是一小量，且 $b\ll a$，用微扰论计算 s 态能量的一级近似值。

习题 10.21　已知三个厄米算符 $\hat{N}$、$\hat{L}$ 与 $\hat{M}$ 相互对易，且它们的共同本征矢为 $|nlm\rangle$。若算符 $\hat{W}$ 与 $\hat{M}$ 对易，证明当 $m\neq\tilde{m}$ 时有

$$\langle nlm\mid\hat{W}\mid nl\tilde{m}\rangle=0$$

习题 10.22　在 H_0 表象中，已知体系哈密顿算符的矩阵形式为

$$\hat{H}=\begin{pmatrix}E_1^0 & 0 & a\\ 0 & E_1^0 & b\\ a^* & b^* & E_3^0\end{pmatrix}$$

其中 $E_3^0>E_1^0$。用简并微扰论求其能级至二级近似，并与严格解比较。

习题 10.23　自旋为 $\hbar/2$ 的粒子处于一维无限深方势阱 $(0<x<a)$ 中，若其受到微扰

$$\hat{W}=\begin{cases}\lambda\cos(2\pi x/a)\hat{s}_y & (0<x\leqslant a)\\ 0 & (x\leqslant 0,a<x)\end{cases}$$

的作用，求基态能量至一级修正。其中的 λ 为一小量。

习题 10.24　将氢原子置于均匀的弱外电场 $\boldsymbol{\varepsilon}=\varepsilon_0\boldsymbol{k}$ 中，求 $n=1,2$ 时能量的一级修正。

习题 10.25　设氢原子处于均匀的弱电场 $\boldsymbol{\varepsilon}=\varepsilon_0\boldsymbol{k}$ 和弱磁场 $\boldsymbol{B}=B_0\boldsymbol{k}$ 中，不考虑自旋效应，用微扰论讨论其 $n=2$ 的能级劈裂情况。

习题 10.26　求氢原子 $n=3$ 状态的一级斯塔克效应。

习题 10.27　在三维各向同性谐振子上加一微扰

$$\hat{W}=-\lambda(xy+yz+zx)$$

求第一激发态的一级能量修正。

习题 10.28　在三维各向同性谐振子上加一微扰

$$\hat{W}=axy+bz^2$$

求第一激发态的一级能量修正。

习题 10.29　在长度为 a 的正六面体盒中的电子，其能量为 $3\pi^2\hbar^2/(\mu a^2)$，若加一微扰 $\hat{W}=e\varepsilon z$，求能量的一级修正。

习题 10.30　用试探波函数 $\varphi(x)=\mathrm{e}^{-\alpha x^2}$ 计算线谐振子的基态能量与本征波函数。

习题 10.31　试选择适当的试探波函数，计算氢原子基态能量和本征波函数，并与严格解比较。

习题 10.32　以 $\psi(r)=\mathrm{e}^{-cr^2}$ 为试探波函数，求氢原子基态能量与本征波函数，其

中 $c>0$。

习题 10.33　已知一维振子的哈密顿算符为

$$\hat{H}=\hat{p}_x^2/(2\mu)+\lambda x^2$$

以 $\psi(x)=(a\pi^{-1/2})^{1/2}\mathrm{e}^{-a^2x^2/2}$ 为试探波函数，a 为变分参数，求其基态能量。

习题 10.34　已知粒子在中心力场 $V(r)=-Ar^n$（n 为整数）中运动，选 $R(r)=N\mathrm{e}^{-\beta r}$ 为试探波函数，求其基态能量。进而求出库仑场（$n=-1,A>0$）和谐振子势（$n=2,A<0$）的结果，并与严格解比较。

习题 10.35　已知体系在 $t=0$ 时处于基态 $|0\rangle$，若长时间加上微扰

$$\hat{W}(x,t)=F(x)\mathrm{e}^{-t/\tau}$$

证明该体系处于另一能量本征态 $|1\rangle$ 的概率为

$$|\langle 0|\hat{F}|1\rangle|^2/[(E_1-E_0)^2+t^2/\tau^2]$$

习题 10.36　已知氢原子所处的电场为

$$\varepsilon(t)=\begin{cases}0 & (t\leqslant 0)\\ \varepsilon_0\mathrm{e}^{-t/\tau} & (t>0)\end{cases}$$

当时间足够长时，求氢原子从基态跃迁到 2s 及 2p 态的概率。

习题 10.37　不随时间变化的微扰 $\hat{W}$ 从 $t=0$ 时刻开始发生作用，求状态间的跃迁概率。

习题 10.38　当 $t=0$ 时，电荷为 $-e$ 的线谐振子处于基态，若在 $t>0$ 时加一个与振动方向相同的恒定外电场 $\boldsymbol{\varepsilon}$，求其处于任意态的概率。

第 11 章　量子散射理论初步

在第 4 章中，已经讨论了一维位势的非束缚定态问题，借助反射系数和透射系数讨论了势垒隧穿现象，实际上它就是一类最简单的势散射问题，本章将要进一步讨论三维空间的势散射问题。

为了研究量子散射问题，李普曼(Lippmann)与施温格(Schwinger)导出了一个散射问题满足的积分方程，鉴于该方程的推导和求解的难度，通常将其放在高等量子力学中讲授，本章只介绍两种常用的处理量子空间势散射问题的方法，即分波法与玻恩近似法。

量子散射的重要意义在于：首先，玻恩通过对散射问题的研究，给出了波函数的概率波解释，即量子力学的第一个基本原理；其次，赫兹通过电子被原子散射实验，得出了原子内态不连续的结论；然后，卢瑟福通过 α 粒子被原子散射实验，确立了原子的有核模型；最后，理论工作者认为基本粒子是由夸克构成的，但是，至今实验上还没有发现自由夸克的存在(夸克禁闭)，人们期盼通过散射实验，间接地验证核子及介子的夸克结构。总之，量子散射是了解物质(原子、原子核及基本粒子) 结构的最直接实验手段之一。

11.1　量子散射现象的描述

11.1.1　量子散射的基本概念

1. 量子散射及其类型

量子散射的过程可以简化为：当具有确定能量和动量的入射粒子射向另一个处于固定位置的靶粒子时，在靶粒子附近，入射粒子与靶粒子发生相互作用，交换能量和动量之后，入射粒子沿某个方向朝无穷远处飞去，称这样一个过程为**量子散射**或者**量子碰撞**。

按照量子散射对粒子产生的影响可以将其分为三种类型：一是，若散射后粒子的内部状态没有改变，称为**弹性散射**；二是，若散射后粒子的内部状态发生了变化(例如，激发、电离等)，称为**非弹性散射**；三是，若散射后的入射粒子和靶粒子变成另外的粒子，则称两者发生了**反应**。

按照入射粒子与靶粒子之间的相互作用形式，可以将散射分为两种类型：如果两个粒子之间的相互作用可以用一个势函数来描述，把这种散射称为**势散射**，否则，称为一般散射。在第 4 章已经介绍了一维势散射问题,它是三维空间势散射的特例,本章只处理三维空间弹性散射中的势散射问题。

弹性势散射的实验过程是,一束具有确定能量的入射粒子沿 z 轴正方向射向靶粒子,两者之间的用势函数描述的相互作用并未改变其内部状态,只是入射粒子偏离原来的运动方向,向无穷远处飞去。显然,弹性势散射属于非束缚定态问题。

为了使问题得到简化,对弹性势散射做如下三个假设:第一,入射粒子束足够稀薄,以至于可以忽略入射粒子之间的相互作用;第二,靶粒子的质量远大于入射粒子的质量;第三,靶粒子的密度足够小,可以不顾及其他粒子的影响。

2. 弹性势散射中的基本物理量

为了描述弹性势散射,下面引入几个基本物理量。

(1) 入射粒子流强度 N

若粒子沿 z 轴正方向入射,则**入射粒子流强度** N 为单位时间内通过垂直于 z 轴的单位面积上的粒子数。

(2) 散射粒子数 $\mathrm{d}N$

散射粒子数 $\mathrm{d}N$ 为单位时间内进入以靶粒子为中心的 (θ,φ) 附近 $\mathrm{d}\Omega$ 立体角的粒子数,它与 $N\mathrm{d}\Omega$ 成正比,即

$$\mathrm{d}N=\sigma(\theta,\varphi)N\mathrm{d}\Omega \tag{11.1.1}$$

(3) 微分截面 $\sigma(\theta,\varphi)$

由式(11.1.1)可知,在单位时间和单位立体角下,$\sigma(\theta,\varphi)$ 具有面积量纲,称为**微分截面**,其定义式为

$$\sigma(\theta,\varphi)=N^{-1}\mathrm{d}N/\mathrm{d}\Omega \tag{11.1.2}$$

它的物理含义是,有 $\sigma(\theta,\varphi)$ 这么大面积上的入射粒子被散射到以靶粒子为中心的 (θ,φ) 的单位立体角中。由于散射粒子数 $\mathrm{d}N$ 与入射粒子流强度 N 之比 $N^{-1}\mathrm{d}N$ 是一个和入射粒子被散射的概率有关的量,所以,微分截面能反映出粒子被散射到以靶粒子为中心的 (θ,φ) 附近的单位立体角中概率的大小。

(4) 积分截面 σ_{T}

积分截面 σ_{T} 表示一个入射粒子被散射(不管方向)的概率,它与微分截面的关系为

$$\sigma_{\mathrm{T}}=\int\sigma(\theta,\varphi)\mathrm{d}\Omega=\int_0^{2\pi}\mathrm{d}\varphi\int_0^{\pi}\mathrm{d}\theta\,\sin\theta\,\sigma(\theta,\varphi) \tag{11.1.3}$$

有时也将积分截面称为**总截面**,它的作用类似于一维势垒隧穿中的透射系数。通常将微分截面和积分截面统称为**散射截面**。

11.1.2　散射振幅与散射截面

1. 势散射满足的定态薛定谔方程

由于量子散射涉及入射粒子与靶粒子,因此,量子散射是一个二体问题,通常选用质

心坐标系来处理它。将入射粒子与靶粒子的质心选为坐标原点，在该坐标系中，质心是相对静止的，可以不予考虑。

在质心坐标系中，相对运动的定态薛定谔方程为

$$-(2\mu)^{-1}\hbar^2\nabla^2\psi(\boldsymbol{r})+V(\boldsymbol{r})\psi(\boldsymbol{r})=E\psi(\boldsymbol{r}) \tag{11.1.4}$$

其中，$V(\boldsymbol{r})$ 为入射粒子与靶粒子的相互作用位势，μ 为约化质量，即

$$\mu=m_{\mathrm{A}}m_{\mathrm{B}}/(m_{\mathrm{A}}+m_{\mathrm{B}}) \tag{11.1.5}$$

式中，m_{B}、m_{A} 分别为入射粒子与靶粒子的质量。

如前所述，虽然式(11.1.4)与能量本征方程在形式上完全相同，但是，处理它们的目的却截然不同，可以说两者是貌合神离的。这里的 E 为入射粒子的能量，它是一个已知的、可以连续取值的正能量，目的是由其求出散射截面，而通常能量本征方程中的 E 是待求的能量本征值。

若势场是中心力场，即 $V(\boldsymbol{r})=V(r)$，则式(11.1.4)可以简化成

$$(\nabla^2+\boldsymbol{k}^2)\psi(r)=U(r)\psi(r) \tag{11.1.6}$$

式中

$$k=(2\mu E/\hbar^2)^{1/2},\quad U(r)=(2\mu/\hbar^2)V(r) \tag{11.1.7}$$

2. 入射平面波与散射球面波

当粒子沿 z 轴正方向入射时，对应的是**入射平面波**，即

$$\psi_1(\boldsymbol{r})=\mathrm{e}^{ikz} \tag{11.1.8}$$

此平面波的规格化常数与以前的取法不同，它将导致两者的规格化条件相差一个常数 $(2\pi)^3$，这并不影响可观测量的结果。

方程(11.1.6)的解是**散射球面波**，即

$$\psi_2(\boldsymbol{r})=f(\theta,\varphi)r^{-1}\mathrm{e}^{ikr} \tag{11.1.9}$$

式中，$f(\theta,\varphi)$ 是一个与角度相关的函数，称为**散射振幅**。这里，φ 为出射粒子的方位角，θ 为相对入射粒子飞行方向的偏转角。当粒子沿 z 轴正方向入射且势场是中心力场时，散射振幅 $f(\theta,\varphi)$ 与 φ 角无关。

实际上，入射粒子与靶粒子发生相互作用的空间只是局限在一个小范围内，而探测器的位置远大于相互作用的尺度，能实现上述两个条件的位势 $V(r)$ 应该满足如下要求，即

$$\lim_{r\to\infty} rV(r)=0 \tag{11.1.10}$$

这时，可以保证在 $r\to\infty$ 处的入射平面波(**透射波**)不发生畸变，即透射波与入射波相同，显然，库仑位势并不满足上述要求。

总之，在无穷远处，粒子的状态是由透射波与散射波构成的，即

$$\psi(\boldsymbol{r})=\mathrm{e}^{ikz}+f(\theta,\varphi)r^{-1}\mathrm{e}^{ikr} \tag{11.1.11}$$

由上式可知，为了保证等式右端量纲的一致性，散射振幅应该具有长度的量纲。

3. 散射截面与散射振幅的关系

处理散射问题的目的是求出散射截面，如果知道了微分截面与散射振幅之间的关系，那么只要能求出散射振幅，问题就解决了。

由式(11.1.8)可知，入射粒子沿 z 方向的概率流密度为

$$(J_1)_z=\frac{\mathrm{i}\hbar}{2\mu}\left[\psi_1(\boldsymbol{r})\frac{\partial\psi_1^*(\boldsymbol{r})}{\partial z}-\psi_1^*(\boldsymbol{r})\frac{\partial\psi_1(\boldsymbol{r})}{\partial z}\right]=\frac{k\hbar}{\mu}\tag{11.1.12}$$

上式表示单位时间内穿过垂直于粒子前进方向(即 z 轴)上单位面积的粒子数，即入射粒子流强度

$$N=k\hbar/\mu\tag{11.1.13}$$

由式(11.1.9)可知，散射波沿 $\boldsymbol{r}$ 方向的概率流密度为

$$\begin{aligned}(J_2)_r&=\frac{\mathrm{i}\hbar}{2\mu}\left[\psi_2(\boldsymbol{r})\frac{\partial\psi_2^*(\boldsymbol{r})}{\partial r}-\psi_2^*(\boldsymbol{r})\frac{\partial\psi_2(\boldsymbol{r})}{\partial r}\right]=\\&\frac{\mathrm{i}\hbar}{2\mu}\left[\frac{\mathrm{e}^{\mathrm{i}kr}}{r}\frac{\partial(\mathrm{e}^{-\mathrm{i}kr}/r)}{\partial r}-\frac{\mathrm{e}^{-\mathrm{i}kr}}{r}\frac{\partial(\mathrm{e}^{\mathrm{i}kr}/r)}{\partial r}\right]|f(\theta,\varphi)|^2=\\&\frac{\hbar k}{\mu r^2}|f(\theta,\varphi)|^2=\frac{N}{r^2}|f(\theta,\varphi)|^2\end{aligned}\tag{11.1.14}$$

上式表示单位时间穿过球面 (θ,φ) 附近单位面积的粒子数。

进而可知，散射粒子通过 (θ,φ) 附近 $\mathrm{d}S$ 面积的粒子数为

$$\mathrm{d}N=(J_2)_r\mathrm{d}S=N|f(\theta,\varphi)|^2r^{-2}\mathrm{d}S=N|f(\theta,\varphi)|^2\mathrm{d}\Omega\tag{11.1.15}$$

将上式代入微分截面的定义式(11.1.2)，得到

$$\sigma(\theta,\varphi)=N^{-1}\mathrm{d}N/\mathrm{d}\Omega=|f(\theta,\varphi)|^2\tag{11.1.16}$$

由上式可知，只要求出了散射振幅就知道了散射截面，而散射振幅需要通过求解式(11.1.6)得到。但是严格求解方程式(11.1.6)是十分困难的，通常要采用近似方法来处理。下面将介绍两种近似计算散射截面的方法，即分波法与玻恩近似法。

11.2 分波法与分波相移

11.2.1 中心力场的渐近解

分波法是一种处理弹性势散射问题的方法，其基本思路是，通过比较中心力场渐近解和边界条件，求出各分波的相移，进而得到散射振幅与散射截面。

1. 中心力场的渐近解

在中心力场 $V(r)$ 中，约化质量为 μ、能量为 $E>0$ 的粒子的散射问题，归结为求出其相对运动方程

$$(\nabla^2+\boldsymbol{k}^2)\psi(\boldsymbol{r})=U(r)\psi(\boldsymbol{r})\tag{11.2.1}$$

满足边界条件

$$\psi(\boldsymbol{r}) \underset{r\to\infty}{\longrightarrow} \mathrm{e}^{\mathrm{i}kz} + f(\theta)r^{-1}\mathrm{e}^{\mathrm{i}kr} \tag{11.2.2}$$

的解。式中

$$k = (2\mu E/\hbar^2)^{1/2}, \quad U(r) = (2\mu/\hbar^2)V(r) \tag{11.2.3}$$

在中心力场中，若不顾及自旋变量，则$\{H, \boldsymbol{L}^2, L_z\}$构成力学量完全集。在球极坐标系中，若设其共同本征函数系为$\{|klm\rangle\}$，则算符$\hat{H}$、$\hat{\boldsymbol{L}}^2$、$\hat{L}_z$满足的本征方程为

$$\begin{cases} \hat{H} \mid klm\rangle = (2\mu)^{-1}\hbar^2 \boldsymbol{k}^2 \mid klm\rangle \\ \hat{\boldsymbol{L}}^2 \mid klm\rangle = l(l+1)\hbar^2 \mid klm\rangle \\ \hat{L}_z \mid klm\rangle = m\hbar \mid klm\rangle \end{cases} \tag{11.2.4}$$

称本征矢$|klm\rangle$为 l **分波**，它的具体形式是

$$| klm\rangle = R_{kl}(r)\mathrm{Y}_{lm}(\theta,\varphi) = r^{-1}u_{kl}(r)\mathrm{Y}_{lm}(\theta,\varphi) \tag{11.2.5}$$

式中，$\mathrm{Y}_{lm}(\theta,\varphi)$为球谐函数；$R_{kl}(r)$为径向波函数；$u_{kl}(r)$为径向函数。

已知径向函数$u_{kl}(r)$满足的径向方程和零点条件（见式(7.1.14)和式(7.1.15)）分别为

$$-u''_{kl}(r) + [l(l+1)r^{-2} + U(r)]u_{kl}(r) = \boldsymbol{k}^2 u_{kl}(r) \tag{11.2.6}$$

$$\lim_{r\to 0} u_{kl}(r) = 0 \tag{11.2.7}$$

当$r\to\infty$时，径向方程式(11.2.6)简化为

$$-u''_{kl}(r) = \boldsymbol{k}^2 u_{kl}(r) \tag{11.2.8}$$

其满足自然条件的径向函数为

$$u_{kl}(r) = a_{kl}\sin(kr - l\pi/2 + \delta_l) \tag{11.2.9}$$

式中，a_{kl}为归一化常数；δ_l称为 l **分波相移**。

将式(11.2.9)代入式(11.2.5)，得到中心力场中本征矢的渐近解为

$$| klm\rangle \underset{r\to\infty}{\longrightarrow} \tilde{a}_{kl}(kr)^{-1}\sin(kr - l\pi/2 + \delta_l)\mathrm{Y}_{lm}(\theta,\varphi) \tag{11.2.10}$$

式中，$\tilde{a}_{kl} = ka_{kl}$。

2. 体系波函数的渐近形式

在中心力场中，由本征矢$|klm\rangle$的完备性可知，体系任意状态$\psi(\boldsymbol{r})$的一般形式可以写成

$$\psi(\boldsymbol{r}) = \int \sum_{l=0}^{\infty}\sum_{m=-l}^{l} c_{lm}(k) \mid klm\rangle \mathrm{d}k \tag{11.2.11}$$

由于入射能量是确定的，并且入射方向为 z 轴的正方向($m=0$)，而$U(r)$相对 z 轴旋转不变，故散射波亦满足$m=0$的条件。于是，当$r\to\infty$时，利用式(11.2.10)可以将式(11.2.11)简化为

$$\psi(\boldsymbol{r}) \underset{r\to\infty}{\longrightarrow} \sum_{l=0}^{\infty} b_l \mid kl0\rangle = \sum_{l=0}^{\infty} b_l\tilde{a}_{kl}(kr)^{-1}\sin(kr - l\pi/2 + \delta_l)\mathrm{Y}_{l0}(\theta,\varphi) \tag{11.2.12}$$

再利用球谐函数与勒让德函数 $P_l(\cos\theta)$ 的关系式

$$Y_{l0}(\theta,\varphi)=[(2l+1)/(4\pi)]^{1/2}P_l(\cos\theta) \tag{11.2.13}$$

可以将式(11.2.12) 改写为

$$\psi(\boldsymbol{r}) \underset{r\to\infty}{\rightarrow} \sum_{l=0}^{\infty} c_l P_l(\cos\theta)(kr)^{-1}\sin(kr-l\pi/2+\delta_l)=$$

$$\sum_{l=0}^{\infty} c_l P_l(\cos\theta)(2\mathrm{i}kr)^{-1}\left[\mathrm{e}^{\mathrm{i}(kr-l\pi/2+\delta_l)}-\mathrm{e}^{-\mathrm{i}(kr-l\pi/2+\delta_l)}\right] \tag{11.2.14}$$

其中

$$c_l=\tilde{a}_{kl}b_l\left[(2l+1)/(4\pi)\right]^{1/2}=ka_{kl}b_l\left[(2l+1)/(4\pi)\right]^{1/2} \tag{11.2.15}$$

式(11.2.14) 中的 $\psi(\boldsymbol{r})$ 称为势散射的**渐近波函数**。

11.2.2　边界条件的渐近形式

为了求出散射振幅，需要将边界条件式(11.2.2) 与渐近波函数表达式(11.2.14) 比较。由于式(11.2.14) 中的波函数是向勒让德函数展开的，所以，需要将式(11.2.2) 中的入射波和散射波也分别向勒让德函数展开。

1. 入射平面波的渐近形式

对于入射波而言，沿 z 轴正方向入射的平面波是能量与动量的本征函数，由于动量算符与角动量平方算符不对易，故其不是角动量算符的本征态。但是可以将其向球面波展开(见附 5.3)，即

$$\mathrm{e}^{\mathrm{i}kz}=\mathrm{e}^{\mathrm{i}kr\cos\theta}=\sum_{l=0}^{\infty}\mathrm{i}^l\left[4\pi(2l+1)\right]^{1/2}\mathrm{j}_l(kr)Y_{l0}(\theta,\varphi)=$$

$$\sum_{l=0}^{\infty}(2l+1)\,\mathrm{e}^{\mathrm{i}l\pi/2}\mathrm{j}_l(kr)P_l(\cos\theta) \tag{11.2.16}$$

其中用到式(11.2.13) 及

$$\cos(l\pi/2)+\mathrm{i}\sin(l\pi/2)=\mathrm{e}^{\mathrm{i}l\pi/2}=\mathrm{i}^l \tag{11.2.17}$$

将球贝塞尔函数 $\mathrm{j}_l(kr)$ 的渐近形式

$$\mathrm{j}_l(kr) \underset{kr\to\infty}{\rightarrow} (kr)^{-1}\sin(kr-l\pi/2) \tag{11.2.18}$$

代入式(11.2.16)，得到入射平面波的渐近形式为

$$\mathrm{e}^{\mathrm{i}kz} \underset{r\to\infty}{\rightarrow} \sum_{l=0}^{\infty}(2l+1)(kr)^{-1}\sin(kr-l\pi/2)\mathrm{e}^{\mathrm{i}l\pi/2}P_l(\cos\theta) \tag{11.2.19}$$

2. 散射球面波的展开

对于散射波而言，只需要将散射振幅向勒让德函数展开即可，即

$$f(\theta)=\sum_{l=0}^{\infty}\tilde{d}_l P_l(\cos\theta)=\sum_{l=0}^{\infty}d_l(2\mathrm{i}k)^{-1}P_l(\cos\theta) \tag{11.2.20}$$

其中，$\tilde{d}_l$ 是散射振幅向勒让德函数展开的展开系数，而 $d_l=2\mathrm{i}k\tilde{d}_l$。于是，得到散射球面波

的展开式为

$$f(\theta)r^{-1}\mathrm{e}^{\mathrm{i}kr}=\sum_{l=0}^{\infty}d_l\,(2\mathrm{i}kr)^{-1}\mathrm{e}^{\mathrm{i}kr}\mathrm{P}_l(\cos\theta) \tag{11.2.21}$$

3. 边界条件的渐近形式

当 $r\to\infty$时，由式(11.2.19) 和式(11.2.21) 可知，边界条件式(11.2.2) 的渐近形式为

$$\psi(\boldsymbol{r})\underset{r\to\infty}{\to}\mathrm{e}^{\mathrm{i}kz}+f(\theta)r^{-1}\mathrm{e}^{\mathrm{i}kr}=$$

$$\sum_{l=0}^{\infty}(2\mathrm{i}kr)^{-1}[(2l+1+d_l)\mathrm{e}^{\mathrm{i}kr}-(2l+1)\mathrm{e}^{\mathrm{i}l\pi}\mathrm{e}^{-\mathrm{i}kr}]\mathrm{P}_l(\cos\theta) \tag{11.2.22}$$

显然，上式中只有展开系数 d_l 是未知量。

11.2.3 散射振幅与散射截面

为了导出散射振幅的表达式，需要先求出展开系数 d_l。将式(11.2.22) 与式(11.2.14) 比较可知，c_l 和 d_l 满足的联立方程为

$$\begin{cases}c_l\mathrm{e}^{\mathrm{i}(-l\pi/2+\delta_l)}=2l+1+d_l\\ c_l\mathrm{e}^{-\mathrm{i}(-l\pi/2+\delta_l)}=(2l+1)\mathrm{e}^{\mathrm{i}l\pi}\end{cases} \tag{11.2.23}$$

求解上述联立方程，得到

$$d_l=(2l+1)(\mathrm{e}^{\mathrm{i}2\delta_l}-1) \tag{11.2.24}$$

将其代入式(11.2.20)，得到散射振幅表达式为

$$f(\theta)=\sum_{l=0}^{\infty}(2l+1)(\mathrm{e}^{\mathrm{i}2\delta_l}-1)\,(2\mathrm{i}k)^{-1}\mathrm{P}_l(\cos\theta)=$$

$$k^{-1}\sum_{l=0}^{\infty}(2l+1)\sin\delta_l\mathrm{e}^{\mathrm{i}\delta_l}\mathrm{P}_l(\cos\theta) \tag{11.2.25}$$

进而可知，微分截面为

$$\sigma(\theta)=|f(\theta)|^2=\frac{1}{k^2}\left|\sum_{l=0}^{\infty}(2l+1)\sin\delta_l\mathrm{e}^{\mathrm{i}\delta_l}\mathrm{P}_l(\cos\theta)\right|^2 \tag{11.2.26}$$

特别是，当只顾及 s 分波时，由于 $l=0$ 和 $\mathrm{P}_0(x)=1$，故有

$$\sigma(\theta)=\sigma_0=k^{-2}\,\sin^2\delta_0 \tag{11.2.27}$$

积分截面为

$$\sigma_{\mathrm{T}}=\int\sigma(\theta)\mathrm{d}\Omega=\frac{1}{k^2}\int\left|\sum_{l=0}^{\infty}(2l+1)\sin\delta_l\mathrm{e}^{\mathrm{i}\delta_l}\mathrm{P}_l(\cos\theta)\right|^2\mathrm{d}\Omega \tag{11.2.28}$$

利用勒让德函数的正交性质

$$\int\mathrm{P}_l(\cos\theta)\mathrm{P}_{\tilde{l}}(\cos\theta)\mathrm{d}\Omega=[4\pi/(2l+1)]\delta_{l,\tilde{l}} \tag{11.2.29}$$

可以将式(11.2.28) 中的积分做出，于是，得到积分截面为

$$\sigma_T = \frac{4\pi}{k^2}\sum_{l=0}^{\infty}(2l+1)\sin^2\delta_l \tag{11.2.30}$$

特别是,当只顾及 s 分波时,有

$$\sigma_T = (\sigma_0)_T = 4\pi k^{-2}\ \sin^2\delta_0 \tag{11.2.31}$$

由此可知,计算散射截面的关键是求出 l 分波的相移 δ_l,若能求出全部分波的相移,则能得到精确的散射截面,把这种计算散射截面的方法称为**分波法**。在理论上分波法是一种严格的方法,而实际上很难求出所有分波的相移,通常只计算较低级的几个分波的相移,例如 s($l=0$) 分波的相移、p($l=1$) 分波的相移等,在这个意义上讲,分波法也是一种近似方法。

11.3　球方位势散射

11.3.1　球方势阱散射

作为分波法的应用实例,下面分别讨论球方势阱和球方势垒的散射问题。

设约化质量为 μ、能量为 $E>0$ 的入射粒子被有限深球方势阱

$$V(r) = \begin{cases} -V_0 & (0 < r \leqslant r_0) \\ 0 & (r_0 < r < \infty) \end{cases} \tag{11.3.1}$$

散射,利用分波法计算其 s 分波的散射截面。其中的常数 $V_0>0$。

由于 s 分波的角量子数 $l=0$,故径向方程式(11.2.6) 简化为

$$u''(r) + [\boldsymbol{k}^2 - U(r)]u(r) = 0 \tag{11.3.2}$$

式中

$$k = (2\mu E/\hbar^2)^{1/2},\quad U(r) = (2\mu/\hbar^2)V(r) \tag{11.3.3}$$

以 r_0 为界,将位势分为两个区域,相应的径向方程分别为

$$\begin{cases} u_1''(r) + \alpha^2 u_1(r) = 0 & (0 < r \leqslant r_0) \\ u_2''(r) + k^2 u_2(r) = 0 & (r_0 < r < \infty) \end{cases} \tag{11.3.4}$$

式中

$$\alpha = [2\mu(E+V_0)/\hbar^2]^{1/2} \tag{11.3.5}$$

可以直接写出式(11.3.4) 的两个本征波函数为

$$\begin{cases} u_1(r) = A\sin(\alpha r + \gamma) \\ u_2(r) = B\sin(kr + \delta) \end{cases} \tag{11.3.6}$$

由分波相移的定义式(11.2.9) 可知,上式中的 δ 就是散射波的 s 分波相移 δ_0。

由径向函数 $u_1(r)$ 的零点条件可知,$\gamma = n\pi(n=0,\pm1,\pm2,\cdots)$,于是有

$$u_1(r) = (-1)^n A\sin(kr) = \widetilde{A}\sin(kr) \tag{11.3.7}$$

利用波函数及其一阶导数在 $r=r_0$ 处的边界条件，得到

$$\begin{cases}\tilde{A}\sin(\alpha r_0)=B\sin(kr_0+\delta_0)\\ \tilde{A}\alpha\cos(\alpha r_0)=Bk\cos(kr_0+\delta_0)\end{cases} \tag{11.3.8}$$

将上述两式相除，得到

$$(k/\alpha)\tan(\alpha r_0)=\tan(kr_0+\delta_0) \tag{11.3.9}$$

于是，s 分波的相移为

$$\delta_0=n\pi+\arctan[(k/\alpha)\tan(\alpha r_0)]-kr_0 \tag{11.3.10}$$

式中，$n=0,\pm1,\pm2,\cdots$。由于 s 分波的散射截面与 $\sin^2\delta_0$ 有关，上式中的 $n\pi$ 对其无贡献，故可以将其去掉(下同)，于是有

$$\delta_0=\arctan[(k/\alpha)\tan(\alpha r_0)]-kr_0 \tag{11.3.11}$$

当只顾及 s 分波时，微分和积分截面分别为

$$\sigma(\theta)=k^{-2}\sin^2\delta_0 \tag{11.3.12}$$

$$\sigma_T=4\pi k^{-2}\sin^2\delta_0 \tag{11.3.13}$$

对于低能散射而言，特别是当 $k\to0$ 时，相移可以近似写为

$$\delta_0\approx(k/\alpha)\tan(\alpha r_0)-kr_0 \tag{11.3.14}$$

当只顾及 s 分波时，微分和积分截面近似为

$$\sigma(\theta)\approx k^{-2}\delta_0^2=r_0^2\,[\tan(\alpha r_0)/(\alpha r_0)-1]^2 \tag{11.3.15}$$

$$\sigma_T\approx4\pi k^{-2}\delta_0^2=4\pi r_0^2\,[\tan(\alpha r_0)/(\alpha r_0)-1]^2 \tag{11.3.16}$$

11.3.2 球方势垒散射

设约化质量为 μ、能量为 $E>0$ 的入射粒子被**有限高球方势垒**

$$V(r)=\begin{cases}V_0 & (0<r\leqslant r_0)\\ 0 & (r_0<r<\infty)\end{cases} \tag{11.3.17}$$

散射，利用分波法计算其 s 分波的低能($E<V_0$) 散射截面。其中的常数 $V_0>0$。

以 r_0 为界，将位势分为两个区域，相应的径向方程分别为

$$\begin{cases}u_1''(r)-\beta^2u_1(r)=0 & (0<r\leqslant r_0)\\ u_2''(r)+k^2u_2(r)=0 & (r_0<r<\infty)\end{cases} \tag{11.3.18}$$

式中，$E<V_0$；k 的定义仍然为式(11.3.3)；β 的定义为

$$\beta=[2\mu(V_0-E)/\hbar^2]^{1/2} \tag{11.3.19}$$

联立微分方程式(11.3.18) 解的一般形式为

$$\begin{cases}u_1(r)=Ae^{\beta r}+Be^{-\beta r}\\ u_2(r)=C\sin(kr+\delta)\end{cases} \tag{11.3.20}$$

由分波相移的定义式(11.2.9) 可知，上式中的 δ 就是散射波的 s 分波相移 δ_0。

由径向函数 $u_1(r)$ 的零点条件可知，$A=-B$，于是有

$$u_1(r)=A(\mathrm{e}^{\beta r}-\mathrm{e}^{-\beta r})=D\mathrm{sh}(\beta r) \tag{11.3.21}$$

再利用波函数及其一阶导数在 $r=r_0$ 处的边界条件，得到

$$(k/\beta)\mathrm{th}(\beta r_0)=\tan(kr_0+\delta_0) \tag{11.3.22}$$

于是，s 分波的相移为

$$\delta_0=\arctan[(k/\beta)\mathrm{th}(\beta r_0)]-kr_0 \tag{11.3.23}$$

当只顾及 s 分波时，微分和积分截面分别为

$$\sigma(\theta)=k^{-2}\sin^2\delta_0 \tag{11.3.24}$$

$$\sigma_{\mathrm{T}}=4\pi k^{-2}\sin^2\delta_0 \tag{11.3.25}$$

对于低能散射而言，特别是当 $k\to 0$ 时，相移可以近似写为

$$\delta_0\approx(k/\beta)\mathrm{th}(\beta r_0)-kr_0 \tag{11.3.26}$$

当只顾及 s 分波时，近似的微分和积分截面分别为

$$\sigma(\theta)\approx k^{-2}\delta_0^2=r_0^2\left[\mathrm{th}(\beta r_0)/(\beta r_0)-1\right]^2 \tag{11.3.27}$$

$$\sigma_{\mathrm{T}}\approx 4\pi k^{-2}\delta_0^2=4\pi r_0^2\left[\mathrm{th}(\beta r_0)/(\beta r_0)-1\right]^2 \tag{11.3.28}$$

下面利用上述结果讨论两种极端的情况。

(1) 势垒非常高

当势垒非常高($V_0\to\infty$) 时，有 $\beta r_0\to\infty$，于是得到

$$\mathrm{th}(\beta r_0)=(\mathrm{e}^{\beta r_0}-\mathrm{e}^{-\beta r_0})/(\mathrm{e}^{\beta r_0}+\mathrm{e}^{-\beta r_0})\xrightarrow[\beta r_0\to\infty]{}1 \tag{11.3.29}$$

当只顾及 s 分波时，微分和积分截面分别近似为

$$\sigma(\theta)\approx r_0^2 \tag{11.3.30}$$

$$\sigma_{\mathrm{T}}\approx 4\pi r_0^2 \tag{11.3.31}$$

(2) 势垒非常低

当势垒非常低($\beta r_0\to 0$) 时，利用双曲正切函数的级数展开公式

$$\mathrm{th}\,x=x-x^3/3+2x^5/15-\cdots\quad(|x|<\pi/2) \tag{11.3.32}$$

得到

$$\mathrm{th}(\beta r_0)/(\beta r_0)\approx 1-(\beta r_0)^2/3 \tag{11.3.33}$$

当只顾及 s 分波时，微分和积分截面分别近似为

$$\sigma(\theta)\approx\frac{1}{9}r_0^6\beta^4=\frac{4\mu^2r_0^6}{9\hbar^4}(V_0-E)^2 \tag{11.3.34}$$

$$\sigma_{\mathrm{T}}\approx\frac{4}{9}\pi r_0^6\beta^4=\frac{16\pi\mu^2r_0^6}{9\hbar^4}(V_0-E)^2 \tag{11.3.35}$$

当 $l>0$ 时，可以使用类似的方法，首先，求解方程式(11.2.6)，得到 l 分波相移 δ_l，然后，利用式(11.2.26) 计算微分截面，最后，利用式(11.2.30) 求出积分截面。

11.4 玻恩近似法

11.4.1 散射波近似方程的建立

如前所述,在中心力场中,当约化质量为 μ、能量为 $E>0$ 的粒子沿 z 轴正方向入射时,势散射问题归结为求出相对运动方程

$$(\nabla^2+\boldsymbol{k}^2)\psi(\boldsymbol{r})=U(r)\psi(\boldsymbol{r}) \tag{11.4.1}$$

满足无穷远边界条件

$$\psi(\boldsymbol{r}) \underset{r\to\infty}{\longrightarrow} \mathrm{e}^{\mathrm{i}kz}+f(\theta,\varphi)r^{-1}\mathrm{e}^{\mathrm{i}kr} \tag{11.4.2}$$

的解。其中

$$k=(2\mu E/\hbar^2)^{1/2}, \quad U(r)=(2\mu/\hbar^2)V(r) \tag{11.4.3}$$

若入射粒子具有较大的动能,使得位势可视为微扰,则可以利用无简并微扰论来处理弹性势散射问题,此即**玻恩近似法**。

当位势 $V(r)=0$ 时,体系的哈密顿算符就是动能算符,其满足的本征方程为

$$(\nabla^2+\boldsymbol{k}^2)\psi(\boldsymbol{r})=0 \tag{11.4.4}$$

已知上式的本征解为

$$\begin{cases} E^0=\hbar^2\boldsymbol{k}^2/(2\mu) \\ \psi^0(\boldsymbol{r})=\mathrm{e}^{\mathrm{i}kz} \end{cases} \tag{11.4.5}$$

当位势 $V(r)\neq 0$,且其相对动能而言为小量时,可以使用微扰论近似处理之。设哈密顿算符的本征波函数一级近似为

$$\psi(\boldsymbol{r})=\psi^0(\boldsymbol{r})+\psi^{(1)}(\boldsymbol{r}) \tag{11.4.6}$$

式中,$\psi^{(1)}(\boldsymbol{r})$ 为本征波函数 $\psi(\boldsymbol{r})$ 的一级修正,实际上,它是散射球面波的最低级近似。将上式代入方程式(11.4.1),得到

$$(\nabla^2+\boldsymbol{k}^2)[\psi^0(\boldsymbol{r})+\psi^{(1)}(\boldsymbol{r})]=U(r)[\psi^0(\boldsymbol{r})+\psi^{(1)}(\boldsymbol{r})] \tag{11.4.7}$$

比较等式两边同量级的量,得到本征波函数一级修正满足的方程为

$$(\nabla^2+\boldsymbol{k}^2)\psi^{(1)}(\boldsymbol{r})=U(r)\psi^0(\boldsymbol{r})=U(r)\mathrm{e}^{\mathrm{i}kz} \tag{11.4.8}$$

上式即为散射球面波满足的最低阶近似方程,下面来求解它。

11.4.2 散射波近似方程的求解

利用电动力学的方法可以求得式(11.4.8)的解为

$$\psi^{(1)}(\boldsymbol{r})=-(4\pi)^{-1}\int|\boldsymbol{r}-\boldsymbol{r}_a|^{-1}U(r_a)\mathrm{e}^{\mathrm{i}kz_a}\mathrm{e}^{\mathrm{i}k|\boldsymbol{r}-\boldsymbol{r}_a|}\mathrm{d}\tau_a \tag{11.4.9}$$

为了改写上式中的矢量差,设 z 方向的单位矢量为 $\boldsymbol{n}_0$,$\boldsymbol{r}$ 方向的单位矢量为 $\boldsymbol{n}$,于是有

$$|\boldsymbol{r}-\boldsymbol{r}_a|=(\boldsymbol{r}^2+\boldsymbol{r}_a^2-2r\,\boldsymbol{n}\cdot\boldsymbol{r}_a)^{1/2}=$$

$$r(1-2\boldsymbol{n}\cdot\boldsymbol{r}_a r^{-1}+\boldsymbol{r}_a^2\boldsymbol{r}^{-2})^{1/2}\approx r(1-2\boldsymbol{n}\cdot\boldsymbol{r}_a r^{-1})^{1/2} \tag{11.4.10}$$

由于探测器的距离远大于位势的作用范围，即 $r\gg r_a$，故已经将二级小量 $\boldsymbol{r}_a^2\boldsymbol{r}^{-2}$ 略去。

首先，利用级数展开公式

$$(1-x)^{1/2}\approx 1-x/2\quad(|x|\leqslant 1) \tag{11.4.11}$$

得到

$$|\boldsymbol{r}-\boldsymbol{r}_a|\approx r-\boldsymbol{n}\cdot\boldsymbol{r}_a \tag{11.4.12}$$

然后，再利用级数展开公式

$$(1-x)^{-1}\approx 1+x\quad(|x|\leqslant 1) \tag{11.4.13}$$

将式(11.4.12) 的逆改写成

$$|\boldsymbol{r}-\boldsymbol{r}_a|^{-1}\approx(r-\boldsymbol{n}\cdot\boldsymbol{r}_a)^{-1}\approx r^{-1}(1+r^{-1}\boldsymbol{n}\cdot\boldsymbol{r}_a) \tag{11.4.14}$$

最后，将式(11.4.14) 与式(11.4.12) 代入式(11.4.9)，得到

$$\begin{aligned}\psi^{(1)}(\boldsymbol{r})=&-(4\pi)^{-1}\int|\boldsymbol{r}-\boldsymbol{r}_a|^{-1}U(r_a)\mathrm{e}^{\mathrm{i}kz_a}\mathrm{e}^{\mathrm{i}k|\boldsymbol{r}-\boldsymbol{r}_a|}\mathrm{d}\tau_a\approx\\&-(4\pi r)^{-1}\int U(r_a)(1+r^{-1}\boldsymbol{n}\cdot\boldsymbol{r}_a)\mathrm{e}^{\mathrm{i}kz_a}\mathrm{e}^{\mathrm{i}k(r-\boldsymbol{n}\cdot\boldsymbol{r}_a)}\mathrm{d}\tau_a\approx\\&-(4\pi r)^{-1}\mathrm{e}^{\mathrm{i}kr}\int U(r_a)\mathrm{e}^{\mathrm{i}k(z_a-\boldsymbol{n}\cdot\boldsymbol{r}_a)}\mathrm{d}\tau_a\end{aligned} \tag{11.4.15}$$

此即散射波的近似表达式。

11.4.3　散射振幅与散射截面

将式(11.4.15) 与式(11.4.2) 比较，得到散射振幅为

$$f(\theta)=-(4\pi)^{-1}\int U(r)\mathrm{e}^{\mathrm{i}k(z-\boldsymbol{n}\cdot\boldsymbol{r})}\mathrm{d}\tau=-(4\pi)^{-1}\int U(r)\mathrm{e}^{\mathrm{i}k(\boldsymbol{n}_0-\boldsymbol{n})\cdot\boldsymbol{r}}\mathrm{d}\tau \tag{11.4.16}$$

若引入矢量

$$\boldsymbol{K}=k(\boldsymbol{n}_0-\boldsymbol{n}) \tag{11.4.17}$$

则散射振幅可以简化为

$$f(\theta)=-(4\pi)^{-1}\int U(r)\mathrm{e}^{\mathrm{i}\boldsymbol{K}\cdot\boldsymbol{r}}\mathrm{d}\tau \tag{11.4.18}$$

为了求出式(11.4.18) 中对角度的积分，将其改写为

$$\begin{aligned}f(\theta)=&-(4\pi)^{-1}\int_0^\infty\mathrm{d}r r^2U(r)\int_0^{2\pi}\mathrm{d}\varphi\int_0^\pi\mathrm{d}\theta\sin\theta\,\mathrm{e}^{\mathrm{i}Kr\cos\theta}=\\&-\mu\hbar^{-2}\int_0^\infty r^2V(r)\mathrm{d}r\int_{-1}^1\mathrm{e}^{\mathrm{i}Kry}\mathrm{d}y\end{aligned} \tag{11.4.19}$$

完成上式中对 y 的积分后，可以得到散射振幅的明晰表达式为

$$f(\theta)=-\frac{2\mu}{\hbar^2K}\int_0^\infty rV(r)\sin(Kr)\mathrm{d}r \tag{11.4.20}$$

其中

$$K=2k\sin(\theta/2)\ ,\quad k=(2\mu E/\hbar^2)^{1/2} \tag{11.4.21}$$

式中，θ 是入射方向 $\boldsymbol{n}_0$ 与散射方向 $\boldsymbol{n}$ 之间的夹角。散射振幅 $f(\theta)$ 与入射能量 E 及散射角 θ 的关系体现在参数 K 中。

由微分截面与散射振幅的关系式(11.1.16)可知

$$\sigma(\theta)=|f(\theta)|^2=\frac{4\mu^2}{\hbar^4K^2}\left|\int_0^{\infty}rV(r)\sin(Kr)\mathrm{d}r\right|^2 \tag{11.4.22}$$

此即玻恩近似法给出的微分截面公式，进而可以得到积分截面。

需要说明的是，这里的位势 $V(r)$ 应该满足式(11.1.10)的要求，即

$$\lim_{r\to\infty}rV(r)=0 \tag{11.4.23}$$

否则式(11.4.20)不成立。例如，如果 $V(r)$ 是库仑势，则不能直接由式(11.4.20)给出确定的散射振幅，由此可以看出要求位势满足上式的必要性。另外，使用上述公式时，应注意到玻恩近似法适用的条件，即

$$|\psi^{(1)}(\boldsymbol{r})|\ll|\mathrm{e}^{\mathrm{i}kz}|=1 \tag{11.4.24}$$

11.4.4 有限深球方势阱与汤川势

下面利用玻恩近似法来求解有限深球方势阱和汤川势散射问题。

1. 有限深球方势阱散射

设约化质量为 μ、能量为 $E>0$ 的入射粒子被如下有限深球方势阱的散射，即

$$V(r)=\begin{cases}-V_0 & (0<r\leqslant a)\\ 0 & (a<r<\infty)\end{cases} \tag{11.4.25}$$

式中，$V_0>0$，且势阱强度 V_0a^2 足够小。用玻恩近似法计算其散射截面，并讨论在低能情况下的近似解。

为了使用玻恩近似法计算微分截面的公式，需要计算积分

$$\int_0^{\infty}rV(r)\sin(Kr)\mathrm{d}r=-V_0K^{-2}[\sin(Ka)-Ka\cos(Ka)] \tag{11.4.26}$$

将其代入式(11.4.22)，可以求出微分截面为

$$\sigma(\theta)=\frac{4\mu^2V_0^2}{\hbar^4K^6}[\sin(Ka)-Ka\cos(Ka)]^2 \tag{11.4.27}$$

通常情况下，玻恩近似法只适用于高能粒子，由于这个要求的实质是入射粒子的动能远大于势能，因此，即使在低能情况下，只要方位势足够窄和浅，也可以使用玻恩近似法。

在低能情况下，由于 $Ka\ll1$，故可以将式(11.4.27)中的三角函数做级数展开，即

$$\begin{cases}\sin(Ka)=Ka-(Ka)^3/3!+(Ka)^5/5!-\cdots\\ \cos(Ka)=1-(Ka)^2/2!+(Ka)^4/4!-\cdots\end{cases} \tag{11.4.28}$$

将上式代入式(11.4.27)，得到微分截面的近似值为

$$\sigma(\theta) \approx 4\mu^2 \hbar^{-4} V_0^2 K^{-6} \left(3^{-1} K^3 a^3\right)^2 = \frac{4\mu^2 V_0^2 a^6}{9\hbar^4} \tag{11.4.29}$$

正如预期的一样，这时的微分截面与角度 θ 无关，即该截面表现出各向同性的性质。而积分截面的近似值为

$$\sigma_{\mathrm{T}} \approx \frac{16\pi\mu^2 V_0^2 a^6}{9\hbar^4} \tag{11.4.30}$$

2. 汤川势散射

设一个带电荷 $Z_1 e$ 的高速运动粒子，被一个原子序数为 Z_2 的中性原子散射，入射粒子的约化质量为 μ，能量为 $E > 0$。当入射粒子距离原子核较远时，带负电的核外电子会屏蔽原子核所产生的静电场；而当其非常靠近原子核时，则会感受到全部正电荷的库仑作用。通常用如下的位势来描述这种近强远弱的相互作用，即

$$V(r) = Z_1 Z_2 e^2 r^{-1} \mathrm{e}^{-r/a} \tag{11.4.31}$$

式中，a 为屏蔽参数，它的数量级与原子的半径相同，量纲为[L]。上述相互作用势被称为**汤川势**。显然，当 $a \to \infty$时，汤川势退化为库仑位势。

将式(11.4.31)代入式(11.4.22)得到微分截面为

$$\sigma(\theta) = \frac{4\mu^2}{\hbar^4 K^2} \left| \int_0^\infty r Z_1 Z_2 e^2 r^{-1} \mathrm{e}^{-r/a} \sin(Kr) \mathrm{d}r \right|^2 = \frac{4\mu^2 Z_1^2 Z_2^2 e^4}{\hbar^4 K^4 \left(1 + K^{-2} a^{-2}\right)^2} \tag{11.4.32}$$

在上式的计算中，用到定积分公式

$$\int_0^\infty \sin(br) \mathrm{e}^{-ar} \mathrm{d}r = b/(a^2 + b^2) \tag{11.4.33}$$

当 $Ka \gg 1$ 时，这时的汤川势退化为库仑势。由于

$$\left(1 + K^{-2} a^{-2}\right)^{-2} \approx 1 \tag{11.4.34}$$

所以，有

$$\sigma(\theta) \approx 4\mu^2 Z_1^2 Z_2^2 e^4 / (\hbar K)^4 \tag{11.4.35}$$

利用式(11.4.21)可以将上式改写成

$$\sigma(\theta) \approx \frac{Z_1^2 Z_2^2 e^4}{4\mu^2 v^4 \sin^4(\theta/2)} \tag{11.4.36}$$

式中，v 是入射粒子的速率。上述公式与卢瑟福的散射公式完全相同。

在本章结束之前，有一个问题不知道读者是否注意到，库仑位势并不满足散射问题对位势的要求，为什么能得到它的散射截面呢？这里选取了一条由繁至简的路线，首先，选择既满足位势要求又可以退化为库仑位势的汤川势，然后，导出散射截面后再对其取近似，最后，得到库仑位势的散射截面。

例题选讲 11

例题 11.1　约化质量为 μ、能量为 $E > 0$ 的入射粒子被势场 $V(r) = \alpha r^{-2}$ 散射，求其 s

分波的微分截面。

解 在质心坐标系中,中心力场中的粒子满足的径向方程为

$$u_l''(r)+[\boldsymbol{k}^2-U(r)]u_l(r)-l(l+1)r^{-2}u_l(r)=0 \tag{1}$$

其中

$$U(r)=2\mu\hbar^{-2}V(r)=2\mu\hbar^{-2}\alpha r^{-2}=\lambda r^{-2} \tag{2}$$

$$\lambda=2\mu\alpha/\hbar^2 \tag{3}$$

$$k=(2\mu E/\hbar^2)^{1/2} \tag{4}$$

对于 s 分波,式(1) 简化为

$$u''(r)+[\boldsymbol{k}^2-U(r)]u(r)=0 \tag{5}$$

若设径向函数为

$$u(r)=r^{s+1}f(r) \tag{6}$$

则式(5) 可以改写成待定函数 $f(r)$ 满足的微分方程,即

$$r^{s+1}f''(r)+2(s+1)r^s f'(r)+s(s+1)r^{s-1}f(r)+(\boldsymbol{k}^2-\lambda r^{-2})r^{s+1}f(r)=0 \tag{7}$$

两端除以 r^{s-1},上式简化成

$$r^2f''(r)+2(s+1)rf'(r)+s(s+1)f(r)+\boldsymbol{k}^2r^2f(r)-\lambda f(r)=0 \tag{8}$$

若令

$$x=kr,\quad s=-1/2 \tag{9}$$

则方程(8) 再次被简化为

$$x^2f''(x)+xf'(x)+(x^2-\lambda-1/4)f(x)=0 \tag{10}$$

再令

$$p=(\lambda+1/4)^{1/2} \tag{11}$$

则方程(10) 最后被简化为

$$x^2f''(x)+xf'(x)+(x^2-p^2)f(x)=0 \tag{12}$$

上式刚好是贝塞尔方程(见附 5.5)。它的解为

$$f_p(x)=c_1\mathrm{J}_p(x)+c_2\mathrm{N}_p(x) \tag{13}$$

式中,$\mathrm{J}_p(x)$、$\mathrm{N}_p(x)$ 分别为贝塞尔函数和诺伊曼函数;c_1、c_2 为组合系数。

当 $r\to 0$ 时,要求径向函数 $u(r)$ 满足零点条件,即

$$u(r)=r^{1/2}f(r)\to 0 \tag{14}$$

而此时的诺伊曼函数趋于无穷大,故其不满足波函数的有限性要求,于是有

$$f_p(x)=c_1\mathrm{J}_p(x) \tag{15}$$

由贝塞尔函数在 $r\to\infty$处的渐近性质可知

$$\begin{aligned}f_p(kr)&\to c_1[2/(\pi kr)]^{1/2}\cos(kr-p\pi/2-\pi/4)=\\&c_1[2/(\pi kr)]^{1/2}\sin(kr-p\pi/2+\pi/4)\end{aligned} \tag{16}$$

当位势 $V(r)=0$ 时,s 分波的解为

$$u(r) = A\sin(kr + \delta_0) \tag{17}$$

比较式(17) 与式(16),得到 s 分波相移为

$$\delta_0 = \pi/4 - p\pi/2 = (\pi/4)[1 - (4\lambda + 1)^{1/2}] \tag{18}$$

由分波法可知,微分截面为

$$\sigma(\theta) = \frac{1}{k^2}\left|\sum_{l=0}^{\infty}(2l+1)\sin\delta_l \mathrm{e}^{\mathrm{i}\delta_l}\mathrm{P}_l(\cos\theta)\right|^2 \tag{19}$$

当只顾及 s 分波时,微分截面为

$$\sigma(\theta) = \frac{1}{k^2}\sin^2\delta_0 = \frac{\hbar^2}{2\mu E}\sin^2\left\{\frac{\pi}{4}\left[1 - \left(1 + \frac{8\mu\alpha}{\hbar^2}\right)^{1/2}\right]\right\} \tag{20}$$

例题 11.2　约化质量为 μ、能量为 $E > 0$ 的入射粒子被势场

$$V(r) = V_0\mathrm{e}^{-\alpha^2 r^2}$$

散射,用玻恩近似法计算散射截面。

解　用玻恩近似法计算散射振幅的公式为

$$f(\theta) = -2\mu\hbar^{-2}K^{-1}\int_0^{\infty} r\sin(Kr)V(r)\mathrm{d}r \tag{1}$$

将已知的位势表达式代入上式,得到散射振幅为

$$f(\theta) = -2\mu\hbar^{-2}V_0K^{-1}\int_0^{\infty} r\sin(Kr)\mathrm{e}^{-\alpha^2 r^2}\mathrm{d}r =$$

$$-2\mu\hbar^{-2}V_0K^{-1}(-2\alpha^2)^{-1}\int_0^{\infty}\sin(Kr)\mathrm{d}\mathrm{e}^{-\alpha^2 r^2} =$$

$$\mu\hbar^{-2}V_0K^{-1}\alpha^{-2}\left[\sin(Kr)\mathrm{e}^{-\alpha^2 r^2}\Big|_0^{\infty} - \int_0^{\infty}K\cos(Kr)\mathrm{e}^{-\alpha^2 r^2}\mathrm{d}r\right] =$$

$$-\mu\hbar^{-2}V_0\alpha^{-2}\pi^{1/2}(2\alpha)^{-1}\mathrm{e}^{-K^2/(4\alpha^2)} = -[\pi^{1/2}\mu V_0/(2\hbar^2\alpha^3)]\mathrm{e}^{-K^2/(4\alpha^2)} \tag{2}$$

其中用到定积分公式

$$\int_0^{\infty}\cos(bx)\mathrm{e}^{-a^2x^2}\mathrm{d}x = \pi^{1/2}\ (2a)^{-1}\mathrm{e}^{-b^2/(4a^2)} \tag{3}$$

进而可知,微分截面为

$$\sigma(\theta) = |f(\theta)|^2 = \frac{\pi\mu^2V_0^2}{4\hbar^4\alpha^6}\mathrm{e}^{-K^2/(2\alpha^2)} \tag{4}$$

积分截面为

$$\sigma_{\mathrm{T}} = \int\sigma(\theta)\mathrm{d}\Omega = 2\pi\int_0^{\pi}\sigma(\theta)\sin\theta\ \mathrm{d}\theta =$$

$$\frac{\pi^2\mu^2V_0^2}{2\hbar^4\alpha^6}\int_0^{\pi}\mathrm{e}^{-2k^2\alpha^{-2}\sin^2(\theta/2)}\sin\theta\mathrm{d}\theta = -\frac{\pi^2\mu^2V_0^2}{2\hbar^4\alpha^6}\int_{+1}^{-1}\mathrm{e}^{-k^2\alpha^{-2}(1-y)}\mathrm{d}y =$$

$$\frac{\pi^2\mu^2V_0^2}{2\hbar^4\alpha^6}\mathrm{e}^{-k^2\alpha^{-2}}\int_{-1}^{+1}\mathrm{e}^{k^2\alpha^{-2}y}\mathrm{d}y = \frac{\pi^2\mu^2V_0^2}{2\hbar^4\alpha^4k^2}(1 - \mathrm{e}^{-2k^2/\alpha^2}) \tag{5}$$

在上式的推导过程中,用到如下的关系式,即

$$\sin^2(\theta/2) = (1 - \cos\theta)/2 \tag{6}$$

$$y = \cos\theta \tag{7}$$

习　题　11

习题 11.1　只考虑 s 分波时，约化质量为 μ、能量为 $E > 0$ 的低速运动入射粒子被位势 $V(r) = \alpha r^{-4}$ 散射，求其散射截面。

习题 11.2　用玻恩近似法求约化质量为 μ、能量为 $E > 0$ 的入射粒子被势场

$$V(r) = \begin{cases} Ze^2/r - r/b & (0 < r \leqslant a) \\ 0 & (a < r < \infty) \end{cases}$$

散射时的微分截面，式中 $b = a^2/(Ze^2)$。

习题 11.3　用玻恩近似法求约化质量为 μ、能量为 $E > 0$ 的入射粒子被势场 $V(r) = -V_0 e^{-r/a}$ 散射时的微分截面。

习题 11.4　用玻恩近似法求约化质量为 μ、能量为 $E > 0$ 的入射粒子被势场 $V(r) = \alpha r^{-2}(\alpha > 0)$ 散射时的微分截面。

习题 11.5　已知中心力场为

$$V(r) = \begin{cases} V_0 & (0 < r \leqslant a) \\ V_0 a/r & (a < r \leqslant b) \\ 0 & (b < r < \infty) \end{cases}$$

利用玻恩近似法计算约化质量为 μ、能量为 $E > 0$ 的入射粒子的微分截面。并给出 $Ka \ll 1$、$Kb \ll 1$ 情况下的近似结果，进而求出积分截面。式中的 $V_0, a > 0$。

第 12 章　量子多体理论

对单个粒子的量子力学问题,此前已经从不同的角度进行了处理,并且得到了令人信服的结果。实际上,绝大多数真实的物理体系都是由多个粒子构成的,虽然单个粒子的理论可以推广到多个粒子的体系,但是在处理全同多粒子体系时两者还是有差别的。

本章的目的是处理全同多粒子体系的量子力学问题,基本内容有如下三部分:

首先,由全同粒子构成的多粒子体系满足全同性原理,即量子力学的第五个基本原理。全同性原理给出了多体态矢应满足的附加条件,即要求全同费米子体系的态矢是反对称的,全同玻色子体系的态矢是对称的。

其次,对于粒子数较多的体系来说,在组态空间中,多体态矢与多体算符的表示会变得非常繁杂,为了简化表示,引入福克(Fock)空间和粒子数空间,用产生、湮没算符或粒子数算符来表示它们,此即所谓二次量子化表示。

最后,多粒子体系微扰论的近似计算结果依赖于单粒子位的选择,为此导出了哈特里(Hartree)－福克单粒子位,它是一个既可以抵消部分二体相互作用又能方便使用的厄米算符,为利用近似方法处理多体问题奠定了理论基础。

12.1　全同粒子与全同性原理

12.1.1　少体体系与多体体系

众所周知,宏观世界是由许许多多相互作用着的微客体构成的,量子力学是处理微客体(为叙述方便,以下简称为粒子)的理论。在一定的层次之下,按着粒子数目的多与少可以把体系分为两类,即少体体系和多体体系。一般情况下,用来界定少体体系的粒子数目尚无十分明确的规定,通常把粒子数少于5个的体系称为**少体体系**,而将除了单粒子体系之外的体系均称为**多体体系**。不论是少体问题还是多体问题,通过求解薛定谔方程获取体系的物理信息都是最基本的任务,只不过少体问题更倾向于获取体系的严格解,并且更关注寻求粒子之间相互作用的信息,为研究多体问题夯实基础。

在前面的章节中,所涉及的问题基本上属于单体问题,即使原本是二体问题的氢原子也被化成了单体问题来处理。**量子多体理论**是研究如何处理多个相互作用着的粒子体系的理论。量子多体理论在原子核、原子、分子及等离子体物理学中都有广泛的应用。

按所研究对象的属性及能量的高低分类，量子多体体系可分为：

- 非全同粒子体系
- 全同粒子体系
  - 玻色子体系
    - 相对论的玻色子体系
    - 非相对论的玻色子体系
  - 费米子体系
    - 相对论的费米子体系
    - 非相对论的费米子体系

本章只讨论由非相对论的全同粒子构成的多体体系问题。

12.1.2 多体体系的理论架构

1. 多体体系的哈密顿算符

由 $N(N=2,3,4,\cdots)$ 个粒子构成的多粒子体系，除了每个粒子的单体动能之外，粒子之间还存在多种相互作用，例如，二体相互作用、三体相互作用，甚至更多体的相互作用。由于二体相互作用的贡献远大于其他多体相互作用，故作为一种近似只顾及二体相互作用。于是，N 体哈密顿算符可以写成

$$\hat{H}=\sum_{i=1}^{N}\hat{t}(i)+\sum_{i>j=1}^{N}\hat{v}(i,j) \tag{12.1.1}$$

式中，$\hat{t}(i)$ 为第 $i(i=1,2,3,\cdots,N)$ 个粒子的单体动能算符，简称**单粒子算符**或**单体算符**；$\hat{v}(i,j)$ 为第 i 个粒子与第 j 个粒子的二体相互作用算符，简称**双粒子算符**或**二体算符**。显然，N 体哈密顿算符是由两部分构成的：一部分是全部单粒子算符之和构成的**多体单粒子算符**，另一部分是全部双粒子算符之和构成的**多体双粒子算符**。

单体算符 $\hat{t}(i)$ 与第 i 个粒子的质量 m_i 有关，具体形式为

$$\hat{t}(i)=-(2m_i)^{-1}\hbar^2\ \nabla^2(i) \tag{12.1.2}$$

二体算符 $\hat{v}(i,j)$ 需要满足如下两个条件：一是，粒子无自身相互作用，即不存在 $\hat{v}(i,i)$ 的项；二是，当第 i 个粒子与第 j 个粒子的相互作用被计入后，不再顾及第 j 个粒子与第 i 个粒子的相互作用。据此，多体双粒子算符也可以写成另外一种形式，即

$$\sum_{i>j=1}^{N}\hat{v}(i,j)=2^{-1}\sum_{i\neq j=1}^{N}\hat{v}(i,j) \tag{12.1.3}$$

N 个粒子体系的二体相互作用共有 $N(N-1)/2$ 项。

2. 多体体系的薛定谔方程

设 $N\geqslant 2$ 个粒子体系的状态用 N 体波函数 $\Psi(q_1,q_2,\cdots,q_N;t)$ 来描述，其中的 q_i 是描写第 i 个粒子的全部变量（包括坐标变量与自旋变量，也不排除有新出现的变量存在），为表述方便，将 q_i 仍简称为第 i 个粒子的坐标，此时的坐标虽然“名可名”，但已是“非常名”。特别是，当 $q_i=(\boldsymbol{r},s_z)_i$ 时，称此坐标 $\boldsymbol{r}$ 与自旋 s_z 的联合表象为**组态空间**。

N 体波函数 $\Psi(q_1,q_2,\cdots,q_N;t)$ 满足的薛定谔方程为

$$\mathrm{i}\hbar\frac{\partial}{\partial t}\Psi(q_1,q_2,\cdots,q_N;t)=\hat{H}\Psi(q_1,q_2,\cdots,q_N;t) \tag{12.1.4}$$

当哈密顿算符与时间无关时，其定态薛定谔方程为

$$\hat{H}\psi(q_1,q_2,\cdots,q_N)=E\psi(q_1,q_2,\cdots,q_N) \tag{12.1.5}$$

原则上，处理单体问题的方法可以推广到多体问题，其正确性已被实验结果所证实，这是单体问题与多体问题的共性。而多体问题与单体问题的差异并不仅仅表现在粒子个数的不同上，下面将会看到，全同粒子体系还要遵循全同性原理，具体地说，全同粒子体系的波函数还需要满足一个附加条件。

12.1.3　全同粒子体系与全同性原理

1. 全同粒子体系

在多粒子体系中，把质量、电荷及自旋等所有固有属性都相同的粒子称为**全同粒子**，通常认为，所有的电子是全同粒子，所有的中子也是全同粒子……。在相同的物理条件下，全同粒子的行为是别无二致的，简而言之，全同粒子的本质特征是不可区分性。由多个全同粒子构成的体系称为**全同粒子体系**。如果不做特殊说明，下面的讨论均是针对全同粒子体系进行的，并且哈密顿算符与时间无关。

2. 粒子交换算符

为了表征交换粒子带来的影响，引入一个新的算符 $\hat{p}_{ij}$。对任意多体波函数与多体哈密顿算符而言，**粒子交换算符** $\hat{p}_{ij}$ 的作用分别是

$$\hat{p}_{ij}\Psi(\cdots,q_i,\cdots,q_j,\cdots;t)=\Psi(\cdots,q_j,\cdots,q_i,\cdots;t) \tag{12.1.6}$$

$$\hat{p}_{ij}\hat{H}(\cdots,q_i,\cdots,q_j,\cdots)=\hat{H}(\cdots,q_j,\cdots,q_i,\cdots) \tag{12.1.7}$$

表面上看，交换的是粒子的坐标 q_i 与 q_j，实际上交换的是粒子 i 与 j。

设 $\Psi(\cdots,q_i,\cdots,q_j,\cdots;t)$ 与 $\Phi(\cdots,q_i,\cdots,q_j,\cdots;t)$ 是任意两个多体波函数，用交换算符从左作用于它们的任意线性组合，由于

$$\begin{aligned}&\hat{p}_{ij}[C_1\Psi(\cdots,q_i,\cdots,q_j,\cdots;t)+C_2\Phi(\cdots,q_i,\cdots,q_j,\cdots;t)]=\\&C_1\Psi(\cdots,q_j,\cdots,q_i,\cdots;t)+C_2\Phi(\cdots,q_j,\cdots,q_i,\cdots;t)=\\&C_1\hat{p}_{ij}\Psi(\cdots,q_i,\cdots,q_j,\cdots;t)+C_2\hat{p}_{ij}\Phi(\cdots,q_i,\cdots,q_j,\cdots;t)\end{aligned} \tag{12.1.8}$$

所以，粒子交换算符是无量纲的线性算符。

3. 全同性原理

换一个角度看，对于全同粒子体系来说，交换其中的任意两个粒子，会对体系的波函数产生什么样的影响呢？这个问题需要由全同性原理来回答。

全同性原理(基本原理之五)：设多体波函数 $\Psi(\cdots,q_i,\cdots,q_j,\cdots;t)$ 可以描述全同粒子体系的一个多体态，由粒子交换算符的定义可知

$$\hat{p}_{ij}\Psi(\cdots,q_i,\cdots,q_j,\cdots;t)=\Psi(\cdots,q_j,\cdots,q_i,\cdots;t) \tag{12.1.9}$$

其中的波函数 $\Psi(\cdots,q_j,\cdots,q_i,\cdots;t)$ 与 $\Psi(\cdots,q_i,\cdots,q_j,\cdots;t)$ 描述的是体系同一个多

体态。

因为描述体系同一个状态的两个波函数只能相差复常数倍，所以，全同性原理说的是，全同粒子体系的多体波函数除了满足薛定谔方程之外，还应该满足粒子交换算符的本征方程，即

$$\hat{p}_{ij}\Psi(\cdots,q_i,\cdots,q_j,\cdots;t)=\lambda\Psi(\cdots,q_i,\cdots,q_j,\cdots;t) \tag{12.1.10}$$

下面用定理的形式给出全同粒子体系哈密顿算符的两个性质。

定理 12.1 全同粒子体系的哈密顿算符具有粒子交换不变性。

证明 设多体波函数 $\Psi(\cdots,q_i,\cdots,q_j,\cdots;t)$ 满足的薛定谔方程为

$$\mathrm{i}\hbar\frac{\partial}{\partial t}\Psi(\cdots,q_i,\cdots,q_j,\cdots;t)=\hat{H}(\cdots,q_i,\cdots,q_j,\cdots)\Psi(\cdots,q_i,\cdots,q_j,\cdots;t) \tag{12.1.11}$$

用算符 $\hat{p}_{ij}$ 从左作用上式两端，有

$$\mathrm{i}\hbar\hat{p}_{ij}\frac{\partial}{\partial t}\Psi(\cdots,q_i,\cdots,q_j,\cdots;t)=\hat{p}_{ij}[\hat{H}(\cdots,q_i,\cdots,q_j,\cdots)\Psi(\cdots,q_i,\cdots,q_j,\cdots;t)] \tag{12.1.12}$$

由粒子交换算符的定义可知

$$\mathrm{i}\hbar\frac{\partial}{\partial t}\Psi(\cdots,q_j,\cdots,q_i,\cdots;t)=\hat{H}(\cdots,q_j,\cdots,q_i,\cdots)\Psi(\cdots,q_j,\cdots,q_i,\cdots;t) \tag{12.1.13}$$

由全同性原理可知，$\Psi(\cdots,q_j,\cdots,q_i,\cdots;t)$ 与 $\Psi(\cdots,q_i,\cdots,q_j,\cdots;t)$ 描述的是该体系的同一个状态，在此基础上，比较式(12.1.11)与式(12.1.13)发现，哈密顿算符在交换任意一对粒子时不变，即

$$\hat{H}(\cdots,q_i,\cdots,q_j,\cdots)=\hat{H}(\cdots,q_j,\cdots,q_i,\cdots) \tag{12.1.14}$$

定理 12.1 证毕。

定理 12.2 全同粒子体系的粒子交换算符与哈密顿算符对易。

证明 若 $\Psi(\cdots,q_i,\cdots,q_j,\cdots;t)$ 是全同粒子体系任意一个多体波函数，则由哈密顿算符的粒子交换不变性可知

$$\begin{aligned}&\hat{p}_{ij}\hat{H}(\cdots,q_i,\cdots,q_j,\cdots)\Psi(\cdots,q_i,\cdots,q_j,\cdots;t)=\\&\hat{H}(\cdots,q_i,\cdots,q_j,\cdots)\hat{p}_{ij}\Psi(\cdots,q_i,\cdots,q_j,\cdots;t)\end{aligned} \tag{12.1.15}$$

进而，由波函数 $\Psi(\cdots,q_i,\cdots,q_j,\cdots;t)$ 的任意性可知

$$[\hat{p}_{ij},\hat{H}(\cdots,q_i,\cdots,q_j,\cdots)]=0 \tag{12.1.16}$$

定理 12.2 证毕。

显然，全同性原理将导致体系能量的简并。

12.1.4 对称波函数与反对称波函数

1. 粒子交换算符的本征解

为了求解粒子交换算符 $\hat{p}_{ij}$ 的本征方程式(12.1.10)，用算符 $\hat{p}_{ij}$ 从左作用其两端，

得到

$$\hat{p}_{ij}^{2}\Psi(\cdots,q_i,\cdots,q_j,\cdots;t)=\lambda^2\Psi(\cdots,q_i,\cdots,q_j,\cdots;t) \tag{12.1.17}$$

由于上式左端的波函数经过两次交换后又变回原来的状态,即

$$\hat{p}_{ij}^{2}\Psi(\cdots,q_i,\cdots,q_j,\cdots;t)=\Psi(\cdots,q_i,\cdots,q_j,\cdots;t) \tag{12.1.18}$$

比较上述两式,得到

$$\lambda=\pm 1 \tag{12.1.19}$$

此即交换算符的两个本征值。

当 $\lambda=+1$ 时,式(12.1.10) 变成

$$\hat{p}_{ij}\Psi_{\mathrm{s}}(\cdots,q_i,\cdots,q_j,\cdots;t)=+\Psi_{\mathrm{s}}(\cdots,q_i,\cdots,q_j,\cdots;t) \tag{12.1.20}$$

其中的 $\Psi_{\mathrm{s}}(\cdots,q_i,\cdots,q_j,\cdots;t)$ 称为**对称波函数**。

当 $\lambda=-1$ 时,式(12.1.10) 变成

$$\hat{p}_{ij}\Psi_{\mathrm{a}}(\cdots,q_i,\cdots,q_j,\cdots;t)=-\Psi_{\mathrm{a}}(\cdots,q_i,\cdots,q_j,\cdots;t) \tag{12.1.21}$$

其中的 $\Psi_{\mathrm{a}}(\cdots,q_i,\cdots,q_j,\cdots;t)$ 称为**反对称波函数**。

2. 多体波函数只能是对称或反对称的

上面的讨论是针对交换第 i 个与第 j 个粒子进行的,实际上,对于全同粒子体系而言,只要交换一对粒子时波函数是对称的,那么,交换任意的粒子对时波函数也一定是对称的,反之亦然。下面来证明之。

定理 12.3　设 $\Psi(\cdots,q_i,\cdots,q_j,\cdots,q_k,\cdots,q_l,\cdots;t)$ 是全同粒子体系的任意多体波函数,若其交换一对粒子 (i,j) 是(反) 对称的,则其交换任意一对粒子 (k,l) 亦是(反) 对称的。

证明　由于时间变量与粒子交换算符无关,故可以暂时将其略去,于是,可以将全同粒子的多体波函数简记为

$$\Psi(\cdots,q_i,\cdots,q_j,\cdots,q_k,\cdots,q_l,\cdots;t)\equiv\psi(i,j,k) \tag{12.1.22}$$

式中,i、j、k 标志体系中任意三个粒子。为叙述方便,规定波函数 $\psi(i,j,k)$ 中三个粒子所处的位置依次为 1,2,3。

下面用反证法来证明定理成立。

首先,已知交换位于 1 和 2 位置的粒子时波函数是对称的,假设交换位于 2 和 3 位置的粒子时波函数是反对称的,于是有

$$\begin{aligned}&\psi(i,j,k)=\psi(j,i,k)=-\psi(j,k,i)=-\psi(k,j,i)=\\&\psi(k,i,j)=\psi(i,k,j)=-\psi(i,j,k)\end{aligned} \tag{12.1.23}$$

由上式可知波函数 $\psi(i,j,k)=0$,故交换位于 2 和 3 位置的粒子时波函数是反对称的假设不成立,或者说,交换位于 2 和 3 位置的粒子时波函数也是对称的。

其次,已知交换位于 1 和 2 位置的粒子时波函数是对称的,假设交换位于 1 和 3 位置的粒子时波函数是反对称的。如果顾及交换 2 和 3 位置的粒子时波函数也是对称的,

则有

$$\psi(i,j,k)=-\psi(k,j,i)=-\psi(k,i,j)=-\psi(i,k,j)=-\psi(i,j,k) \quad (12.1.24)$$

由上式可知波函数 $\psi(i,j,k)=0$，故交换位于 1 和 3 位置的粒子时波函数是反对称的假设不成立，或者说，交换位于 1 和 3 位置的粒子时波函数也是对称的。

由上述结果可知，若交换一对粒子 (i,j) 时多体波函数是对称的，则交换与 i,j 相关的其他粒子对 (i,k)，(j,k) 时，多体波函数亦是对称的。进而可知，交换粒子对 (k,l) 也是对称的，其中 l 为另外任意一个粒子。

同理可证，若交换一对粒子时多体波函数是反对称的，则交换任意粒子对时多体波函数亦是反对称的。

总而言之，全同粒子体系的波函数只能是对称的或者反对称的，不可能出现交换某些粒子对是对称的，而交换另一些粒子对是反对称的情况。至此，定理 12.3 证毕。

3. (费米子) 玻色子多体波函数是(反) 对称的

对于全同粒子体系，前面只是证明了多体波函数只能是对称的或者反对称的，那么，对于一个具体的全同粒子体系而言，到底是用对称的波函数还是用反对称的波函数来描述呢？这个问题与所研究的全同粒子的属性相关，只能由实验结果来回答。

如前所述，凡是自旋量子数 $s=1/2,3/2,5/2,\cdots$ 的粒子皆为费米子，例如，电子、正电子、质子、中子等都是费米子。实验结果表明，全同费米子体系的状态应该用反对称波函数来描述。凡是自旋量子数 $s=0,1,2,\cdots$ 的粒子皆为玻色子，例如，光子、π 介子、K 介子及某些复合粒子等。实验结果表明，全同玻色子体系的状态应该用对称波函数来描述。

总之，全同费米子体系的状态需要用反对称波函数来描述，全同玻色子体系的状态需要用对称波函数来描述。

12.2　泡利不相容原理

12.2.1　全同费米子体系波函数的反对称化

1. 二体体系的能量本征解

为了简单起见，考虑无相互作用的两个全同费米子体系，其二体哈密顿算符为

$$\hat{H}(q_1,q_2)=\hat{h}(q_1)+\hat{h}(q_2) \quad (12.2.1)$$

式中，$\hat{h}(q_1)$ 与 $\hat{h}(q_2)$ 分别为第 1 和第 2 个粒子的单体哈密顿算符。

由于这两个费米子是全同粒子，算符 $\hat{h}(q_1)$ 与 $\hat{h}(q_2)$ 具有完全相同的函数形式，所以它们的本征解的形式也是一样的，差别仅仅在于本征波函数的自变量不同而已。于是，它们满足的本征方程分别为

$$\begin{cases}\hat{h}(q_1)\varphi_m(q_1)=\varepsilon_m\varphi_m(q_1)\\ \hat{h}(q_2)\varphi_n(q_2)=\varepsilon_n\varphi_n(q_2)\end{cases} \quad (12.2.2)$$

其中,断续能级 ε_m 与 ε_n 无简并,且它们的取值状况与范围也是相同的。

对由两个全同费米子构成的体系而言,满足的定态薛定谔方程和波函数反对称化条件分别为

$$\hat{H}\psi(q_1,q_2)=E\psi(q_1,q_2) \tag{12.2.3}$$

$$\hat{p}_{12}\psi(q_1,q_2)=-\psi(q_1,q_2) \tag{12.2.4}$$

因为无相互作用存在,故方程式(12.2.3)可分离变量求解,体系的能量本征值为

$$E=\varepsilon_m+\varepsilon_n \tag{12.2.5}$$

对应的二体本征波函数有两个,即

$$\begin{cases}\psi_1(q_1,q_2)=\varphi_m(q_1)\varphi_n(q_2)\\ \psi_2(q_1,q_2)=\varphi_n(q_1)\varphi_m(q_2)\end{cases} \tag{12.2.6}$$

由上式可知,当 $m=n$ 时,说明两个粒子处于同一个单粒子态,也意味着能级无简并,后面会证明此时的二体波函数不能满足反对称化的要求,于是可知体系的能级 E 一定是二度简并的。正像能级的其他简并是由哈密顿算符的对称性所引起的一样,这种简并是由哈密顿算符的粒子交换对称性引起的,称为**交换简并**。如果两个粒子之间存在相互作用,这种交换简并仍然存在。

2. 二体本征波函数的反对称化

两个二体本征波函数 $\psi_1(q_1,q_2)$ 和 $\psi_2(q_1,q_2)$ 虽然都是方程式(12.2.3)的本征解,但是它们都不满足式(12.2.4)的反对称化要求。若要得到满足反对称化要求的本征波函数,需要将它们重新线性组合,即

$$\psi_a(q_1,q_2)=C_1\psi_1(q_1,q_2)+C_2\psi_2(q_1,q_2) \tag{12.2.7}$$

为了确定式(12.2.7)中的组合系数 C_1 和 C_2,用交换算符 $\hat{p}_{12}$ 从左作用上式两端,并利用关系式

$$\begin{cases}\psi_1(q_1,q_2)=\hat{p}_{12}\psi_2(q_1,q_2)\\ \psi_2(q_1,q_2)=\hat{p}_{12}\psi_1(q_1,q_2)\end{cases} \tag{12.2.8}$$

得到

$$\hat{p}_{12}\psi_a(q_1,q_2)=C_1\psi_2(q_1,q_2)+C_2\psi_1(q_1,q_2) \tag{12.2.9}$$

再利用 $\psi_a(q_1,q_2)$ 满足的反对称化条件,又得到

$$\hat{p}_{12}\psi_a(q_1,q_2)=-\psi_a(q_1,q_2)=-C_1\psi_1(q_1,q_2)-C_2\psi_2(q_1,q_2) \tag{12.2.10}$$

比较上面两式右端的系数,得到两个组合系数的关系为

$$C_2=-C_1 \tag{12.2.11}$$

最后,利用波函数的归一化条件,确定出组合系数为

$$C_1=2^{-1/2},\quad C_2=-2^{-1/2} \tag{12.2.12}$$

将上式代入式(12.2.7),得到归一化的反对称本征波函数为

$$\psi_a(q_1,q_2)=2^{-1/2}[\psi_1(q_1,q_2)-\psi_2(q_1,q_2)]=$$

$$2^{-1/2}[\varphi_m(q_1)\varphi_n(q_2)-\varphi_n(q_1)\varphi_m(q_2)] \tag{12.2.13}$$

在数学中,上述表达式也可以写成行列式的形式,即

$$\psi_a(q_1,q_2)=\frac{1}{\sqrt{2}}\begin{vmatrix}\varphi_m(q_1) & \varphi_m(q_2)\\ \varphi_n(q_1) & \varphi_n(q_2)\end{vmatrix} \tag{12.2.14}$$

通常把由波函数 $\psi_1(q_1,q_2)$ 与 $\psi_2(q_1,q_2)$ 求出反对称波函数 $\psi_a(q_1,q_2)$ 的过程称为全同费米子二体波函数的**反对称化**。

上述结果可以推广到 N 个全同费米子体系,其归一化的反对称波函数为

$$\psi_a(q_1,q_2,\cdots,q_N)=\frac{1}{\sqrt{N!}}\begin{vmatrix}\varphi_{n_1}(q_1) & \varphi_{n_1}(q_2) & \cdots & \varphi_{n_1}(q_N)\\ \varphi_{n_2}(q_1) & \varphi_{n_2}(q_2) & \cdots & \varphi_{n_2}(q_N)\\ \vdots & \vdots & & \vdots\\ \varphi_{n_N}(q_1) & \varphi_{n_N}(q_2) & \cdots & \varphi_{n_N}(q_N)\end{vmatrix} \tag{12.2.15}$$

上述行列式称为全同费米子 N 体**斯莱特**(Slater)**行列式**。

3. 泡利不相容原理

由数学理论可知,行列式有如下两条性质:一是,若互换其中任意两列(或行),则行列式改变一个负号;二是,若其中任意两列(或行)对应的元素完全相同,则行列式的值为零。前者正是全同费米子多体波函数反对称化所要求的,而后者意味着不能有两个粒子处于同一个单粒子状态。由此得出**泡利不相容原理**:对于全同费米子体系而言,在同一个单粒子状态上最多只能容纳一个粒子。

可以用一个形象的比喻来说明泡利不相容原理的物理内涵:旅店老板规定,两个同性别的人(自旋取向相同电子)不能住在同一间客房(状态)里,如果一定要两个人(电子)住在同一个客房(状态)里,只能是一对异性夫(自旋向上)妻(自旋向下)。

N 个全同费米子体系的斯莱特行列式还可以写成级数的形式,即

$$\psi_a(q_1,q_2,\cdots,q_N)=(N!)^{-1/2}\sum_P(-1)^{s_P}P[\varphi_{n_1}(q_1)\varphi_{n_2}(q_2)\cdots\varphi_{n_N}(q_N)] \tag{12.2.16}$$

式中,P 表示对方括号内的粒子编号的任一置换;s_P 表示置换的次数。

为避免误解需要特别声明,泡利不相容原理是由全同性原理推导出来的,它并不是量子力学的基本原理,之所以将其称为原理,纯属延续了历史上的称谓。

12.2.2 全同玻色子体系波函数的对称化

对于全同玻色子体系而言,要求其多体波函数是对称的,用类似费米子体系波函数反对称化的方法,可以得到 $N=2$ 个全同玻色子体系的对称波函数,即

$$\psi_s(q_1,q_2)=2^{-1/2}[\varphi_m(q_1)\varphi_n(q_2)+\varphi_n(q_1)\varphi_m(q_2)] \tag{12.2.17}$$

将上述结果推而广之,可以得到 N 个全同玻色子体系对称波函数的级数形式为

$$\psi_s(q_1,q_2,\cdots,q_N)=(N!)^{-1/2}\sum_P P[\varphi_{n_1}(q_1)\varphi_{n_2}(q_2)\cdots\varphi_{n_N}(q_N)] \tag{12.2.18}$$

式中 P 的定义同前。

例如，当 $N=3$ 时，有

$$
\begin{aligned}
&\psi_s(q_1,q_2,q_3)= \\
&6^{-1/2}\varphi_1(q_1)\varphi_2(q_2)\varphi_3(q_3)+6^{-1/2}\varphi_1(q_2)\varphi_2(q_1)\varphi_3(q_3)+ \\
&6^{-1/2}\varphi_1(q_3)\varphi_2(q_2)\varphi_3(q_1)+6^{-1/2}\varphi_1(q_1)\varphi_2(q_3)\varphi_3(q_2)+ \\
&6^{-1/2}\varphi_1(q_2)\varphi_2(q_3)\varphi_3(q_1)+6^{-1/2}\varphi_1(q_3)\varphi_2(q_1)\varphi_3(q_2)
\end{aligned}
\tag{12.2.19}
$$

综上所述，任意粒子的单体波函数和非全同粒子的多体波函数都不存在(反)对称化的问题，只有全同费米子的多体波函数需要做反对称化处理，全同玻色子的多体波函数需要做对称化处理。

*12.3　原子中电子的壳层结构

12.3.1　原子中电子的壳层结构

1869 年，门捷列夫(Mendeleev)根据化学元素性质所呈现出的周期性变化，给出了元素周期表。元素周期表的出现对化学及原子与分子物理学领域的实验工作起到了重要的指导作用，同时也激发了物理学家从理论上解释这种周期性质的兴趣。

1. 中心力场近似

对于具有 Z 个电子的原子体系而言，其哈密顿算符为

$$
\hat{H}=\sum_{i=1}^{Z}\left[-(2m_i)^{-1}\hbar^2\,\nabla_i^2-Ze^2r_i^{-1}\right]+\sum_{i>j=1}^{Z}e^2r_{ij}^{-1}
\tag{12.3.1}
$$

式中，$-Ze^2/r_i$ 为第 $i\,(i=1,2,3,\cdots,Z)$ 个电子在原子核库仑场中的势能；$e^2r_{ij}^{-1}$ 为第 i 个电子与第 j 个电子的库仑相互作用能。由于原子核的质量远大于电子的质量，作为初级近似，忽略了原子核的运动，同时也没有顾及磁相互作用。

若假设原子中的每个电子都处于原子核与其他电子所产生的一个平均场 $U(r_i)$ 中，则体系的哈密顿算符可以近似写为

$$
\hat{H}\approx\sum_{i=1}^{Z}\left[-(2m_i)^{-1}\hbar^2\,\nabla_i^2-U(r_i)\right]=\sum_{i=1}^{Z}\hat{h}(i)
\tag{12.3.2}
$$

式中的 $U(r_i)$ 可视为第 i 个电子在被其余的 $(Z-1)$ 个电子屏蔽了的原子核库仑场中的势能，它是一个中心力场，并且，其形式对每个电子都是相同的，称这种近似为**中心力场近似**。

2. 原子的组态

原子体系满足的定态薛定谔方程为

$$
\sum_{i=1}^{Z}\hat{h}(i)\mid\psi\rangle=E\mid\psi\rangle
\tag{12.3.3}
$$

式中，$\hat{h}(i)$ 是第 i 个电子的单体哈密顿算符，它满足的本征方程为

$$\hat{h}(i) \mid n(i),l(i),m_l(i),m_s(i)\rangle = \varepsilon_{n(i),l(i)} \mid n(i),l(i),m_l(i),m_s(i)\rangle \qquad (12.3.4)$$

式中，$\varepsilon_{n(i),l(i)}$ 为第 i 个电子的能级，量子数的取值范围是

$$\begin{cases} n(i)=1,2,3,\cdots \\ l(i)=0,1,2,\cdots,n(i)-1 \\ m_l(i)=-l(i),-l(i)+1,\cdots,l(i)-1,l(i) \\ m_s(i)=\pm 1/2 \end{cases} \qquad (12.3.5)$$

若 $Z(i)$ 为具有能量 $\varepsilon_{n(i),l(i)}$ 的电子的个数，则原子的能量为

$$E=\sum_{i=1}^{Z} Z(i)\varepsilon_{n(i),l(i)} \qquad (12.3.6)$$

上式表明，原子的能量取决于每个单电子能级上的电子的个数，通常把这种电子按单电子能级的分布称为**原子的组态**。

3. 电子的壳层结构

原子中的电子是全同费米子体系，它应该服从泡利不相容原理，即一个单电子状态只能被一个电子占据。

具有相同 n、l、m_l、m_s 量子数的电子最多只能有一个；具有相同 n、l、m_l 量子数的电子最多只能有两个；具有相同 n、l 量子数的电子最多只能有 $2(2l+1)$ 个；具有相同 n 量子数的电子最多只能有 $2n^2$ 个。

把具有相同 l 量子数的单电子态称为一个**支壳层**。当 $l=0,1,2,3,4,5,\cdots$ 时，分别称其为 s,p,d,f,g,h,… 支壳层，每个支壳层最多能容纳的电子个数分别为 2,6,10,14,18,22,…。

把具有相同 n 量子数的单电子态称为一个**主壳层**。当 $n=1,2,3,4,5,\cdots$ 时，分别称其为 K,L,M,N,O,… 主壳层，每个主壳层最多能容纳的电子个数分别为 2,8,18,32,50,…。每个主壳层 n 中含有 n 个支壳层，例如

$$\begin{array}{ll} \text{K} & \text{1s} \\ \text{L} & \text{2s,2p} \\ \text{M} & \text{3s,3p,3d} \\ \text{N} & \text{4s,4p,4d,4f} \\ & \cdots\cdots \end{array} \qquad (12.3.7)$$

原子的基态是其能量最低的状态，处于基态的原子，在服从泡利不相容原理的前提下，电子应该尽量占据能量低的状态。而单电子能级 ε_{nl} 的大小主要由主量子数 n 来决定，n 越大时 ε_{nl} 越大，对于相同的主量子数 n，角量子数 l 越大时 ε_{nl} 越大。一般情况下，基态原子中的电子应该按式(12.3.7) 的顺序逐个壳层填充，即

$$\text{1s; 2s,2p; 3s,3p,3d; 4s,4p,4d,4f; }\cdots \qquad (12.3.8)$$

当电子的个数较多时，也可能出现 …,4s,3d,… 的情况，而不是 …,3d,4s,… 的正常

顺序。

12.3.2　元素周期表

当原子处于基态时,周期表中各原子中电子的填充情况如下。

第一周期($n=1$),K 壳层

^{1}H　$(1s)^1$

^{2}He　$(1s)^2$

第二周期($n=2$),L 壳层

^{3}Li　$(1s)^2(2s)^1$

^{4}Be　$(1s)^2(2s)^2$

^{5}B　$(1s)^2(2s)^2(2p)^1$

^{6}C　$(1s)^2(2s)^2(2p)^2$

^{7}N　$(1s)^2(2s)^2(2p)^3$

^{8}O　$(1s)^2(2s)^2(2p)^4$

^{9}F　$(1s)^2(2s)^2(2p)^5$

^{10}Ne　$(1s)^2(2s)^2(2p)^6$

第三周期($n=3$),M 壳层

^{11}Na　$(1s)^2(2s)^2(2p)^6(3s)^1$

^{12}Mg　$(1s)^2(2s)^2(2p)^6(3s)^2$

^{13}Al　$(1s)^2(2s)^2(2p)^6(3s)^2(3p)^1$

^{14}Si　$(1s)^2(2s)^2(2p)^6(3s)^2(3p)^2$

^{15}P　$(1s)^2(2s)^2(2p)^6(3s)^2(3p)^3$

^{16}S　$(1s)^2(2s)^2(2p)^6(3s)^2(3p)^4$

^{17}Cl　$(1s)^2(2s)^2(2p)^6(3s)^2(3p)^5$

^{18}Ar　$(1s)^2(2s)^2(2p)^6(3s)^2(3p)^6$

关于第四、五周期的填充情况比较复杂,需要满足一些特殊的条件,就不在这里详细讨论了。

当电子刚好填满一个主壳层时,此时的原子是最稳定的,例如 He,Ne,Ar,… 等原子,这些原子表现出相似的物理和化学性质。而一个满主壳层之外有一个电子的原子是相对最不稳定的,例如 Li,Na,K,… 等原子,并且,这些原子也表现出相似的物理和化学性质。以此类推,一个满主壳层之外有同样个数电子的原子,将具有类似的性质,它们在周期表中处于同一列的位置上。

12.4 多体态矢的二次量子化表示

12.4.1 二次量子化表示

在量子力学中,体系的状态可以用波函数来描述,通常情况下,波函数是在坐标表象或者组态空间中写出来的。对于多粒子体系来说,在上述表象中求解本征方程实在是太困难了,仅把多体波函数在组态空间中写出来就是一件十分繁杂的事情,于是,人们期望能有一种简洁的方式来处理多体问题。

量子化的概念源于力学量用算符表示,当可观测量算符的本征值取断续值时,称为力学量取值量子化。下面将看到,引入福克空间和粒子数表象之后,借助产生、湮没算符或粒子数算符,不仅可以简洁地把满足全同性原理的多体波函数表示出来,而且,也可以方便地表示物理上感兴趣的多体算符。将多体波函数和多体算符在福克空间或粒子数表象中的形式,称为它们的**二次量子化表示**。其实,二次量子化并不意味着任何物理量取值的再一次量子化,它只不过是多体波函数和多体算符的一种表示方法而已。如果采用二次量子化表示的方式处理全同多粒子体系问题,则会使问题的表述变得简洁和方便。

为简洁计,以下的表示中暂不顾及算符与态矢随时间的变化。

12.4.2 产生、湮没算符与福克空间

1. 福克空间的定义与性质

描述全同粒子状态的多体波函数必须正确反映全同粒子的属性。在组态空间中,为反映全同费米子体系的属性引入了斯莱特行列式,虽然它既满足泡利不相容原理又满足多体波函数反对称化的要求,但是,当体系的粒子数较多时,使用起来还是十分不便。为了简化多体体系状态的表示,下面引入一种新的表示方式。

用态矢 $|0\rangle$ 表示没有粒子的状态,也称为**真空态**;用态矢 $|\alpha_1\rangle$ 表示一个粒子处于 α_1 的状态;用态矢 $|\alpha_1,\alpha_2\rangle$ 表示两个粒子分别处于 α_1,α_2 的状态;用态矢 $|\alpha_1,\alpha_2,\alpha_3\rangle$ 表示三个粒子分别处于 $\alpha_1,\alpha_2,\alpha_3$ 的状态;以此类推,用态矢 $|\alpha_1,\alpha_2,\cdots,\alpha_N\rangle$ 表示 N 个粒子分别处于 $\alpha_1,\alpha_2,\cdots,\alpha_N$ 的状态。把由零矢量和上述态矢张成的空间称为**福克空间**。

关于福克空间的三点说明:一是,真空态 $|0\rangle$ 不是福克空间的零矢量;二是,具有相同粒子数的态矢是正交归一化的;三是,具有不同粒子数的态矢是相互正交的。

在福克空间中,多体态矢并不考虑哪一个单粒子态被哪一个粒子占据,显然,这与全同粒子的不可区分性是一致的。对费米子体系而言,泡利不相容原理要求所有的单粒子态均不相同,即 $\alpha_1\neq\alpha_2\neq\cdots\neq\alpha_N$;而对玻色子体系来说,允许单粒子态有两个甚至多个

是相同的。

为了正确反映全同费米子和玻色子对多体态矢对称性的要求，福克空间的态矢需要满足的条件为

$$\begin{cases}|\alpha_1,\cdots,\alpha_i,\cdots,\alpha_j,\cdots,\alpha_N\rangle=-|\alpha_1,\cdots,\alpha_j,\cdots,\alpha_i,\cdots,\alpha_N\rangle & \text{(费米子体系)}\\ |\alpha_1,\cdots,\alpha_i,\cdots,\alpha_j,\cdots,\alpha_N\rangle=+|\alpha_1,\cdots,\alpha_j,\cdots,\alpha_i,\cdots,\alpha_N\rangle & \text{(玻色子体系)}\end{cases} \tag{12.4.1}$$

式中，α_i 与 α_j 为任意两个单粒子态的全部量子数。总之，多体态在福克空间中的表示就是它的一种二次量子化表示。

如果不做特殊说明，下面的讨论是对全同费米子体系进行的。

2. 产生算符与湮没算符

在福克空间中，态矢 $|0\rangle$，$|\alpha_1\rangle$，$|\alpha_1,\alpha_2\rangle$，$\cdots$ 描述的是不同粒子数体系的状态，如何将这些不同粒子数的状态联系起来呢？下面引入的两个算符可以起到一个桥梁的作用。

产生算符 ξ_α^+ 的作用是在 α 单粒子态上产生一个粒子，例如，它对真空态 $|0\rangle$ 的作用是使其变成 $|\alpha\rangle$ 单粒子态，即

$$\xi_\alpha^+|0\rangle=|\alpha\rangle \tag{12.4.2}$$

简而言之，产生算符的独门绝技就是使 α 态的粒子无中生有。习惯上，略记 $\xi_\alpha^+(\xi_\alpha)$ 头上的算符记号。对全同费米子体系而言，由泡利不相容原理可知

$$\xi_\alpha^+|\alpha\rangle=0 \tag{12.4.3}$$

湮没(湮灭、消灭)**算符** ξ_α 的作用是湮没 α 单粒子态上的一个粒子，例如，它对 $|\alpha\rangle$ 态的作用是使其变成真空态，即

$$\xi_\alpha|\alpha\rangle=|0\rangle \tag{12.4.4}$$

简而言之，湮没算符的看家本领就是使 α 态的粒子凭空消失。由定义可知

$$\xi_\alpha|0\rangle=0 \tag{12.4.5}$$

显然，产生算符与湮没算符都是在福克空间中定义的。具体地说，产生、湮没算符都与单粒子态有关，或者说，它们是在单粒子哈密顿表象中定义的。算符 ξ_α^+ 与 ξ_α 互为厄米共轭。

对 N 个全同费米子体系来说，设 $|\alpha_1,\alpha_2,\cdots,\alpha_N\rangle$ 是福克空间中任意一个 N 体态矢，将其量子数的集合 $\{\alpha_1,\alpha_2,\cdots,\alpha_N\}$ 简记为 $\{\alpha\}$(下同)。产生算符 ξ_β^+ 与湮没算符 ξ_β 对态矢 $|\alpha_1,\alpha_2,\cdots,\alpha_N\rangle$ 的作用结果，是由 β 与集合 $\{\alpha\}$ 的关系来决定的，分如下两种情况给出：

当 $\beta\notin\{\alpha\}$ 时，有

$$\begin{cases}\xi_\beta^+|\alpha_1,\alpha_2,\cdots,\alpha_N\rangle=(-1)^{s_\beta}|\alpha_1,\alpha_2,\cdots,\beta,\cdots,\alpha_N\rangle\\ \xi_\beta|\alpha_1,\alpha_2,\cdots,\alpha_N\rangle=0\end{cases} \tag{12.4.6}$$

当 $\beta\in\{\alpha\}$ 时，有

$$\begin{cases}\xi_\beta^+|\alpha_1,\alpha_2,\cdots,\alpha_N\rangle=0\\ \xi_\beta|\alpha_1,\alpha_2,\cdots,\alpha_N\rangle=(-1)^{s_\beta}|\alpha_1,\alpha_2,\cdots,\boxed{\beta},\cdots,\alpha_N\rangle\end{cases} \tag{12.4.7}$$

式中，s_β 为 β 前面单粒子态的个数；符号 $\boxed{\beta}$ 表示 β 单粒子态上的粒子已经被湮没（下同）。之所以出现 $(-1)^{s_\beta}$ 的因子，是因为费米子体系的态矢应该为反对称的，即满足式(12.4.1)的要求。式(12.4.6)与式(12.4.7)可视为费米子产生与湮没算符的更普遍意义下的定义。

总之，一个产生算符的作用是将 N 体态变成 $N+1$ 体态或者福克空间的零矢量，一个湮没算符的作用是将 N 体态变成 $N-1$ 体态或者零矢量。推而广之，n（正整数）个产生算符之积的作用是将 N 体态变成 $N+n$ 体态或者零矢量，$n(n\leqslant N)$ 个湮没算符之积的作用是将 N 体态变成 $N-n$ 体态或者零矢量。概括起来说，利用产生和湮没算符可以把福克空间中不同粒子数的状态联系起来。

3. 产生、湮没算符的反对易关系

定理 12.4　费米子产生、湮没算符满足的反对易关系为

$$\{\xi_\gamma^+,\xi_\delta^+\}=0,\quad \{\xi_\gamma,\xi_\delta\}=0,\quad \{\xi_\gamma^+,\xi_\delta\}=\delta_{\gamma,\delta} \tag{12.4.8}$$

证明　设 $|\alpha_1,\alpha_2,\cdots,\alpha_N\rangle$ 是福克空间中任意一个 N 体态矢，如前所述，产生算符 ξ_β^+ 与湮没算符 ξ_β 对态矢 $|\alpha_1,\alpha_2,\cdots,\alpha_N\rangle$ 的作用是由 β 与量子数集合 $\{\alpha\}$ 的关系来决定的。

当 γ 与 δ 中有任何一个属于集合 $\{\alpha\}$ 时，由产生算符的定义可知

$$\{\xi_\gamma^+,\xi_\delta^+\}\,|\alpha_1,\alpha_2,\cdots,\alpha_N\rangle=0 \tag{12.4.9}$$

由于 N 体态矢 $|\alpha_1,\alpha_2,\cdots,\alpha_N\rangle$ 是任意的，故式(12.4.8)中第1式成立。

当 γ 与 δ 皆不属于集合 $\{\alpha\}$ 时，若 $\gamma=\delta$，由泡利不相容原理可知，式(12.4.8)中第1式成立。若 $\gamma\neq\delta$，则有

$$\begin{aligned}\{\xi_\gamma^+,\xi_\delta^+\}\,|\alpha_1,\alpha_2,\cdots,\alpha_N\rangle&=(\xi_\gamma^+\xi_\delta^++\xi_\delta^+\xi_\gamma^+)\,|\alpha_1,\alpha_2,\cdots,\alpha_N\rangle=\\&|\gamma,\delta,\alpha_1,\alpha_2,\cdots,\alpha_N\rangle+|\delta,\gamma,\alpha_1,\alpha_2,\cdots,\alpha_N\rangle=\\&|\gamma,\delta,\alpha_1,\alpha_2,\cdots,\alpha_N\rangle-|\gamma,\delta,\alpha_1,\alpha_2,\cdots,\alpha_N\rangle=0\end{aligned} \tag{12.4.10}$$

综上所述，已经证得式(12.4.8)中第1式成立。

同理可证，式(12.4.8)中另外两式成立。定理12.4证毕。

利用上述反对易关系，容易得到如下常用的算符关系式，即

$$\xi_\alpha\xi_\alpha=\xi_\alpha^+\xi_\alpha^+=0,\quad (\xi_\alpha^+\xi_\alpha)^2=\xi_\alpha^+\xi_\alpha,\quad \xi_\alpha^+\xi_\alpha\xi_\beta^+\xi_\beta=\xi_\beta^+\xi_\beta\xi_\alpha^+\xi_\alpha \tag{12.4.11}$$

12.4.3　粒子数算符与粒子数表象

引入产生与湮没算符之后，可以利用它们把不同粒子数的状态联系起来。在遇到的许多实际问题中，体系的粒子数并不改变，即所谓粒子数是守恒的，非相对论的量子理论就是如此。换句话说，在非相对论量子力学中，关心的是相同粒子数的态矢之间是通过什么样的算符来联系的。

1. 粒子数守恒算符

将两个算符之积 $\xi_\gamma^+\xi_\delta$ 作用到福克空间中任意一个 N 体态矢 $|\alpha_1,\alpha_2,\cdots,\alpha_N\rangle$ 上，只有

当 $\delta \in \{\alpha\}$ 且 $\gamma \notin \{\alpha\}$ 时，有

$$\xi_\gamma^+ \xi_\delta \mid \alpha_1, \alpha_2, \cdots, \alpha_N \rangle = \mid \alpha_1, \alpha_2, \cdots, \gamma, \cdots, \alpha_N \rangle \tag{12.4.12}$$

否则有

$$\xi_\gamma^+ \xi_\delta \mid \alpha_1, \alpha_2, \cdots, \alpha_N \rangle = 0 \tag{12.4.13}$$

上述结果表明，算符 $\xi_\gamma^+ \xi_\delta$ 的作用是将一个 N 体态变成了另一个 N 体态或者零矢量。具体地说，当 $\delta \in \{\alpha\}$ 且 $\gamma \notin \{\alpha\}$ 时，会使原来处于 δ 单粒子态的粒子跃迁到 γ 单粒子态，而总粒子数 N 并无改变。由于算符 $\xi_\gamma^+ \xi_\delta$ 的作用并不改变体系的粒子个数，故称其为**粒子数守恒算符**。推而广之，凡是由相等数目的产生算符和湮没算符之积构成的算符皆为粒子数守恒算符，例如，$\xi_\alpha^+ \xi_\beta^+ \xi_\gamma \xi_\delta, \xi_\alpha^+ \xi_\beta^+ \xi_\gamma^+ \xi_\delta \xi_\sigma \xi_\tau, \cdots$ 都是粒子数守恒算符。下面将会看到，在非相对论理论框架之下，用到的力学量算符都是由粒子数守恒算符构成的。

2. 单粒子态粒子数算符

有一类特殊的粒子数守恒算符，即

$$\hat{n}_\alpha = \xi_\alpha^+ \xi_\alpha \tag{12.4.14}$$

将其称为 α 单粒子态粒子数算符，简称为**粒子数算符**。

在福克空间中，若 $\mid \gamma \rangle$ 是任意一个单粒子态矢，则有

$$\begin{cases} \hat{n}_\alpha \mid \gamma \rangle = \xi_\alpha^+ \xi_\alpha \mid \gamma \rangle = \mid \gamma \rangle & (\alpha = \gamma) \\ \hat{n}_\alpha \mid \gamma \rangle = \xi_\alpha^+ \xi_\alpha \mid \gamma \rangle = 0 & (\alpha \neq \gamma) \end{cases} \tag{12.4.15}$$

综合上面两式，得到算符 $\hat{n}_\alpha$ 满足的本征方程为

$$\hat{n}_\alpha \mid \gamma \rangle = \delta_{\alpha,\gamma} \mid \gamma \rangle \tag{12.4.16}$$

其本征值为 0 和 1，相应的本征矢为 $\mid \gamma \neq \alpha \rangle$ 和 $\mid \alpha \rangle$。

式(12.4.16) 也可以改写成

$$\hat{n}_\alpha \mid n_\alpha \rangle = n_\alpha \mid n_\alpha \rangle \tag{12.4.17}$$

式中，本征值 n_α 可取 0 和 1；$\mid n_\alpha \rangle$ 为其相应的本征矢。n_α 的取值刚好是费米子体系在单粒子态上可能存在的粒子数，这也是称其为单粒子态的粒子数算符的原因所在。

3. 粒子数表象及其中的多体态矢

由式(12.4.11) 之第 3 式可知，对任意两个粒子数算符 $\hat{n}_\alpha$ 与 $\hat{n}_\beta$ 而言，有

$$[\hat{n}_\alpha, \hat{n}_\beta] = 0 \tag{12.4.18}$$

上式说明，任意两个粒子数算符都对易，因此，所有的粒子数算符有共同完备本征函数系 $\{\mid n_1, n_2, \cdots, n_\alpha, \cdots, n_\infty \rangle\}$，且满足的本征方程分别为

$$\begin{cases} \hat{n}_1 \mid n_1, n_2, \cdots, n_\alpha, \cdots, n_\infty \rangle = n_1 \mid n_1, n_2, \cdots, n_\alpha, \cdots, n_\infty \rangle \\ \hat{n}_2 \mid n_1, n_2, \cdots, n_\alpha, \cdots, n_\infty \rangle = n_2 \mid n_1, n_2, \cdots, n_\alpha, \cdots, n_\infty \rangle \\ \cdots\cdots \\ \hat{n}_\alpha \mid n_1, n_2, \cdots, n_\alpha, \cdots, n_\infty \rangle = n_\alpha \mid n_1, n_2, \cdots, n_\alpha, \cdots, n_\infty \rangle \\ \cdots\cdots \\ \hat{n}_\infty \mid n_1, n_2, \cdots, n_\alpha, \cdots, n_\infty \rangle = n_\infty \mid n_1, n_2, \cdots, n_\alpha, \cdots, n_\infty \rangle \end{cases} \tag{12.4.19}$$

以$\{|n_1,n_2,\cdots,n_\alpha,\cdots,n_\infty\rangle\}$为基底的表象称为**粒子数表象**，在粒子数表象中，任意的多体态矢都是粒子数算符$\hat{n}_\alpha$的本征矢，对应的本征值为n_α，它的可能取值为0和1。

在粒子数表象中，费米子产生算符与湮没算符的作用及多体态矢分别为

$$\begin{cases}\xi_\alpha^+|n_1,n_2,\cdots,n_\alpha,\cdots,n_\infty\rangle=\delta_{n_\alpha,0}|n_1,n_2,\cdots,n_\alpha+1,\cdots,n_\infty\rangle\\ \xi_\beta|n_1,n_2,\cdots,n_\beta,\cdots,n_\infty\rangle=\delta_{n_\beta,1}|n_1,n_2,\cdots,n_\beta-1,\cdots,n_\infty\rangle\end{cases}\tag{12.4.20}$$

$$|n_1,n_2,\cdots,n_\infty\rangle=(n_1!n_2!\cdots n_\infty!)^{-1/2}(\xi_1^+)^{n_1}(\xi_2^+)^{n_2}\cdots(\xi_\infty^+)^{n_\infty}|0\rangle\tag{12.4.21}$$

式中，$n_k(k=1,2,3,\cdots,\infty)$只能取0或者1。因为0和1的阶乘皆为1，故上式右端的常数可以略去。

利用类似的方法可以得到玻色子产生算符ζ_α^+与湮没算符ζ_β满足的对易关系为

$$[\zeta_\alpha^+,\zeta_\beta^+]=0,\quad[\zeta_\alpha,\zeta_\beta]=0,\quad[\zeta_\alpha,\zeta_\beta^+]=\delta_{\alpha,\beta}\tag{12.4.22}$$

在粒子数表象中，玻色子产生算符与湮没算符的作用及多体态矢分别为

$$\begin{cases}\zeta_\alpha^+|n_1,n_2,\cdots,n_\alpha,\cdots,n_\infty\rangle=(n_\alpha+1)^{1/2}|n_1,n_2,\cdots,n_\alpha+1,\cdots,n_\infty\rangle\\ \zeta_\beta|n_1,n_2,\cdots,n_\beta,\cdots,n_\infty\rangle=n_\beta^{1/2}|n_1,n_2,\cdots,n_\beta-1,\cdots,n_\infty\rangle\end{cases}\tag{12.4.23}$$

$$|n_1,n_2,\cdots,n_\infty\rangle=(n_1!n_2!\cdots n_\infty!)^{-1/2}(\zeta_1^+)^{n_1}(\zeta_2^+)^{n_2}\cdots(\zeta_\infty^+)^{n_\infty}|0\rangle\tag{12.4.24}$$

式中，$n_k(k=1,2,3,\cdots,\infty)$可以取零和任意正整数。

多体态矢在粒子数表象中的表示是它的另外一种二次量子化表示。

4. 总粒子数算符

利用单粒子态的粒子数算符$\hat{n}_\alpha$，再定义一个算符为

$$\hat{N}=\sum_{\alpha=1}^{\infty}\hat{n}_\alpha\tag{12.4.25}$$

在粒子数表象中，若$|n_1,n_2,\cdots,n_\infty\rangle$为任意一个$N$体态矢，则有

$$\hat{N}|n_1,n_2,\cdots,n_\infty\rangle=\sum_{\alpha=1}^{\infty}\hat{n}_\alpha|n_1,n_2,\cdots,n_\infty\rangle=\sum_{\alpha=1}^{\infty}n_\alpha|n_1,n_2,\cdots,n_\infty\rangle=N|n_1,n_2,\cdots,n_\infty\rangle\tag{12.4.26}$$

显然，任意一个N体态矢都是算符$\hat{N}$的本征矢，相应的本征值为N，而N恰恰是所有单粒子态上的粒子数之和，因此将算符$\hat{N}$称为**总粒子数算符**。

利用费米子产生、湮没算符的反对易关系，容易导出如下几个常用的对易关系，即

$$\begin{cases}[\xi_\alpha^+,\hat{N}]=-\xi_\alpha^+,\quad[\xi_\alpha,\hat{N}]=\xi_\alpha,\quad[\xi_\alpha^+\xi_\beta,\hat{N}]=0\\ [\xi_{\alpha_1}^+\xi_{\alpha_2}^+\cdots\xi_{\alpha_m}^+\xi_{\beta_1}\xi_{\beta_2}\cdots\xi_{\beta_m},\hat{N}]=0\end{cases}\tag{12.4.27}$$

上面最后一式表明，任意粒子数守恒算符与总粒子数算符都是对易的。可以证明上述四式对于全同玻色子体系也是成立的。

12.4.4 粒子算符与空穴算符

为了简化多体态的表示，前面已经引入了产生、湮没算符以及粒子数算符，由于它们

的操作对象都是粒子，故将其统称为**粒子算符**。利用这些粒子算符可以使得多体态的表示比起组态空间中的表示要简单多了，但是对于粒子数很多的体系来说，仍然是很烦琐的，因此需要寻求更简洁的表述方式。

在核物理学中，氧(^{16}O)原子核由8个中子和8个质子构成，在16个核子中，有4个填在$0s_{1/2}$壳层，8个填在$0p_{3/2}$壳层，另外4个填在$0p_{1/2}$壳层，构成一个稳定的双满壳层核。由于中子与质子都是自旋为$\hbar/2$的费米子，并且两者的质量近似相等，主要的差别仅在于质子带单位正电荷，而中子不带电，因此，可以近似地把它们视为处于不同荷电状态的同一种粒子。类似于粒子的自旋，引入描述不同带电状态的**同位旋** t 来区别质子与中子，同位旋量子数 t 为1/2，同位旋的磁量子数 t_z 可取$\pm 1/2$两个值，当 $t_z=+1/2$ 时，表示质子，当 $t_z=-1/2$ 时，表示中子。引入同位旋之后，可以将质子与中子视为同一种粒子(核子)的不同荷电状态。

在二次量子化表示中，^{16}O 原子核基态的零级近似可以简记为

$$|\Phi_0\rangle=\xi^{+}_{0p_{1/2,1/2,1/2}}\xi^{+}_{0p_{1/2,1/2,-1/2}}\cdots\xi^{+}_{0s_{1/2,-1/2,-1/2}}|0\rangle=\xi^{+}_{16}\xi^{+}_{15}\cdots\xi^{+}_{1}|0\rangle \tag{12.4.28}$$

式中，产生算符的最后两个量子数分别表示 s_z 与 t_z 的取值。与斯莱特行列式相比，上式已经简洁多了，可是它还是不够理想。

由原子核理论可知，双满壳层核的结构相对稳定，若把其基态的零级近似 $|\Phi_0\rangle$ 用符号 $\|0\rangle$ 来表示，则将 $\|0\rangle$ 称为**物理真空态**，这样一来，复杂的式(12.4.28)就变得十分简洁。有时也将物理真空态称为**费米海**，而把费米海中最高的单粒子能量称为**费米能量** ε_F。实际上，物理真空态是不高于费米能量 ε_F 的单粒子态上填满粒子，而 ε_F 以上无粒子填充的状态。

如果在已经填满了粒子的费米海中湮没一个粒子，则相当于费米海中出现了一个**空穴**(洞眼)，为了简化表示，引入两个对空穴进行操作的算符 η^{+}_{α} 和 η_{α}，它们是依据单粒子能量 ε_{α} 与费米能量 ε_F 的关系，由粒子算符定义的：当 $\varepsilon_{\alpha}>\varepsilon_F$ 时，仍然保留粒子算符 ξ^{+}_{α} 与 ξ_{α} 的定义；当 $\varepsilon_{\alpha}\leqslant\varepsilon_F$ 时，定义两个新的算符，即 $\eta^{+}_{\alpha}=\xi_{\alpha}$ 和 $\eta_{\alpha}=\xi^{+}_{\alpha}$。

于是，有

$$\eta^{+}_{\alpha}\|0\rangle=\xi_{\alpha}\|0\rangle,\qquad \eta_{\alpha}\|0\rangle=\xi^{+}_{\alpha}\|0\rangle=0 \tag{12.4.29}$$

由上式可知，η^{+}_{α} 的作用相当于在填满粒子的费米海中产生一个 α 态的空穴，故称为**空穴产生算符**，η_{α} 的作用相当于在填满粒子的费米海中湮没一个 α 态的空穴，故称为**空穴湮没算符**，由于这两个算符的操作对象是空穴，将其统称为**空穴算符**。

容易证明费米子和玻色子空穴算符满足的反对易关系和对易关系与粒子算符是相同的。

综上所述，多体态在福克空间或者粒子数表象中的表示皆为其二次量子化表示。

12.5　多体算符的二次量子化表示

12.5.1　多体单粒子算符的二次量子化表示

对于全同粒子构成的多体体系而言，在给出了多体态的二次量子化表示后，为了保持理论的一致性，还需要导出多体算符的二次量子化表示。经常遇到的多体力学量算符主要有两种，即多体单粒子算符和多体双粒子算符，下面先来导出前者的二次量子化表示。

对 $N(N\geqslant 2)$ 个全同粒子体系而言，它的动量、动能和哈密顿算符分别为

$$\hat{\boldsymbol{P}}=\sum_{i=1}^{N}\hat{\boldsymbol{p}}(i) \tag{12.5.1}$$

$$\hat{T}=\sum_{i=1}^{N}\hat{\boldsymbol{p}}^{2}(i)/(2m)\equiv\sum_{i=1}^{N}\hat{t}(i) \tag{12.5.2}$$

$$\hat{H}_{0}=\sum_{i=1}^{N}[\hat{t}(i)+\hat{u}(i)]\equiv\sum_{i=1}^{N}\hat{h}(i) \tag{12.5.3}$$

式中，$\hat{\boldsymbol{p}}(i)$、$\hat{t}(i)$ 和 $\hat{h}(i)$ 分别为第 $i(i=1,2,3,\cdots,N)$ 个粒子的动量、动能和哈密顿算符，它们皆属于单体算符。显然，多体算符 $\hat{\boldsymbol{P}}$、$\hat{T}$ 与 $\hat{H}_0$ 的基本形式是相同的，由于它们都是某个单体算符之和，故都属于前面提到的多体单粒子算符。于是可以将 N 体单粒子算符的一般形式写成

$$\hat{Q}=\sum_{i=1}^{N}\hat{q}(i) \tag{12.5.4}$$

式中，$\hat{q}(i)$ 为第 i 个粒子的单体厄米算符。

定理 12.5　对全同费米子体系而言，若 N 体单粒子算符满足式(12.5.4)，则其二次量子化表示为

$$\hat{Q}=\sum_{\alpha,\beta}\langle\alpha\mid\hat{q}\mid\beta\rangle\xi_{\alpha}^{+}\xi_{\beta} \tag{12.5.5}$$

式中，集合$\{|\alpha\rangle\}$为福克空间中的单粒子基底。

证明　设 $|\Psi\rangle$ 为全同费米子体系的任意一个 N 体态矢，它可以写成级数形式(见式(12.2.16))，即

$$|\Psi\rangle=(N!)^{-1/2}\sum_{P}(-1)^{s_P}P\ [|\gamma_1(1)\rangle|\gamma_2(2)\rangle\cdots|\gamma_N(N)\rangle] \tag{12.5.6}$$

式中，$|\gamma_i(i)\rangle$ 为第 $i(i=1,2,3,\cdots,N)$ 个粒子的第 γ_i 个单粒子态，集合$\{|\gamma_i(i)\rangle\}$为第 i 个费米子的正交归一完备单粒子基底；P 是对粒子变量的一个置换；s_P 为置换的次数。$|\Psi\rangle$ 也可以用福克空间中的反对称态矢 $|\gamma_1,\gamma_2,\cdots,\gamma_N\rangle$ 表示，其中的量子数 γ_i 已经与具体的粒子无关。

用多体单粒子算符 $\hat{Q}$ 从左作用式(12.5.6)两端,得到

$$\hat{Q}\mid\Psi\rangle=\sum_{i=1}^{N}\hat{q}(i)\,(N!)^{-1/2}\sum_{P}\,(-1)^{s_P}P\left[\mid\gamma_1(1)\rangle\mid\gamma_2(2)\rangle\cdots\mid\gamma_N(N)\rangle\right]=$$
$$(N!)^{-1/2}\sum_{P}\,(-1)^{s_P}P\sum_{i=1}^{N}\left[\mid\gamma_1(1)\rangle\mid\gamma_2(2)\rangle\cdots\hat{q}(i)\mid\gamma_i(i)\rangle\cdots\mid\gamma_N(N)\rangle\right]\tag{12.5.7}$$

由单粒子基底 $\{\mid\alpha(i)\rangle\}$ 的正交归一完备性可知,上式中的

$$\hat{q}(i)\mid\gamma_i(i)\rangle=\sum_{\alpha}\mid\alpha(i)\rangle\langle\alpha(i)\mid\hat{q}(i)\mid\gamma_i(i)\rangle=\sum_{\alpha}\langle\alpha\mid\hat{q}\mid\gamma_i\rangle\mid\alpha(i)\rangle\tag{12.5.8}$$

将其代回式(12.5.7),得到

$$\hat{Q}\mid\Psi\rangle=(N!)^{-1/2}\sum_{P}\,(-1)^{s_P}P\sum_{i=1}^{N}\sum_{\alpha}\langle\alpha\mid\hat{q}\mid\gamma_i\rangle\mid\gamma_1(1)\rangle\mid\gamma_2(2)\rangle\cdots\mid\alpha(i)\rangle\cdots\mid\gamma_N(N)\rangle=$$
$$(N!)^{-1/2}\sum_{P}\,(-1)^{s_P}P\sum_{\alpha,\beta}\langle\alpha\mid\hat{q}\mid\beta\rangle\sum_{i=1}^{N}\delta_{\beta,\gamma_i}\mid\gamma_1(1)\rangle\mid\gamma_2(2)\rangle\cdots\mid\alpha(i)\rangle\cdots\mid\gamma_N(N)\rangle=$$
$$\sum_{\alpha,\beta}\langle\alpha\mid\hat{q}\mid\beta\rangle\sum_{i=1}^{N}\delta_{\beta,\gamma_i}(N!)^{-1/2}\sum_{P}\,(-1)^{s_P}P\left[\mid\gamma_1(1)\rangle\mid\gamma_2(2)\rangle\cdots\mid\alpha(i)\rangle\cdots\mid\gamma_N(N)\rangle\right]=$$
$$\sum_{\alpha,\beta}\langle\alpha\mid\hat{q}\mid\beta\rangle\sum_{i=1}^{N}\delta_{\beta,\gamma_i}\mid\gamma_1,\gamma_2,\cdots,\alpha,\cdots,\gamma_N\rangle\tag{12.5.9}$$

式中,$\mid\gamma_1,\gamma_2,\cdots,\alpha,\cdots,\gamma_N\rangle$ 为福克空间中的 N 体态矢;$\langle\alpha\mid\hat{q}\mid\beta\rangle$ 为算符 $\hat{q}$ 在福克空间中的矩阵元。

可以证明式(12.5.9)右端的第2个求和项为(见例题12.3)

$$\sum_{i=1}^{N}\delta_{\beta,\gamma_i}\mid\gamma_1,\gamma_2,\cdots,\alpha,\cdots,\gamma_N\rangle=\xi_\alpha^+\xi_\beta\mid\Psi\rangle\tag{12.5.10}$$

将上式代入式(12.5.9),由态矢 $\mid\Psi\rangle$ 的任意性可知

$$\hat{Q}=\sum_{\alpha,\beta}\langle\alpha\mid\hat{q}\mid\beta\rangle\xi_\alpha^+\xi_\beta\tag{12.5.11}$$

定理12.5证毕。

上述公式是在全同费米子体系下得到的,实际上,由其导出的过程可知,它也适用于全同玻色子体系,只不过式中的算符 ξ_α^+ 与 ξ_β 需要改成玻色子算符 ζ_α^+ 与 ζ_β,满足玻色子算符的对易关系。

12.5.2　多体双粒子算符的二次量子化表示

若第 i 个粒子与第 j 个粒子的二体相互作用为 $v(i,j)$,则 N 个全同粒子体系的多体双粒子算符为

$$\hat{V}=\sum_{i<j=1}^{N}\hat{v}(i,j)\tag{12.5.12}$$

进而可知,N 体双粒子算符的一般形式为

$$\hat{G}=\sum_{i<j=1}^{N}\hat{g}(i,j)=2^{-1}\sum_{i,j=1}^{N}\hat{g}(i,j) \tag{12.5.13}$$

式中,$\hat{g}(i,j)$ 为第 i 与第 j 个粒子的二体厄米算符。

定理 12.6 对于全同费米子体系而言,若 N 体双粒子算符满足式(12.5.13),则其二次量子化表示为

$$\hat{G}=4^{-1}\sum_{\alpha,\beta,\gamma,\delta}\langle\alpha\beta\mid\hat{g}\mid\gamma\delta\rangle\xi_{\alpha}^{+}\xi_{\beta}^{+}\xi_{\delta}\xi_{\gamma} \tag{12.5.14}$$

式中,集合 $\{|\alpha\beta\rangle\}$ 为福克空间中的反对称化双粒子基底。

证明 设 $|\Psi\rangle$ 为全同费米子体系的任意一个 N 体态矢,用多体双粒子算符 $\hat{G}$ 从左作用式(12.5.6) 两端,得到

$$\begin{aligned}
\hat{G}\mid\Psi\rangle = & \sum_{i<j=1}^{N}\hat{g}(i,j)\,(N!)^{-1/2}\sum_{P}(-1)^{s_P}P\left[\mid\gamma_1(1)\rangle\mid\gamma_2(2)\rangle\cdots\mid\gamma_N(N)\rangle\right]= \\
& (N!)^{-1/2}\sum_{P}(-1)^{s_P}P\sum_{i<j=1}^{N}\left[\hat{g}(i,j)\mid\gamma_1(1)\rangle\cdots\mid\gamma_i(i)\rangle\cdots\mid\gamma_j(j)\rangle\cdots\mid\gamma_N(N)\rangle\right]= \\
& (N!)^{-1/2}\sum_{P}(-1)^{s_P}P\sum_{i<j=1}^{N}\sum_{\alpha,\beta}(\alpha\beta|\hat{g}|\gamma_i\gamma_j)\left[\mid\gamma_1(1)\rangle\cdots\mid\alpha(i)\rangle\cdots\mid\beta(j)\rangle\cdots\mid\gamma_N(N)\rangle\right]= \\
& 2^{-1}\sum_{\alpha,\beta,\gamma,\delta}(\alpha\beta|\hat{g}|\gamma\delta)\sum_{i}\delta_{\gamma,\gamma_i}\sum_{j\neq i}\delta_{\delta,\gamma_j}\mid\gamma_1,\gamma_2,\cdots,\alpha,\cdots,\beta,\cdots,\gamma_N\rangle
\end{aligned} \tag{12.5.15}$$

式中,关于 $|\gamma_i(i)\rangle$ 的说明同定理12.5;$|\gamma_1,\gamma_2,\cdots,\alpha,\cdots,\beta,\cdots,\gamma_N\rangle$ 为福克空间中的N体态矢;记号$(\alpha\beta|\hat{g}|\gamma\delta)$ 表示算符 $\hat{g}$ 的矩阵元;$|\alpha\beta)$ 为福克空间中的二体态矢,只不过它尚未反对称化。

由类似式(12.5.10) 的证明过程可知(详见习题 12.5 的解答)

$$\xi_{\alpha}^{+}\xi_{\beta}^{+}\xi_{\delta}\xi_{\gamma}\mid\Psi\rangle=\sum_{i}\delta_{\gamma,\gamma_i}\sum_{j\neq i}\delta_{\delta,\gamma_j}\mid\gamma_1,\gamma_2,\cdots,\alpha,\cdots,\beta,\cdots,\gamma_N\rangle \tag{12.5.16}$$

将上式代回式(12.5.15),得到

$$\hat{G}=2^{-1}\sum_{\alpha,\beta,\gamma,\delta}(\alpha\beta|\hat{g}|\gamma\delta)\xi_{\alpha}^{+}\xi_{\beta}^{+}\xi_{\delta}\xi_{\gamma} \tag{12.5.17}$$

下面将矩阵元$(\alpha\beta|\hat{g}|\gamma\delta)$ 中的二体态矢换成反对称化的态矢。

首先,利用产生及湮没算符的反对易关系和改变求和指标的办法,可以将式(12.5.17) 改写成

$$\begin{aligned}
\hat{G}= & 2^{-1}\sum_{\alpha,\beta,\gamma,\delta}(\alpha\beta|\hat{g}|\gamma\delta)\xi_{\alpha}^{+}\xi_{\beta}^{+}\xi_{\delta}\xi_{\gamma}= \\
& 4^{-1}\sum_{\alpha,\beta,\gamma,\delta}(\alpha\beta|\hat{g}|\gamma\delta)\xi_{\alpha}^{+}\xi_{\beta}^{+}\xi_{\delta}\xi_{\gamma}+4^{-1}\sum_{\alpha,\beta,\sigma,\delta}(\alpha\beta|\hat{g}|\delta\gamma)\xi_{\alpha}^{+}\xi_{\beta}^{+}\xi_{\gamma}\xi_{\delta}= \\
& 4^{-1}\sum_{\alpha,\beta,\gamma,\delta}\left[(\alpha\beta|\hat{g}|\gamma\delta)-(\alpha\beta|\hat{g}|\delta\gamma)\right]\xi_{\alpha}^{+}\xi_{\beta}^{+}\xi_{\delta}\xi_{\gamma}=
\end{aligned}$$

$$8^{-1}\sum_{\alpha,\beta,\gamma,\delta}[(\alpha\beta|\hat{g}|\gamma\delta)-(\beta\alpha|\hat{g}|\gamma\delta)-(\alpha\beta|\hat{g}|\delta\gamma)+(\beta\alpha|\hat{g}|\delta\gamma)]\xi_\alpha^+\xi_\beta^+\xi_\delta\xi_\gamma \tag{12.5.18}$$

其次,由于全同费米子体系的波函数应该满足反对称要求,故计算算符 $\hat{g}$ 的矩阵元时,应使用反对称的二体波函数,即

$$|\alpha\beta\rangle=2^{-1/2}[|\alpha\beta)-|\beta\alpha)] \tag{12.5.19}$$

利用上式可以导出反对称二体波函数下二体相互作用矩阵元为

$$\langle\alpha\beta|\hat{g}|\gamma\delta\rangle=2^{-1}[(\alpha\beta|\hat{g}|\gamma\delta)-(\alpha\beta|\hat{g}|\delta\gamma)-(\beta\alpha|\hat{g}|\gamma\delta)+(\beta\alpha|\hat{g}|\delta\gamma)] \tag{12.5.20}$$

最后,将式(12.5.20)代入式(12.5.18),立即得到

$$\hat{G}=4^{-1}\sum_{\alpha,\beta,\gamma,\delta}\langle\alpha\beta|\hat{g}|\delta\gamma\rangle\xi_\alpha^+\xi_\beta^+\xi_\delta\xi_\gamma \tag{12.5.21}$$

此即全同费米子体系多体双粒子算符的二次量子化表示。定理12.6证毕。

使用类似上述的方法,可以得到全同玻色子体系多体双粒子算符的二次量子化表示为

$$\hat{G}=4^{-1}\sum_{\alpha,\beta,\gamma,\delta}\langle\alpha\beta|\hat{g}|\delta\gamma\rangle\zeta_\alpha^+\zeta_\beta^+\zeta_\delta\zeta_\gamma \tag{12.5.22}$$

式中,$|\alpha\beta\rangle$ 与 $|\gamma\delta\rangle$ 为福克空间中对称化的二体波函数。

综上所述,全同费米子和玻色子体系哈密顿算符的二次量子化表示分别为

$$\hat{H}_F=\sum_{\alpha,\beta}t_{\alpha\beta}\xi_\alpha^+\xi_\beta+4^{-1}\sum_{\alpha,\beta,\gamma,\delta}v_{\alpha\beta\gamma\delta}\xi_\alpha^+\xi_\beta^+\xi_\delta\xi_\gamma \tag{12.5.23a}$$

$$\hat{H}_B=\sum_{\alpha,\beta}t_{\alpha\beta}\zeta_\alpha^+\zeta_\beta+4^{-1}\sum_{\alpha,\beta,\gamma,\delta}v_{\alpha\beta\delta\gamma}\zeta_\alpha^+\zeta_\beta^+\zeta_\delta\zeta_\gamma \tag{12.5.23b}$$

由于两者的哈密顿算符都是粒子数守恒算符,故皆与总粒子数算符对易,即

$$[\hat{H}_F,\hat{N}]=0,\quad [\hat{H}_B,\hat{N}]=0 \tag{12.5.24}$$

12.5.3　狄拉克绘景中的产生、湮没算符

1. 与时间相关的产生、湮没算符

在狄拉克绘景中,与时间相关算符 $\hat{g}(t)$ 的定义为

$$\hat{g}(t)=e^{i\hat{H}_0t/\hbar}\hat{g}e^{-i\hat{H}_0t/\hbar} \tag{12.5.25}$$

由此可知,与时间相关的费米子的产生与湮没算符为

$$\xi_\alpha^+(t)=e^{i\hat{H}_0t/\hbar}\xi_\alpha^+e^{-i\hat{H}_0t/\hbar},\quad \xi_\alpha(t)=e^{i\hat{H}_0t/\hbar}\xi_\alpha e^{-i\hat{H}_0t/\hbar} \tag{12.5.26}$$

当 $t=0$ 时,有

$$\xi_\alpha^+(0)=\xi_\alpha^+,\quad \xi_\alpha(0)=\xi_\alpha \tag{12.5.27}$$

2. 产生、湮没算符的运动方程

利用类似于狄拉克绘景中算符运动方程的导出方法,可以得到产生算符与湮没算符满足的运动方程为

$$i\hbar\frac{\partial}{\partial t}\xi_\alpha^+(t)=[\xi_\alpha^+(t),\hat{H}_0],\quad i\hbar\frac{\partial}{\partial t}\xi_\alpha(t)=[\xi_\alpha(t),\hat{H}_0] \tag{12.5.28}$$

3. H_0 表象中的运动方程

由产生算符的运动方程(12.5.28)可知

$$\frac{\partial}{\partial t}\xi_\alpha^+(t)=\frac{i}{\hbar}[\hat{H}_0,\xi_\alpha^+(t)]=\frac{i}{\hbar}e^{i\hat{H}_0t/\hbar}[\hat{H}_0,\xi_\alpha^+]e^{-i\hat{H}_0t/\hbar} \tag{12.5.29}$$

在二次量子化表示中,哈密顿算符为

$$\hat{H}_0=\sum_{\alpha,\beta}h_{\alpha\beta}\xi_\alpha^+\xi_\beta \tag{12.5.30}$$

由于在 H_0 表象中 $h_{\alpha\beta}$ 是对角的,即 $h_{\alpha\beta}=\varepsilon_\alpha\delta_{\alpha,\beta}$,故有

$$\hat{H}_0=\sum_\alpha\varepsilon_\alpha\xi_\alpha^+\xi_\alpha \tag{12.5.31}$$

式中,ε_α 是 α 单粒子态能量。于是得到

$$[\hat{H}_0,\xi_\alpha^+]=\sum_\beta\varepsilon_\beta[\xi_\beta^+\xi_\beta,\xi_\alpha^+]=\varepsilon_\alpha\xi_\alpha^+ \tag{12.5.32}$$

将其代入式(12.5.29),得到 H_0 表象中产生算符满足的运动方程为

$$\frac{\partial}{\partial t}\xi_\alpha^+(t)=\frac{i}{\hbar}e^{i\hbar^{-1}\hat{H}_0t}\varepsilon_\alpha\xi_\alpha^+e^{-i\hat{H}_0t/\hbar}=\frac{i}{\hbar}\varepsilon_\alpha\xi_\alpha^+(t) \tag{12.5.33}$$

4. 狄拉克绘景中的产生、湮没算符

微分方程式(12.5.33)的解为

$$\ln\xi_\alpha^+(t)=i\hbar^{-1}\varepsilon_\alpha t+\tilde{c} \tag{12.5.34}$$

式中,$\tilde{c}$ 为积分常数。进而得到

$$\xi_\alpha^+(t)=ce^{i\varepsilon_\alpha t/\hbar} \tag{12.5.35}$$

利用初始时刻的条件(12.5.27),可以定出 $c=\xi_\alpha^+$,于是有

$$\xi_\alpha^+(t)=\xi_\alpha^+e^{i\varepsilon_\alpha t/\hbar} \tag{12.5.36}$$

同理可知,湮没算符为

$$\xi_\alpha(t)=\xi_\alpha e^{-i\varepsilon_\alpha t/\hbar} \tag{12.5.37}$$

上述两式即狄拉克绘景、H_0 表象中的产生算符与湮没算符表达式。

对空穴算符亦有类似的结果,即

$$\eta_\alpha^+(t)=\eta_\alpha^+e^{-i\varepsilon_\alpha t/\hbar} \tag{12.5.38}$$

$$\eta_\alpha(t)=\eta_\alpha e^{i\varepsilon_\alpha t/\hbar} \tag{12.5.39}$$

12.6 哈特里－福克单粒子位

12.6.1 单粒子位的选取

在多体定态问题中,如果用微扰论来计算体系的近似本征解,其结果依赖于单粒子

基底的选取,那么,选择什么样的单粒子基底才能由较低级的近似得到较高精度的结果呢？此即本节需要解决的问题。

设 $N(N \geqslant 2)$ 个全同粒子体系的哈密顿算符为

$$\hat{H} = \sum_{i=1}^{N} \hat{t}(i) + \sum_{i>j=1}^{N} \hat{v}(i,j) \tag{12.6.1}$$

式中,$\hat{t}(i)$ 为第 $i(i=1,2,3,\cdots,N)$ 个粒子的动能算符;$\hat{v}(i,j)$ 为第 i 个粒子与第 j 个粒子的相互作用算符,也称为二体相互作用算符。

一般情况下,相互作用位势不能视为微扰,为了能使用微扰论进行近似计算,通常需要引入一个**单粒子位** $\hat{u}(i)$,从而可以将 N 体哈密顿算符改写成

$$\hat{H} = \sum_{i=1}^{N} [\hat{t}(i) + \hat{u}(i)] + \sum_{i>j=1}^{N} \hat{v}(i,j) - \sum_{i=1}^{N} \hat{u}(i) \equiv \hat{H}_0 + \hat{W} \tag{12.6.2}$$

其中

$$\hat{H}_0 = \sum_{i=1}^{N} \hat{h}(i) \tag{12.6.3}$$

$$\hat{h}(i) = \hat{t}(i) + \hat{u}(i) \tag{12.6.4}$$

$$\hat{W} = \sum_{i>j=1}^{N} \hat{v}(i,j) - \sum_{i=1}^{N} \hat{u}(i) \tag{12.6.5}$$

式中,$\hat{h}(i)$ 为第 i 个粒子的单体哈密顿算符;$\hat{H}_0$ 为 N 个单粒子哈密顿算符之和;$\hat{W}$ 为全部的二体相互作用与全部单粒子位之差。若算符 $\hat{W}$ 的贡献远小于 $\hat{H}_0$,则可将其视为微扰项。

原则上,单粒子位 $\hat{u}(i)$ 是可以任意选取的,只要由它构成的单粒子哈密顿算符 $\hat{h}(i)$ 容易求解即可。通常选用算符 $\hat{h}(i)$ 的本征函数系作为单粒子基底,显然,单粒子基底与所选取的单粒子位有关。由算符 $\hat{W}$ 的定义可知,所选定的单粒子位 $\hat{u}(i)$ 可以抵消一部分二体相互作用 $\hat{v}(i,j)$,如果所选的单粒子位 $\hat{u}(i)$ 能使得算符 $\hat{W}$ 可视为微扰就更好了。再进一步,若所选的单粒子位使得算符 $\hat{W}$ 为零,则定态薛定谔方程可以利用分离变量法求解,那么问题就解决了。实际上,因为算符 $\hat{W}$ 虽然是两项之差,但由于这两项分别为多体双粒子算符和多体单粒子算符,所以不能奢望出现算符 $\hat{W}$ 为零的情况。尽管如此,还是希望能找到一个使算符 $\hat{W}$ 的贡献尽可能小的单粒子位。这样一来,在由所选的单粒子基底构成的多体基底之下,只要进行较低级的微扰论计算就可以得到比较精确的近似结果。

总之,多体微扰论的计算结果会明显地依赖于单粒子位的形式,而单粒子位是人为引入的,这就有了一个选择合适单粒子位的机遇。

12.6.2　绍勒斯波函数

在二次量子化表示中,如果约定用量子数 i、j、k、l 标志 N 体基态 $|\Phi_0\rangle$ 中已被占据的

单粒子状态,则全同费米子体系的 N 体基态为

$$|\Phi_0\rangle=\xi_{k_1}^{+}\xi_{k_2}^{+}\cdots\xi_{k_N}^{+}|0\rangle \tag{12.6.6}$$

式中,$|0\rangle$ 是真空态。

若用量子数 m、n、p、q 标志 N 体基态 $|\Phi_0\rangle$ 中未被占据的单粒子态,则 N 体激发态有许多种,例如:

粒子－空穴(mi)激发态为

$$|\Phi_{mi}\rangle=\xi_m^{+}\xi_i|\Phi_0\rangle \tag{12.6.7}$$

双粒子－双空穴(mi,nj)激发态为

$$|\Phi_{mi,nj}\rangle=\xi_m^{+}\xi_i\xi_n^{+}\xi_j|\Phi_0\rangle \tag{12.6.8}$$

等,都是 N 体激发态。进而,上述激发态的线性组合,即

$$\begin{cases}|\Phi_{\text{ph}}\rangle=\sum\limits_{m,i}C_{mi}|\Phi_{mi}\rangle\\|\Phi_{\text{2p2h}}\rangle=\sum\limits_{m,i}\sum\limits_{n,j}C_{mi,nj}|\Phi_{mi,nj}\rangle\end{cases} \tag{12.6.9}$$

等,也都是该体系的激发态,分别称为 **ph 激发态**与 **2p2h 激发态**。

任意的 N 体态应该由基态与全部激发态的线性组合构成,即

$$|\Phi\rangle=\exp\left(\sum_{m=N+1}^{\infty}\sum_{i=1}^{N}C_{mi}\xi_m^{+}\xi_i\right)|\Phi_0\rangle \tag{12.6.10}$$

用上式表示的 N 体态 $|\Phi\rangle$ 称为**绍勒斯**(Shouless)**波函数**。将其按算符的幂次展开,并注意到大于 N 次幂的项为零,绍勒斯波函数可以展开成

$$|\Phi\rangle=|\Phi_0\rangle+\sum_{m=N+1}^{\infty}\sum_{i=1}^{N}C_{mi}\xi_m^{+}\xi_i|\Phi_0\rangle+\frac{1}{2!}\left(\sum_{m=N+1}^{\infty}\sum_{i=1}^{N}C_{mi}\xi_m^{+}\xi_i\right)^2|\Phi_0\rangle+\cdots+\frac{1}{N!}\left(\sum_{m=N+1}^{\infty}\sum_{i=1}^{N}C_{mi}\xi_m^{+}\xi_i\right)^N|\Phi_0\rangle \tag{12.6.11}$$

在上式的右端中,$|\Phi_0\rangle$ 为归一化的 N 体基态;第 2 项为 ph 激发态;第 3 项为 2p2h 激发态;最后一项为 NpNh 激发态。

由于 N 体基态是归一化的,即

$$\langle\Phi_0|\Phi_0\rangle=1 \tag{12.6.12}$$

所以有

$$\langle\Phi|\Phi\rangle\neq 1 \tag{12.6.13}$$

但是

$$\langle\Phi_0|\Phi\rangle=1 \tag{12.6.14}$$

12.6.3 哈特里－福克单粒子位

既然多体微扰论的计算结果依赖于单粒子位的选择,那么如何才能找到一个理想的

单粒子位呢？哈特里与福克利用变分原理给出了一个适用的单粒子位。

1. 变分方程

设 $|\Phi\rangle$ 为全同费米子体系的任意一个 N 体态，变分原理的要求为

$$\langle\delta\Phi\mid\hat{H}\mid\Phi\rangle=0 \tag{12.6.15}$$

为了导出对左矢变分的表达式，可先对用式(12.6.11)表示的绍勒斯波函数做变分，即

$$|\delta\Phi\rangle=\sum_{m=N+1}^{\infty}\sum_{i=1}^{N}\delta C_{mi}\xi_m^+\xi_i\mid\Phi_0\rangle+(2!)^{-1}\delta\left(\sum_{m=N+1}^{\infty}\sum_{i=1}^{N}C_{mi}\xi_m^+\xi_i\right)^2\mid\Phi_0\rangle+\cdots \tag{12.6.16}$$

若忽略高激发态的项，则上式可近似写成

$$|\delta\Phi\rangle=\sum_{m=N+1}^{\infty}\sum_{i=1}^{N}\delta C_{mi}\xi_m^+\xi_i\mid\Phi_0\rangle \tag{12.6.17}$$

将式(12.6.17)对应的左矢代入变分公式(12.6.15)，利用产生与湮没算符互为厄米共轭算符，且只保留 $|\Phi\rangle$ 中的最低级项 $|\Phi_0\rangle$，得到

$$\langle\Phi_0\mid\sum_{m=N+1}^{\infty}\sum_{i=1}^{N}\delta C_{mi}^*\xi_i^+\xi_m\hat{H}\mid\Phi_0\rangle=0 \tag{12.6.18}$$

由于 δC_{mi}^* 是相互独立的，所以要求上述方程中的系数皆为零，即

$$\langle\Phi_0\mid\xi_i^+\xi_m\hat{H}\mid\Phi_0\rangle=0 \tag{12.6.19}$$

上式称为**变分方程**。

2. 哈特里－福克单粒子位

在二次量子化表示中，若用量子数 α、β、γ、δ 标志任意的单粒子态，则全同费米子体系哈密顿算符的一般形式为

$$\hat{H}=\sum_{\alpha,\beta}t_{\alpha\beta}\xi_\alpha^+\xi_\beta+4^{-1}\sum_{\alpha,\beta,\gamma,\delta}v_{\alpha\beta\gamma\delta}\xi_\alpha^+\xi_\beta^+\xi_\delta\xi_\gamma \tag{12.6.20}$$

其中

$$t_{\alpha\beta}=\langle\alpha\mid\hat{t}\mid\beta\rangle,\quad v_{\alpha\beta\gamma\delta}=\langle\alpha\beta\mid\hat{v}\mid\gamma\delta\rangle \tag{12.6.21}$$

将式(12.6.20)代入变分方程式(12.6.19)，其等式左端变成两个平均值之和。首先，计算多体单粒子算符对变分方程的贡献，得到

$$\begin{aligned}&\langle\Phi_0\mid\xi_i^+\xi_m\sum_{\alpha,\beta}t_{\alpha\beta}\xi_\alpha^+\xi_\beta\mid\Phi_0\rangle=\sum_{\alpha,\beta}t_{\alpha\beta}\langle\Phi_0\mid\xi_i^+\xi_m\xi_\alpha^+\xi_\beta\mid\Phi_0\rangle=\\&\sum_{\alpha,\beta}t_{\alpha\beta}\langle\Phi_0\mid\xi_i^+(\delta_{m,\alpha}-\xi_\alpha^+\xi_m)\xi_\beta\mid\Phi_0\rangle=\sum_{\beta}t_{m\beta}\langle\Phi_0\mid\xi_i^+\xi_\beta\mid\Phi_0\rangle-\\&\sum_{\alpha,\beta}t_{\alpha\beta}\langle\Phi_0\mid\xi_i^+\xi_\alpha^+\xi_m\xi_\beta\mid\Phi_0\rangle=\sum_{\beta}t_{m\beta}\langle\Phi_0\mid\delta_{i,\beta}-\xi_\beta\xi_i^+\mid\Phi_0\rangle=t_{mi}\end{aligned} \tag{12.6.22}$$

然后，计算多体双粒子算符对变分方程的贡献，得到

$$\langle\Phi_0\mid\xi_i^+\xi_m\sum_{\alpha,\beta,\gamma,\delta}v_{\alpha\beta\gamma\delta}\xi_\alpha^+\xi_\beta^+\xi_\delta\xi_\gamma\mid\Phi_0\rangle=4\sum_j v_{mjij} \tag{12.6.23}$$

上式的推导过程可见例题 12.4。将上面两式相加，变分方程简化成

$$t_{mi}+\sum_j v_{mjij}=0 \tag{12.6.24}$$

上式称为**哈特里－福克自洽场方程**。由于 m 与 i 分别标志非占据态和占据态，所以上式只给出了粒子－空穴态矩阵元满足的条件。若将其扩展到任意态矢，则自洽场方程中的矩阵元可以写成

$$h_{\alpha\beta} \equiv (t_{\alpha\beta} + \sum_j v_{\alpha j\beta j})\delta_{\alpha,\beta} \tag{12.6.25}$$

若选单粒子位的矩阵元为

$$u_{\alpha\beta} = \sum_j v_{\alpha j\beta j} \tag{12.6.26}$$

则称其为**哈特里－福克单粒子位**，简称为 **HF 单粒子位**。由上式可知，HF 单粒子位是用二体相互作用定义的，换句话说，HF 单粒子位可以抵消一部分二体相互作用的影响。由 HF 单粒子位可以求出单粒子态，在这些单粒子态构成的多体态下，$\hat{H}_0$ 是对角矩阵，且能量的平均值取极小值。

3. 哈特里－福克单粒子本征方程的求解

下面说明如何求解 HF 单粒子位满足的定态薛定谔方程。

设单粒子的哈密顿算符为

$$\hat{h} = \hat{t} + \hat{u} \tag{12.6.27}$$

若选 HF 单粒子位，即

$$u_{\alpha\beta} = \sum_j v_{\alpha j\beta j} \tag{12.6.28}$$

则单粒子定态薛定谔方程为

$$\hat{h} \mid \alpha\rangle = \varepsilon_{\alpha}^{\mathrm{HF}} \mid \alpha\rangle \tag{12.6.29}$$

简称为 **HF 本征方程**。

由于算符 $\hat{u}$ 的矩阵元与待求的本征矢 $|\alpha\rangle$ 有关，所以 HF 本征方程需要进行**自洽求解**。所谓**自洽求解**的过程是：首先选定一组单粒子基底 $\{|\alpha\rangle\}$ 的初值 $\{|\alpha_1\rangle\}$，然后计算矩阵元 $u_{\alpha_1\beta_1}$，再求解本征方程(12.6.29)得到一组新的基底 $\{|\alpha_2\rangle\}$，比较 $\{|\alpha_1\rangle\}$ 与 $\{|\alpha_2\rangle\}$，若两者的误差满足精度的要求，则认为结果已经自洽，可以结束计算，否则需要用基底 $\{|\alpha_2\rangle\}$ 替换初值 $\{|\alpha_1\rangle\}$ 重复上面的操作，直至达到自洽为止。在量子力学中，递推、迭代和自洽都是具有实用价值的计算方法。

需要指出的是，虽然 HF 位是单粒子位常用的最佳选择，但并不是唯一的选择，如前所述，还可以选择由质量算符定义的单粒子位，由于 HF 位只是它的一个最低级近似，所以它比 HF 位具有更好的抵消作用，只不过用起来不够方便而已。

例题选讲 12

例题 12.1 两个质量为 μ、自旋为 $\hbar/2$ 的全同粒子，同处于宽度为 a 的非对称无限深方势阱之中，若两粒子之间的相互作用可以忽略，求体系的基态与第一激发态的能级和

本征波函数。

解　这是一个全同费米子体系的二体问题,体系的哈密顿算符为

$$\hat{H}=\hat{H}(1)+\hat{H}(2) \tag{1}$$

其中

$$\hat{H}(i)=-(2\mu)^{-1}\hbar^2\mathrm{d}^2/\mathrm{d}x_i^2+V(x_i) \tag{2}$$

$$V(x_i)=\begin{cases}\infty & (-\infty<x_i\leqslant 0,a<x_i<\infty)\\ 0 & (0<x_i\leqslant a)\end{cases} \tag{3}$$

式中,$i=1,2$。

已知算符 $\hat{H}(i)$ 的本征解为

$$E_{n_i}=\pi^2\hbar^2n_i^2/(2\mu a^2)\quad(n_i=1,2,3,\cdots) \tag{4}$$

$$\psi_{n_im_i}(x_i)=\begin{cases}(2/a)^{1/2}\sin(n_i\pi x_i/a)\chi_{m_i}(s_{iz}) & (0<x_i\leqslant a)\\ 0 & (-\infty<x_i\leqslant 0,a<x_i<\infty)\end{cases} \tag{5}$$

式中,m_i 为第 i 个粒子的磁量子数,$m_i=\pm 1/2$。

在坐标空间中,第 i 个单粒子的本征解就是非对称无限深方势阱的解 E_{n_i} 与 $\varphi_{n_i}(x_i)$。在自旋空间中,第 i 个单粒子的解为 $|+\rangle_i$ 与 $|-\rangle_i$。

对于体系的基态而言,$n_1=n_2=1$,能级为

$$E_1=E_{n_1}+E_{n_2}=\pi^2\hbar^2/(\mu a^2) \tag{6}$$

第 i 个粒子的单粒子态只可能有两个,它们是

$$\varphi_1(x_i)\,|+\rangle_i,\quad \varphi_1(x_i)\,|-\rangle_i \tag{7}$$

其中,$\varphi_1(x_i)$ 与 $|+\rangle_i$、$|-\rangle_i$ 分别是第 i 个粒子基态波函数的坐标分量与自旋分量,且

$$|+\rangle_i=|1/2,+1/2\rangle,\qquad |-\rangle_i=|1/2,-1/2\rangle \tag{8}$$

在非耦合表象中,上述单粒子态可以构成的斯莱特行列式为

$$|\Psi_1\rangle=\frac{1}{\sqrt{2}}\begin{vmatrix}\varphi_1(x_1)\,|+\rangle_1 & \varphi_1(x_2)\,|+\rangle_2\\ \varphi_1(x_1)\,|-\rangle_1 & \varphi_1(x_2)\,|-\rangle_2\end{vmatrix}=\frac{1}{\sqrt{2}}\varphi_1(x_1)\varphi_1(x_2)[|+-\rangle-|-+\rangle] \tag{9}$$

在耦合表象中,体系的基态为

$$|\Psi_1\rangle=\varphi_1(x_1)\varphi_1(x_2)\,|00\rangle \tag{10}$$

波函数的坐标分量是对称的,而自旋分量是反对称的,故总波函数是反对称的。

对于第一激发态而言,$n_1=1,n_2=2$,于是能级为

$$E_2=E_{n_1}+E_{n_2}=5\pi^2\hbar^2/(2\mu a^2) \tag{11}$$

第 i 个粒子的单粒子态只可能有四个,它们分别是

$$\varphi_1(x_i)\,|+\rangle_i,\quad \varphi_1(x_i)\,|-\rangle_i,\quad \varphi_2(x_i)\,|+\rangle_i,\quad \varphi_2(x_i)\,|-\rangle_i \tag{12}$$

在非耦合表象中,由上述单粒子态可以构成四个斯莱特行列式,进而得到四个独立的反对称化的二体态,即

$$\begin{cases} |\Psi_{21}\rangle = 2^{-1/2}[\varphi_1(x_1)\varphi_2(x_2) - \varphi_1(x_2)\varphi_2(x_1)]|++\rangle \\ |\Psi_{22}\rangle = 2^{-1/2}[\varphi_1(x_1)\varphi_2(x_2) - \varphi_1(x_2)\varphi_2(x_1)]|--\rangle \\ |\Psi_{23}\rangle = 2^{-1/2}[\varphi_1(x_1)\varphi_2(x_2)|+-\rangle - \varphi_1(x_2)\varphi_2(x_1)|-+\rangle] \\ |\Psi_{24}\rangle = 2^{-1/2}[\varphi_1(x_1)\varphi_2(x_2)|-+\rangle - \varphi_1(x_2)\varphi_2(x_1)|+-\rangle] \end{cases} \tag{13}$$

显然,若交换两个粒子的坐标与自旋变量,则上述四个波函数皆改变一个负号,说明它们都是反对称波函数。

在耦合表象中,由式(9.4.64)可知

$$\begin{cases} |0\ 0\rangle = 2^{-1/2}[|+-\rangle - |-+\rangle] \\ |1\ 0\rangle = 2^{-1/2}[|+-\rangle + |-+\rangle] \\ |1+1\rangle = |++\rangle \\ |1-1\rangle = |--\rangle \end{cases} \tag{14}$$

式中,$|00\rangle$ 是反对称波函数,而 $|10\rangle$、$|1+1\rangle$、$|1-1\rangle$ 皆为对称波函数。

将式(14)的反变换关系(见式(9.4.65))

$$\begin{cases} |+-\rangle = 2^{-1/2}[|1\ 0\rangle + |0\ 0\rangle] \\ |-+\rangle = 2^{-1/2}[|1\ 0\rangle - |0\ 0\rangle] \\ |++\rangle = |1+1\rangle \\ |--\rangle = |1-1\rangle \end{cases} \tag{15}$$

代入式(13),可以得到波函数在耦合表象中的形式为

$$\begin{cases} |\Psi_{21}\rangle = 2^{-1/2}[\varphi_1(x_1)\varphi_2(x_2) - \varphi_1(x_2)\varphi_2(x_1)]|1+1\rangle \\ |\Psi_{22}\rangle = 2^{-1/2}[\varphi_1(x_1)\varphi_2(x_2) - \varphi_1(x_2)\varphi_2(x_1)]|1-1\rangle \\ |\Psi_{23}\rangle = 2^{-1}[\varphi_1(x_1)\varphi_2(x_2) - \varphi_1(x_2)\varphi_2(x_1)]|1\ 0\rangle + \\ \qquad 2^{-1}[\varphi_1(x_1)\varphi_2(x_2) + \varphi_1(x_2)\varphi_2(x_1)]|0\ 0\rangle \\ |\Psi_{24}\rangle = 2^{-1}[\varphi_1(x_1)\varphi_2(x_2) - \varphi_1(x_2)\varphi_2(x_1)]|1\ 0\rangle - \\ \qquad 2^{-1}[\varphi_1(x_1)\varphi_2(x_2) + \varphi_1(x_2)\varphi_2(x_1)]|0\ 0\rangle \end{cases} \tag{16}$$

前两个波函数的坐标分量是反对称的,而自旋分量是对称的,其总波函数是反对称的,后两个波函数当坐标分量是对称的时候,自旋分量则是反对称的,当坐标分量是反对称的时候,自旋分量则是对称的,故其总波函数也是反对称的。推而广之,对全同费米子体系而言,为了保证体系波函数是反对称的,若坐标分量是对称的,则要求自旋分量是反对称的;若坐标分量是反对称的,则要求自旋分量是对称的。

例题 12.2 两个质量为 μ、自旋为 $\hbar/2$ 的全同粒子,同处于线谐振子位势 $V(x) = \mu\omega^2x^2/2$ 中,不顾及两个粒子之间的相互作用,且一个粒子处于基态,另一个粒子处于第一激发态。若体系受到微扰 $\hat{W} = \alpha\hat{s}_z(1) + \beta\hat{s}_z(2)$ 的作用,试讨论体系能级的变化。

解 体系的哈密顿算符为

$$\hat{H} = \hat{H}_0 + \hat{W} \tag{1}$$

其中

$$\hat{H}_0=\hat{H}(1)+\hat{H}(2) \tag{2}$$

$$\hat{H}(i)=-(2\mu)^{-1}\hbar^2\mathrm{d}^2/\mathrm{d}x_i^2+2^{-1}\mu\omega^2x_i^2 \quad (i=1,2) \tag{3}$$

$$\hat{W}=\alpha\hat{s}_z(1)+\beta\hat{s}_z(2) \tag{4}$$

在坐标空间中，第 i 个单粒子的本征解就是线谐振子的能量本征值 $E_{n_i}=(n_i+1/2)\hbar\omega$ 及其相应的本征波函数 $\varphi_{n_i}(x_i)$。在自旋空间中，第 i 个单粒子的本征矢为 $|+\rangle_i$ 与 $|-\rangle_i$。

上述两个全同费米子体系的波函数应该是反对称的，它的表示形式可以在耦合表象中写出来，也可以在非耦合表象中写出来。下面仅就非耦合情况进行讨论。

对于题中给定的状态而言，$n_1=0,n_2=1$，无微扰时体系的能量为

$$E_{01}^0=2\hbar\omega \tag{5}$$

可能的单粒子态分别为

$$\varphi_0(x_i)\,|+\rangle_i,\quad \varphi_0(x_i)\,|-\rangle_i,\quad \varphi_1(x_i)\,|+\rangle_i,\quad \varphi_1(x_i)\,|-\rangle_i \tag{6}$$

由上题可知，无微扰哈密顿算符 $\hat{H}_0$ 的四个反对称的波函数分别为

$$\begin{cases}|\Psi_1^0\rangle=2^{-1/2}\left[\varphi_0(x_1)\varphi_1(x_2)-\varphi_0(x_2)\varphi_1(x_1)\right]|++\rangle\\ |\Psi_2^0\rangle=2^{-1/2}\left[\varphi_0(x_1)\varphi_1(x_2)-\varphi_0(x_2)\varphi_1(x_1)\right]|--\rangle\\ |\Psi_3^0\rangle=2^{-1/2}\left[\varphi_0(x_1)\varphi_1(x_2)\,|+-\rangle-\varphi_0(x_2)\varphi_1(x_1)\,|-+\rangle\right]\\ |\Psi_4^0\rangle=2^{-1/2}\left[\varphi_0(x_1)\varphi_1(x_2)\,|-+\rangle-\varphi_0(x_2)\varphi_1(x_1)\,|+-\rangle\right]\end{cases} \tag{7}$$

由于微扰算符 $\hat{W}$ 只对波函数的自旋分量有作用，故有

$$\begin{cases}\hat{W}\mid\Psi_1^0\rangle=2^{-1}\hbar(\alpha+\beta)\mid\Psi_1^0\rangle\\ \hat{W}\mid\Psi_2^0\rangle=-2^{-1}\hbar(\alpha+\beta)\mid\Psi_2^0\rangle\\ \hat{W}\mid\Psi_3^0\rangle=2^{-1}2^{1/2}\hbar(\alpha-\beta)\left[\varphi_0(x_1)\varphi_1(x_2)\,|+-\rangle+\varphi_0(x_2)\varphi_1(x_1)\,|-+\rangle\right]\\ \hat{W}\mid\Psi_4^0\rangle=2^{-1}2^{1/2}\hbar(\beta-\alpha)\left[\varphi_0(x_1)\varphi_1(x_2)\,|-+\rangle+\varphi_0(x_2)\varphi_1(x_1)\,|+-\rangle\right]\end{cases} \tag{8}$$

再分别利用空间波函数和自旋波函数的正交归一化性质，可以在简并子空间中计算出微扰算符 $\hat{W}$ 的全部矩阵元，从而得到能量一级修正满足的久期方程为

$$\begin{vmatrix}\hbar(\alpha+\beta)/2-E^{(1)} & 0 & 0 & 0\\ 0 & -\hbar(\alpha+\beta)/2-E^{(1)} & 0 & 0\\ 0 & 0 & -E^{(1)} & 0\\ 0 & 0 & 0 & -E^{(1)}\end{vmatrix}=0 \tag{9}$$

解之得到能量的一级近似为

$$\begin{cases}E_1^{[1]}=2\hbar\omega+\hbar(\alpha+\beta)/2\\ E_2^{[1]}=2\hbar\omega-\hbar(\alpha+\beta)/2\\ E_3^{[1]}=E_4^{[1]}=2\hbar\omega\end{cases} \tag{10}$$

微扰使四度简并变成了二度简并。

例题 12.3 证明

$$\xi_\alpha^+ \xi_\beta \mid \gamma_1, \gamma_2, \cdots, \gamma_N \rangle = \sum_{i=1}^{N} \delta_{\beta,\gamma_i} \mid \gamma_1, \gamma_2, \cdots, \alpha, \cdots, \gamma_N \rangle$$

证明

$$\xi_\alpha^+ \xi_\beta \mid \gamma_1, \gamma_2, \cdots, \gamma_N \rangle = \xi_\alpha^+ \xi_\beta \xi_{\gamma_1}^+ \xi_{\gamma_2}^+ \cdots \xi_{\gamma_N}^+ \mid 0 \rangle =$$
$$\xi_\alpha^+ (\delta_{\beta,\gamma_1} - \xi_{\gamma_1}^+ \xi_\beta) \xi_{\gamma_2}^+ \xi_{\gamma_3}^+ \cdots \xi_{\gamma_N}^+ \mid 0 \rangle =$$
$$\delta_{\beta,\gamma_1} \xi_\alpha^+ \xi_{\gamma_2}^+ \xi_{\gamma_3}^+ \cdots \xi_{\gamma_N}^+ \mid 0 \rangle - \xi_\alpha^+ \xi_{\gamma_1}^+ \xi_\beta \xi_{\gamma_2}^+ \xi_{\gamma_3}^+ \cdots \xi_{\gamma_N}^+ \mid 0 \rangle =$$
$$\delta_{\beta,\gamma_1} \mid \alpha, \gamma_2, \gamma_3, \cdots, \gamma_N \rangle + \xi_{\gamma_1}^+ \xi_\alpha^+ (\delta_{\beta,\gamma_2} - \xi_{\gamma_2}^+ \xi_\beta) \xi_{\gamma_3}^+ \xi_{\gamma_4}^+ \cdots \xi_{\gamma_N}^+ \mid 0 \rangle =$$
$$\delta_{\beta,\gamma_1} \mid \alpha, \gamma_2, \gamma_3, \cdots, \gamma_N \rangle + \delta_{\beta,\gamma_2} \mid \gamma_1, \alpha, \gamma_3, \gamma_4, \cdots, \gamma_N \rangle +$$
$$\xi_{\gamma_1}^+ \xi_{\gamma_2}^+ \xi_\alpha^+ (\delta_{\beta,\gamma_3} - \xi_{\gamma_3}^+ \xi_\beta) \xi_{\gamma_4}^+ \xi_{\gamma_5}^+ \cdots \xi_{\gamma_N}^+ \mid 0 \rangle = \cdots =$$
$$\delta_{\beta,\gamma_1} \mid \alpha, \gamma_2, \gamma_3, \cdots, \gamma_N \rangle + \delta_{\beta,\gamma_2} \mid \gamma_1, \alpha, \gamma_3, \gamma_4, \cdots, \gamma_N \rangle + \cdots +$$
$$\delta_{\beta,\gamma_N} \mid \gamma_1, \gamma_2, \cdots, \alpha \rangle = \sum_{i=1}^{N} \delta_{\beta,\gamma_i} \mid \gamma_1, \gamma_2, \cdots, \alpha, \cdots, \gamma_N \rangle \tag{1}$$

其中用到

$$\{\xi_\beta, \xi_\alpha^+\} = \delta_{\alpha,\beta} \tag{2}$$

例题 12.4 证明

$$\langle \Phi_0 \mid \xi_i^+ \xi_m \sum_{\alpha,\beta,\gamma,\delta} v_{\alpha\beta\gamma\delta} \xi_\alpha^+ \xi_\beta^+ \xi_\delta \xi_\gamma \mid \Phi_0 \rangle = 4 \sum_j v_{mjij}$$

证明 反复利用产生算符与湮没算符的反对易关系

$$\xi_\alpha \xi_\beta^+ = \delta_{\alpha,\beta} - \xi_\beta^+ \xi_\alpha \tag{1}$$

将湮没算符 ξ_m 与产生算符 ξ_i^+ 逐步移动到物理真空态 $\mid \Phi_0 \rangle$ 处，使之结果为零，并利用

$$v_{\alpha\beta\gamma\delta} = -v_{\beta\alpha\gamma\delta} = -v_{\alpha\beta\delta\gamma} \tag{2}$$

得到

$$\langle \Phi_0 \mid \xi_i^+ \xi_m \sum_{\alpha,\beta,\gamma,\delta} v_{\alpha\beta\gamma\delta} \xi_\alpha^+ \xi_\beta^+ \xi_\delta \xi_\gamma \mid \Phi_0 \rangle = \sum_{\alpha,\beta,\gamma,\delta} v_{\alpha\beta\gamma\delta} \langle \Phi_0 \mid \xi_i^+ \xi_m \xi_\alpha^+ \xi_\beta^+ \xi_\delta \xi_\gamma \mid \Phi_0 \rangle =$$
$$\sum_{\alpha,\beta,\gamma,\delta} v_{\alpha\beta\gamma\delta} \langle \Phi_0 \mid \xi_i^+ (\delta_{m,\alpha} - \xi_\alpha^+ \xi_m) \xi_\beta^+ \xi_\delta \xi_\gamma \mid \Phi_0 \rangle =$$
$$\sum_{\alpha,\beta,\gamma,\delta} v_{\alpha\beta\gamma\delta} \delta_{m,\alpha} \langle \Phi_0 \mid \xi_i^+ \xi_\beta^+ \xi_\delta \xi_\gamma \mid \Phi_0 \rangle - \sum_{\alpha,\beta,\gamma,\delta} v_{\alpha\beta\gamma\delta} \langle \Phi_0 \mid \xi_i^+ \xi_\alpha^+ \xi_m \xi_\beta^+ \xi_\delta \xi_\gamma \mid \Phi_0 \rangle =$$
$$-\sum_{\beta,\gamma,\delta} v_{m\beta\gamma\delta} \langle \Phi_0 \mid \xi_\beta^+ (\delta_{i,\delta} - \xi_\delta \xi_i^+) \xi_\gamma \mid \Phi_0 \rangle -$$
$$\sum_{\alpha,\beta,\gamma,\delta} v_{\alpha\beta\gamma\delta} \langle \Phi_0 \mid \xi_i^+ \xi_\alpha^+ (\delta_{m,\beta} - \xi_\beta^+ \xi_m) \xi_\delta \xi_\gamma \mid \Phi_0 \rangle = -\sum_{\beta,\gamma} v_{m\beta\gamma i} \langle \Phi_0 \mid \xi_\beta^+ \xi_\gamma \mid \Phi_0 \rangle +$$
$$\sum_{\beta,\gamma,\delta} v_{m\beta\gamma\delta} \langle \Phi_0 \mid \xi_\beta^+ \xi_\delta (\delta_{i,\gamma} - \xi_\gamma \xi_i^+) \mid \Phi_0 \rangle + \sum_{\alpha,\gamma,\delta} v_{\alpha m\gamma\delta} \langle \Phi_0 \mid \xi_\alpha^+ (\delta_{i,\delta} - \xi_\delta \xi_i^+) \xi_\gamma \mid \Phi_0 \rangle +$$
$$\sum_{\alpha,\beta,\gamma,\delta} v_{\alpha\beta\gamma\delta} \langle \Phi_0 \mid \xi_i^+ \xi_\alpha^+ \xi_\beta^+ \xi_\delta \xi_\gamma \xi_m \mid \Phi_0 \rangle = -\sum_j v_{mjji} + \sum_{\beta,\delta} v_{m\beta i\delta} \langle \Phi_0 \mid \xi_\beta^+ \xi_\delta \mid \Phi_0 \rangle +$$
$$\sum_{\alpha,\gamma} v_{\alpha m\gamma i} \langle \Phi_0 \mid \xi_\alpha^+ \xi_\gamma \mid \Phi_0 \rangle - \sum_{\alpha,\gamma,\delta} v_{\alpha m\gamma\delta} \langle \Phi_0 \mid \xi_\alpha^+ \xi_\delta (\delta_{i,\gamma} - \xi_\gamma \xi_i^+) \mid \Phi_0 \rangle =$$

$$\sum_j v_{mjij} + \sum_j v_{mjij} + \sum_j v_{jmji} + \sum_j v_{mjij} = 4\sum_j v_{mjij} \tag{3}$$

在上面的推导中，需要对求和项 $\sum\limits_{\beta,\gamma} v_{m\beta\gamma i}\langle \Phi_0 \mid \xi_\beta^+ \xi_\gamma \mid \Phi_0\rangle$ 的处理做如下特别的说明，由于 $\mid \Phi_0\rangle$ 描述的是费米海中填满粒子而费米海外无粒子的状态，故只有当 γ 取为 j 时，$\xi_\gamma \mid \Phi_0\rangle$ 才不为零，于是，上述求和项变成 $\sum\limits_{\beta,j} v_{m\beta j i}\langle \Phi_0 \mid \xi_\beta^+ \xi_j \mid \Phi_0\rangle$。进而，当 β 取为 m 时，$\xi_m^+ \xi_j \mid \Phi_0\rangle$ 是一个与 $\mid \Phi_0\rangle$ 正交的激发态，即 $\langle \Phi_0 \mid \xi_m^+ \xi_j \mid \Phi_0\rangle = 0$，当 β 取 $k \neq j$ 时，$\xi_k^+ \xi_j \mid \Phi_0\rangle = 0$，于是，只有当 β 也取为 j 时求和项才可能不为零。综上所述，求和项变成 $\sum\limits_j v_{mjji}\langle \Phi_0 \mid \xi_j^+ \xi_j \mid \Phi_0\rangle = \sum\limits_j v_{mjji}\langle \Phi_0 \mid \Phi_0\rangle = \sum\limits_j v_{mjji}$。与其类似的求和项也需仿照上述讨论进行。

于是有

$$\langle \Phi_0 \mid \xi_i^+ \xi_m \sum_{\alpha,\beta,\gamma,\delta} v_{\alpha\beta\gamma\delta} \xi_\alpha^+ \xi_\beta^+ \xi_\delta \xi_\gamma \mid \Phi_0\rangle = 4\sum_j v_{mjij} \tag{4}$$

习　题　12

习题 12.1　已知两个电子同处于球谐振子势场中，若不顾及电子之间的库仑相互作用，当一个电子处于基态，而另一个电子处于第一激发态时，求两个电子体系的本征波函数。

习题 12.2　已知体系由三个全同玻色子构成，且该玻色子只有两个可能的单粒子态 ψ_1 和 ψ_2。若忽略粒子之间的相互作用，问体系可能的状态有几个，它们是如何由单粒子波函数构成的。

习题 12.3　对全同费米子体系，证明

$$\xi_\alpha \xi_\alpha = 0\,,\quad \xi_\alpha^+ \xi_\alpha^+ = 0,\quad (\xi_\alpha^+ \xi_\alpha)^2 = \xi_\alpha^+ \xi_\alpha,\quad \xi_\alpha^+ \xi_\alpha \xi_\beta^+ \xi_\beta = \xi_\beta^+ \xi_\beta \xi_\alpha^+ \xi_\alpha$$

习题 12.4　对全同费米子体系，证明

$$[\xi_\alpha^+, \hat{N}] = -\xi_\alpha^+,\quad [\xi_\alpha, \hat{N}] = \xi_\alpha,\quad [\xi_\alpha^+ \xi_\beta, \hat{N}] = 0$$

$$[\xi_{\alpha_1}^+ \xi_{\alpha_2}^+ \cdots \xi_{\alpha_\mu}^+ \xi_{\beta_1} \xi_{\beta_2} \cdots \xi_{\beta_\mu}, \hat{N}] = 0$$

习题 12.5　证明

$$\xi_\alpha^+ \xi_\beta^+ \xi_\gamma \xi_\delta \mid \gamma_1, \gamma_2, \cdots, \gamma_N\rangle = \sum_{i=1}^N \delta_{\gamma,\gamma_i} \sum_{j\neq i=1}^N \delta_{\gamma,\gamma_j} \mid \gamma_1, \gamma_2, \cdots, \alpha, \cdots, \beta, \cdots, \gamma_N\rangle$$

模拟试题

模拟试题 1

一、(30 分)　回答下列问题：

(1) 何谓微观粒子的波粒二象性？

(2) 体系波函数 $\psi(\boldsymbol{r},t)$ 是用来描述什么的？它应该满足什么样的自然条件？$|\psi(\boldsymbol{r},t)|^2$ 的物理含义是什么？

(3) 分别说明什么样的状态是束缚定态、简并态与负宇称态？

(4) 物理上可观测量应该对应什么样的算符？为什么？

(5) 坐标 x 分量算符与动量 x 分量算符 $\hat{p}_x$ 的对易关系是什么？写出两者满足的不确定关系。

(6) 厄米算符 $\hat{F}$ 的本征值 f_n 与本征矢 $|n\rangle$ 各具有什么性质？

二、(20 分)　已知氢原子处于

$$\psi(r,\theta,\varphi)=2^{-1/2}R_{21}(r)\mathrm{Y}_{10}(\theta,\varphi)-2^{-1}R_{31}(r)\mathrm{Y}_{10}(\theta,\varphi)-2^{-1/2}R_{21}(r)\mathrm{Y}_{1-1}(\theta,\varphi)$$

的状态下，求其能量、角动量平方及角动量 z 分量的可能取值与相应的取值概率，进而求出它们的平均值。

三、(25 分)　有一质量为 m 的粒子，在如下势场中运动，即

$$V(x)=\begin{cases}\infty & (-\infty<x\leqslant 0, b<x<\infty)\\ 0 & (0<x\leqslant a)\\ V_0>0 & (a<x\leqslant b)\end{cases}$$

试求出其束缚定态能级所满足的超越方程。

四、(25 分)　已知厄米算符 $\hat{H}$ 的本征矢为 $|n\rangle$，定义一个算符为

$$\hat{U}(m,n)=|m\rangle\langle n|$$

(1) 计算对易子$[\hat{H},\hat{U}(m,n)]$；

(2) 证明 $\hat{U}(m,n)\hat{U}^{\dagger}(p,q)=\delta_{n,q}\hat{U}(m,p)$；

(3) 计算阵迹 $\mathrm{tr}\{\hat{U}(m,n)\}$，其中算符 $\hat{F}$ 的阵迹定义为

$$\mathrm{tr}\,\hat{F}=\sum_k\langle k|\hat{F}|k\rangle$$

(4) 设算符 $\hat{A}$ 的矩阵元为 $A_{mn}=\langle m|\hat{A}|n\rangle$，证明

$$\hat{A}=\sum_{m,n}A_{mn}\hat{U}(m,n)$$
$$A_{mn}=\mathrm{tr}\{\hat{A}\hat{U}(n,m)\}$$

五、(25 分) 自旋为 $\hbar/2$、自旋磁矩为 $\boldsymbol{\mu}=\gamma\,\boldsymbol{s}$(其中 γ 为实常数)的粒子,处于均匀外磁场 $\boldsymbol{B}=B_0\boldsymbol{k}$ 中,已知 $t=0$ 时粒子处于 $s_x=\hbar/2$ 的状态。

(1) 求出 $t>0$ 时的体系波函数;

(2) 求出 $t>0$ 时 s_x 与 s_z 的可测值及相应的取值概率。

六、(25 分) 已知二维各向同性谐振子的哈密顿算符 $\hat{H}_0$ 与微扰算符 $\hat{W}$ 分别为

$$\hat{H}_0=\hat{\boldsymbol{p}}^2/(2\mu)+\mu\omega^2(x^2+y^2)/2$$
$$\hat{W}=-\lambda\,xy$$

利用微扰论求哈密顿算符 $\hat{H}=\hat{H}_0+\hat{W}$ 基态能量至二级修正、第二激发态能量至一级修正。

提示:在 H_0 表象中,已知坐标算符的矩阵元为

$$\langle\varphi_m\mid x\mid\varphi_n\rangle=(2^{1/2}\alpha)^{-1}[n^{1/2}\delta_{m,n-1}+(n+1)^{1/2}\delta_{m,n+1}]$$

式中,$\alpha=(\mu\omega/\hbar)^{1/2}$;$E_n^0$ 与 $\mid\varphi_n\rangle$ 为算符 $\hat{H}_0$ 的第 n 个本征解。

模拟试题 2

一、(20 分) 已知氢原子的状态为

$$\psi(r,\theta,\varphi)=2^{-1/2}R_{20}(r)\mathrm{Y}_{00}(\theta,\varphi)-2^{-1}R_{31}(r)\mathrm{Y}_{10}(\theta,\varphi)-2^{-1/2}R_{31}(r)\mathrm{Y}_{1-1}(\theta,\varphi)$$

求其能量、角动量平方及角动量 z 分量的可能取值与相应的取值概率,进而求出它们的平均值。在该状态下,计算能量与角动量平方同时取确定值 E_3 和 $2\hbar^2$ 的概率。

二、(20 分) 做一维运动的粒子,已知其哈密顿算符 $\hat{H}_0=\hat{p}^2/(2\mu)+V(x)$ 满足的本征方程为 $\hat{H}_0\mid n\rangle^0=E_n^0\mid n\rangle^0$,如果哈密顿算符变成 $\hat{H}=\hat{H}_0+\alpha\hat{p}/\mu$($\alpha$ 为实参数),利用赫尔曼－费曼定理求变化后的能级 E_n。

三、(20 分) 设质量为 μ 的粒子处于如下的一维位势中,即

$$V(x)=-V_0a\,\delta(x)+V_1(x)$$

其中

$$V_1(x)=\begin{cases}0 & (-\infty<x\leqslant 0)\\ V_2 & (0<x<\infty)\end{cases}$$

且 $V_0a>0$,$V_2>0$,求其束缚定态的能量本征值。

四、(20 分) 在 $\boldsymbol{L}^2$ 与 L_z 的共同表象中,当角量子数 $l=1$ 时,给出算符 $\hat{L}_y$ 的矩阵形式,进而求出算符 $\hat{L}_y$ 的本征值和归一化的本征矢。

五、(20 分) 已知一个量子体系的哈密顿算符为 $\hat{H}=\hat{H}_0+\hat{W}$,式中 $\hat{W}=\mathrm{i}\lambda[\hat{A},\hat{H}_0]$ 可视为微扰,且有 $\hat{C}=\mathrm{i}[\hat{B},\hat{A}]$,$\hat{A}$ 与 $\hat{B}$ 是厄米算符,λ 为一个小的实数。

(1) 算符 $\hat{A}$、$\hat{B}$、$\hat{C}$ 在 $\hat{H}_0$ 的无简并基态下的平均值已知，将其分别记为 A_0、B_0、C_0。在微扰后的无简并基态下，求 B 的平均值，准确到 λ 量级；

(2) 将上述结果应用在如下三维问题上，即

$$\hat{H}_0 = \sum_{i=1}^{3} [\hat{p}_i^2/(2m) + m\omega^2 x_i^2/2]$$

$$\hat{W} = \lambda x_3$$

在微扰后无简并基态下，计算 $x_i(i=1,2,3)$ 的平均值，准确到 λ 量级。

模拟试题 3

一、(20分)　质量为 m 的粒子做一维自由运动，如果粒子处于 $\psi(x) = A\sin^2(kx)$ 的状态下，求其动量 p 与动能 T 的取值概率分布及平均值。

二、(20分)　质量为 m 的粒子处于如下一维势阱中，即

$$V(x) = \begin{cases} \infty & (-\infty < x \leqslant 0) \\ 0 & (0 < x \leqslant a) \\ V_0 > 0 & (a < x < \infty) \end{cases}$$

若已知该粒子在此势阱中存在一个能量 $E = V_0/2$ 的本征态，试确定此势阱的宽度 a。

三、(20分)　在三维希尔伯特空间中，已知两个算符 $\hat{H}$ 和 $\hat{B}$ 的矩阵形式为

$$\hat{H} = \hbar\omega \begin{pmatrix} 1 & 0 & 0 \\ 0 & -1 & 0 \\ 0 & 0 & -1 \end{pmatrix}, \quad \hat{B} = b \begin{pmatrix} -1 & 0 & 0 \\ 0 & 0 & 1 \\ 0 & 1 & 0 \end{pmatrix}$$

式中，b、ω 为实常数。证明算符 $\hat{H}$ 和 $\hat{B}$ 是厄米算符，并且两者相互对易，进而求出它们的共同本征波函数。

四、(20分)　固有磁矩为 $\boldsymbol{\mu}$ 的电子，已知 $t=0$ 时处于 $s_x = \hbar/2$ 的状态，同时进入均匀磁场 $\boldsymbol{B} = B_0\boldsymbol{k}$ 中。给出 $t > 0$ 时的体系波函数，在此状态下测量 s_z 得 $-\hbar/2$ 的概率是多少？

五、(20分)　一个电荷为 q、质量为 μ 和角频率为 ω 的线谐振子，受到弱电场 $\boldsymbol{E} = \varepsilon\boldsymbol{i}$ 的作用，即微扰算符 $\hat{W} = -q\varepsilon x$，求其近似到二级修正的能量本征值和近似到一级修正的本征波函数。

模拟试题 4

一、(20分)　质量为 m 的粒子在阱宽为 a 的非对称一维无限深方势阱中运动。当 $t=0$ 时，已知粒子的状态为

$$\psi(x,0) = 2^{-1}\varphi_1(x) - 4^{-1}\varphi_2(x) + 4^{-1}\varphi_3(x)$$

式中，$\varphi_n(x)$ 为粒子的第 n 个能量本征波函数。

(1) 求 $t=0$ 时能量的取值概率；

(2) 求 $t>0$ 时的体系波函数 $\psi(x,t)$；

(3) 求 $t>0$ 时能量的取值概率。

二、(20 分)　已知体系的哈密顿算符为

$$\hat{H}=(\hat{L}_x^2+\hat{L}_y^2+2^{-1}\hat{L}_z^2)/(2I_1)+\hat{L}_z^2/(2I_2)$$

利用适当的变换求出体系的能量本征值与相应的本征矢。

三、(20 分)　自旋为 $\hbar/2$、自旋磁矩为 $\boldsymbol{\mu}=\gamma\boldsymbol{s}$（$\gamma$ 为实常数）的粒子，处于均匀外磁场 $\boldsymbol{B}=B_0\boldsymbol{j}$ 中。已知 $t=0$ 时粒子处于 $s_z=\hbar/2$ 的状态，求出 $t>0$ 时的体系波函数，进而计算 s_x 与 s_z 的平均值。

四、(20 分)　若一维体系的哈密顿算符 $\hat{H}=\hat{p}^2/(2\mu)+V(x)$ 不显含时间变量，在能量表象中证明

(1) $p_{mn}=[\mu/(\mathrm{i}\hbar)](E_n-E_m)x_{mn}$；

(2) $\sum\limits_n (E_m-E_n)^2\,|\,x_{mn}\,|^2=(\hbar^2/\mu^2)\,(p^2)_{mm}$；

(3) $\sum\limits_n (E_m-E_n)^2\,|\,x_{mn}\,|^2=(\hbar^2/\mu)\,[xV'(x)]_{mm}$。

五、(20 分)　已知三维各向同性谐振子的哈密顿算符为

$$\hat{H}=(\hat{p}_x^2+\hat{p}_y^2+\hat{p}_z^2)/(2\mu)+\mu\omega^2(x^2+y^2+z^2)/2$$

加上微扰 $\hat{W}=-\lambda(xy+yz+zx)$ 之后，求第一激发态的能量一级修正。

模拟试题 5

一、(20 分)　在 $t=0$ 时，已知氢原子的状态为

$$\psi(\boldsymbol{r},0)=c[2^{-1/2}\varphi_1(\boldsymbol{r})+3^{-1/2}\varphi_2(\boldsymbol{r})+2^{-1/2}\varphi_3(\boldsymbol{r})]$$

式中，$\varphi_n(\boldsymbol{r})$ 为氢原子的第 n 个能量本征态。

(1) 计算归一化常数 c；

(2) 计算 $t=0$ 时能量的取值概率与平均值；

(3) 写出任意时刻 t 的体系波函数 $\psi(\boldsymbol{r},t)$。

二、(20 分)　证明

(1) 若一个算符与角动量算符 $\hat{\boldsymbol{J}}$ 的两个分量对易，则其必与 $\hat{\boldsymbol{J}}$ 的另一个分量对易；

(2) 在 $\hat{\boldsymbol{J}}^2$ 与 $\hat{J}_z$ 的共同本征矢 $|\,JM\rangle$ 下，J_x 与 J_y 的平均值为零，且当 $M=J$ 时，测量 J_x 与 J_y 的差方平均值之积为最小。

三、(20 分)　一个质量为 μ 的粒子，在如下的三维势场中运动，即

$$V(x,y,z)=\begin{cases}V_x=\begin{cases}0 & (-a/2<x\leqslant a/2)\\ \infty & (-\infty<x\leqslant -a/2, a/2<x<\infty)\end{cases}\\ V_y=\mu\omega^2 y^2/2\\ V_z=\begin{cases}0 & (-b/2<z\leqslant b/2)\\ \infty & (-\infty<z\leqslant -b/2, b/2<z<\infty)\end{cases}\end{cases}$$

求粒子的能量本征值和相应的本征波函数。

四、(20 分)　由两个自旋为 $\hbar/2$ 的非全同粒子构成的体系，设两个粒子的自旋状态分别为

$$\chi_1=\begin{pmatrix}1\\0\end{pmatrix},\quad \chi_2=\begin{pmatrix}\cos(\theta/2)\mathrm{e}^{-\mathrm{i}\varphi/2}\\ \sin(\theta/2)\mathrm{e}^{\mathrm{i}\varphi/2}\end{pmatrix}$$

求体系处于自旋单态与自旋三重态的概率。

五、(20 分)　已知一个质量为 μ、角频率为 ω_0 的线谐振子，受到微扰 $\hat{W}=\beta x^2$ 的作用。

(1) 用微扰论求其能量的一级修正；

(2) 求其能量的严格解，并与(1) 的结果比较。

模拟试题 6

一、(20 分)　在 $t=0$ 时，已知线谐振子的状态为

$$\psi(x,0)=2^{-1}\varphi_0(x)+2^{-1}3^{-1/2}\varphi_1(x)+2^{-1/2}\varphi_2(x)$$

其中，E_n 和 $\varphi_n(x)$ 为线谐振子第 n 个能量本征解。

(1) 求在 $\psi(x,0)$ 态下能量的可测值、取值概率与平均值；

(2) 求出 $t>0$ 时刻的体系波函数及相应的能量取值概率与平均值。

二、(20 分)　已知 $n(n\geqslant 0)$ 与 $|n\rangle$ 是算符 $\hat{N}=\hat{a}_+\hat{a}_-$ 的本征解，算符 $\hat{a}_+$ 和 $\hat{a}_-$ 满足对易关系 $\hat{a}_-\hat{a}_+-\hat{a}_+\hat{a}_-=1$。证明：$\hat{a}_-|n\rangle$ 和 $\hat{a}_+|n\rangle$(其中 $n\geqslant 1$) 也是算符 $\hat{N}$ 的本征矢，其相应的本征值分别为$(n-1)$ 和$(n+1)$。

三、(20 分)　在 $t=0$ 时，已知一维自由粒子的状态为

$$\psi(x,0)=A[\sin^2(kx)+\cos(kx)]$$

分别求出 $t=0$ 和 $t>0$ 时粒子动量与动能的平均值。

四、(20分)　两个自旋为$\hbar/2$的非全同粒子，自旋之间的相互作用为$C\hat{\boldsymbol{s}}_1\cdot\hat{\boldsymbol{s}}_2$，其中$C$是实常数，$\hat{\boldsymbol{s}}_1$ 与 $\hat{\boldsymbol{s}}_2$ 分别是粒子 1 和粒子 2 的自旋算符。$t=0$ 时，已知粒子 1 的自旋沿 z 轴的正方向，粒子 2 的自旋沿 z 轴的负方向，求 $t>0$ 时测量粒子 2 的自旋处于 z 轴负方向的概率。

五、(20 分)　已知三维各向同性谐振子的哈密顿算符为

$$\hat{H}_0 = \hat{\boldsymbol{p}}^2/(2m) + m\omega^2(x^2+y^2+z^2)/2$$

试写出能量本征值与本征波函数。如果此谐振子又受到微扰 $\hat{W} = \lambda m\omega^2 xy/2(\lambda \ll 1)$ 的作用,求基态能量到二级修正,并与精确解比较。

模拟试题 7

一、(20 分)　完成下列问题

(1) 当粒子的位势由 $V(x)$ 变为 $V(x)+C$(C 为实常数)时,讨论粒子能量本征值及相应本征波函数的变化;

(2) 一个粒子处于长、宽、高分别为 a、b、c 的方形盒子中,已知其所处的状态用波函数 $\psi(x,y,z)$ 来描述,试求出该粒子处于盒子的下三分之一空间中的概率。

二、(20 分)　线谐振子的哈密顿算符为

$$\hat{H} = \hat{p}_x^2/(2m) + m\omega^2 x^2/2$$

定义无量纲算符

$$\hat{Q} = (m\omega/\hbar)^{1/2}x, \quad \hat{P} = (m\omega\hbar)^{-1/2}\hat{p}_x$$

$$\hat{a} = (\hat{Q}+\mathrm{i}\hat{P})/\sqrt{2}, \quad \hat{a}^+ = (\hat{Q}-\mathrm{i}\hat{P})/\sqrt{2}$$

(1) 计算对易关系$[\hat{Q},\hat{P}]$,$[\hat{a},\hat{a}^+]$,$[\hat{a},\hat{a}^+\hat{a}]$,$[\hat{a}^+,\hat{a}^+\hat{a}]$;

(2) 证明 $\hat{H} = \hbar\omega(\hat{a}^+\hat{a}+1/2)$,并求出其全部能级。

三、(20 分)　一个电子被禁闭在线谐振子基态,若已知在此状态下有

$$\sqrt{\overline{(x-\bar{x})^2}} = 10^{-10}\,\mathrm{m}$$

试估算激发此电子到第一激发态所需要的能量(用 eV 表示)。提示:利用位力定理。

四、(20 分)　一个质量为 m 的粒子处于势场 $V_1(x) = kx^2/2(k>0)$ 中,已知它处于基态。

(1) 若弹性系数 k 突然变成 $2k$,即势场变成 $V_2(x) = kx^2$,随即测量粒子的能量,求发现粒子处于新势场 $V_2(x)$ 基态的概率;

(2) 势场突然由 $V_1(x)$ 变为 $V_2(x)$ 后,不进行测量,经过一段时间 τ 后,势场又恢复成 $V_1(x)$,问 τ 取什么值时粒子仍恢复到原来 $V_1(x)$ 势场的基态(概率为 100%)。

提示:
$$\int_0^\infty \mathrm{e}^{-a^2x^2}\,\mathrm{d}x = \pi^{1/2}/(2a) \quad (a>0)$$

五、(20 分)　粒子在一维势场 $V(x)$ 中运动,无简并能级为 $E_n^0(n=1,2,3,\cdots)$,其相应的本征矢 $|n\rangle$ 为实的束缚定态,如受到微扰 $\hat{W} = \alpha\hat{p}/\mu$ 的作用,利用微扰论求能量到二级修正,并与严格解比较。

附　　录

附录 1　常用物理常数

真空中光速	$c=2.997\ 924\ 58\times10^{8}\,\mathrm{m\cdot s^{-1}}$
真空磁导率	$\mu_0=12.566\ 370\ 61\times10^{-7}\,\mathrm{N\cdot A^{-2}}$
真空电容率	$\varepsilon_0=8.854\ 187\ 82\times10^{-12}\,\mathrm{F\cdot m^{-1}}$
牛顿引力常数	$G=6.672\ 59\times10^{-11}\,\mathrm{m^3\cdot kg^{-1}\cdot s^{-2}}$
普朗克常数	$h=6.626\ 075\ 5\times10^{-34}\,\mathrm{J\cdot s}$
	$\hbar=1.054\ 572\ 67\times10^{-34}\,\mathrm{J\cdot s}$
电子静止质量	$m_{\mathrm{e}}=9.109\ 389\ 7\times10^{-31}\,\mathrm{kg}$
质子静止质量	$m_{\mathrm{p}}=1.672\ 623\ 1\times10^{-27}\,\mathrm{kg}$
中子静止质量	$m_{\mathrm{n}}=1.674\ 928\ 6\times10^{-27}\,\mathrm{kg}$
μ 介子静止质量	$m_{\mu}=1.883\ 532\ 7\times10^{-28}\,\mathrm{kg}$
基本电荷	$e=1.602\ 177\ 33\times10^{-19}\,\mathrm{C}$
精细结构常数	$\alpha=1/137.035\ 989\ 5$
阿伏伽德罗常数	$N_{\mathrm{A}}=6.022\ 136\ 7\times10^{23}\,\mathrm{mol^{-1}}$
玻尔兹曼常数	$k_{\mathrm{B}}=1.380\ 658\times10^{-23}\,\mathrm{J\cdot K^{-1}}$
里德伯常数	$R_{\infty}=1.097\ 373\ 153\ 4\times10^{7}\,\mathrm{m^{-1}}$
玻尔半径	$a_0=0.529\ 177\ 249\times10^{-10}\,\mathrm{m}$
法拉第常数	$F=9.648\ 530\ 9\times10^{4}\,\mathrm{C\cdot mol^{-1}}$
玻尔磁子	$\mu_{\mathrm{B}}=9.274\ 015\ 49\times10^{-24}\,\mathrm{A\cdot m^2}$
摩尔气体常数	$R=8.314\ 510\ 00\,\mathrm{J\cdot mol^{-1}\cdot K^{-1}}$
电子经典半径	$r_{\mathrm{e}}=2.817\ 940\ 92\times10^{-15}\,\mathrm{m}$
斯特藩－玻尔兹曼常数	$\sigma=5.670\ 51\times10^{-8}\,\mathrm{W\cdot m^{-2}\cdot K^{-4}}$

需要特别说明的是，上述常数的数值不是一成不变的，随着测量技术的进步，它们会不断被更新，在做高精度的理论计算时，需要使用最新的数值。

附录2　计量单位及其换算

附 2.1　我国现行的法定计量单位

附表 2.1　国际单位制的基本单位

量的名称	单位名称	单位符号
长　度	米	m
质　量	千克(公斤)	kg
时　间	秒	s
电　流	安[培]	A
热力学温度	开[尔文]	K
物质的量	摩[尔]	mol
发光强度	坎[德拉]	cd

附表 2.2　国际单位制的辅助单位

量的名称	单位名称	单位符号
平面角	弧度	rad
立体角	球面度	sr

附 2.2　国际单位制中的导出单位

附表 2.3　国际单位制中的导出单位

量的名称	单位名称	单位符号	其他示例
频　率	赫[兹]	Hz	s^{-1}
力;重力	牛[顿]	N	$kg \cdot m \cdot s^{-2}$
压力,压强;应力	帕[斯卡]	Pa	$N \cdot m^{-2}$
能[量];功;热量	焦[耳]	J	$N \cdot m$
功率;辐射通量	瓦[特]	W	$J \cdot s^{-1}$
电荷量	库[仑]	C	$A \cdot s$
电位;电压;电动势	伏[特]	V	$W \cdot A^{-1}$

续附表 2.3

量的名称	单位名称	单位符号	其他示例
电　容	法[拉]	F	$C \cdot V^{-1}$
电　阻	欧[姆]	Ω	$V \cdot A^{-1}$
电　导	西[门子]	S	$A \cdot V^{-1}$
磁通量	韦[伯]	Wb	$V \cdot s$
磁通量密度;磁感应强度	特[斯拉]	T	$Wb \cdot m^{-2}$
电　感	亨[利]	H	$Wb \cdot A^{-1}$
摄氏温度	摄氏度	℃	
光通量	流[明]	lm	$cd \cdot sr$
光照度	勒[克斯]	lx	$lm \cdot m^{-2}$
放射性活度	贝克[勒尔]	Bq	s^{-1}
吸收剂量	戈[瑞]	Gy	$J \cdot kg^{-1}$
剂量当量	希[沃特]	Sv	$J \cdot kg^{-1}$

附 2.3　能、热量与功的单位换算

附表 2.4　能、热量与功的单位换算

单位名称	电子伏(eV)	焦耳(J)	卡(cal)	千瓦时(kW · h)
电子伏	1	1.602×10^{-19}	3.827×10^{-20}	4.450×10^{-26}
焦耳	6.624×10^{18}	1	0.238 9	2.778×10^{-7}
卡	2.613×10^{19}	4.168	1	1.163×10^{-6}
千瓦时	2.247×10^{25}	3.600×10^{6}	8.601×10^{5}	1

附 2.4　10 的整数次幂的名称与符号

附表 2.5　10 的整数次幂的名称与符号

所表示的因数	词头名称	词头符号
10^{18}	埃[可萨]	E
10^{15}	拍[它]	P

续附表 2.5

所表示的因数	词头名称	词头符号
10^{12}	太[拉]	T
10^{9}	吉[咖]	G
10^{6}	兆	M
10^{3}	千	k
10^{2}	百	h
10^{1}	十	da
10^{-1}	分	d
10^{-2}	厘	c
10^{-3}	毫	m
10^{-6}	微	μ
10^{-9}	纳[诺]	n
10^{-12}	皮[可]	p
10^{-15}	飞[母托]	f
10^{-18}	阿[托]	a

附录 3　常用数学公式

附 3.1　阶乘与双阶乘

$$n!=1\cdot 2\cdot 3\cdot \cdots \cdot (n-1)\cdot n,\quad 0!=1$$

$$(2n)!!=2^n n!=2\cdot 4\cdot 6\cdot \cdots \cdot (2n-2)\cdot 2n,\quad 0!!=0$$

$$(2n+1)!!=(2n+1)!(2^n n!)^{-1}=1\cdot 3\cdot 5\cdot \cdots \cdot (2n-1)\cdot (2n+1),\quad (-1)!!=0$$

附 3.2　三角函数、双曲函数与 e 指数函数

$$\cos\theta=(e^{i\theta}+e^{-i\theta})/2,\quad \sin\theta=(e^{i\theta}-e^{-i\theta})/(2i)$$

$$\sin(2\theta)=2\sin\theta\cos\theta,\quad \cos(2\theta)=2\cos^2\theta-1$$

$$\sin(\theta/2)=\pm(1-\cos\theta)^{1/2},\quad \cos(\theta/2)=\pm(1+\cos\theta)^{1/2}$$

$$e^{i\theta}=\cos\theta+i\sin\theta,\quad e^{-i\theta}=\cos\theta-i\sin\theta$$

$$\mathrm{ch}\,x=(e^x+e^{-x})/2,\quad \mathrm{sh}\,x=(e^x-e^{-x})/2$$

附 3.3 函数的级数展开

$$(1 \pm x)^{-1} = 1 \mp x + x^2 \mp x^3 + x^4 \mp \cdots \quad (|x| \leqslant 1)$$

$$(1 \pm x)^{1/2} = 1 \pm \frac{1}{2}x - \frac{1 \cdot 1}{2 \cdot 4}x^2 \pm \frac{1 \cdot 1 \cdot 3}{2 \cdot 4 \cdot 6}x^3 - \frac{1 \cdot 1 \cdot 3 \cdot 5}{2 \cdot 4 \cdot 6 \cdot 8}x^4 \pm \cdots \quad (|x| \leqslant 1)$$

$$(1 \pm x)^{-1/2} = 1 \mp \frac{1}{2}x + \frac{1 \cdot 3}{2 \cdot 4}x^2 \mp \frac{1 \cdot 3 \cdot 5}{2 \cdot 4 \cdot 6}x^3 + \frac{1 \cdot 3 \cdot 5 \cdot 7}{2 \cdot 4 \cdot 6 \cdot 8}x^4 \mp \cdots \quad (|x| \leqslant 1)$$

$$\mathrm{e}^x = \sum_{k=0}^{\infty} \frac{x^k}{k!} = 1 + \frac{1}{1!}x + \frac{1}{2!}x^2 + \frac{1}{3!}x^3 + \cdots \quad (|x| < \infty)$$

$$\sin x = \sum_{k=0}^{\infty} \frac{(-1)^k x^{2k+1}}{(2k+1)!} = x - \frac{1}{3!}x^3 + \frac{1}{5!}x^5 - \frac{1}{7!}x^7 + \cdots \quad (|x| < \infty)$$

$$\cos x = \sum_{k=0}^{\infty} \frac{(-1)^k x^{2k}}{(2k)!} = 1 - \frac{1}{2!}x^2 + \frac{1}{4!}x^4 - \frac{1}{6!}x^6 + \cdots \quad (|x| < \infty)$$

附 3.4 (不) 定积分公式

1. 不定积分公式(略去了积分常数)

$$\int x^n \sin(ax)\mathrm{d}x = -a^{-1}x^n\cos(ax) + a^{-1}n\int x^{n-1}\cos(ax)\mathrm{d}x$$

$$\int x^n \cos(ax)\mathrm{d}x = a^{-1}x^n\sin(ax) - a^{-1}n\int x^{n-1}\sin(ax)\mathrm{d}x$$

$$\int \sin^n(ax)\mathrm{d}x = -a^{-1}n^{-1}\sin^{n-1}(ax)\cos(ax) + n^{-1}(n-1)\int \sin^{n-2}(ax)\mathrm{d}x$$

$$\int \cos^n(ax)\mathrm{d}x = a^{-1}n^{-1}\cos^{n-1}(ax)\sin(ax) + n^{-1}(n-1)\int \cos^{n-2}(ax)\mathrm{d}x$$

$$\int \sin^2(ax)\mathrm{d}x = 2^{-1}x - 4^{-1}a^{-1}\sin(2ax)$$

$$\int \cos^2(ax)\mathrm{d}x = 2^{-1}x + 4^{-1}a^{-1}\sin(2ax)$$

$$\int x\sin^2(ax)\mathrm{d}x = 4^{-1}x^2 - 4^{-1}a^{-1}x\sin(2ax) - 8^{-1}a^{-2}\cos(2ax)$$

$$\int x^2\sin^2(ax)\mathrm{d}x = 6^{-1}x^3 - (4^{-1}a^{-1}x^2 - 8^{-1}a^{-3})\sin(2ax) - 4^{-1}a^{-2}x\cos(2ax)$$

$$\int (ax^2 + b)^{-1}\mathrm{d}x = (ab)^{-1/2}\arctan[(a/b)^{1/2}x]$$

$$\int (a^2 - x^2)^{1/2}\mathrm{d}x = 2^{-1}[(a^2 - x^2)^{1/2}x + a^2\arcsin(x/a)]$$

$$\int x(a^2 + x^2)^{-1/2}\mathrm{d}x = (a^2 + x^2)^{1/2}$$

$$\int (a^2 + x^2)^{-1/2}\mathrm{d}x = \ln[x + (a^2 + x^2)^{1/2}]$$

$$\int x^n e^{ax} dx = e^{ax} \sum_{m=0}^{n} (-1)^m n! [(n-m)! a^{m+1}]^{-1} x^{n-m}$$

$$\int x e^{ax} \sin(bx) dx = (a^2+b^2)^{-1} x e^{ax} [a\sin(bx) - b\cos(bx)] -$$

$$(a^2+b^2)^{-1} e^{ax} [(a^2-b^2)\sin(bx) - 2ab\cos(bx)]$$

2. 定积分公式

$$\int_0^\infty e^{-a^2x^2} dx = \pi^{1/2}/(2a)$$

$$\int_0^\infty x^n e^{-ax} dx = a^{-(n+1)} n!$$

$$\int_0^\infty x^{2n} e^{-a^2x^2} dx = 2^{-(n+1)} a^{-(2n+1)} (2n-1)!! \pi^{1/2}$$

$$\int_0^\infty \cos(bx) e^{-a^2x^2} dx = [\pi^{1/2}/(2a)] e^{-a^{-2}b^2/4}$$

$$\int_0^\infty \sin(bx) e^{-ax} dx = b/(a^2+b^2)$$

$$\int_0^\infty \cos(bx) e^{-ax} dx = a/(a^2+b^2)$$

上述公式中 n 为正整数，a、b 为非零实数。

附 3.5　矢量运算公式

在笛卡儿坐标系中，一个矢量 $\boldsymbol{A}$ 可以写成分量形式，即

$$\boldsymbol{A} = A_x\boldsymbol{i} + A_y\boldsymbol{j} + A_z\boldsymbol{k}$$

式中，$\boldsymbol{i}$、$\boldsymbol{j}$、$\boldsymbol{k}$ 分别为 x、y、z 轴单位矢量。

矢量 $\boldsymbol{A}$ 与 $\boldsymbol{B}$ 的标量积为

$$\boldsymbol{A}\cdot\boldsymbol{B} = A_xB_x + A_yB_y + A_zB_z$$

矢量 $\boldsymbol{A}$ 与 $\boldsymbol{B}$ 的矢量积为

$$\boldsymbol{A}\times\boldsymbol{B} = \begin{vmatrix} \boldsymbol{i} & \boldsymbol{j} & \boldsymbol{k} \\ A_x & A_y & A_z \\ B_x & B_y & B_z \end{vmatrix}$$

标量三重积为

$$\boldsymbol{A}\cdot(\boldsymbol{B}\times\boldsymbol{C}) = (\boldsymbol{A}\times\boldsymbol{B})\cdot\boldsymbol{C} = \begin{vmatrix} A_x & A_y & A_z \\ B_x & B_y & B_z \\ C_x & C_y & C_z \end{vmatrix}$$

矢量三重积为

$$\boldsymbol{A}\times(\boldsymbol{B}\times\boldsymbol{C}) = (\boldsymbol{A}\cdot\boldsymbol{C})\boldsymbol{B} - (\boldsymbol{A}\cdot\boldsymbol{B})\boldsymbol{C}$$

$$(\boldsymbol{A}\times\boldsymbol{B})\times\boldsymbol{C} = (\boldsymbol{A}\cdot\boldsymbol{C})\boldsymbol{B} - (\boldsymbol{B}\cdot\boldsymbol{C})\boldsymbol{A}$$

矢量的微分为

$$\frac{\mathrm{d}}{\mathrm{d}t}\boldsymbol{A}=\boldsymbol{i}\frac{\mathrm{d}A_x}{\mathrm{d}t}+\boldsymbol{j}\frac{\mathrm{d}A_y}{\mathrm{d}t}+\boldsymbol{k}\frac{\mathrm{d}A_z}{\mathrm{d}t}$$

$$\frac{\mathrm{d}}{\mathrm{d}t}(\boldsymbol{A}+\boldsymbol{B}+\boldsymbol{C}+\cdots)=\frac{\mathrm{d}}{\mathrm{d}t}\boldsymbol{A}+\frac{\mathrm{d}}{\mathrm{d}t}\boldsymbol{B}+\frac{\mathrm{d}}{\mathrm{d}t}\boldsymbol{C}+\cdots$$

$$\frac{\mathrm{d}}{\mathrm{d}t}(\boldsymbol{A}\cdot\boldsymbol{B})=\frac{\mathrm{d}\boldsymbol{A}}{\mathrm{d}t}\cdot\boldsymbol{B}+\boldsymbol{A}\cdot\frac{\mathrm{d}\boldsymbol{B}}{\mathrm{d}t}$$

$$\frac{\mathrm{d}}{\mathrm{d}t}(\boldsymbol{A}\times\boldsymbol{B})=\frac{\mathrm{d}\boldsymbol{A}}{\mathrm{d}t}\times\boldsymbol{B}+\boldsymbol{A}\times\frac{\mathrm{d}\boldsymbol{B}}{\mathrm{d}t}$$

标量 φ 的梯度为

$$\nabla\varphi=\boldsymbol{i}\frac{\partial\varphi}{\partial x}+\boldsymbol{j}\frac{\partial\varphi}{\partial y}+\boldsymbol{k}\frac{\partial\varphi}{\partial z}$$

拉普拉斯算符为

$$\nabla^2=\frac{\partial^2}{\partial x^2}+\frac{\partial^2}{\partial y^2}+\frac{\partial^2}{\partial z^2}$$

矢量 $\boldsymbol{A}$ 的散度为

$$\nabla\cdot\boldsymbol{A}=\frac{\partial A_x}{\partial x}+\frac{\partial A_y}{\partial y}+\frac{\partial A_z}{\partial z}$$

矢量 $\boldsymbol{A}$ 的旋度为

$$\nabla\times\boldsymbol{A}=\boldsymbol{i}\left(\frac{\partial A_z}{\partial y}-\frac{\partial A_y}{\partial z}\right)+\boldsymbol{j}\left(\frac{\partial A_x}{\partial z}-\frac{\partial A_z}{\partial x}\right)+\boldsymbol{k}\left(\frac{\partial A_y}{\partial x}-\frac{\partial A_x}{\partial y}\right)$$

附 3.6 希尔伯特空间

将有序的一组实数(复数)、有方向的线段或抽象的东西统称为数学对象(以下简称为对象)。考虑无穷多个同类的数学对象的集合 $\{x,y,z,w,\cdots\}$,在它们之间规定加法、数乘和内积三种运算。

1. 加法运算

集合中的任意两个对象相加,都能得到集合中的一个对象。且满足如下要求:

(1)$x+y=y+x$;

(2)$x+(y+z)=(x+y)+z$;

(3) 集合中有 0 对象 o 存在,对任意对象 x,满足 $x+o=x$;

(4) 对集合中任意对象 x,都有对象 y 存在,满足 $x+y=o$,记作 $y=-x$。

2. 数乘运算

集合内任意对象可以与数(实数或复数) 相乘,得到集合内另一个对象。规定数乘的规则,使任意对象 x 和一个数 a,在集合内总有一个对象 y 与之对应,记为 $y=xa$,y 称为 x 与 a 的乘积。满足如下条件:

(5)$x1=x$；

(6)$(xa)y=x(ya)$；

(7)$x(a+b)=xa+xb$；

(8)$(x+y)a=xa+ya$。

将满足上述8个条件的对象称为矢量，集合中所有的矢量构成一个矢量空间或者线性空间。当a、b为实(复)数时，空间称为实(复)数域上的矢量空间。

3. 内积运算

矢量空间中的两个矢量可以构成一个内积，得出一个数。即规定一种内积规则，按一定次序任取两个矢量x与y，总有一个数c与之相对应，记作$(x,y)=c$。在实(复)数域上，矢量空间中的内积也是实(复)数。内积与两个矢量的次序有关。

内积满足如下规则：

(9)$(x,y)=(y,x)^*$；

(10)$(x,y+z)=(x,y)+(x,z)$；

(11)$(x,ya)=(x,y)a$；

(12)$(x,x)\geqslant 0$，对任意x均成立；若$(x,x)=0$，则必有$x=0$。

具有加法、数乘和内积三种运算，并满足条件(1)～(12)的集合称为内积空间。完备(完全)的内积空间称为希尔伯特空间。

附录4　正交曲线坐标

附4.1　圆柱坐标(ρ,φ,z)

$$x=\rho\cos\varphi,\quad y=\rho\sin\varphi,\quad z=z$$

$$\nabla^2=\frac{1}{\rho}\frac{\partial}{\partial\rho}\left(\rho\frac{\partial}{\partial\rho}\right)+\frac{1}{\rho^2}\frac{\partial^2}{\partial\varphi^2}+\frac{\partial^2}{\partial z^2}$$

附4.2　球极坐标(r,θ,φ)

$$x=r\sin\theta\cos\varphi,\quad y=r\sin\theta\sin\varphi,\quad z=r\cos\theta$$

$$\nabla^2=\frac{1}{r^2}\frac{\partial}{\partial r}\left(r^2\frac{\partial}{\partial r}\right)+\frac{1}{r^2\sin\theta}\frac{\partial}{\partial\theta}\left(\sin\theta\frac{\partial}{\partial\theta}\right)+\frac{1}{r^2\sin\theta}\frac{\partial^2}{\partial\varphi^2}$$

附4.3　椭圆柱坐标(ξ,η,z)

设椭圆的两个焦点A与B的坐标分别为$(a,0)$与$(-a,0)$，任一点P离焦点的距离各为r_A、r_B，若定义椭圆柱坐标为ξ,η,z

$$\xi=(r_A+r_B)/(2a),\quad \eta=(r_A-r_B)/(2a),\quad z=z$$

则有

$$x = a\xi\eta \ , \quad y = a\left[(\xi^2-1)(1-\eta^2)\right]^{1/2}, \quad z = z$$

$$\nabla^2 = \frac{1}{a^2(\xi^2-\eta^2)}\left\{f(\xi)\frac{\partial}{\partial\xi}\left[f(\xi)\frac{\partial}{\partial\xi}\right] + g(\eta)\frac{\partial}{\partial\eta}\left[g(\eta)\frac{\partial}{\partial\eta}\right] + \frac{\partial^2}{\partial z^2}\right\}$$

其中

$$f(\xi) = (\xi^2-1)^{1/2}, \quad g(\eta) = (1-\eta^2)^{1/2}$$

附 4.4 抛物线柱坐标(λ, μ, z)

$$x = (\lambda-\mu)/2 \ , \quad y = (\lambda\mu)^{1/2}, \quad z = z$$

$$\nabla^2 = \frac{4}{\lambda+\mu}\left\{\lambda^{1/2}\frac{\partial}{\partial\lambda}\left[\lambda^{1/2}\frac{\partial}{\partial\lambda}\right] + \mu^{1/2}\frac{\partial}{\partial\mu}\left[\mu^{1/2}\frac{\partial}{\partial\mu}\right] + \frac{\partial^2}{\partial z^2}\right\}$$

附录 5 特殊函数

附 5.1 伽马函数

伽马函数的定义为

$$\Gamma(z) = \int_0^\infty e^{-t}t^{z-1}\,dt, \quad \mathrm{Re}(z) > 0$$

伽马函数满足的递推关系为

$$\Gamma(z+1) = z\Gamma(z) \ , \quad \Gamma(z)\Gamma(1-z) = \pi\sin^{-1}(\pi z)$$

当 n 为正整数时，有

$$\Gamma(n+z) = (z+n-1)(z+n-2)\cdots(z+1)z\Gamma(z)$$

特别是，当 $z=1$ 时，有

$$\Gamma(n+1) = n!$$

而 $z=1/2$ 时，有

$$\Gamma(1/2) = \pi^{1/2}$$

$$\Gamma(n+1/2) = (2n-1)!!2^{-n}\pi^{1/2} \quad (n=1,2,3,\cdots)$$

前几个整数和半整数的伽马函数为

$$\Gamma(1) = 1 \ , \quad \Gamma(1/2) = \pi^{1/2}$$

$$\Gamma(2) = 1 \ , \quad \Gamma(3/2) = (1/2)\pi^{1/2}$$

$$\Gamma(3) = 2 \ , \quad \Gamma(5/2) = (3/4)\pi^{1/2}$$

$$\Gamma(4) = 6 \ , \quad \Gamma(7/2) = (15/8)\pi^{1/2}$$

附 5.2 厄米多项式

厄米方程为

$$\mathrm{H}''(q) - 2q\mathrm{H}'(q) + (\lambda - 1)\mathrm{H}(q) = 0$$

它的解为

$$\begin{cases} \lambda - 1 = 2n \quad (n = 0, 1, 2, \cdots) \\ \mathrm{H}_n(q) = (-1)^n \mathrm{e}^{q^2} \mathrm{d}^n \mathrm{e}^{-q^2} / \mathrm{d}q^n \end{cases}$$

式中，$\mathrm{H}_n(q)$ 为厄米多项式。

厄米多项式的表达式为

$$\mathrm{H}_n(q) = \sum_{m=0}^{[n/2]} \frac{(-1)^m n!}{m!(n-2m)!}(2q)^{n-2m}$$

式中，符号$[n/2]$表示取不超过 $n/2$ 的最大整数（下同）。

厄米多项式的正交关系为

$$\int_{-\infty}^{\infty} \mathrm{H}_m(q)\mathrm{H}_n(q)\mathrm{e}^{-q^2}\mathrm{d}q = 2^n n!\pi^{1/2}\delta_{m,n}$$

递推关系为

$$\mathrm{H}_{n+1}(q) + 2n\mathrm{H}_{n-1}(q) - 2q\mathrm{H}_n(q) = 0$$

其他性质有

$$\mathrm{H}_n'(q) = 2n\mathrm{H}_{n-1}(q)$$

$$\mathrm{H}_n(-q) = (-1)^n\mathrm{H}_n(q)$$

前几个厄米多项式为

$$\mathrm{H}_0(q) = 1$$

$$\mathrm{H}_1(q) = 2q$$

$$\mathrm{H}_2(q) = 4q^2 - 2$$

$$\mathrm{H}_3(q) = 8q^3 - 12q$$

$$\mathrm{H}_4(q) = 16q^4 - 48q^2 + 12$$

线谐振子的能量本征值与相应的本征波函数为

$$E_n = (n + 1/2)\hbar\omega \quad (n = 0, 1, 2, \cdots)$$

$$\psi_n(x) = N_n \mathrm{e}^{-\alpha^2 x^2/2}\mathrm{H}_n(\alpha x)$$

其中

$$N_n = [\alpha/(2^n \pi^{1/2} n!)]^{1/2}, \quad \alpha = (\mu\omega/\hbar)^{1/2}$$

附 5.3　勒让德函数与球谐函数

1. 勒让德函数

勒让德方程为

$$[(1 - x^2)\mathrm{P}'(x)]' + \lambda\mathrm{P}(x) = 0$$

它的解为

$$\begin{cases}\lambda = l(l+1) \quad (l=0,1,2,\cdots) \\ \mathrm{P}_l(x) = (2^l l!)^{-1} \mathrm{d}^l (x^2-1)^l / \mathrm{d}x^l\end{cases}$$

式中，$\mathrm{P}_l(x)$ 为勒让德函数。

勒让德函数的正交关系为

$$\int_{-1}^{1} \mathrm{P}_l(x)\mathrm{P}_k(x)\mathrm{d}x = [2/(2l+1)]\delta_{l,k}$$

递推关系为

$$(l+1)\mathrm{P}_{l+1}(x) - (2l+1)x\mathrm{P}_l(x) + l\mathrm{P}_{l-1}(x) = 0$$

其他关系有

$$x\mathrm{P}'_l(x) - \mathrm{P}'_{l-1}(x) = l\mathrm{P}_l(x)$$

$$\mathrm{P}'_{l+1}(x) = x\mathrm{P}'_l(x) + (l+1)\mathrm{P}_l(x)$$

$$\mathrm{P}'_{l+1}(x) - \mathrm{P}'_{l-1}(x) = (2l+1)\mathrm{P}_l(x)$$

$$(x^2-1)\mathrm{P}'_l(x) = xl\mathrm{P}_l(x) - l\mathrm{P}_{l-1}(x)$$

勒让德函数的表达式为

$$\mathrm{P}_l(x) = \sum_{k=0}^{[l/2]} \frac{(-1)^k(2l-2k)!}{2^l k!(l-k)!(l-2k)!} x^{l-2k}$$

前几个勒让德函数为

$$\mathrm{P}_0(x) = 1$$

$$\mathrm{P}_1(x) = x$$

$$\mathrm{P}_2(x) = 2^{-1}(3x^2-1)$$

$$\mathrm{P}_3(x) = 2^{-1}(5x^3-3x)$$

$$\mathrm{P}_4(x) = 8^{-1}(35x^4-30x^2+3)$$

2. 连带勒让德函数

连带勒让德方程为

$$[(1-x^2)\mathrm{P}'(x)]' + [\lambda - m^2(1-x^2)^{-1}]\mathrm{P}(x) = 0$$

它的解为

$$\begin{cases}\lambda = l(l+1) \quad (l=0,1,2,\cdots) \\ \mathrm{P}_l^m(x) = (2^l l!)^{-1} (1-x^2)^{m/2} \mathrm{d}^{l+m} (x^2-1)^l / \mathrm{d}x^{l+m}\end{cases}$$

式中，$\mathrm{P}_l^m(x)$ 为连带勒让德函数；$|m| \leqslant l$。

连带勒让德函数的正交关系为

$$\int_{-1}^{1} \mathrm{P}_l^m(x)\mathrm{P}_k^m(x)\mathrm{d}x = \{2(l+m)!/[(2l+1)(l-m)!]\}\delta_{l,k}$$

递推关系和其他关系有

$$(2l+1)x\mathrm{P}_l^m(x) = (l+m)\mathrm{P}_{l-1}^m(x) + (l-m+1)\mathrm{P}_{l+1}^m(x)$$

$$(2l+1)(1-x^2)^{1/2}\mathrm{P}_l^m(x) = \mathrm{P}_{l+1}^{m+1}(x) - \mathrm{P}_{l-1}^{m+1}(x)$$

$$(2l+1)(1-x^2)^{1/2}[\mathrm{P}_l^m(x)]'=(l+1)(l+m)\mathrm{P}_{l-1}^m(x)-l(l-m+1)\mathrm{P}_{l+1}^m(x)$$

连带勒让德函数的表达式为

$$\mathrm{P}_l^m(x)=(1-x^2)^{m/2}\mathrm{d}^m\mathrm{P}_l(x)/\mathrm{d}x^m=$$
$$(1-x^2)^{m/2}\sum_{k=0}^{[(l-m)/2]}\frac{(-1)^k(2l-2k)!}{2^l k!(l-k)!(l-2k-m)!}x^{l-2k-m}$$

前几个连带勒让德函数为

$$\mathrm{P}_1^1(x)=(1-x^2)^{1/2}$$
$$\mathrm{P}_2^1(x)=3x(1-x^2)^{1/2}$$
$$\mathrm{P}_2^2(x)=3(1-x^2)$$
$$\mathrm{P}_3^1(x)=3\times 2^{-1}(5x^2-1)(1-x^2)^{1/2}$$

3. 球谐函数

球谐函数的定义为

$$\mathrm{Y}_{lm}(\theta,\varphi)=(-1)^m\{(2l+1)(l-m)!/[4\pi(l+m)!]\}^{1/2}\mathrm{P}_l^m(\cos\theta)\mathrm{e}^{\mathrm{i}m\varphi}$$

式中，$l=0,1,2,\cdots;|m|\leqslant l$。

前几个球谐函数为

$$\mathrm{Y}_{0,0}(\theta,\varphi)=[1/(4\pi)]^{1/2}$$
$$\mathrm{Y}_{1,0}(\theta,\varphi)=[3/(4\pi)]^{1/2}\cos\theta$$
$$\mathrm{Y}_{1,\pm1}(\theta,\varphi)=\mp[3/(8\pi)]^{1/2}\sin\theta\ \mathrm{e}^{\pm\mathrm{i}\varphi}$$
$$\mathrm{Y}_{2,0}(\theta,\varphi)=[5/(16\pi)]^{1/2}(3\cos^2\theta-1)$$
$$\mathrm{Y}_{2,\pm1}(\theta,\varphi)=\mp[15/(8\pi)]^{1/2}\sin\theta\cos\theta\ \mathrm{e}^{\pm\mathrm{i}\varphi}$$
$$\mathrm{Y}_{2,\pm2}(\theta,\varphi)=[15/(32\pi)]^{1/2}\sin^2\theta\ \mathrm{e}^{\pm\mathrm{i}2\varphi}$$

球谐函数的正交归一化条件为

$$\int\mathrm{Y}_{lm}^*(\theta,\varphi)\mathrm{Y}_{\tilde{l}\tilde{m}}(\theta,\varphi)\mathrm{d}\Omega=\delta_{l,\tilde{l}}\delta_{m,\tilde{m}}$$

递推公式为

$$\cos\theta\mathrm{Y}_{lm}(\theta,\varphi)=a_{l,m}\mathrm{Y}_{l+1,m}(\theta,\varphi)+a_{l-1,m}\mathrm{Y}_{l-1,m}(\theta,\varphi)$$
$$\sin\theta\mathrm{e}^{\mathrm{i}\varphi}\mathrm{Y}_{lm}(\theta,\varphi)=b_{l-1,-m-1}\mathrm{Y}_{l-1,m+1}(\theta,\varphi)-b_{l,m}\mathrm{Y}_{l+1,m+1}(\theta,\varphi)$$
$$\sin\theta\mathrm{e}^{-\mathrm{i}\varphi}\mathrm{Y}_{lm}(\theta,\varphi)=-b_{l-1,m-1}\mathrm{Y}_{l-1,m-1}(\theta,\varphi)+b_{l,-m}\mathrm{Y}_{l+1,m-1}(\theta,\varphi)$$

式中

$$a_{l,m}=\{[(l+1)^2-m^2]/[(2l+1)(2l+3)]\}^{1/2}$$
$$b_{l,m}=\{(l+m+1)(l+m+2)/[(2l+1)(2l+3)]\}^{1/2}$$

球谐函数的加法公式为

$$\mathrm{P}_l(\cos\theta)=[4\pi/(2l+1)]\sum_{m=-l}^{l}\mathrm{Y}_{lm}^*(\theta_1,\varphi_1)\mathrm{Y}_{lm}(\theta_2,\varphi_2)$$

特别是，当 $\theta=0$ 时，有

$$\sum_{m=-l}^{l} \mathrm{Y}_{lm}^{*}(\theta,\varphi)\mathrm{Y}_{lm}(\theta,\varphi)=(2l+1)/(4\pi)$$

平面波的展开公式为

$$\mathrm{e}^{\mathrm{i}kz}=\mathrm{e}^{\mathrm{i}kr\cos\theta}=\sum_{l=0}^{\infty}\left[4\pi(2l+1)\right]^{1/2}\mathrm{i}^{l}\,\mathrm{j}_{l}(kr)\mathrm{Y}_{l0}(\theta,\varphi)$$

附 5.4 连带拉盖尔多项式

1. 连带拉盖尔多项式

连带拉盖尔方程为

$$z\left[\mathrm{L}_{n}^{\alpha}(z)\right]''+(\alpha+1-z)\left[\mathrm{L}_{n}^{\alpha}(z)\right]'+n\mathrm{L}_{n}^{\alpha}(z)=0\quad(n=0,1,2,\cdots)$$

它的解为连带拉盖尔多项式，即

$$\mathrm{L}_{n}^{\alpha}(z)=\frac{\mathrm{e}^{z}}{n!z^{\alpha}}\frac{\mathrm{d}^{n}}{\mathrm{d}z^{n}}\left(\frac{z^{n+\alpha}}{\mathrm{e}^{z}}\right)=\sum_{m=0}^{n}\frac{(-1)^{m}\Gamma(1+n+\alpha)z^{m}}{m!(n-m)!\Gamma(1+m+\alpha)}$$

当 α 取为整数 k 时，有

$$\mathrm{L}_{n}^{k}(z)=\sum_{m=0}^{n}\frac{(-1)^{m}\Gamma(1+n+k)z^{m}}{m!(n-m)!\Gamma(1+m+k)}=\sum_{m=0}^{n}\frac{(-1)^{m}(n+k)!z^{m}}{m!(n-m)!(m+k)!}$$

前几个连带拉盖尔多项式为

$$\mathrm{L}_{0}^{k}(z)=1$$

$$\mathrm{L}_{1}^{k}(z)=k+1-z$$

$$\mathrm{L}_{2}^{k}(z)=2^{-1}(k+1)(k+2)-(k+2)z+2^{-1}z^{2}$$

当 α 取为半整数 $k+1/2$ 时，有

$$\mathrm{L}_{n}^{k+1/2}(z)=\sum_{m=0}^{n}\frac{(-1)^{m}\Gamma(1+n+k+1/2)z^{m}}{m!(n-m)!\Gamma(1+m+k+1/2)}=$$

$$\sum_{m=0}^{n}\frac{(-1)^{m}(2n+2k+1)!!z^{m}}{m!(n-m)!(2m+2k+1)!!}$$

利用上述两个公式，容易得到正文中用到的两个连带拉盖尔多项式 $\mathrm{L}_{n-l-1}^{2l+1}(z)$ 和 $\mathrm{L}_{n}^{l+1/2}(z)$ 的级数形式，即

$$\mathrm{L}_{n-l-1}^{2l+1}(z)=\sum_{m=0}^{n-l-1}\frac{(-1)^{m}(n+l)!z^{m}}{m!(n-l-1-m)!(m+2l+1)!}$$

$$\mathrm{L}_{n}^{l+1/2}(z)=\sum_{m=0}^{n}\frac{(-2)^{m}(1+2n+2l)!!z^{m}}{2^{n}m!(n-m)!(1+2m+2l)!!}$$

在一些量子力学教材中，使用的连带拉盖尔多项式为 $\mathrm{L}_{n+l}^{2l+1}(z)$ 和 $\mathrm{L}_{n+l+1/2}^{l+1/2}(z)$，它们与 $\mathrm{L}_{n-l-1}^{2l+1}(z)$ 和 $\mathrm{L}_{n}^{l+1/2}(z)$ 的关系分别为

$$\mathrm{L}_{n+l}^{2l+1}(z)=-(n+l)!\mathrm{L}_{n-l-1}^{2l+1}(z)$$

$$\mathrm{L}_{n+l+1/2}^{l+1/2}(z)=2^n n!(2l+1)!![(2n+2l+1)!!]^{-1}\mathrm{L}_n^{l+1/2}(z)$$

连带拉盖尔多项式的正交关系与积分公式为

$$\int_0^\infty \mathrm{e}^{-z}z^\alpha \mathrm{L}_m^\alpha(z)\mathrm{L}_n^\alpha(z)\mathrm{d}z=(n!)^{-1}\Gamma(n+\alpha+1)\delta_{m,n}$$

$$\int_0^\infty \mathrm{e}^{-z}z^k \mathrm{L}_m^k(z)\mathrm{L}_n^k(z)\mathrm{d}z=(n!)^{-1}(n+k)!\delta_{m,n}$$

$$\int_0^\infty \mathrm{e}^{-z}z^{k+1} \mathrm{L}_n^k(z)\mathrm{L}_n^k(z)\mathrm{d}z=(n!)^{-1}(n+k)!(2n+k+1)$$

递推关系为

$$(n+1)\mathrm{L}_{n+1}^\alpha(z)+(z-\alpha-2n-1)\mathrm{L}_n^\alpha(z)+(n+\alpha)\mathrm{L}_{n-1}^\alpha(z)=0$$

特别是，当 $\alpha=0$ 时，定义

$$\mathrm{L}_n(z)=n!\mathrm{L}_n^0(z)$$

为拉盖尔多项式。它的表达式为

$$\mathrm{L}_n(z)=\mathrm{e}^z\frac{\mathrm{d}^n}{\mathrm{d}z^n}(\mathrm{e}^{-z}z^n)=\sum_{m=0}^n\frac{(-1)^m(n!)^2z^m}{(m!)^2(n-m)!}$$

前几个拉盖尔多项式为

$$\mathrm{L}_0(z)=1$$
$$\mathrm{L}_1(z)=-z+1$$
$$\mathrm{L}_2(z)=z^2-4z+2$$
$$\mathrm{L}_3(z)=-z^3+9z^2-18z+6$$
$$\mathrm{L}_4(z)=z^4-16z^3+72z^2-96z+24$$
$$\mathrm{L}_5(z)=-z^5+25z^4-200z^3+600z^2-600z+120$$

2. 类氢离子的径向本征波函数

类氢离子径向方程的解为

$$R_{nl}(\xi)=N_{nl}\xi^l\mathrm{e}^{-\xi/2}\mathrm{L}_{n-l-1}^{2l+1}(\xi)$$

式中

$$N_{nl}=\{(2Za_0^{-1}n^{-1})^3(n-l-1)!/[2n(n+l)!]\}^{1/2}$$

$$\xi=2Zr/(na_0)\quad(n=0,1,2,\cdots;l=0,1,2,\cdots,n-1)$$

式中，Z 为类氢离子的正电荷数；a_0 为氢原子的玻尔半径。

当 $Z=1$ 时，氢原子的前几个径向波函数为

$$R_{10}(r)=2a_0^{-3/2}\mathrm{e}^{-r/a_0}$$

$$R_{20}(r)=2^{-1/2}a_0^{-3/2}(1-2^{-1}a_0^{-1}r)\mathrm{e}^{-r/(2a_0)}$$

$$R_{21}(r)=(24)^{-1/2}a_0^{-5/2}r\mathrm{e}^{-r/(2a_0)}$$

$$R_{30}(r)=2\times(27)^{-1/2}a_0^{-3/2}(1-2\times3^{-1}a_0^{-1}r+2\times27^{-1}a_0^{-2}r^2)\mathrm{e}^{-r/(3a_0)}$$

$$R_{31}(r)=8\times(27\times6^{1/2})^{-1}a_0^{-5/2}r(1-6^{-1}a_0^{-1}r)\mathrm{e}^{-r/(3a_0)}$$

$$R_{32}(r)=4\times(81\times30^{1/2})^{-1}a_0^{-7/2}r^2\mathrm{e}^{-r/(3a_0)}$$

附 5.5 贝塞尔函数

1. 三类贝塞尔函数

贝塞尔方程为

$$x^2\mathrm{J}''(x)+x\mathrm{J}'(x)+(x^2-\nu^2)\mathrm{J}(x)=0$$

它的解分为三类,分别称为贝塞尔函数、诺伊曼函数和汉克尔函数,它们的表达式分别为

$$\mathrm{J}_\nu(x)=\sum_{k=0}^{\infty}(-1)^k\,[k!\Gamma(k+1+\nu)]^{-1}\,(x/2)^{2k+\nu}$$

$$\mathrm{N}_\nu(x)=[\mathrm{J}_\nu(x)\cos(\nu\pi)-\mathrm{J}_{-\nu}(x)]/\sin(\nu\pi)$$

$$\mathrm{H}_\nu^{(1)}(x)=\mathrm{J}_\nu(x)+\mathrm{i}\mathrm{N}_\nu(x),\quad \mathrm{H}_\nu^{(2)}(x)=\mathrm{J}_\nu(x)-\mathrm{i}\mathrm{N}_\nu(x)$$

贝塞尔函数的导数及递推关系为

$$2\mathrm{J}'_\nu(x)=\mathrm{J}_{\nu-1}(x)-\mathrm{J}_{\nu+1}(x)$$

$$2\nu\mathrm{J}_\nu(x)=x[\mathrm{J}_{\nu-1}(x)+\mathrm{J}_{\nu+1}(x)]$$

当 $\nu=n(n=0,1,2,\cdots)$ 时,整阶的贝塞尔函数为

$$\mathrm{J}_n(x)=\sum_{k=0}^{\infty}(-1)^k\,[k!(n+k)!]^{-1}\,(x/2)^{2k+n}$$

$$\mathrm{J}_{-n}(x)=(-1)^n\mathrm{J}_n(x)$$

半整阶的贝塞尔函数为

$$\mathrm{J}_{n+1/2}(x)=(-1)^n(2\pi^{-1}x^{-1})^{1/2}x^{n+1}(x^{-1}\,\mathrm{d}/\mathrm{d}x)^n(x^{-1}\sin x)$$

$$\mathrm{J}_{-n-1/2}(x)=(2\pi^{-1}x^{-1})^{1/2}x^{n+1}(x^{-1}\,\mathrm{d}/\mathrm{d}x)^n(x^{-1}\cos x)$$

特别是,当 $n=0$ 时,有

$$\mathrm{J}_{1/2}(x)=(2\pi^{-1}x^{-1})^{1/2}\sin x\,,\quad \mathrm{J}_{-1/2}(x)=(2\pi^{-1}x^{-1})^{1/2}\cos x$$

2. 三类球贝塞尔函数

球贝塞尔函数 $\mathrm{j}_l(x)$、球诺伊曼函数 $\mathrm{n}_l(x)$ 及球汉克尔函数 $\mathrm{h}_l^{(1)}(x)$、$\mathrm{h}_l^{(2)}(x)$ 都是球贝塞尔方程

$$f''_l(x)+2x^{-1}f'_l(x)+1-l(l+1)x^{-2}f_l(x)=0$$

的解。它们与贝塞尔函数的关系为

$$\mathrm{j}_l(x)=[\pi/(2x)]^{1/2}\mathrm{J}_{l+1/2}(x)$$

$$\mathrm{n}_l(x)=(-1)^{l+1}[\pi/(2x)]^{1/2}\mathrm{J}_{-l-1/2}(x)$$

$$\mathrm{h}_l^{(1)}(x)=\mathrm{j}_l(x)+\mathrm{i}\mathrm{n}_l(x)$$

$$\mathrm{h}_l^{(2)}(x)=\mathrm{j}_l(x)-\mathrm{i}\mathrm{n}_l(x)$$

球贝塞尔函数的递推公式为

$$(2l+1)\mathrm{j}_l'(x)=l\mathrm{j}_{l-1}(x)-(l+1)\mathrm{j}_{l+1}(x)$$

$$(2l+1)x^{-1}\mathrm{j}_l(x)=\mathrm{j}_{l-1}(x)+\mathrm{j}_{l+1}(x)$$

球贝塞尔方程的前几个解分别为

$$\mathrm{j}_0(x)=x^{-1}\sin x$$

$$\mathrm{j}_1(x)=x^{-2}\sin x-x^{-1}\cos x$$

$$\mathrm{j}_2(x)=(3x^{-3}-x^{-1})\sin x-3x^{-2}\cos x$$

$$\mathrm{n}_0(x)=-x^{-1}\cos x$$

$$\mathrm{n}_1(x)=-x^{-2}\cos x-x^{-1}\sin x$$

$$\mathrm{n}_2(x)=-(3x^{-3}-x^{-1})\cos x-3x^{-2}\sin x$$

$$\mathrm{h}_0(x)=-\mathrm{i}x^{-1}\mathrm{e}^{\mathrm{i}x}$$

$$\mathrm{h}_1^{(1)}(x)=-(x^{-1}+\mathrm{i}x^{-2})\mathrm{e}^{\mathrm{i}x}$$

$$\mathrm{h}_2^{(1)}(x)=-(3x^{-2}-\mathrm{i}x^{-1}+\mathrm{i}3x^{-3})\mathrm{e}^{\mathrm{i}x}$$

附录 6　几种常用的 CG 系数

设两个独立角动量的量子数分别为 j_1 和 j_2，总角动量量子数的可能取值为 $j=j_1+j_2, j_1+j_2-1, \cdots, |j_1-j_2|$。

附 6.1　$j_1=1/2, j_2=1/2$ 耦合的 CG 系数

附表 6.1　$j_1=1/2, j_2=1/2$ 耦合的 CG 系数

$j_1=1/2$	$j_2=1/2$	$j=1$			$j=0$
m_1	m_2	$m=1$	$m=0$	$m=-1$	$m=0$
$1/2$	$1/2$	1			
$1/2$	$-1/2$		$\sqrt{1/2}$		$\sqrt{1/2}$
$-1/2$	$1/2$		$\sqrt{1/2}$		$-\sqrt{1/2}$
$-1/2$	$-1/2$			1	

附 6.2　$j_1=1, j_2=1/2$ 耦合的 CG 系数

附表 6.2　$j_1=1, j_2=1/2$ 耦合的 CG 系数

$j_1=1$	$j_2=1/2$	$j=3/2$				$j=1/2$	
m_1	m_2	$m=3/2$	$m=1/2$	$m=-1/2$	$m=-3/2$	$m=1/2$	$m=-1/2$
1	1/2	1					
1	$-1/2$		$\sqrt{1/3}$			$\sqrt{2/3}$	
0	1/2		$\sqrt{2/3}$			$-\sqrt{1/3}$	
0	$-1/2$			$\sqrt{2/3}$			$\sqrt{1/3}$
-1	1/2			$\sqrt{1/3}$			$-\sqrt{2/3}$
-1	$-1/2$				1		

附 6.3　$j_1=3/2, j_2=1/2$ 耦合的 CG 系数

附表 6.3　$j_1=3/2, j_2=1/2$ 耦合的 CG 系数

$j_1=3/2$	$j_2=1/2$	$j=2$					$j=1$		
m_1	m_2	$m=2$	$m=1$	$m=0$	$m=-1$	$m=-2$	$m=1$	$m=0$	$m=-1$
3/2	1/2	1							
3/2	$-1/2$		1/2				$\sqrt{3/2}$		
1/2	1/2		$\sqrt{3/2}$				$-1/2$		
1/2	$-1/2$			$\sqrt{1/2}$				$\sqrt{1/2}$	
$-1/2$	1/2			$\sqrt{1/2}$				$-\sqrt{1/2}$	
$-1/2$	$-1/2$				$\sqrt{3/2}$				1/2
$-3/2$	1/2				1/2				$-\sqrt{3/2}$
$-3/2$	$-1/2$					1			

附 6.4　$j_1=1, j_2=1$ 耦合的 CG 系数

附表 6.4　$j_1=1, j_2=1$ 耦合的 CG 系数

$j_1=1$	$j_2=1$	$j=2$					$j=1$			$j=0$
m_1	m_2	$m=2$	$m=1$	$m=0$	$m=-1$	$m=-2$	$m=1$	$m=0$	$m=-1$	$m=0$
1	1	1								
1	0		$\sqrt{1/2}$				$\sqrt{1/2}$			
1	-1			$\sqrt{1/6}$				$\sqrt{1/2}$		$\sqrt{1/3}$
0	1		$\sqrt{1/2}$				$-\sqrt{1/2}$			
0	0			$\sqrt{2/3}$						$-\sqrt{1/3}$
0	-1				$\sqrt{1/2}$				$\sqrt{1/2}$	
-1	1			$\sqrt{1/6}$				$-\sqrt{1/2}$		$\sqrt{1/3}$
-1	0				$\sqrt{1/2}$				$-\sqrt{1/2}$	
-1	-1					1				

附录 7　真空中光与射线波长和频率范围

名称	波长范围/nm	频率范围/Hz
远红外	100 000～10 000	$3.0\times10^{12}\sim3.0\times10^{13}$
中红外	10 000～2 000	$3.0\times10^{13}\sim1.5\times10^{14}$
近红外	2 000～770	$1.5\times10^{14}\sim3.9\times10^{14}$
红光	770～622	$3.9\times10^{14}\sim4.7\times10^{14}$
橙光	622～597	$4.7\times10^{14}\sim5.0\times10^{14}$
黄光	597～577	$5.0\times10^{14}\sim5.5\times10^{14}$
绿光	577～492	$5.5\times10^{14}\sim6.3\times10^{14}$
青光	492～450	$6.3\times10^{14}\sim6.7\times10^{14}$
蓝光	450～435	$6.7\times10^{14}\sim6.9\times10^{14}$
紫光	435～390	$6.9\times10^{14}\sim7.7\times10^{14}$
紫外线	390～50	$7.7\times10^{14}\sim6.0\times10^{15}$
X 射线	$50\sim10^{-6}$	$6.0\times10^{15}\sim3.0\times10^{23}$
γ 射线	$<10^{-6}$	$>3.0\times10^{23}$

附录 8　希腊字母表

大写	小写	英文读音	汉语读音
Α	α	alpha	阿尔发
Β	β	beta	比塔
Γ	γ	gamma	伽马
Δ	δ	delta	德尔塔
Ε	ε	epsilon	厄普西隆
Ζ	ζ	zeta	仄塔
Η	η	eta	以塔
Θ	θ	theta	忒塔
Ι	ι	iota	爱俄塔
Κ	κ	kappa	卡帕
Λ	λ	lambda	兰达
Μ	μ	mu	缪
Ν	ν	nu	纽
Ξ	ξ	xi	克塞
Ο	ο	omicron	俄密克戎
Π	π	pi	珀
Ρ	ρ	rho	洛
Σ	σ	sigma	西格马
Τ	τ	tau	陶
Υ	υ	upsilon	宇普西隆
Φ	φ	phi	斐
Χ	χ	chi	克黑
Ψ	ψ	psi	普塞
Ω	ω	omega	俄墨伽

附录 9　量子理论大事年表

1887 年　赫兹(德)发现光电效应。

1893 年　维恩(德)给出黑体辐射的位移定律，为此获得 1914 年诺贝尔物理学奖。

1897 年　J. J. 汤姆孙(英)证实电子的存在，为此获得 1906 年诺贝尔物理学奖。

1900 年　普朗克(德)提出能量子假说，给出正确的黑体辐射公式，为此获得 1918 年诺贝尔物理学奖。

1905 年　爱因斯坦(德)提出光量子理论,解释了光电效应,为此获得 1921 年诺贝尔物理学奖。

1913 年　玻尔(丹)提出原子结构的玻尔模型,为此获得 1922 年诺贝尔物理学奖。

1914 年　斯塔克(德)发现了原子光谱在电场中劈裂,获得诺贝尔物理学奖。弗兰克(德)和 G. 赫兹(德)证实了原子中存在量子化能级,为此获得 1926 年诺贝尔物理学奖。

1916 年　密立根(美)用实验证实了爱因斯坦的光电效应理论,以此及其油滴实验获得诺贝尔物理学奖。

1918 年　玻尔提出对应原理。

1924 年　德布罗意(法)提出物质波理论,为此获得 1929 年诺贝尔物理学奖。

1925 年　泡利(奥－德－瑞士)提出不相容原理,获得 1945 年诺贝尔物理学奖。海森伯(德)提出矩阵力学,为此获得 1932 年诺贝尔物理学奖。乌伦贝克(美)和古兹米特(美)提出电子自旋假说。

1926 年　薛定谔(奥)建立波动力学方程,获得 1933 年诺贝尔物理学奖。玻恩(德)提出波函数的统计解释,获得 1954 年诺贝尔物理学奖。

1927 年　海森伯给出不确定关系。戴维孙(美)与 G. 汤姆孙用实验证实了电子的波动性,为此获得 1937 年诺贝尔物理学奖。

1928 年　狄拉克(英)建立相对论性量子力学,为此获得 1933 年诺贝尔物理学奖。

1930 年　狄拉克提出正电子的空穴理论。泡利提出中微子假说。

1935 年　爱因斯坦等人提出 EPR 佯谬,对量子力学的完备性提出质疑。薛定谔提出猫态对量子力学进行质疑。

参考文献

[1] COHEN-TANNOUDJI C. Quantum mechanics(Vol. Ⅰ,Ⅱ)[M]. New York:John Wiley&Sons,1977.

[2] BOHM D. Quantum theory[M]. London:Constant and Co. , 1954.

[3] FEYNMAN R P. The Feynman lectures on physics(Vol. 3)[M]. Mass:Addison-Wesley Publishing Co. ,1965.

[4] LANDAU L D, LIFSHITZ M E. Quantum mechanics[M]. Oxford:Pergamon Press,1977.

[5] SCHIFF L. Quantum mechanics[M]. New York:McGraw-Hill,1967.

[6] 福里格. 实用量子力学(上、下册)[M]. 宋孝同,高琴,梁佩翠,译. 北京:高等教育出版社,1981,1983.

[7] 周世勋. 量子力学[M]. 上海:上海科学技术出版社,1961.

[8] 曾谨言. 量子力学导论[M]. 北京:北京大学出版社,1992.

[9] 曾谨言. 量子力学(卷Ⅰ、Ⅱ)[M]. 北京:科学出版社,1990,1993.

[10] 汤川秀树. 量子力学(卷Ⅰ)[M]. 阎寒梅,张帮固,译. 北京:科学出版社,1991.

[11] 关洪. 量子力学基础[M]. 北京:高等教育出版社,1999.

[12] 姚玉洁. 量子力学 (上、下册)[M]. 长春:吉林大学出版社,1988,1989.

[13] 钱伯初. 量子力学基本原理和计算方法[M]. 兰州:甘肃人民出版社,1984.

[14] 孔繁梅,刘浩然. 量子力学中的近似方法[M]. 福州:福建科学技术出版社,1990.

[15] 曾谨言,钱伯初. 量子力学专题分析(上)[M]. 北京:高等教育出版社,1990.

[16] 康斯坦丁内斯库,马基亚里. 量子力学习题与解答[M]. 葛源,译. 北京:高等教育出版社,1983.

[17] 钱伯初,曾谨言. 量子力学习题精选与剖析(上、下册)[M]. 北京:科学出版社,1999.

[18] 关洪. 物理学史选讲[M]. 北京:高等教育出版社,1994.

[19] 顾莱纳. 量子力学导论[M]. 王德民,汪厚基,译. 北京:北京大学出版社,2001.

[20] 尹鸿钧. 量子力学[M]. 合肥:中国科学技术大学出版社,1999.

[21] 张启仁. 量子力学[M]. 北京:科学出版社,2002.

[22] 张永德. 量子力学[M]. 北京:科学出版社,2002.

[23] 井孝功. 计算物理[M]. 长春：吉林大学出版社，2001.

[24] 曾谨言. 量子力学教程[M]. 北京：科学出版社，2003.

[25] 苏汝铿. 量子力学[M]. 北京：高等教育出版社，2002.

[26] 吴强，柳盛典. 量子力学习题精解[M]. 北京：科学出版社，2003.

[27] 孙婷雅. 量子力学教程习题剖析[M]. 北京：科学出版社，2004.

[28] 赵国权，井孝功，姚玉洁，等. Wigner 公式的递推形式和数值计算[J]. 吉林大学自然科学学报，1992(特刊)：28-32.

[29] 井孝功，赵国权，姚玉洁. 无简并微扰公式的递推形式在 Lipkin 模型中的应用[J]. 大学物理，1993(9)：30-31.

[30] 井孝功，赵国权. Lipkin 模型下最陡下降法的理论计算[J]. 原子与分子物理学报，1993(10)：2921-2927.

[31] 刘曼芬，赵国权，井孝功. 无退化微扰公式递推形式在非简谐振子近似计算中的应用[J]. 吉林大学自然科学学报，1994(1)：67-71.

[32] 井孝功，赵国权，姚玉洁. 无简并微扰论公式的研究[J]. 原子与分子物理学报，1994(11)：211-216.

[33] 井孝功，赵国权，吴连坳，等. 简并微扰论的递推形式[J]. 吉林大学自然科学学报，1994(2)：65-69.

[34] 井孝功，陈庶，赵国权. 非简谐振子的最陡下降理论计算[J]. 吉林大学自然科学学报，1994(2)：51-54.

[35] 吴连坳，井孝功，丁惠明. 径向薛定格方程的有限差分解法[J]. 吉林大学自然科学学报，1994(3)：67-70.

[36] 吴连坳，井孝功，吴兆颜. 薛定谔方程的辛结构与量子力学的辛算法[J]. 计算物理，1995(12)：127-130.

[37] 赵国权，曾国模，刘曼芬，等. 特殊函数的级数表达式在矩阵元计算中的应用[J]. 大学物理，1995(10)：12-13.

[38] 赵国权，井孝功，吴连坳，等. 简并微扰论递推公式的一个应用实例[J]. 大学物理，1996(6)：1-3.

[39] 赵永芳，井孝功，赵国权，等. 圆柱方势阱的解在人造原子理论中的应用[J]. 大学物理，1997(1)：13-15.

[40] 井孝功，赵永芳，李林松，等. 圆柱形人造原子的能级结构及几率密度分布[J]. 原子与分子物理学报，1999(16)：391-396.

[41] 赵永芳，井孝功. 利用透射系数研究周期势的能带结构[J]. 大学物理，2000(9)：4-6.

[42] 井孝功，赵永芳. 一维位势透系数的计算与谐振遂穿现象的研究[J]. 计算物理，

2000(16):649-654.

[43] 赵永芳,井孝功,康秀杰. 两电子人造分子的能级结构[J]. 原子与分子物理学报,2001(18):7-9.

[44] 井孝功,赵永芳. 递推与迭代在量子力学近似计算中的应用[J]. 大学物理,2001(9):11-14.

[45] 井孝功,张玉军,赵永芳. 氢原子基下径向矩阵元的递推关系[J]. 原子与分子物理学报,2001(18):445-446.

[46] 井孝功,赵永芳,千正男. 常用基底下径向矩阵元的递推关系[J]. 大学物理,2003(3):3-4.

[47] 井孝功,赵永芳,康秀杰. 人造氦分子能谱的近似计算[J]. 原子与分子物理学报,2003(20):78-80.

[48] 井孝功,陈硕,赵永芳. 方形势与δ势解的关系[J]. 大学物理,2004(12):18-20.

[49] 井孝功,张国华,赵永芳. 一维多量子阱的能级[J]. 大学物理,2005(7):7-9.

[50] 井孝功,苏春艳,赵永芳. 无穷级数求和的一种量子力学解法[J]. 大学物理,2005(8):5-8.

[51] 井孝功,赵永芳,蒿风有. 量子物理学中的常用算法与程序[M]. 哈尔滨:哈尔滨工业大学出版社,2010.

[52] 徐玲玲,赵永芳,井孝功. 狄拉克δ函数[J]. 大学物理. 2010(8):15-16.

[53] 郑仰东,王冬梅,井孝功. 含时量子体系的对称性与守恒量[J]. 大学物理,2012(3):11-12.

[54] 郑仰东,王冬梅,井孝功. 受迫振子的对称性与守恒量[J]. 大学物理,2012(5):19-20.

[55] 井孝功,郑仰东. 量子力学习题解答[M]. 哈尔滨:哈尔滨工业大学出版社,2017.

[56] 井孝功,郑仰东. 高等量子力学[M]. 哈尔滨:哈尔滨工业大学出版社,2012.

[57] 井孝功,郑仰东. 高等量子力学习题解答[M]. 哈尔滨:哈尔滨工业大学出版社,2016.

[58] 井孝功. 原子核多体理论[M]. 哈尔滨:哈尔滨工业大学出版社,2011.

[59]《数学手册》编写组. 数学手册[M]. 北京:高等教育出版社,1977.